Hajo Hippner
Melanie Merzenich
Klaus D. Wilde (Hrsg.)

Handbuch Web Mining im Marketing

Handbuch Web Mining im Marketing

Aus dem Bereich IT erfolgreich nutzen

Kostenstellenrechnung mit SAP R/3®
von Franz Klenger
und Ellen Falk-Kalms

Produktionscontrolling mit SAP®-Systemen
von Jürgen Bauer

Controlling mit SAP R/3®
von Gunther Friedl, Christian Hilz
und Burkhard Pedell

Die Praxis des E-Business
von Helmut Dohmann,
Gerhard Fuchs und Karim Khakzar

Geschäftsprozesse mit Mobile Computing
von Detlef Hartmann

Datenschutz als Wettbewerbsvorteil
von Helmut Bäumler
und Albert von Mutius

Projektkompass eLogistik
von Caroline Prenn
und Paul van Marcke

Datenschutz beim Online-Einkauf
von Alexander Roßnagel

Integriertes Knowledge Management
von Rolf Franken
und Andreas Gadatsch

Projekt- und Investitionscontrolling mit SAP R/3®
von Stefan Röger, Niko Dragoudakis
und Frank Morelli

CRM-Systeme mit EAI
von Matthias Meyer

Sales and Distribution with SAP®
von Gerhard Oberniedermaier
und Tamara Sell-Jander

Marketing-Kommunikation im Internet
von Dirk Frosch-Wilke
und Christian Raith

Projektkompass Knowledge Management
von Andreas Heck

Hacker, Cracker, Datenräuber
Von Peter Klau

Die Praxis des Knowledge Management
von Andreas Heck

Best-Practice mit SAP®
von Andreas Gadatsch
und Reinhard Mayr

Handbuch Web Mining im Marketing
von Hajo Hippner,
Melanie Merzenich
und Klaus D. Wilde

www.vieweg-it .de

Hajo Hippner
Melanie Merzenich
Klaus D. Wilde (Hrsg.)

Handbuch Web Mining im Marketing

Konzepte, Systeme, Fallstudien

Die Deutsche Bibliothek – CIP-Einheitsaufnahme
Ein Titeldatensatz für diese Publikation ist bei
Der Deutschen Bibliothek erhältlich.

Das in diesem Werk enthaltene Programm-Material ist mit keiner Verpflichtung oder Garantie irgendeiner Art verbunden. Der Autor übernimmt infolgedessen keine Verantwortung und wird keine daraus folgende oder sonstige Haftung übernehmen, die auf irgendeine Art aus der Benutzung dieses Programm-Materials oder Teilen davon entsteht.

1. Auflage September 2002

Alle Rechte vorbehalten
© Friedr. Vieweg & Sohn Verlagsgesellschaft mbH, Braunschweig/Wiesbaden, 2002
Softcover reprint of the hardcover 1st edition 2002

Der Verlag Vieweg ist ein Unternehmen der Fachverlagsgruppe BertelsmannSpringer.
www.vieweg.de

Das Werk einschließlich aller seiner Teile ist urheberrechtlich geschützt. Jede Verwertung außerhalb der engen Grenzen des Urheberrechtsgesetzes ist ohne Zustimmung des Verlags unzulässig und strafbar. Das gilt insbesondere für Vervielfältigungen, Übersetzungen, Mikroverfilmungen und die Einspeicherung und Verarbeitung in elektronischen Systemen.

Umschlaggestaltung: Ulrike Weigel, www.CorporateDesignGroup.de

Gedruckt auf säurefreiem und chlorfrei gebleichtem Papier.

ISBN 978-3-322-89872-2   ISBN 978-3-322-89871-5(eBook)
DOI 10.1007/978-3-322-89871-5

Vorwort

Gegenstand des Web Mining ist die Anwendung moderner Verfahren des Data Mining auf Datenstrukturen des Internet. Vor dem Hintergrund der wachsenden Verlagerung von Unternehmensdarstellungen, Kommunikation, Marketing und Vertrieb auf das Internet, einhergehend mit einer zunehmenden Tendenz zur Personalisierung der Kundenansprache erlangt die Analyse von Online-Kundeninformationen eine herausragende Bedeutung.

Grundlage für eine personalisierte Kundenansprache im Internet ist das Wissen über den Kunden und seine Bedürfnisse. Dem Anbieter eines Online-Auftrittes steht dieses Wissen im zunächst anonymen Medium Internet jedoch in der Regel nicht direkt zur Verfügung. Abhilfe schafft die Auswertung des Such- und Einkaufsverhaltens der Nutzer des Online-Angebotes, vornehmlich anhand der Protokolldateien des Internet-Servers.

Aus den so gewonnenen Aussagen über das Such- und Kaufverhalten einzelner Nutzer oder Nutzergruppen lassen sich wertvolle Erkenntnisse zur Gestaltung des Internetauftritts und der Online-Marketingaktionen gewinnen. Die Interessen der Besucher im Netz werden transparent, und die Seiteninhalte können entsprechend personalisiert und angepasst werden. Mit Hilfe von Web Mining lassen sich typische Bewegungspfade der Kunden im Netz identifizieren und häufige Kaufmuster erkennen, Online-Kunden können segmentiert und nach ihrer Kaufwahrscheinlichkeit bewertet werden, und auch für das Controlling des Internet-Auftrittes lassen sich aussagekräftige Kennzahlen generieren.

Das vorliegende Handbuch gibt einen umfassenden Überblick über die einzelnen Verfahren des Web Mining und ihren praktischen Einsatz im Online-Marketing. Neben einem umfangreichen methodischen Teil enthält es eine Untersuchung verschiedener Web Mining-Projekte sowie zahlreiche Fallstudien aus der Unternehmenspraxis. Ziel des Buches ist es, Anwendern und Entscheidungsträgern in Unternehmen die Thematik des Web Mining nicht nur theoretisch nahe zu bringen, sondern auch Tipps und Handlungsempfehlungen zu konkreten Problemstellungen aus der Praxis zu liefern. Zu diesem Zweck haben wir neben zahlreichen Experten aus der Wissenschaft insbesondere auch Anwender aus der Praxis in unser Vorhaben eingebunden.

Für die wertvolle und ambitionierte Mitarbeit an unserem Herausgeberwerk möchten wir uns an dieser Stelle ganz herzlich bei allen beteiligten Autoren bedanken. Dem reibungslosen Zusammenwirken aller Beteiligten ist es zu verdanken, dass das Handbuch nun in der vorliegenden Form erscheinen kann. Dank gilt auch Dipl.-Kfm. René Rentzmann für seine organisatorische Unterstützung bei der Erstellung und Gestaltung dieses Buches sowie Herrn Matthias Schwartz für die Mitarbeit bei der Erstellung der Druckvorlage und des Schlagwortverzeichnisses.

Wir wünschen Ihnen als Leser viel Freude bei der Lektüre und hoffen, dass Sie genau so viel von der spannenden Thematik des Web Mining im Marketing profitieren können wie wir bei der Lektüre des vielseitigen Spektrums an Beiträgen.

Ingolstadt, Juli 2002

Die Herausgeber

Inhaltsverzeichnis

4   Ausblick

1 Grundlagen des Web Mining

Prof. Dr. Klaus D. Wilde

ist Inhaber des Lehrstuhls für Allgemeine Betriebswirt-schaftslehre und Wirtschaftsinformatik an der Katholischen Universität Eichstätt-Ingolstadt und befasst sich seit über 20 Jahren in zahlreichen Forschungs- und Beratungsprojekten mit Fragen der Marketinginformatik. Aktuelle Forschungs- und Beratungsschwerpunkte sind Customer Relationship Management (insbesondere Analytical CRM), Data Mining im Marketing und Electronic Commerce.

Dr. Hajo Hippner

schloss 1996 sein Studium der Wirtschaftsinformatik an der Universität Bamberg ab. Ende 1996 nahm er eine Stelle als wissenschaftlicher Mitarbeiter am Lehrstuhl für Allgemeine Betriebswirtschaftslehre und Wirtschaftsinformatik der Ka-tholischen Universität Eichstätt-Ingolstadt an. 2001 erfolgte die Promotion. Parallel zu seinen Lehr- und Forschungstätig-keiten ist Herr Hippner als freier Berater in den Bereichen Customer Relationship Management und Data Mining im Marketing tätig. In diesen Gebieten ist er auch Verfasser zahlreicher Fachbeiträge.

Melanie Merzenich

ist wissenschaftliche Mitarbeiterin am Lehrstuhl für Allge-meine Betriebswirtschaftslehre und Wirtschaftsinformatik der Katholischen Universität Eichstätt-Ingolstadt. Ihre For-schungsschwerpunkte liegen auf den Gebieten Data Mining, Web Mining und CRM. Im Rahmen ihrer Promotion beschäf-tigt sie sich mit der Analyse von Geschäftsprozessen im CRM.

1 Grundlagen des Web Mining – Prozess, Methoden und praktischer Einsatz

1 Grundlagen

1.1 Informationsbedarf im E-Business

E-Commerce und E-Business waren die dominierenden Managementthemen der letzten Jahre. Trotz immenser Investitionen sind die überzogenen Erwartungen jedoch nicht erfüllt worden. Negative Schlagzeilen über erfolglose bzw. gescheiterte Online-Projekte oder geschlossene Internet-Startups haben die E-Commerce-Euphorie relativiert. Zwar steigen die Zahlen der aktiven Internetteilnehmer nach wie vor an. Der Erfolg eines Internetauftritts kann allerdings nicht nur am erzielten „Traffic" festgemacht werden, sondern muss auch die Intensität der Kundenbeziehung berücksichtigen. Problematisch ist hierbei jedoch, dass nur ein geringer Bruchteil der Käufer für Wiederholungskäufe gewonnen werden kann. Angesichts durchschnittlicher Kosten von 150 bis 300 Dollar für eine Neukundengewinnung im Internet (Wirtz 2000, S. 31), ist dies unter ökonomischen Gesichtspunkten natürlich nicht zufriedenstellend.

Deshalb versuchen Unternehmen verstärkt, die Beziehung zu ihren „virtuellen" Kunden im Internet zu intensivieren, wobei sich hierfür insbesondere das Customer Relationship Management als ein tragfähiges Konzept erwiesen hat (Hippner/Wilde 2001). Vor diesem Hintergrund gewinnt die Überlegung an Bedeutung, das traditionelle CRM-Konzept, also den Aufbau und die Pflege langfristig profitabler Kundenbeziehungen, auch auf das Internet zu übertragen.

Grundlage für ein erfolgreiches Management der Kundenbeziehung ist das Wissen über den Kunden und seine Bedürfnisse. Betreiber von Internetangeboten besitzen jedoch meist nur wenige Informationen über die Eigenschaften ihrer Online-Besucher und die Wirkung ihres Internetauftrittes. Daher müssen wichtige Fragestellungen zum Internetauftritt oft unbeantwortet bleiben. Interessante Fragen stellen sich beispielsweise zu der Zusammensetzung der Besucher, der Wirkung von Online-Werbung, der Bewertung einzelner Seiteninhalte oder der Untersuchung des Online-Kaufverhaltens der Kunden (Reiner 2001, S. 7):

- *Zusammensetzung der Besucher*
  - Wie viele Besucher erhält meine Site? Woher kommen sie? Wie lange bleiben sie?
  - Wie sehen typische Bewegungspfade aus? Wie lassen sie sich verbessern?
  - An welcher Stelle verlassen Besucher meine Site und warum?
  - Welche Profile haben meine wichtigsten Kundensegmente?

- *Wirkung von Online-Werbung*

  - Welche Werbebanner erwecken das meiste Interesse/welche führen zu Käufen?

  - An welcher Stelle sollten Banner platziert werden?

  - Welche Partner (Werbung, Suchmaschinen etc.) generieren die meisten Besucher?

  - Wie lange bleiben diese Besucher und wie viele werden zu Käufern?

- *Bewertung der Seiteninhalte*

  - Für welche Inhalte interessieren sich die einzelnen Kundensegmente?

  - Welche Inhalte werden weniger beachtet und warum?

  - Wie lässt sich eine Personalisierung der Inhalte erreichen/verbessern?

- *Online-Kaufverhalten der Besucher*

  - Wie unterscheiden sich Besucher von Käufern?

  - Welche Produkte oder Kunden weisen Cross-Selling-Potenziale auf?

  - Welches Verhalten auf der Site lässt auf Wiederholungskäufe schließen?

Zur Beantwortung dieser Fragen stehen dem Betreiber eines Online-Angebotes verschiedene Datenquellen und Analysemethoden zur Verfügung, welche im folgenden näher erläutert werden sollen.

1.2 Informationsgewinnung durch Web Mining

Für die Betreiber von Internetauftritten bestehen verschiedene Möglichkeiten, Wissen über Nutzung und Nutzer ihrer Websites zu generieren. Als Datenquelle stehen in erster Linie die aufgezeichneten Seitenaufrufe der Besucher in den Logfiles der Webserver zur Verfügung, aus denen sich mit Hilfe geeigneter Analyseverfahren die Verhaltensweisen der Besucher und der Erfolg des Internetauftrittes ableiten lassen.

Die herkömmliche Vorgehensweise zur Auswertung der Nutzungsdaten aus dem Internet besteht in der Erstellung deskriptiver Statistiken (Logfile-Analyse). Die Ergebnisse einer Logfile-Analyse geben erste wichtige Anhaltspunkte zur Nutzung einer Site; sie liefern jedoch noch keine Informationen zu individuellen Verhaltensweisen und Interessen der Online-Nutzer. Insbesondere sind sie nicht in der Lage, selbständig Muster in den Nutzungsdaten aufzufinden. Gerade derartige Muster im Verhalten der Onlinekunden können im zunächst anonymen Medium Internet jedoch von hoher Bedeutung für die Informationsgewinnung sein. Daher bietet es sich an, automatische Mustererkennungsverfahren (Verfahren des Data Mining) auf Internetdaten anzuwenden, um tiefergehende Informationen über die Besucher einer Website aufzuspüren (Bensberg/Weiß 1999, S. 426).

Zur Unterstützung derartiger Analysen existieren verschiedene Arten von Softwareprodukten. Diese weisen unterschiedliche Schwerpunkte auf. Die erste Generation von Tools zur Analyse von Nutzungsdaten des Internet enthielt hauptsächlich Funktionalitäten zur rein deskriptiven Logfile-Analyse. In einem ständigen Entwicklungsprozess integrieren diese Tools jedoch immer umfassendere Analysefunktionalitäten.

In jüngerer Zeit entwickeln auch traditionelle Anbieter von Data Mining Software spezielle Zusatzfunktionalitäten, um ihre Analysetechniken für die Auswertung der Internetnutzungsdaten zur Verfügung zu stellen. Neue Anbieter am Markt konzentrieren sich zum Teil direkt auf die Entwicklung einer reinen „Web" Mining Software, welche den kompletten Analyseprozess von der Datenerhebung und -analyse bis zur Umsetzung der Ergebnisse unterstützen.

Zur Umsetzung der Ergebnisse – insbesondere für die Personalisierung – haben sich wiederum eigene Tools herausgebildet, die ihre Aufgabe darin sehen, den Internetnutzern personalisierte Inhalte zur Verfügung zu stellen. Zur Generierung der Personalisierungsregeln greifen auch diese Tools häufig auf die Ergebnisse des Web Mining zurück oder beinhalten sogar eigene Mining-Komponenten. (Für eine ausführliche Übersicht der zur Zeit am Markt verfügbaren Web Mining-Tools vgl. Hippner et al. 2002.)

Der Kauf einer Web Mining Software stellt für ein interessiertes Unternehmen jedoch nicht die einzige Möglichkeit dar, um entsprechende Analysen seiner Website durchführen zu können. Auch Application Service Provider (ASP) bieten die Analyse des Internetauftrittes als Serviceleistung an. (Zu Funktionsprinzip und Möglichkeiten des ASP im Web Mining siehe Kapitel 3.10 in diesem Buch.)

1.3   Richtungen des Web Mining

Der Begriff Web Mining bezeichnet zunächst die allgemeine Anwendung von Verfahren des Data Mining auf Datenstrukturen des Internet (Zaiane 2000). Dies beinhaltet sowohl die Analyse von Seiteninhalten (Web Content Mining) und Seitenstrukturen (Web Structure Mining) als auch die Untersuchung des Nutzerverhaltens (Web Usage Mining) (vgl. Abbildung 1).

- *Web Content Mining* befasst sich mit der Analyse des Inhaltes von Webseiten. Zielsetzung ist die Erleichterung der Suche nach Informationen im Netz. Aufgabengebiete sind beispielsweise die Klassifizierung und Gruppierung von Online-Dokumenten oder das Auffinden von Dokumenten nach bestimmten Suchbegriffen. Dabei kommen insbesondere Verfahren des Text Mining zum Einsatz (Bensberg/Weiß 1999, S. 426 f.).

- *Web Structure Mining* untersucht die Anordnung einzelner Elemente innerhalb einer Webseite (intra-page structure information) sowie die Anordnung verschiedener Seiten zueinander (inter-page structure information). Von besonderem Interesse sind dabei die Verweise von einer Webseite auf andere, häufig inhaltlich verwandte Webseiten mit Hilfe sogenannter Hyperlinks (Srivastava et al. 2000).

Diese beiden Richtungen des Web Mining lassen sich bei der Auswertung der Nutzungsdaten hauptsächlich in der Phase der Datenvorverarbeitung einsetzen. So können mit Hilfe des Web Content Mining Webseiten inhaltlich klassifiziert werden. Diese inhaltliche Einordnung der einzelnen Seiten ist insbesondere bei großen Websites von herausragender Bedeutung, um für die weitere Analyse zunächst Gruppen inhaltlich verwandter Seiten bilden zu können. Ebenso hilft Web Structure Mining, einen Überblick über die Sitestruktur und die Anordnung der einzelnen Seiten zueinander zu gewinnen, um auf dieser Basis das Bewegungsverhalten der Nutzer im Netz nachvollziehen zu können.

- *Web Usage Mining* dagegen beschäftigt sich „direkt" mit dem Verhalten von Internet-Nutzern. Bei dieser Ausprägungsform des Web Mining werden Data Mining Methoden auf die Logfiles des Webservers angewandt, um Aufschlüsse über Verhaltensmuster und Interessen der Online-Kunden zu erhalten (Srivastava et al. 2000).

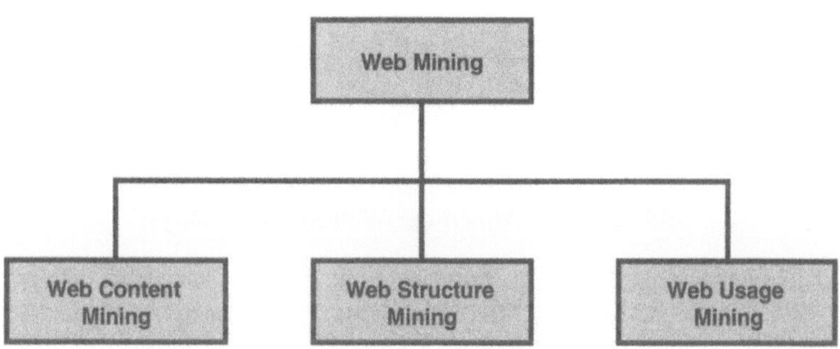

Abbildung 1: Richtungen des Web Mining

Beschränkt sich die Analyse des Nutzerverhaltens dabei auf Logfiles, spricht man von Web Log Mining. Werden weitere Datenquellen (z.B. Registrierungsdaten, Kaufhistorie etc.) zur Analyse hinzugezogen, handelt es sich um Integrated Web Usage Mining (Bensberg/Weiß 1999, S. 426 f.). Abbildung 2 zeigt die begriffliche Unterteilung des Web (Usage) Mining in diese beiden Spezialgebiete.

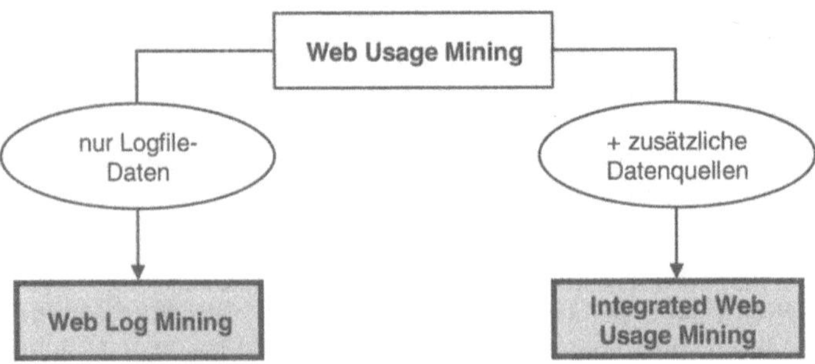

Abbildung 2: Formen des Web Usage Mining (vgl. Bensberg/Weiß 1999, S. 427)

2   Web Mining-Prozess

Der Web Mining-Prozess gliedert sich gemäß Abbildung 3 in die folgenden Schritte, welche in den nachfolgenden Kapiteln ausführlich dargestellt werden:

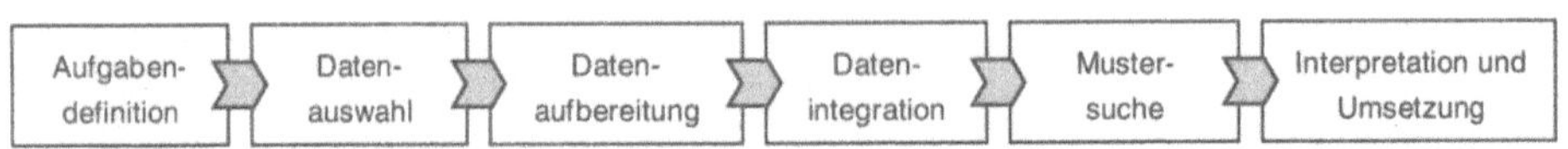

Abbildung 3: Ablauf der Web Mining Analyse

In Abhängigkeit von der Aufgabenstellung werden zunächst die heranzuziehenden Daten ausgewählt. Die anschließende Datenaufbereitung zerfällt in die beiden Schritte der Datenbereinigung und der Identifikation von Nutzern und Sitzungen (zusammenhängender Besuch eines Nutzers auf einer Website). Diese Schritte sind von elementarer Bedeutung für die Analyseergebnisse; gleichzeitig nehmen sie aber auch die meiste Zeit innerhalb des Prozesses in Anspruch (Zaiane et al. 1998, S. 27).

Werden zusätzliche Informationen zur Analyse herangezogen, erfolgt im nächsten Schritt eine Integration der verschiedenen Datenquellen. Aus der aufbereiteten Datenbasis werden mit Hilfe von Data Mining Verfahren Muster extrahiert, welche abschließend bewertet und interpretiert werden (Cooley et al. 1997). Am Schluss des Web Mining Prozesses steht die Umsetzung der Ergebnisse. Abbildung 4 stellt den Prozess des Web Mining detailliert dar. Die Nummerierung in der Abbildung entspricht den Kapiteln dieses Buches, in denen die jeweiligen Phasen behandelt werden.

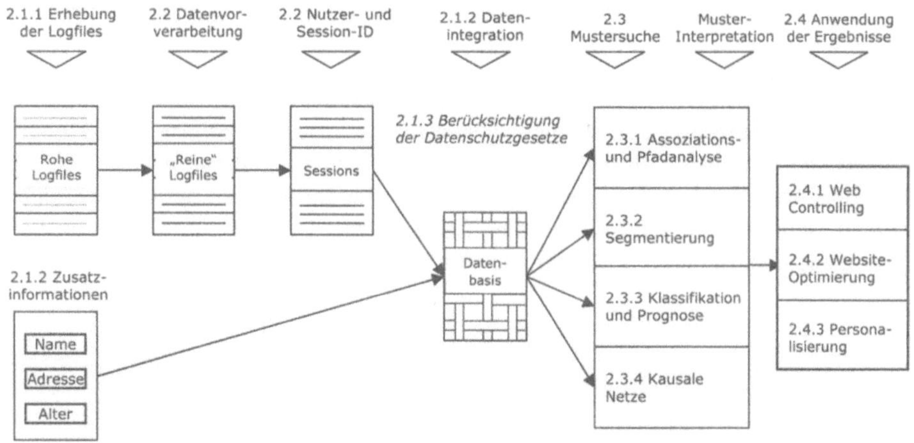

Abbildung 4: Web Mining-Prozess (in Anlehnung an Cooley et al. 1997)

Die Fallstudie in Kapitel 3.2 beschreibt den Web Mining-Prozess in der Anwendungspraxis bei DaimlerChrysler. Der Anwendungsbericht in Kapitel 3.4 stellt die Durchführung des vollständigen Web Mining-Prozesses bei Jubii anhand des Web Mining Tools Clementine dar.

2.1 Datenerhebung

Am Anfang des Web Mining-Prozesses steht die Erhebung der Internetnutzungsdaten, die in die Analyse einfließen sollen. Neben diesen Daten können noch weitere Kundeninformationen in den Analyseprozess einbezogen werden; bei der Auswertung (potenziell) personenbezogener Daten sind dabei jedoch immer die Vorschriften des Datenschutzes zu berücksichtigen.

2.1.1 Internetnutzungsdaten

- *Logfiles*

Die gängigste Quelle von Webdaten sind die vom Webserver generierten Logfiles. Logfiles sind Textdateien, in denen automatisch bestimmte Abläufe der Rechnertätigkeit festgehalten werden. Für einen Webserver enthalten sie die gesamte Kommunikation des Servers mit dem Netz, insbesondere die eingegangenen Anfragen von fremden Servern und die übertragenen Inhalte (Page 1999).

So geben sie zum Beispiel Auskunft darüber, von welchem Rechner aus auf bestimmte Inhalte zugegriffen wurde, welcher Browser dabei genutzt wurde oder welche Fehler bei der Übertragung auftraten (Zaiane et al. 1998, S. 19). Über die Auswertung der Logfiles lässt sich auch der Weg eines Besuchers beim Navigieren durch die Website, der sogenannte Clickstream, nachvollziehen (Hubert 1999, S. 110).

Es gibt unterschiedliche Arten von Logfiles in individuellen Formaten. Wichtige Hinweise auf die Nutzung eines Internetangebotes liefert insbesondere das Access Logfile, welches alle Anfragen von Nutzern an den Server erfasst (Balbes 1997, S. 1 ff.). Das Standardformat, in dem Zugriffe auf einen Webserver im Access Logfile aufgezeichnet werden, ist das Common Logfile Format (CLF). Tabelle 1 zeigt die im Common Logfile Format enthaltenen Felder sowie ihre inhaltliche Bedeutung.

Feldname	Bedeutung des Feldinhaltes
Host	IP–Adresse des zugreifenden Servers
Ident	Identifikation (falls vorhanden, sonst Bindestrich)
Authuser	Benutzername (bei passwortgeschützten Webseiten; sonst Bindestrich)
Date	Datum und Uhrzeit des Zugriffs im Format dd/mmm/yyyy:hh:mm:ss
Timezone	Abweichung von der Greenwich Mean Time (GMT) in Stunden
Request	Methode, Dokument und Protokoll des Zugriffs (oft „GET/...")
Status	Antwortstatus als Codenummer (z.B. 200 = „Seite erfolgreich übertragen")
Bytes	Gesamtzahl der übertragenen Bytes
Das Extended Common Logfile Format (ECLF) enthält zusätzlich folgende Felder:	
Referrer	URL der Seite, die den Link zur angefragten Seite enthielt
Agent	Name und Versionsnummer des anfragenden Browsers

Tabelle 1: Felder des (Extended) Common Logfile Formates

Abbildung 5 zeigt einen typischen Eintrag im Extended Common Logfile Format.

```
       host          [date – time zone]                              status   referrer
     /      \      /                    \                              /\      / \
123.456.78.9 – – [25/Apr/1998:03:04:41 –0500]  "GET B.html HTTP/1.0"  200  2050  A.html  Mozilla/4.0 (Win 95,I)
        \ /                                          \            /          \ /        \                    /
    ident authuser                                    "request"             bytes              agent
```

Abbildung 5: Eintrag im Extended Common Logfile Format

Dieser Eintrag beschreibt die Anfrage eines Besuchers, der über die IP-Adresse 123.456.78.9 am 25.04.1998 auf die Seite B.html zugriff. Die Seitenübertragung verlief erfolgreich (Statuscode 200) und es wurden 2050 Bytes übertragen. Der Besucher verfolgte einen Link auf der Seite A.html und benutzte den Microsoft Internet Explorer in Verbindung mit Windows 95.

Die Verwendung von Webserver Logfiles als Datengrundlage des Web Mining hat den Vorteil, dass keine zusätzlichen Komponenten zur Datenerhebung benötigt werden, da die Logfiles direkt vom Webserver erzeugt werden. Die Aufzeichnung der Logfiles wurde jedoch ursprünglich zu einem anderen Zweck – der technischen Überprüfung der Server Performance – eingerichtet. Daher ist diese Art der Datenaufzeichnung nicht in jeder Hinsicht optimal für die Auswertung des Nutzungsverhaltens geeignet. Insbesondere ist die Identifikation von Nutzern oft problematisch, da in den Logfiles kaum Identifikationsmerkmale des Besuchers erhoben werden können.

- *Cookies*

Zum Zweck der Nutzeridentifikation lassen sich sogenannte Cookies einsetzen. Cookies sind Textdateien, die auf den Rechner des Besuchers einer Website geschrieben werden, um diesen bei nachfolgenden Transaktionen zu identifizieren. In diesem Fall erhalten Logfiles ein zusätzliches Feld, in dem der nutzerspezifische Cookie-Name festgehalten wird. Cookies können entweder lediglich für die Dauer eines Besuchvorganges oder „persistent" vergeben werden. Die erste Form verbleibt nur bis zum Ende eines Besuches auf dem Rechner des Nutzers und wird dann wieder gelöscht. Persistente Cookies sind über mehrere Besuche hinweg auf dem Rechner des Nutzers gespeichert und ermöglichen damit eine Wiedererkennung des Besuchers (Kimball/Merz 2000, S. 54 f.).

- *Server Monitor/ Server Plug-In*

Eine andere Möglichkeit, Webdaten zu sammeln, stellt der Einsatz sogenannter Server Monitore dar. Server Monitore werden als Server Plug-Ins realisiert und sind somit imstande, alle serverseitigen Ereignisse aufzuzeichnen (WCM Online 2000, S. 10). Der Server Monitor erhebt die Daten innerhalb des regulären Stroms der Logfile-Aufzeichnung durch den Webserver (vgl. Abbildung 6). Die aufgezeichneten Daten entsprechen inhaltlich den Logfiles des Servers. Der Vorteil eines Server Monitors gegenüber den herkömmlichen Logfiles besteht darin, dass die erhobenen Daten in Echtzeit in ein Data Warehouse übertragen und ausgewertet können.

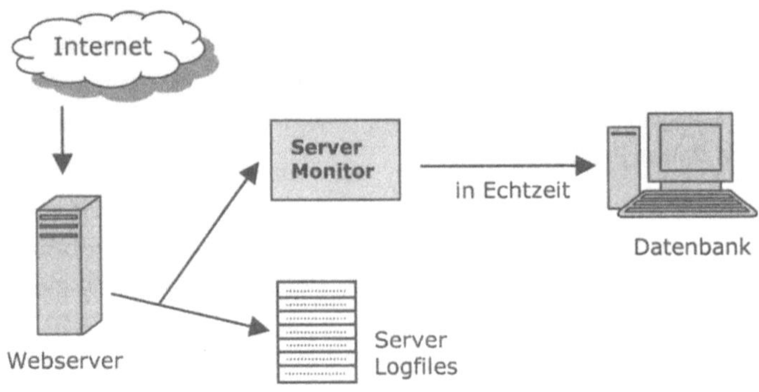

Abbildung 6: Server Monitor (Server Plug-In)

Ein Problem ergibt sich jedoch, wenn mehrere Web Server parallel betrieben werden. Um ein vollständiges Bild vom Verhalten der Nutzer auf der Website zu erhalten, müssen die Daten der verschiedenen Server zusammengefasst werden. Dies kann unter Umständen relativ aufwändig und fehlerbehaftet sein.

- *Network Monitor/ Packet Sniffer*

Unternehmen mit verteilten Servern können einen Network Monitor einsetzen, um die Daten automatisch in einem zentralen Data Warehouse zu sammeln (Accrue Software 2000, S. 6). Network Monitore, auch Packet Sniffer genannt, sind daher eine alternative oder ergänzende Datenquelle zu den Server Logfiles (Reiner 2001, S. 18).

Die Kommunikation zwischen Webbrowser und Webserver wird über das http-Protokoll abgewickelt. Das http-Protokoll wird in kleinen TCP/IP-Paketen (Transmission Control Protocol/ Internet Protocol) über das Netzwerk Internet gesendet. Dabei sammelt der Network Monitor, der normalerweise in demselben Netzwerksegment wie der Webserver installiert ist, die TCP/IP-Pakete (Sane Solutions 2000, S. 4). Die so gewonnenen Daten werden anschließend in einem Standard Logfile Format ausgegeben (Reiner 2001, S. 18). Abbildung 7 zeigt die Arbeitsweise eines Network Monitors.

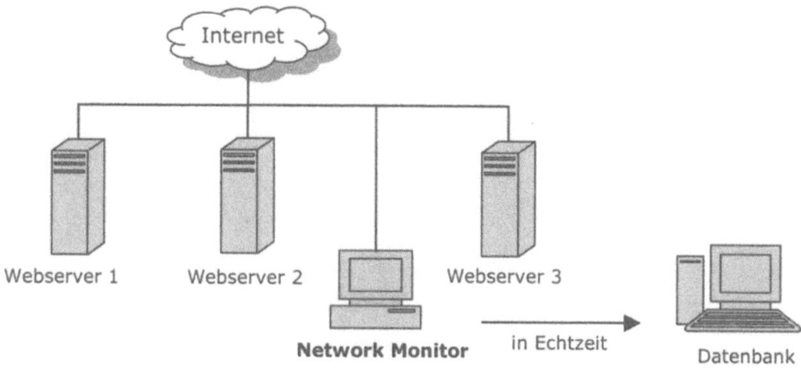

Abbildung 7: Network Monitor (Packet Sniffer)

- *Dynamische Seitenprogrammierung*

Immer mehr Internetseiten werden dynamisch erzeugt. Im Falle von dynamischen Seiten werden an die URL (Uniform Ressource Locator = Adresse einer Seite im Internet) häufig Parameter angehängt, die weitere Informationen über den Besucher liefern. Diese Parameter können beispielsweise vom Besucher eingegebene Suchbegriffe enthalten oder die Produkt- und Kundennummer, falls der Kunde Informationen über ein Produkt anfordert (Mayer et al. 2001, S. 159 f.). Um diese im Logfile hinterlegten Informationen auswerten zu können, muss das jeweilige Analysetool die Parameterwerte aus der URL auslesen können.

- *Reverse Proxy Monitor*

Ähnlich wie beim Packet Sniffing wird beim Filter- bzw. Reverse-Proxy-Verfahren der Kommunikationsstrom zwischen Client und Webserver gefiltert (vgl. Abbildung 8). Bei diesem Verfahren kann der Kommunikationsstrom jedoch gezielt verändert werden. Auf diese Weise lassen sich zusätzliche Informationen wie CGI-Parameter oder semantische Schlagworte erheben (Gentsch et al. 2001, S. 33). Die Filtersoftware kann direkt auf dem Web Server oder auch auf einem separatem Server, dem sogenannten Reverse Proxy Server, der zwischen Client und Web Server installiert ist, arbeiten und ist daher stark skalierbar (Gentsch et al. 2001, S. 33).

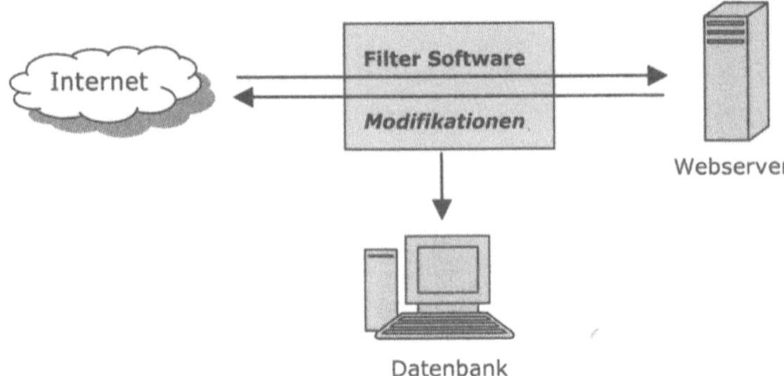

Abbildung 8: Reverse Proxy Monitor (Filter Software)

- *Application Monitor*

Um die oft komplexen Anwendungen auf großen Websites und in eShops durchführen zu können, werden häufig Application Server eingesetzt. Application Server liefern die Inhalte der Websites, wie z.B. Bilder und Produktinformationen, und können dadurch detailliert Auskunft über die abgerufenen Inhalte geben (Ansari et al. 2000, S. 5). Interessante Erhebungsobjekte sind dabei insbesondere der Kauf von Produkten, das Einfügen von Waren in den Warenkorb oder die Betrachtung der Werbung (WCM Online 2000, S. 11). Daneben können auch Informationen über abgebrochene Seitenaufrufe oder die Geschwindigkeit der Internetverbindung erhoben werden (Ansari et al. 2000, S. 5).

(Zu den Besonderheiten der unterschiedlichen Datenerhebungsverfahren vgl. Kapitel 2.1.1 in diesem Buch.)

2.1.2 Einbeziehung von Zusatzinformationen

Internetnutzungsdaten (meist Logfiles sowie ggf. Cookies) stellen die grundlegende Informationsbasis des Web Usage Mining dar. Die Erkenntnisse über Online-Besucher lassen sich jedoch zusätzlich verbessern, wenn daneben weitere Informationsquellen in die Analyse eingebunden werden. In Abhängigkeit vom Gegenstand der Untersuchung und von der Datenverfügbarkeit können zum Beispiel Benutzerdaten, Transaktionsdaten, Kundenstammdaten oder Kampagneninformationen einbezogen werden.

Benutzerdaten zu persönlichen Eigenschaften und Präferenzen werden bei Anmelde- und Registrierungsvorgängen über Formulare erhoben. Technisch lassen sich diese so gewonnenen Informationen mit den Logfiledaten zusammenführen (Mena 2000, S. 308 ff.). Dieses Vorgehen ist in Deutschland aufgrund strenger Datenschutzbestimmungen jedoch nicht unproblematisch und sollte daher immer die Einwilligung des Nutzers zur Erhebung und Nutzung seiner Daten voraussetzen (Seidel 1998).

Auch Transaktionsdaten zu Kauf- oder Bestellvorgängen, die über die Website getätigt werden, können vollautomatisch gewonnen und in die Datenbasis integriert werden. Die Berücksichtigung dieser Daten ermöglicht die Suche nach Kriterien, anhand derer erfolgversprechende Besucher (z.B. Käufer) identifiziert werden können.

Daneben können Kundenstammdaten oder soziodemographische Daten herangezogen werden. Falls Werbekampagnen für die Website durchgeführt wurden, sollten entsprechende Informationen ebenfalls betrachtet werden (Kimball/Merz 2000, S. 80 f.). Da sich Besucher, die über einen Werbebanner oder einen bestimmten Link auf die Site kamen, anhand des Referrer-Eintrages identifizieren lassen (vgl. Tabelle 1), kann auf diese Weise der Erfolg einer Werbekampagne erfasst werden. Abbildung 9 zeigt mögliche Datenquellen einer Web Mining Analyse auf.

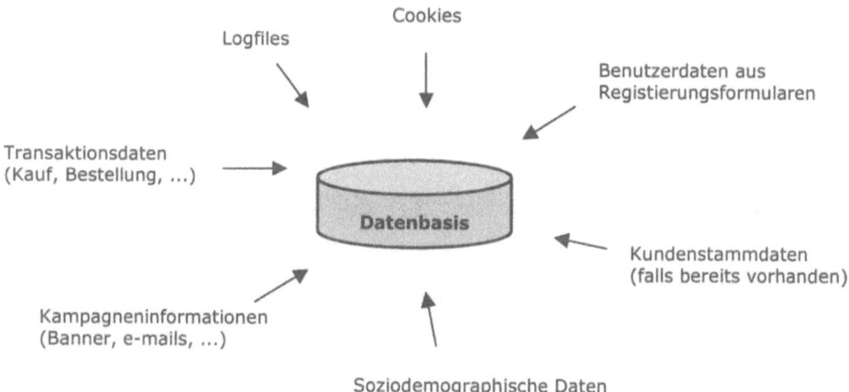

Abbildung 9: Mögliche Datenquellen des Web Usage Mining

Zu den verschiedenen Datenquellen sowie den Möglichkeiten der Datenintegration im Web Mining vgl. Kapitel 2.1.2 in diesem Buch.

2.1.3 Aspekte des Datenschutzes

Da im Rahmen des Web Mining potenziell personenbezogene Daten genutzt werden, sind die entsprechenden Gesetze des Datenschutzes zu berücksichtigen. Grundsätzlich unterliegt die Verarbeitung personenbezogener Daten in Deutschland dem Bundesdatenschutzgesetz (BDSG) (Bensberg/Weiß 1999, S. 431). In Bezug auf das Internet ist zusätzlich das Teledienstedatenschutzgesetz (TDDSG) zu beachten. Demnach ist für die Erhebung personalisierter Daten zu Marktforschungszwecken die Einwilligung des Nutzers erforderlich. Die Verwendung anonymer Nutzungsprofile ist zulässig; diese dürfen jedoch nicht ohne Einwilligung mit eventuell vorhandenen personenbezogenen Daten zusammengeführt werden (Seidel 1998).

So ist es aus rechtlichen, aber auch aus ethischen Gründen unbedingt notwendig, Besucher im Internet über die Erhebung ihrer Daten zu informieren und gegebenenfalls das Einverständnis zur Nutzung der Daten einzuholen. Gerade vor diesem Hintergrund gewinnt die Auswertung von anonymen Sessions zunehmend an Bedeutung, da sich auf diese Weise wertvolle Erkenntnisse über das Nutzungsverhalten gewinnen lassen ohne dabei in Konflikt mit den Datenschutzbestimmungen zu geraten.

(Zu den konkreten Fragestellungen des Datenschutzes im Zusammenhang mit Web Mining vgl. Kapitel 2.1.3 in diesem Buch.)

2.2 Datenaufbereitung und -exploration

2.2.1 Preprocessing

In rohem Zustand enthalten Logfiles sehr viele Einträge, die den wahren Verkehr einer Site verfälscht wiedergeben können. Daher müssen Logfiles im Vorfeld einer Analyse sorgfältig aufbereitet werden. Die grundlegenden Schritte dieser Aufbereitung bestehen in der Identifikation von Seitenaufrufen sowie der Identifikation von Besuchern und Sitzungen.

- *Identifikation von Seitenaufrufen*

Die Anzahl der aufgerufenen Seiten gilt als Erfolgsgröße eines Internetauftrittes. Die Anzahl der Logfileeinträge lässt jedoch nur indirekt auf die Anzahl der angeforderten Seiten schließen. Dies ist darin begründet, dass jede Datei – also auch jede einzelne Graphik, die für den Aufbau einer Webseite benötigt wird – zu einem eigenen Logfileeintrag führt (Bensberg/Weiß 1999, S. 429). Somit übersteigt die Zahl der Logfileeinträge die der Seitenaufrufe meist um ein Vielfaches.

Um die tatsächliche Anzahl der aufgerufenen Seiten zu ermitteln, ist es notwendig, für jede Seite ein charakteristisches Element zu identifizieren. Daraufhin können alle anderen Elemente (meist Abrufe von Graphiken, in der Regel erkennbar an den Endungen „gif","jpg" etc.) aus der Logdatei gestrichen werden, wodurch sich die verbleibenden Einträge jeweils auf eine angeforderte Seite beziehen (Wootton 1998).

Außerdem scheint es sinnvoll, nur solche Transaktionen zu erfassen, deren Antwortstatus eine erfolgreiche Seitenübertragung anzeigt. Daher sollten Einträge, deren Statuscode auf Fehler bei der Übertragung hinweist, ebenfalls nicht gezählt werden.

- *Identifikation von Besuchern*

Eine große Herausforderung besteht in der Identifikation einzelner Besucher. Falls nicht auf Cookies zurückgegriffen werden kann, erfolgt diese grundsätzlich anhand der gespeicherten IP-Adressen. IP-Adressen sind jedoch nicht immer eindeutig (vgl. Abbildung 10). Internet Service Provider müssen in der Regel eine große Anzahl Teilnehmer mit einer beschränkten Menge an IP-Adressen versorgen. Daher weisen sie ihre Adressen dynamisch zu, so dass einem Nutzer zu verschiedenen Zeitpunkten verschiedene Adressen zugeordnet werden (Broder 2000, S. 59). Entsprechend können sich hinter einer Adresse unterschiedliche Nutzer verbergen. Auch unter der Adresse eines Uni- oder Firmenrechners können viele verschiedene Personen agieren. Ebenso kann auch ein privater Rechner von mehreren Personen genutzt werden.

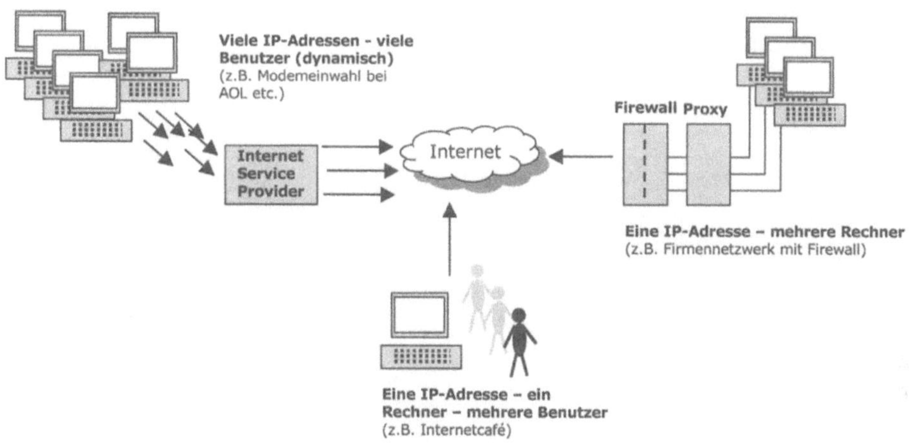

Abbildung 10: Probleme der Identifikation nach IP-Adressen

Ein möglicher Ansatz, verschiedene Nutzer mit gleicher IP-Adresse voneinander zu unterscheiden, besteht darin, die IP-Adresse beispielsweise mit dem verwendeten Browser zu verknüpfen und aus unterschiedlichen Browsern unter der gleichen IP-Nummer auf verschiedene Nutzer zu schließen. Da das Browser-Feld auch zeigt, ob eine Anfrage von Robots oder Spidern (automatische Systeme zur Indexierung von Internetseiten, die unter anderem von Suchmaschinen verwendet werden) stammt, können entsprechende Logfileeinträge für die weitere Analyse ebenfalls ausgeschlossen werden (Spiliopoulou 1999, S. 30 f.).

Selbst unter Verwendung von Cookies wird lediglich ein bestimmter Rechner identifiziert. Wird dieser Rechner von mehreren Personen genutzt, kann die Zuordnung von Zugriffen zu einzelnen Personen nur noch über eine Registrierung (Anmeldung des Nutzers beim Anbieter unter Vergabe eines persönliches Passwortes) erreicht werden.

- *Identifikation von Sitzungen*

Besonders wertvolle Informationen lassen sich gewinnen, wenn aus den erfassten Seitenaufrufen die vollständigen Bewegungspfade der Nutzer rekonstruiert werden (Hubert 1999, S. 110). Voraussetzung dafür ist die verlässliche Nutzeridentifizierung, da die einzelnen Seitenaufrufe eines Besuchers in den Logfiles zunächst als unabhängige Vorgänge festgehalten werden. Um eine „personalisierte" Identifizierung zu umgehen, ist es auch möglich, jeweils für die Dauer einer Sitzung eine sogenannte Session-ID zu vergeben. Mit Hilfe dieser Session-ID lässt sich der Bewegungspfad eines Nutzers rekonstruieren; die Anonymität des Nutzers ist jedoch gewahrt.

Die entstehende Einheit verschiedener Seitenaufrufe eines Individuums wird als Sitzung oder Session bezeichnet. Zur schärferen Abgrenzung einer Sitzung wird oft verlangt, dass die Zeitspanne zwischen zwei Seitenaufrufen einen bestimmten Maximalwert (z.B. 30 Minuten) nicht überschreiten darf (Werner/Stephan 1997, S. 180). Abbildung 11 zeigt die Aufbereitung der Logfiles von den rohen Logfile-Einträgen über Seitenabrufe bis hin zu Sitzungen.

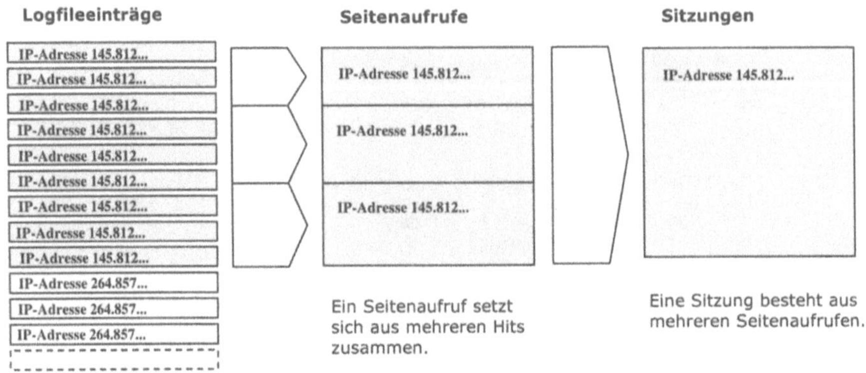

Abbildung 11: Von Logfileeinträgen zu Sitzungen

(Zu den konkreten Fragestellungen der Datenaufbereitung im Web Mining vgl. Kapitel 2.2.1 in diesem Buch.)

2.2.2 Deskriptive Logfile-Analyse

Schon mit Hilfe einfacher deskriptiver Statistiken wie Häufigkeit, Mittelwert oder Median lassen sich Informationen aus Logfiles gewinnen (Srivastava et al. 2000, S. 5). Unter anderem können so die folgenden Kenngrößen ermittelt werden (vgl. Tabelle 3):

Betrachtetes Feld	Enthaltene Informationen
Host	Anzahl der Besucher (unter Vorbehalt, s.o.)
	Nationalitäten der Besucher
Date	Wochentage oder Uhrzeiten erhöhten Netzverkehrs
Request	Häufigste Seitenanforderungen
Status	Häufigkeit der verschiedenen Übertragungsfehler
Bytes	Gesamtmenge übertragener Bytes
Referrer	Häufigste verweisende Seiten
	Gegebenenfalls verwendete Suchbegriffe
In Verbindung mit "Request"	Häufigste Einstiegsseiten
Agent	Meistverwendete Browser
Zeilenanzahl (rohes Logfile)	Anzahl aller Zugriffe auf den Server (=Hits)
Zeilenanzahl (bereinigtes Logfile)	Anzahl an Seitenaufrufen (=Pageviews)

Tabelle 3: Informationsgehalt einer einfachen Logfileanalyse

Weit verbreitete Kennzahlen für den Verkehr einer Site sind die Variablen Hits und Pageviews. Hits sind jedoch in der Regel nicht dazu geeignet, den wahren Verkehr einer Site wiederzugeben (Wootton 1998, S. 5). Da jeder Logfileeintrag als Hit erfasst wird, wächst die Anzahl der Hits künstlich mit der Anzahl von Graphikelementen pro Seite. Daher hat diese Größe geringen Aussagewert und sollte insbesondere nicht für den Vergleich verschiedener Websites herangezogen werden. Pageviews sollen die Anzahl tatsächlich übertragener Seiten wiedergeben, haben dabei jedoch mit den oben aufgeführten Schwierigkeiten zu kämpfen (s. Abschnitt 2.2.1 „Identifikation von Seitenaufrufen") und sind daher ebenfalls mit Vorsicht zu interpretieren.

Die solcherart ermittelten Kennzahlen lassen sich nahezu beliebig aggregieren und kombinieren. Mögliche aggregierte Werte sind die jeweils häufigsten/seltensten Ausprägungen, die absolute/durchschnittliche Anzahl pro Zeiteinheit oder eine Auflistung der jeweiligen Top 10/ Top 100. Als Kombination verschiedener Kennzahlen ergeben sich zum Beispiel die häufigsten Suchbegriffe je Suchmaschine oder die Anzahl Besucher je Seite. Kommerzielle Logfile-Analyse Tools (Logfile Analyzer) bieten zum Teil über 100 verschiedene Reports, die sich fast ausschließlich aus den genannten Kennzahlen zusammensetzen (Marshak/Bock 1999, S. 7).

Anhand der dargestellten Kenngrößen kann zumindest ansatzweise festgestellt werden, ob der Internetauftritt den gewünschten Erfolg zeigt. Eine detaillierte Darstellung des generierten Verkehrs ist beispielsweise für Seiten, die sich durch Werbeschaltung finanzieren, höchst interessant. Über die Erfolgskontrolle hinaus können die dargestellten

Statistiken erste Hinweise zur Verbesserung der Seitenstruktur und zur Positionierung wichtiger Inhalte liefern (Srivastava et al. 2000, S. 59).

Speziell für E-Commerce Sites bieten einige Hersteller von Logfile-Analyse Tools zusätzliche Funktionalitäten zur Analyse des Besucher- und Einkaufsverhaltens in einem Online Shop an. Diese Tools enthalten vorgefertigte Berichte beispielsweise zur Analyse von Online-Kampagnen, der Werbewirkung oder des Produktabsatzes sowie interessanter Relationen des Online-Kaufverhaltens (Welcher Anteil der Besucher verwendet die Warenkorbfunktion? Welcher Anteil der gefüllten Warenkörbe wird gekauft? etc.).

Trotz dieser Möglichkeiten schöpft die deskriptive Logfileanalyse das Informationspotenzial der Web Logfiles nicht voll aus, da sie nicht in der Lage sind, selbständig unbekannte Muster in den Daten aufzufinden (Cooley et al. 1997). Logfiles enthalten aufgrund ihres großen Datenvolumens jedoch oft Informationen, die vom menschlichen Betrachter zunächst nicht auszumachen sind (Mena 2000, S. 90). Versteckte Muster in Web Logfiles können zum Beispiel die Grundlagen für Marktsegmentierung, Kundenprofilbildung oder Cross Selling auf einem zunächst unbekannten Markt bilden (Bensberg/Weiß 1999, S. 430 f.). Aus diesem Grund bietet es sich an, automatische Mustererkennungsverfahren zur fortschrittlichen Analyse von Web Logfiles zu nutzen.

(Zu Vorgehensweise und Möglichkeiten der deskriptiven Logfileanalyse vgl. Kapitel 2.2.2 in diesem Buch.)

2.3 Data Mining-Methoden

Nachdem die Logfiles entsprechend aufbereitet wurden, können die klassischen Verfahren des Data Mining zur Mustererkennung eingesetzt werden. Für den Einsatzbereich des Web Mining bieten sich insbesondere die folgenden Verfahren an (zur ausführlichen Darstellung der einzelnen Verfahren vgl. Hippner et al. 2001).

2.3.1 Assoziations- und Sequenzanalyse

Die Assoziationsanalyse bildet Regeln, die Beziehungen zwischen Elementen aus einer Transaktionsmenge wiedergeben (Schinzer/Bange 1998, S. 54). Gesucht werden Elemente, die verstärkt gemeinsam innerhalb von Transaktionen auftreten. Assoziationsregeln haben die Form „Wenn Element A (in einer Transaktion enthalten ist), dann Element B" und lassen sich durch die Parameter „Support" und „Konfidenz" bewerten. Die Konfidenz steht für die Stärke des Zusammenhanges zwischen A und B, der Support für den Anteil der „A gemeinsam mit B"-Transaktionen an der gesamten Transaktionsmenge (Hettich/Hippner 2001, S. 427 ff.). Klassisches Einsatzgebiet der Assoziation ist die Warenkorbanalyse, in der untersucht wird, welche Produkte typischerweise gemeinsam gekauft werden.

Im Web Mining eignet sich die Assoziationsanalyse insbesondere dazu, Seiten zu identifizieren, die häufig gemeinsam innerhalb einer Sitzung aufgerufen werden. Eine Verknüpfung dieser Seitenkombinationen durch entsprechende Links kann dazu beitragen, die Benutzerfreundlichkeit der Site zu verbessern.

Als Spezialfall der Assoziationsanalyse berücksichtigt die Sequenzanalyse zusätzlich die zeitliche Reihenfolge der Transaktionen. Grundlage ist daher immer eine Menge von Transaktionen, welche die Attribute Transaktionszeitpunkt und Kundenidentifikation besitzen. Für jeden Kunden wird zunächst eine Sequenz aus zeitlich geordneten Transaktionen gebildet. Daraufhin wird nach häufig auftretenden Sequenzen gesucht. Eine Sequenz <a,b,c> mit dem Support von x% bedeutet, daß x% aller betrachteten Sequenzen in zeitlich aufeinanderfolgenden Transaktionen die Elemente a, b und c enthalten (Hettich/Hippner 2001, S. 442).

Mit Hilfe der Sequenzanalyse lassen sich im Netz typische Bewegungspfade der Besucher, das sogenannte Clickstream Behavior, analysieren. Gesucht werden Pfade, auf denen Besucher sich häufig bewegen. Unter der Voraussetzung einer transaktionsübergreifenden Nutzeridentifikation kann in einem weiteren Schritt auch die Abfolge verschiedener Besuche eines Nutzers analysiert werden. So lässt sich beispielsweise ermitteln, nach welcher Anzahl von Besuchen durchschnittlich eine Bestellung erfolgt (Bensberg/Weiß 1999, S. 430).

(Zu Einsatzpotenzial und Durchführung der Assoziations- und Sequenzanalyse im Web Mining vgl. Kapitel 2.3.1 sowie die Fallstudie zur Assoziationsanalyse in Kapitel 3.5.)

2.3.2 Segmentierung

Eine Segmentierung der Internetbesucher kann unter anderem mit Hilfe der Clusteranalyse durchgeführt werden. Neben der Clusteranalyse lassen sich auch Künstliche Neuronale Netze in der Variante der sogenannten Self Organizing Maps (SOMs) zur Kundensegmentierung heranziehen. So lassen sich Kunden beispielsweise anhand ihrer Eigenschaften (Profile) in verschiedene Segmente einteilen (Berry/Linoff 2000, S. 11). Diese Segmente können dann im Bereich des Marketing mit spezifischen Maßnahmen behandelt werden (Schinzer/Bange 1998, S. 54).

Ziel der Clusteranalyse ist es, aus einer heterogenen Gesamtheit von Objekten (z.B. Kunden) homogene Teilmengen zu bilden (Backhaus et al. 1996, S. 262). Die Objekte innerhalb einer Teilmenge sollen dabei untereinander möglichst ähnliche Eigenschaften aufweisen. Zwischen den Teilmengen sollen dagegen möglichst keine Ähnlichkeiten bestehen. Anzahl und Eigenschaften der Teilmengen sind zu Beginn nicht bekannt (Backhaus et al. 1996, S. 262).

Im Bereich des Web Mining ermöglichen diese Verfahren eine Segmentierung der Internetbesucher. Mögliche Dimensionen der Segmentierung im Internet sind die Herkunft des Nutzers, eingegebene Suchbegriffe oder angeforderte Seiten. Anhand dieser Dimensionen kann z.B. versucht werden, auf Berufstätigkeit (Zugriff von Firmenrechner/ Uni-Rechner, Uhrzeit des Zugriffs) oder die Informationsbedürfnisse (eingegebene Suchbegriffe, angeforderte Seiten) der identifizierten Nutzergruppen zu schließen. Ziel ist die Schaffung personalisierter oder zielgruppenspezifischer Informationsangebote.

(Zu Einsatzpotenzial und Durchführung der Segmentierung im Web Mining vgl. Kapitel 2.3.2 in diesem Buch.)

2.3.3 Klassifikation und Prognose

Zur Klassifikation und Prognose eignen sich insbesondere Entscheidungsbaumverfahren, Künstliche Neuronale Netze sowie die (Logistische) Regression.

Entscheidungsbäume ordnen ein Objekt anhand seiner Merkmalsausprägungen einer von mehreren Klassen zu (Agrawal et al. 1996, S. 308). Grundlage für die Klassifizierung bilden Datensätze, die verschiedene (unabhängige) Merkmale sowie eine (abhängige) Zielgröße enthalten. Die zu bildenden Klassen unterscheiden sich in der Ausprägung der Zielgröße. Das Verfahren sucht diejenigen Merkmalskombinationen, die eine möglichst gute Zuordnung der Objekte zu den einzelnen Klassen zulassen.

Im Laufe des Verfahrens werden schrittweise immer kleinere Teilmengen gebildet, wobei die Unterteilung jeweils anhand des Merkmals erfolgt, welches in diesem Moment zu der bestmöglichen Klassifikation der Daten führt. Dieses Vorgehen spiegelt sich bei der graphischen Darstellung der Ergebnisse in der Baumstruktur wider (vgl. Abbildung 12).

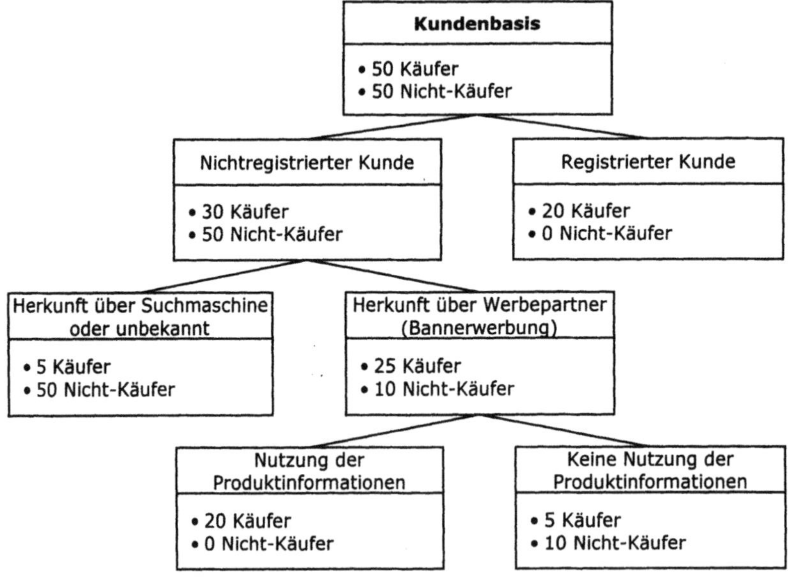

Abbildung 12: Entscheidungsbaum am Beispiel Käuferanalyse

Aus den Verzweigungskriterien können schließlich Regeln gebildet werden, anhand derer die erwartete Klassenzugehörigkeit nicht zugeordneter Objekte bestimmt werden kann (Alpar/Niedereichholz 2000, S. 11).

Im Beispiel „Käuferanalyse" werden anhand der Zielgröße „Produktkauf" mit den Ausprägungen „ja" und „nein" diejenigen Variablen gesucht, die einen möglichst starken Zusammenhang zur Zielgröße aufweisen und a priori eine Klassifizierung von zukünftigen Kunden ermöglichen. Im dargestellten Entscheidungsbaum sind dies die Variablen „Registrierung", „Herkunft des Besuchers" sowie „Nutzung der Produktinformationen".

Künstliche Neuronale Netze (KNN) sind dem Aufbau und der Arbeitsweise der biologischen Datenverarbeitung in Nervenzellen nachempfunden (Adriaans/Zantinge 1996, S. 68). Sie bestehen aus Schichten miteinander verbundener Neuronen. In der Eingabeschicht (Input Layer) werden Signale aufgenommen und an die verborgenen Schichten (Hidden Layers) weitergegeben. Dort findet die eigentliche Informationsverarbeitung statt, indem jedes Neuron empfangene Signale gewichtet und an benachbarte Neuronen weitergibt (Elder/Pregibon 1996, S. 104). Die verarbeiteten Informationen werden schließlich über die Ausgabeschicht (Output Layer) ausgegeben.

Abbildung 13 zeigt die Struktur eines einfachen Neuronalen Netzes mit einem Hidden Layer.

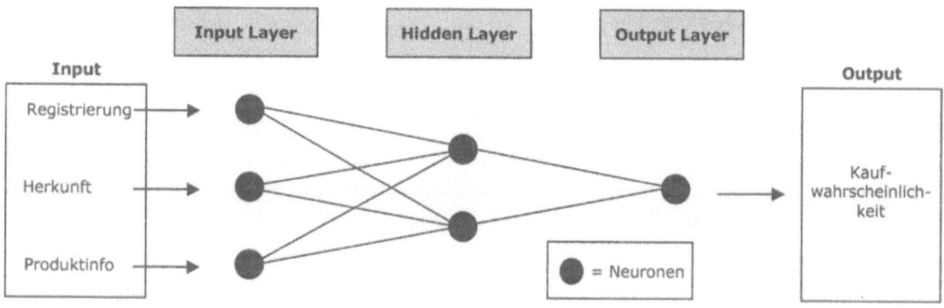

Abbildung 13: Neuronales Netz

Das Netz lernt zunächst anhand von Trainingsdaten, auf bestimmte Eingangssignale mit den gewünschten (vorgegebenen) Ausgaben zu reagieren. Dazu werden die Gewichte der einzelnen Neuronen so lange angepasst, bis der berechnete Ausgabewert mit dem vorgegebenen Wert (annähernd) übereinstimmt. Mit Hilfe der auf diese Weise erlernten Zusammenhänge in den Daten können unbekannte Ausgabewerte für neue Datensätze bestimmt werden (Nakhaeizadeh et al. 1998. S. 13).

KNN sind in der Lage, komplexe nichtlineare Strukturen in den Daten zu entdecken und zu modellieren (Nakhaeizadeh et al. 1998. S. 13). Als Nachteil dieses Verfahrens gilt der Umstand, dass die einzelnen Schritte, in denen die Ausgabewerte berechnet werden, dem Anwender zumeist verborgen bleiben (Berry/Linoff 2000, S. 123 ff.).

Die *Regressionsanalyse* eignet sich ebenfalls zur Klassifikation und Prognose im Bereich des Online-Marketing. Mit Hilfe der Regressionsanalyse lassen sich beispielsweise Scoring-Modelle zur Prognose des Kundenwertes oder für die Zielgruppenselektion entwickeln. Handelt es sich bei der zu prognostizierenden Größe um eine dichotome Variable, wird zur Klassifikation bzw. zur Vorhersage die Logistische Regression oder auch die Diskriminanzanalyse herangezogen.

Klassifikationsverfahren ermöglichen eine Einordnung der Internet-Besucher in vorgegebene Klassen. Oftmals ist es von Interesse, Besucher zu identifizieren, die ein konkretes Ziel einer Website (z.B. Produktkauf) unterstützen. Zu diesem Zweck suchen Klassifikationsverfahren bestimmte Seitenaufrufe, Seitenfolgen oder Nutzermerkmale (bekannte Nutzermerkmale können als „virtuelle Seiten" in die Analyse eingebunden werden), anhand derer Besucher beispielsweise in die Klassen „Käufer" und „Nicht-Käufer" eingeordnet werden können. Jeder Klasse wird ein spezifisches Nutzerprofil zugeordnet. Betritt ein neuer Besucher die Site, wird er anhand seines Profils in eine dieser Klassen eingeordnet. Daraufhin können ihm in Abhängigkeit von seiner Klassenzugehörigkeit bestimmte Inhalte dargeboten werden (Spiliopoulou et al. 2000, S. 160).

(Zu Einsatzpotenzial und Anwendung von Klassifikationsverfahren im Web Mining vgl. Kapitel 2.3.3 in diesem Buch.)

2.3.4 Kausale Netze

Kausale oder Bayesianische Netze lassen sich zur Modellierung von Abhängigkeiten zwischen verschiedenen Größen heranziehen. Die Abhängigkeiten werden dabei in Form von bedingten Wahrscheinlichkeiten dargestellt. Der Einsatzschwerpunkt Kausaler Netze liegt auf dem Gebiet der Beschreibung sowie der Vorhersage komplexer Zusammenhänge (so z.B. medizinische Diagnostik oder auch Analyse des Nutzungsverhaltens im Internet).

Formal betrachtet handelt es sich bei einem Kausalen Netz um einen gerichteten azyklischen Graphen, dessen Knoten Zufallsvariablen und dessen Kanten die Richtung der Abhängigkeit zwischen den Variablen darstellen. Die Kanten dürfen dabei nicht sequentiell sondern nur probabilistisch interpretiert werden. Das heißt, dass eine Kante z.B. nicht dem Pfad eines Benutzers entspricht, sondern den probabilistischen Abhängigkeiten zwischen den einzelnen Seitenbesuchen.

Im Web Mining lässt sich mit Hilfe Kausaler Netze die Gesamtheit der Seitenaufrufe aus verschiedenen Blickwinkeln betrachten. So lässt sich beispielsweise ermitteln, mit welcher Wahrscheinlichkeit sich Kunden, die über bestimmte Suchmaschinen oder um eine bestimmte Uhrzeit auf die Site kommen, für einen speziellen Bereich des Webangebotes interessieren. Diese Erkenntnisse lassen sich dazu verwenden, bestimmten Kunden entsprechend personalisierte Inhalte anzubieten.

(Zu Einsatzpotenzial und Anwendung von Kausalen Netzen im Web Mining vgl. Kapitel 2.3.4 sowie den Praxisbericht in Kapitel 3.3.)

2.4 Umsetzung der Ergebnisse

2.4.1 Web Controlling

Betreiber einer Website wünschen sich aussagekräftige Kennzahlen, mit deren Hilfe der Erfolg ihres Internetauftrittes analysiert werden kann. Solche Kennzahlen sind in der Old Economy seit langem selbstverständlich, in der New Economy lagen sie jedoch bisher gar nicht oder nur ungenügend vor (Giesen 2001, S. 56). Unter dem Schlagwort E-Metriken wird in jüngster Zeit versucht, dieses Defizit zu beheben und dem Controlling des E-Business messbare und informative Zahlen zur Verfügung zu stellen.

Entsprechende Kennzahlen lassen sich unter anderem aus dem Web Usage Mining gewinnen. So können zum Beispiel der Umsatz pro Kunde, die Besuchsfrequenz oder die Loyalität der Kunden mit Hilfe von Web Mining ermittelt und dem Web Controlling zur Verfügung gestellt werden. Diese Metriken liefern erste konkrete Anhaltspunkte, um den Erfolg einer Website objektiv beurteilen zu können. Darüber hinaus können sich Entscheidungen bezüglich des weiteren Ausbaus des Internetangebotes oder der Durchführung von Marketing-Kampagnen auf diese Kennzahlen stützen (Giesen 2001, S. 57).

(Zu den konkreten Einsatzmöglichkeiten des Web Mining im Web Controlling vgl. Kapitel 2.4.1 sowie die Praxisberichte in den Kapiteln 3.6 und 3.8.)

2.4.2 Website-Optimierung

Über die Controlling-Funktion hinaus können die Ergebnisse des Web Mining insbesondere zur optimalen Konfiguration des Internetauftrittes sowie zur Werbeplatzierung genutzt werden (Hubert 1999, S. 110). So sollte beispielsweise die Seitenstruktur an häufigen Bewegungspfaden ausgerichtet sein, um die Navigation im Netz zu erleichtern. Außerdem bietet es sich an, wichtige Seiteninhalte wie Werbung oder Produktinformationen auf diesen Pfaden zu platzieren.

Auch für die Werbeplatzierung auf fremden Seiten können die Ergebnisse des Web Mining eine Rolle spielen: Strategische Partnerschaften mit anderen Websites, Bannerschaltungen und Einträge in Suchmaschinen können hinsichtlich ihrer Effizienz bewertet werden, da sich detailliert feststellen lässt, welche externen Links die meisten/ umsatzstärksten/ langfristigsten Kundenbeziehungen vermitteln (Riemer 1999, S. 134 f.). Auf Basis dieser Bewertung können effiziente Partnerschaften ausgebaut und ineffiziente aufgelöst werden.

(Zu den Einsatzmöglichkeiten des Web Mining für die Website-Optimierung vgl. Kapitel 2.4.2 in diesem Buch.)

2.4.3 Personalisierung

Mit Hilfe von Web Usage Mining lässt sich das Verhalten der Online-Besucher detailliert dokumentieren und analysieren. Die Frage "Wer sind meine Kunden und Interessenten im Netz?" kann zumindest ansatzweise beantwortet werden. Kunden können beispielsweise segmentiert, klassifiziert und nach ihrer Kaufwahrscheinlichkeit bewertet werden (Kimball/Merz 2000, S. 73 f.).

Die so gewonnenen Informationen sind von zentraler Bedeutung für die Personalisierung des Internetauftrittes. Beispiele für die personalisierte Kundenansprache im Netz sind zielgruppenspezifische Marketingkampagnen, kundenindividuelle Interaktion via E-Mail oder personalisierte Seiteninhalte. Von diesen Maßnahmen verspricht man sich einen positiven Effekt auf die Kundenbindung, da andere Anbieter dem Kunden (zunächst) nicht dieselben personalisierten Leistungen erbringen können (Büchner et al. 1998).

(Zu den Einsatzmöglichkeiten des Web Mining für die Personalisierung vgl. Kapitel 2.4.3 sowie die Fallstudie in Kapitel 3.7.)

3 Web Mining in der Praxis

Insbesondere im deutschsprachigen Raum sind bisher nur wenige Informationen zu durchgeführten Web Mining-Projekten erhältlich. Der Lehrstuhl für Allgemeine Betriebswirtschaftslehre und Wirtschaftsinformatik der Katholischen Universität Eichstätt-Ingolstadt untersuchte daher im Rahmen einer Umfrage den aktuellen Stand der Auswertung von Web Logfiles durch deutsche Unternehmen. In dieser Erhebung wurde unter anderem beleuchtet, welche Daten und Verfahren in der Praxis zu einer Web Mining-Analyse herangezogen und welche Ziele mit dem Projekt verfolgt werden.

Als wichtigste Ziele eines Web Mining Projektes wurden dabei die Generierung von Kundeninformationen sowie die Personalisierung der Website angegeben (vgl. Abbildung 14). Die zielgruppengerechte Platzierung von Inhalten hat ebenfalls eine hohe Bedeutung. Daneben werden die Ergebnisse zur Erfolgskontrolle, zur Dokumentation und zur strategischen Planung eingesetzt.

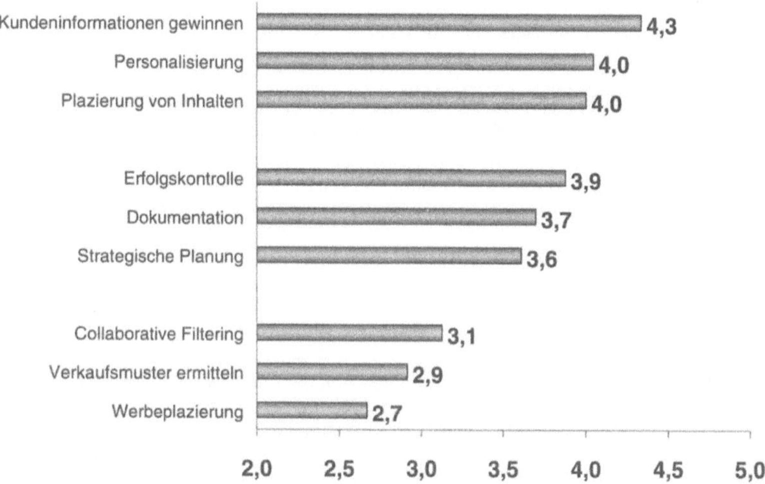

[Mittelwerte, Skala von 1= "keine Bedeutung" bis 5= "hohe Bedeutung"]

Abbildung 14: Ziele von Web Mining Projekten

Die vollständigen Ergebnisse der Web Mining-Anwenderbefragung werden in Kapitel 3.1 des vorliegenden Buches dargestellt. Des Weiteren berichten Vertreter namhafter Unternehmen in den Kapiteln 3.2 bis 3.10 über ihre persönlichen Erfahrungen mit dem Einsatz von Web Mining. Unter anderem wird in diesen Beiträgen dargestellt, wie ein Web Mining-Projekt geplant und durchgeführt wird, welche Preprocessing- und Analyseverfahren zum Einsatz kommen, welche Ergebnisse erzielt werden und wie diese Ergebnisse zur Optimierung der Website herangezogen werden.

4 Fazit

Betreiber von Internetangeboten besitzen oft nur wenige Informationen über die Eigenschaften ihrer Online-Besucher und die Wirkung ihres Internetauftrittes. Da diese Besucher aber über den Erfolg der Site entscheiden, sollte das Wissen über die Interessen und Bedürfnisse der Besucher in die Gestaltung des Netzauftrittes einfließen (Cooley et al. 1997). Die Auswertung von Logfiles stellt eine Möglichkeit dar, zuverlässige Informationen über Online-Besucher zu gewinnen.

Zur Auswertung von Logfiles bieten sich insbesondere Verfahren des Data Mining an, da diese in der Lage sind, über die einfachen Statistiken der herkömmlichen Logfile-Analyse hinaus versteckte Muster in den Daten aufzuspüren und damit wertvolle Informationen zur Personalisierung der Kundenansprache und zur Optimierung der Website zu generieren (Hubert 1999, S. 108).

Im Ablauf einer Web Mining-Analyse kommt den Phasen der Datenerhebung sowie der Datenaufbereitung eine hohe Bedeutung zu. Aus den rohen Daten müssen zunächst einzelne Seitenaufrufe, einzelne Nutzer und einzelne Sitzungen voneinander abgegrenzt werden. Mit Hilfe von Mining-Verfahren wird anschließend das Verhalten der Besucher analysiert, so dass die gewonnenen Erkenntnisse zur optimalen Gestaltung des Internetauftrittes herangezogen werden können.

Zur Unterstützung derartiger Analysen existieren verschiedene Arten von Softwareprodukten mit unterschiedlichen Schwerpunkten. Diese reichen von einer rein deskriptiven Logfile-Analyse über den Einsatz von Data Mining bis hin zu Anwendungen, die den kompletten Analyseprozess von der Datenerhebung und –analyse bis zur Umsetzung der Ergebnisse unterstützen.

Literatur

Accrue Software (2000): Web Mining Whitepaper – Driving Business Decisions in Web Time. http://www.accrue.com/products/Reports_and_White_Papers.html (Zugriff: 09.09.2000).

Adriaans, P.; Zantinge, D. (1996): Data Mining, Harlow.

Agrawal, R. et al. (1996): Fast Discovery of Association Rules. In: Fayyad, U.M.; Piatesky-Shapiro, G.; Smyth, P.; Uthursamy, R. (Hrsg.): Advances in Knowledge Discovery and Data Mining, Menlo Park, S. 307-328.

Alpar, P.; Niedereichholz, J. (2000): Einführung zu Data Mining. In: Alpar, P.; Niedereichholz, J. (Hrsg.): Data Mining im praktischen Einsatz – Verfahren und Anwendungsfälle für Marketing, Vertrieb, Controlling und Kundenunterstützung, Braunschweig/Wiesbaden, S. 1-27.

Ansari, S.; Kohavi, R.; Mason, L.; Zheng, Z. (2000): Integrating E-Commerce and Data Mining – Architecture and Challenges, WEBKDD 2000, Boston, USA.

Backhaus, K.; Erichson, B.; Plinke, W.; Weiber, R. (1996): Multivariate Analysemethoden – Eine anwendungsorientierte Einführung, Berlin.

Balbes, L.M. (1997): Analyzing Web Site Traffic. In: Web Developer´s Journal. http://www.webdevelopersjournal.com/columns/traffic.html (Zugriff: 24.09.2000).

Bensberg, F.; Weiß, T. (1999): Web Log Mining als Marktforschungsinstrument für das World Wide Web. In: Wirtschaftsinformatik 41 (1999), S. 426-432.

Berry, M.; Linoff, G. (2000): Mastering Data Mining – The Art and Science of Customer Relationship Management, New York.

Broder, A.J. (2000): Data Mining, the Internet, and Privacy. In: Masand, B.; Spiliopoulou, M. (Hrsg.): Web Usage Analysis and User Profiling – International WEBKDD'99 Workshop, Berlin, S. 56-73.

Büchner, A.G.; Anand, S.S.; Mulvenna M.D.; Hughes, J.G. (1998): Discovering Internet Marketing Intelligence through Web Log Mining. In: SIGMOD Record, Vol. 27, No. 4, S. 54-61.

Cooley, R.; Mobasher, B.; Srivastava, J. (1997): Web Mining – Information and Pattern Discovery on the World Wide Web. Proc. 9th IEEE International Conference on Tools with Artificial Intelligence, IEEE Comput. Soc, Los Alamitos, CA, S. 558-567.

Elder, J.; Pregibon, D. (1996): A Statistical Perspective on Knowledge Discovery in Databases. In: Fayyad, U.M.; Piatesky-Shapiro, G.; Smyth, P.; Uthursamy, R. (Hrsg.): Advances in Knowledge Discovery and Data Mining, Menlo Park, S. 83-113.

Gentsch, P.; Veth, C.; Schinzer, H.D.; Roth, M.; Mandzak, P.; Bange, C. (2001): Web-Personalisierung und Web-Mining für eCRM – 12 Software-Lösungen im Vergleich, Feldkirchen.

Giesen, H. (2001): Stabiles Fundament. In: e-commerce magazin 12/01, S. 56-57.

Groth, R. (1998): Data Mining – A Hands-On Approach for Business Professionals, New Jersey.

Hettich, S.; Hippner, H. (2001): Assoziationsanalyse. In: Hippner, H.; Küsters, U.; Meyer, M.; Wilde, K.D. (Hrsg.): Handbuch Data Mining im Marketing - Knowledge Discovery in Marketing Databases, Braunschweig/Wiesbaden, S. 427-463.

Hippner, H.; Küsters, U.; Meyer, M.; Wilde, K.D. (Hrsg.) (2001): Handbuch Data Mining im Marketing - Knowledge Discovery in Marketing Databases, Braunschweig/Wiesbaden.

Hippner, H.; Merzenich, M.; Wilde, K.D. (Hrsg.) (2002): Web Mining – Informationen für das E-Business, absatzwirtschaft, Düsseldorf.

Hippner, H.; Wilde, K.D. (2001): CRM – Ein Überblick. In: Helmke, S.; Dangelmaier, W. (Hrsg.): Effektives Customer Relationship Management, Wiesbaden, S. 3-37.

Hubert, M. (1999): Pfadanalysen führen zum Kunden. In: Absatzwirtschaft, Nr. 11, S. 108-110.

Kimball, R.; Merz, R. (2000): The Data Webhouse Toolkit – Building the Web-Enabled Data Warehouse, New York.

Marshak, R.T.; Bock, G.E. (1999): E-Marketing with iLux Suite 2000 – Identifying the Business Benefits of Complete Customer Information, Patricia Seybold Group, Inc., Boston.

Mayer, R.; Bensberg, F.; Hukemann, A. (2001): Web Log Mining als Controllinginstrument für Online-Shops. In: Controlling, Nr. 3, S. 157-165.

Mena, J. (2000): Data Mining und E-Commerce – Wie Sie Ihre Online-Kunden besser kennen lernen und gezielter ansprechen, Düsseldorf.

Nakhaeizadeh, G.; Reinartz, T.; Wirth, R. (1998): Wissensentdeckung in Datenbanken und Data Mining – Ein Überblick. In: Nakhaeizadeh, G. (Hrsg.): Data Mining – Theoretische Aspekte und Anwendungen, Heidelberg, S. 1-33.

Page, B. (1999): Using Network Analysis to Improve Visitor Response at a Web Site. www.accrue.com (Zugriff: 04.11.2000).

Reiner, D. (2001): E-Metrics For the New Economy – The NetGenesis Enterprise Architecture.   http://www.netgen.com/downloads/pdf/ng5arch/ArchWhitepaper.pdf (Zugriff: 15.10.2001).

Riemer, O. (1999): Online-Aktivitäten der VICTORIA-Versicherungen. In: Link, J.; Tiedtke, D. (Hrsg.): Erfolgreiche Praxisbeispiele im Online Marketing – Strategien und Erfahrungen aus unterschiedlichen Branchen, Berlin, S. 109-143.

Sane Solutions, LLC (2000): Analyzing Web Site Traffic – A Sane Solutions White Paper. http://www.sane.com/products/NetTracker/whitepaper.pdf (Zugriff: 20.10.01).

Schinzer, H.D.; Bange, C. (1998): Werkzeuge zum Aufbau analytischer Informationssysteme – Marktübersicht. In: Chamoni, P.; Gluchowski, P. (Hrsg.): Analytische Informationssysteme – Data Warehouse, On-Line Analytical Processing, Data Mining, Berlin, S. 41-58.

Seidel, U. (1998): Das neue Datenschutzrecht der Teledienstanbieter – Das Teledienstdatenschutzgesetz (TDDSG). In: WiSt – Wirtschaftswissenschaftliches Studium, 27. Jg., Nr. 12, S. 635-642.

Spiliopoulou, M. (1999): Data Mining for the Web, PKDD'99, Prag.

Spiliopoulou, M.; Pohle, C.; Faulstich, L. (2000): Improving the Effectiveness of a Web Site with Web Usage Mining. In: Masand, B.; Spiliopoulou, M. (Hrsg.): Web Usage Analysis and User Profiling – International WEBKDD'99 Workshop, Berlin, S. 142-162.

Srivastava, J.; Cooley, R.; Deshpande, M.; Tan, P.N. (2000): Web Usage Mining – Discovery and Applications of Usage Patterns from Web Data. In: SIGKDD Explorations, ACM SIGKDD, Vol. 1, Issue 2, o.O., S. 1-12.

Werner, A.; Stephan, R. (1997): Marketing Instrument Internet, Heidelberg.

WCM-Online (2000): WP – Hersteller und Dienstleistungen von Web Personalisierungs-Lösungen, Düsseldorf.

Wirtz, B. (2000): Der virtuelle Kunde im Internet ist flüchtig. In: Frankfurter Allgemeine, Nr. 291, S. 31.

Wootton, C. (1998): Analyzing Log Files. In: Web Developer´s Journal, 08.11.1998. http://www.webdevelopersjournal.com/articles/log_analysis.html (Zugriff: 24.09. 2000).

Zaiane, O.R. (2000): Web Usage Mining. http://www.cs.ualberta.ca/~tszhu/web mining.htm (Zugriff: 03.11.2000).

Zaiane, O.R.; Xin, M.; Han, J. (1998): Discovering Web Access Patterns and Trends by Applying OLAP and Data Mining Technology on Web Logs. In: Proc. Advances in Digital Libraries Conf., o.O., S. 19-29.

2 Der Web Mining Prozess

2.1 Datenerhebung

Prof. Dr. Wolfgang Gaul

ist Mitglied der kollegialen Leitung des Instituts für Entscheidungstheorie und Unternehmensforschung, Universität Karlsruhe (TH).

Dr. Lars Schmidt-Thieme

ist wissenschaftlicher Mitarbeiter am Institut für Entscheidungstheorie und Unternehmensforschung, Universität Karlsruhe (TH).

2.1.1 Aufzeichnung des Nutzerverhaltens – Erhebungstechniken und Datenformate

1   Die Kommunikationssituation im WWW

Bestimmend für die Beobachtung von Nutzerverhalten im WWW ist die dort herrschende, zunächst technisch bedingte Kommunikationssituation, die festlegt, was prinzipiell wie beobachtet werden kann.

Zu den Grundelementen der WWW-Kommunikation gehört die Identifizierung der teilnehmenden Rechner über eine numerische Adresse, Internet-Protokoll-Adresse (IP-Adresse) genannt, die aus derzeit vier (mit Version 6 des IP-Protokolls in Zukunft 16) Zahlen zwischen 0 und 255 besteht, z.B. 129.13.122.19. Ein spezieller Internetdienst namens Domain Name Service (DNS) ordnet numerische Adressen und Rechnernamen einander zu; so entspricht die obige IP-Adresse beispielsweise dem Rechnernamen viror.wiwi.uni-karlsruhe.de.

Drei Eigenschaften der Kommunikationssituation, die sich durch die Schlagworte Netzwerkstruktur, Verbindungslosigkeit und Funktionsschichten umreißen lassen, sind in unserem Zusammenhang von besonderer Bedeutung.

Die *Netzwerkstruktur* des Internet bedeutet, dass am Internet beteiligte Rechner miteinander in einem Netzwerk verbunden sind. Da naheliegenderweise nicht jeder Rechner direkt mit jedem anderen verbunden sein kann, kommunizieren Rechner nicht direkt miteinander, sondern i.d.R. vermittelt über eine Reihe weiterer Rechner im Netzwerk. Die Nachrichtenweiterleitung geschieht dabei in einer hierarchischen Art und Weise: jeder Rechner kann direkt mit unmittelbar benachbarten Rechnern kommunizieren (z.B. mit anderen Rechnern derselben Abteilung eines Unternehmens) und kennt einen Ansprechpartner für alle anderen Zieladressen. Ein solcher Ansprechpartner wird als *Router* oder *Gateway* bezeichnet. Ein Router verfügt über eine Tabelle, die für bestimmte Adressbereiche angibt, an welche Rechner eine Nachricht jeweils weitergeleitet werden soll. Nachrichten, die an keinen direkt mit dem Router verbundenen Rechner weitergeleitet werden können, werden an einen übergeordneten Router delegiert, usw. Der Laufweg einer Nachricht muss dabei nicht eindeutig und über die Zeit konstant sein. Um die Zuverlässigkeit des Netzwerkes zu erhöhen, können Nachrichten auf verschiedenen Wegen (d.h. über verschiedene intermediäre Router) weitergeleitet werden, so dass bei Ausfall eines Routers zwei Rechner in von diesem Router verbundenen Teilen des Netzwerkes über einen anderen Leitungsweg miteinander kommunizieren können (falls ein solcher besteht).

Die *Verbindungslosigkeit* des WWW besagt, dass Rechner nicht über feststehende Kanäle kommunizieren (wie z.B. das Telefon), sondern diskrete Nachrichten austauschen (wie z.B. Briefe per Post). Im Bereich des Internet heißen diese Nachrichten Pakete. Aufgrund der Verbindungslosigkeit müssen Nachrichten, die zum selben Kommunikationspartner gehören, erst als solche identifiziert werden.

Unter *Funktionsschichten* der WWW-Kommunikation versteht man schließlich verschiedene Abstraktionsebenen, in denen eine Nachricht beschrieben werden kann. Das

Open Systems Interconnection-Referenzmodell (OSI-Referenzmodell) unterscheidet sieben verschiedene Schichten. Für unsere Zwecke genügt die Unterscheidung in drei oder vier Schichten: die physikalische Schicht (z.B. Ethernet), die Netzwerk- und Transportschicht (z.B. das Transmission Control Protocol (TCP) und das Internet-Protokoll (IP), meistens zusammengefasst als TCP/IP) sowie die Anwendungsschicht (z.B. das Hypertext Transfer Protocol (HTTP) für das WWW, das File Transfer Protocol (FTP) für die Übertragung von Dateien, etc.). Um übertragen werden zu können, müssen Nachrichten in der jeweils tieferen Protokollschicht kodiert werden, d.h. bildlich gesprochen durchlaufen Nachrichten alle Schichten.

Anhand des Schichtenmodells kann man sich die unterschiedliche Funktionsweise von Routern/Gateways und *Proxies* verdeutlichen (siehe Abbildung 1). Router leiten in der Transportschicht kodierte Nachrichten weiter, d.h. sie stehen auf der Transportschicht zwischen Sender und Empfänger und verstehen den anwendungsprotokollspezifischen Inhalt der Nachricht nicht. In manchen Bereichen ist man aber daran interessiert, dass Nachrichten je nach Inhalt gefiltert oder besonders behandelt werden, z.B. um Viren aus einem Firmennetzwerk herauszuhalten oder um häufig angefragte Resourcen zwischenzuspeichern und dann aus dem Zwischenspeicher zu bedienen (Cache). Hierfür werden Proxies eingesetzt. Proxies verstehen nur bestimmte Anwendungsprotokolle, man spricht dann entsprechend von HTTP-Proxies, FTP-Proxies etc. Sie decodieren Nachrichten, extrahieren den eigentlichen Zielrechner, stellen dann selbst die Anfrage an diesen Zielrechner (Stellvertreter-Funktion) und leiten dessen Antwort an die Rechner weiter, von denen die Anfrage ursprünglich stammte. Proxies stehen demnach auf der Anwendungsschicht zwischen Sender und Empfänger. Im Gegensatz zu Gateways hat ein Empfänger in der Regel keine Möglichkeit, den eigentlichen Sender festzustellen. (Die Stellvertreter-Funktion kommt teilweise auch bei Routern zum Einsatz, wenn diese als Firewalls fungieren und Rechner eines internen Netzes gegen Zugriffe von außen abschirmen sollen; man bezeichnet dies im Unterschied zum Proxy als *Masquerading*.)

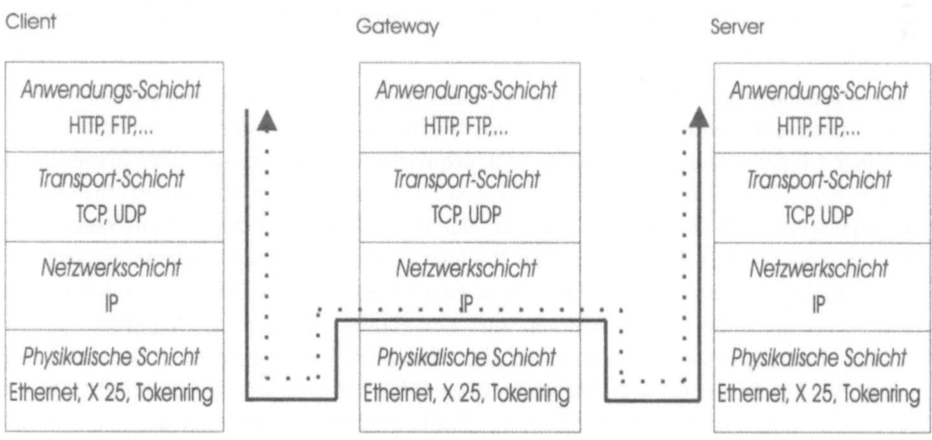

a) Funktionsweise eines Routers/Gateways

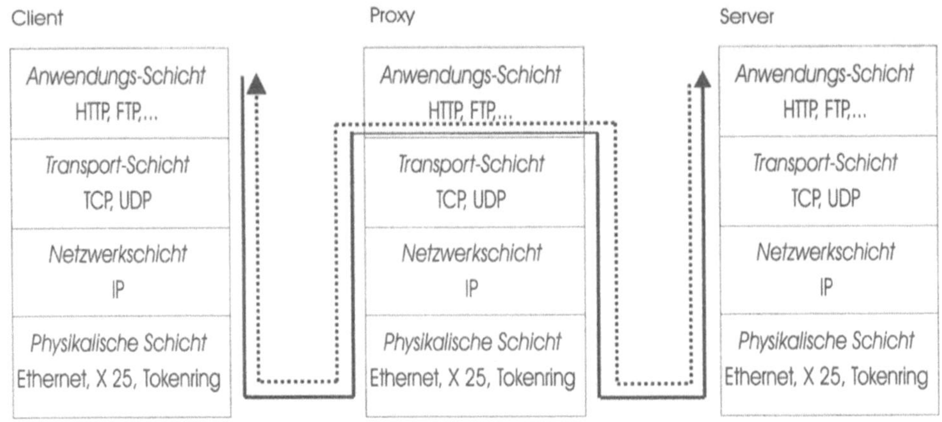

b) Funktionsweise eines Proxies

Abbildung 1: Router/Gateways und Proxies im Vergleich

Um mehrere Dienste auf einem Rechner anbieten zu können, verwendet man sogenannte Ports: es handelt sich hierbei um Nummern, die an die IP- oder DNS-Adresse angehängt werden. Generische Adressen von Internet-Diensten lassen sich dann in der Form

[Protokoll]: //[IP-/DNS-Adresse]: [Port]/[Resource]

beschreiben, z.B. für das WWW als

http: //viror.wiwi.uni-karlsruhe.de: 80/webmining/ .

Bestimmten Diensten wie hier dem Webserver (HTTP-Protokoll) sind dabei bestimmte Standardports zugewiesen (sogenannte *well known numbers*), die bei Addressangaben weggelassen werden können. Solche Adressen bezeichnet man als Uniform Resource Locators (URLs).

Die meisten Internet-Dienste werden asymmetrisch realisiert: ein Anbieter stellt einen Dienst unter einer bestimmten Adresse zur Verfügung, indem auf einem entsprechenden Rechner (Server) ein entsprechendes Dienstprogramm (Dämon, oft aber ebenfalls als Server bezeichnet) auf eingehende Anfragen (Requests) wartet und darauf mit entsprechenden Antworten (Responses) reagiert. Nachfrager nutzen einen solchen Dienst durch eine entsprechende auf ihrem eigenen Rechner (Client) laufende Anwendungssoftware (Anwendung, oft aber ebenfalls als Client bezeichnet). Für das WWW bezeichnet man den Server spezieller als Webserver, die Anwendungssoftware als Webbrowser. Die meisten Internetdienste, insbesondere aber das WWW, funktionieren demnach über einen Pull-Mechanismus, d.h. Nutzer müssen Informationen explizit anfordern, im Gegensatz zu klassischen Push-Medien wie Radio und Fernsehen. Erst die dadurch notwendigen Interaktionen von Benutzern mit ihrer Anwendung bzw. deren Interaktionen mit der Serversoftware erlauben die Erfassung und Messung des Nutzerverhaltens.

2 Das Hypertext Transfer Protocol (HTTP)

Die Kommunikation zwischen Webbrowser und Webserver wird durch das WWW-Anwendungsprotokoll, das Hypertext Transfer Protocoll (HTTP) geregelt. Dieses Protokoll wird als versionierter Standard vom World Wide Web Consortium (W3C) verwaltet. Seit 1996 ist HTTP-Version 1.0 (Berners-Lee et al. 1996), seit 1999 parallel dazu HTTP 1.1 (Fielding et al. 1999) in Gebrauch.

Wie viele andere Internet-Protokolle auch beschreibt es die zur Anforderung und Versendung von Ressourcen benötigten Nachrichten in einem menschenlesbaren, zeilenorientierten Textformat. Anfrage und Antwort beginnen jeweils mit einer Anfrage- bzw. Statuszeile, enthalten dann eine beliebige Anzahl sogenannter Kopffelder (header fields), die Metadaten der Anfrage bzw. der gelieferten Resource beschreiben, und getrennt durch eine Leerzeile den Entitätsrumpf (entity body), der im Falle von Antworten die angeforderte Resource, also z.B. die gewünschte HTML-Datei, enthält, bzw. im Falle von Anfragen meistens leer ist (aber z.B. im Spezialfall von Webformularen die Eintragungen des Benutzers in die Formularfelder enthalten kann).

Abbildung 2 zeigt ein Beispiel für eine HTTP-Anfrage sowie eine entsprechende HTTP-Antwort. Wie man sieht, besitzt die Anfragezeile drei Einträge: der erste Eintrag gibt die verwendete HTTP-Methode an (hier i.d.R. meistens GET), der zweite Eintrag gibt die relative URL der nachgefragten Resource an und der dritte die gewünschte Protokoll-Version. Die Statuszeile der HTTP-Antwort besitzt ebenfalls drei Einträge: hier bezeichnet der erste die ausgehandelte Protokoll-Version, der zweite gibt einen Statuscode zurück und der dritte eine Kurzbeschreibung dieses Status. Der Statuscode gibt dem Client Auskunft darüber, ob und inwieweit der Server die Anfrage bearbeiten konnte: 200 signalisiert eine erfolgreiche Antwort, 404 einen Fehler aufgrund der Anfrage einer URL, die auf dem Server nicht vorhanden ist, 401 eine Rückfrage aufgrund der Anfrage einer Resource, für die eine Autorisierung erforderlich ist, etc.

HTTP-Anfrage (Client → Server):

```
GET /webmining/script/1/HTTP-5.xml HTTP/1.1
accept-charset: Any;q=1.0, *;q=0.9, utf-8;q=0.8
accept-language: en_US, en
host: viror.wiwi.uni-karlsruhe.de
accept: text/*;q=1.0, image/png;q=1.0, image/jpeg;q=1.0, image/gif;q=1.0, image/*;q=0.8, */*;q=0.5
user-agent: Mozilla/5.0 (compatible; Konqueror/2.1.2; X11)
referer: http://viror.wiwi.uni-karlsruhe.de/webmining/script/1/HTTP-6.xml
connection: Keep-Alive
accept-encoding: x-gzip; q=1.0, gzip; q=1.0, identity
```

HTTP-Antwort (Server → Client):

```
HTTP/1.1 200 OK
Date: Fri, 17 Aug 2001 07:48:25 GMT
Server: Apache/1.3.12 (Unix) (SuSE/Linux) ApacheJServ/1.1.2
Last-Modified: Fri, 17 Aug 2001 07:48:05 GMT
ETag: "e5819-33-3b7ccc35"
Accept-Ranges: bytes
Content-Length: 51
Connection: close
Content-Type: text/html

<html><body>
Eine HTML-Resource...
</body></html>
```

Erzeugter Logfile-Eintrag (eine Zeile, aus Platzgründen in drei Zeilen gebrochen):

```
129.13.122.23 - - [ 17/Aug/2001:07:48:25 +0200 ] " GET /webmining/script/1/HTTP-5.xml "
200 51 " http://viror.wiwi.uni-karlsruhe.de/webmining/script/1/HTTP-6.xml "
" Mozilla/5.0 (compatible; Konqueror/2.1.2; X11) "
```

Abbildung 2: HTTP-Anfrage und -Antwort sowie daraus erzeugter Logfile-Eintrag.

Die Kopfzeilen der Anfrage enthalten Informationen über die bevorzugte Sprache einer Resource (falls sie in verschiedenen Sprachen verfügbar ist, Kopffeld accept-language), der Webbrowser, mit dem die Anfrage getätigt wurde (user-agent), die URL der Seite, die den Link auf die angefragte Resource enthielt (referer), etc. Die Kopfzeilen der Antwort enthalten Meta-Informationen wie den Zeitpunkt der Bearbeitung der Anfrage (date), das Format der gesendeten Resource (content-type, im Beispiel eine HTML-Seite), die Länge der gesendeten Resource in Bytes (content-length) etc. Getrennt durch eine Leerzeile folgt dann im Entitätskörper schließlich die angefragte Resource, hier eine HTML-Datei. Die möglichen Kopffelder werden durch den HTTP-Standard festgelegt. Die Verwendung und Beachtung der meisten Felder ist jedoch optional und eine korrekte Verwendung steht zur Disposition der jeweiligen Software. Die Information der Kopffelder des eigenen Browsers kann man sich z.B. bei Schmidt-Thieme (2001) anzeigen lassen.

Im Prinzip könnte man Informationen über die Nutzung einer Website festhalten, indem man die HTTP-Anfragen und entsprechenden Antworten protokolliert. Aber wie man schon an dem kleinen Beispiel in Abbildung 2 sieht, fallen dabei sehr viele Informationen an, die in der Regel nicht von Belang sind. Deshalb wird nur ein Auszug der wichtigsten Informationen in einem sogenannten Logfile festgehalten.

Logfiles können verschiedene Formate besitzen. Die beiden wichtigsten sind das Common Logfile Format (Luotonen 1995) und das Combined Logfile Format, das ersteres um zwei weitere Einträge pro Anfrage erweitert. Um die Übernahme zusätzlicher Informationen in Logfiles einfacher zu gestalten, wurde das Extended Logfile Format entwickelt, das eine variable Protokollierung von Informationen erlaubt (Hallam-Baker/Behlendorf 1996). Sowohl Common als auch Combined Logfile Format sind Spezialfälle dieses Formats.

In allen diesen Fällen wird für jede Anfrage eine Zeile in das Logfile geschrieben. Einzelne Einträge werden durch Leerzeichen getrennt. In Tabelle 1 ist der Aufbau der beiden wichtigsten Logfile-Formate beschrieben. (Der Name des Referrer-Feldes wurde in Version 1.0 des HTTP-Standards versehentlich als referer geschrieben; in Version 1.1 des HTTP-Standards wird auf diesen Umstand hingewiesen, die falsche Schreibweise aus Kompatibilitätsgründen jedoch beibehalten.) In Abbildung 2 ist der für das Beispiel-Anfrage/Antwort-Paar erzeugte Logfile-Eintrag abgebildet. Die IP/DNS-Adresse des Clients stammt aus der TCP/IP-Schicht, nicht aus der HTTP-(Protokoll-)Schicht. Das Feld remoteuser ist für die Benutzerkennung vorgesehen, die bei einem clientseitigen Identifikationsdienst erfragt werden kann (StJohns 1993); da dieser jedoch nur innerhalb geschlossener Netzwerke vertrauenswürdig ist, der Dienst von den meisten Clientrechnern nicht angeboten wird und durch die Rückfrage eine unnötige Verzögerung entsteht, wird auf eine solche Rückfrage meistens verzichtet und das Feld bleibt leer. (Bei den meisten Webservern ist die Rückfrage beim Identifikationsdienst standardmäßig deaktiviert.) Im Feld authuser wird eine HTTP-Benutzerkennung festgehalten, falls auf entsprechende nicht-öffentliche Resourcen zugegriffen wird.

Die meisten Webserver bieten die Möglichkeit an, Nutzungsinformationen statt in einem Logfile in einer analog aufgebauten Tabelle einer Datenbank abzulegen. Einige Webserver können neben den Standardformaten zusätzliche proprietäre Formate schreiben; da die Menge der verfügbaren Informationen jedoch technisch durch die Kommunikationssituation bedingt ist und nicht durch das Format der Datenhaltung, ergeben sich weder neue Möglichkeiten noch andere Probleme.

Common Logfile Format

> remotehost remoteuser authuser[date] „request" status length

Combined Logfile Format

> remotehost remoteuser authuser[date] „request" status length "referrer" "agent"

Logfileeintrag	Beschreibung	Herkunft der Information
remotehost	Remote IP-Nummer (oder hostname, falls DNSLookup aktiviert)	TCP/IP-Socket
remoteuser	Benutzerkennung aus Identifikationsservice	Rückfrage bei clientseitigem Informationsdienst
authuser	Die vom Benutzer angegebene Benutzerkennung	Benutzereingabe auf Nachfrage des Servers (Statuscode 401)
date	Datum und Uhrzeit der Anfrage	Erzeugt (wie im Kopffeld date: der http-Antwort)
request	Die Anfragezeile in genau der Form, in der sie vom Client kam	Anfragezeile des HTTP-Anfrage-Headers
status	Der HTTP- Status- Code, der an den Client zurückgegeben wurde	Erzeugt (wie in der Statuszeile des HTTP-Antwort- Headers)
lenght	Die Länge des transferierten Inhalts in Bytes	Erzeugt (wie im Kopffeld content-length: der HTTP- Antwort)
referrer	URL der Resource, die den Hyperlink enthielt, dem der Benutzer zur angefordeten Resource gefolgt ist	Kopffeld referer: der HTTP-Anfrage
agent	Bezeichnung des Browsers, mittels dessen der Benutzer die Anfrage tätigt	Kopffeld user-agent:

Tabelle 1: Aufbau und Informationen von Logfile- Einträgen

3 Probleme bei der Beobachtung von Nutzerverhalten

Nutzungsinformationen stehen zunächst prinzipiell nur dem Betreiber einer Website nur für seine eigene Website zur Verfügung. Informationen zur Nutzung anderer Websites, beispielsweise seiner Konkurrenten, besitzt er in der Regel nicht.

Um die Nutzung einer Website durch einen individuellen Nutzer zu analysieren, wäre es optimal, wenn für jede Anfrage ersichtlich wäre, von welchem Nutzer sie stammt. Neben dem oben bereits angesprochenen Identifikationsdienst, der von den meisten Clients nicht angeboten wird und bei nicht kontrollierten Clients ohnehin nicht zuverlässig wäre, käme als Quelle für eine solche identifizierende Information noch das HTTP-Kopffeld from in Frage, in der Clients die Email-Adresse ihres Nutzers übermitteln können; alle gängigen Webbrowser lassen dieses Kopffeld jedoch leer. Das Grundproblem bei der Beobachtung von Nutzerverhalten besteht also darin, dass die Nutzung des WWW normalerweise anonym erfolgt und somit identifizierende Informationen nicht zur Verfügung stehen.

Selbst wenn Nutzer nicht absolut identifiziert werden können, wäre zumindest die Identifizierung von Nutzersitzungen (sessions) wünschenswert, d.h. die Identifizierung aller Anfragen, die zur selben Sitzung eines Nutzers gehören. Aufgrund der Verbindungslosigkeit des HTTP-Protokolls ist eine solche Zuordnung nicht gegeben (Nachrichten erreichen den Empfänger nicht über einen Kanal zwischen ihm und dem Sender, so dass alle Nachrichten, die aus demselben Kanal stammen, demselben Absender zugeordnet werden könnten, sondern Nachrichten werden als diskrete Nachrichten (Pakete) verschickt). Wir bezeichnen die beiden genannten Grundprobleme als *a) fehlende Nutzeridentifizierung* bzw. *b) fehlende Identifizierung von Sitzungen.*

Im anonymen Szenario stehen zur Identifizierung von Sitzungen bzw. Benutzern lediglich die IP-Adresse des Clients sowie dessen Browserkennung zur Verfügung. Als naive Grundregel werden alle Zugriffe vom gleichen IP-/Browserpaar dem gleichen Benutzer zugeordnet. Zur weiteren Unterteilung der Zugriffe eines Benutzers in einzelne Sitzungen bedient man sich meistens eines simplen Timeouts. (Meistens verwendet man basierend auf Pitkow/Kehoe 1996 ein Timeout von 30 Minuten.)

Zu den beiden genannten Grundproblemen treten jedoch eine Reihe weiterer Detailprobleme, die erstere in ihrer Auswirkung gravierend verschärfen. Zunächst ist es möglich, dass *c) Anfragen verschiedener Benutzer von der gleichen IP-Adresse* kommen, da beispielsweise alle Anfragen von Benutzern eines Proxies von diesem Proxy zu kommen scheinen. Das Problem kann häufig an sprechenden DNS-Namen von Proxies (z.B. http-proxy.uni-karlsruhe.de) bzw. an proxy-typischen Zusätzen in der Browserkennung erkannt werden. Benutzer hinter einem Proxy können eventuell an verschiedenen Browserkennungen (die sich i.d.R. schon bei verschiedenen Browserversionen unterscheiden) bzw. aufgrund verschiedener Pfade auf der Website auseinandergehalten werden.

Ebenso können *d) Anfragen eines Benutzers von verschiedenen IP-Adressen* stammen. Der einfachere Fall liegt bei dynamisch vergebenen IP-Adressen vor, wie sie beispielsweise bei Internet Service Providern (ISPs) üblich sind: die Rechner ihrer Kunden bekommen keine feste IP-Adresse zugeordnet, sondern erhalten bei jeder Einwahl dynamisch eine IP-Adresse aus einem Adresspool zugewiesen, d.h. zu verschiedenen Zeitpunkten/Einwahlen besitzt der gleiche Rechner eine unterschiedliche IP-Adresse. Einfacher ist der Fall deshalb, weil der Rechner zumindest für die Dauer einer Sitzung eine feste IP-Adresse besitzt, so dass hierdurch lediglich Probleme für die Nutzer-, nicht aber für die Sitzungsidentifikation entstehen.

Der schwerwiegendere Fall liegt vor, wenn die IP-Adresse nicht pro Sitzung/Einwahl wechselt, sondern pro Anfrage. Ähnlich wie Anbieter stark frequentierter Webangebote diese nicht mittels eines Rechners umsetzen können, sondern die Last durch Vorschalten eines Verteilers (Load Balancer) auf mehrere Rechner umlegen müssen, können auch Betreiber stark frequentierter Proxy-Dienste (wie z.B. große ISPs) diesen nicht über einen Rechner abwickeln, sondern verteilen die Last dynamisch auf mehrere Proxies. Während der den Proxy-Dienst in Anspruch nehmende Client einen festen Ansprechpartner hat (den Proxy-Verteiler), scheint für den angesprochenen Webserver jede Anfrage von einem der dynamisch wechselnden Proxies zu kommen. Betreiber solcher Proxycluster wie z.B. AOL publizieren i.d.R. deren IP-Adressen, so dass man alle diese IP-Adressen zu einer Gruppe zusammenfassen kann; man spricht hier von host munging (Pirolli/Pitkow 1999).

Bei der Beschreibung von Nutzerverhalten ist man nur an expliziten Nutzeraktionen interessiert, d.h. an solchen Zugriffen, die der Nutzer selbst explizit veranlasst hat. Die Struktur von Webseiten (HTML-Seiten) sowie die Funktionsweise der Webbrowser bringt es jedoch mit sich, dass auch *e) nicht explizit vom Nutzer veranlasste Anfragen* protokolliert werden. HTML-Seiten bestehen neben der Hauptresource, dem eigentlichen HTML-Textgerüst, i.d.R. aus einer Vielzahl weiterer Hilfsresourcen wie Icons, Stylesheets, etc. Auf Ebene des HTTP-Protokolls wird nicht zwischen diesen Resourcen unterschieden, jede muss für sich angefordert werden. Webbrowser unterstützen ihre Benutzer, indem sie diesen Vorgang automatisieren. Sie fordern zunächst die Hauptresource an, bestimmen die URLs aller dort referenzierten Hilfsresourcen, fordern dann diese Hilfsresourcen an, bauen die Seite entsprechend auf und präsentieren sie schließlich dem Benutzer. Während der Benutzer eine Aktion (click) ausführt und dafür eine Seite angezeigt bekommt (pageview), registriert der Webserver eine Vielzahl abgerufener Resourcen (hits). Bei der Analyse von Nutzerverhalten müssen diese nicht explizit mit Nutzeraktionen in Verbindung zu bringenden Anfragen getilgt bzw. in die explizite Anfrage der Hauptresource aggregiert werden (data cleaning).

Ein Spezialfall nicht explizit vom Nutzer stammender Zugriffe sind Zugriffe automatischer Clients, sogenannter Web Robots, die nicht von einem menschlichen Nutzer gesteuert werden. Solche Clients kommen beispielsweise zur Indizierung von Websites für Suchmaschinen, zur Extraktion von Produkt- und Preisinformationen für automatische Preisvergleicher etc. zum Einsatz. Da Web Robots technisch über den gleichen Mechanismus wie gewöhnliche Webbrowser zugreifen, das HTTP-Protokoll, sind sie zunächst nicht als solche zu erkennen. Man unterscheidet hier *gutartige* von *bösartigen* Robots: erstere geben sich in ihrer Agentkennung als Robots zu erkennen (z.B. googlebot für den Indizierer der Suchmaschine Google) und halten sich an den Robots Exclusion-Standard (Koster 1994), der Sitebetreibern die Möglichkeit einräumt, Robots nur Zugriff auf bestimmte Bereiche ihrer Site zu gewähren. Da dies siteweit über eine Resource mit der URL /robots.txt (oder per Webseite über das HTML-Metaelement) gesteuert wird, lassen sich gutartige Robots so auch anhand eines Zugriffs auf die /robots.txt-Resource identifizieren. Zu Robots gehörende Agentkennungen erkennt man entweder an einem sprechenden Namen (Bestandteile wie crawler, bot, etc.), durch Identifikation der Software oder anhand konstanter Verhaltensmuster wie etwa daran, dass die meisten Robots nie etwas kaufen. Viele Anbieter von Web Mining-Software verwalten Listen mit zu Robots gehörenden Agentkennungen.

Da sowohl das Senden einer korrekten Agentkennung als auch die Einhaltung des Robots Exclusion-Standards dem Robot (bzw. seinem Betreiber) anheim gestellt sind, können bösartige Robots nur anhand ihres Navigationsverhaltens erkannt werden. Besonders rücksichtslose Robots kann man an einer extrem schnellen Zugriffsfolge erkennen (rapid fire). Da sich diese negativ auf die anderen Nutzern zur Verfügung stehende Leistung auswirkt, wird diese durch den Einbau von Verzögerungen zwischen je zwei Zugriffen vermieden; dadurch erfolgen die Zugriffe häufig in konstanten Zeitabständen, ein weiteres Erkennungsmerkmal für Web Robots neben ihrem sonstigen Browsingverhalten wie etwa dem vollständigen Abgriff einer Site oder einer Breitensuche (Tan/Kumar 2000).

Das vielleicht bekannteste Problem bei der Beschreibung von Nutzerverhalten sind *f) Anfragen, die nicht zum Server durchgereicht werden* und folglich dort auch nicht protokolliert werden können. Verantwortlich hierfür sind sogenannte Caches, die zuvor abgerufene Resourcen zwischenspeichern und bei erneutem Abruf nicht nochmals beim Server nachfragen, sondern die zwischengespeicherte Version liefern; Ziel eines Caches ist es, die Netzlast zu drosseln und die Antwortzeiten zu vermindern. Die harmlosere Variante ist der Browsercache, der jeweils den Nutzer eines Browsers dahingehend unterstützt, die Navigation durch zuvor gesehene Seiten zu beschleunigen. Zugriffe fehlen hier per Sitzung systematisch. Gravierender sind Caches in Proxies, die von mehreren Benutzern verwendet werden. Ein Proxycache kann Resourcen aus der Sitzung eines Benutzers speichern, um sie für Anfragen anderer Benutzer verfügbar zu machen. Zugriffe fehlen hier folglich unsystematisch. Cachebar sind grob gesagt zunächst nur statische Resourcen.

Das HTTP-Protokoll bietet Möglichkeiten, Caches anzuweisen, bestimmte Resourcen nicht zu cachen (Kopffelder expires und cache-control); da damit jedoch die Vorteile eines Caches, ein Performance-Gewinn und eine flüssigere Navigation der Website, verlorengehen, ist dies oft nicht wünschenswert. Fehlende Zugriffe sind oft an Pfadsprüngen erkennbar, d.h. an aufeinanderfolgenden Zugriffen desselben IP-/Browserpaars auf nicht direkt verlinkte Resourcen. Wahlweise können fehlende Zugriffe durch entsprechende Heuristiken ergänzt (Pfadvervollständigung) oder spezielle Verfahren für fehlende Werte eingesetzt werden (Gaul/Schmidt-Thieme 2000).

Aufgrund der Vielzahl genannter Probleme erfordert die Analyse von Web-Nutzungsdaten stets eine geeignete Aufbereitung (für eine ausführliche Darstellung der erforderlichen Schritte der Datenaufbereitung s. Kapitel 1.3 dieses Bandes).

4 Zusätzliche Techniken zur Benutzer-/ Sitzungsidentifizierung

Die naive Grundregel, das IP-/Browserpaar als Grundlage zur Identifizierung von Sitzungen oder gar Benutzern zu verwenden, ist nur in sehr speziellen Kontexten einsetzbar, etwa Websites im Intranet oder Websites mit B2B-Angeboten, wo Nutzer oft bereits aufgrund ihrer IP-Adresse identifiziert werden können, oder Websites mit sehr geringem Traffic, bei denen selten zwei Benutzer des gleichen Proxies aktiv sind. In allen typischen Kontexten jedoch, wie etwa größeren Informations- und E-Commerce-Angeboten, müssen zusätzliche Maßnahmen zur Benutzer-/Sitzungsidentifikation ergriffen werden.

Die zuverlässigste Art der Benutzeridentifikation geschieht über *a) explizite Authentifizierung*: Resourcen werden nicht mehr anonym angeboten, sondern nur nach vorheriger Anmeldung jeden Benutzers sowie durch Eingabe einer Benutzerkennung (Login) und eines Passworts. Eine solche Authentifizierung kann beispielsweise direkt über das HTTP-Protokoll abgewickelt werden: Fragt ein Client eine geschützte Resource an, antwortet der Webserver mit einer Aufforderung zur Authentifizierung (Statuscode 401); der Webbrowser fragt beim Benutzer nach einem passenden Login-/Passwortpaar und schickt dies für die Dauer der Sitzung mit jedem Request an den Herkunftsserver (Kopffeld *authorization*); der Webserver vergleicht die angebotene Autorisierungsinformation mit seiner Benutzer-Datenbank und schickt bei Übereinstimmung die angeforderte Resource.

Dem großen Vorteil einer eindeutigen Benutzeridentifikation steht der sehr hohe Interaktionsgrad als Nachteil gegenüber. Eine Benutzeregistrierung ist nur dann sinnvoll einsetzbar, wenn dem Benutzer über einen längeren Zeitraum ein Dienst zur Verfügung gestellt wird, für den er bereit ist, sich registrieren zu lassen und sich seine Zugangsdaten zu merken. Selbst aus Informations- und Zusatzangeboten geschnürte Pakete wie etwa Suns Java Developer Connection bieten die meisten Informationen ohne Registrierung an und erfordern erst für Downloads etc. eine Registrierung. Infolge des hohen Grades an Benutzerinteraktion ist die Authentifizierung für viele Bereiche nicht sinnvoll anwendbar, z.B. im E-Commerce.

Eine andere Art der Benutzeridentifizierung bietet die *b) Verwendung von Cookies*. Cookies sind kleine Datenpakete, die Clients ähnlich wie die Autorisierungsinformation bei jeder Anfrage an einen Server mitschicken (Kopffeld *cookie*). Diese Datenpakete enthalten ein Variable-/Wertpaar, das auf dem Client für die Dauer einer Sitzung (session cookie) oder auch darüber hinaus für einen bestimmten Zeitraum (Lebensdauer; persistent cookie) per Zielserver und partieller Ziel-URL gespeichert ist. Ein solcher Cookie kann auf verschiedene Art und Weise gesetzt werden: entweder im Rahmen einer Client-/Serverinteraktion innerhalb eines Kopffeldes (*set-cookie*) oder clientseitig durch Ausführen clientseitiger Skripten. Im ersten Fall kann man nochmals unterscheiden zwischen dem Setzen von Cookies in dynamischen Resourcen, z.B. erzeugt von Servlets, Java Server Pages, etc. – jede Servertechnik bietet hier entsprechende High Level-Konstrukte zum Setzen solcher Cookies an – sowie für statische Resourcen, z.B. statische HTML-Seiten; letzteres wird vom Webserver erledigt, die genauen Einstellungen hängen im Detail von der jeweiligen Implementation ab (für Apache kann man beispielsweise das Modul usertrack verwenden). Clientseitige Cookies hingegen werden in der Regel mittels Javascript gesetzt. Die Cookie-Kopffelder sind nicht Bestandteil des HTTP-Kernstandards, sondern einer Erweiterung (Kristol/Montulli 1997).

Zur Benutzeridentifikation können Cookies eingesetzt werden, indem man als Wert eine künstliche eindeutige Kennzeichnung speichert, im einfachsten Fall z.B. eine fortlaufende Nummer (in der Praxis verwendet man komplexere Kennzeichnungen, damit Kennzeichnungen aktiver Sitzungen nicht erraten und zugehörige Sitzungen nicht entführt werden können). Diese Cookie-IDs können nun als zusätzliches Feld in einem Logfile (z.B. im Extended Logfile Format) abgelegt werden. Zugriffe mit gleicher Cookie-ID stammen vom gleichen Benutzer.

Der Hauptvorteil von Cookies besteht darin, dass keinerlei Benutzer-Interaktion von Nöten ist; das Setzen und Senden von Cookies geschieht oft völlig unbemerkt vom Nutzer. Zu den Nachteilen von Cookies zählen, dass verschiedene Browser Cookies nicht teilen, so dass Benutzer mit mehreren Browsern als verschiedene Benutzer erscheinen, sowie dass Cookies per Benutzeraccount abgelegt werden, so dass Benutzer desselben Accounts als derselbe Benutzer erscheinen (problematisch beispielsweise in Internet-Cafes). Der gravierendste Nachteil besteht jedoch darin, dass das Senden von Cookies im Belieben des Browsers bzw. seines Nutzers steht, d.h. eine Kooperation des Webbrowsers notwendig ist. Das Deaktivieren von Cookies war lange Zeit nur durch besondere Einstellungen und in eher grobschlächtiger Art und Weise vorzunehmen, so dass dies einer kleinen Minderheit erfahrener Nutzer vorbehalten war. Moderne Browser verfügen jedoch über eine feinkörniges Cookie-Management sowie oft über (für den Benutzer) sinnvolle Grundeinstellungen, so dass ähnlich wie bei der Authentifizierung damit gerechnet werden muss, dass Benutzer nur noch Cookies für Websites aktivieren, von denen sie sich einen Mehrwert versprechen.

Als besonders innovativ muss in diesem Zusammenhang die Umsetzung im Mozilla/Netscape-Browser erwähnt werden (http: //mozilla.org), der diesen Vorgang für Benutzer noch weiter automatisiert, indem er Cookie-Einstellungen von Angaben in der Privacy Policy der Website abhängig macht. Privacy Policies werden durch den W3C-Standard *Platform for Privacy Preferences Project* (P3P; Cranor et al. 2001) definiert. Hier teilt der Betreiber einer Website seinen Besuchern in computerlesbarer Form mit, welche Nutzungsdaten er zu welchen Zwecken erfasst. Benutzer können Cookies in Abhängigkeit von diesen Privacy Policies automatisch gestatten oder blocken.

Obwohl Cookies derzeit die am weitesten verbreitete Technik zum Identifizieren von Benutzern darstellen, werfen die immanenten, zum Teil aber auch erst durch Missbrauch (siehe Abschnitt 5) entstandenen Risiken für den Schutz der Privatsphäre mittelfristig die Frage auf, wie lange diese Technik von der Mehrheit der Benutzer noch akzeptiert und damit mit Erfolg einsetzbar bleibt.

Ein weniger invasives Mittel der Identifizierung von Sitzungen ist die *c) Verwendung sitzungsspezifischer URLs.* Darunter versteht man, dass der Webserver bei der ersten Anfrage einer Resource von einem Client eine eindeutige Kennzeichnung erzeugt (Session-ID) und alle zurückgelieferten HTML-Seiten mittels dieser Kennzeichnung instrumentiert. Hyperlinks instrumentierter Seiten beinhalten neben der ursprünglichen Information, welche Resource geliefert werden soll, noch die Session-ID; solche URLs können z.B. wie folgt aussehen:

$$/webmining/? \, id=wz562812673,$$

wobei /webmining/ die nachgefragte Resource bezeichnet und wz562812673 die als Parameter spezifizierte Session-ID. Der Hauptvorteil dieses Verfahrens liegt darin, dass es rein serverseitig ablaufen kann und nicht auf eine aktive Browser-Kooperation angewiesen ist. Nachteile sind ein gewisser Performance-Verlust durch die Instrumentierung (dynamische Resourcen) und die Nicht-Cachebarkeit sowie die dadurch entstehenden, für den Benutzer sichtbaren hässlichen URLs. Die Instrumentation von Links gehört zu den typischen Aufgaben eines Applikationsservers.

Eine Variante dieses Verfahrens ist die *d) Ablage von Session-IDs in verborgenen Eingabefeldern* von HTML-Formularen. Diese Technik kommt im wesentlichen bei Präsentation mehrseitiger Online-Fragebögen zum Einsatz. Sie hat (bei Verwendung der HTTP-Methode POST) den zusätzlichen Vorteil, dass die Session-IDs für Benutzer nicht sichtbar sind, allerdings erkauft durch den Nachteil, dass zur Navigation HTML-Formulare verwendet werden müssen und manche Browser ihre Nutzer darauf aufmerksam machen, dass dabei Informationen an den Server übertragen werden.

Da Session-IDs in URLs trotz fehlender Standardisierung unschwer zu erkennen sind, wäre es sehr einfach möglich, clientseitige Filter zu konstruieren, die sie aus den Links/URLs wieder entfernen. Zu einer aktiven Obstruktion der Sitzungsidentifikation seitens eines Webbrowsers sind uns derzeit jedoch keine Ansätze bekannt und erscheinen uns auch nicht wahrscheinlich, so dass mit der Link-Instrumentierung zumindest zur Identifikation von Sitzungen, wenn auch nicht von Benutzern, auf längere Zeit ein geeignetes Instrument zur Verfügung stehen dürfte.

5 Jenseits von Server-Logfiles

Die zuvor skizzierten Probleme, die von einer Erfassung des Nutzerverhaltens mittels Webserver-Logfiles ausgehen, haben zu einer Vielzahl von Erweiterungen sowie konkurrierender bzw. ergänzender Techniken geführt. Zu den *a) Erweiterungen serverseitiger Techniken* sind sogenannte Webserver-Plugins zu zählen, die im wesentlichen aber Funktionalitäten wie Cookies zur Verfügung stellen, über die moderne Webserver von Hause aus verfügen, das Erfassen von Nutzungsinformationen auf IP-Ebene sowie die Erfassung von Nutzungsinformationen auf Applikationsserver-Ebene.

Das Erfassen von Nutzungsinformationen auf einer tieferen Netzwerkschicht kann unabhängig vom Webserver mittels eines sogenannten Paketsniffers realisiert werden, der IP-Pakete protokolliert und auswertet. Der Vorteil solcher Paketsniffer besteht darin, dass sie an zentraler Stelle Nutzungsinformationen für eine heterogene Serverfarm erfassen können (z.B. verschiedene Dienste oder nur verschiedene Implementationen des gleichen Dienstes; Logfiles unterschiedlicher Dienste müssen normalerweise in geeigneter Weise zusammengeführt werden, wobei weiteren Problemen, wie etwa einer Synchronisierung, begegnet werden muss), was durch den Nachteil erkauft wird, dass sie entsprechende Anwendungsprotokolle nicht verstehen und i.d.R. mit verschlüsselter Information nichts anzufangen wissen.

Mittels Applikationsserver-Logfiles kann man dem Problem dynamischer Resourcen begegnen. Dynamische Resourcen wie etwas Ergebnisse von Suchanfragen, aus Informationen einer Produkt-Datenbank generierte Präsentationsseiten, etc. werden meistens über URL-Parameter gesteuert. Im Rahmen des Preprocessings von Nutzungsdaten müssen solche Parameter in entsprechende Ereignisse etwa der Form „Produktpräsentation X betrachtet" zurückübersetzt werden. Applikationsserver, mittels derer die Erzeugung der genannten dynamischen Seiten i.d.R. realisiert wird, bieten die Möglichkeit, diese High-Level-Ereignisse direkt in einem Applikationsserver-Logfile festzuhalten. Dies bietet, auch im Zusammenhang mit einer zentralen Verwaltung verwendeter serverseitiger Techniken wie Session-IDs, Link-Instrumentierung, Cookies etc., eine deutliche Vereinfachung des Preprocessings (Kohavi 2001). Jedoch muss darauf hingewiesen werden, dass durch den Einsatz von Applikationsservern keine prinzipiell neuen Möglichkeiten entstehen, d.h. die beschriebenen Schwierigkeiten der Benutzer- und Sitzungsidentifikation bleiben bestehen. Als Nachteil ist eine Festlegung auf eine höhere Schicht, die Applikationsserver-Schicht, als zentrale Schicht zu sehen; nur von Diensten, die in den verwendeten Applikationsserver integriert werden können, lässt sich die Nutzung so konsistent erfassen.

Zusätzliche Informationen über den ungefähren geographischen Standort des Clients (bzw. des von ihm benutzten Proxies) lassen sich durch den Einsatz von *b) Geo-Location-Software* gewinnen. Mittels des Internet Control Message Protocols (ICMP) wird der Weg zu jedem Client bestimmt, indem jeder Router auf dem Weg zum Client aufgefordert wird, eine Bestätigung über den Erhalt des Paketes an den Absender zurückzuschicken (traceroute, ICMP-Typ 30). Kennt man den Nachrichtenweg sowie die geographische Position wichtiger Router, erhält man Aufschluss über die geographische Position des Clients. Da das ICMP-Protokoll eigentlich zur Lokalisierung von Netzwerkproblemen seitens von Administratoren ausgelegt ist, stellt seine Verwendung zur Informationsgewinnung möglicherweise einen Missbrauch dar.

Jenseits von Server-Logfiles sind *c) Banner-Netzwerke* anzusiedeln. Auf verschiedenen Websites werden Banner eingeblendet, die von einem zentralen Ad-Server geladen werden (z.B. DoubleClick). Die ursprünglich angeforderte Resource steht als Referrer zur Verfügung (der ursprüngliche Referrer hingegen kann auf dem Ad-Server nicht beobachtet werden). Das Logfile des zentralen Ad-Servers registriert so indirekt alle Zugriffe eines Benutzers auf allen Websites, auf denen entsprechende Banner geschaltet sind, d.h. Nutzungsinformationen über die Grenzen einer Website hinaus. Insbesondere unter Zuhilfenahme einer starken Identifizierungstechnik wie den Cookies können hiermit von Betreibern großer Bannernetzwerke umfangreiche Nutzungsinformationen gewonnen werden. Hersteller von Webbrowsern haben darauf schon reagiert, indem Cookies, die nicht für den ursprünglich angesprochenen Server gedacht sind (third party cookies), besonders misstrauisch behandelt werden; die Möglichkeit einer konsequenten Deaktivierung der Referrer-Information für solche Websites ist uns indes nicht bekannt.

Mittels sogenannter *d) Wanzen* kann die Erfassung von Nutzungsinformationen größtenteils auf den Client verlagert werden. Unter Wanzen versteht man kurze Javascript-Programme oder Java-Applets, die eingebettet in eine HTML-Seite von Clients geladen werden. Auf dem Client sammeln sie dann verschiedene Daten (z.B. den ursprünglichen Referrer, die Auflösung der Bildschirmdarstellung, die Größe des Browserfensters, etc.) und senden diese, i.d.R. kodiert in eine Anfrage-URL für eine „leere" Resource (1-Pixel-Bild), an einen zentralen Tracking-Server.

Wanzen haben den Vorteil, dass sie anders als serverseitige Techniken keine Probleme bei eventuellem Caching von Resourcen haben, da die Wanze mit der Webseite gecacht und bei jedem Aufbau der Seite aktiv wird. Zweitens trennt der Einsatz von Wanzen die Webserver- von der Logging-Infrastruktur: der Tracking-Server ist i.d.R. vom Webserver verschieden. Letzteres hat insbesondere dazu geführt, dass eine Erfassung von Nutzungsinformationen mittels Wanzen als Dienstleistung von vielen Drittanbietern angeboten wird.

Als Nachteil steht dem wiederum die Notwendigkeit einer erhöhten Browser-Kooperation entgegen. Das Ausführen von Javascript- oder Java-Programmen gilt nicht nur als potentielle Privacy-, sondern sogar als potentielle Sicherheitslücke, weswegen Nutzer die Ausführung solcher Programme unterbinden können. Für Java steht dafür ein feinkörniges Policy-Konzept zur Verfügung. Berücksichtigt man weiterhin, dass der derzeit am weitesten verbreitete Webbrowser Internet Explorer in der neuesten Fassung standardmäßig kein Java mehr unterstützt, scheint eine Implementation von Wanzen mittels Java (Shahabi et al. 1997) wenig sinnvoll. Solange, wie derzeit selbst bei einigen neueren Browsern, die Kontrolle über die Javascript-Ausführung noch sehr grobschlächtig, d.h. Javascript nur global aktivierbar oder deaktivierbar ist, erscheint aufgrund zunehmender Verwendung von Javascript zur Gestaltung von Webseiten eine Deaktivierung eher unwahrscheinlich, so dass Javascript-Wanzen kurzfristig eine interessante Alternative zu Server-Logfiles darstellen. Mittelfristig hingegen dürfte diese Lücke bald geschlossen sein.

Bei deaktiviertem Javascript können Wanzen beispielsweise auf einen statisch referenzierten Icon rekurrieren, so dass zumindest protokolliert werden kann, welche Seiten abgerufen wurden (auch wenn dann z.B. die Information über den ursprünglichen Referrerer nicht mehr zur Verfügung steht); Wanzen funktionieren in diesem Fall ganz analog wie Banner-Netzwerke.

6 Ausblick

Zum Erfassen von Informationen über die Nutzung von Webangeboten steht mit den Server-Logfiles eine grundsätzlich solide Technologie zur Verfügung. Eine Vielzahl technisch bedingter Probleme jedoch verschlechtert die Güte der Daten dramatisch, insbesondere was die Identifizierung von Benutzern und Sitzungen betrifft. Verschiedene zusätzliche Maßnahmen können ergriffen werden, um eine bessere Identifizierung zu bewerkstelligen, insbesondere die Benutzeridentifikation mittels Cookies sowie die Sitzungsidentifikation mittels Link-Instrumentierung sind hier hervorzuheben. Zusätzlich können weitere Techniken zur Erfassung von Nutzerverhalten wie etwa eine client-seitige Erfassung mittels Wanzen eingesetzt werden. Bei jeder Erfassung von Nutzungsinformationen ist zu berücksichtigen, dass das WWW derzeit als anonymes Medium funktioniert und der Beobachtung von Nutzerverhalten der Schutz der Privatsphäre der Nutzer entgegensteht, rechtlich wie technologisch. Technologisch ist ein starker Trend zu intelligenteren Webbrowsern und entsprechenden Webstandards wie z.B. P3P zu verzeichnen, der auch gewöhnliche Alltagsnutzer in Stand setzt, Informationen nur noch dort zu hinterlassen, wo sie einen entsprechenden Gegenwert dafür erhalten. In diesem Sinne ist ein Umschwung vom Informationssammel-Wildwuchs der letzten Jahre zu stärker an „permission-based marketing" orientierten Ansätzen zu erwarten.

Literatur

Berners-Lee, T.; Fielding, R.; Frystyk, H. (1996): Hypertext transfer protocol – HTTP/1.0. Request for Comments 1945. http://www.w3.org/Protocols/rfc1945/rfc1945.

Cooley, R.; Mobasher, B.; Srivastava, J. (1999): Data preparation for mining world wide web browsing patterns. In: Journal of Knowledge and Information Systems 1/1, S. 5–32.

Cranor, L.; Langheinrich, M.; Marchiori, M.; Presler-Marshall, M.; Reagle, J. (2001): The platform for privacy preferences 1.0 (P3P1.0) specification. W3C Working Draft, 28. September 2001. http: //www.w3.org/TR/P3P/.

Fielding, R.; Gettys, J.; Mogul, J.; Frystyk, H.; Masinter, L.; Leach, P.; Berners-Lee, T. (1999): Hypertext transfer protocol – HTTP/1.1. Request for Comments 2616. http: //www.w3.org/Protocols/.

Gaul, W.; Schmidt-Thieme, L. (2000): Frequent generalized subsequences — a problem from web mining. In: Gaul, W.; Opitz, O.; Schader, M. (Eds.): Data Analysis, Scientific Modeling and Practical Application, Berlin, S. 430–445.

Hallam-Baker, Ph. M.; Behlendorf, B. (1996): Extended log file format. W3C Working Draft WD-logfile-960323. http: //www.w3.org/TR/WD-logfile.

Kristol, D.; Montulli, L. (1997): HTTP state management mechanism. Request for Comments 2109. http: //www.faqs.org/rfcs/rfc2109.html.

Kohavi, R. (2001): Mining e-Commerce data: the good, the bad, and the ugly. In: Provost, F.; Srikant, R.: Proceedings of the Seventh ACM SIGKDD International Conference on Knowledge Discovery and Data Bases (KDD 2001), New York, S. 8–13.

Koster, M. (1994): A standard for robot exclusion. http: // www.robotstxt.org/wc/norobots.html.

Luotonen, A. (1995): The common logfile format. http: //www.w3.org/pub/WWW/Daemon/User/Config/Logging.html.

Pirolli, P.; Pitkow, J. E. (1999): Distributions of surfers' paths through the World Wide Web, Empirical characterization. In: World Wide Web 2/1–2, S. 29-45.

Pitkow, J. E.; Kehoe, C. M. (1996): Emerging trends in the WWW user population. In: Communications of the ACM 39/6, S. 106–108.

Schmidt-Thieme, L. (2001): Web Mining. Vorlesung an der Universität Karlsruhe im Wintersemester 2001. http: //viror.wiwi.uni-karlsruhe.de/webmining/. (Die im Text genannte dynamische Resource zur Visualisierung von Headerfeldern befindet sich unter http: //viror.wiwi.uni-karlsruhe.de/webmining/script/2/HTTP-5.xml.)

Shahabi, C., Zarkesh, A.M., Adibi, J.,& Shah, V. (1997): Knowledge discovery from users' web-page navigation. In: Seventh International Workshop on Research Issues in Data Engineering (RIDE '97), High Performance Database Management for Large-Scale Applications, April 7–8, Birmingham, UK.

StJohns, M. (1993): Identification protocol. Request for Comments 1413. http: //www.faqs.org/rfcs/rfc1413.html.

Tan, P.-N.; Kumar, V. (2000): Modeling of web robot navigational patterns. In: Workshop on Web Mining for E-Commerce — Challenges and Opportunities (WebKDD 2000), August 20, 2000, Boston, MA, USA.

Underhill, P. (2000): Why we buy – the science of shopping. New York.

Bernd Thurner

Seit Beendigung seines Studiums im Jahre 1998 ist Herr Thurner beim Allgemeinen Deutschen Automobil-Club e.V. (ADAC) im Bereich Software-Reengineering tätig. Der Schwerpunkt seiner Arbeit liegt dort insbesondere auf den Gebieten des Mobile Business/Telematics sowie des Customer Relationship Management.

2.1.2 Einbindung von Zusatzinformationen – Nutzerregistrierung und Online-Umfragen

1 Einleitung – Anonymität der Logfiles

Auf der Basis von Webserver-Logfiles können mit Einsatz eines breiten Spektrums verfügbarer Methoden und Instrumente des Data Mining interessante Informationen etwa über die Site-Nutzung und das Nutzungsverhalten von Besuchern (Web Usage Mining) gewonnen werden. Durch gezieltes Preprocessing (Datenaufbereitung) lässt sich eine qualitativ hochwertige und umfangreiche Datenbasis für Analyseaktivitäten erschaffen.

Bei der Logfile-Aufbereitung stößt man jedoch auf konkrete Schwierigkeiten, wenn es darum geht, die Serverprotokolleinträge den jeweiligen Nutzern zuzuordnen, um zusammenhängende Vorgänge einzelner Site-Besucher untersuchen zu können. Erst wenn es gelingt, Nutzer-Sessions (abgrenzbare Besuchersitzungen) zu identifizieren, kann eine aufschlussreiche Nutzungsanalyse angestoßen werden, die etwa verfeinerte Transaktionsuntersuchungen und die Betrachtung des Klickverhaltens (Click-Stream-Analyse) zum Ziel haben. Mit Hilfe von Session-ID's oder dem Einsatz von Cookies können solche Sitzungsabschnitte erkannt werden. Aber selbst wenn Sessions eruiert werden können, liegt zunächst lediglich eine anonymisierte Informationsbasis vor. Es lässt sich im besten Fall erkennen, wie viele Sitzungen welches Verhalten zum Ausdruck bringen. Wer allerdings diese Benutzer sind, ob sie wiederkehren, ob sie wiederholt ähnliches Verhalten aufweisen etc. lässt sich nicht durchgängig erkennen.

Mit dieser Ausgangssituation beschäftigen sich die folgenden Ausführungen. Fügt man einer Session eine eindeutige Identifikationsmöglichkeit des Benutzers hinzu, kann der Datenbasis aus den Logfiles ein enormer Mehrwert verliehen werden. Das Unternehmen kann erfahren, welche Interessen und Wünsche der einzelne Benutzer hat und ist etwa durch Personalisierung in der Lage eine Web-Site (Databased Site) anzubieten, „die dem Kunden ein Gefühl von Exklusivität und Vertrauen vermittelt und ihn ganz persönlich auf seine Bedürfnisse anspricht" (Tiedtke 2000, S. 111 f.).

Wird die Möglichkeit geschaffen, den Site-Benutzer individuell zu erkennen, kann man beim Web Usage Mining den alleinigen Fokus von den Logfiles (*Web Log Mining*) nehmen und weitere Kundendatenquellen hinzuziehen (*Integrated Web Usage Mining*).

Kennt das Unternehmen seinen Kunden und kann ihn persönlich ansprechen, so lassen sich individuelle Kundeninformationen nicht mehr nur aus der *Beobachtung* (Logfile-Betrachtung) heraus generieren, sondern es wird möglich auf verschiedene Formen der *Befragung* mit dem Internet als Medium, zurückzugreifen (zu Beobachtung und Befragung im Internet s. Bensberg 2001, S. 34 ff.; Reinke et al. 2001, S. 65). Gerade die „echte Interaktivität" (Link/Tiedtke 1999, S. 4) – die Möglichkeit zum wechselweisen und verzögerungsfreien Austausch von Informationen zwischen Kunde und Site-Anbieter, obwohl räumlich getrennt – macht das Internet zu einer besonderen Plattform für Befragungen.

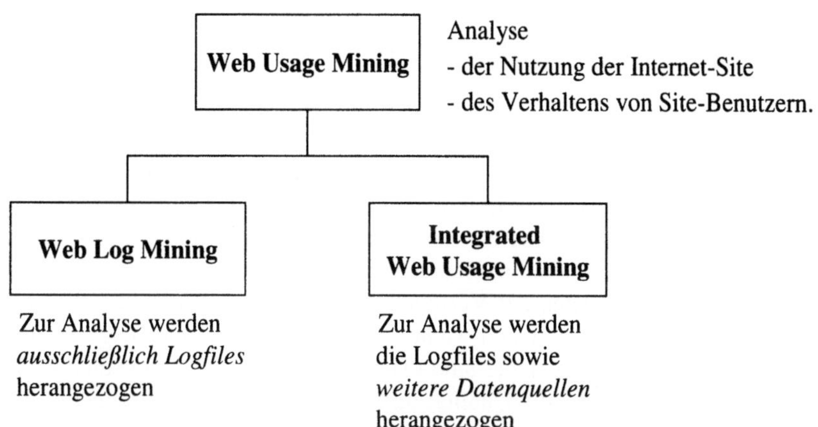

Abbildung 1: Integrated Web Usage Mining (in Anlehnung an Bensberg/Weiß 1999)

Umfangreiche Daten über den Kunden liegen zudem möglicherweise bereits in einer oder mehreren Kundendatenbanken vor – ein gesicherter Wissensbestand für Marketing, Service und Vertrieb - und können zum Informationsgewinn aus der Logfile-Analyse hinzugefügt werden. Deshalb bietet die Verknüpfung verschiedener Datenquellen, wenn auch häufig aufwendig, ein großes – nicht zu vernachlässigendes - Potenzial. Wiederholte Interaktion zwischen Kunde und Unternehmen sollte im Zusammenhang und nicht isoliert gesehen werden (Hildebrand 1999, S. 57), wobei der alleinige Fokus auf das Internet ebenso als „Isolierung" gedeutet werden kann.

Die folgenden Ausführungen gehen im Abschnitt Zwei zunächst auf die Registrierung des Site-Besuchers als Identifikationsinstrument ein. Dies ist ein erster Schritt, um etwas über den Benutzer persönlich zu erfahren. Darüber hinaus dienen Online-Umfragen als Quelle zur Gewinnung von Kundendaten, wobei sie im Vergleich zu „papierbasierten" Umfragen erhebliche Unterschiede aufweisen (Frost 1999, S. 51). Des weiteren kann die direkte Interaktion mit den Kunden in Form von Diskussionsforen, Chatrooms oder der konkreten Nutzung von online angebotenen Services zusätzliche Informationen erbringen. Im dritten Abschnitt werden die Möglichkeiten aufgeführt, bereits verfügbare Informationen aus dem Unternehmen oder externe Quellen wie Panels mit Online-Daten zu kombinieren.

Bei allen Bestrebungen, dem Online-User Bequemlichkeit und Vorteile mit Hilfe von Datensammlung bieten zu können – um letztendlich die Unternehmensziele zu unterstützen – sollte nicht vergessen werden, dass länderspezifisch aus rechtlicher Sicht nicht alles realisiert werden darf, was technisch möglich ist. (Für eine ausführliche Darstellung der rechtlichen Rahmenbedingungen im Web Mining s. Kapitel 2.1.3 dieses Buches.)

2 Online-Datenerhebung

Zur Erhebung von Online-Kundendaten über die Logfile-Analyse hinaus bietet sich die schriftliche Befragung im Internet an. Eine wichtige Voraussetzung hierbei ist, dass Umfrageergebnisse Site-Benutzern individuell zuordenbar sind. Zusammen mit den Ergebnissen aus der Logfile-Analyse kann hierdurch eine umfangreiche Informationsbasis erzeugt werden. Ein Online-Kunde wird einem Site-Anbieter jedoch lediglich dann seine persönlichen Daten zur Verfügung stellen, wenn er sich davon einen Mehrwert verspricht, ihm dieser klar und wichtig ist, und er davon überzeugt ist, dass diese Informationen beim Anbieter sicher sind (Tiedtke 2000, S. 112). Ein solcher Mehrwert ist etwa darin zu sehen, dass die Qualität und Individualität der preiszugebenden Informationen des Benutzers Rückwirkung haben auf die Qualität und Individualität des Leistungsangebots des Site-Anbieters (Link/Tiedtke 1999, S. 9).

2.1 Registrierung und Profile

Eine *Registrierung* ist ein Anmeldevorgang, bei dem der Kunde persönliche Informationen abgibt, um Zugang zu einer Site, besondere Bereiche der Site oder speziellen Funktionen des Angebots zu erhalten. Im Zusammenwirken mit Informationen aus Profilen und Cookies, können benutzerindividuelle Gestaltungsmaßnahmen ergriffen werden.

2.1.1 Anmeldung

Ein Hauptzweck der Benutzer-Registrierung aus Anbietersicht ist sicherlich die eindeutige Identifizierbarkeit eines Site-Besuchers und damit einhergehend die Möglichkeit zur übergreifenden Betrachtung der Interaktionen des Site-Users. Zusammen mit Session-basierten Informationen aus den Server-Logfiles kann exakt analysiert werden, welcher Kunde sich wie, wann und wie oft mit welchen Sachverhalten beschäftigt hat.

Viele kommerzielle Web-Auftritte im Internet sind darauf ausgelegt, einen Besuch zunächst ohne Registrierungsvorgang zu ermöglichen, um keinen Interessenten von vornherein abzulehnen. Gängige Beispiele hierfür sind Suchmaschinen oder Informationsportale. Sobald der Interessent zusätzliche Services (z.B. E-Mail-Account, Online-Shopping) oder besondere Site-Bereiche nutzen möchte, wird jedoch eine (Erst-) Anmeldung verlangt.

Welche Kundendaten bei einer erstmaligen Registrierung abgefragt werden, kann zunächst davon abhängen, ob der sich Anmeldende bereits Kunde des Unternehmens ist und nun mit dem Internetangebot etwa einen neuen zusätzlichen Kommunikations- bzw. Transaktionskanal benutzt. Ist der Besucher dem Anbieter bereits bekannt, so verfügt dieser evtl. schon über eine Kundennummer oder ähnliche Identifikationsschlüssel, welche als Zugangsdaten u.U. ausreichen (z.B. www.adac.de; Name und ADAC-Mitgliedsnummer als Registrierungsparameter für die komplette Site; ohne Anmeldung sind nur Teilbereiche verwendbar). Ist der Interessent hingegen bisher unbekannt, so ergibt sich durch die Abfrage persönlicher Informationen für den Anbieter die Gelegenheit, etwas über den Besucher in Erfahrung zu bringen.

Typische abgefragte Informationen sind soziodemografische Daten wie Name, Adresse, Alter, aber auch internetspezifische Details, z.B. ob und welche E-Mail-Adresse für einen Mail-Kontakt zur Verfügung steht. Zur Registrierung wird meist ein Passwort bzw. eine Zugangs-ID erstellt. Wichtig für eine Registrierung ist zudem die Möglichkeit, dass der Benutzer bei Verlust seiner Zugangsdaten keine neue Registrierung vornehmen muss, sondern diese wieder erhalten bzw. ersetzen kann. Diesem Problem wird beispielsweise damit Rechnung getragen, indem bei der Registrierung Standardfragen gestellt werden – z.B. „Marke Ihres ersten Autos", „Geburtsstadt", etc. -, auf die der User individuell antwortet und diese Daten vom Anbieter ebenfalls ähnlich einem Passwort abgespeichert und im Bedarfsfall abgefragt werden können. Fehlen einfache Maßnahmen um verlorene Zugangsdaten zu handhaben, so läuft der Anbieter Gefahr, dass sich ein Internetbenutzer mehrfach anmeldet, wobei „vergessene" Zugänge dann nicht mehr genutzt werden. Dies führt zu verfälschten Statistiken (Anzahl der registrierten Benutzer) oder sogar zum Verlust des „Kunden", der sich evtl. nicht noch mal die Mühe macht, einen Anmeldevorgang zu durchlaufen.

Verbunden mit einer Registrierung besteht die unmittelbare Möglichkeit eine Abfrage von *Interessenschwerpunkten* des neuen „Kunden" durchzuführen. Faktisch handelt es sich bei dieser Informationssammlung um eine einfache Online-Befragung, die sich jedoch für den Anmeldenden als Teil der Registrierungsphase darstellt. Diese Befragung sollte daher einen angemessenen Umfang aufweisen und nutzerfreundlich gestaltet sein, um nicht zu einer Hürde für den gesamten Vorgang zu werden. Eine einfache und verbreitete Variante (z.B. bei www.yahoo.de) ist das Angebot einer Anzahl von Check-Boxen (☐) hinter denen unternehmensspezifische Themengebiete angegebenen sind. Durch das Setzen eines Häkchens (oder vergleichbaren Symbols) per Auswahl einer Check-Box, kann der Benutzer sein Interesse bekunden. Bringt die Unterlassung der Auswahl keine Sanktionen bei der Anmeldung mit sich, wird damit zwar eine Einstiegshürde vermieden, jedoch muss dies in der Erhebungsdateninterpretation berücksichtigt werden, um daraus nicht ein vermeintliches Desinteresse abzuleiten.

2.1.2 Benutzerprofile und Cookies

Nachdem der Besucher während des Registrierungsvorgangs seine persönlichen Daten preisgegeben hat, werden diese Daten vom Unternehmen empfangen und gespeichert. In Verbindung mit der Registrierung erfolgt i.d.R. die Anlage eines *Benutzerprofils*. Ein Profil ist die Summe von Attributen eines Besuchers, die diesem speziell zugeordnet sind. Die Attribute werden vom Site-Anbieter definiert und können „offline" angepasst und ergänzt werden. Abbildung 2 zeigt ein Beispiel für ein Benutzerprofil.

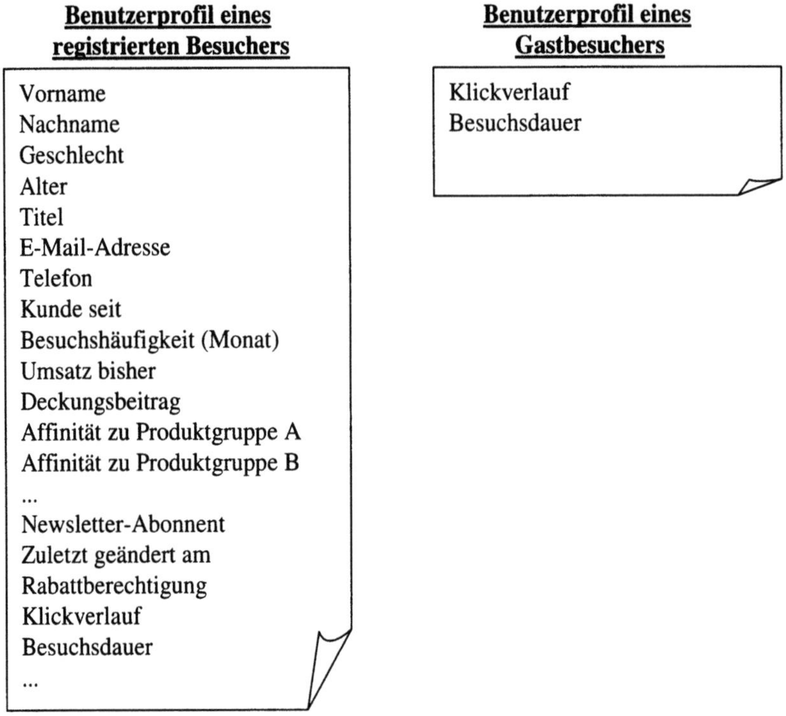

**Benutzerprofil eines
registrierten Besuchers**

Vorname
Nachname
Geschlecht
Alter
Titel
E-Mail-Adresse
Telefon
Kunde seit
Besuchshäufigkeit (Monat)
Umsatz bisher
Deckungsbeitrag
Affinität zu Produktgruppe A
Affinität zu Produktgruppe B
...
Newsletter-Abonnent
Zuletzt geändert am
Rabattberechtigung
Klickverlauf
Besuchsdauer
...

**Benutzerprofil eines
Gastbesuchers**

Klickverlauf
Besuchsdauer

Abbildung 2: Beispiele für Benutzerprofile

Wird ein Profil aus den direkten Eingaben (z.B. Name, Alias, Passwort, E-Mail-Adresse, ...) eines Users heraus erstellt, so spricht man von einer *expliziten* Profilgenerierung. Daneben können Profile auch *implizit* erzeugt werden, indem die definierten Attribute (z.B. Besuchshäufigkeit) durch nachhaltige Analysen (insbesondere der Logfiles) befüllt werden. Daraus ergibt sich, dass Profile auch für anonyme Besucher (Gäste ohne Registrierung) erstellt werden können, wobei allerdings die Wiedererkennung eines nicht registrierten Benutzers schwierig oder evtl. unmöglich ist. (Die Fallstudie in Kapitel 3.4 beschreibt den Einsatz von anonymen Session-Daten im Web Mining.) Eine implizite Profilerstellung erfolgt auch, wenn etwa mit Hilfe von Klassifikationsalgorithmen aus dem Data Mining (Datenbasis: Logfiles, Kundendatenbank) die Absichten oder Präferenzen eines Gastes oder noch weitgehend unbekannten registrierten Benutzers ermittelt und für den aktuellen Besuch zur Verfügung gestellt werden sollen. Die implizite und explizite Attributbelegung kann kombiniert werden und ergänzt sich.

Ein Profil liegt in Form eines Datensatzes in einer Tabelle eines (z.B. SQL-) Datenbankservers vor. Dabei kann es auch möglich sein, dass Profildaten auf mehreren Tabellen verteilt abgelegt werden, etwa wenn zwischen Daten eine 1:n-Beziehung vorliegt. Ein Beispiel hierfür ist die Hinterlegung von Detailinformationen über die Kaufhistorie verschiedener Produkte oder Produktgruppen (z.B. für jedes Produkt A-Z: Interesse; Infobroschüre bestellt; bisheriger Umsatz; Kaufhäufigkeit; ...), die aus der vorhandenen Kundendatenbank gewonnen werden können. Betritt ein Benutzer eine Site, so kann das gesamte Profil – oder nur benötigte Teile – in den Cache des Web-Servers geladen werden, aus dem die Attributwerte schnell von den Web-Applikationen abgefragt werden können.

Mit Hilfe von Profilen ist nun eine Anpassung der Site für den Besucher möglich; unabhängig davon, ob die Bedarfe explizit bekannt sind oder implizit „vorausgesagt" werden. Dabei ergibt sich eine breite Spanne von Qualitätsvarianten, begonnen mit der „customization" der Site, bei der die Seiten in ihrer Erscheinungsform vom Kunden selbst konfiguriert werden können bis hin zum „collaborative filtering", bei dem Regeln und Muster aus den Erfahrungswerten existierender Transaktionen ermittelt und zur Konzeption der Seiteninhalte herangezogen werden (Neus 2001, S. 54 f.). Beim Einsatz des „collaborative filtering" könnte das Benutzerprofil fast gänzlich aus implizit ermittelten und gemessenen Präferenzwerten für bestimmte Objekte der Site bzw. der Site-Inhalte bestehen (Runte 2000, S. 24 f.).

Der bisher erläuterte Zweck der Registrierung bezog sich vor allem auf den Vorgang einer erstmaligen Anmeldung. Der Begriff der Registrierung umfasst jedoch auch die weiteren Anmeldungsaktivitäten, bei denen der Besucher seine bereits verfügbaren Zugangsdaten (z.B. Name/Alias/ID, Passwort) eingeben muss, um bei jedem neuen Site-Besuch Zugriffsberechtigung zu erhalten. Begleitend zur Registrierung werden oftmals *Cookies* eingesetzt, um Benutzerinformationen (zwischen) zu speichern. Ein Cookie ist eine Textdatei, die auf dem Rechner der Benutzers (Festplatte oder Hauptspeicher) abgespeichert wird. Diese Textdatei kann beliebige Informationen aufnehmen, etwa eine Zugangs-ID, Session-ID, Zugriffszeitpunkt und den Klickverlauf während einer Besucher-Sitzung.

Cookies können dabei *persistent* gespeichert werden, d.h. die Textdatei bleibt auch nach Abschluss einer Session bestehen und kann beim nächsten Kontakt zur Site von entsprechenden Funktionen wieder aufgerufen, ausgelesen und bearbeitet werden. Persistente Cookies können auch mit einem „Verfallsdatum" versehen werden, nach dessen Ablauf das Cookie nicht mehr gültig ist und neu angelegt wird. *Nicht persistente* Cookies sind dagegen Informationen, die in Form einer Textdatei *während* einer Benutzersession Bestand haben und am Ende der Sitzung wieder gelöscht werden.

Aktuelle Internetbrowser besitzen die Möglichkeit, die Anlage von Cookies auf dem Client zu unterbinden, wenn dies der Browserbenutzer wünscht und konfiguriert. Diese Option entstand aus der Diskussion, dass die Verwendung von Cookies (auf dem Client-Rechner des Internetbesuchers) einen Eingriff in die Privatsphäre des Online-Users darstellt (von Bargen 1999, S. 120). Damit wird der Einsatz von Cookies deutlich eingeschränkt, da es sich um eine Funktionalität handelt, die in der Breite nicht gesichert eingesetzt werden kann. In der Praxis ist die Cookie-Unterbindung schätzungsweise bei 10-20% der Browser aktiviert (Quelle: IVW, http://www.ivwonline.de/faq_online/question.php?id=68).

Trotzdem ist die Verwendung von Cookies zur Erhebung von Daten zum Nutzungsverhalten interessant, insbesondere bei der Betrachtung von Gastbesuchen (bzw. anonymen Usern). Ließe ein Gastbenutzer die Anlage von Cookies zu, so könnte darin eine eindeutige ID eingebracht werden, mit der man den nicht registrierten Besucher bei einem erneuten Visit wiedererkennen könnte. Daraus lassen sich Profilinformationen ableiten, so dass nicht nur Profile für registrierte oder anonyme Benutzer generierbar wären, sondern auch Zwischenvarianten denkbar sind.

2.1.3 Beispiel für einen Anmeldeprozess

Im folgenden wird beispielhaft der Prozess einer Anmeldung grafisch dargestellt und beschrieben. Es wird in diesem Fall *angenommen*, dass neben der Web-Site eine Kundendatenbank existiert, in der jeder Kunde des Unternehmens registriert ist, der evtl. auch den Internetauftritt des Unternehmens benutzen möchte. Der User meldet sich in diesem Beispiel mit seinem Kundennamen bzw. einer Kundennummer sowie einem Passwort an. Letzteres hat er bereits auf postalischem Weg oder über den Internetauftritt (direkt, per E-Mail oder SMS) erhalten.

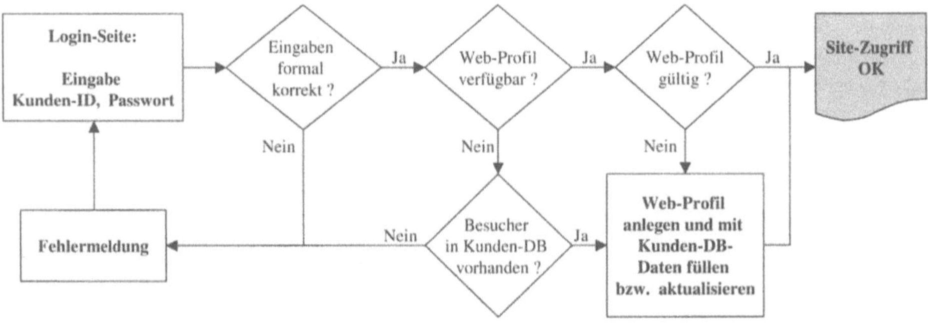

Abbildung 3: Beispiel für einen Anmeldeprozess

Auf einer Login-Seite sind Eingabefelder für den Kundenname und das Passwort platziert, und der User fügt seine Daten dort ein. Mit einem „Login"-Button bestätigt er seine Eingaben und aktiviert damit den Registrierungsprozess. Zunächst wird etwa durch clientseitiges Scripting geprüft, ob die Eingaben formal richtig sind. Dabei werden aus dem Loginnamen Leerzeichen entfernt, Umlaute uminterpretiert und alle Zeichen in Großbuchstaben umformatiert. Eine eingegebene Kundennummer kann ebenfalls auf Gültigkeit hin geprüft werden, indem z.B. Prüfziffernalgorithmen auf der Seite aufgerufen werden. Das Passwort kann etwa bzgl. seiner Länge und auf Sonderzeichen hin untersucht werden. Mit diesen Prüfverfahren können formale Eingabefehler (etwa auch eine fehlende Eingabe) umgehend erkannt werden, ohne dass der Web-Server aufgerufen werden muss. Liegt ein Fehler vor, kann der Kunde über eine Meldung darauf aufmerksam gemacht und das Login-Fenster erneut aufgerufen werden.

Nun wird ein Request an den Web-Server gerichtet und überprüft, ob für den User bereits ein Profil vorliegt und das Passwort gültig ist. Dabei kann es aus Sicherheitsgründen ratsam sein, Passwörter separat vom übrigen Profil aufzubewahren, damit unbefugte Zugriffe auf die Profildatenbank nicht im Auslesen mehrerer Passwörter endet. Ist ein Profil für den Web-Kunden vorhanden, und ist dieses gültig (z.B. hinsichtlich einer erlaubten Nutzungshöchstdauer), so kann dem Besucher die Site (oder der Site-Bereich) zur Verfügung gestellt werden.

Lag für den User noch kein Web-Profil vor, wird nun (mit Kundenname und Passwort) geprüft, ob er in der Kundendatenbank aufgeführt ist. Ist dort kein Eintrag vorhanden, muss eine entsprechende Fehlermeldung erzeugt werden. Möglicherweise hat sich der Kunde nur bei den Eingaben geirrt und sollte nun erneut die Möglichkeit zum Login haben. Dabei lassen sich auch Loginversuche zählen. Ab z.B. drei misslungenen Versuchen kann dann etwa ein weiterer Loginversuch unterbunden werden (z.B. Sperren des Kunden-Profils für weitere Versuche, bis ein neues Passwort vergeben wird). Findet sich hingegen ein Eintrag in der Kundendatenbank, so wird für den Besucher ein neues Profil erstellt, aus der Kundendatenbank gefüllt und der Site-Zugriff freigegeben. War lediglich die Gültigkeit des Profils verfallen und kann der Zugriff dennoch wieder freigegeben werden, könnte das Profil aktualisiert (z.B. mit neuem „Gültig-Bis-Datum") und die Nutzungsberechtigung erneut erteilt werden.

Neben diesem prinzipiellen Vorgehen müssen allerdings besondere Ausnahmefälle berücksichtigt werden, etwa wenn die Kundendatenbank (oder die Profil-DB) während der Anmeldung nicht zur Verfügung steht. In solch einem Szenarium muss Site-individuell entschieden werden, ob überhaupt eine Zugangsberechtigung erteilt werden sollte. Wenn dies fachlich möglich ist, könnte etwa ein Pseudo-Profil für die aktuelle Session hinterlegt werden, das lediglich geringwertige Gültigkeitsparameter aufweist. Beim nächsten Login des Users kann dieses nach obigem Prozess aktualisiert werden.

2.1.4 Profile und Logfiles

Aus der Logfile-Analyse heraus liefert das Web Mining essentielle Informationen über jeden einzelnen Besucher. Um von diesen Ergebnissen zu profitieren, können diese wie bereits erwähnt, implizit in das Benutzerprofil übernommen werden. Hierfür ist jedoch ein komplexer Vorgang nötig, um den Bezug herzustellen. Anhand eines Beispiels soll dieser Prozess im folgenden erläutert werden.

In Abbildung 4 kann man erkennen, dass der Vorgang bereits beim Aufruf der Site beginnt. In diesem Beispiel erzeugt der Web-Server die Session-ID „987654321". Diese wird – damit die Information beim Wechseln der Seiten durch den Benutzer nicht verloren geht – in der URL eingebunden (Praxis-Bsp.: http://www.amazon.com/exec/obidos/ subst/home/home.html/103-2988957-0569459). Zudem wird zunächst ein Benutzerprofil für einen unregistrierten Gast erzeugt und für den Besucher geladen. Nun meldet sich der User mit seinem Login-Namen „Garfield" und einem Passwort an und bestätigt über einen Login-Button. Die Eingaben werden gegen eine Registrierungsdatenbank geprüft und die Zugangsberechtigung wird erteilt. Gleichzeitig wird nun das richtige Profil des Besuchers „Garfield" geladen und in eine separate Log-Datei (z.B. „authorized.log") wird ein Eintrag getätigt, in dem die Session-ID sowie der Loginname „Garfield" abgelegt wird.

Nun besucht unser User verschiedene Seiten (A, B, D und X) und verlässt dann wieder die Site. Diese Aktivitäten werden vom Web-Server in den Logfiles protokolliert. Da die Session-ID in der URL mitgeführt wird, ist diese ebenfalls aufgezeichnet.

Mit Hilfe einer Click-Stream-Analyse wird später der Pfad während der Session "987654321" ermittelt und dieses Ergebnis etwa in einer SQL-Datenbank abgespeichert.

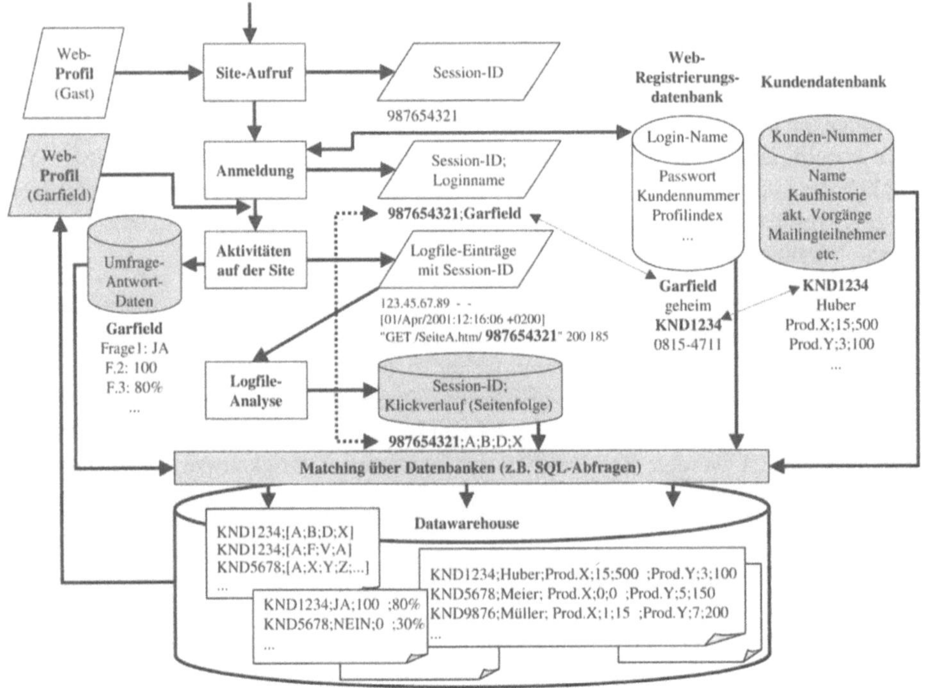

Abbildung 4: Beziehung zwischen Kundendatenquellen und dem Benutzerprofil

Über ein Matchingverfahren kann nun die korrekte Beziehung zwischen dem Logfile-Analyse-Ergebnis und dem Benutzer hergestellt werden. In der Datei „authorized.log" steht, dass die Session „987654321" durch den Benutzer „Garfield" erzeugt wurde. In der Registrierungsdatenbank wurde eine eindeutige Kundennummer „KND1234" für „Garfield" hinterlegt. Jetzt besteht die Möglichkeit über eine SQL-Abfrage die Pfadinformationen „A;B;D;X" mit der Kundennummer „KND1234" zusammenzuführen und dieses Ergebnis in einer Datawarehouse-Tabelle zu speichern. Das Datawarehouse ist so konzipiert, dass die Kundennummer einen eindeutigen Schlüssel über alle dort verfügbaren Kundendaten bildet. Beim nächsten definierten Profil-Aktualisierungszyklus wird erkannt, dass neue Informationen zum Kunden „KND1234" im Datawarehouse vorliegen, die – vorher festgelegt – relevant für das Benutzerprofil des Web-Auftritts sind. Über eine Aktualisierungsabfrage können nun die gegebenen Informationen interpretiert und kundenindividuell in das Profil eingespeist werden. Da „Garfield" etwa die Seiten D und X aufgerufen hatte, wird daraus ein Eintrag „Affinität zu Produktgruppe A:= hoch" abgeleitet.

In den folgenden Abschnitten wird erläutert, wie die Datenbasis (das Datawarehouse unseres Beispiels und darüber das Benutzerprofil) durch zusätzliche persönliche Kundendaten erweitert werden kann, z.B. durch Online-Umfragen und der Integration der Kundendatenbanken.

2.2   Online-Umfragen

Online-Umfragen stellen schriftliche Befragungen im Internet dar, die auf den Prinzipien der traditionellen Umfragemethoden wie persönlichen Interviews, Telefoninterviews oder in Papierform auf postalischem Weg basieren. Dabei weist die elektronische Form hierzu bedeutende Unterschiede auf, die sowohl Vor- als auch Nachteile mit sich bringen.

2.2.1   Formen und generelle Vor- und Nachteile

Die wohl einfachste Form der Online-Umfrage ist die per *E-Mail*. Dabei werden Fragen – ähnlich der papierbasierten Befragung – an ausgewählte Empfänger per E-Mail verschickt. Der Empfänger kann die Fragen beantworten, indem er in den E-Mail-Text seine Antworten einfügt und die Mail anschließend zurücksendet (Bandilla/Bosnjak 2000, S. 16). Unter einem HTML-Fragebogen versteht man spezielle Seiten in einer Homepage, auf der die Fragen gestellt werden. Der gestalterische Spielraum von Fragebögen in *HTML*-Form ist durch die Verwendbarkeit von Schriftarten, Farben, Video- und Audiosequenzen etc. deutlich größer als bei E-Mails. Als eine Variation beider Formen existiert die Möglichkeit, HTML- oder WORD-Fragebögen als Anlage in einer E-Mail zu versenden. Diese Anlage kann geöffnet und bearbeitet werden. Die Antwort kann abschließend durch das Rücksenden des Dokuments als E-Mail-Anhang gegeben werden. Bei HTML-Fragebögen ist es zudem möglich eine direkte Versendefunktion einzubinden. Etwa durch Betätigung einer Schaltfläche (z.B. Button „Versenden") wird selbständig eine Verbindung zu einer Site aufgebaut und die eingegebenen Antworten (bzw. das Formular) werden automatisch dorthin versendet.

Für alle Formen gilt generell, dass die *Kosten* für die elektronische Datensammlung und Übermittlung geringer ausfallen, als dies bei den bereits erwähnten „traditionellen"

Befragungsmethoden der Fall ist (Frost 1999, S. 56). Neben Einsparungspotenzialen etwa beim Porto (beim postalischen Versand auch eventuell Frankierung für den Rücklauf), Anreisekosten bei persönlichen Interviews oder Verbindungskosten bei einem Telefoninterview, findet eine Kostenreduktion besonders durch die Möglichkeiten der *Automatisierung* des gesamten Erhebungsprozesses statt. In optimierter Form braucht eine Online-Umfrage keine Medien-Brüche aufzuweisen. Die Versendung, der Antwortempfang, die Speicherung der empfangenen Daten als auch die anschließende Analyse und Weiterverarbeitung der Kundeninformationen könnte vollends automatisch erfolgen. Dadurch steigt gleichzeitig die *Integrität* der erhobenen Daten (Meyer/Brandes 1997, S.200), da bestimmte Arten von Fehlern (z.B. bei der Codierung der Antworten) vermieden werden können (Frost 1999, S. 56 f.).

Ein weiterer genereller Vorteil – auch mit Auswirkung auf die Kosten – ist die *Geschwindigkeit*, mit der Online-Umfragen durchführbar sind. Durch die Schnelligkeit und Einfachheit bei der Versendung bzw. Bereitstellung der Fragen sowie bei der Beantwortung sind Ergebnisse aus Befragungen in kürzerer Zeit vorhanden und die Feldzeiten sinken (Bandilla/Bosnjak 2000, S. 16). Außerdem bietet das Internet gleichzeitig einfache Möglichkeiten zur *umfragebegleitenden Kommunikation* zwischen dem Probanden und dem befragenden Unternehmen, etwa für Vorankündigungen von Befragungen oder für Rückfragen des Befragten, gegebenenfalls auch Beschwerden über die „Belästigung" eines evtl. nicht erbetenen Mail-Zugangs.

Dem gegenüber weisen internetbasierte Befragungen auch signifikante Probleme auf (Bensberg 2001, S. 38). Eine wichtige Einschränkung ergibt sich aus *technischen Restriktionen*. Das Design und Layout des Fragebogens kann durch Hardware, Software, System- oder Browsereinstellungen des Endgeräts des Probanden beeinflusst werden. Begonnen mit der falschen oder unterbleibenden Darstellung von Objekten des Fragebogen bis hin zum Extremfall, dass Umfragen nicht beim Probanden ankommen oder von ihm nicht bearbeitet werden können, ergibt sich daraus ein breites Spektrum an Problemen.

Die eingehend erwähnte Vorteilhaftigkeit von Online-Umfragen aufgrund von Kostenreduktion bringt auch einen Nachteil mit sich, da *Kosten auf den Probanden verschoben* werden. Bei einer Umfrage über E-Mail zahlt der Empfänger den Download des Fragebogens, und bei der Teilnahme an einer HTML-Umfrage im Internet muss der Benutzer die Verbindungskosten tragen.

Im Prinzip weisen Online-Umfragen die wesentliche Problematik der geeigneten *Stichprobenauswahl* aufgrund einer weitgehend unbekannten *Grundgesamtheit* auf. Welche Grundgesamtheit kann für eine Probandenauswahl zugrundegelegt werden, wenn man nicht weiß, wer das Internet nutzt – d.h. über einen Internetzugang verfügt und damit umgehen kann – und sich durch dynamisches Wachstum die Grundgesamtheit ständig verändert. Selbst beim Versand von E-Mail-Fragebögen, basierend auf unternehmenseigenen E-Mail-Adresslisten, besteht die Grundgesamtheit lediglich aus den Personen, die den Dienst „E-Mail" nutzen. Damit ist noch keine Repräsentativität gegeben (Bandilla/Bosnjak 2000, S. 13 f.). Aus der Sicht des Web Mining ist diese Fragestellung aber unproblematisch, wenn die Umfrageantworten für die individuelle Aufbereitung des Probanden-Benutzerprofils dienen soll.

Neben den eben ausgeführten allgemeinen Vor- und Nachteilen von Online-Umfragen zeigen sich weitere bei der konkreten Betrachtung der Umfrageform per *E-Mail*. Diese bietet im Vergleich zu konventionellen Befragungsmethoden gute *Kontrollmöglichkeiten*, wer geantwortet hat. Eingehende Antworten können jedoch von einer abweichenden E-Mail-Adresse (bzw. E-Mail-Header) stammen, etwa wenn der Proband zum Empfang der E-Mail einen anderen Account nutzt als zum Versand. Damit fallen möglicherweise Ergebnisdaten an, die keinem ausgewählten Probanden individuell zugeordnet werden können, wenn Identifikationsdaten (z.B. Name, Adresse oder eine eindeutige ID für jeden Teilnehmer) nicht auch Bestandteil des Fragebogens sind. Folgt keine Antwort auf eine gesendete E-Mail, oder möchte man etwa den Stichprobenumfang im nachhinein erhöhen, so bietet dieses Medium einfache Möglichkeiten für *Nachfassaktionen* (Frost 1999, S. 57).

Beim Versand von E-Mails muss der physische Umfang des Fragebogens in Form der zu übertragenden *Dateigröße* berücksichtigt werden. Einige WWW-Server (bzw. Provider) filtern übergroße Dateien heraus und leiten diese nicht weiter. Fügt man zum AS-CII-Text etwa einige Grafiken oder Symbole zu Erläuterung und Illustration hinzu, kann eine kritische Größe schnell erreicht werden. Darüber hinaus könnte der Mail-Empfänger bei der Übermittlung abbrechen und den Empfang verweigern, wenn der Download zu lange dauert.

2.2.2 HTML-Fragebogen

Wie bereits eingehend erwähnt wurde, bieten *HTML*-Fragebögen einen größeren *gestalterischen Spielraum* als E-Mails. Sie stellen mit ihren Möglichkeiten eine interaktive Schnittstelle zum Benutzer dar, die sehr attraktiv gestaltet werden kann (Frost 1999, S. 61). Die Formulare selbst können kleinere *ausführbare (Java-)Programme* beinhalten, die auf Eingaben des Benutzers reagieren können. Liegen beispielsweise voneinander abhängige Fragen vor, so kann durch die Angabe einer Antwort zu Frage X, die folgende Frage Y ad hoc ausgeblendet oder die Fragestellung verändert werden (*Filter- oder Verzweigungsfragen*). Die dargestellten Texte können *variable Felder* beinhalten, die etwa bereits gegebene Antwortinhalte interaktiv aufgreifen und wiedergeben können (z.B. „Sie erwähnten bereits, Ihr letztes Reiseziel war *Griechenland...*"). Diese Optionen können z.B. für eine persönlichere Anrede während der gesamten Befragung genutzt werden, nachdem der Proband Name, Titel und Geschlecht zu Beginn eingegeben hat. Für Antworten können vordefinierte *Listen* angezeigt werden, aus denen der Umfrageteilnehmer einfach und bequem auswählen kann, oder auch die zusätzliche Möglichkeit zur Formulierung einer individuellen Antwort hat. *Optionsfelder* (⊙) und *Check-Boxen* (☑) bieten einfache und schnelle Antwortmöglichkeiten, *Analogskalen* – möglicherweise mit abhängiger visueller Darstellung des eingestellten Wertes – können den Benutzer beim Umgang mit Bewertungen unterstützen, u.v.m.

Durch die *Vorgabe* von Eingabefeldern (z.B. Textfeld mit maximal zulässiger Zeichenzahl oder definierte Anzahl an Optionsfeldern zur Skalierung einer Antwort) kann dem Wildwuchs von Antworten Einhalt geboten werden. Zu den Gestaltungsmöglichkeiten gehört auch die Einbindung von *multimedialen Elementen* wie Audio- und Videosequenzen. Mit ihnen lassen sich etwa Erklärungen „vorlesen" oder Befragungsobjekte für den User realitätsgetreu darstellen und in Erinnerung rufen.

Einen besonderen Wert bietet die Interaktivität des HTML-Fragebogens bzgl. *Plausibilitätskontrollen.* Durch geschickte Verwendung der verfügbaren Page-Elemente und Möglichkeiten der Programmierung können Antworten miteinander zur Laufzeit kombiniert und auf ihre Sinnhaftigkeit geprüft werden. Bei Auffälligkeiten können Fragen erneut gestellt oder durch neue Fragen die Abweichungen ergründet werden. Durch derartige Methoden kann insbesondere die *Integrität* der Antwortdaten optimiert werden, wie dies bereits in den vorherigen Ausführungen erwähnt wurde.

In Zusammenwirkung mit Logfile-Auswertungen besitzt diese Form der Online-Befragung den besonderen Vorteil, dass der *Befragungsprozess* im Verlauf des gesamten Befragungszeitraum ständig beobachtet werden kann. So kann jederzeit eingesehen werden, wie oft der HTML-Fragebogen bisher aufgerufen wurde, wie viele davon vollständig ausgefüllt und abgeschlossen wurden etc. Dabei ist bei günstiger Gestaltung der Befragung auch erkennbar, bei welchen Fragen oder auf welcher Fragebogenseite die Beantwortung abgebrochen wurde. Damit wird am Ende der Umfrage nicht nur das absolute Ergebnis transparent, sondern auch der Befragungsprozess an sich kann Rückschlüsse zulassen und für zukünftige Fragebögen Verbesserungspotenziale bieten.

Einsatzbeschränkungen von aufwendigen HTML-Fragebögen, wegen *Übertragungs-* oder *Verarbeitungsgeschwindigkeiten* und *–umfang,* schwinden mit dem Fortschreiten der technischen Entwicklung. Dennoch darf dieser Aspekt nicht vernachlässigt werden. Die Hard- und Softwareausstattung des Benutzer-Rechners begrenzt den Spielraum, der nicht überzogen werden sollte, um Abbrüche im Verlauf der Umfrage zu verhindern. Zu aufwändig gestaltete HTML-Formulare, bei denen etwa der Bildaufbau einer Page subjektiv gemessen zu lange dauert, provozieren Abbrüche. Dies betrifft allgemein den Aufbau und die Ausstattung der Umfrage. Viele Fragen auf einer Seite bedingen langes Scrollen und stehen dem Web-spezifischen Leseverhalten entgegen (Bandilla/Bosnjak 2000, S. 19). Denkbar wäre die Darstellung kleiner Fragegruppen auf je einer Page und die Anzeige weiterer Fragen auf der nächsten Seite nach Abschluss der Eingaben. Dadurch entstehen zusätzliche Vorteile, z.B. dass die eingegebenen Antworten beim Aufruf der nächste Seite schon abgespeichert werden können – und dadurch auch bei einem Umfrageabbruch bisherige Eingaben verfügbar bleiben.

Um Kundenpräferenzen über eine HTML-Umfrage zu erheben bietet sich eine vorhergehende Registrierung an. Damit lassen sich auch Mehrfachteilnahmen durch einen einzelnen Probanden vermeiden.

2.2.3 Ergebniseinbindung

Der eben erwähnte Vorteil bei HTML-basierten Fragebögen, den Befragungsprozess analysieren zu können, ergibt sich aus den Möglichkeiten der automatisierten Speicherung von Antwortdaten. Anhand der Funktionsweise von ASP's (active server pages) wird der Vorgang des Abspeicherns von eingegebenen Kundendaten in eine Datenbank des Unternehmens exemplarisch in Abbildung 5 dargestellt und beschrieben..

ASP-Seiten bieten einfache Funktionen, um eingegebene Kundendaten an andere Seiten zu übergeben, bzw. diese in Datenbanken abzuspeichern. Würde der Benutzer im Beispiel die weitere Befragung abbrechen, so wurden zumindest die bisherigen Antwortdaten schon gespeichert. In den Logfiles des Webservers kann dann erkannt werden, dass der Kunde nicht mehr auf die Frage der Folgeseite antwortete und in der Antwortdatenbank fehlen weitere Befragungsergebnisse.

Zusätzlich kann die Datenbank mit den Antwortdaten über ein Matchingverfahren (vgl. Abbildung 4) in das Datawarehouse eingespielt werden, nachdem die Kundennummer des Besuchers „Garfield" über die Registrierungsdatenbank selektiert worden ist.

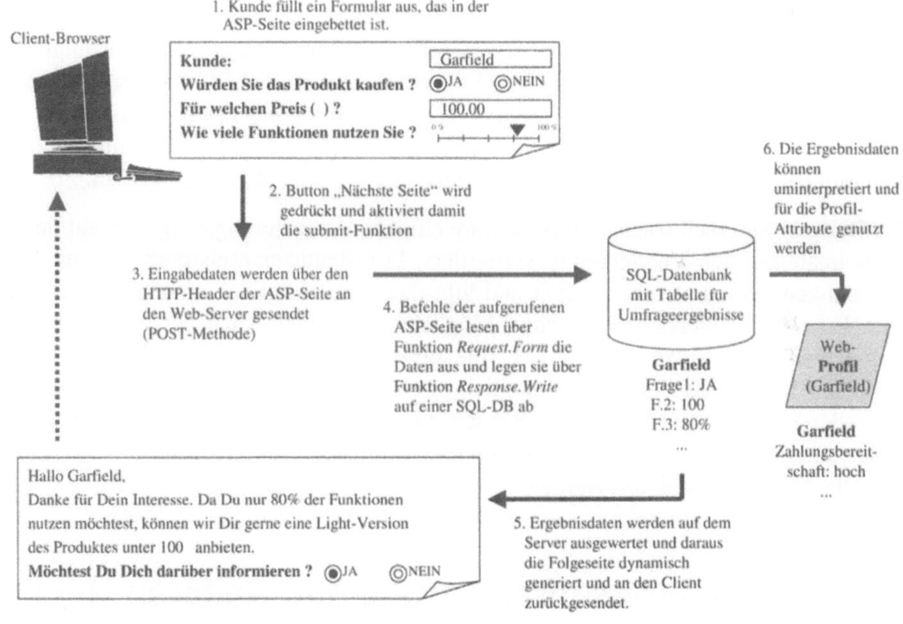

Abbildung 5: Befragungsdaten abspeichern und nutzen

2.3 Online-Diskussionsforen, Chats und Online-Services

Die Interaktivität des Kommunikationskanals Internet bietet weitere Möglichkeiten Informationen über Kunden und/oder Besucher zu erhalten. Interessant erscheinen hier Online-Diskussionsforen (bzw. –gruppen) oder Chats. Site-User haben dabei die Möglichkeit, zu einem (bestimmten) Thema ihre Meinungen zu äußern und sich mit anderen Teilnehmern auszutauschen. Die beiden Varianten unterscheiden sich dahingehend, dass bei Chats die Interaktion zwischen den Beteiligten direkt und zeitgleich stattfindet, während bei Diskussionsforen im allgemeinen eine indirekte und möglicherweise zeitversetzte Kommunikation vonstatten geht (Link/Tiedtke 1999, S. 11).

Unternehmen können Diskussionsforen und Chats bzw. den Kommunikationsraum hierfür anbieten, um für sie interessante Themen von Site-Besuchern aufgreifen zu lassen, etwa bzgl. eigener Produkte oder Vorhaben. Setzt die Teilnahme eine Registrierung voraus, können individuelle Daten zu den einzelnen Teilnehmern eruiert werden. Die Effizienz hierbei ist jedoch fraglich, da ein hoher redaktioneller Aufwand betrieben werden muss, um aus solchen (offenen) Diskussionen Präferenzen zu ermitteln und bestimmten Kunden zuzuordnen. Für das Web Mining spielt diese Datenerhebungsform demnach eine sehr geringe Rolle.

Eine höhere Effizienz zur Kundendatenerhebung ergibt sich aus der Nutzung von Online-Services, die in einer Site angeboten werden. Darunter fallen Dienstleistungen wie Produktvergleiche oder das Anfordern von Newslettern oder Whitepapers. Anonyme Besucher, die an diesen Online-Services konkretes Interesse zeigen, können für eine Nutzungsberechtigung zu einer Registrierung motiviert werden. Darüber hinaus können während der Service-Nutzung zusätzlich individuelle Daten abgefragt werden.

Ein Beispiel für einen solchen Service wäre ein Kfz-Versicherungsvergleich auf der Site eines unabhängigen Versicherungsvermittlers. Der Benutzer registriert sich mit Name und einigen demografischen Daten und gibt dann zur Vergleichserstellung preis, welches Fahrzeug er versichern möchte. Möglicherweise stellt man bei der Analyse der eingegeben Daten fest, dass der User mehrere Fahrzeuge verglichen hat, was darauf schließen ließe, dass der Kunde möglicherweise vor einem Kaufentscheid steht. Mit Hilfe der Registrierung könnte der Besucher beim nächsten Site-Visit mit einem Werbebanner eines Kfz-Verkäufers konfrontiert oder mit einer vorhandenen E-Mail-Adresse umgehend direkt kontaktiert werden.

3 Informationsanreicherung aus weiteren Quellen

Neben den benutzerindividuellen Informationen aus der Online-Befragung stellt die Einbindung einer existierenden Kundendatenbank eine wichtige Datenquelle für das Integrated Web Usage Mining dar.

3.1 Kundendatenbank

Unter einer Kundendatenbank soll im Folgenden die Summe der internen unternehmenseigenen Sekundärdaten verstanden werden, also die Informationen, die dem Unternehmen über den Kunden bereits vorliegen. Solche Datenquellen ergeben sich aus der Interaktion mit dem Kunden über alle dem Anbieter verfügbaren Kanäle (Internet, Mobile Business, Verkaufs- und Beratungsstätten, Messen etc.) und beinhalten die bereits durchgeführten Transaktionen zwischen Kunde und Unternehmen, z.B. die Kaufhistorie. Aus der Kombination dieser Informationen mit den Daten, die man aus dem Medium Internet über den Kunden gewinnen kann oder gewonnen hat, erwächst ein breiter Spielraum an Aktionsmöglichkeiten. Das Zusammenführen solcher Fakten zu jedem einzelnen Kunden ist etwa in einem zentralen Datawarehouse denkbar, wie es in Abschnitt 2.1.4. bereits diskutiert wurde. Die wichtigste Voraussetzung für eine Integration der verschiedenen Datenquellen ist die kundenindividuelle Zuordenbarkeit über einen eindeutigen Schlüssel, etwa eine Kundennummer.

Ist diese Möglichkeit gegeben, so lassen sich die verfügbaren Sekundärdaten zum Kunden mit den Online-Daten zusammenführen. Daraus wiederum lassen sich Attribute für das Benutzerprofil ableiten und befüllen (vgl. Abbildung 4). Mit diesem Vorgehen gewinnt man für die Site eine übergreifende Betrachtung des Kunden und bedient den Web-User nicht aus einer isolierten Internet-Fokussierung heraus.

Insbesondere kann diese Kombination dazu genutzt werden, um ein *neues* Benutzerprofil zu befüllen, wenn der Kunde den Kanal Internet mit einer Registrierung erstmalig benutzt. Kundenpräferenzen müssen dadurch in geringerem Maße „vorhergesagt" werden. Möglich wäre dies über eine flexible Schnittstelle zwischen dem Modul zur Registrierung/Profilerzeugung und der zentralen Kundendatenbank. Meldet sich ein User über eine Registrierung erstmalig an und schließt er den Vorgang korrekt ab, werden Funktionen aktiv, die überprüfen, ob der neue Internetkunde in der Kundendatenbank bereits bekannt ist (vgl. Abbildung 3). Ist dies der Fall, werden Standardeinträge für etwaige allgemeine Profilattribute (neuer User) durch Werte aus der Datenbank ersetzt (z.B. bisheriger Umsatz, Mailingempfänger aus Vertriebsaktion x, y und z etc.). Der eben registrierte Besucher kann auf diesem Weg auf seine „alte" Firma über einen „neuen" selbstgewählten Kanal treffen.

Hat sich ein Kunde beispielweise bei einem Buchhandel bereits mehrere Bücher zum Thema X bestellt, und nutzt er nun auch die Online-Bestellmöglichkeiten über die Site, so muss man den Kunden im Web nicht wie einen Neukunden behandeln. Rabatte oder ähnliche Aktionen, die der Kunde „offline" bereits genossen hatte, stehen ihm ad hoc auch im Internet zur Verfügung. Den Weg, den man mit dem Kunden bereits gegangen war, muss man nicht wieder von vorne beschreiten, wenn auch u.U. Anpassungen berücksichtigt werden sollten, die das Medium Internet speziell mit sich bringt.

Mit der Integration der Datenbestände steigt zudem die Qualität der Aussagen aus dem Web Mining. Indem Informationen über den oder die Kunden bereits vorliegen, können

Nutzungs- und Nutzerinformationen aus der Interpretation von Analyseergebnissen des Web Log Mining besser hinterfragt und anschließend unterstützt oder revidiert werden.

Ein Beispiel: Durch eine Assoziationsanalyse in der Logfile-Datenbasis wird festegestellt, dass beim Aufruf von Informationsseiten des Produktes A auch die Seiten des Produktes B oft gesichtet werden. Aus den Kaufhistorien der Kundendatenbank lässt sich jedoch erkennen, dass Produkt A und B in nur seltenen Fällen vom gleichen Kunden gekauft werden. Aus diesen Ergebnissen heraus kann nun eine Analyse für Cross-Selling-Potenziale zwischen Produkt A und B angestoßen werden: können die Web Log Mining-Ergebnisse diesbezüglich verworfen werden oder zeigt der Interaktionskanal Internet auf, dass hier die Möglichkeiten der „traditionellen" Vertriebswege noch nicht erkannt bzw. genutzt wurden ?

Dieses Beispiel zeigt auch, dass nicht nur allein die kundenindividuellen Daten wertvoll sind, sondern insbesondere der Blick auf die Gesamtheit des Nutzungsverhaltens und des Internetklientels wertvolle Informationen liefert. Aggregierte Informationen aus den Web Mining-Analysen können diesbezüglich aus weiteren Datenquellen angereichert werden, wie der folgende Abschnitt zeigt.

3.2   Externe Daten

Qualifizierte Nutzerdaten lassen sich für den individuellen Kunden faktisch nur bei ihm selbst durch Beobachtung oder Befragung erheben. Eine Anreicherung der Kundendaten kann jedoch auch aus allgemeingültigen Erkenntnissen heraus sinnvoll sein, wenn sich diese auf das Unternehmensklientel anwenden lassen. Wenn jedoch etwa die Site sehr speziell gefasst ist (z.B. Web-Auftritt für LINUX-Softwareentwickler), ist eine Übernahme verallgemeinerter Benutzerdaten (z.B. Frauenanteil der Internetbenutzer in der BRD 2001: ca. 40%; Quelle: van Eimeren et al. 2001, S. 383) möglicherweise sogar falsch.

Als repräsentativ erklärte *Panelerhebungen* (oder einzelne Umfragen) zum Internet bzw. seiner Nutzer und Nutzung werden in der BRD z.B. von der GfK (www.gfk.de) oder im Auftrag von ARD/ZDF (van Eimeren et al. 2001) seit 1999 bzw. 1997 durchgeführt. Letztgenannte Erhebung basiert auf einer Stichprobe, bei der (im Jahr 2001) 2530 Probanden per Telefoninterview befragt wurden. Aus den verallgemeinerten Ergebnissen solcher Umfragen lassen sich evtl. Informationen über das Internetklientel eines Unternehmens ziehen. Aus der ARD/ZDF-Online-Studie 2001 lassen sich z.B. die „Charakteristika der MedienNutzerTypen" schließen (Oehmichen/Schröter 2001, S. 412), die – basierend auf dem Alter und weiteren Attributen – eine Klassifikation der Internetnutzer darstellen. Aus dieser Gruppierung könnte man Referenzwerte für die unternehmenseigenen Online-Kundenprofile ableiten und basierend auf den verfügbaren Kundendaten eine Unterteilung in Analogie selbst vornehmen. Diese Segmentierung kann man dann etwa mit Hilfe neuer Attribute in die Profile einfließen lassen und darauf aufbauend das Site-Angebot gestalten.

4 Fazit

Integrated Web Usage Mining bezieht neben den Logfiles zusätzliche Datenquellen mit Kundeninformationen in die Analyse ein. Hierfür muss die Voraussetzung geschaffen werden, den Besucher identifizieren zu können. Durch die Registrierung des Benutzers auf der Site kann dieser bei jeder Session erkannt, und sein Nutzungsverhalten aus den Web Mining-Analysen heraus kann ihm eindeutig zugeordnet werden. Durch die Teilnahme an Online-Befragungen (Primärdaten) und durch die Integration der unternehmenseigenen Kundendatenbank (Sekundärdaten) können zusätzliche kundenindividuelle Informationen zur Logfile-Datenbasis hinzugefügt werden, die so einen Mehrwert über das reine Web Log Mining hinaus verschaffen. Die unterschiedlichen Datenquellen können mit Hilfe eines eindeutigen Kundenschlüssels etwa in einem Datawarehouse zusammengeführt und dort in ihren Zusammenhängen weiter analysiert werden. Aus den Analysen heraus können Rückschlüsse für alle Datenquellen gewonnen werden.

Für die Individualisierung des Kunden in Hinblick auf seine Aktivitäten auf der Site bietet sich die Arbeit mit Benutzerprofilen an. Diese können Zug um Zug verfeinert und aus der integrierten Gesamtheit aller Datenquellen heraus befüllt werden. Das Ergebnis eines solchen Vorgehens ist eine übergreifende Betrachtung des Kunden und seiner Bedürfnisse. Der Besucher kann dadurch im Massenmarkt individualisiert werden, und man erreicht ein bedarfsorientiertes Angebot, das zur Unterstützung der Unternehmensziele beiträgt.

Literatur

Bandilla, W.; Bosnjak, M. (2000): Online-Surveys als Herausforderung für die Umfrageforschung: Chancen und Probleme. In: Mohler, P.; Lüttinger, P. (Hrsg.): Querschnitt – Festschrift für Max Kaase, Mannheim 2000, S. 9-28. http://www.gesis.org/Publikationen/Aufsaetze/ZUMA/Festschrift%20Kaase.htm (Zugriff: 20.12.2001).

Von Bargen, C. (1999): Der Einsatz ausgewählter Kommunikationsinstrumente im Internet. In: Lampe, F. (Hrsg.): Marketing und Electronic Commerce, Wiesbaden, S. 117-135.

Bensberg, F.; Weiß, T. (1999): Web Log Mining als Marktforschungsinstrument für das World Wide Web. In: Wirtschaftsinformatik, H. 41, S. 426-432.

Bensberg, F. (2001): Web Log Mining als Instrument der Marketingforschung – Ein systemgestaltender Ansatz für internetbasierte Märkte, Wiesbaden.

Cooley, R.; Mobasher, B.; Srivastava, J. (1999): Data Preparation for Mining World Wide Web Browsing Patterns. In: Knowledge and Information Systems, Vol. 1, No. 1, S. 5-32.

Van Eimeren, B.; Gerhard, H.; Frees, B. (2001): ARD/ZDF-Online-Studie 2001: Internetnutzung stark zweckgebunden. In: MEDIA PERSPEKTIVEN, 2001/8, S.382-397. http://www.ard.de/ard_intern/onlinestudie/ard_zdf_online_studie_2001.pdf   (Zugriff: 3.12.2001).

Frost, F. (1999): Elektronische Marktforschung: E-Mail- und Web-Umfragen. In: Lampe, F. (Hrsg.): Marketing und Electronic Commerce, Wiesbaden, S. 49-68.

Hildebrand, V.D. (1999): Kundenbindung mit Online Marketing. In: Link, J.; Tiedtke, D. (Hrsg.), Erfolgreiche Praxisbeispiele im Online Marketing, Berlin/Heidelberg, S. 55-75.

IVW   (2001):   http://www.ivwonline.de/news/pm_300401.php   und http://www.ivwonline.de/messverfahren/ivwbox.php (Zugriff: 3.12.2001).

Link, J.; Tiedtke, D. (1999): Von der Corporate Site zum Databased Online Marketing. In: Link, J.; Tiedtke, D. (Hrsg.): Erfolgreiche Praxisbeispiele im Online Marketing, Berlin/Heidelberg, S. 1-22.

Meyer, M.; Brandes, B. (1997): Online-Marktforschung – Grundlagen und Technik. In: Wamser, C.; Fink, D.H. (Hrsg.): Marketing-Management mit Multimedia, Wiesbaden, S. 199-202.

Neus, A. (2001): Die Herausforderung heißt Personalisierung. In: Frielitz, C.; Hippner, H.; Martin, S.; Wilde, K.D. (Hrsg.): eCRM 2001, absatzwirtschaft, Düsseldorf, S. 51-56.

Oehmichen, E.; Schröter, C. (2001): Information : Stellenwert des Internets im Kontext klassischer Medien – Schlussfolgerungen aus der ARD/ZDF-Online-Studie 2001. In: MEDIA PERSPEKTIVEN, 2001/8, S. 410-421. http://www.br-online.de/br-intern/ medienforschung/md_mm/online2001_03.pdf (Zugriff: 5.12.2001).

Reinke, H.; Stockmann, M.; Stockmann, R. (2001): Marketing und Marktforschung am PC, München/Wien.

Runte, M. (2000): Personalisierung im Internet – Individualisierte Angebote mit Collaborative Filtering, Wiesbaden.

Tiedtke, D. (2000): Bedeutung des Online Marketing für die Kommunikationspolitik. In: Link, J. (Hrsg.): Wettbewerbsvorteile durch Online Marketing, Berlin/Heidelberg, S. 77-120.

Dirk Arndt

Nach seinem Studium arbeitete Herr Arndt im International Marketing and Sales Department von Amtrak in Washington D.C. und als Business Consultant der Abteilung Database Marketing des debis Systemhauses in Düsseldorf. Seit Mai 1999 ist er Mitglied der DaimlerChrysler Austauschgruppe und leitet mehrere internationale Projekte im Themenumfeld des Customer Relationship Managements.

Diana Koch

studiert Wirtschaftsrecht in Pforzheim (Schwerpunkt Management) und schreibt zur Zeit ihre Diplomarbeit zum Thema "Rechtsfragen im Spannungsfeld zwischen Datenschutz und Customer Relationship Management". Sie sammelte erste praktische Erfahrungen u.a. bei Ernst & Young und DaimlerChrysler.

2.1.3 Datenschutz im Web Mining – Rechtliche Aspekte des Umgangs mit Nutzerdaten

1 Einleitung

Das Internet verbindet in bisher unbekannter Komplexität verschiedenste Länder aller Wirtschaftsregionen miteinander. Dabei kommen Informations- und Kommunikationstechniken in einem multimedialen Umfeld zum Einsatz. Daten werden in vielfältiger Form erhoben, verarbeitet und genutzt. Web Mining unterstützt diesen Prozess durch das Umwandeln der Daten in nutzbringende Informationen.

Einer umfassenden Auswertung persönlicher Daten wird durch den Datenschutz eine deutliche Grenze gesetzt. Die Datenschutzgesetze schützen das Recht einer Person, selbst zu bestimmen, welche Daten und Informationen über sie in Umlauf gebracht werden. Die Erhebung und Verwendung von Daten über den Internetnutzer unterliegen grundsätzlich seiner freien Selbstbestimmung. Er soll die Kontrolle darüber haben, wie seine persönlichen Daten verwendet werden, nachdem sie im Internet gesammelt worden sind. Daher muss beim Web Mining stets der Rahmen der rechtlichen Zulässigkeit berücksichtigt werden.

In dem vorliegenden Beitrag werden die geltende Rechtslage und die sich daraus ergebenden Konsequenzen für das Web Mining diskutiert. Dazu wird zunächst eine Übersicht über die grundlegenden Gesetzesregelungen gegeben und danach werden die Aufgabengebiete des Web Mining inklusive der genutzten Datenquellen im Einzelnen beurteilt. Eine vertiefende Betrachtung wird am Beispiel der Personalisierung von Internetseiten dargestellt. Abschließend befasst sich der Beitrag mit der zunehmenden Bedeutung des Datenschutzes als Wettbewerbsfaktor im Unternehmen und stellt mögliche Lösungsansätze der Selbstregulierung kurz vor.

2 Grundlegende Betrachtung der Rechtslage

2.1 Anwendbarkeit des deutschen Rechts im Internet

Im Hinblick auf die dezentrale Struktur und den internationalen Datenaustausch im Bereich des Internet stellt sich zu Beginn jeder juristischen Betrachtung die Frage, welches nationale Recht anwendbar ist.

Innerhalb der *Europäischen Union (EU)* richtet sich das anwendbare Datenschutzrecht nach dem Standort der Datenverarbeitung. Danach gilt das Recht des Ortes, an dem der Anbieter (als für die Verarbeitung Verantwortlicher) Daten verarbeitet. Dabei kommt es nicht auf die Herkunft der Daten an, entscheidend ist lediglich der Sitz der verarbeitenden Niederlassung.

Der Begriff der Niederlassung wird im Gesetz nicht legaldefiniert. Schon der Betrieb eines Servers stellt nach herrschender Meinung eine solche Niederlassung dar (Löw 2000, S. 83). Durch diese weite Auslegung des Begriffs wird die Flucht in „Datenoasen" und somit die Umgehung der europäischen Gesetze erschwert. Trotz der Niederlassung in einem Drittstaat mit möglicherweise geringerem Datenschutzstandard findet deutsches Recht Anwendung, sofern der Anbieter zum Zwecke der Datenverarbeitung auf automatisierte Mittel in Deutschland zurückgreift. Dies ist lediglich dann nicht der Fall, wenn es sich dabei um eine Datendurchfuhr handelt. Der Begriff der „Mittel" umfasst in diesem Zusammenhang sowohl Terminals als auch Fragebögen (Hoeren 2001, S. 285).

Folglich muss ein Anbieter sicherstellen, dass jede seiner Niederlassungen auf dem Gebiet der EU den Anforderungen des jeweiligen Landesrechts entspricht. Trotz der Vereinheitlichung der nationalen Vorschriften durch die Datenschutzrichtlinien der EU existieren noch immer nationale Unterschiede und Besonderheiten, die zu berücksichtigen sind.

Im Ergebnis ist deutsches Datenschutzrecht zum Beispiel anwendbar (Hoeren 2001, S. 286), wenn

- ein Unternehmen mit Sitz in Deutschland Daten in den USA verarbeiten lässt (sofern die deutsche Niederlassung für die Verarbeitung verantwortlich ist) oder

- ein Unternehmen mit Sitz in den USA Daten über deutsche Terminals verarbeitet (da zum Zwecke der Verarbeitung auf „automatisierte Mittel" in Deutschland zurückgegriffen wird).

Nach diesen Regeln findet das deutsche Recht hingegen keine Anwendung, wenn

- das Unternehmen außerhalb der EU sitzt und sich die Datenverarbeitung auf den Bereich des Drittlandes beschränkt oder

- ein amerikanischer Vertriebsbeauftragter mit seinem Laptop im Transitbereich des Frankfurter Flughafens sitzt (denn hier handelt es sich lediglich um Datendurchfuhr).

Bisher existieren jedoch keine *internationalen Regelungen* für die Feststellung des anwendbaren Rechts im Bereich des Internets. So ist im Einzelfall zu prüfen, ob gesetzliche Regelungen zu beachten sind, die das europäische Prinzip anknüpfend an den Standort der Verarbeitung durchbrechen. Sollen potenzielle Nutzer in Ländern außerhalb der EU angesprochen werden, muss man zusätzlich prüfen, ob in diesen eventuell das Recht des jeweiligen Empfängerlandes zur Anwendung kommt.

2.2 Schutzbereich der Datenschutzgesetze

Da es in diesem Beitrag nicht möglich ist, alle gesetzlichen Besonderheiten einzelner Länder zu betrachten, ziehen wir im folgenden die deutsche Gesetzgebung zur Erläute-

rung heran. Der Regelungsbereich ist bei allen deutschen Datenschutzgesetzen weitgehend identisch. Der Schutz beschränkt sich auf die Verarbeitung personenbezogener
Daten. Deshalb sollen zunächst die beiden Begriffe *Datenverarbeitung* und *personenbezogene Daten* beleuchtet werden, bevor wir auf die Differenzierung der einzelnen Vorschriften eingehen.

2.2.1 Datenverarbeitung

Der Schutzbereich der Datenschutzvorschriften umfasst nicht nur die eigentliche Verarbeitung von Daten, sondern auch deren Erhebung und Nutzung. Dabei beinhaltet der
Begriff *Datenerhebung* jedes Beschaffen von Daten über den Betroffenen und schließt
sowohl die direkte und indirekte Erhebung als auch die Erzeugung von Daten durch
Data Mining Methoden ein. Die *Datenverarbeitung* umfasst fünf eigenständige Stufen:
Speichern, Verändern, Übermitteln, Sperren und Löschen. Die *Datennutzung* hingegen
ist jede Verwendung von Daten soweit es sich nicht um eine dieser Verarbeitungsstufen
handelt. Dazu zählen vor allem die Datenveröffentlichung und der Abgleich verschiedener Datenbestände.

In der unten stehenden Abbildung 1 sind die Inhalte der verschiedenen vom Gesetz
definierten Phasen nochmals übersichtsartig dargestellt.

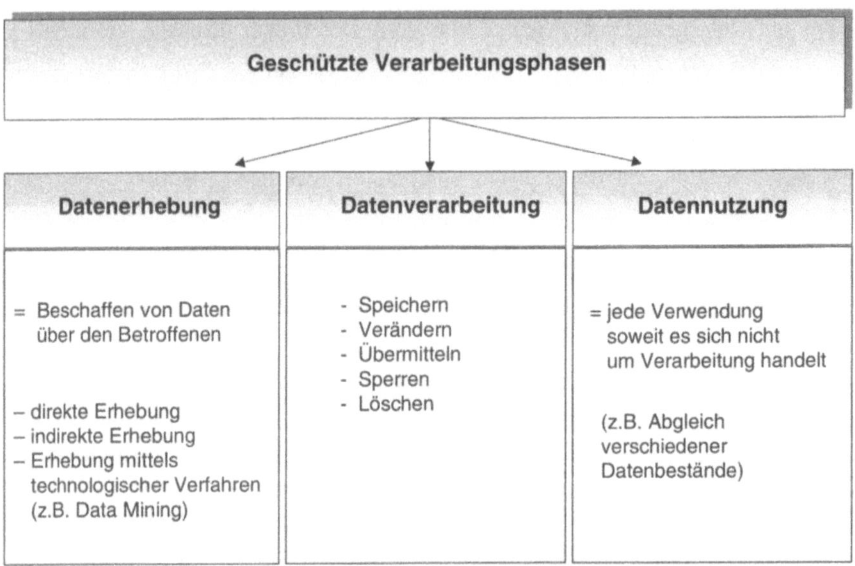

Abbildung 1: Schutzbereich der Datenschutzvorschriften

Prinzipiell bestehen keine unterschiedlichen Regelungen für die Phasen der Erhebung, Verarbeitung und Nutzung von Daten. Vielmehr sind die gesetzlichen Anforderungen innerhalb der Datenschutzvorschriften weitgehend identisch. Die folgenden Ausführungen zur Rechtmäßigkeit sollen daher generell für alle drei Phasen gelten. Wenn wir im Weiteren von Datenverarbeitung im Allgemeinen sprechen, umfasst dies stets alle drei dieser von den Datenschutzvorschriften geregelten Phasen.

2.2.2 Personenbezogene Daten

Der Schutzbereich der Datenschutzvorschriften ist auf personenbezogene Daten beschränkt, das heißt, die Regelungen des Datenschutzes gelten nur falls diese eine Datenkategorie betroffen ist.

Personenbezogene Daten sind gem. § 3 Abs. 1 *Bundesdatenschutzgesetz (BDSG)* alle Einzelangaben über persönliche und sachliche Verhältnisse einer bestimmten oder bestimmbaren natürlichen Person. Diese Definition gilt grundsätzlich mangels anderweitiger Regelung auch für die online-spezifischen Regelungen.

Prinzipiell unterscheidet man hinsichtlich ihrem Personenbezug drei Datenkategorien: Daten mit direktem, indirektem oder ohne Personenbezug (wie in Abbildung 2 dargestellt).

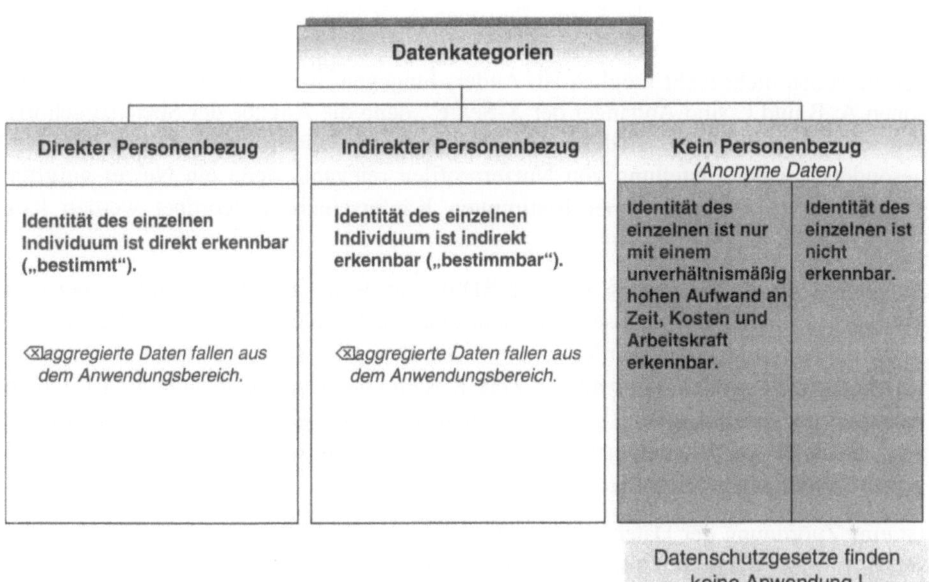

Abbildung 2: Datenkategorien

Die oben genannte Legaldefinition beinhaltet vor allem zwei Aspekte:

1. Personenbezogene Daten liegen nur vor, wenn sich Daten auf eine natürliche Einzelperson beziehen. Juristische Personen fallen aus dem Schutzbereich des BDSG, während die online-spezifischen Vorschriften juristische Personen nicht von vornherein ausschließen.

2. Daten sind nur personenbezogen, wenn diese Person bestimmt oder bestimmbar ist.

Eine Person ist *bestimmt*, sofern sie eindeutig identifizierbar ist. *Bestimmbar* hingegen ist sie, wenn die Daten mittels zusätzlicher Informationen zugeordnet werden können. Ein Unterschied für die Anwendung der Datenschutzgesetze ergibt sich jedoch nicht daraus, ob der Personenbezug bestimmt oder lediglich bestimmbar ist.

Ist ein Personenbezug hingegen gar nicht mehr möglich, unterliegt die Verarbeitung dieser Daten nicht dem Datenschutzrecht. Dies ist der Fall, wenn Daten aggregiert oder anonym sind.

Aggregierte Daten sind nicht personenbezogen, da sie nur den Bezug auf eine Gesamtmenge von Individuen herstellen und somit keinen Rückschluss auf eine einzelne Person ermöglichen. Umgekehrt wird der Personenbezug allerdings hergestellt, wenn eine Person als Mitglied einer Gruppe gekennzeichnet wird, über die bestimmte Angaben gemacht werden.

Zum Beispiel sind Daten der Form „Personen A, B und C haben gemeinsam ein Körpergewicht von 200 kg" nicht personenbezogen, da hier ein Rückschluss auf die einzelnen Personen nicht mehr möglich ist. Anders hingegen ist es bei Daten der Form „Personen A, B und C sind Anhänger der X-Sekte", denn die Angabe der Sektenzugehörigkeit schlägt auf die Personen durch und stellt damit einen Personenbezug her. Dies wird besonders bei der Erstellung von Nutzerprofilen relevant, wenn ein Nutzer aufgrund statistischer Erkenntnisse einer bestimmten Käuferschicht zugeordnet werden kann (Hoeren 2001, S. 271).

Anonyme Daten liegen gem. § 3 Abs. 6 BDSG vor, wenn Einzelangaben über persönliche oder sachliche Verhältnisse nicht mehr einer bestimmten oder bestimmbaren natürlichen Person zugeordnet werden können. Gleiches gilt, wenn dies nur mit einem unverhältnismäßig großem Aufwand an Zeit, Kosten und Arbeitskraft möglich ist. Ob der Aufwand „unverhältnismäßig groß" ist, hängt davon ab, wie einfach die Reidentifizierung, das heißt die Wiederherstellung des Personenbezugs, ist und muss im Einzelfall geprüft werden (siehe auch Beispiel in Abschnitt 4).

Ist eine Zuordnung der Daten zu einer bestimmten oder bestimmbaren natürlichen Person nicht mehr möglich, fehlt der Personenbezug. Die Verarbeitung dieser Daten unterliegt nicht dem Datenschutzrecht. Werden allerdings personenbezogene Daten verarbeitet, so unterfallen diese den Beschränkungen der einschlägigen Datenschutzvorschriften. Deren Regelungen sollen Gegenstand der folgenden Betrachtung sein.

2.3 Verbot mit Erlaubnisvorbehalt

Alle deutschen Datenschutzgesetze enthalten ein sog. *präventives Verbot mit Erlaubnisvorbehalt*. Danach ist die Verarbeitung von personenbezogenen Daten grundsätzlich verboten. Die Erhebung, Verarbeitung und Nutzung personenbezogener Daten ist nur zulässig, wenn eine gesetzliche Regelung oder eine andere gesetzliche Vorschrift dies ausdrücklich erlaubt bzw. anordnet oder der Betroffene zuvor eingewilligt hat. Folglich ist jede Datenverarbeitung unzulässig, sofern sie nicht auf eine *gesetzliche Erlaubnis* oder die Einwilligung des Betroffenen gestützt werden kann.

2.3.1 Gesetzliche Erlaubnis

Die bestehende unübersichtliche Rechtslage des deutschen Datenschutzes im Internetbereich ergibt sich aus dem komplexen Geflecht einer Vielzahl von Gesetzen. Die Datenverarbeitung in der realen Welt wurde bisher ausreichend durch das allgemeine Datenschutzrecht reglementiert. Die neuen Herausforderungen im Bereich des Internet veranlassten den Gesetzgeber jedoch bereichsspezifische Regelungen für den Online-Bereich zu schaffen.

Grundsätzlich umfasst das deutsche Datenschutzgesetz drei *Schutzebenen*: die der Telekommunikationsdienste, der Multimediadienste sowie eine inhaltliche Ebene. Daher muss nicht das gesamte Internet rechtlich eingeordnet werden, sondern vielmehr dessen einzelne Dienste. Für jede dieser Schutzebenen sind bestimmte *gesetzliche Vorschriften* einschlägig, welche die Datenverarbeitung regeln. Jede dieser Vorschriften differenziert ihre gesetzlichen Anforderungen wiederum nach unterschiedlichen *Datentypen* (wie in Abbildung 3 dargestellt).

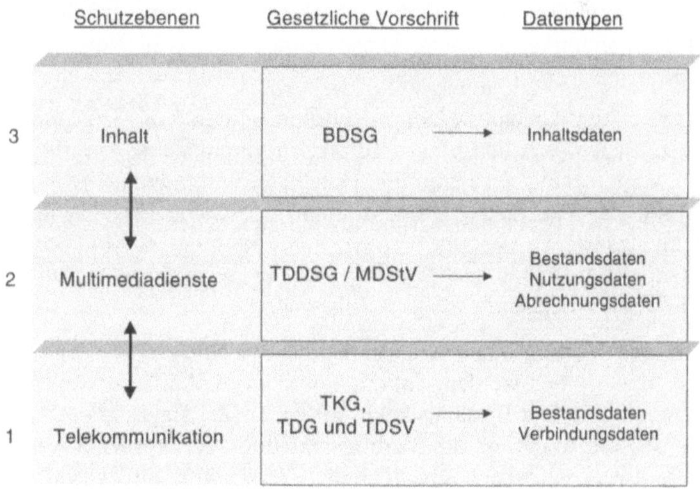

Abbildung 3: Datenschutzrechtliche Schutzebenen

Im Ergebnis kann es sein, dass ein Anbieter datenschutzrechtlich drei unterschiedliche Gesetze beachten muss, wenn er sowohl Telekommunikations- als auch Multimediadienste anbietet und dabei inhaltliche Daten kommuniziert. Daher muss differenziert werden, welcher Ebene die jeweils anfallenden Daten zuzuordnen sind, um die dafür anwendbare Vorschrift zu definieren.

Im Weiteren wollen wir jede der drei Schutzebenen näher betrachten. Dabei grenzen wir den Geltungsbereich der verschiedenen Vorschriften ab und definieren die Regelungen für den jeweiligen Datentyp.

- *Ebene 1: Telekommunikation*

Das *Telekommunikationsgesetz (TKG)* regelt die Datenverarbeitung bei Telekommunikationsdiensten. Neben den klassischen Telekommunikationsanbietern umfasst der Geltungsbereich damit auch die Übermittlung von E-Mails und den sonstigen Online-Datenaustausch (insbesondere per Telnet oder FTP), soweit es um den technischen Kommunikationsvorgang geht. Das TKG ist vor allem für Access-Provider von Bedeutung, da der Übermittlungsvorgang im Internet auch Telekommunikation darstellt. Nicht betroffen hingegen sind Content-Provider, also Anbieter von Informationen, Waren und Dienstleistungen. Diese unterfallen vielmehr den Regelungen für Multimediadienste.

Der Telekommunikationsanbieter unterliegt dem *Fernmeldegeheimnis* und hat daher sicherzustellen, dass eine Kenntnis seiner Daten durch Dritte nicht möglich ist. So regelt § 85 TKG die Speicherung und Verarbeitung von Bestands- und Nutzungsdaten, wonach alle Log-Files, welche Verbindungsdaten enthalten gegenüber Dritten geheimgehalten werden müssen.

Ansonsten gilt der Datenschutz nach Telekommunikationsrecht, der in der *Telekommunikationsdienstunternehmens-Datenschutzverordnung (TDSV)* normiert ist. Die aktuelle Neufassung wurde im Dezember 2000 verabschiedet. Regelungsinhalt ist die Verarbeitung von Telekommunikationsdaten. Diese umfassen sowohl Verbindungs- als auch Bestandsdaten.

Verbindungsdaten sind Daten, welche zur Bereitstellung von Telekommunikationsdienstleistungen dienen, wie beispielsweise die Rufnummer des Anrufers, die Zielrufnummer, das Datum sowie die Uhrzeit und Dauer der Verbindung. Die Verbindungsdaten sind mit Ende der Verbindung grundsätzlich zu löschen. Abweichendes gilt, wenn sie für Abrechnungszwecke benötigt werden. Seit Dezember 2000 haben die Anbieter die Möglichkeit, die Verbindungsdaten ihrer Kunden sechs Monate (anstelle von den bisherigen 80 Tagen) zu diesem Zweck aufzubewahren.

Bestandsdaten sind Vertragsdaten wie der Name des Nutzers, die Anschrift und die Email-Adresse, die erhoben werden, um ein Vertragsverhältnis über Telekommunikationsdienste zu gestalten. Die Bestandsdaten dürfen für die Begründung, die inhaltliche Ausgestaltung und die Änderung des Vertragsverhältnisses verarbeitet werden. Sie sind nicht für andere Zwecke nutzbar. Danach ist die Verarbeitung für Zwecke der Beratung, Werbung und Marktforschung nicht zulässig. In diesem Fall muss der Nutzer zuvor eingewilligt haben. Gemäß dem Prinzip der Zweckbindung sind Bestandsdaten mit

Erreichung des Zwecks, also dem Ende der Vertragsbeziehung, zu löschen. Die TDSV sieht als spätesten Zeitpunkt der Löschung den Ablauf des auf die Beendigung des Vertrages folgenden Kalenderjahres vor. Allerdings reicht es hierbei aus, dass die Daten anonymisiert werden. Da sie dann mangels Personenbezug nicht mehr in den Anwendungsbereich der Datenschutzgesetzgebung fallen, kann man sie beliebig verarbeiten.

- *Ebene 2: Multimediadienste*

Das *Informations- und Kommunikationsdienstegesetz (IuKDG)*, auch Multimediagesetz genannt, besteht aus vier Teilen und einer beigehefteten Rechtsverordnung. Es enthält u.a. das *Teledienstegesetz (TDG)* und das *Teledienstedatenschutzgesetz (TDDSG)*. Ersteres regelt die Nutzung von Telediensten, letzteres normiert den Datenschutz bei deren Nutzung.

Die gesetzliche Regelung des TDG (und damit des TDDSG) beschränkt sich auf sog. Teledienste. § 2 Abs. 2 TDG listet beispielhaft die wichtigsten Anwendungsbereiche auf:

- Angebote im Bereich der Individualkommunikation,

- Angebote zur Information und Kommunikation (dazu zählen u.a. Daten wie Verkehrs- und Wetterdaten aber auch Einzelwerbeangebote wie Homepages),

- Angebote von Waren und Dienstleistungen,

- Angebote von Access-Providern (hier werden insbesondere Angebote zur Nutzung neuer Dienste (wie Navigationshilfen) erfasst).

Parallel dazu haben die Länder im *Mediendienstestaatsvertrag (MDStV)* Bestimmungen zum Datenschutz bei Mediendiensten aufgenommen. Die Regelungen des TDDSG und MDStV sind jedoch weitgehend identisch. Wir verzichten daher nachfolgend auf die oft unklare Abgrenzung zwischen Tele- und Mediendiensten und beschränken die Darstellung auf die Vorschriften bezüglich der Teledienste und des TDDSG.

Nach der Betrachtung der Abgrenzungsproblematik innerhalb der Ebene 2 (TDDSG vs. MDStV) müssen wir uns nun mit der Abgrenzung der Ebenen 1 und 2 auseinandersetzen (TKG vs. TDDSG). Das TKG regelt den rein technischen Kommunikationsvorgang, das TDDSG knüpft hingegen inhaltsbezogen an die Nutzung der Teledienste an. Teledienste basieren infrastrukturell betrachtet auf telekommunikativen Übertragungswegen. Folglich können Teledienste ohne Telekommunikation nicht stattfinden, sind aber nicht selbst Telekommunikation (Löw 2000, S. 51). Sofern das TKG anwendbar ist, tritt das TDDSG zurück. Praktisch ist hingegen keine strikte Trennung zwischen den Anwendungsbereichen des TKG und TDDSG möglich. Vielmehr stehen beide Vorschriften nebeneinander und sind gleichermaßen zu berücksichtigen. Beide Vorschriften setzen jedoch ähnliche Maßstäbe, wie im Folgenden gezeigt werden soll.

Regelungsinhalt des TDDG ist die Verarbeitung von Teledienstdaten, welche generell in Bestands-, Nutzungs- und Abrechnungsdaten untergliedert werden.

Die *Bestandsdaten* im Rahmen der Teledienste sind identisch mit den Bestandsdaten der Telekommunikationsdienste der Ebene 1. Auch der Anbieter von Telediensten braucht zur Vertragsabwicklung eines Internetangebotes Daten, die er zur Verwaltung seiner Kunden speichern muss.

Nutzungsdaten sind solche Daten, die dem Nutzer die Nachfrage nach Telediensten ermöglichen. Soweit sie nicht zu Abrechnungszwecken erforderlich sind, sind sie nach dem Ende der jeweiligen Nutzung sofort zu löschen bzw. ausreichend zu anonymisieren.

Abrechnungsdaten sind solche Nutzungsdaten, welche für die Abrechnung erforderlich sind. Sie sind ausschließlich für diesen Zweck verwendbar. Weitergehende Verwendungen, etwa zu Marketingzwecken, sind auch hier nicht erlaubt und bedürfen einer Einwilligung. Soweit verschiedene Internetangebote genutzt wurden, sind deren unterschiedliche Nutzungsdaten nur kombinierbar, wenn sie zusammen abgerechnet werden (Trennungsgebot). Sofern vom Nutzer ein Einzelnachweis verlangt wird, dürfen Daten bis zu 80 Tagen (zukünftig bis zu sechs Monate) nach dessen Versendung gespeichert werden. Wird die Entgeltforderung bestritten oder trotz Zahlungsaufforderung nicht beglichen, ist eine Fristüberschreitung möglich.

- *Ebene 3: Inhalt*

Die Regelungen des *Bundesdatenschutzgesetz (BDSG)* sind subsidiär im Verhältnis zu den einzelnen bereichsspezifischen Vorschriften der Telekommunikations- und Multimediadienste. Soweit andere Rechtsvorschriften den Umgang mit personenbezogenen Daten regeln, gehen diese dem BDSG vor. Nur im Fall von Regelungslücken wird auf das BDSG zurückgegriffen.

Die auf dieser Ebene anfallenden *Inhaltsdaten* sind folglich jene Daten, welche im Rahmen des Internetauftritts erhoben, aber nicht vom TKG oder TDDSG erfasst werden. Darunter fallen zum Beispiel Daten zum Ausfüllen eines digitalen Bestellformulars oder für die Teilnahme an einem Preisausschreiben.

Die Verarbeitung personenbezogener Inhaltsdaten zur Vertragsabwicklung ist erlaubt. Gleiches gilt für ein vertragsähnliches Verhältnis. Dieses wird angenommen bei der Anbahnung eines Kaufvertrages, im Fall von langjährigen Stammkunden eines Unternehmens oder auch kurze Zeit nach Beendigung eines Vertrages mit dem Nutzer.

Problematisch ist die Datenverarbeitung zum Zwecke der Beratung, Werbung, Marktforschung oder der bedarfsgerechten Weiterentwicklung der Internetseite. Wir haben zuvor festgestellt, dass die bereichsspezifischen Regelungen des TKG und des TDDSG eine Nutzung der anfallenden Daten für Marketingzwecke nicht erlauben. Hier dürfen personenbezogene Daten nur verarbeitet werden, soweit der Nutzer zuvor ausdrücklich eingewilligt hat. Im Gegensatz dazu erlaubt das BDSG generell die Datenverarbeitung für Marketingzwecke. Dem Betroffenen wird lediglich das Recht eingeräumt, der Verwendung seiner Daten für Zwecke des Direktmarketing zu widersprechen. Dadurch werden Anbieter von Multimediadiensten wesentlich stärker eingeschränkt als andere Dienstleister, die außerhalb des Online-Bereichs anbieten.

2.3.2 Einwilligung

Bei der Betrachtung der gesetzlichen Erlaubnis haben wir festgestellt, dass Telekommunikations- oder Multimediadaten nur für Marketingzwecke genutzt werden dürfen, wenn eine Einwilligung vorliegt. Diese wollen wir nachfolgend näher betrachten.

Generell sind Einwilligungen schriftlich zu erteilen. Im TDDSG ermöglicht der Gesetzgeber jedoch eine *elektronische Einwilligung*. Dies kann grundsätzlich durch den Einsatz elektronischer Signaturen erfolgen. Da elektronische Signaturverfahren bei den Nutzern aber noch nicht verbreitet sind, sind diese im Massengeschäft erst mittelfristig nutzbar. Das Gesetz ermöglicht eigene Lösungen. Danach erfordert eine elektronische Einwilligung die Erfüllung folgender technischer Anforderungen:

- eindeutige und bewusste Handlung des Nutzers, zum Beispiel durch Bestätigung einer Erläuterung durch einen Button,

- die Einwilligung muss gegen Manipulation geschützt werden, beispielsweise mit Hilfe von Verschlüsselungsverfahren,

- die Einwilligung muss protokolliert werden.

In der Erklärung ist der Nutzer darauf hinzuweisen, dass er die Einwilligung jederzeit widerrufen kann (Widerrufsrecht). Im Falle des Widerrufs hat jede weitere Verarbeitung der Daten zu unterbleiben.

In der Einwilligungserklärung ist der Nutzer über den Zweck und den Umfang der weiteren Nutzung seiner Daten zu unterrichten (Recht auf Kenntnis der Speicherung). Die Daten dürfen nicht für andere Zwecke genutzt werden. Ist der ursprüngliche Zweck erfüllt, sind die Daten zu löschen (Prinzip der Zweckbindung).

Eine Besonderheit besteht bei der Einwilligung bezüglich *besonders schützenswerter Daten*. Als „besonders schützenswerte Daten" sind alle Daten über rassische und ethnische Herkunft, politische Meinungen, religiöse oder philosophische Ansichten, Gewerkschaftszugehörigkeit, Gesundheit und Sexualleben zu qualifizieren. Bei der Verarbeitung dieser Kategorie bedarf es einer sich ausdrücklich auf diese Daten beziehende Einwilligung.

Praktisch kann schon in dem Ausfüllen der Namens- und Adressfelder eines Registrierungs- oder Bestellformulars eine Einwilligung für diesen bestimmten Zweck gesehen werden. Dabei müssen alle oben aufgeführten gesetzlichen Voraussetzungen erfüllt sein. Ist dies nicht der Fall, so ist die gesamte Einwilligung unwirksam und die darauf aufbauende Datenverarbeitung unzulässig, sofern sie nicht durch eine gesetzliche Erlaubnis legitimiert wird.

2.4 Rechte des Nutzers

Nicht die Daten selbst, sondern die Rechte des Nutzers sind der eigentliche Schutzgegenstand jeder Datenschutzvorschrift. Daher sind diese von besonderer Bedeutung. Die drei wichtigsten Rechte des Nutzers sind: die widerrufbare Einwilligung, das Recht auf Kenntnis der Speicherung sowie das Auskunftsrecht. Nachdem wir das Widerrufsrecht und das Recht auf Kenntnis der Speicherung im vorhergehenden Abschnitt bereits erläutert haben, müssen wir nun noch das *Auskunftsrecht des Nutzers* betrachten.

Danach ist der Nutzer berechtigt, jederzeit die zu seiner Person oder zu seinem Pseudonym gespeicherten Daten beim Anbieter einzusehen. Dies erfordert keinen Online-Zugriff auf die personenbezogenen Daten in der Anwendung. Die Auskunft kann auch über Email beantragt und erteilt werden. Es muss ein Ansprechpartner für die Beantwortung von Auskünften organisatorisch festgelegt sein.

2.5 Rechtsfolgen bei Verstoß gegen Datenschutzgesetze

Ein Verstoß gegen die Regelungen der Datenschutzgesetze kann zu einer Vielzahl von Sanktionen führen. Die Rechtsfolgen unzulässiger Datenverarbeitung sind vielfältig und umfangreich. Der Katalog möglicher Sanktionen beinhaltet:

- Beanstandungen durch die Datenschutzaufsichtsbehörde. Sie hat neben dem Strafantragsrecht und der Anzeige bei der Gewerbeaufsicht vor allem die Möglichkeit Bußgelder zu verhängen. Dabei dürfen die Behörden bei festgestellten Datenschutzverstößen in der Öffentlichkeit auch die entsprechenden Unternehmen und Personen nennen.

- Verstöße können zugleich eine Verletzung der guten Sitten sein und stellen dann einen Wettbewerbsverstoß gemäß § 1 des Gesetzes gegen unlauteren Wettbewerb (UWG) dar, der sowohl Verbraucherverbände als auch konkurrierende Unternehmen zur Klage ermächtigt.

- Geschädigte Nutzer können vor Gericht klagen und Schadensersatz in unbeschränkter Höhe verlangen.

- Eine Freiheitsstrafe von bis zu zwei Jahren oder Geldstrafe ist denkbar, wenn dem Täter bei der unzulässigen Verarbeitung eine Bereicherungsabsicht nachgewiesen werden kann.

3 Aufgabengebiete und Datenquellen des Web Mining

Nach der allgemeinen Betrachtung der Rechtslage sollen nun die in Abschnitt 2 dargestellten Gesetzesgrundlagen auf konkrete Fragestellungen des Web Mining, insbesondere bei dessen Einsatz für Marketingzwecke, untersucht werden. Dafür setzen wir uns zunächst mit den Aufgabengebieten des Web Mining und den dafür generell zur Verfügung stehenden Datenquellen auseinander.

3.1 Aufgabengebiete des Web Mining

In der Literatur gibt es verschiedene Einteilungen für die Aufgabengebiete des Web Mining (siehe z.B. Bensberg 2000, S. 131). Häufig werden die Aufgaben des Web Mining in drei grundlegende Gebiete unterteilt. Abbildung 4 zeigt eine Übersicht der gemeinhin unterschiedenen Aufgabengebiete (Zaiane 1999, S. 45).

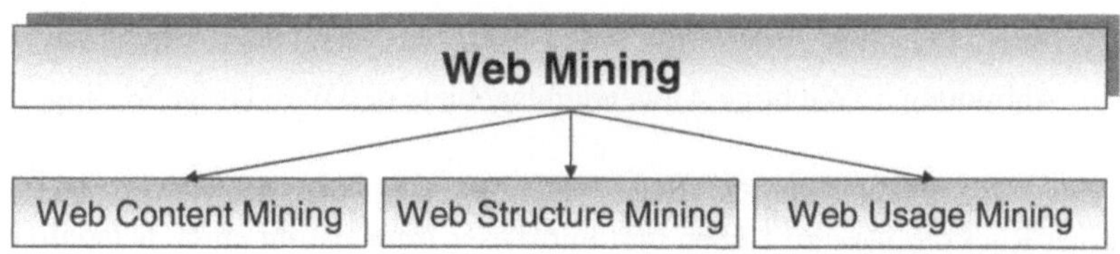

Abbildung 4: Aufgabengebiete des Web Mining

Beim *Web Content Mining* werden die Inhalte von Internetseiten untersucht. Hierbei kommen zum Beispiel Methoden des Text Mining oder speziell entwickelte Anfragesprachen wie WebQL oder XQL zum Einsatz. Die Untersuchung der angebotenen Inhalte von Internetseiten im Rahmen des Web Mining fällt grundsätzlich in den Anwendungsbereich der Datenschutzgesetze, da die Inhalte Personenbezug aufweisen können. Hier handelt es sich um öffentlich zugängliche Daten, welche aufgrund einer gesetzliche Erlaubnis verarbeitet werden dürfen, sofern kein schutzwürdiges Interesse des Betroffenen entgegensteht.

Die Fragestellungen des *Web Structure Mining* befassen sich mit der Linkstruktur von Internetseiten. Dabei werden beispielsweise selbst surfende Programme (sog. spider) eingesetzt. Betrachtungs- bzw. Untersuchungsgegenstand sind hier wiederum die Internetseiten selbst. Im Mittelpunkt der Untersuchung steht die Struktur der Seiten. Folglich fehlt es am notwendigen Personenbezug der Daten, und deren Verarbeitung im Rahmen des Web Structure Mining fällt nicht unter die Beschränkungen der Datenschutzgesetzgebung.

Die grundlegende Aufgabe beim *Web Usage Mining* ist die Untersuchung des Nutzerverhaltens auf einer Internetplattform. Dafür sind nach entsprechender Datenaufbereitung vielfältigste Data Mining-Methoden verwendbar. Im Gegensatz zu den beiden anderen Anwendungsgebieten des Web Mining ist hier der Nutzer selbst Gegenstand der Untersuchung. Daher kann es sich grundsätzlich um die Verarbeitung personenbezogener Daten handeln, deren Rechtmäßigkeit sich nach den Datenschutzgesetzen bestimmt. Im Folgenden werden wir deshalb dieses Anwendungsgebiet detaillierter betrachten.

Die Anwendungsgebiete des Web Usage Mining sind in fünf Hauptanwendungsbereiche gegliedert. Abbildung 5 zeigt die entsprechende Aufteilung (Srivastava et al. 2000, S. 18).

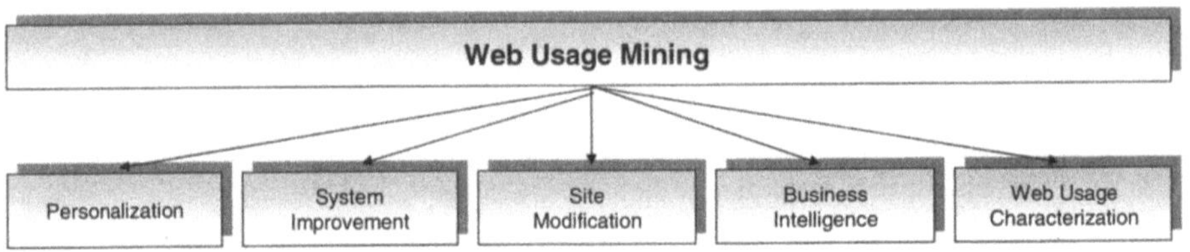

Abbildung 5: Wichtige Anwendungsgebiete des Web Usage Mining

Beim Anwendungsgebiet der *Personalisierung* versucht man aus dem Nutzerverhalten im Internet Rückschlüsse zu ziehen und mit dieser Information einen persönlichen Service für das spezielle Individuum zu gestalten. Das Oberziel der *Systemverbesserung* ist die leistungs- und kostenoptimale Ausgestaltung des eigenen Internetsystems (Hard- und Software). Bei der Datenauswertung im Sinne der *Seitenmodifizierung* steht die Erhöhung der Attraktivität der eigenen Internetpräsenz im Vordergrund, während man sich beim Anwendungsgebiet *„Business Intelligence"* mit der Gewinnung strategischer Marketinginformationen aus dem Internet auseinandersetzt. Die *Charakterisierung des Nutzungsverhaltens* ist fokussiert auf die Untersuchung genereller Verhaltensmuster der Nutzer. Für eine weitergehende Betrachtung der Anwendungsgebiete des Web Mining im Allgemeinen und des Web Usage Mining im speziellen, möchten wir auf die einschlägigen Beiträge in diesem Buch verweisen (s. hierzu die Beiträge in den Kapiteln 2.4.1 bis 2.4.3 sowie die Fallstudien in Teil 3 des Buches).

Wie zuvor festgestellt, können in allen fünf Anwendungsbereichen des Web Usage Mining personenbezogene Daten verarbeitet werden. Deshalb ist es in der Praxis angebracht, zuerst zu untersuchen, ob ein Personenbezug von Daten im Einzelfall tatsächlich besteht. Danach ist zu hinterfragen, ob dieser tatsächlich notwendig ist, um den angestrebten Zweck zu erfüllen oder ob eine Verarbeitung anonymisierter Daten ausreicht. Vom geschäftlichen Standpunkt aus betrachtet, darf man davon ausgehen, dass die Qualität der gewonnenen Informationen und der sich daraus ergebenden Handlungsalternativen bei der Verwendung personenbezogener Daten höher ist als bei der Verwendung anonymisierter Daten.

Jeder Anbieter von Internetseiten ist durch das Gesetz verpflichtet, seine Informations- und Kommunikationsangebote so zu gestalten und die technischen Komponenten so auszuwählen, dass so wenig personenbezogene Daten wie möglich verarbeitet werden. Diese Verpflichtung bezieht sich sowohl auf die Speicherung von IP-Adressen, den Einsatz von Cookies als auch die Gestaltung der Angebotsseiten selbst. Wurden oder werden solche Daten dennoch personenbezogen erhoben, hat der Datenanalyst grundsätzlich zwei Möglichkeiten, die Rechtmäßigkeit der Web Mining-Analyse zu gewährleisten: die Pseudonymisierung oder Anonymisierung der personenbezogenen Daten.

Pseudonymisierung gemäß § 3 Abs. 6a BDSG ist das Ersetzen des Namens und anderer Identifikationsmerkmale durch ein Kennzeichen zu dem Zweck, die Bestimmung des Betroffenen auszuschließen oder wesentlich zu erschweren. Als eine schwächere Form der Anonymisierung kann das Verfahren immer dort eingesetzt werden, wo unter Einhaltung von vorher definierten Rahmenbedingungen der Personenbezug wieder herstellbar ist. Aufgrund des möglichen Personenbezugs sind die Datenschutzvorschriften zu beachten. Eine Ausnahme gilt nur für selbstgenerierte Pseudonyme, welche ausschließlich vom Betroffenen vergeben und nicht mit Identitätsdaten gleichzeitig verwendet oder gespeichert werden. Sie stellen keine personenbezogenen Daten dar, da der Personenbezug nur vom Betroffenen selbst herzustellen ist.

Anonymisierung bedeutet, dass die Daten gar keinen Personenbezug ermöglichen (oder nur mit einem unverhältnismäßig großen Aufwand an Zeit, Kosten und Arbeitskraft). Soweit eine anonyme Auswertung der Daten möglich ist, sollte diese immer genutzt werden. Die wichtigsten Methoden der Anonymisierung von personenbezogenen Daten sind:

- die Löschung der expliziten Identifikationsmerkmale wie Name, Anschrift, Personenkennzeichen, Konto-Nummer etc.,

- die Einbringung von Zufallsfehlern in den Datenbestand (sog. Kontamination) - dadurch ist später nicht mehr eindeutig feststellbar, ob ein ursprünglicher oder veränderter Wert vorliegt – oder

- eine (ausreichende) Merkmalsaggregation. Begründet sich eine Bestimmbarkeit darauf, dass eine Merkmalsausprägung nur bei ihr vorliegt (zum Beispiel „Einwohner der Gemeinde A mit Alter von 103 Jahren"), so müssen diese Angaben gelöscht oder durch allgemeinere Angaben ersetzt werden (beispielsweise „Alter über 50 Jahre").

Da eine Zweckerreichung bei den meisten Anwendungsgebieten des Web Usage Minings auch mit nichtpersonenbezogenen Daten ohne erhebliche Einschränkungen möglich ist, sollte man immer versuchen zu anonymisieren. Größere Vorsicht ist allerdings beim Anwendungsgebiet der *Personalisierung* geboten. Hier muss man damit rechnen, dass durch die Anonymisierung eine nachhaltige Reduktion der Qualität der durch das Web Mining gewonnenen Informationen (und der resultierenden Handlungsalternativen) eintreten kann. Ein einfaches Beispiel dafür ist, dass bei fehlender individueller Kundenhistorie zwar grobe Verhaltensmuster analysierbar sind, dass aber kein Abgleich mit den bisher bestellten oder abgelehnten Produkten erfolgen kann. Damit ist es möglich, dass zum Beispiel ein falscher Produktvorschlag gemacht wird. Aufgrund der Ausnahmestellung der Personalisierung wollen wir diese später in Abschnitt 4 näher beleuchten. Zuvor ist die Darstellung der einzelnen zur Verfügung stehenden Datenquellen notwendig.

3.2   Datenquellen des Web Mining

An dieser Stelle soll eine Systematik zur Einteilung der Datenquellen vorgestellt werden. Dabei wurden die Aggregationsebenen derart gewählt, dass eine Beurteilung der einzelnen Informationsquellen aus datenschutzrechtlicher Sicht optimal möglich ist.

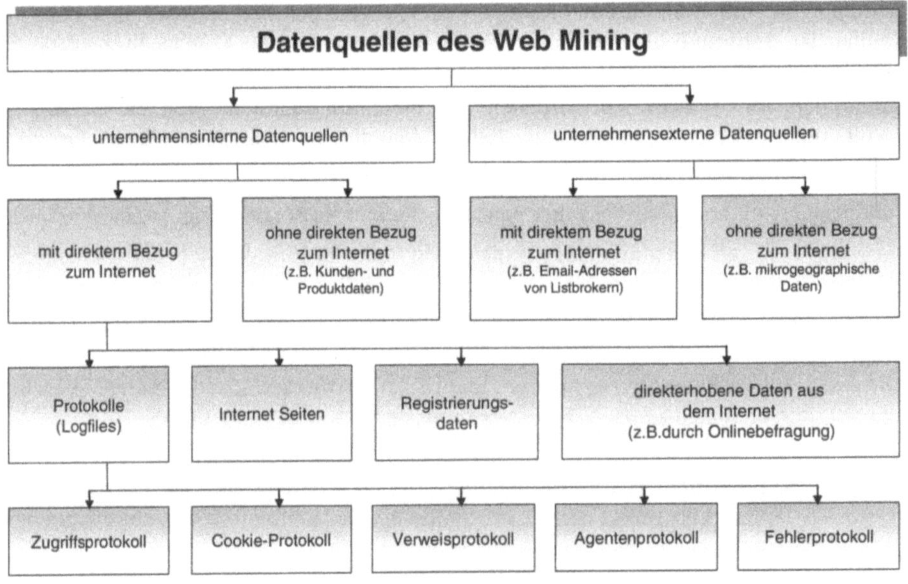

Abbildung 6: Systematik der Datenquellen für das Web Mining

Daten für das Web Mining können grundsätzlich aus unternehmensinternen oder unternehmensexternen Quellen stammen. In beiden Fällen ist es in Abhängigkeit vom Personenbezug möglich, dass sie in den Geltungsbereich der Datenschutzgesetze fallen. Bei extern erworbenen Daten ist der jeweilige Anbieter für die Rechtmäßigkeit zumindest der Erhebung der Daten verantwortlich. Intern ist hier hauptsächlich zu beachteten, dass die Daten nicht unbefugt mit personenbezogenen Daten kombiniert oder zweckentfremdet verwendet werden (vgl. Abschnitt 2).

Für die folgenden Betrachtungen wollen wir uns nur mit den *unternehmensinternen Datenquellen* beschäftigen, da diese einen engeren inhaltlichen Bezug zum Web Mining haben und da das Unternehmen selbst für alle rechtlichen Belange verantwortlich ist. Die internen Quellen sind (wie die externen) generell in Daten *mit und ohne direkten Bezug* zum Internet einteilbar. Auf der darunter liegenden Ebene unterscheiden wir verschiedene Datenarten, welche wir nur im Falle der *Protokolldateien (Logfiles)* weiter aufgeteilt haben (vgl. Bensberg 2001, S. 41). Bei *Internetseiten* könnte man zum Beispiel Daten hinsichtlich des Inhaltes, der Seitenklassifikation oder der Seitentopologie erheben (Walter 2000, S. 16). Diese Unterteilung ist für unsere datenschutzrechtlichen Zwecke nicht relevant.

Für eine umfassende Darstellung aller möglichen Datenquellen und eine tiefere Diskussion der Spezifika sowie der Vor- und Nachteile der verschiedenen Quellen sei nochmals auf diverse Beiträge in diesem Buch verwiesen (s. hierzu insbesondere Abschnitt 2.1 des vorliegenden Buches).

3.3 Nutzung der Datenquellen für Web Mining-Aufgaben

Bevor am Beispiel der Personalisierung eine datenschutzrechtliche Beurteilung im Einzelnen vorgenommen werden soll, müssen wir betrachten, welche Datenquellen generell für diese Aufgabe geeignet sind. Dabei beschränken wir uns, wie im vorhergehenden Abschnitt erläutert, auf unternehmensinterne Datenquellen. Agentenprotokoll, Verweisprotokoll und Fehlerprotokoll wurden zu der Kategorie „andere Protokolle" zusammengefasst, da sich ihre Eignungen für die einzelnen Anwendungsgebiete stark ähneln.

Die nachfolgende Abbildung 7 zeigt die entsprechende Systematisierung. Hier stellen wir die Personalisierung nochmals allen Aufgaben und Aufgabengebieten aus Abschnitt 3.1 gegenüber. Dadurch wollen wir verdeutlichen, dass genau für diese Aufgabe alle Datenquellen generell geeignet sind (wenn auch mit unterschiedlichem Eignungsgrad). Dabei besitzen gerade die Quellen mit einer hohen Wahrscheinlichkeit für Personenbezug und damit größerer Datenschutzrelevanz eine vergleichsweise starke Bedeutung.

	Web Content	Web Structure	Web Usage				
			Personalization	System Improvement	Site Modification	Business Intelligence	Web Usage Characterization
Internet Seiten	👍	👍	👍	☞	👍	👍	👍
Zugriffsprotokolle	☞	☞	👍	👍	👍	☞	☞
Cookie-Protokolle	👎	👎	👍	👎	☞	☞	👎
(andere) Protokolle	☞	☞	☞	👍	👍	☞	👍
Registrierungsdaten	👎	👎	👍	👍	☞	👎	👎
direkt erhobene Daten	👎	👎	☞	☞	☞	☞	👎
zusätzliche Daten (z.B. Kundendaten, Produktdaten)	👎	👎	👍	👎	☞	👎	👎

Abbildung 7: Generelle Eignung von Datenquellen für das Web Mining

Die Darstellung spiegelt die Meinung der Autoren wider, welche sich diese aufgrund ihrer praktischen Erfahrungen mit der Thematik gebildet haben. Sicher ist es möglich, dass in speziellen Fällen konkreter Projekte Abweichungen in der Art auftreten, dass noch zusätzliche Informationen hinzugezogen oder andererseits einige Datenquellen nicht genutzt werden. Weiterhin kann der Inhalt und damit die Bedeutung der Informationsquellen auch insofern variieren, dass unterschiedliche Einstellungen und Ausstattungen der technischen Umgebung verschiedene Formen und Inhalte (zum Beispiel von Logfiles) bei den Datenquellen bedingen.

4 Aufgabenbeispiel: Personalisierung von Internetseiten

Bei der Personalisierung für Marketingzwecke geht es, wie in Abschnitt 3.1 beschrieben, um die Ausgestaltung von möglichst individuellen Angeboten für das einzelne Individuum. Generell kann dies dadurch geschehen, dass tatsächlich in jedem Fall ein individuelles Angebot erstellt wird *(direkte Personalisierung)*. Ein anderer Weg ist es, die Person einer bestimmten Zielgruppe zuzuordnen, welche dann mit einem gewissen allgemeineren Angebotsprofil verbunden ist *(indirekte Personalisierung)*. In beiden Fällen müssen mehrere der in Abbildung 7 dargestellten Informationsquellen zusammengeführt und ihre Inhalte aufbereitet und ausgewertet werden.

4.1 Personenbezug von Datenquellen der Personalisierung

Die erste Gruppe der zu betrachtenden Datenquellen bilden die *Protokolldateien*. Zu beachten ist, dass die Begriffe Logfiles und Protokolldateien in der Literatur oft missverständlich gebraucht werden. In vielen Beiträgen versteht man unter dem Begriff Logfile allein das Zugriffsprotokoll, welches z.B. im *Common Logfile Format (CLF-Format)* vorliegen kann. Wir halten uns bei den unten stehenden Ausführungen an die Systematik, wie sie in Abbildung 6 dargestellt wurde.

Danach haben alle Protokolldateien eine Gemeinsamkeit. Sie können Felder oder Referenzen (Schlüssel) enthalten, welche theoretisch zur Identifikation des Nutzers dienen und somit einen direkten Personenbezug herstellen (vgl. Bensberg 2001, S. 46). Solche Felder beinhalten eine direkte Nutzerkennung oder IP-Adresse. Da erstere sehr selten enthalten ist und dieser eventuelle Eintrag auf der freiwilligen Aktivierung eines Identifikationsdienstes beruht, (StJohns 1985, S. 3) wollen wir vor allem die IP-Adresse näher beleuchten.

Die *IP-Adresse* einer Person kann technisch als potenzielle (wenn auch nicht problemlose) Möglichkeit der Nutzeridentifikation gesehen werden (Spiliopoulou 2001, S. 494). Damit spielt sie insbesondere eine wichtige Rolle bei der direkten Personalisierung. Für das Web Mining ist in diesem Zusammenhang entscheidend, ob IP-Adressen personenbezogene Daten im Sinne der Datenschutzgesetzgebung darstellen oder nicht. Feste IP-Adressen bleiben stets gleich, wodurch sie eine eindeutige Zuordnung zu einem bestimmten Computer ermöglichen. Doch diese Zuordnung stellt noch keinen eindeutigen Personenbezug dar, denn der Computer kann auch von mehreren Personen genutzt werden oder sogar öffentlich zugänglich sein.

Eine ähnliche Situation finden wir auch für den Fall, dass die Nutzer über eine Firewall oder einen Proxy-Server zugreifen, bei denen von „außen" nur eine gemeinsame IP-Adresse sichtbar ist. Entsprechendes gilt für Nutzer, die über Service-Provider (wie AOL oder T-Online) ins Internet gelangen. Der Provider weist in der Regel den Nutzern für die jeweilige Session temporäre IP-Adressen zu, wodurch lediglich erkennbar wird, bei welchem Provider sich der Nutzer eingewählt hat. Eine Identifizierung des Nutzers ist in diesen Fällen nur möglich, wenn der Anbieter Zugriff auf die Daten des Service-Providers bekommt. Genau diese Übermittlung von IP-Adressen und Zugriffszeiten des jeweiligen Nutzers ist nach deutschem Recht jedoch verboten (Fernmeldegeheimnis nach TKG). Anders ist es hingegen, wenn der Anbieter personenbezogene Angaben selbst erhalten kann. Dies ist zum Beispiel durch das Senden einer den Nutzer identifizierenden Email an den Webmaster aus dem Browser heraus möglich oder dadurch, dass Anbieter und Service-Provider identisch sind (Bizer 1998, S. 278).

Im Ergebnis müssen IP-Adressen zwar nicht personenbezogen sein, sie können aber personenbeziehbar sein. Da es kaum sinnvoll prüfbar ist, welche IP-Adressen personenbezogen sind und welche nicht, muss der Personenbezug unterstellt werden. Die Protokollierung und Verarbeitung von IP-Adressen ist daher nur im Rahmen der Datenschutzbestimmungen zulässig. Sollen Protokolldateien also ohne Einverständnis der

Nutzer ausgewertet werden, sind die in ihnen enthaltenen Daten zu anonymisieren (vgl. Abschnitt 3.1). Dies schließt alle Arten von Protokolldateien ein.

Cookies gehören auch zu den Protokolldateien. Dadurch liegt Personenbezug hier auch genau dann vor, wenn die Cookie-Daten einem bestimmten Nutzer zugeordnet werden können. Wir wollen sie hier aus zwei Gründen gesondert ansprechen.

Ein wichtiger datenschutzrechtlicher Aspekt bei der Anwendung von Cookies ist, dass es für den Nutzer häufig undurchsichtig ist, welche Informationen man aufgrund des Cookies über ihn abspeichert. Darin kann eine Verletzung des Rechts auf Kenntnis der Speicherung liegen (siehe Abschnitt 2.4). Der Nutzer muss auf der Internetseite auf die Anwendung von Cookies hingewiesen werden und ein Wahlrecht haben, diese auch abzulehnen.

Eine zweite Besonderheit liegt darin, dass selbst diese Einverständniserklärung unwirksam sein kann, wenn die Identifikation mittels Cookies in Verbindung mit besonders schützenswerten Daten steht (zum Beispiel durch Verbindung mit Inhaltsdaten von Internetseiten). Solche Daten betreffen u.a. die Religion, die politische Überzeugung oder den Gesundheitszustand des Nutzers (vgl. Abschnitt 2.3.2). Sollen solche Daten personenbezogen verarbeitet werden, muss eine explizite Einverständniserklärung genau dafür vorliegen. Die bloße Akzeptanz eines Cookies reicht hier nicht aus.

Bei *Registrierungsdaten, direkt erhobenen Daten* und *zusätzlichen Daten (ohne direkten Bezug zum Internet)* lässt sich keine allgemeine Aussage zum Personenbezug machen. Sie können sowohl personenbezogen als auch anonym erhoben werden. Registriert sich zum Beispiel ein Nutzer mit einem bestimmten Kennwort, welches nur ihm zugeordnet ist, besitzen die erhobenen Daten eindeutig Personenbezug. Wird hingegen ein einheitliches Kennwort für eine Benutzergruppe vergeben (zum Beispiel Mitglieder eines Verbandes), ist ein Personenbezug zu verneinen.

Im Gegensatz dazu sind Informationen von oder über *Internetseiten* wie bereits erwähnt öffentlich zugänglich und im Allgemeinen nicht personenbezogen. Sie können deshalb prinzipiell frei verwendet werden. Es ist lediglich zu beachten, dass die Informationen nicht mit personenbezogenen Daten kombiniert werden. In diesem Fall entsteht ein Personenbezug und ihre Verarbeitung unterliegt dem Datenschutzrecht. Daher wollen wir im nächsten Abschnitt die Problematik der Nutzungs- und Kundenprofile näher betrachten.

4.2 Nutzungs- und Kundenprofile

Wie bereits erwähnt, ist es gerade bei der Personalisierung im Internet notwendig Nutzungs- bzw. Kundenprofile von Gruppen oder einzelnen Personen zu erstellen, um daraus individualisierte Angebote abzuleiten und möglichst in Echtzeit zur Verfügung zu stellen (siehe z.B. Dietrich 2001, S. 63). Hierbei gilt es wiederum, rechtliche Rahmenbedingungen zu beachten.

Der Profilbildung sind durch die Datenschutzgesetze enge Grenzen gesetzt. Das *Trennungsgebot* des TDDSG verhindert zum Beispiel das Zusammenführen von personenbezogenen Daten über die Inanspruchnahme verschiedener Teledienste durch einen Nutzer. Diese Daten sind getrennt zu verarbeiten und lediglich zu Abrechnungszwecken kombinierbar.

Besonders das Prinzip der *Zweckbindung* hemmt oftmals eine Sammlung verschiedener Daten in einem gemeinsamen Data Warehouse. Danach darf man personenbezogene Daten nur im Rahmen ihres ursprünglichen Zwecks verarbeiten. Wo solche Daten aus unterschiedlichen Sinnzusammenhängen entnommen und ihrem ursprünglichen Zweck entfremdet werden, um ein übergreifendes und für beliebige Ziele verwendbares Datenlagerhaus zu schaffen, wird gegen dieses Prinzip verstoßen. Auch eine Einwilligung scheidet in diesem Fall der "Vorratsspeicherung" zu unbestimmten Zwecken aus, da der Verwendungszweck der Daten des Warehouses nicht eindeutig feststeht (TB 1999, S. 10). Im Gegensatz dazu ist die Zusammenführung verschiedener Daten, welche für den gleichen bestimmten Zweck zulässigerweise erhoben wurden möglich. Die Einwilligung für einen bei der Datenerhebung bestimmten Zweck bleibt davon unberührt.

Nutzungsprofile dürfen nur auf anonymer Basis oder zumindest unter Verwendung von Pseudonymen erstellt werden. Beispielsweise ist es möglich die IP-Adressen zu verändern oder durch andere Kennungen zu ersetzen. Auf dieser Basis ist es erlaubt, die Nutzungsdaten auszuwerten. Diese Daten dürfen allerdings nicht mit dem Namen und anderen Daten des Nutzers zusammengeführt werden.

Nutzungsprofile für die Personalisierung von Web-Inhalten (z.B. auf der Basis von IP-Adressen oder Registrierungsdaten) sind also unter folgenden Bedingungen erstellbar:

- Einwilligung des Nutzers,

- Pseudonymisierung der IP-Adresse oder

- Profil der Protokollierung auf dem Webserver wird so eingestellt, das man nur die Internet-Adressbereiche der Accessprovider speichert und die IP-Adressen bezogen auf eine bestimmte Session zuweist.

Zusammenfassend lässt sich somit feststellen, dass man generell versuchen sollte, nicht personenbezogene Daten für das Web Mining zu nutzen und das ansonsten eine gültige Einwilligung der Nutzer benötigt wird. *Wichtig ist, dass beim Internet die Nutzung von Daten zu Marketingzwecken generell nicht erlaubt ist.* Eine Besonderheit stellen die Inhaltsdaten dar, für die allgemeine Vorschriften des Offline-Bereichs gelten. Ihre Nutzung ist im Rahmen einer bestehenden Vertragsbeziehung generell erlaubt, sofern der Betroffene nicht ausdrücklich widersprochen hat.

5 Datenschutz im Internet als Wettbewerbsbestandteil

Nachdem wir die Gesetzgebung im Vorangegangenen hauptsächlich aus Unternehmenssicht betrachtet haben, wollen wir nun die Perspektive wechseln und den Datenschutz aus Nutzersicht beleuchten. Danach stellen wir Möglichkeiten vor, wie Unternehmen sich und ihre Klientel im internationalen Umfeld des World Wide Web über nationale Grenzen hinweg schützen können.

5.1 Akzeptanz auf Nutzerseite

Für Internetnutzer ist es selbstverständlich, die Kontrolle darüber haben zu wollen wie ihre persönlichen Daten verwendet werden. Vor allem sorgen sie sich darum, welche persönlichen Daten die Anbieter genau erheben, auf welche Weise sie weiterverwendet und an wen diese nachher weitergeleitet werden.

Nach einer Umfrage von August 2000 äußerten sich 84 % der Befragten in den USA darüber besorgt, dass Unternehmen Informationen im Internet über sie und ihre Familie generieren (Pew Internet 2000, S. 22). Allerdings ist diese Haltung keine amerikanische Besonderheit. 62 % aller Internetnutzer in Deutschland erklärten, sie hätten im Internet noch nicht online bestellt oder gekauft, weil ihrer Meinung nach der Datenschutz unzureichend gewährleistet sei (Mannheimer Forschungsgruppe 2000, S. 11). Immerhin gaben 35 % der Internetnutzer an, sie würden gerne in den E-Commerce einsteigen, wenn es eine bessere Datensicherheit gäbe. Ähnliche Ergebnisse sind aus einer ganzen Reihe von Ländern bekannt (IBM 1999, S. 23). Datenschutz entwickelt sich demnach offensichtlich weltweit zu einem entscheidenden Wettbewerbsfaktor.

Datenschutzverstöße haben vor allem negative Auswirkungen auf das Image der Unternehmen. Die zunehmende Sensibilisierung der Verbraucher zwingt Unternehmen dazu, die Einhaltung von Datenschutzvorschriften ernst zu nehmen. Dabei stoßen sie auf einen Interessenskonflikt des Verbrauchers: auf der einen Seite besteht der Wunsch nach individueller Ansprache, für welche die Preisgabe umfassender und detaillierter Informationen notwendig ist. Auf der anderen Seite verlangt der Verbraucher die Gewährleistung des Schutzes seiner personenbezogenen Daten und möchte die Kontrolle über deren Verwendung sicherstellen.

Die Angst der Nutzer ist vor allem auf mangelnde Transparenz und die Komplexität des Internets zurückzuführen. Sie verlieren immer mehr den Überblick darüber, wer Daten von ihnen sammelt, speichert und auf welche Weise weiterverwendet. Für die Zukunft ist zu erwarten, dass sich dieser Trend aufgrund des rasanten Wachstums des Internets, der zunehmenden Heterogenität der eingesetzten Technik und der steigenden Anzahl der Online-Angebote noch mehr verstärkt.

5.2 Ansätze zur Selbstregulierung

Aus dem vorab gesagten ergibt sich, dass die Anbieter Vertrauen schaffen müssen, auf dem längerfristige Kundenbindungen aufgebaut werden können. Die Einhaltung der nationalen gesetzlichen Datenschutzgrenzen reicht hier häufig nicht aus. Wie in anderen Bereichen auch stößt der nationale Gesetzgeber bei der Regelung von Datenschutz auf seine Grenzen, denn Probleme in globalen Netzwerken sind auch globale Rechtsprobleme. Besonders wegen mangelnder Kontroll- und Durchsetzungsmöglichkeiten der bestehenden Datenschutzgesetze im Bereich des Internet besteht ein wachsendes Interesse an dem Instrument der *Selbstregulierung*.

Hintergrund dessen ist die Erkenntnis, dass Vertauen vor allem auf Transparenz beruht. Sogenannte Privacy und Consumer Confidence Statements sollen erklären, bei welchen Gelegenheiten welche Daten zu welchem Zweck verarbeitet werden. In den folgenden Absätzen stellen wir kurz wichtige Instrumente zur Selbstregulierung vor.

Im Rahmen von *Privacy Statements* stellt der Internetanbieter seine Datenschutzpolitik in einer freiwilligen Stellungnahme auf seiner Homepage vor. Dies kann individuell geschehen. Für viele Anbieter ist es jedoch sinnvoll, sich der branchenspezifischen Datenschutzpolitik eines Verbandes anzuschließen. Ein wichtiges Beispiel für einen solchen Verband ist die Online Privacy Alliance, in der sich über 80 weltweit operierende amerikanische Unternehmen und Vereinigungen zu einer bestimmten Datenschutzpolitik verpflichtet haben.

Ein zentrales Problem auch der privaten Selbstregulierung ist ihr Vollzug, da Sanktionen kaum vorgesehen sind. Um eine effektive Umsetzung der Selbstverpflichtung zu gewährleisten, sollen sich z.B. die Mitglieder der Online Privacy Alliance an einem Vollzugssystem der Selbstregulierung beteiligen. Empfohlen wird hierzu die Teilnahme an einem „*Privacy Seal Program*". Solche Programme werden von verschiedenen Anbietern vertrieben. Hat sich der Teilnehmer zu einer Datenschutzpolitik verpflichtet, erhält er ein Trustmark, das er auf seiner Homepage anbringen kann und das den Nutzer direkt zur Erklärung der Datenschutzpraktiken führt. Der Nutzer kann nach deren Lektüre entscheiden, ob er die Internetseite verlässt oder bleibt. Ein Verstoß des Teilnehmers kann zu einem Widerruf der Trustmark, dem Ausschluss aus dem Programm und zur Meldung an eine staatliche Behörde führen.

In Deutschland werden erste Qualitätssiegel vom TÜV und den Verbraucherverbänden vergeben. Diese stellen für den Verbraucher Orientierungshilfen dar, anhand derer er erkennt, ob eine Internetseite sein Vertrauen prinzipiell rechtfertigen kann. Ein Datenschutzqualitätssiegel ist innerhalb des Internets also ungefähr so zu verstehen, wie ein Umweltschutzgütesiegel in anderen Bereichen. Wichtig ist, dass diese Gütesiegel einem bestimmten Mindeststandard entsprechen.

Besonders erwähnenswert in diesem Zusammenhang ist die Selbstregulierungsinitiative D21, welche einen Qualitätsmaßstab für Anbieter von Gütezeichen geschaffen hat. Ziel ist es, den Warenanbietern die Wahl eines Gütesiegels zu erleichtern, und die Internetnutzer auf diese Gütesiegel aufmerksam zu machen. Dazu hat die Initiative D21 in Zusammenarbeit mit dem Bundeswirtschaftsministerium und der Arbeitsgemeinschaft der Verbraucherverbände entsprechende Qualitätskriterien für Internetangebote entwickelt. Die unter www.initiative21.de empfohlenen Gütesiegelanbieter arbeiten auf der Grundlage dieser Qualitätskriterien.

Ein weiteres Instrument der Selbstregulierung bietet die Schaffung von sog. *Codes of Conduct*. Diese stellen eine verbindliche unternehmensinterne Richtlinie für Mitarbeiter eines Konzerns bezüglich des Datenschutzes auf. Besonders hinsichtlich der weltweit unterschiedlichen Vorschriften stellt dieses Instrument für globale Unternehmen ein angemessenes Instrument dar, um eine einheitliche Datenschutzphilosophie in der Beziehung zu den Kunden des Konzerns zu verwirklichen (Büllesbach 1999, S. 7).

Eine technische Umsetzung des Selbstregulierungsgedankens hingegen entwickelte das World Wide Web Consortium (W3W) durch eine *Platform for Privacy Preferences (P3P)*, welche den Datenaustausch zwischen der Internetseite und dem Nutzer regeln soll. Dies sieht vor, dass der Server des Website-Anbieters einen Vorschlag unterbreitet, der vom Computer des Benutzers (dem user agent) angenommen oder abgelehnt wird. Grundsätzlich ist dies eine Automatisierung der Privacy Policies. Der Nutzer muss nicht länger die Privacy Statements jeder Internetseite lesen, sondern legt durch die Konfiguration seiner P3P-Software (user agent) fest, welche Daten zu welchen Zwecken genutzt werden sollen und gibt dadurch seine Einwilligung zur Datenverarbeitung. Dieser Ansatz ist unserer Meinung nach vielversprechend, weil er den Internetnutzer aktiv einbezieht, es ihm aber gleichzeitig ermöglicht, sich nur einmal mit der komplexen Thematik des Datenschutzes auseinandersetzen zu müssen ohne in die Spezifika jeder einzelnen Internetseite eindringen zu müssen..

6   Zusammenfassung und Ausblick

Unsere Ausführungen haben klar gemacht, dass Internetnutzer ein wachsendes Bedürfnis nach dem Schutz Ihrer persönlichen Daten verspüren. Zwar wünschen sie auf der einen Seite eine individuelle Ansprache, andererseits wollen sie aber die Kontrolle über die Nutzung ihrer persönlichen Daten behalten. Ziel muss es also sein, das Vertrauen der Internetnutzer zu gewinnen, um dann die Erlaubnis zu erhalten, Daten individuell und nutzbringend zu verarbeiten.

Dabei sind vor allem die geltenden gesetzlichen Rahmenbedingungen zu berücksichtigen. Das Gesetz sieht Beschränkungen lediglich für die Verarbeitung von personenbezogenen Daten vor. Sofern eine Verarbeitung *anonymisierter* oder *pseudonymisierter Daten* möglich ist, sollte auf jeglichen Personenbezug verzichtet werden. Wir haben festgestellt, dass dies innerhalb des Web Minings für Marketingzwecke regelmäßig ohne entscheidenden Qualitätsverlust möglich ist. Lediglich der Sonderfall der Personalisierung erfordert oftmals die Verarbeitung personenbezogener Daten, um gleichwertige Ergebnisse erzielen zu können. In diesem Fall schränken einschlägige Datenschutzgesetze den freien Umgang mit den Daten ein.

Konkret heißt dies, dass hier grundsätzlich jede Datenverarbeitung verboten ist und durch eine Einwilligung oder gesetzliche Erlaubnis ausdrücklich legitimiert werden muss. In der Praxis sollte man für diese Fälle stets die Einwilligung des betroffenen Internetnutzers einholen. Zu beachten bleibt weiterhin das Datenschutzprinzip der Zweckbindung: eine Einwilligung legitimiert die Datenverarbeitung lediglich zu den bei der Erhebung angegebenen Zwecken. Eine "Vorratsspeicherung" zu unbestimmten Zwecken oder die Kombination mit zweckfremden Daten ist nicht mit den geltenden Datenschutzvorschriften vereinbar. Ein Verstoß kann eine Vielzahl von Sanktionen zur Folge haben. Es drohen neben Geldbußen vor allem Schadensersatzforderungen der geschädigten Nutzer oder Konkurrenzunternehmen sowie Freiheitsstrafen bis zu zwei Jahren. Besonders ernst zu nehmen ist jedoch auch der mögliche Imageverlust für das handelnde Unternehmen, denn sobald es um den vertraulichen Umgang mit ihren persönlichen Daten geht, sind Internetnutzer zu keinem Kompromiss bereit.

Zur Zeit gibt es viele Anstrengungen der privaten Wirtschaft, neben den verschiedenen Gesetzen einheitliche und verbindliche Regelungen zu schaffen. Ob dies in absehbarer Zeit gelingt und inwiefern eine Durchsetzung möglich ist, bleibt abzuwarten. Im eigenen Interesse und vor allem im Interesse ihrer Kunden sollten Unternehmen momentan unter Berücksichtigung heute gültiger Rechtsnormen Ansätze zur Selbstregulierung entwickeln und unternehmensweit durchsetzen.

Literatur

Baeriswyl, B. (2000): Data Mining und Data Warehousing: Kundendaten als Ware oder geschütztes Gut ? In: Recht der Datenverarbeitung (RDV), Nr. 1, S. 6-11.

Bensberg, F. (2001): Web Log Mining als Instrument der Marketingforschung, Wiesbaden.

Bizer, J. (1998): Web-Cookies – datenschutzrechtlich. In: Datenschutz und Datensicherheit (DuD), Nr. 5, S. 277-281.

Bizer, J. (1999): Datenschutz im Datawarehouse – Die Verwendung von Kunden- und Nutzerdaten zu Zwecken der Marktforschung. In: Horster, P.; Fox, D. (Hrsg.): Datenschutz und Datensicherheit – Konzepte, Realisierungen, Rechtliche Aspekte, Anwendungen. Braunschweig/Wiesbaden, S. 60-81.

Büllesbach, A. (1999): Datenschutz in einem globalen Unternehmen. http://www.datenschutz-berlin.de/infomat/heft27/buelles.htm (Zugriff: 23.08.2001).

Dietrich, H. (2001): Workshop on Web Mining, First SIAM International Conference on Data Mining, Chicago, Illinois, In: Real-Time Site Monitoring of User Behavior, S. 63-71.

Engel-Flechsig, S. (1997): Datenschutz bei Multimedia – Die Neukonzeption des Datenschutzes bei Informations- und Kommunikationsdiensten. http://www.ig.cs.tu-berlin.de/~dsb/infomat/dateien/symp97.pdf (Zugriff: 23.08.2001).

Greß, S. (2001): Datenschutzprojekt P3P - Darstellung und Kritik, Datenschutz und Datensicherheit. In: Datenschutz und Datensicherheit (DuD), 2001, Nr. 3, S. 144-149.

Hobert, G. (2000): Datenschutz und Datensicherheit im Internet: Interdependenz und Korrelation von rechtlichen Grundlagen und technischen Möglichkeiten, Frankfurt/ M.

Hoeren, T. (2001): Rechtsfragen im Internet. http://www.uni-muenster.de/ jura.itm/hoeren/materialien/skriptir.pdf (Zugriff: 23.08.2001).

IBM (1999): IBM Multi-National Consumer Privacy Survey. http://www-1.ibm.com/ services/files/privacy_survey_oct991.pdf (Zugriff: 3.09.2001).

Imhof, R. (2000): One-to-One-Marketing im Internet – Das TDDSG als Marketinghindernis. In: Computer und Recht (CR), Nr. 2, S. 110-116.

Löw, P. (2000): Datenschutz im Internet – Eine strukturelle Untersuchung auf der Basis der neuen deutschen Medienordnung, Tübingen.

Mannheimer Forschungsgruppe Wahlen (2000) im Auftrag des Bundesverbandes der Banken: Internet, Online-Banking, E-Commerce. http://www.bdb.de/ html/02_politik/sub_02_demoskopie/00-10.pdf (Zugriff: 3.09.2001).

Moritz, H.; Winkler, M. (1997): Datenschutz und Online-Dienste – Die Anwendbarkeit des deutschen Datenschutzrechts auf Online-Dienste-Anbieter mit Sitz im Ausland. In: Recht der Computerpraxis (NJW-CoR), Nr.1, S. 43-47.

Pew Internet & American Life Project (2000): Trust and Privacy online: Why Americans want to rewrite the rules. http://www.pewinternet.org/reports/toc.asp?report=19 (Zugriff: 3.09.2001).

Rieß, J. (2001): Globalisierung und Selbsregulierung. In: Kubicek, H.; Klumpp, D.; Fuchs, G.; Roßnagel, A. (Hrsg.): Internet @ Future – Jahrbuch Telekommunikation und Gesellschaft, Heidelberg, S. 333-339.

Sakowski, K. (2001): Datenschutzrecht – Rechtliche Grundlagen. http://www.sakowski. de/skripte/daten.html (Zugriff: 20.08.2001).

Spiliopoulou, M. (2001): Web Usage Mining: Data Mining über die Nutzung des Web. In: Hippner, H.; Küsters, U.; Meyer, M.; Wilde, K.D. (Hrsg.): Handbuch Data Mining im Marketing, Braunschweig/Wiesbaden.

Srivastava, J.; Cooley, R.; Deshpande, M.; Tan, P.N. (2000): Web Usage Mining: Discovery and Applications of Usage Patterns from Web Data. In: SIDKDD Exploration, Vol. 1, No. 2, S. 12-23.

StJohns, M. (1985): Authentification Server. ftp://ftp.isi.edu/in-notes/rfc931.txt (Zugriff: 02.05.2001).

Schweizer, A. (1999): Data Mining Data Warehousing, Zürich.

Tätigkeitsbericht (1999): Neue Medien und Informationstechniken. http://www.rewi.hu-berlin.de/Datenschutz/DSB/SH/material/tb/tb21/kap7.htm (Zugriff: 23.08.2001).

Walther, R. (2001): Web Mining, In: Informatik Spektrum, 24.02.2001, S. 16-18.

Wichert, M.. (1998): Web-Cookies – Mythos und Wirklichkeit. In: Datenschutz und Datensicherheit, Nr. , S. 273 ff.

Weichert, T. (2001): Datenschutz beim Online-Marketing - Vortrag auf dem 2. Oldenburger Forum zum elektronischen Geschäftsverkehr am 1. Februar 2001. http://www.rewi.hu-berlin.de/Datenschutz/DSB/SH/material/themen/divers/onlmark. htm (Zugriff: 23.08.2001).

Zaiane, O. R., (1999): From Resource Discovery to Knowledge Discovery on the Internet, Simon Fraser University Burnaby, Canada, S. 1-60.

2 Der Web Mining Prozess

Dr. Frank Säuberlich

ist seit 2000 in der Business Unit e-Intelligence bei SAS in Heidelberg als Technical Consultant tätig. Davor war er wissenschaftlicher Mitarbeiter am Institut für Entscheidungstheorie und Unternehmensforschung der Universität Karlsruhe (TH) mit dem Forschungsschwerpunkt Data Mining im Marketing.

2.2.1 Vorverarbeitung von Web-Daten – Pre-Processing

1 Problemstellung

Rohe Logfile-Daten als Ausgangspunkt eines Web-Mining-Projektes besitzen einige Defizite:

Zunächst ist eine Vielzahl von protokollierten Zugriffen in den Logfiles für weitere Auswertungen nicht von Interesse. Wichtig für die Analyse sind im Allgemeinen nur diejenigen Elemente, die vom Benutzer explizit angefordert werden, nicht aber diejenigen, die automatisch vom Client des Benutzers mitgeladen werden (sogenannte Auxiliary Requests). Auch verwenden vor allem Suchmaschinenbetreiber häufig Computerprogramme (sogenannte Robots oder Spider), die automatisiert Web-Sites durchlaufen und ebenfalls für Einträge im Logfile sorgen.

Weiterhin können die Inhalte bestimmter Felder des Logfiles Probleme bereiten: Wenn ein Besucher der Web-Site das Angebot über einen Proxy-Server nutzt, wird häufig die IP-Adresse des Proxies und nicht die des Clients an den entsprechenden Web-Server übermittelt (Broder 2000). Dies führt dazu, dass Einträge mehrerer Nutzer im Logfile mit derselben IP-Adresse erfasst werden. Eine ähnliche Problematik tritt bei dynamischer Vergabe von IP-Adressen auf. Auch hier ist eine Differenzierung einzelner Client-Rechner unmöglich.

Eine weitere Problemkategorie entsteht aus der Übertragungstechnik des Internet, da das eingesetzte HTTP-Übertragungsprotokoll keine Erfassung zusammenhängender Nutzungsvorgänge unterstützt. Es ist also nicht ohne Weiteres möglich, den Weg eines Besuchers durch ein Internetangebot zu verfolgen.

Schließlich lässt sich ein weiterer Problemkomplex unter dem Begriff „Caching" zusammenfassen: Proxy-Server bündeln meist nicht nur die Anfragen mehrerer Clients, sie stellen als Dienstleistung auch häufig besuchte Internetseiten selbst bereit. Dieses Vorgehen beschleunigt das Laden einer Internetseite und vermindert die Netzlast erheblich. Allerdings erreichen Seitenzugriffe, die durch Proxies erfüllt werden, nicht den Web-Server und werden somit auch nicht im Logfile protokolliert. Zusätzlich besitzt nahezu jeder Internetbrowser einen lokalen Cache-Speicher, der ebenfalls die auf dem Client am meisten genutzten Seiten bereithält. Aus diesen Gründen stehen in den Logfiles nicht alle Seitenzugriffe für weitere Analysen zur Verfügung.

Im folgenden Abschnitt werden zunächst die möglichen Aggregationsstufen, in die Logfiles für weiterführende Analysen beziehungsweise zum Ableiten von Kennzahlen überführt werden können, beschrieben. Danach werden mögliche Erweiterungen und Lösungsansätze vorgestellt, die helfen, die angesprochenen Defizite roher Logfile-Daten zu beheben und die Voraussetzung zur Aggregation der Daten zu liefern.

2 Aggregation

Aus den Logfile-Daten können verschiedene Informationen in Form von Kennzahlen erhoben werden. Dies beginnt bei einfachen Hitstatistiken und geht bis hin zu Informationen über die Zahl der unterschiedlichen Besucher in einem bestimmten Betrachtungszeitraum. Diese verschiedenen Informationsebenen ergeben sich aus unterschiedlichen Aggregationsstufen, in die Logfile-Daten überführt werden können. Im Vorfeld einer Web-Mining-Analyse muss somit überprüft werden, auf welchen Aggregationsstufen die Daten zur Auswertung vorliegen müssen. In Abbildung 1 sind die möglichen Aggregationsstufen von Logfiles aufgeführt.

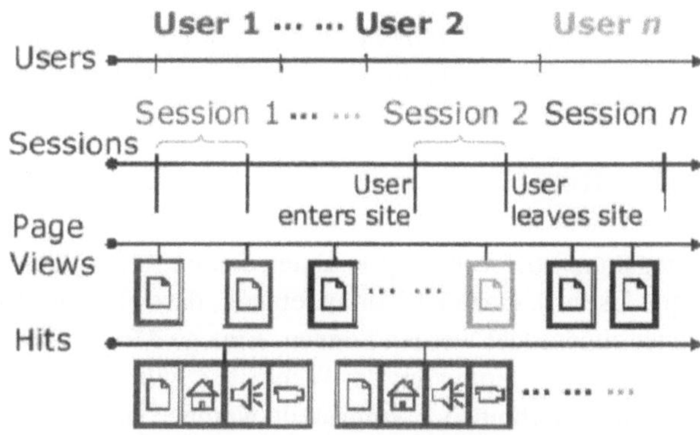

Abbildung 1: Mögliche Aggregationsstufen von Logfiles

Im Folgenden werden diese Aggregationsstufen detailliert beschrieben.

2.1 Dateizugriffe (Hits)

In einem rohen Logfile-Datensatz entspricht jede der vorliegenden Zeilen einem zugegriffenen Element auf der Web-Site, ohne dass zunächst direkt oder indirekt angeforderte Elemente unterschieden werden. Die Gesamtzahl dieser Elemente, die sogenannten „Hits", stellen die einfachste Form dar, Zugriffe auf Web-Sites zu vergleichen. Zur Ermittlung der Hits ist demnach keine Aufbereitung der Daten erforderlich. Allerdings birgt die Zahl der Hits als Vergleichsmaß zahlreiche Nachteile: So kann bei dieser Art der Zählung nicht zwischen Dateitypen (Web-Seiten, Graphikfiles, ausführbare Dateien, usw.) unterschieden werden, und es ist keine Differenzierung unterschiedlicher Teile der Web-Site oder eine Beobachtung der Nutzung einzelner Web-Seiten möglich. Angesichts dieser Defizite sind „Hitstatistiken" zur Einschätzung des Erfolges von Web-Sites nur bedingt geeignet.

2.2 Page Views

Die am weitesten verbreitete Methode zum Vergleich von Web-Sites ist die Seiten-zugriffsstatistik (=Page Views). Dabei werden die Zugriffe auf jede einzelne Seite ge-zählt, ohne die Gesamtzahl der auf der jeweiligen Seite befindlichen Elemente zu be-rücksichtigen. Um dies zu gewährleisten, muss das zugrundeliegende Logfile bereinigt werden (sogenanntes Data Cleaning; Cooley et al. 1999; siehe Abschnitt 3.2.1).

2.3 Visits/ Sessions

Sind zusammenhängende Nutzungsvorgänge identifizierbar, so können die Daten, die bisher auf Basis einzelner Seitenzugriffe vorliegen, so umgeformt werden, das einzelne Besuchersitzungen, sogenannte „Visits" oder „Sessions", erkannt werden können.

Die Identifikation von Visits stellt dabei kein exaktes Verfahren dar und setzt spezielle Erweiterungen im Logfile voraus, die in Abschnitt 3 vorgestellt werden.

2.4 Unique Users

Die höchste Aggregationsstufe von Logfile-Daten stellen Kennzahlen über die Besucher selbst dar („Unique Users"). Dazu ist Voraussetzung, dass einzelne Visits einem perso-nifizierten Besucher zugeordnet werden können. Einzige Möglichkeit dies dauerhaft zu gewährleisten ist eine Registrierung auf der Web-Site (Spiliopoulou 2000). Alle übrigen Erweiterungen, die in Abschnitt 3.1 vorgestellt werden, sind bestenfalls dazu in der Lage, einzelne Client-Rechner beziehungsweise deren Internetbrowser zu erkennen (Kimbal/Merz 2000). Aus Kenntnis des verwendeten Rechners heraus lässt sich aber nicht automatisch auf das Individuum vor dem Rechner schließen, da Rechner von meh-reren Personen genutzt werden oder einzelne Personen verschiedene Rechner verwen-den können.

Liegt keine Registrierung vor, sollten daher Schlussfolgerungen auf Individualebene nur bedingt vorgenommen werden. Wird dies beachtet, kann es durchaus sinnvoll sein, das Verhalten verschiedener Clients zu untersuchen.

3 Erweiterungen

Um die aufgezeigten Problemstellungen zumindest zum Teil lösen zu können und die Darstellung der Daten auf den skizzierten Aggregationsstufen zu ermöglichen, existie-ren eine Reihe von Erweiterungen. Dabei können technische Erweiterungen, die opera-tiv auf dem Web-Server zum Einsatz kommen, sowie Datenaufbereitungsschritte, die rückwirkend auf die bereits angefallenen Logfiles angewendet werden, unterschieden werden.

3.1 Technische Erweiterungen

3.1.1 Session-ID

Durch die Verwendung von Session-IDs steht eine einfache Methodik zur Verfügung, um zusammenhängende Nutzungsvorgänge von Web-Seiten erfassen zu können. Dies wird dadurch gewährleistet, dass jeder Besucher mit der angeforderten Seite vom Server eine eindeutige Kennung zugewiesen bekommt. Ruft der Besucher eine weitere Seite innerhalb des betreffenden Web-Angebotes auf, wird diese Kennung mit der Anfrage an den Server übermittelt. Bei einem erneuten Besuch auf dem Web-Angebot geht die Session-ID allerdings verloren, und dem Besucher wird eine neue Kennung zugeordnet. In Abbildung 2 ist ein Beispiel einer solchen Session-ID dargestellt, wie sie im Adressfenster des Web-Browsers angezeigt wird.

Abbildung 2: Beispiel einer Session-ID (Quelle: www.bravo.de)

Neben dem Erkennen von zusammenhängenden Nutzungsvorgängen ist mit Hilfe von Session-IDs auch das Problem des Cachings gelöst: Der Besucher ruft durch das Mitführen der Session-ID in der Internetadresse eine scheinbar bisher unbekannte Web-Seite auf, da sich die URL von den Aufrufen anderer Nutzer durch die eindeutige Kennung unterscheidet.

Als zentrale Schwäche des Konzeptes der Session-ID ist hervorzuheben, dass damit zwar Besuchersitzungen erkannt werden können, allerdings ein erneuter Besuch auf dem Angebot eines Besuchers nicht identifiziert wird, da ihm in diesem Fall eine neue Session-ID vergeben wird. Damit ist es nicht möglich, individuelle Nutzerprofile auf Basis von Session-IDs zu erstellen.

3.1.2 Cookies

Cookies unterscheiden sich von Session-IDs vor allem darin, dass die eindeutige Identifikationsnummer nicht nur in der URL mitgeführt, sondern zusätzlich auf der Festplatte des Clientrechners abgelegt wird. Damit kann nicht nur der Transaktionsweg der Besucher identifiziert, sondern ebenso das Wiederkehrverhalten der Besucher erkannt werden, indem die zugehörige Cookie-ID bei jedem weiteren Besuch vom Clientrechner ausgelesen wird.

Mit Hilfe von Cookies ist es möglich, Informationen, die bei einem vorangegangenen Besuch des Web-Angebotes ermittelt wurden, zu einem späteren Zeitpunkt wieder mit dem jeweiligen Besucher in Verbindung zu bringen. Allerdings bezieht sich diese Verbindung rein auf den jeweiligen Rechner; die Zuordnung zum Endbenutzer ist nicht möglich, wenn verschiedene Personen dasselbe Endgerät verwenden.

Analog zu den Session-IDs lösen auch Cookies das Caching-Problem: Cookies verwenden eine eindeutige Identifikationsnummer, die ebenfalls nicht zwischengespeichert werden kann. Die Problematik der durch Proxy-Server nicht eindeutigen IP-Adresse wird beim Einsatz von Cookies umgangen. Der Browser des Besuchers ist durch die Cookie-Kennummer eindeutig markiert, so dass die IP-Adresse zur Besucheridentifizierung nicht herangezogen werden muss.

Als Nachteil des Cookie-Verfahrens ist deren in der Gesellschaft vorherrschendes negatives Image zu nennen. Vor allem in den USA wurden massive Verletzungen der Privatsphäre durch einzelne Unternehmen bekannt, die mit Hilfe von Cookies zugeordnete, vom Nutzer selbst bereitgestellte persönliche Daten zu unlauteren Zwecken, wie z.B. unerwünschte E-Mails, eingesetzt haben. Verunsichert durch diese Veröffentlichungen deaktiviert ein Teil von Internetnutzern die Annahme von Cookies in den zugehörigen Einstellungsmöglichkeiten der Web-Browser. In einer Studie wird der Anteil der Besucher, die keine Cookies zuließen, auf 8-11% beziffert (Pirolli/Pitkow 1999). Viele Web-Anbieter verfolgen aufgrund dieses Negativimages die klare Vorgabe, keine Cookies auf ihren Angeboten einzusetzen.

3.1.3 Registrierung

Mit Hilfe von Registrierungsformularen besitzen Web-Anbieter die Möglichkeit, den Besucher direkt nach personenbezogenen Informationen zu befragen. In solche Formulare werden von den Besuchern bestimmte persönliche Informationen eingetragen, damit sie im Austausch einen Benutzernamen und ein Passwort erhalten, womit sie sich beim nächsten Besuch auf der Web-Seite identifizieren können.

Registrierungsformulare können dann sinnvoll eingesetzt werden, wenn entweder bestimmte Informationen zur Erbringung einer Leistung seitens des Anbieters erforderlich sind (z.B. Warenauslieferung, Rechnungsstellung, usw.) oder falls der Besucher einen Mehrwert durch die Durchführung der Registrierung erreichen kann (z.B. Zugang zu erweiterten Angeboten o.ä.).

Mit Hilfe der bei der Registrierung vergebenen eindeutigen User-ID lassen sich analog zu den Session-IDs alle Aktivitäten des Besuchers auf dem Web-Angebot nachvollziehen. Darüber hinaus ist die IP-Adressen-Problematik entschärft, da der Besucher mittels des individuellen Benutzernamens eindeutig identifizierbar ist.

Auch Caching ist beim Einsatz von Registrierungen unproblematisch: Entweder werden die Seiten individuell für den Besucher dynamisch erzeugt, oder die Benutzeridentifikationsnummer sorgt für die Eindeutigkeit der angeforderten Seiten.

Der größte Vorteil der Registrierung gegenüber den vorangegangenen Verfahren besteht darin, dass neben dem Benutzernamen auch weitere demographische Daten der Web-Besucher erhoben werden können. Diese Informationen, wie Name, E-Mail-Adresse, Alter, Wohnort, usw., werden im Allgemeinen in einer Kundendatenbank gespeichert, in der zu jedem Datensatz auch die eindeutige User-ID abgelegt wird, so dass eine Verknüpfung mit den im Logfile anfallenden Daten möglich ist.

Als wichtigste Nachteile der Verwendung von Registrierungsmechanismen ist zu nennen, dass Besucher durch die verpflichtende Eingabe persönlicher Daten oftmals abgeschreckt werden, was zu verringerten Besucherzahlen führen kann. Darüber hinaus kommt hinzu, dass die Angaben der Nutzer kaum verifiziert werden können. So klagen vor allem Seitenanbieter, bei denen der Besucher keine Sanktionen bei Eingabe falscher Informationen, wie z.B. falsch zugestellte Lieferungen, zu erwarten hat, über eine hohe Zahl von Falschangaben in den Formularen. Dieses Problem kann zwar bis zu einem gewissen Grade durch eine sinnvolle Gestaltung der Eingabemasken oder durch die Gewährleistung von Zusatznutzen für den Besucher, wie z.B. die Teilnahme an Gewinnspielen, eingeschränkt, aber nicht vollkommen verhindert werden.

3.1.4 Pixel-Technologie

Die Informationsgemeinschaft zur Feststellung der Verbreitung von Werbeträgern (IVW) stellt ein Verfahren zur Verfügung, das eine Bewertung von Werbeträgern im Internet ermöglichen soll. Dies wird dadurch versucht, dass alle Zugriffe auf potentiell werbeführende Seiten gezählt werden, um einen objektiven Vergleich zwischen unterschiedlichen Web-Sites zu erlauben. Dazu wird in jede zu zählende Web-Seite einer Internetpräsenz eine unsichtbare Graphik (sogenanntes IVW-Pixel) integriert, die aus zwei Teilen besteht:

- Eine Klassifizierung der Seite nach ihrem Inhalt (Content-Page, Navigation-Page oder Werbe-Page) sowie die Information, welche Seite aufgerufen worden ist,

- Attribute, die das Zwischenspeichern des Pixels im Caches verhindern sollen.

Der Aufruf des IVW-Pixel wird, wie jeder Graphikaufruf, im Logfile protokolliert. Dabei sollte das Pixel nur in relevante Seiten, die tatsächlich gezählt werden sollen, eingebunden werden.

```
<IMG SRC=http://angebot.ivwbox.de/cgi-bin/ivw/CP/sk;var WIDTH="1" HEIGHT ="1">
```

Abbildung 3: Beispiel eines IVW-Pixel (Quelle: IVW 2000)

Insgesamt lassen sich eine Vielzahl von Problemstellungen der Datenvorbereitung von Logfiles durch den Einsatz der Pixel-Technologie lösen:

- Seiten, die aus mehreren HTML-Elementen bestehen, werden nicht mehrfach gezählt: Dies kann dadurch erreicht werden, dass nur mit CP gekennzeichnete Inhaltsseiten, aber keine Navigations-Elemente gezählt werden.

- Das Problem des Caching ist gelöst: Anstatt das Zwischenspeichern der gesamten Web-Seite zu verhindern, wird nur die Anfrage des Pixels direkt an den Web-Server weitergeleitet. Der Rest der Seite kann aus dem lokalen Cache bereitgestellt werden.

- Neben der oben skizzierten Kategorisierung der Seiten nach Content-, Navigation- oder Werbe-Seite können auch weitere Informationen, wie bestimmte inhaltliche Seitenkategorien oder Directory-Level als Information mitgegeben werden, wodurch die Datenqualität erheblich verbessert werden kann.

Das IVW-Pixel in der beschriebenen Form ist nur im deutschsprachigen Raum verbreitet. Weltweit sind ähnliche Techniken im Einsatz, die oftmals unter dem Begriff „Web Bugs" zusammengefasst werden (Smith 2000).

In Tabelle 1 sind die bisher vorgestellten technischen Erweiterungen und die damit zu lösenden Fragestellungen der Qualität von Logfile-Daten zusammengefasst.

	IP-Adresse des Proxy-Rechners	Caching	Zusammenhängende Nutzungsvorgänge	Nutzeridentifikation
Session-ID	O	●	●	O
Cookies	●	●	●	⊙
Registrierung	●	●	●	●
Pixel-Verfahren	●	●	O	O

O = nicht erfüllt; ⊙ = teilweise erfüllt; ● = voll erfüllt

Tabelle 1: Technische Erweiterungen und deren Nutzen (in Anlehnung an Lutzky 2001)

3.2 Datenaufbereitungsmöglichkeiten

3.2.1 Data Cleaning

Eine Vielzahl von protokollierten Zugriffen in den Logfiles ist für weitere Auswertungen nicht von Interesse. In einem ersten Datenaufbereitungsschritt, Data Cleaning genannt, müssen die nicht benötigten Elemente identifiziert und entfernt werden.

Diese Datenbereinigung kann nach den folgenden Gesichtspunkten vorgenommen werden:

- *Bereinigen nach dem MIME-Typ (Multipurpose Internet Mail Extension):* Auf diese Weise können Zugriffe auf Elemente identifiziert werden, denen keine direkten Besucheranfragen zugrunde liegen, wie automatisch geladene Graphikfiles (z.B. Endungen .gif oder .jpeg) oder Multimedia-Elemente (z.B. Endung .swf für Shockwave-flash-Elemente). Hierzu existieren Listen der gängigsten MIME-Typen, für die einzeln entschieden werden muss, ob sie entfernt beziehungsweise als Page View in den Analysedatensatz übernommen werden sollen.

- *Bereinigen von Robots- oder Spider-Zugriffen:* Ein Großteil der in den Logfiles protokollierten Zugriffe stammt nicht von menschlichen Besuchern sondern von Computerprogrammen, welche die Seiten automatisch durchlaufen. Diese sogenannten „Robots" oder „Spider" stammen von Portalanbietern und haben die Aufgabe, Web-Sites zu durchforsten, um die Qualität von Suchanfragen innerhalb der Portale zu verbessern. Es existieren entsprechende Listen der gängigsten Spider, z.B. unter www.spiderhunter.com, die neben dem Suchportal auch die IP-Adresse des Web-Robots enthalten und somit sehr gut zum Entfernen von Spider-Zugriffen geeignet sind. Abbildung 4 zeigt einen Ausschnitt einer solchen Liste.

Client_ID	spider	portal	agent_name
209.67.229.138	bos-spider1.bos.lycos.com	lycos	lycos_spider_(t-rex)
209.67.229.142	bos-spider5.bos.lycos.com	lycos	lycos_spider_(t-rex)
209.67.229.143	bos-spider6.bos.lycos.com	lycos	lycos_spider_(t-rex)
166.48.225.254	lycosinc.northroyalton.cw.net	lycos	
209.67.229.62	bos-catalog4.bos.lycos.com	lycos	lycos_spider_(t-rex)
209.67.229.85	bos-catalog2.bos.lycos.com	lycos	lycos_spider_(t-rex)
209.67.229.144	bos-spider7.bos.lycos.com	lycos	lycos_spider_(t-rex)
204.162.96.92	wilbur-bbn.infoseek.com	infoseek	
205.226.203.56	cde2cb38.infoseek.com	infoseek	
198.5.208.100	c605d064.infoseek.com	infoseek	
198.5.210.181	c605d2b5.infoseek.com	infoseek	
198.5.210.189	c605d2bd.infoseek.com	infoseek	
204.162.96.124	cca2607c.infoseek.com	infoseek	infoseeksidewinder/0.9
204.162.96.3	bud-bbn.infoseek.com	infoseek	
204.162.96.66	cole-bbn.infoseek.com	infoseek	
204.162.96.73	blue-bbn.infoseek.com	infoseek	
204.162.97.17	cca26111.infoseek.com	infoseek	
204.162.97.1	cca26101.infoseek.com	infoseek	
204.162.97.231	cca261e7.infoseek.com	infoseek	
204.162.98.38	cca26226.infoseek.com	infoseek	
204.162.98.11	cca2620b.infoseek.com	infoseek	
205.226.201.30	cde2c91e.infoseek.com	infoseek	
205.226.203.35	cde2cb23.infoseek.com	infoseek	
205.226.204.238	cde2ccee.infoseek.com	infoseek	
210.236.233.155	155.128/25.233.236.210.in-addr.arpa	infoseek	
198.3.103.66	piccolo.excite.com	excite	architextspider
198.3.103.97	maturana.excite.com	excite	architextspider
198.3.103.50	gentong.excite.com	excite	
198.3.103.35	bongos.excite.com	excite	
198.3.103.56	kantele.excite.com	excite	
198.3.103.57	kazoo.excite.com	excite	architextspider
198.3.103.58	kettle.excite.com	excite	architextspider
198.3.103.59	mandolin.excite.com	excite	architextspider

Abbildung 4: Auszug einer Liste der gängigsten Web-Robots (Quelle:
www.spiderhunter.com)

- *Entfernen von Frame-Seiten*: Seitenelemente, die einzig der Navigation dienen, wie z.B. Frame-Elemente, kommen als Page View nicht in betracht und müssen entfernt werden. Dies kann entweder durch nachträgliches Identifizieren von Frame-Elementen oder durch eine vorherige Kategorisierung von Web-Seiten, wie sie z.B. vom IVW-Verfahren angeboten wird, geschehen.

- *Entfernen von Zugriffen bestimmter Personenkreise:* Um Zugriffsstatistiken und Web-Mining-Analysen nicht zu verfälschen, sollte darauf geachtet werden, dass einzig die Zugriffe von externen Besuchern auf die Web-Site untersucht werden. Dazu sollten Zugriffe von internen Mitarbeitern (z.B. der Web-Master oder von Mitarbeitern der Web-Redaktion) ausgeschlossen werden. Um dies zu gewährleisten sollten spezielle Stopplisten mit den IP-Adressen der internen Mitarbeiter gepflegt werden.

- *Bereinigen von fehlgeschlagenen Zugriffen:* In den gängigsten Logfile-Formaten wird mit dem sogenannten Statuscode Erfolg beziehungsweise Misserfolg der Übertragung an den Client protokolliert (s. hierzu Kapitel 2.1.1 dieses Buches). Es sollte genau geprüft werden, welche Übertragungen in Abhängigkeit vom Statuscode eliminiert werden können (z.B. alle automatischen Umlenkungen (Statuscode 3xx) oder fehlerhafte Übertragungen (Statuscode 4xx beziehungsweise 5xx)).

3.2.2 Heuristiken zur Besucheridentifikation

Grundsätzlich können zwei Ebenen der Besucheridentifikation unterschieden werden: Die Identifikation von Besuchern sowie das Erkennen von Besuchersitzungen, also einzelnen Visits. Werden keine der in Abschnitt 3.1 beschriebenen technischen Erweiterungen wie Session-ID, Cookies oder Registrierung eingesetzt, so können Besucher einzig durch den Einsatz heuristischer Verfahren erkannt werden.

Das einfachste Verfahren zur Erkennung von Besuchern verwendet nur die IP-Adresse. Dies kann allerdings zu falschen Ergebnissen führen, wenn mehrere Benutzer über denselben Computer auf das Angebot zugreifen oder Besucher von einem Subnetz mit dynamisch verteilten IP-Nummern (z.B. über Dial-in Netzwerke) Zugriff haben. Der Einsatz von Proxy-Rechnern erschwert ebenfalls eine eindeutige Identifikation von Besuchern. Proxy-Rechner schützen Firmennetze vor Zugriffen von außen, indem sie keine direkten Verbindungen zwischen Rechnern im Firmennetz und externen Rechnern zulassen. Alle Verbindungen enden am Proxy-Rechner, und Daten werden von dort anwendungsspezifisch weitergeleitet.

Aus diesen Gründen kann das Verfahren um eine Auswertung des User-Agents erweitert werden (Cooley et al. 1999). Da die Zahl der auf dem Markt befindlichen Browsertypen und –versionen sehr hoch ist und meist noch weitere Informationen, wie Betriebssystem oder Spracheinstellungen im User-Agent abgelegt werden, kann hierdurch eine deutliche Verbesserung der Heuristik erreicht werden. Liegen keine Cookie- oder Registrierungsinformationen vor, kann keine weitere Verbesserung dieses Verfahrens erreicht werden. Insbesondere im Hinblick auf die oben skizzierten Probleme bei dynamisch vergebenen IP-Adressen oder nicht unterscheidbaren Besuchern, die über einen Proxy-Rechner zugreifen, sind diese Heuristiken allerdings nur bedingt erfolgreich.

Werden bereits bei der Generierung des Logfiles technische Erweiterungen eingesetzt, die eine Identifikation zusammenhängender Nutzungsvorgänge erlauben (Session-ID, Cookies, Registrierung), vereinfacht sich die Erkennung von Besuchern deutlich. Die einzelnen Seitenzugriffe besitzen somit einen Identifikator, der sie einem Client zuordnet, so dass sich der Weg eines Besuchers durch das Internetangebot nachvollziehen lässt.

Als ideale Kombination zur Identifizierung personifizierter Besucher ist der Einsatz von Cookies und Registrierung zu nennen (Pirolli/Pitkow 1999). Mit Hilfe des Benutzernamens beziehungsweise der Cookie-ID ist es möglich, erneute Besucher einer Web-Site auch nach längerer Zeit noch zuzuordnen. Die Ablehnung von Cookies durch bestimmte Nutzergruppen kann sich allerdings wieder negativ auf diese Vorgehensweise auswirken.

Sind die Zugriffe im Logfile einzelnen Besuchern zugeordnet, können in einem nächsten Schritt einzelne Visits erkannt werden. Dazu muss definiert werden, wann eine Sitzung eines Besuchers zu Ende ist. Die einfachste Möglichkeit, Visits zu identifizieren, wird als „Timeout-Verfahren" bezeichnet (Pirolli/Pitkow 1999). Dabei werden alle Seitenzugriffe, die von einem Besucher ausgehen, zu einem Visit zusammengefasst, bis eine bestimmte Zeitspanne lang (Timeout-Intervall) kein Nutzungszugriff mehr erfolgt. Dabei wird impliziert, dass der Besucher nach Ablauf des Timeout-Intervalls die Web-Site verlassen hat.

Die Definition des Timeout-Intervalls sollte entsprechend der Art der untersuchten Web-Site (Web-Shop, Inhaltsangebot, usw.) und dem damit einhergehenden Besucherverhalten gewählt werden (Cooley et al. 1999). In der Praxis sind Timeout-Intervalle von 30 Minuten üblich; in einer empirischen Studie haben Catledge/Pitkow 1995 ein Timeout-Intervall von 25.5 Minuten ermittelt.

3.2.3 Pfadvervollständigung

Idealerweise bewegen sich Besucher entlang der Linkstruktur des Web-Angebotes, so dass alle Bewegungen im Logfile registriert werden können. In der Praxis können aber Störungen dieses Idealverhaltens auftreten:

- Anfragen der Besucher werden aus dem lokalen Cache ihrer Browser bedient. In diesem Fall wird die Anfrage nicht an den Server weitergeleitet, der sie somit auch nicht protokollieren kann. Die Folge ist ein Sprung innerhalb des Pfades von einer Seite auf eine nicht direkt verlinkte Seite (Pfadsprung).

- Der Benutzer verwendet Bookmarks auf Teile der Site oder gibt URLs direkt ein.

Unter Pfadvervollständigung versteht man den Versuch, diese fehlenden Zugriffe auf direkt verlinkte Verbindungsseiten im Logfile zu ergänzen (Schmidt-Thieme 2001).

Die Pfadvervollständigung kann grundsätzlich auf zwei Arten durchgeführt werden:

- Es wird nach einem Verbindungs-Pfad im Site-Graphen gesucht, der den Absprungpunkt mit dem Zielpunkt des Pfadsprunges verbindet. Kennt man zusätzlich die Referrer-Informationen, genügt es, einen Verbindungs-Pfad zwischen der Absprungsseite und der Referrer-Seite der Zielseite zu suchen.

- Unter der Annahme, dass der Besucher mit dem Back-Button seines Browsers den bisherigen Pfad rückwärts navigiert ist, wird im bisherigen Pfad rückwärts nach der Referrer-Seite des Zielpunktes gesucht und diese Seiten in der Besuchersitzung ergänzt.

Grundsätzlich sollte man sich im Vorfeld einer Pfadvervollständigung über die Zielsetzung der nachfolgenden Analyse im klaren sein. Für die Berechnung einfacher Kennzahlen über die Besucher sind solche Ansätze nicht notwendig beziehungsweise können diese Zahlen im Zweifelsfall verzerren. Sollen allerdings ausführliche Analysen des Navigationsverhaltens der Besucher in Form von häufig gegangenen Pfaden durchgeführt werden, ist die Pfadvervollständigung ein wichtiges Hilfsmittel zur Verbesserung der Datengrundlage.

4 Exemplarische Durchführung des Pre-Processing

Abschließend werden die Datenaufbereitungsmöglichkeiten anhand eines durchgängigen Beispiels verdeutlicht. Dazu ist in Abbildung 5 die Link-Struktur einer Beispiel-Web-Site angegeben. Darin repräsentieren Pfeile zwischen zwei Elementen Links zwischen den zugehörigen Seiten.

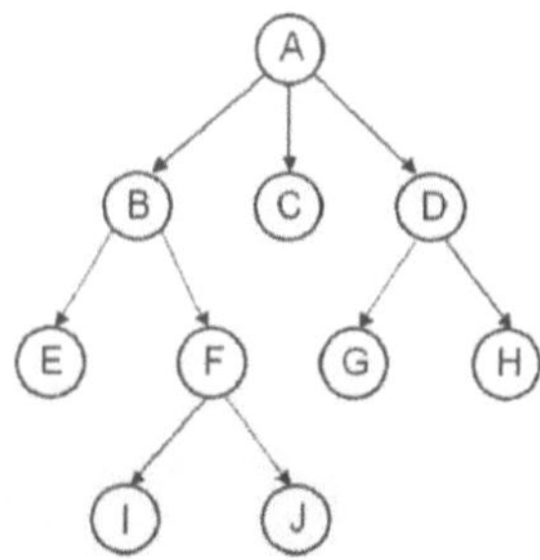

Abbildung 5: Beispiel einer Web-Site anhand einer einfachen Link-Struktur

Ausgehend von einem Beispiel-Logfile der Web-Site aus Abbildung 5 werden nun die wichtigsten Datenaufbereitungsschritte durchgeführt. In Tabelle 2 ist ein solches Logfile angegeben. Neben den Zugriffen auf Web-Seiten sind darin auch Aufrufe von Graphik-Elementen protokolliert, die in Abbildung 5 nicht berücksichtigt sind.

Folgeseite: Tabelle 2: Einträge eines Logfiles im CLF Format für die Beispiel-Web-Site aus Abbildung 5

IP-Adresse	User-ID	Datum/Uhrzeit	Methode/ URL	Status-code	Bytes	Referrer	User-Agent
123.456.78.9	user1	2001-11-20 09:04:44	GET A.html	200	3820	-	Mozilla/4.0+(compatible;+MSIE+5.0;+Windows+98;+DigExt)
123.456.78.9	user1	2001-11-20 09:05:12	GET B.html	200	228	A.html	Mozilla/4.0+(compatible;+MSIE+5.0;+Windows+98;+DigExt)
123.456.78.9	user1	2001-11-20 09:05:12	GET b.gif	200	640	B.html	Mozilla/4.0+(compatible;+MSIE+5.0;+Windows+98;+DigExt)
123.456.78.9	user1	2001-11-20 09:07:32	GET E.html	200	698	B.html	Mozilla/4.0+(compatible;+MSIE+5.0;+Windows+98;+DigExt)
123.456.78.9	user1	2001-11-20 09:07:34	GET e.jpeg	200	230	E-html	Mozilla/4.0+(compatible;+MSIE+5.0;+Windows+98;+DigExt)
123.456.78.9	-	2001-11-20 09:15:01	GET A.html	200	3820	-	Mozilla/4.51+[en]+(WinNT;+I)
123.456.78.9	-	2001-11-20 09:16:45	GET C.html	200	240	A.html	Mozilla/4.51+[en]+(WinNT;+I)
123.456.78.9	-	2001-11-20 10:47:49	GET B.html	200	228	A.html	Mozilla/4.51+[en]+(WinNT;+I)
123.456.78.9	-	2001-11-20 10:47:50	GET b.gif	200	640	B.html	Mozilla/4.51+[en]+(WinNT;+I)
123.456.78.9	-	2001-11-20 10:48:14	GET E.html	200	698	B.html	Mozilla/4.51+[en]+(WinNT;+I)
123.456.78.9	-	2001-11-20 10:48:15	GET e.jpeg	200	230	E.html	Mozilla/4.51+[en]+(WinNT;+I)
123.456.78.9	-	2001-11-20 10:50:38	GET J.html	200	420	F.html	Mozilla/4.51+[en]+(WinNT;+I)
123.456.78.9	-	2001-11-20 10:50:54	GET A.html	200	3820	-	Mozilla/4.0+(compatible;+MSIE+5.0;+Windows+95;+DigExt)
123.456.78.9	-	2001-11-20 10:51:52	GET B.html	200	228	A.html	Mozilla/4.0+(compatible;+MSIE+5.0;+Windows+95;+DigExt)
123.456.78.9	-	2001-11-20 10:51:52	GET b.gif	200	640	B.html	Mozilla/4.0+(compatible;+MSIE+5.0;+Windows+95;+DigExt)
123.456.78.9	-	2001-11-20 11:04:24	GET F.html	200	2736	B.html	Mozilla/4.0+(compatible;+MSIE+5.0;+Windows+95;+DigExt)
123.456.78.9	-	2001-11-20 11:07:43	GET G.html	200	230	F.html	Mozilla/4.0+(compatible;+MSIE+5.0;+Windows+95;+DigExt)

In Tabelle 3 sind die Ergebnisse der einzelnen Datenaufbereitungsschritte auf dem Bei-spiel-Logfile aus Tabelle 2 angegeben.

Datenaufbereitungsschritt	Ergebnis
Ausgangssituation	A – B – b – E – e – A – C – B – b – E – e – J – A – B – b – F – G
Data Cleaning	A – B – E – A – C – B – E – J – A – B – F – G
Identifikation von Besuchern	A – B – E A – C – B – E – J A – B – F – G
Identifikation von Visits	A – B – E A – C B – E – J A – B – F – G
Pfadvervollständigung	A – B – E A – C B – E – B – F – J A – B – F – G

Tabelle 3: Ergebnisse der einzelnen Datenaufbereitungsschritte

Zunächst werden im Data-Cleaning-Schritt die nicht benötigten Einträge im Logfile identifiziert und entfernt. Dies entspricht in diesem Fall einzig den Aufrufen von Gra-phik-Files, Elementen mit den MIME-Types .jpeg und .gif. Der Statuscode aller Zugrif-fe ist mit 200 protokolliert; Spider-Zugriffe, spezielle Personenkreise oder Frame-Elemente können nicht identifiziert werden, so dass keine weitere Bereinigung vorge-nommen werden kann. Nach dem Data-Cleaning-Schritt verbleiben somit die Einträge A – B – E – A – C – B – E – J – A – B – F – G.

Im nächsten Schritt müssen die einzelnen Einträge Besuchern zugeordnet werden. Im Fall der ersten drei verbliebenen Zugriffe existiert eine Benutzerkennung im Feld User-ID, die eine eindeutige Erkennung des Besuchers user1 erlaubt. Da für alle weiteren Einträge eine solche ID nicht vorliegt, muss auf die in Abschnitt 3.2.2 beschriebenen Heuristiken zurückgegriffen werden. Hierzu werden die IP-Adresse und der gesamte User-Agent als Unterscheidungsmerkmal herangezogen. Da alle Besucher mit der glei-chen IP-Adresse protokolliert sind, ist eine Unterscheidung nur über den User-Agent möglich. Insgesamt können somit die Zugriffe von drei Besuchern unterschieden wer-den: A – B – E, A – C – B – E – J und A – B – F – G.

Die Zugriffe der identifizierten Besucher müssen nun in einzelne Besuchersitzungen (Visits) unterteilt werden. Dazu kommt das Timeout-Verfahren zum Einsatz. In diesem Beispiel wird das in der Praxis übliche Timeout-Intervall von 30 Minuten verwendet. Es wird überprüft, ob zwischen zwei aufeinanderfolgenden Zugriffen eines Besuchers die 30 Minuten Timeout-Grenze überschritten ist. Falls ja, wird der Beginn einer zweiten

Sitzung dieses Besuchers angenommen. Dies trifft einzig auf die Seitenzugriffe C und B des zweiten Besuchers zu, so dass insgesamt die folgenden Visits identifiziert werden: A – B – E, A – C, B – E – J und A – B – F – G.

Abschließend muss das Problem fehlender Einträge im Logfile gelöst werden. Dazu werden die Besucherpfade gemäß der Linkstruktur aus Abbildung 5 vervollständigt. Die einzige Besuchersitzung, in der Einträge fehlen, ist das Zugriffsmuster B – E – J. Dort ist ein Pfadsprung zwischen den Seitenzugriffen E und J vorhanden. Im Link-Graph der Abbildung 5 ist erkennbar, dass keine direkte Verbindung zwischen diesen beiden Seiten existiert. Es wird demnach die zweite Art der vorgestellten Pfadvervollständigung vorgenommen, unter der Annahme, dass der Besucher mit dem Back-Button seines Browsers den bisherigen Pfad rückwärts navigiert ist. Der Referrer-Eintrag des Zielpunktes J ist in Tabelle 2 die Seite F. Es werden in dieser Sitzung also das Zurücknavigieren auf Seite B und der nachfolgende Zugriff auf Seite F ergänzt, was schließlich in den folgenden vervollständigten Besuchersitzungen resultiert: A – B – E, A – C, B – E – B – F – J und A – B – F – G.

5   Zusammenfassung

Grundlage der meisten Web-Mining-Projekte sind rohe Logfile-Daten. Diese sind zur Auswertung allerdings nur bedingt geeignet und bedürfen zahlreicher Datenvorbereitungsschritte. In diesem Beitrag wurden zunächst die verschiedenen Aggregationsstufen vorgestellt, in die Logfile-Daten zur Auswertung überführt werden können. Weiter wurde aufgezeigt, welche Erweiterungen zur Verfügung stehen, um die Defizite roher Logfiles auszugleichen und die Aggregierung der Logfiles zu gewährleisten.

Ausgehend von der zu bearbeiteten Fragestellung sollte schon beim operativen Erstellen der Web-Infrastruktur darauf geachtet werden, welche Informationen und damit in welcher Aggregationsstufe die Daten benötigt werden und daraus resultierend welche der beschriebenen Erweiterungen eingesetzt werden sollten.

Literatur

Broder, A.J. (2000): Data Mining, the Internet, and Privacy. In: Massand, B.; Spiliopoulou, M. (Hrsg.): Web Usage Analysis and User Profiling, Berlin, S. 56-73.

Catledge, L.D.; Pitkow, J. (1995): Characterizing Browsing Strategies in the World-Wide Web. In: Proceedings of the 3rd International World Wide Web Conference, Vol. 28 of Computer Networks and ISDN Systems, Darmstadt, Germany.

Cooley, R.; Mobasher, B.; Srivastava, J. (1999): Data Preparation for Mining World Wide Web Browsing Patterns. In: Knowledge and Information-Systems, Vol. 1, No. 1, S. 5-32.

IVW (2000). Das IVW Messverfahren – IVW-Pixel. http://www.ivw.de/online/ messverfahren/pixel.php [05.10.2001].

Kimbal, R.; Merz, R. (2000): The Data Webhouse Toolkit, New York.

Lutzky (2001): Nutzung von Logfileanalysen in der Marktforschung. Diplomarbeit, Lehrstuhl für Betriebswirtschaftslehre, insbesondere Marketing II, Universität Frankfurt.

Pirolli, P.; Pitkow, J.E. (1999): Distributions of Surfers' Paths through the World Wide Web – Empirical Caracterizations. In: World Wide Web, Vol. 2, No. 1/2, S. 29-45.

Smith, R.M. (2000): On Internet Privacy and Profiling. http://www.senate.gov/ ~commerce/hearings/0613smi.pdf [12.10.2001].

Schmidt-Thieme, L. (2001). Web Mining. Vorlesungsskript, Institut für Entscheidungstheorie und Unternehmensforschung, Universität Karlsruhe (TH).

Spiliopoulou, M. (2000): Web Usage Mining for Evaluation of Browsing Patterns. In: Communications of the ACM, Vol. 43, No. 8, S. 117-134.

Andreas Englbrecht

ist wissenschaftlicher Mitarbeiter am Lehrstuhl für Allgemeine Betriebswirtschaftslehre und Wirtschaftsinformatik der Katholischen Universität Eichstätt-Ingolstadt. Seine Forschungsschwerpunkte sind Data Mining, Web Mining und eCRM. Im Rahmen seiner Promotion beschäftigt er sich mit dem Gebiet des Kampagnenmanagement.

2.2.2 Deskriptive Logfile-Analysen – Durchführung und Einsatzpotenziale

1   Grundlagen

Logdateien enthalten im Allgemeinen Kennwerte, mit denen bestimmte Rechnertätigkeiten protokolliert werden. Im Bereich des World Wide Web (WWW) werden alle Interaktionen zwischen Besucher und Webserver einer Site in sogenannten Web-Logfiles aufgezeichnet. Diese Daten bilden in der Regel die Ausgangsbasis für eine quantitative Erfolgsmessung des Online-Angebotes.

1.1   Datenübertragung im World Wide Web

Die Datenübertragung im WWW basiert auf einem Client-Server-Ansatz. Alle vom Benutzer initiierten Aktionen – i.A. handelt es sich hierbei um Seitenaufrufe – werden von seinem Rechner (Client) in Anforderungen (Requests) umgewandelt und an einen anderen Rechner (Server bzw. Web Server weitergeleitet, der die angeforderten Ressourcen liefert (Response). (Fuhrberg 2000, S. 5). Sämtliche eingehenden Requests werden in der Protokollkomponente des Servers in Form einer ASCII-Textdatei als Logfile abgespeichert. Eine ausführliche Darstellung des technischen Ablaufes findet sich in Kapitel 2.1.1 dieses Buches.

Bei den als Response übertragenen Daten handelt es sich zumeist um Hypertext-Dokumente, die mit der Hypertext Markup Language (HTML) beschrieben werden. Zu ihrer Übertragung wurde die TCP/IP-Protokollfamilie um das Hypertext Transfer Protocol (HTTP) erweitert (Bensberg 2001, S. 24 f.). HTTP ist ein verbindungsloses Protokoll, bei dem die Datenpakete aus Performancegründen einzeln versandt werden. Neben den technischen Besonderheiten stellt dieses Verfahren auch für die Aufbereitung von Daten aus dem Internet eine Herausforderung dar. Da Seiten oft Grafiken, Multimedia-Elemte, Framesets etc. enthalten, erzeugt der Aufruf einer einzigen HTML-Seite in der Regel zahlreiche Logfile-Einträge.

1.2   Formate und Inhalte von Logfiles

Allen Logdateien ist eine chronologische Aufzeichnung der Rechneraktivitäten gemein. Sie enthalten im Allgemeinen Informationen über

- den Zugriffszeitpunkt,

- die angeforderten Inhalte,

- den zugreifenden Browser,

- die Adresse des Client und

- eventuell auftretende Fehler.

Logfiles geben daher detailliert Auskunft darüber, welche Seiten in welcher Reihenfolge wie lange betrachtet wurden, welche Inhalte besonders häufig abgefragt wurden oder aufgrund welcher Suchbegriffe Nutzer auf die Site gelangten (Zaiane et al. 1998, S. 19).

Da derzeit etwa 30 standardisierte Logfile-Formate existieren, hängen der Umfang und die Darstellung der erhobenen Daten entscheidend von der Konfiguration des Servers ab. In Anlehnung an die oben genannten Informationsinhalte haben sich jedoch vier Grundformen herausgebildet: Access Log, Agent Log, Referrer Log und Error Log (ComCult 1999, S. 2). Diese Dateien können getrennt oder in Kombinationen angelegt werden. Als Standardformat des Access Log wurde dabei das Common Logfile Format (CLF) entwickelt. Das Combined Logfile-Format (oder auch Extended Common Logfile - ECLF) erweitert das CLF um die Inhalte des Agent und Referrer Log (Accrue 1999, S. 3).

Die folgende Abbildung zeigt den Aufbau der gängigen Logfile-Formate, aufgeteilt in zeitunabhängige Grunddaten und zeitabhängige Interaktionsdaten. Für detailliertere Aussagen zu Inhalt und Bedeutung der einzelnen Attribute vgl. Gaul/Schmidt-Thieme (2.1.1).

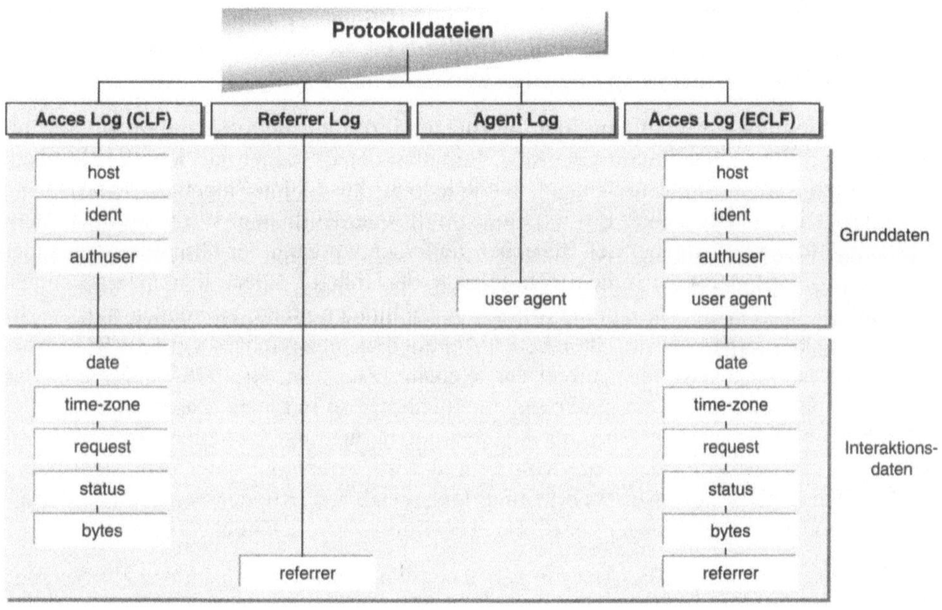

Abbildung 1: Übersicht Logfile-Formate

2 Zielsetzung und Vorgehensweise der Logfile-Analyse

2.1 Zielsetzung und Eingliederung in den Web Mining-Prozess

Ziel einer weitergehenden Betrachtung von Zugriffen auf eine Website ist es, das Nutzerverhalten nachzubilden und zu analysieren. Von grundlegendem Interesse ist für die meisten Unternehmen dabei

- wer die Website besucht,

- wie er dorthin gelangt und

- wie der Besucher durch die Struktur der Website navigiert.

Diese eher unreflektierte Analyse der Website wird allgemein als Logfile-Analyse bezeichnet. Vor diesem Hintergrund besteht die Leistung der zahlreich auf dem Markt angebotenen Software-Tools (Logfile-Analyzer) in der Verdichtung der Log-Daten sowie im Herausarbeiten von geeigneten Kennzahlen.

Hierbei beschränken sich die meisten Logfile-Analyzer auf rein deskriptive Auswertungen der Logfiles, anhand derer zwar das Verhalten der Besucher auf der Website recht anschaulich dargestellt werden kann, nicht jedoch die dahinterliegenden Motive und Charakteristika der Besucher. Ein Beispiel soll dies verdeutlichen: Wird auf einer Website eine kurze Verweildauer der Besucher gemessen, so kann der Grund hierfür in der geringen zielgruppenspezifischen Attraktivität der Inhalte, aber auch in einer guten Navigationsstruktur liegen. Um derartige Fragestellungen klären zu können müssen die vorhandenen Logfiles mit zusätzlichen Datenquellen angereichert werden. Dies kann z.B. Informationen über den Aufbau der Website (Zaiane et al. 1998, S. 21) als auch Daten aus anderen Kundenkontaktpunkten (Idealerweise in einem Customer Data Warehouse strukturiert) umfassen. Die Analyse der derart angereicherten Datenbasis erfolgt i.A. mit Verfahren des Data Mining und wird gemeinhin unter dem Begriff des Web Mining subsumiert. Mit Web Mining lassen sich z.B. Kunden segmentieren, klassifizieren oder nach ihrer angebotsspezifischen Kaufwahrscheinlichkeit bewerten.

Die Ergebnisse einer Logfile-Analyse geben somit nur erste Anhaltspunkte zur Nutzung einer Site; sie liefern jedoch keine Informationen über individuelle Verhaltensweisen und Interessen der Online-Nutzer. Dieser Überblick ist für Webmaster und System-Administratoren zumeist völlig ausreichend. Inwieweit die Aussagen einer rein deskriptiven Analyse jedoch auch betriebswirtschaftlichen Anforderungen genügen, ist von der konkreten Fragestellung abhängig, so dass häufig auf das komplexere Web Mining zurückgegriffen werden muss. Die Ergebnisse der Logfile-Analysen können jedoch – durch die einfache und schnelle Verdichtung großer Datenmengen – in den Prozess des

Web Mining sowohl in der Phase der Zieldefinition als auch im Bereich der Datenaufbereitung sowie der Interpretation Eingang finden.

2.2 Datenerhebung und -aufbereitung

Logfiles lassen sich grundsätzlich serverseitig wie auch clientseitig auf nicht-reaktive Weise erheben (Janetzko 1999, S. 169). Der Nutzer hat damit in beiden Fällen keine Möglichkeit, die Einträge direkt zu beeinflussen. Für das Verfahren der Logfile-Analyse und insbesondere des Web Mining sind jedoch fast ausnahmslos serverseitige Aufzeichnungen, da sie die simultane Analyse vieler Benutzer ermöglichen, relevant.

Die rohen Logfiles werden zunächst als Textdateien auf dem Server gespeichert. Um eine zu hohe Beanspruchung der Ressourcen zu vermeiden, empfiehlt es sich – insbesondere bei stark frequentierten Seiten – die Daten in festen Zeitintervallen auf ein anderes Rechnersystem zu übertragen (Schwickert/Wendt 2001, S. 101 f.). Die Seite von RTL World – als erfolgreichstes General-Interest-Angebot im vergangenen Jahr – verzeichnete beispielsweise 517 Millionen Visits und 2,17 Milliarden Page-Impressions in diesem Zeitraum (IVW Jahresstatistik 2001).

Trotz automatisierter und standardisierter Aufzeichnung ist bereits bei einfachen deskriptiven Statistiken eine – wenn auch vereinfachte - Vorverarbeitung der Rohdaten unumgänglich. Hauptprobleme technischer Art bei der Nutzung von Logfiles sind:

- *Datenspeicherung in Caches*: Durch den Einsatz von sogenannten Cache-Mechanismen werden häufig angeforderte Seiten in einem lokalen Zwischenspeicher (Cache) abgelegt. Cache-Mechanismen führen daher zu einem verringerten Ausweis von Seitenaufrufen in den Logfiles des Web Servers.

- *Zeitliche Abgrenzung von Visits:* Durch die oben beschriebene Eigenschaft der Verbindungslosigkeit trennt HTTP nach jeder Datenübertragung die Verbindung zum Client und erzeugt somit für einen Nutzungsvorgang zahlreiche Logfile-Einträge. Zur Analyse von zusammenhängenden Besuchen (Visits) wird, sofern keine eindeutigen Methoden, wie die Vergabe von Session-IDs, angewandt werden, eine Abgrenzung durch ein Time-Out-Kriterium notwendig (Schwickert/Wendt 2001, S. 98).

- *Nutzeridentifikation:* Die Nutzeridentifikation erfolgt in der Logfile-Analyse über die IP-Adresse des Rechners. Dabei gilt zunächst der Grundsatz: Gleiche IP-Adresse ist gleicher Benutzer. Davon abweichend sind folgende Konstellationen denkbar (Srivastava et al. 2000, S. 3):

    o Ein User ist mit verschiedenen IP-Adressen erfasst.

    o Mehrere User sind mit der gleichen IP-Adresse erfasst.

Die erste Variante entsteht typischerweise durch die Vergabe dynamischer IP-Adressen durch Internet Service Provider (ISP). Aus einem festen Pool wird dem User bei jeder Session eine neue Adresse zugeteilt (Broder 2000, S. 58 f.).

Auch ist es möglich, dass ein User von verschiedenen Rechnern auf das Internet zugreift. Im zweiten Fall besitzen mehrere Benutzer typischerweise die gleiche IP-Adresse beim Zugang zum Internet über einen Proxy-Server oder bei der gemeinsamen Benutzung eines Rechners (Srivastava et al. 2000, S. 3). Mittels verschiedener Verfahren wird versucht, dieses Zuordnungsproblem zu lösen. Nach absteigender Eignung zur Problemlösung sind dies eine Registrierung des Benutzers vor Transaktionsbeginn, die Verwendung persistenter Cookies oder die Nutzung von Zusatzinformationen aus den Logfile Einträgen (Beispiel: Browser, Betriebssystem etc.) als weitere Heuristik.

Eine ausführliche Beschreibung dieser technischen Probleme bei der Nutzung und geeignete Lösungsansätze hierzu findet sich in Kapitel 2.2.1 dieses Buches.

Neben diesen grundlegenden Aspekten der Datenaufbereitung sind oft weitere Schritte notwendig, die jedoch immer von der spezifischen Datenbasis und den Analysezielen abhängig sind. Logfile-Daten einzelner Grafikelemente können oft eliminiert werden, da meist nur Aufrufe vollständiger Seiten von Interesse sind. Auch Zugriffe von automatischen Systemen wie Robots oder Spidern (die typischerweise von Suchmaschinen zur Indexierung der Internetseiten verwendet werden) können entfernt werden, da in der Regel nur das Verhalten „menschlicher" Besucher auf den Seiten untersucht werden soll (Spiliopoulou 1999, S. 30 f.).

In Tabelle 1 sind möglicherweise verfälschende Elemente in den Logfiles sowie deren Auswirkung auf Zugriffszahlen und Maßnahmen zur Identifizierung zusammengefasst.

Verfälschendes Element	Ausweis der Zugriffe	Identifizierung/Eliminierung
Angeforderte Graphiken	Zu hoch	Endung betrachten (gif etc.)
Proxy Server, Cache-Funktion	Zu niedrig	Aktualisierung erzwingen
Dynamische IP-Adressen	Zu hoch oder zu niedrig	Browser, Cookies, Registrierung
Gemeinsame Firmenadresse	Zu niedrig	Browser, Cookies, Registrierung
Mehrere Personen, ein Rechner	Zu niedrig	Registrierung
Robots, Spider, Crawler	Zu hoch	Browsereintrag betrachten

Tabelle 1: Verfälschende Elemente in Logfiledatensätzen

2.3 Logfile-Analyse Tools

Noch vor wenigen Jahren mussten Unternehmen ihre eigene Software zur Website- und Webtraffic-Analyse programmieren. Heute sind zahlreiche Sharewareprogramme und kommerzielle Tools auf dem Markt erhältlich. Dabei können zwei Grundtypen unterschieden werden: Während Software für eine Implementierung auf dem Server relativ kostenintensiv ist, sind die Lösungen für Desktop-Rechner preisgünstiger und oft einfacher in der Handhabung. Argumente für eine Server-Lösung können größere Verarbeitungsgeschwindigkeiten, real-time Analysen oder eine Vereinfachung im Analyseprozess sein, da ein Datentransfer der Logfiles entfällt (Sane Solutions 2000, S. 7). Einen Überblick über Logfile-Analyzer und deren Funktionalitäten liefert die Studie „Web Mining - Informationen für das E-Business" der Katholischen Universität Eichstätt-Ingolstadt (Hippner et al. 2002). Alle gängigen Analysetools weisen in ihren Darstellungen der Datensichten Ähnlichkeiten zu herkömmlichen Statistik- und OLAP-Tools auf (Mena 2000, S. 90). Durch einen primär hypothesentestenden Top-Down-Ansatz müssen umfangreiche Abfragen durchgeführt werden. Web-Analysetools sind damit insbesondere dazu geeignet, Gesamtreports über mehrere Dimensionen zu erstellen und konkrete Fragestellungen zu beantworten. Neben einer grafischen und nutzerfreundlichen Darstellung werden zudem die im vorangehenden Abschnitt grundlegenden Probleme einer Datenaufbereitung zumindest ansatzweise gelöst.

3 Kenngrößen und Auswertungsmöglichkeiten

3.1 Überblick

In einer Umfrage von Forrester Research aus dem Jahre 1999 gaben mehr als 80 Prozent der befragten 2500 Unternehmen an, ihren Online-Erfolg mittels Hits und Page Views zu messen (Schmitt 1999, S. 3). Wenngleich der betriebswirtschaftliche Aussagegehalt dieser Kennzahlen aufgrund der oben aufgezeigten Schwächen eher gering ist, ist ihre Verwendung dennoch weit verbreitet. Dies hat zumindest drei Ursachen:

- *Kennzahlen sind vergleichbar*: Insbesondere für Planung und Abrechnung von Bannerwerbung ist es unerlässlich, einheitliche Kenngrößen zu definieren. Die Bonner Informationsgemeinschaft zur Feststellung der Verbreitung von Werbeträgern e.V. (IVW) führt derartige Vergleichsmessungen beispielsweise fortlaufend durch. Aber auch bei der unternehmensinternen Ressourcenplanung liefern diese Daten gute Anhaltspunkte. Gerade im Bereich der Hardware sind für eine Performancesteuerung die Zahlen über Anzahl und Art der Zugriffe zumeist grundlegend. Selbst bei der Planung und Durchführung von komplexen Web Mining-Projekten werden zunächst Kennzahlen herangezogen, um beispielsweise einen geeigneten Analysezeitraum auszuwählen.

- *Kennzahlen sind einfach zu ermitteln*: Die Ermittlung der gängigen Kennzahlen wird durch nahezu alle auf dem Markt befindlichen Analyse-Tools unterstützt. Dabei darf nicht übersehen werden, dass diese Zahlen nur Richtwerte liefern können und zum Teil erheblich vom tatsächlichen Nutzerverhalten abweichen. Für die nachfolgende Tabelle 2 wurden zur Verdeutlichung mit *Web-*

Suxess Kenngrößen einer realen Website ermittelt, wobei lediglich der Time-Out-Wert zur Visit-Identifikation verändert wurde. Dieser, vom Anwender festzulegende Wert, verändert die Anzahl der Visits und die davon abgeleiteten Messgrößen erheblich.

Time-Out	10 min.	20 min.	30 min.	40 min.	50 min.
Hits	1.096.980	1.096.980	1.096.980	1.096.980	1.096.980
Page Views	328.068	328.068	328.068	328.068	328.068
Visits	21.636	20.224	19.579	19.204	18.952
Zeit pro Page View	00:00:10	00:00:14	00:00:16	00:00:19	00:00:21
Zeit pro Visit	00:02:38	00:03:48	00:04:44	00:05:30	00:06:11
Einmalige Besucher	7.825 (78 %)	8.108 (80 %)	8.208 (81 %)	8.242 (82 %)	8.268 (82 %)

Tabelle 2: Kenngrößen in Abhängigkeit vom Time-Out-Wert

- *Kennzahlen bieten einen schnellen Überblick:* Die Ermittlung von Kennzahlen ist in der Regel eine Sache von wenigen Minuten. Komplexe Verfahren im Rahmen einer Web Mining-Analyse können hingegen – natürlich in Abhängigkeit von Daten und Rechnerleistung – mehrere Stunden oder sogar Tage in Anspruch nehmen.

Folgende Kenngrößen werden im Allgemeinen immer verwendet:

- *Visit* (auch Session): Als Visit wird ein zusammenhängender Nutzungsvorgang eines bestimmten Users bezeichnet. Ein Visit enthält zumeist mehrere Page Views.

- *Page View* (auch Page Impression): Ein Page View ist der Sichtkontakt eines beliebigen Besuchers mit einer vollständigen HTML-Seite. Oft besteht ein Page View aus mehreren Hits.

- *Hit:* Jede Anfrage an den Server, und damit jede übertragene Datei stellt einen Hit dar. Ein Hit wird in der Logfile-Datei durch einen Eintrag (Zeile) repräsentiert.

3.2 Auswertungsmöglichkeiten von Analyse-Tools

Die Möglichkeiten der Auswertung und Darstellungen hängen stark von der eingesetzten Software ab. Im Folgenden werden sieben Analyse-Bereiche vorgestellt, die zum Einen in nahezu jedem Logfile-Analyzer integriert sind und zum Anderen ohne zusätzliche Datenquellen erhoben werden können. Bei den einzelnen Analysen sollen die

Einsatzpotenziale aus technischer und vor allem aus betriebswirtschaftlicher Sicht knapp aufgezeigt werden.

- *Gesamtstatistik:* Diese Auswertung liefert einen zusammenfassenden Überblick über die Aktivitäten der Besucher während des vorselektierten Analysezeitraumes. Darunter finden sich interessante Verknüpfungen der Dimensionen Zeit, Seiten und Besucher wie z.B. Zeit pro Visit, Visit pro Besucher, Visit pro Tag etc.

General Statistics		
Hits	Entire Site (Successful)	101,713
	Average per Day	7,265
	Home Page	N/A
Page Views	Page Views	98,262
	Average per Day	7,018
	Average per Unique Visitor	345
	Document Views	18,261
Visits	Visits	11,182
	Average per Day	798
	Average Visit Length	00:13:06
	Median Visit Length	00:08:04
	International Visits	1.25%
	Visits of Unknown Origin	0.70%
	Visits from United States	98.04%
	Visits Referred by Search Engines	7,338
	Visits from Spiders	510
Visitors	Unique Visitors	284
	Visitors Who Visited Once	0
	Visitors Who Visited More Than Once	284

Abbildung 2: Gesamtstatistik (WebTrends)

- *Zeitanalyse*: Die Zeitstatistik beschreibt das Zugriffsverhalten (Visits, Page-Views pro Visit ...) in Bezug auf Stundenintervalle, Wochentage, Kalendertage, Wochen etc. Die Einsatzpotenziale von Zeitanalysen sind sowohl technischer als auch betriebswirtschaftlicher Natur. Aus technischer Sicht ist eine ständige Verfügbarkeit des Servers zu gewährleisten. Sind dennoch Wartungs- oder Umstellungsarbeiten am Server durchzuführen, die eine kurzzeitige Abschaltung erfordern, können wenig frequentierte Zeiten dazu genutzt werden. Zu unternehmerischen Analysezwecken bietet die Verteilung der Zugriffe im Tagesverlauf oft einen ersten Eindruck, ob es sich vorwiegend um private oder berufliche Nutzer handelt. Dabei gilt es jedoch eine etwaige Zeitverschiebung zu berücksichtigen. Auf längere Sicht kann mit Zeitanalysen, vor allem in Kombination mit einer Seitenanalyse, die Reaktion auf Veränderungen der Site selbst (z.B. Relaunch) oder dem Umfeld der Site (z.B. aktive Bewerbung einzelner Produkte) gemessen werden.

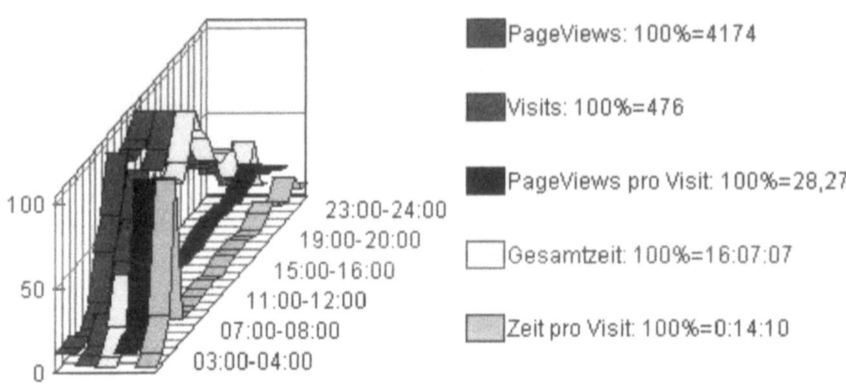

Abbildung 3: Zeitanalyse im Tagesverlauf (WebSuxess)

- *Seitenanalyse*: Im Rahmen der Seitenanalyse kann neben den absoluten Zugriffszahlen insbesondere die Verweildauer auf den einzelnen Seiten, sowie das Auftreten als Ein- bzw. Ausstiegsseite von Interesse sein. Werden auf diese Weise signifikante Abbruchstellen des Clickstreams identifiziert, lohnt es diese näher zu betrachten. Während eine abgeschlossene Bestellung eines Online-Shops als Ausstiegsseite sicher positiv zu bewerten ist, muss bei einem Abbruch auf der Homepage die Gestaltung dieser hinterfragt werden. Doch auch andere Seiten können über Bookmarks, Werbebanner oder Suchmaschinen der erste Kontaktpunkt zum Nutzer sein. Für einen Erfolg der Web-Site sollten besonders die so identifizierten Einstiegsseiten auf die Bedürfnisse des Besuchers abgestimmt werden. Generell ist bei der Betrachtung absoluter Besuchszahlen einzelner Seiten deren Aufgabe innerhalb der Website mit in Betracht zu ziehen. Neben sogenannten Auxiliary Resources (Huber 2000, S. 3), wie Grafiken oder Frameseiten, müssen Navigationsseiten von reinen Inhaltsseiten differenziert werden. Alleine durch ihre Position im Aufbau der Web-Site weisen derartige Hilfsseiten im Vergleich zu den dahinterliegenden Inhalten ein Vielfaches an Zugriffen auf (eine Menüseite verweist z.B. auf 5 Bereiche).

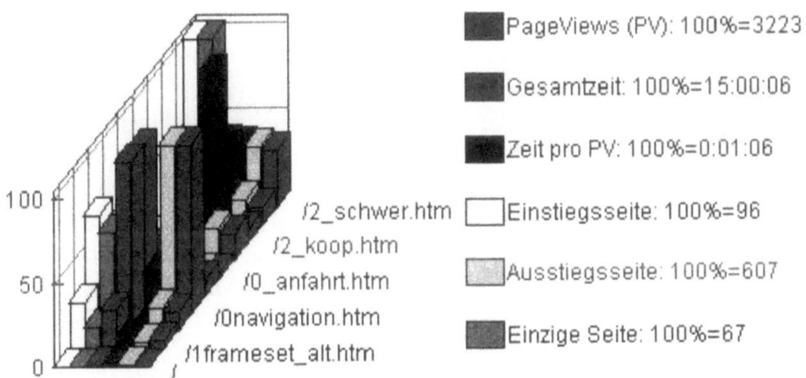

Abbildung 4: Seitenanalyse nach Häufigkeiten (WebSuxess)

- *Besucheranalyse:* Die Besucheranalyse gibt darüber Auskunft, wer die Website wie oft und wie lange besucht hat. Dabei kann nicht nur nach tatsächlichen Besuchern, sondern auch nach gemeinsamen Kriterien wie Herkunftsland (Top Level Domain) oder Unternehmen (Second Level Domain) sortiert werden. Gewöhnlich finden sich in Logfiles sowohl numerische IP-Adressen als auch alphanumerische Domain-Namen. Um sämtliche Adressen nach Herkunftsländern zu klassifizieren und einem bestimmten Unternehmen zuordnen zu können, muss ein sogenannter DNS (Domain Name Service) Lookup durchgeführt werden. Dieser DNS Lookup übersetzt sämtliche IP-Adressen in Domain-Namen und kann entweder auf dem Server selbst oder nachträglich durch den Logfile-Analyzer ausgeführt werden. Im zweiten Fall ist jedoch eine Anbindung an das Internet und eine erhöhte Rechnerkapazität erforderlich.

  Ein mögliches Ziel der Analyse nach Firmen- oder Rechneradressen kann ein Ausschluss interner Zugriffe sein. Oft nehmen diese Anfragen von Mitarbeitern, Internet-Agenturen, Webmaster etc. einen großen prozentualen Anteil an der Gesamtnutzung ein, sind jedoch für viele Fragestellungen irrelevant. Weiteres Anwendungspotenzial liegt zum Beispiel in der Analyse des Konkurrentenverhaltens. Bereiche, die Mitbewerber am meisten interessieren, geben möglicherweise Aufschluss über deren Produktentwicklungen oder Interessenschwerpunkte.

  Viele Analyse-Tools erlauben auch eine Auswertung der Zugriffe von Suchmaschinen und Robots. Ebenso wie im Falle von internen Nutzern sind diese automatisierten Zugriffe bei weitergehenden Untersuchungen zumeist auszuschließen, da sie keine Auskunft über das Nutzerverhalten zulassen.

- *Navigationsanalyse*: Die Navigationsanalyse zeigt, wie sich der einzelne Benutzer durch die Website bewegt. Von großem Interesse sind dabei typische

Folgen von Seitenaufrufen, sogenannte Pfade. Ohne eine ausführliche Datenaufbereitung, wie sie in den wenigsten Logfile-Analyzern integriert ist, sind die Ergebnisse dieser Analyse jedoch meist unbrauchbar. Probleme bereiten hier vor allem Bookmarks, Vor- und Rücksprünge im Browser, Speicherungen im Cache oder Direkteingaben der URL, so dass scheinbar unlogische oder gar unmögliche Wege ermittelt werden. Konnten dennoch sinnvolle Pfade in einer ausreichenden Menge erzeugt werden, lassen sich damit Schwächen in der Navigationsstruktur, insbesondere Abbruchstellen und „Umwege", identifizieren. Für weitergehende Fragestellungen wie die Segmentierung von Bewegungsmustern muss wiederum auf die Methoden des Web Mining zurückgegriffen werden.

- *Kampagnenanalyse*: Unter Kampagnenanalyse wird hier zumeist die Auswertung der Referrer-Einträge in den Logfiles verstanden. Die Frage lautet dabei: Wie sind die Besucher auf die Seite aufmerksam geworden? Die Antwort verbirgt sich zum einen in den sogenannten AdClicks und zum anderen in den Angaben, die von Suchmaschinen übermittelt werden.

Als AdClick wird der Klick auf einen Werbebanner bezeichnet. Wenn das Unternehmen auf einer anderen Website derartige Banner einsetzt, ist es nicht zuletzt für die Bestimmung der Effizienz dieser Werbung notwendig, die Anzahl der aktiven Kontakte zu messen. In der AdClick-Statistik werden nicht nur Nutzer von Werbebannern erfasst, sonder natürlich auch Besucher, die über normale Links auf die Site kommen. Als Spezialfall kann dabei der Einstieg über eine Suchmaschine gesehen werden. In der entsprechenden Auswertung wird nicht nur deutlich, über welche Suchmaschine der Nutzer auf die Site gelangte, sondern auch durch welchen Suchbegriff. Die Ergebnisse können zu einer weiteren Optimierung der Site für Suchmaschinen verwendet werden (z.B. Vergabe von entsprechenden Schlüsselbegriffen in den Meta-Tags) und geben zudem auf sehr einfache Art Aufschluss über die Kerninteressen der Nutzer.

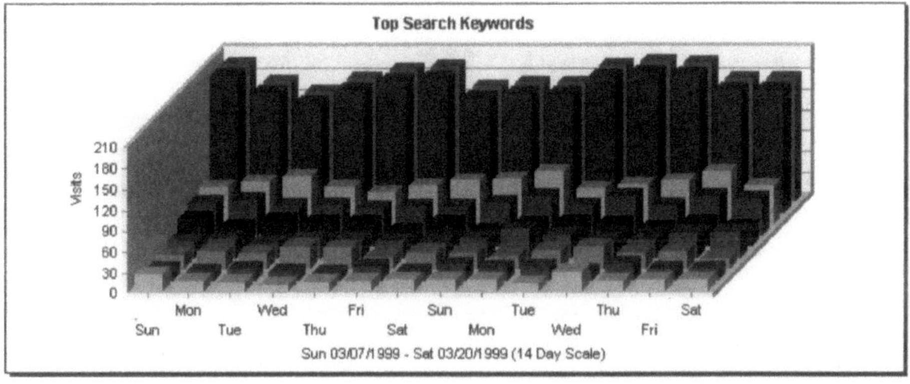

Top Search Keywords			
	Keywords	Keywords found	% of Total
■ 1	oregon	3,307	16.87%
■ 2	marine	3,307	16.87%
▦ 3	boat	1,094	5.58%
■ 4	dealer	877	4.47%
■ 5	jobs	603	3.07%
■ 6	authorized	539	2.75%
▦ 7	boats	456	2.32%
■ 8	owners	339	1.72%
▦ 9	login	331	1.68%
10	dealers	320	1.63%

Abbildung 5: Suchbegriffe (WebTrends)

- *Browseranalyse:* Das WWW folgt, anders als beispielsweise Textverarbeitungsprogramme, nicht dem Grundsatz „what you see is what you get". Auch unterscheiden sich die Darstellungen verschiedener Browser und verschiedener Versionen untereinander oder werden manuell durch Einstellungsoptionen beschränkt. Eine Analyse der Browser, Betriebssysteme und unterstützenden Funktionen – die oft zusätzlich mittels Umgebungsvariablen ausgelesen werden (Janetzko 1999, S. 180) – kann wertvolle Informationen zur Gestaltung der Site liefern. Im Sinne einer Web Usability sollten grundsätzlich alle Funktionalitäten einer Site jedem Nutzer mit seinen individuellen Hard- und Softwarevoraussetzungen zugänglich sein. Erscheint dies nicht erstrebenswert oder technisch realisierbar, so können durch die Analysen zumindest die Voraussetzungen der Mehrheit der Nutzer berücksichtigt werden.

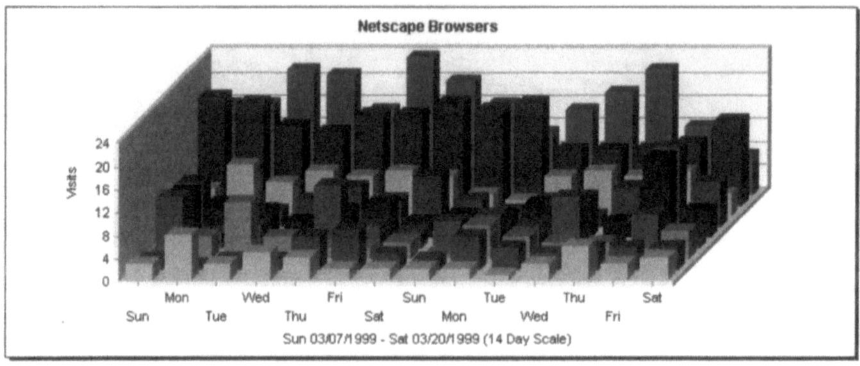

Netscape Browsers				
	Browser	Hits	% of Total Hits	Visits ▼
■ 1	Netscape 4.76	1,951	20.25%	235
■ 2	Netscape 4.77	1,974	20.49%	205
▦ 3	Netscape 4.07	804	8.34%	91
■ 4	Netscape 4.06	730	7.57%	83
■ 5	Netscape 4.05C	732	7.59%	79
■ 6	Netscape 4.05	566	5.87%	68
▦ 7	Netscape 4.7C	467	4.84%	50
■ 8	Netscape 6.0	417	4.32%	50
▦ 9	Netscape 4.75	416	4.31%	48
10	Netscape 6.01	414	4.29%	48
11	Netscape 4.61	508	5.27%	42
12	Netscape 4.5	308	3.19%	38

Abbildung 6: Browseranalyse – Netscape-Versionen (WebTrends)

4 Fazit

Die Tatsache, dass Logfiles ursprünglich als technisches Kontrollinstrument der Server-
aktivitäten konzipiert waren, wird auch beim Einsatz ausgereifter Analyse-Software
deutlich. Werden Logfiles als Datenbasis zur marketingorientierten Analyse des Nutzerverhaltens herangezogen, entstehen zwangsläufig Informationslücken, die durch
Heuristiken oder eine Anreicherung mit Zusatzdaten geschlossen werden müssen. Trotz
dieses umfangreichen Aufbereitungsprozesses sind Logfile-Analysen vor allem aufgrund der automatisierten und schnellen Durchführung in vielen Fällen ein sehr hilfreiches Instrument zur Optimierung des Kommunikations- und Transaktionskanals Internet. In einem weiteren Schritt fließen sowohl die Rohdaten, als auch die gewonnenen
Ergebnisse in den Prozess des Web Mining ein, um über eine rein deskriptive Abbildung des Nutzerverhaltens hinaus Erkenntnisse zu gewinnen.

Literatur

Accrue Software, Inc. (1999): eBusiness Analysis and Accrue Insight. White Paper / Part I of II. http://www.accrue.com/products/Reports_and_White_Papers/reports_and_white_papers.html (Zugriff: 14.07.2001).

Bensberg, F.; Weiß, T. (1999): Web Log Mining als Marktforschungsinstrument für das World Wide Web. In: Wirtschaftsinformatik, Nr. 41, S. 426-432.

Bensberg, F. (2001): Web log mining als Instrument der Marketingforschung – Ein systemgestaltender Ansatz für internetbasierte Märkte, Wiesbaden.

Broder, A.J. (2000): Data Mining, the Internet, and Privacy. In: Masand, B.; Spiliopoulou, M. (Hrsg.): Web Usage Analysis and User Profiling – International WEBKDD'99 Workshop, Berlin, S. 56-73.

ComCult Research (1999): Welche Daten erhält man mit einer Logfile-Analyse? http://www.comcult.de/forschung/lfdaten.htm (Zugriff: 30.05.2000).

Fuhrberg, K. (2000): Internet-Sicherheit – Browser, Firewalls und Verschlüsselung, München.

Hippner, H., Merzenich, M., Wilde, K.D. (Hrsg.) (2002): Web Mining - Informationen für das E-Business, absatzwirtschaft, Düsseldorf.

Huber, K.P. (2000): Web Mining – Schlüssel zu erfolgreichem e-CRM. Whitepaper DISK 2000.

Janetzko, D. (1999): Statistische Anwendungen im Internet – Daten in Netzwerkumgebungen erheben, auswerten und präsentieren, München.

Mena, J. (2000): Data Mining und E-Commerce – Wie Sie Ihre Online-Kunden besser kennen lernen und gezielter ansprechen, Düsseldorf.

Sane Solutions, LLC (2000): Analyzing Web Site Traffic – A Sane Solutions White Paper. http://www.sane.com/products/NetTracker/whitepaper.pdf (Zugriff: 20.10.01).

Schmitt, E. (1999): Measuring Web Success, Forrester Report, Nov 1998.

Schwickert, A.; Wendt, P. (2001): Web-Logfile-Analyse. In: Fröschle, H.-P.; Mörike, M. (Hrsg.): Customer Relationship Management, HMD 221 Oktober 2001, Heidelberg.

Spiliopoulou, M. (1999): Data Mining for the Web, PKDD`99, Prag.

Srivastava, J.; Cooley, R.; Deshpande, M.; Tan, P.N. (2000): Web Usage Mining – Discovery and Applications of Usage Patterns from Web Data. In: SIGKDD Explorations, ACM SIGKDD, Vol.1, No. 2, o.O., S. 1-12.

Zaiane, O.R.; Xin, M.; Han, J. (1998): Discovering Web Access Patterns and Trends by Applying OLAP and Data Mining Technology on Web Logs. In: Proc. Advances in Digital Libraries Conf., o.O., S. 19-29.

2 Der Web Mining Prozess

Prof. Dr. Myra Spiliopoulou

hat von 1982 bis 1986 Mathematik an der Universität Athen studiert. Zwischen 1987 und 1994 war sie als Forschungsassistentin in der Abteilung Informatik der Universität Athen tätig und hat dort 1992 ihren Promotionstitel zum Thema der parallelen Anfrageoptimierung erhalten. Zwischen 1994 und 2000 war sie als Wissenschaftliche Assistentin in der Wirtschaftsinformatik der Humboldt-Universität zu Berlin tätig, wo sie 2000 ihre Habilitation zum Thema des qualitativen Ausbaus von Diensten im Web erlangte. Seit April 2001 hat sie den Lehrstuhl Wirtschaftsinformatik des E-Business in der Handelshochschule Leipzig inne.

In ihrer Forschung befasst sie sich mit Themen der Wissensentdeckung und des Wissensmanagements, insbesondere im Anwendungsfeld des E-Business. Ein zentrales Themengebiet ihrer Forschung ist die Auswertung von Web-Auftritten mit Techniken des Web Usage Mining und unter Berücksichtigung ökonomischer Bewertungssysteme. Ein weiterer Forschungsschwerpunkt ist das Gebiet des Text Mining.

Dr. Bettina Berendt

studierte Betriebswirtschaftslehre, Volkswirtschaftslehre und Künstliche Intelligenz/Informatik in Berlin, Cambridge und Edinburgh. Sie promovierte 1998 in Hamburg in Informatik/Kognitionswissenschaft mit einer Arbeit zur formalen Modellierung und empirischen Untersuchung menschlicher Raumkognition. Anschließend war sie Wissenschaftliche Mitarbeiterin an der Abteilung Pädagogik und Informatik der Humboldt-Universität zu Berlin. Seit 2001 ist sie Wissenschaftliche Assistentin am Institut für Wirtschaftsinformatik der Humboldt-Universität zu Berlin. Ihr Hauptforschungsgebiet ist zur Zeit die Analyse von Webnutzungsverhalten mit informatischen, ökonomischen und psychologischen Methoden.

2.3.1 Assoziations- und Pfadanalyse – Entdeckung von Abhängigkeiten

1 Einleitung

Für die Betreiber von Websites ist das Erkennen von Zusammenhängen zwischen Aktivitäten der Nutzer ein wichtiger Ausgangspunkt für den Ausbau der Inhalte der Site und für die zielorientierte Gestaltung von Marketing-Aktionen. So kann die Warenkorbanalyse profitable Möglichkeiten des Cross-selling und Up-selling aufzeigen. Dabei wird erkannt, welche Produkte zusammen erworben werden. Es ist dann zu erwarten, dass neue Käufer eines dieser Produkte einen Hinweis auf die anderen damit zusammenhängenden Produkte als Kaufanlass willkommen heißen werden. Wenn darüber hinaus auch ermittelt wird, welche Pfade zu einem Kauf führen und entlang welcher Wege die Nutzer zu *keinem* Kauf gelangten und eventuell der Site verloren gingen, so kann die Site in ihren Navigationsoptionen, Struktur und Verlinkung der Inhalte verbessert werden. Auch können jedem individuellen Nutzer personalisierte Navigations- und Produkthinweise gegeben werden, die auf seinen bisherigen Navigationsweg zugeschnitten sind.

Die Entdeckung von Assoziationen zwischen Objekten ist das Thema der Mining-Disziplin Assoziationsregelentdeckung. In diesem Beitrag befassen wir uns mit den Ergebnissen der Assoziationsregelentdeckung und der Sequenzanalyse im Bereich des Web Mining. Im nächsten Abschnitt führen wir den Begriff des Assoziationsmusters ein, das häufige Itemsets, häufige Sequenzen und von ihnen abgeleitete Regeln umfasst. Konventionelle Verfahren für die Entdeckung von Assoziationsmustern sind im Web Mining einsetzbar, allerdings wurde besonders in der Sequenzanalyse die Notwendigkeit komplexerer Musterstrukturen und entsprechender Verfahren erkannt; diese werden in Abschnitt 3 besprochen. Abschnitt 4 ist dem Thema der Güte oder Interessantheit von Assoziationsmustern im Rahmen einer Website-Analyse gewidmet. Abschnitt 5 fasst die Aussagen dieses Beitrags zusammen und schließt mit einer Agenda von offenen Fragestellungen. Ergänzend zu diesem Grundlagenkapitel stellt Kapitel 3.5 eine Fallstudie zur Assoziationsanalyse dar.

2 Ausgangsdaten und Musterdefinition

Die Ausgangsdaten für die Entdeckung von Assoziationsmustern sind die Nutzungsvorgänge in einer Website, wie sie in der Log-Datei des Website-Servers protokolliert werden. Nutzungsvorgänge können auch vom Client-Rechner des Nutzers oder von dessen Proxy-Server protokolliert werden. Diese Daten sind ebenfalls wertvoll, allerdings beziehen sie sich auf die Tätigkeiten des einzelnen Nutzers auf jeder Web-Site, die er besucht. Dem Betreiber der Site stehen diese Daten normalerweise nicht zur Verfügung. Deshalb betrachten wir sie hier nicht näher.

Als Nutzungsvorgänge bezeichnen wir eine Abfolge von Aufrufen, die (i) einem Besucher der Site zugeordnet werden können und (ii) einen hinreichenden inneren Zusammenhang aufweisen. Ein solcher Zusammenhang wäre die Verfolgung eines Ziels, wie der Kauf eines Produkts, oder aber die einfache Tatsache, dass alle Aufrufe während desselben Besuchs stattgefunden haben, also zu derselben Sitzung "gehören".

Die eindeutige Zuordnung der Aufrufe zu einem Nutzer ist ein schwieriges Problem, das zur Zeit vorwiegend durch Identifizierungsverfahren oder durch das Einsetzen von Cookies gelöst wird. Die zuverlässige Wiederherstellung *aller* Tätigkeiten eines Nutzungsvorgangs stellt eine weitere Herausforderung dar, da manche Tätigkeiten der Nutzer nicht vom Website-Server protokolliert werden.

Die Wiederherstellung der Nutzungsvorgänge und die Aufbereitung der Ausgangsdaten für die Analyse werden hier als abgeschlossen angenommen. Für die dazu notwendigen Schritte vgl. Kapitel 2.2.1 in diesem Band; eine Sammlung von heuristischen Verfahren ist in Cooley et al. 1999 und Cooley 2000 zu finden. Die Frage nach der Zuverlässigkeit solcher Verfahren wird in Berendt et al. 2001 und Spiliopoulou et al. 2002 besprochen. Die Rolle einer geeigneten Datenaufbereitung für den Erfolg der Analyse wird in einer Fallstudie (vgl. Kapitel 3.5) illustriert.

2.1 Assoziationsmuster

Ziel der Assoziationsanalyse ist es, in den Ausgangsdaten Assoziationsmuster zu entdecken. Als solche betrachten wir (a) Mengen von Objekten, die in den Nutzungsvorgängen zusammen erscheinen, (b) Abfolgen von solchen Objekten, wie sie in den Nutzungsvorgängen aufgerufen werden, sowie (c) Wenn-Dann-Regeln, die sich von diesen Mengen oder Abfolgen ableiten.

In der grundlegenden Arbeit von Agrawal et al. 1993 wurden die Konzepte der häufigen Itemsets und der davon abgeleiteten Assoziationsregeln eingeführt. Ein häufiges Itemset ist eine Menge von Objekten, die in vielen Transaktionen zusammen auftreten. Dabei beziehen sich die Begriffe "häufig" und "viel" auf einen anwendungsabhängigen, vom Experten definierten Schwellenwert. So kann in einer fiktiven Website zum Buchverkauf bestimmt werden, dass alle Assoziationen, die in mehr als 15% der Nutzungsvorgänge zu finden sind, in Marketingmaßnahmen (z.B. Cross-Selling und Up-Selling) berücksichtigt werden sollen. Ein Itemset {"Hamlet","Macbeth"}, das in 20% der Nutzungsvorgänge erscheint, ist nach dieser Definition des anwendungsbezogenen Häufigkeitsschwellenwertes häufig.

Aus jedem häufigen Itemset werden Regeln abgeleitet. Unser Beispiel-Itemset führt zu zwei Regeln, nämlich "Wenn Hamlet, dann Macbeth" (Hamlet->Macbeth) und "Wenn Macbeth, dann Hamlet" (Macbeth->Hamlet).

In einem häufigen Itemset spielt die Reihenfolge der Objekte keine Rolle. Ein Webserver registriert aber die Abfolge der Aufrufe, so dass nachvollzogen werden kann, welche Seite als erste gesehen wurde und somit eventuell Anlass zum Aufruf der zweiten Seite gegeben hat. Die Berücksichtigung der Abfolge der Objektaufrufe ist das Thema der Sequenzanalyse, welche sich derselben Grundlagen wie die Assoziationsregelentdeckung bedient. In unserem Beispiel tragen zum häufigen Itemset zwei Sequenzen bei. Wenn die Sequenz ["Hamlet","Macbeth"] in 16% der Nutzungsvorgänge vorkommt, die Sequenz ["Macbeth","Hamlet"] hingegen nur in 4%, dann ist bei einen Schwellenwert von 15% erstere häufig, letztere aber nicht.

Die Sequenz ["Hamlet","Macbeth"] erzeugt eine einzige Regel, nämlich "Wenn Hamlet, dann FOLGT Macbeth". Diese Regel ist temporaler Natur: die Sequenzanalyse kann als Assoziationsregelentdeckung in einer temporalen Datenbank betrachtet werden (Zaki 1998).

In der Web-Analyse dienen die häufigen Itemsets der Identifizierung von zusammen aufgerufenen Seiten oder Anwendungsobjekten. Die häufigen Sequenzen und deren Wenn-Dann-Regeln dienen dazu, Vorhersagen über den nächsten Seitenaufruf oder das als Nächstes erwünschte Anwendungsobjekt zu treffen. Ein Anwendungsbereich der Sequenzanalyse ist somit das Webserver-Caching. Ein weiterer Anwendungsbereich ist die Personalisierung. Für die Personalisierung können sowohl häufige Sequenzen als auch ungerichtete Assoziationen verwendet werden. Sie beinhaltet eine dynamische Auswahl oder Empfehlung von Content, Links oder Bannern in Abhängigkeit vom bisherigen Clickstream.

2.2 Komplexe Assoziationsmuster in der Sequenzanalyse

Die Assoziationsmuster in der Sequenzanalyse sind Gruppen von Objekten, die in dieser Reihenfolge in den Nutzungsvorgängen erscheinen. Diese Muster können ebenfalls zwei oder mehr Elemente enthalten.

Eine Sequenz *[A,B]* kann aus direkt aufeinanderfolgend besuchten Seiten bestehen, oder als *generalisierte Sequenz* aus einem Weg von *A* nach *B*, der möglicherweise über weitere Seiten führt, von denen aber nur A und B für die Analyse relevante Wegpunkte sind (Spiliopoulou 1999; Gaul/Schmidt-Thieme 2000; Nanopoulos et al. 2001). Diese Nebenbedingung kann durch die Wildcard * explizit gemacht werden: *[A, *, B]*. Eine weitere Möglichkeit besteht darin, die Länge des Weges zwischen den spezifizierten Wegpunkten durch Minimal- und Maximallänge zu beschränken, wie z.B. in *[A, [0;5], B, [1;2], C]*. Diese generalisierte Sequenz beschreibt Wege, die in höchstens 5 Zwischenschritten von *A* nach *B* und anschließend in 1 oder 2 Zwischenschritten nach *C* führen.

3 Musterentdeckung in der Assoziationsanalyse für Web Mining

Das Vorgehen zur Entdeckung aller Assoziationsmuster umfasst zwei Schritte, nämlich (i) die Entdeckung aller häufigen Itemsets/Sequenzen und (ii) die Ableitung von Regeln aus ihnen (Agrawal et al. 1993; Agrawal/Srikant 1994). Der erste Schritt ist der intensivste an Rechnerressourcen. Das Grundverfahren ("Apriori-Algorithmus") sieht vor, dass Kandidaten auf inkrementelle Weise generiert werden: zuerst werden alle häufig erscheinenden Objekte gefunden, dann werden diese Objekte in Paaren kombiniert, um darunter die häufigen Paare zu identifizieren, dann werden Dreierkombinationen generiert usw. Zur Beschleunigung dieses Mechanismus existieren zahlreiche Methoden, die zum Beispiel auf die Reduzierung der Kandidatenmenge oder die frühe Erkennung nicht häufiger Kandidaten abzielen.

Die Besonderheiten des Web Mining haben Anpassungen des Grundverfahrens veranlasst. Dies umfasst (a) die Entdeckung von Mustern spezieller Natur, wie zum Beispiel Sequenzen von direkt aufeinander folgenden Aufrufen oder Assoziationsregeln mit vorgegebenem Wenn-Teil, (b) die Berücksichtigung besonderer Eigenschaften der Daten, wie zum Beispiel des zeitlichen Abstands zwischen den Aufrufen und (c) die Steuerung der Mining Software, damit der Experte seine Erwartungen, z.B. bezüglich des idealen Nutzungsvorgangs, ausdrücken kann.

3.1 Muster spezieller Natur

Die Assoziationsanalyse befasst sich im Allgemeinen mit der Entdeckung von Mustern, die aus Mengen oder Abfolgen von Aufrufen bestehen. Besondere Problemstellungen können jedoch dazu führen, dass nur ein bestimmter Typ von Mustern von Interesse ist. Dies kann zur Einschränkung des Suchraums auf passende Muster und zur Entwicklung spezialisierter, effizienterer Algorithmen führen. Wie im folgenden Abschnitt erläutert wird, kann jedoch die Problemstellung auch zu einer Differenzierung und damit Erweiterung des Suchraums führen.

3.1.1 Generalisierte Sequenzen und Navigationsmuster

Sequenzregeln werden unter anderem zur Vorhersage der nächsten Seite genutzt. Solche Vorhersagen können für die Optimierung des Web-Servers genutzt werden, der die demnächst benötigte(n) Seite(n) voraussieht und bereitstellt und somit die Wartezeit bei der Anforderung dieser Seiten verkürzt *(pre-fetching)*. Die Entdeckung einer häufigen Sequenz *[A, B]* würde in diesem Fall dazu führen, dass beim Aufruf des Objekts A auch das Objekt B bereitgestellt wird. Dabei ist es nicht von Interesse, ob die Nutzer *B direkt* nach *A* aufrufen oder etwas später. Für andere Anwendungen ist es jedoch wichtig zu wissen, ob *B* häufig *direkt nach A* auftritt oder nicht: Eine solche Anwendung ist die Aussprache von Empfehlungen der Art "Nutzer, die auf Objekt (Produkt, Seite o.ä.) A zugreifen, interessieren sich auch für B". Mit anderen Worten: Der Experte braucht für viele Anwendungen ein Werkzeug, mit dem er festlegen kann, dass zwischen den Objekten A und B einer häufigen Sequenz eine minimale oder maximale Anzahl von weiteren Aufrufen stattfinden darf.

Diese Erkenntnis hat in Spiliopoulou/Faulstich 1998 zur Einführung des Begriffs der *generalisierten Sequenz* geführt. Dies ist eine Sequenz, die aus Objekten der Site und Wildcards besteht, wobei letztere Abstandseinschränkungen zwischen den Objekten beschreiben. So besagt die generalisierte Sequenz *[A, [1;2], B]*, dass zwischen A und B mindestens einer und höchstens zwei weitere Aufrufe stattfinden dürfen. In Spiliopoulou/Faulstich 1998 sowie Spiliopoulou 1999 wird beschrieben, wie der Web Usage Miner WUM solche generalisierten Sequenzen entdeckt. Jede generalisierte Sequenz wird dabei von ihrem sogenannten *Navigationsmuster* begleitet, welches alle Pfade zwischen den einzelnen Objekten der generalisierten Sequenz darstellt, versehen mit der Anzahl der Nutzer, die sie verfolgt haben. Diese zusätzliche Information ist für die Interpretation des Navigationsverhaltens der Nutzer wichtig, wie die Fallstudie in Spiliopoulou/Berendt 2000 gezeigt hat.

Der Web Usage Miner M*i*DAS in Baumgarten et al. 1999; 2000 erlaubt ebenfalls die Entdeckung von Mustern, in denen Einschränkungen auf den Abstand zwischen den einzelnen Objekten berücksichtigt werden können. Gemeinsam sind WUM und M*i*DAS sowohl der Bedarf nach einem spezialisierten Mining Algorithmus zur Entdeckung dieser Muster als auch eine ausdrucksstarke Mining-Sprache, in denen solche Einschränkungen als *Musterschablonen* formuliert werden und somit die Datenanalyse steuern.

Während M*i*DAS und WUM sich auf die Suche nach und die Entdeckung von informationsreichen Navigationsmustern konzentrieren, werden in Gaul/Schmidt-Thieme 2000; Nanopoulos et al. 2001 Erweiterungen des Apriori-Algorithmus vorgeschlagen. Wie schon erwähnt, ist das Hauptziel des Apriori-Algorithmus die Entdeckung aller häufigen Sequenzen. Hier handelt es sich um die Entdeckung *aller* häufigen generalisierten Sequenzen in einem Log. Die Formulierung von Einschränkungen auf die gesuchten Muster in Form von Musterschablonen ist nicht vorgesehen. Auch ist eine Inspektion der Details der Nutzerpfade in Form von Navigationsmustern nicht möglich. Wie oben erläutert, kann es aber für die Navigationsanalyse wichtig sein zu wissen, ob die Sequenz "A und direkt danach B" oder die Sequenz "A und danach B" häufig war. Der Formalismus von Gaul und Schmidt-Thieme erlaubt ebenso wie WUM eine Unterscheidung der zwei Fälle. Nanopoulos et al. dagegen konzentrieren sich auf die Optimierung eines Web-Servers durch vorzeitige Bereitstellung von Objekten, die demnächst aufgerufen werden sollen. Hierfür ist die Unterscheidung "direkt nach" vs. "nach" weniger wichtig. Diese Beobachtungen werden in Nanopoulos et al. 2001 genutzt, um eine effizientere Version des Apriori-Algorithmus für diese Art der Vorhersage zu entwickeln. Gaul und Schmidt-Thieme schlagen ein formales Modell für die Beschreibung komplexer Sequenzstrukturen sowie Baumstrukturen vor und zeigen, wie der Apriori-Algorithmus angepasst werden kann, um solche häufigen Strukturen zu entdecken.

3.1.2 Assoziationsregeln für Empfehlungssysteme

Empfehlungssysteme nutzen häufig auftretende Assoziationen zwischen Anwendungsobjekten, um einem Nutzer eine Empfehlung zu geben. Ein Beispiel dafür ist die Anmerkung auf Seiten von Amazon: "Personen, die dieses Buch gekauft haben, haben auch gekauft: ...". Wenn ein Empfehlungssystem einem Nutzer einen Vorschlag machen will, kann es folgende Information berücksichtigen, sofern sie vorhanden ist: die Interessen des Nutzers, sein bisheriges Navigationsverhalten und die Anwendungsobjekte, die er sich bisher angeschaut hat. Im *"collaborative filtering"* werden Nutzer gefunden, die diesem Nutzer ähnlich sind; deren Präferenzen werden ihm dann empfohlen. Ein Musterentdeckungsverfahren dagegen ordnet den Nutzer anhand seiner Interessen und seines Verhaltens einem *Profil* (also einem Muster) zu; die Präferenzen der Nutzer mit demselben Profil werden ihm dann empfohlen (Mobasher et al. 2000).

Lin et al. 2002 verwenden Assoziationsregelanalyse, um Nutzer zu finden, die dieselben Präferenzen wie ein vorgegebener Nutzer haben, sowie um Produkte zu finden, die oft zusammen mit den vom Nutzer schon angeschauten Produkten gekauft werden. Wenn z.B. ein Nutzer sich bisher die Produkte A und B angeschaut hat, wird nach Assoziationsmustern gesucht, die A, B und weitere Produkte enthalten. Diese zusätzlichen Produkte werden dem Nutzer vorgeschlagen. In beiden Fällen werden also Assoziationsmuster verwendet, aber mit der Besonderheit, dass ein Teil des Assoziationsmusters vorgegeben ist: ein vom Nutzer schon angeschautes Produkt oder eine Eigenschaft dieses Nutzers. Es sind also nur Muster von Interesse, die diese Objekte enthalten. Lin et al. schlagen einen effizienten Algorithmus vor, der in einer vorbereiteten Menge von Assoziationsmustern nach passenden Mustern sucht.

3.2 Besondere Eigenschaften der Daten

Am Anfang von Abschnitt 3 wurde erläutert, wie der konventionelle Apriori-Algorithmus zur Entdeckung von häufigen Sequenzen in jeder Iteration Kandidaten-Sequenzen generiert und Kandidaten mit niedrigerer Häufigkeit als die vorgegebene Häufigkeitsschranke ablehnt. Im Sinne des Web Usage Mining ist eine häufige Sequenz eine Abfolge von Seitenaufrufen, die in mehreren Besucherpfaden vorkommt. Einige Verfahren des Web Usage Mining nutzen besondere Eigenschaften der Besucherpfade, um die Anzahl der Kandidaten zu reduzieren und somit die Dauer der Entdeckungsphase zu reduzieren.

Ein Besucherpfad ist eine Abfolge von Seitenaufrufen. Bis auf Ausnahmefälle wird eine Seite durch einen Verweis aus einer vorher besuchten Seite erreicht. Somit kann ein Besucherpfad nur aus miteinander verlinkten Seiten bestehen. Wenn also die Mining-Software aus einer häufigen Sequenz s der Länge n eine Kandidaten-Sequenz der Länge $n+1$ generiert, braucht sie nur Seiten zu berücksichtigen, die mit den Seiten in s verlinkt sind. In Gaul/Schmidt-Thieme 2000; Nanopoulos et al. 2001 werden Heuristiken vorgeschlagen, die auf dieser Beobachtung aufbauen. Dieses Vorgehen hat allerdings gewisse Nachteile. Zum einen ist die dazu notwendige ausführliche Beschreibung der Struktur der Site selten vorhanden, weil die Verlinkung von Objekten durch Frames, Javascript-Aufrufen und ähnlichen Konstrukten nicht trivial zu dokumentieren ist. Zum anderen ist eine vollständige Rekonstruktion der Sitzungen erforderlich, unter Berücksichtigung auch jener Seiten, die besucht aber nicht im Web-Server-Log registriert worden sind, weil sie im Cache des Rechners des Nutzers vorhanden waren; vgl. dazu Pfadvervollständigung in Cooley et al. 1999 sowie Tauscher/Greenberg 1997.

Ereignisse, die zwar hintereinander stattfinden, aber zeitlich zu weit auseinanderliegen, sind nicht unbedingt als Regularitäten im Verhalten der Nutzer anzusehen. Beispielsweise ist fraglich, ob die Tatsache, dass ein Kunde ein Produkt A und drei Monate später ein Produkt B gekauft hat, als Grundlage für eine Cross-selling-Empfehlung herangezogen werden sollte. Einige Sequenzmining-Verfahren berücksichtigen deshalb Ober- und Untergrenzen für die Zeitintervalle zwischen den in einer Sequenz aufeinanderfolgenden Ereignissen (Mannila et al. 1995; Srikant/Agrawal 1996; Baumgarten et al. 2000). In der Methode der *"sliding time windows"* (Srikant/Agrawal 1996) werden innerhalb jeder langen Sequenz von Ereignissen nur jene als potenziell zusammenhängend betrachtet, die innerhalb eines bestimmten Zeitraums stattgefunden haben. Diese Methoden sind nicht speziell für die Analyse von Web-Auftritten konzipiert; sie können trotzdem angewendet werden, um das Verhalten der Besucher über mehrere Sitzungen hinweg zu analysieren. Dabei ist es allerdings notwendig, die Sitzungen derselben physischen Person zuordnen zu können, zum Beispiel durch Nutzeranmeldung oder durch Cookies (zu den einzelnen Schritten der Datenaufbereitung vgl. auch Kapitel 2.2.1 in diesem Buch).

3.3 Interaktive Steuerungssprachen

Interaktive Werkzeuge zur Steuerung des Analyse-Prozesses basieren auf der Tatsache, dass der Experte über ein Hintergrundwissen verfügt, das berücksichtigt werden soll. Selbst in der einfachsten Form der Assoziationsregelentdeckung wird Hintergrundwissen genutzt, nämlich für die Bestimmung der unteren Häufigkeitsschranke: Nur Muster, die häufiger sind, erscheinen im Ergebnis. Das Hintergrundwissen, das für die Analyse eines Web-Auftritts und für die Bewertung der Wichtigkeit eines Musters notwendig ist, ist um einiges vielfältiger. So erlauben die schablonen-basierten Mining-Sprachen von WUM (Spiliopoulou 1999) und von MiDAS (Baumgarten et al. 2000) dem Experten, Einschränkungen auf die Musterstruktur und Erwartungen über die relative Häufigkeit der Bestandteile der Muster auszudrücken. So kann z.B. ein Experte den Analyseprozess auf Muster beschränken, in denen die Nutzer nur bestimmte Suchoptionen verwendeten (z.B. Preisklasse und Materialien), ausschließlich Produkte einer bestimmten Kategorie inspizierten und eine Kaufentscheidung innerhalb einer bestimmten Anzahl von Schritten trafen. Jedes Muster im Ergebnis bezieht sich dann auf konkrete Kombinationen der vorgegebenen Suchoptionen und auf konkrete Produkte der Kategorie und trägt somit zur Bestätigung oder Widerlegung der Erwartungen bezüglich der Konversionseffizienz bei.

Interaktive Werkzeuge zur Steuerung der Analyse eignen sich besonders für eine Koppelung mit den im Abschnitt 4.2.1 dargestellten Vorverarbeitungsmechanismen: beide dienen der Berücksichtigung von Hintergrundwissen. In Berendt 2001, 2002 wird ein Werkzeug vorgestellt, das Vorverarbeitungs- und Steuerungsmechanismen koppelt: Anhand einer vorgegebenen Konzepthierarchie werden Schablonen zur Steuerung eines Miningtools generiert, die interessante Wege durch die Site identifizieren, und diese Wege werden in Begriffen der Konzepthierarchien visualisiert.

4 Gütemaße für Muster

Ein Algorithmus zur Entdeckung von Assoziationsmustern wird typischerweise so gesteuert, dass er nur jene Muster produziert, die mit einer gewissen Mindesthäufigkeit im Datenbestand erscheinen. Diese Einschränkung ist jedoch nicht ausreichend: Wird die Untergrenze der Häufigkeit des Musters hoch gesetzt, treten nur triviale Muster auf, wird sie niedrig gesetzt, ist die Anzahl der Muster im Ergebnis überwältigend. Außerdem ist nicht jedes Muster interessant, nur weil es häufig ist. Es ist eher notwendig, *Gütemaße* für Muster zu definieren, die die Wichtigkeit oder Interessantheit der Muster für die Zielsetzung der Analyse reflektieren. Solche Gütemaße werden meist dazu verwendet, aus einer großen Anzahl von Assoziationsmustern die "nicht guten" (trivialen, uninteressanten) Muster herauszufiltern.

4.1 Statistische Kenngrößen: Support, Konfidenz und Interest

Die herkömmlichsten Kenngrößen für Assoziationsmuster sind der Support und die Konfidenz. Im Sinne der Analyse des Verhaltens der Besucher bewirken sie, dass für Marketing-Aktionen nur solche Muster berücksichtigt werden, die (a) häufig genug auftreten und somit dem Aufwand einer entsprechenden Aktion wert sind und (b) nur starke Assoziationen widerspiegeln. Für einen E-Shop ist es zum Beispiel wenig interessant, dass 0.01% der Besucher Sportschuhe und Ohrringe bestellen (Support zu niedrig) oder dass Käufer von Sportschuhen mit Konfidenz 1% auch Reitzubehör haben wollen (Beispiele fiktiv).

Formell betrachtet, ist der *Support* eines Itemsets bzw. einer Sequenz jener Anteil der Nutzungsvorgänge, die dieses Itemset bzw. diese Sequenz enthalten, an allen Nutzungsvorgängen. Die Itemsets (Sequenzen), deren Support die Minimalgrenze überschreitet, heißen *häufige Itemsets (Sequenzen)*. Die Konfidenz fügt diesem Maß der Gesamthäufigkeit des Auftretens des Musters ein Maß der Stärke des Zusammenhangs hinzu. Die *Konfidenz* einer Assoziationsregel $A1, A2, ..., A_n \rightarrow {}_{(s)} B$ zu einem Itemset oder einer Sequenz ist der Support des Konsequens B geteilt durch den Support des Antezedens $A1, A2, ..., A_n$. Die Konfidenz gibt somit die bedingte Wahrscheinlichkeit wieder, dass B aufgerufen wurde, wenn (im Falle von Sequenzen: nachdem) $A1, A2, ..., A_n$ aufgerufen wurden.

Die Konfidenz ist ein wichtiges Gütemaß, allerdings kann sie unter Umständen irreführend sein, wenn sie das einzige berücksichtigte Maß ist. Zum Beispiel kann in einem elektronischen Buchgeschäft das Assoziationsmuster auftreten, dass Käufer von CDs mit Konfidenz 90% Bücher kaufen. Dieses Muster ist trügerisch, weil die Käufer in einem Buchgeschäft eben Bücher kaufen; die Anschaffung einer CD trägt dazu wenig bei.

Gegen solche Muster wird das Gütemaß *Interest* (Brin et al. 1997) angewendet. Es misst, inwieweit das Konsequens *B* einer Assoziationsregel *A1, A2, ..., A_n ->$_{(s)}$ B* tatsächlich vom Antezedens abhängig ist und nicht etwa deshalb eine große Konfidenz aufweist, weil *B* selber häufig auftritt. Interest ist definiert als die Konfidenz der Assoziationsregel dividiert durch den Support des Konsequens *B*. Wenn eine positive Korrelation gesucht wird, dann kann sie nur vorhanden sein, wenn der Wert des Interest größer als 1 ist. Ist er dagegen kleiner als 1, deutet das auf eine Negativkorrelation hin, also ein bei Vorliegen des Antezedens selteneres Auftreten des Konsequens als sonst. Diese Vermutungen können mit Hilfe eines Chi-Quadrat-Tests auf statistische Signifikanz untersucht werden.

Die drei obigen Kenngrößen dienen dazu, nur entdeckte Muster mit hoher Häufigkeit zu berücksichtigen und davon abgeleitete Assoziationsregeln mit niedriger Konfidenz oder mit Interest-Wert kleiner als 1 auszusortieren. In den meisten Fällen jedoch enthält das Ergebnis einer Data-Mining-Analyse immer noch eine sehr große Anzahl von Mustern, die vom Experten eins nach dem anderen inspiziert werden müssen. Dies ist eine aufwändige und demotivierende Tätigkeit, weil viele dieser Muster trivial sind: Zu den Ergebnissen der Analyse eines E-Shops gehört zum Beispiel unvermeidlich eine Assoziationsregel, die besagt, dass 100% der Kunden, die einen Kauf getätigt haben, zuvor ein Produkt in den Warenkorb gelegt haben. Viele dieser Assoziationsregeln reflektieren die Struktur der Web-Site und die Tatsache, dass die Besucher normalerweise Navigationshilfen benutzen, um gewünschte Seiten zu erreichen. Unter ihnen muss der Experte die wenigen Assoziationsregeln erkennen, die tatsächlich neue Erkenntnisse bringen, wie z.B. dass ein Verweis zu einer wichtigen Seite nur selten verwendet wird, dass die Besucher einer Seite sie auf einen unerwarteten Weg erreichen oder dass gewisse Produkte oder Produktkombinationen häufiger zum Kauf motivieren als andere. So sind neben den konventionellen statistischen Gütemaße auch Maße für die Interessantheit der Muster notwendig, die idealerweise die nicht interessanten Muster automatisch aussortieren.

4.2   Interessantheit der Muster

Ein Muster kann dadurch interessant sein, dass es Erwartungen widerlegt oder Vermutungen bekräftigt. Beispielsweise kann die Effizienz einer Werbekampagne nachgewiesen werden, wenn die Produkte in der Kampagne mit hoher Konfidenz gekauft werden. Die Konversionsrate einer anderen Werbemaßnahme kann dagegen so gering gewesen sein, dass das zugehörige Muster nicht die statistischen Mindestanforderungen erfüllt. Ein Muster kann jedoch auch dadurch interessant sein, dass es schon vorhandenes Wissen bzw. Erwartungen über die intendierte Nutzung verfeinert (Cooley 2000).

Im Allgemeinen sind also jene Muster *interessant,* die eine noch unbestätigte Hypothese bestätigen oder widerlegen, sowie diejenigen, die eine bestätigte Hypothese verfeinern oder verändern. Allerdings stehen diese Hypothesen nicht fest, sondern entsprechen den meist nicht ausgesprochenen Erwartungen des Experten, seines Hintergrundwissen und seiner Intuition. Die Herausforderung in der Assoziationsregelanalyse besteht also darin, interessante Muster für Hypothesen zu erkennen, die gar nicht formuliert sind! Dies kann am folgenden Beispiel verdeutlicht werden: In jeder Site wird erwartet, dass die Besucher die wichtigsten Verweise aus einer Seite verfolgen, weil sie auch als solche gekennzeichnet werden - durch Farbe, größere Buchstaben oder andere auffällige Merkmale. Das ist eine Erwartung in Bezug auf *alle* Seiten der Site; ein gefundenes Assoziationsmuster betrifft jedoch nur diese Hypothese bezüglich einer *bestimmten* Kombination von Seiten. So entspricht die Erwartung des Site-Betreibers einer Menge von Hypothesen, eine pro Seitenkombination. Selbstverständlich wird der Experte nicht alle diese Kombinationen formulieren wollen, um sie dann einzeln zu überprüfen!

Vielmehr müssen Werkzeuge und formale Methoden zur Verfügung gestellt werden, die dem Experten helfen, Hintergrundwissen, Intuition und Erwartungen in den Analyse-Prozess einzubringen. Dazu gehören (a) Gütemaße, die quantifizieren, inwiefern ein Muster in Hinsicht auf vorgegebene Erwartungen interessant ist, (b) Mining-Algorithmen, die solche Gütemaße schon bei der Generierung von Mustern berücksichtigen, (c) Gütemaße zur Beschreibung von anwendungsnahen Kenngrößen, (d) Werkzeuge zur Einbettung von Hintergrundwissen in der Datenaufbereitungsphase und (e) Werkzeuge zur Nutzung des Hintergrundwissens für die Steuerung der Analyse, also zur Formulierung von *Schablonen von Hypothesen*. Unser Beispiel oben zeigt, wie eine Erwartung eigentlich einer Menge von Hypothesen entspricht, die idealerweise in einer generischen Schablone ausgedrückt werden sollte.

"Interessantheitsmaße" allgemeiner Natur sind seit jeher Thema der Forschung und können hier nicht näher erörtert werden. Shannons *Informationsgewinn* ist ein berühmtes Beispiel dafür. Gütemaße, die quantifizieren, inwiefern ein Muster unerwartet ist, und die auch im Bereich der Assoziationsanalyse anwendbar sind, sind in Adomavicius/Tuzhilin 2001 beschrieben. Cooley et al. 2000 formalisieren Erwartungen hinsichtlich der Nutzung aufgrund einer automatischen Struktur- und Inhaltsanalyse einer Site und nutzen diese Formalisierungen, um die tatsächliche mit der erwarteten Nutzung zu vergleichen. Abweichungen können somit als interessante Muster identifiziert werden.

Der oben beschriebene Grundlagen-Algorithmus zur Entdeckung von Assoziationsregeln berücksichtigt bei der Generierung von Mustern nur die Mindesthäufigkeit. Mining-Algorithmen, die andere Gütemaße berücksichtigen, sind eher selten. Einige Verfahren beinhalten Tests der in den Assoziationsmustern gefundenen Zusammenhänge auf statistische Signifikanz, z.B. mit Hilfe von $\square$2-Tests (z.B. Brin et al. 1997; Berendt 2002). Andere Algorithmen sind für bestimmte Anwendungsdomänen konzipiert, zum Beispiel für die Entdeckung von Ausnahmemustern.

Im Folgenden besprechen wir Gütemaße zur Beschreibung anwendungsnaher Kenngrößen in der Analyse von Web-Auftritten, sowie Werkzeuge zur Einbettung von Hintergrundwissen in die Phase der Datenaufbereitung. Werkzeuge zur Einbettung von Hintergrundwissen in die Analyse selbst werden im Abschnitt 4.3 besprochen: Diese Werkzeuge sind Sprachen, durch die der Experte die Analyse steuert, indem er generische Hypothesen formuliert.

4.2.1 Einbettung von Hintergrundwissen in die Datenaufbereitungsphase

Das Web-Server-Log für eine Site misst die Nutzung der Site in Form von Aufrufen. Diese Aufrufe beziehen sich auf URLs, Skripte, Bilder, Grafiken, Tabellen, Navigationsleisten und ähnliche Objekte. Bei der Analyse einer Web-Site geht es aber nicht darum, die Häufigkeit oder Konfidenz solcher Objekte zu messen, sondern Fragen in Bezug auf die Zielsetzung der Site zu beantworten: Welche Produkte werden zusammen aufgerufen oder zusammen gekauft? Inwiefern ist der Warenkorb einfach handhabbar? Ist der Ablauf zum Abschicken einer Bestellung intuitiv erfassbar? Die Anwendungsobjekte Warenkorb, Bestellungsablauf und Produkt müssen also auf die Strukturobjekte der Site abgebildet werden, damit die abgeleiteten Muster interessant für den Site-Betreiber sein können. Diese Abbildung wird durch Konzepthierarchien vorgenommen.

Konzepthierarchien sind hierarchisch strukturierte Gruppierungen von Seiten zu Konzepten zunehmender Abstraktion. Sie unterstützen die Beschreibung von Inhalt und Struktur der Site in anwendungsbezogener Form. Im Folgenden wird dargestellt, wie Konzepthierarchien dazu beitragen können, abstrakte Erwartungen über inhaltliche Assoziationen und Navigationsverhalten in einer solchen Form darzustellen, dass die Erwartungen anhand der entdeckten Muster überprüft werden können. Im Kapitel 3.5 wird anhand einer Fallstudie diese Herangehensweise zur Überprüfung von Erwartungen demonstriert.

Wir unterscheiden zwischen *inhaltsbasierten* und *dienstbasierten* Konzepthierarchien. Eine inhaltsbasierte Konzepthierarchie bildet die Objekte der Web-Site (URLs, Bilder, Skriptaufrufe usw.) auf die Geschäftsobjekte des Site-Betreibers ab, z.B. auf Produkte und Lieferoptionen in einem E-Shop, auf Renten- oder Unfallversicherungsangebote eines Versicherungsunternehmens oder auf die verschiedenen Investment-Fonds einer Bank. Wenn die Objekte der Site anhand einer solchen Konzepthierarchie abstrahiert worden sind, geben die entdeckten Assoziationsmuster Hinweise darauf, welche Produkte zusammen in den Warenkorb erscheinen, welche Lieferoptionen für welche Produkte bevorzugt werden oder welche Angebote vom Portfolio einer Versicherung oder einer Bank aufgerufen werden; durch welche Wege und unter welchen Bedingungen.

Viele Web-Sites bieten einen Mechanismus für die Suche im Produkt- oder Dienstkatalog. Abhängig von der Natur des Angebots sind auch die verfügbaren Suchkriterien: Titel, Autor oder Verlag für Bücher, Größe, Farbe und Material für Hosen, Länge und Breite für Teppiche, Risikobereitschaft, minimale Kapitalanlage und Anlagedauer für Investitionen. Die Aufrufe des Suchmechanismus werden vom Web-Server protokolliert und können ebenfalls anhand einer Konzepthierarchie auf Geschäftsobjekte abgebildet werden. Während eine *inhaltsbasierte* Konzepthierarchie die Suche nach einer Jeans-Hose in Größe M auf das Konzept "M+Jeans" abbilden könnte, würde eine *dienstbasierte* Konzepthierarchie eher festhalten, dass eine Suche nach "Größe+Material" stattgefunden hat. Dienstbasierte Konzepthierarchien dienen im Allgemeinen dazu, den Gebrauch und die Nutzerfreundlichkeit von Navigations- und Suchhilfen auszuwerten. In Berendt/Spiliopoulou 2000; Spiliopoulou/Berendt 2001 sowie Spiliopoulou/Pohle

2001 wird beschrieben, wie eine dienstbasierte Konzepthierarchie zur Analyse der Suchpräferenzen in einer Web-Site verwendet wurde und zur Entdeckung einer ineffektiv gestalteten Suchoption beigetragen hat.

Die Abbildung der Site-Objekte auf anwendungsbezogene Konzepte und deren Abstrahierung in eine inhalts- oder dienstbasierte Konzepthierarchie sollte idealerweise automatisch stattfinden. Unternehmen, die für die Datenanalyse ein Data Warehouse verwenden, haben schon inhaltsbasierte Konzepthierarchien in der Form von OLAP-Data-Cube definiert. Die Objekte der Site eines solchen Unternehmens können dann auf die Konzepte der bestehenden Konzepthierarchie relativ einfach abgebildet werden. In manchen Fällen sind jedoch die vorhandenen Konzepthierarchien nicht ausreichend: eine Buchhandlung könnte ihre Bücher nach Themenbereich, Verlag und Preiskategorie in einem Data Cube organisiert haben, während die Analyse des Online-Verkaufs, der international abläuft, auch die Sprache und die Lieferzeit berücksichtigen muss. Zusätzliche Konzeptabstraktionen können mit Hilfe von Data-Mining-Verfahren abgeleitet werden: Z.B. kann Textanalyse dazu verwendet werden, Objekte ähnlichen Inhalts zu gruppieren.

4.2.2 Anwendungsbezogene Kenngrößen

Die Abbildung der Site-Objekte auf Anwendungsobjekte ermöglicht nur, dass Assoziationsmuster sich auf Geschäftskonzepte beziehen. Der Nachfolgeschritt ist die Nutzung von anwendungsbezogenen Kenngrößen für die Auswertung der Assoziationsmuster, die während der Analyse entdeckt worden sind.

Im Marketing sind kundenbezogene Kenngrößen üblich. Sie besagen, wie viele der angesprochenen potenziellen Kunden sich überhaupt für das Produktportfolio des Unternehmens interessieren, wie viele unter ihnen eine Transaktion durchführen (Produktkauf, Versicherungsabschluss o.ä.) und wie viele später weitere ähnliche Transaktionen tätigen, also dem Unternehmen treu bleiben. Berthon et al. haben die entsprechenden Kenngrößen der Kontakteffizienz, Konversionseffizienz und "retention efficiency" auf die Anzahl der Besucher einer Web-Site übertragen (Berthon et al. 1996). In Spiliopoulou/Berendt 2001 wird kritisiert, dass die Berechnung dieser Kenngrößen auf die gesamte Nutzung der Site wenig aussagekräftig ist. Stattdessen werden diese Kenngrößen auf einzelne Seitentypen, Bereiche der Site und Schablonen von Assoziationsmustern übertragen. Damit ist es möglich, die Konversionseffizienz auf die Konfidenz einzelner Muster abzubilden, also auf eine verfügbare statistische Kenngröße.

Lee et al. schlagen eine spezielle Gruppe von Konversionsraten, die sogenannten "micro-conversion rates" vor (Lee et al. 2000). Diese Kenngrößen sind für die Web-Auftritte von E-Shops gedacht und messen den Prozentsatz der Besucher, die ein Angebot angeklickt haben, nachdem sie es gesehen haben ("look-to-click rate"), den Prozentsatz der Besucher, die danach ein Produkt in den Warenkorb getan haben ("click-to-basket rate") und schließlich den Prozentsatz der Besucher, die auch einen Kauf getätigt haben ("basket-to-buy rate"). Diese Mikrokonversionsraten lassen sich auch kombinieren, so dass der Prozentsatz der Käufer unter den Besuchern, die ein Produkt gesehen haben, berechnet werden kann ("look-to-buy rate").

In Cutler/Sterne 2000 und Spiliopoulou/Pohle 2001 wird angemerkt, dass Begriffe wie "Kunde", "Konversion" und "Kundentreue" unternehmens- und anwendungsabhängig sind, so dass es keine universell anwendbaren Kenngrößen gibt. In der von Cutler und Sterne durchgeführten fragebogenbasierten Untersuchung ergab sich, dass manche Unternehmen mit erfolgreichem Web-Auftritt nicht einen, sondern mehrere Typen von Kunden haben. Es sei zudem nicht unüblich, dass es mehrere Definitionen für Kundentreue innerhalb desselben Unternehmens gibt. In Spiliopoulou/Pohle 2000 wird vorgeschlagen, Konzepthierarchien und interaktive Mining-Sprachen anzuwenden, damit solche unternehmens- und anwendungsabhängigen Definitionen in der Abbildung der Daten auf Konzepte und in den Analyseprozess berücksichtigt werden. In Cutler/Sterne 2000 werden neue Kenngrößen vorgeschlagen, die die Nutzung der Site besser abbilden: Darunter sei beispielhaft die "Stickiness" eines Unterbereichs einer Site erwähnt. Sie gibt an, wie lange die Besucher in einem Bereich der Site bleiben; für manche Bereiche ist ein längerer Aufenthalt wünschenswert, z.B. während der Inspektion von Produkten, während andere Seitengruppen nur kurz und zielorientiert besucht werden sollen, z.B. die Abfolge von Formularen für eine Produktbestellung.

Ein Abgleich zwischen tatsächlicher und erwarteter Nutzung kann auch mit Hilfe von Visualisierungswerkzeugen stattfinden. Inhaltliche und strukturelle Zusammenhänge von Seiten lassen sich durch von Crawlern erstellte Site-Graphen ermitteln. Manche Anbieter von Data-Mining-Software haben auch Produkte, die in einer graph-basierten Darstellung der Site auch die Nutzungshäufigkeit einzelner Seiten und Verweise, sowie die Häufigkeit und Konfidenz entlang von Pfaden einbetten. Eine solche Visualisierung erlaubt dem Experten, die tatsächliche Nutzung einzelner Objekte oder Segmente der Site mit der erwarteten zu vergleichen (Berendt 2002; Kato et al. 2000; Lee et al. 2000).

5 Zusammenfassung: Der Anwendungsradius der Assoziationsregelentdeckung

Die Entdeckung von Assoziationsregeln gehört zu den ältesten Paradigmen im Data Mining. In diesem Beitrag haben wir gezeigt, dass dieses Paradigma auch für die Analyse der Nutzung von Web-Sites große Anwendung findet. Die Besonderheiten der Site-Nutzungs-Daten in Bezug auf Struktur und Inhalt haben dazu geführt, dass neben den konventionellen Verfahren auch spezialisierte Algorithmen entwickelt worden sind, vor allem für die Pfadanalyse.

Wenn wir die Assoziationsregeln vom Gesichtspunkt der Anwendungsbereiche betrachten, sind folgende Hauptgebiete im Web Mining zu erkennen: (i) die Voraussage des nächsten Zugriffs, (ii) die Erkennung von assoziierten Anwendungsobjekten, z.B. für den Ausbau von Vermarktungspotenzialen, (iii) die Unterstützung von Empfehlungsdiensten und (iv) die Erfolgskontrolle der Site in Bezug auf Angebote und Dienste.

Diese Anwendungsbereiche bestimmen den Vorgang der Analyse sowie die Art der geeigneten Assoziationsregeln. Aus letzteren ergibt sich in vielen Fällen der Bedarf nach spezialisierten Mining-Algorithmen, in anderen Fällen sind eher ausgefeilte Metriken und Auswertungsmethoden gefragt.

Für die Voraussage des nächsten Zugriffs sind Methoden der Sequenzanalyse geeignet. In diesem Beitrag haben wir Sequenzen als Assoziationen betrachtet, in denen die Reihenfolge der Ereignisse respektiert werden muß. Markov-Ketten erster Ordnung beruhen auf der Annahme, dass für die Voraussage des nächsten Zugriffs der letzte Zugriff ausschlaggebend ist, während Markov-Ketten höherer Ordnung alle k letzten Zugriffe berücksichtigen (Borges/Levene 2000). Die Sequenzanalyse basiert hingegen auf der Annahme, dass *manche*, aber nicht alle der bisherigen Zugriffe den nächsten Zugriff beeinflussen. So wird der nächste Zugriff anhand der Häufigkeit und der Konfidenz der Regeln ermittelt, in denen die schon getätigten Zugriffe eines Nutzers zu finden sind. Für diesen Anwendungsbereich sind alle Verfahren der Sequenzanalyse geeignet, am meisten jedoch diejenigen, in denen explizit spezifiziert werden kann, ob die Regeln aus direkt aufeinanderfolgenden Zugriffen bestehen oder nicht.

Die Erkennung von assoziierten Objekten ist der traditionelle Anwendungsbereich für Assoziationsregeln. Im Web Mining können diese Objekte Seiten oder Anwendungsobjekte sein. Assoziationen zwischen Anwendungsobjekten, zum Beispiel Produkten, sind für Cross-Selling- und Up-Selling-Aktivitäten wichtig. Dies kann durch statische Umstrukturierung der Site bzw. der betroffenen Seiten erreicht werden, so dass die assoziierten Objekte zusammen erscheinen, oder durch dynamisch abgeleitete Empfehlungen. Assoziationen zwischen Seiten dienen der Voraussage des nächsten Zugriffs, wie oben erwähnt, aber auch der geeigneten Positionierung von Inhalten (darunter auch Werbematerialien). Für solche Assoziationen ist die Berücksichtigung der Reihenfolge nicht immer notwendig, so dass neben den oben zitierten Methoden der Sequenzanalyse auch alle Verfahren zur Entdeckung konventioneller Assoziationsregeln geeignet sind.

Assoziationsregeln sind als Grundlage für Empfehlungsdienste wegen der Einfachheit ihrer Form besonders geeignet, allerdings ist eine geeignete Filterung der Mining-Ergebnisse notwendig, damit die normalerweise große Anzahl der Assoziationsregeln zu einer brauchbar kleinen Menge reduziert wird. In Gaul/Schmidt-Thieme 2001 wird diskutiert, wie ein Empfehlungsdienst für diese Regeln gestaltet werden kann. In Lin et al. 2002 liegt der Schwerpunkt auf der effektiven und effizienten Auswahl der geeigneten Assoziationen für jede Empfehlung, wobei nicht nur die typischen Assoziationen zwischen Produkten, sondern auch die Assoziationen zwischen Nutzern hinsichtlich ihrer Präferenzen berücksichtigt werden.

Zur Darstellung des Potenzials von Assoziationsregeln im Web Mining ist ein Fallbeispiel unentbehrlich, in dem der Vorgang der Analyse anhand einer reellen Problemstellung präsentiert wird und die Ergebnisse in ihrem Bezug zur Praxis demonstriert werden. Ein solcher Bericht ist im Kapitel 3.5 zu finden: Er befasst sich mit der Erfolgskontrolle einer Web-Site gemäß den Zielsetzungen des Betreibers. Assoziationsregelentdeckung und Sequenz-Mining werden angewendet, um das Potenzial der Bestandteile der Site zu ermitteln, die Besucher zu Kunden und Sponsoren werden zu lassen. Dieses

Fallbeispiel zeigt zum einen, dass die Assoziationsanalyse wertvolle Einsichten in die Nutzung einer Web-Site und zugleich konkrete Optimierungshinweise liefert, zum anderen aber auch die Notwendigkeit der Einbettung der Assoziationsanalyse in einen zielorientierten Web Mining-Prozess.

Die Einbeziehung der Zielsetzung, der E-Metriken und der Datenaufbereitungsphase für eine erfolgreiche Analyse zeigt die Anforderungen an den Experten und an die Mining-Software. Der Experte braucht Werkzeuge für die Unterstützung des gesamten Vorgangs der Analyse. Die Gestaltung von Konzepthierarchien wird normalerweise von einem Data Warehouse übernommen. Allerdings sind diese Konzepthierarchien zu statisch, um den ad hoc formulierten Fragestellungen jeder Datenanalyse gerecht zu werden. Außerdem ist es wichtig, die Definition von zielbezogenen E-Metriken zu ermöglichen, da in einem so dynamischen Gebiet wie dem E-Business keine allgemein gültigen Definitionen für ROI, Kundenkonversion, Kundenbindung und Erfolg zu erwarten sind.

Literatur

Adomavicius, G.; Tuzhilin, A. (2001): Expert-driven validation of rule-based user models in personalization applications. In: Data Mining and Knowledge Discovery, Vol. 5, Nr. 1 / 2, S. 33-58.

Agrawal, R.; Imielinski, T.; Swami, A. (1993): Mining association rules between sets of items in large databases. In: Proceedings of the ACM SIGMOD Conference on Management of Data, Washington, DC, S. 207-216.

Agrawal, R.; Srikant, R. (1994): Fast algorithms for mining association rules. In: Proceedings of the 20th International Conference on Very Large Data Bases (VLDB), San Francisco, CA, S. 487-499.

Agrawal, R.; Srikant, R. (1995): Mining sequential patterns. In: Proceedings of the International Conference on Data Engineering, Taipei, Taiwan, S. 3-14.

Baumgarten, M.; Büchner, A.G.; Anand, S.S.; Mulvenna, M.D.; Hughes, J.G. (2000): Navigation pattern discovery from Internet data. In: Masand, B.; Spiliopoulou, M. (Hrsg.): Advances in Web Usage Mining and User Profiling: Proceedings of the WEBKDD'99 Workshop, Berlin, S. 70-87.

Berendt, B. (2001): Understanding web usage at different levels of abstraction: coarsen ing and visualising sequences. In: Kohavi, R.; Masand, B.; Spiliopoulou, M.; Srivastava, J. (Hrsg.): KDD'2001 Workshop WEBKDD'2001 - Mining Log Data Across All Customer TouchPoints, San Fransisco, CA, S. 59-70.

Berendt, B. (2002): Using site semantics to analyze, visualize and support navigation. In: Data Mining and Knowledge Discovery, Vol. 6, No. 1, S. 37-59.

Berendt, B.; Mobasher, B.; Spiliopoulou, M.; Wiltshire, J. (2001): Measuring the accuracy of sessionizers for web usage analysis. In: Proceedings of the Workshop on Web Mining at SIAM Data Mining Conference 2001, Chicago, IL, S. 7-14.

Berendt, B.; Spiliopoulou, M. (2000): Analysing navigation behaviour in web sites integrating multiple information systems. In: VLDB Journal, Special Issue on Databases and the Web, Vol. 9, No. 1, S. 56-75.

Berthon, P.; Pitt, L.F.; Watson, R.T. (1996): The World Wide Web as an Advertising Medium. In: Journal of Advertising Research, Vol. 36, No. 1, S. 43-54.

Borges, J.; Levene, M. (2000): Data mining of user navigation patterns. In: Masand, B.; Spiliopoulou, M. (Hrsg.): Advances in Web Usage Mining and User Profiling: Proceedings of the WEBKDD'99 Workshop, Berlin, S. 92-111.

Brin, S.; Motwani, R.; Silverstein, C. (1997): Beyond market baskets: generalizing association rules to correlations. In: SIGMOD Record (ACM Special Interest Group on Management of Data), Vol. 26, No. 2, S. 265-276.

Cooley, R. (2000): Web Usage Mining: Discovery and Application of Interesting Patterns from Web Data. University of Minnesota, Faculty of the Graduate School: Ph.D. dissertation. http://www.cs.umn.edu/research/websift/papers/rwcthesis.ps (Zugriff: 22.01.2002).

Cooley, R.; Mobasher, B.; Srivastava, J. (1999): Data preparation for mining world wide web browsing patterns. In: Journal of Knowledge and Information Systems, Vol. 1, No. 1, S. 5-32.

Cooley, R.; Tan, P.-N.; Srivastava, J. (2000): Discovery of interesting usage patterns from web data. In: Masand, B.; Spiliopoulou, M. (Hrsg.): Advances in Web Usage Mining and User Profiling: Proceedings of the WEBKDD'99 Workshop, Berlin, S. 163-182.

Cutler, M.; Sterne, J. (2000): E-metrics - business metrics for the new economy. NetGenesis Corporation, Technical report, http://www.netgen.com/emetrics (Zugriff: 22.07.2001).

Gaul, W.; Schmidt-Thieme, L. (2000): Mining web navigation path fragments. In: Kohavi, R.; Masand, B.; Spiliopoulou, M.; Srivastava, J. (Hrsg.): KDD'2001 Workshop WEBKDD'2001 - Mining Log Data Across All Customer TouchPoints, San Fransisco, CA, S. 105-110.

Gaul, W.; Schmidt-Thieme, L. (2001): Recommender systems based on navigation path features. In: Kohavi, R.; Masand, B.; Spiliopoulou, M.; Srivastava, J. (Hrsg.): KDD'2001 Workshop WEBKDD'2001 - Mining Log Data Across All Customer TouchPoints, San Fransisco, CA, S. 23-34.

Kato, H.; Nakyama, T.; Yamane, Y. (2000): Navigation analysis tool based on the correlation between contents distribution and access patterns. In: Kohavi, R.; Masand, B.; Spiliopoulou, M.; Srivastava, J. (Hrsg.): KDD'2001 Workshop WEBKDD'2001 - Mining Log Data Across All Customer TouchPoints, San Fransisco, CA, S. 95-104.

Kohavi, R.; Masand, B.; Spiliopoulou, M.; Srivastava, J. (Hrsg.) (2001): KDD'2001 Workshop WEBKDD'2001 - Mining Log Data Across All Customer TouchPoints, San Fransisco, CA.

Kohavi, R.; Spiliopoulou, M.; Srivastava, J. (Hrsg.) (2000): KDD'2000 Workshop WEBKDD'2000 on Web Mining for E-Commerce – Challenges and Opportunities, Boston, MA.

Lee, J.; Podlaseck, M.; Schonberg, E.; Hoch, R.; Gomory, S. (2000): Analysis and visualization of metrics for online merchandising. In: Masand, B.; Spiliopoulou, M. (Hrsg.): Advances in Web Usage Mining and User Profiling: Proceedings of the WEBKDD'99 Workshop, Berlin, S. 126-141.

Lin, W.; Alvarez, S.A.; Ruiz, C. (2002): Efficient Adapative-Support Association Rule Mining for Recommender Systems. In: Data Mining and Knowledge Discovery, Vol. 6, No. 1, S. 83-105.

Mannila, H.; Toivonen, H.; Verkamo, A.I. (1995): Discovering frequent episodes in sequences. In: Proceedings of the First International Conference on Knowledge Discovery and Data Mining (KDD-95), Montreal, Canada, S. 210-215.

Masand, B.; Spiliopoulou, M. (Hrsg.) (2000): Advances in Web Usage Mining and User Profiling: Proceedings of the WEBKDD'99 Workshop, Berlin.

Mobasher, B.; Cooley, R.; Srivastava, J. (2000): Automatic personalization based on Web usage mining. In: Communications of the ACM, Vol. 43, No. 8, S. 142-151.

Nanopoulos, A.; Katsaros, D. ; Manolopoulos, Y. (2001) : Effective prediction of webuser accesses, a data mining approach. In: Kohavi, R.; Masand, B.; Spiliopoulou, M.; Srivastava, J. (Hrsg.): KDD'2001 Workshop WEBKDD'2001 - Mining Log Data Across All Customer TouchPoints, San Fransisco, CA, S. 1-12.

Spiliopoulou, M. (1999): The laborious way from data mining to web mining. In: International Journal of Computer Systems, Science, and Engineering, Vol. 14, No. 2, 113-126.

Spiliopoulou, M.; Berendt, B. (2001): Kontrolle der Präsentation und Vermarktung von Gütern im WWW anhand von Data-Mining Techniken. In: Hippner, H.; Küsters, U.; Meyer, M.; Wilde, K.D. (Hrsg.): Handbuch Data Mining im Marketing, Wiesbaden, S. 855-874.

Spiliopoulou, M.; Faulstich, L.C. (1998): WUM: A Tool for Web Utilization Analysis. In: Extended version of Proceedings of the Workshop WebDB'98 of the EDBT'98 International Conference, Berlin, LNCS 1590, S. 184-203.

Spiliopoulou, M.; Mobasher, B.; Berendt, B.; Nakagawa, M. (2002): Evaluating data preparation in Web usage analysis. Erscheint in: INFORMS Journal on Computing.

Spiliopoulou, M.; Pohle, C. (2001): Data mining for measuring and improving the success of web sites. In: Data Mining and Knowledge Discovery,Vol. 5, No. 1 / 2, S. 85-114.

Srikant, R.; Agrawal, R. (1996): Mining quantitative association rules in large relational tables. In: Proceedings of the ACM-SIGMOD 1996 Conference on Management of Data, Montreal, Canada, S. 1-12.

Tauscher, L.; Greenberg, S. (1997): Revisitation patterns in World Wide Web navigation. In: Proceedings of the ACM Conference on Human Factors in Computing Systems (CHI'97), Atlanta, GE, S. 399-406.

Zaki, M.J. (1998): Efficient enumeration of frequent sequences. In: CIKM: ACM CIKM International Conference on Information and Knowledge Management, Washington, DC, S. 68-75.

Zaki, M.J.; Parthasarathy, S.; Ogihara, M.; Li, W. (1997): New algorithms for fast discovery of association rules. In: 3rd International Conference on Knowledge Discovery and Data Mining. Menlo Park, CA, S. 283-296.

Dr. Frank Bensberg

promovierte über den Themenbereich Web Mining und wurde als Gründungsgesellschafter der Horváth Web Intelligence GmbH (Münster) in zahlreichen Web Mining-Projekten beratend tätig. Zur Zeit arbeitet Dr. Bensberg als Wissenschaftlicher Assistent am Institut für Wirtschaftsinformatik der Westfälischen Wilhelms-Universität.

2.3.2 Segmentierung im Online-Marketing

1 Aufgabenstellung der Segmentierung im Online-Marketing

Die Segmentierung von Kunden und Märkten ist ein zentraler Aufgabenbereich des Marketing, der für Wissenschaft und Unternehmenspraxis große Bedeutung besitzt. So bestehen Märkte aus einem Konglomerat aktueller und potenzieller Konsumenten, die heterogene Bedürfnis- und Verhaltensstrukturen aufweisen. Da auf Grund anhaltender Individualisierungstendenzen auf vielen Märkten ein undifferenziertes Massenmarketing fast zwangsläufig zu Effizienzverlusten führt, ist eine Aufteilung des Gesamtmarktes in kleinere Marktsegmente notwendig. Die Aufgabe der Marktsegmentierung ist es, einen Gesamtmarkt bezüglich der Marktreaktion in intern homogene und untereinander heterogene Teilmärkte aufzuteilen, sodass den unterschiedlichen Bedürfnissen dieser Marktsegmente durch differenzierte Marktleistungen entsprochen werden kann.

In internetbasierten Märkten kommt der Identifikation und differenzierten Bearbeitung von Kundensegmenten besondere Bedeutung zu. Die höhere Markttransparenz hat im Online-Handel dazu beigetragen, Informationsasymmetrien zwischen Anbieter und Nachfrager zu verringern. Dem potenziellen Käufer steht ein breites Spektrum virtueller Einkaufsstätten zur Verfügung, die ohne räumliche oder zeitliche Einschränkungen aufgesucht werden können. Die hieraus resultierende Dynamik des Online-Käuferverhaltens und der intensive Wettbewerbsdruck stellt Anbieter vor die Herausforderung, sich konsequent an den Präferenzen und Bedürfnissen der Kunden auszurichten. Für Unternehmungen, die auf internetbasierten Märkten agieren, stellt die gezielte Kunden- und Marktsegmentierung daher einen kritischen Erfolgsfaktor dar.

Infolgedessen stellt sich die Frage nach der erfolgreichen Ausgestaltung der Markt- und Kundensegmentierung im Online-Marketing. So ist zu klären, wie eine adäquate *Informationsgewinnung* zu gewährleisten ist, die eine Identifikation von Zielgruppen gestattet. Voraussetzung hierfür ist die Verfügbarkeit einer geeigneten Datengrundlage, die als empirische Segmentierungsbasis dient. Zu diesem Zweck können im Internet eine Vielzahl konsumentenbezogener Daten gesammelt werden:

- Die Protokolldateien (log files) von WWW-Servern liefern ein detailliertes Abbild des Informationsverhaltens der Online-Kunden, das als Datengrundlage für eine verhaltensorientierte Kundensegmentierung dienen kann.

- In Online-Shopsystemen werden Bestellungen der Online-Kunden erfasst. Diese Warenkorbinformationen bilden die empirische Basis für eine kaufverhaltensorientierte Gruppierung von Online-Kunden.

- Im Rahmen internetbasierter Befragungen können Kundenmerkmale ermittelt werden, die nicht über die Protokollmechanismen des Internet gemessen werden können. Hierzu gehören vor allem einstellungsbezogene Merkmale, die die Grundlage für eine psychographische Marktsegmentierung bilden.

- In Zukunft werden Dienste an Bedeutung gewinnen, die eine explizite Definition und geschützte Übertragung individueller Kundenprofile erlauben. Diese Kundenprofile liefern explizite Erkenntnisse über individuelle Präferenzen.

Neben diesen Datenquellen verfügen viele Unternehmungen über weitere Daten, die für die Zwecke der Kunden- und Marktsegmentierung genutzt werden können. So stellen die operativen Systeme detaillierte Kauf- und Kontakthistorien zur Verfügung, die bei Bedarf um weitere Sekundärdaten (z. B. mikrogeographische Daten) angereichert werden können. Welche dieser Datenquellen im Einzelfall zu nutzen sind, ist in Abhängigkeit vom jeweiligen Anwendungskontext zu entscheiden. In der Unternehmenspraxis stellen serverbasierte Protokolldateien derzeit eine weitgehend standardisierte Datenquelle dar, die sich durch eine hohe Verfügbarkeit, geringe Kosten und hohe Datenqualität auszeichnet. Infolgedessen wird diese Datenquelle im Folgenden als Primärdatenquelle der Segmentierung zugrunde gelegt.

Um das informatorische Potenzial von serverbasierten Protokolldaten für die Markt- und Kundensegmentierung zu realisieren, sind geeignete Analysemethoden und Informationssysteme notwendig. Zur Realisierung der methodischen Komponente der Segmentierung sind Verfahren einzusetzen, die Kunden mit gleichen oder ähnlichen Merkmalsausprägungen identifizieren und zu Gruppen zusammenfassen. Hierzu stellt die multivariate Statistik clusteranalytische Verfahren zur Verfügung, die über eine hohe methodische Reife verfügen und im Rahmen des Marketing breite Anwendung finden. Die qualitativen und quantitativen Eigenschaften der betrachteten Datengrundlage stellen dabei besondere Anforderungen an das analysetechnische Instrumentarium. Zum einen weisen Protokolldaten einen schwachen Strukturierungsgrad auf, so dass umfassende Datenvorbereitungsaktivitäten erforderlich sind. Zum anderen erreichen Protokolldaten in praxi häufig hohe Datenvolumina, die den Einsatz skalierbarer Informationssysteme erforderlich machen.

Neben Informationsgewinnungsaspekten stellt sich die Frage, welche Möglichkeiten der *Informationsverwendung* im Internet bestehen. Auf Grund der informationstechnologischen Integration des Mediums Internet bietet sich dem Marketing die Möglichkeit, Segmentierungsergebnisse direkt zur kundenorientierten Steuerung von Online-Geschäftsprozessen einzusetzen. Auf diese Weise können Online-Kunden automatisch segmentbezogene Informations- und Produktangebote präsentiert werden, die potenziell zur Steigerung der Kaufneigung und Kundenbindung beitragen.

2 Datengrundlage

In serverbasierten Protokolldateien wird eine Vielzahl von Attributen aufgezeichnet, die den Interaktionsprozess des Online-Kunden mit der Website beschreiben. Um die Bedeutung dieser Attribute für die Aufgabenstellung der Segmentierung abzuleiten, erfolgt zunächst eine inhaltliche Systematisierung.

Die Präsentationsschicht von Websites besteht in der Regel aus HTML-Seiten, die über das HTTP (Hypertext Transfer Protocol) des WWW transportiert werden. Gängige HTTP-Server verfügen über eine Protokollkomponente, die die HTTP-Anforderungen von Browsern registriert und Daten über diese Anforderungen und deren Bearbeitung in serverbasierten Protokolldateien chronologisch fortschreibt. Die aufgezeichneten Attribute werden inhaltlich von der Protokollarchitektur des WWW festgelegt und können formal in zeitunabhängige Grunddaten, zeitbezogene Interaktionsdaten sowie technische Kontrolldaten klassifiziert werden. (Für eine ausführliche Darstellung der Logfile-Aufzeichnung s. Kapitel 2.1.1 des vorliegenden Buches.) Die aufgezeichneten Daten werden in Abbildung 1 in Form eines Stern-Schemas dargestellt.

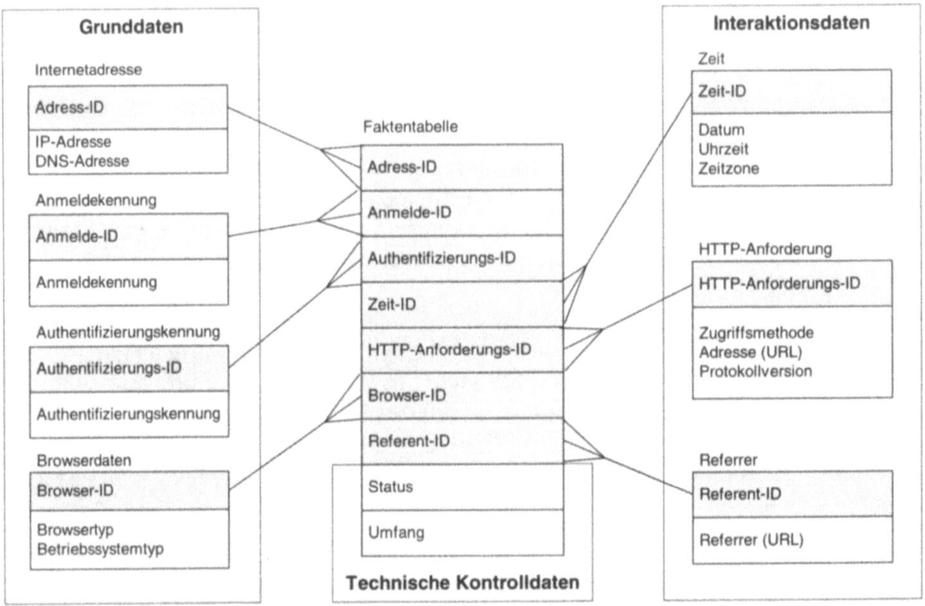

Abbildung 1: Stern-Schema der Protokolldaten (Quelle: Bensberg 2001, S. 46)

2.1 Grunddaten

Das Attribut *Internetadresse* dient der eindeutigen Kennzeichnung des Rechnersystems, das die Anforderung gesendet hat. Die Aufzeichnung dieses Attributs erfolgt als symbolische DNS-Adresse oder als numerische IP-Adresse. Darüber hinaus erfasst die Protokollaufzeichnung zwei unterschiedliche Benutzerkennungen. So wird die Benutzerkennung des Anwenders protokolliert, mit der die Anmeldung am lokalen Netzwerk erfolgt. Diese *Anmeldekennung* kann von der Protokollkomponente jedoch nur dann aufgezeichnet werden, wenn auf dem Rechnersystem des Konsumenten der hierfür erforderliche Identifikationsdienst aktiviert ist. Da die Anwendung dieses Dienstes mit erheblichen Leistungseinbußen einhergeht, ist die Aufzeichnung dieser Kennung in praxi die Ausnahme. Außerdem wird die Kennung protokolliert, mit der sich der Konsument dem Server gegenüber authentifiziert (*Authentifizierungskennung*). Die Authentifizierung wird eingesetzt, um Ressourcen des Server gegenüber unberechtigten Zugriffen zu schützen. Erfolgt die Übertragung einer gültigen Kombination aus Passwort und Benutzerkennung vom Client an die Website, wird der Zugriff auf die geschützten Ressourcen freigegeben. Nach erfolgreicher Authentifizierung zeichnet die Protokollkomponente die vom Benutzer eingegebene Kennung auf. Darüber hinaus erfasst die Protokolldatei technografische Daten wie den Browser- und Betriebssystemtyp des Konsumenten.

2.2 Interaktionsdaten

Das Attribut Zeit umfasst das Datum und die Uhrzeit des Zugriffs sowie die Zeitzone des Serverstandortes. Die *HTTP-Anforderung* charakterisiert die Operation, die der Konsument von der Website anfordert. Bei der HTTP-Anforderung handelt es sich um ein zusammengesetztes Attribut, das die folgenden Elemente umfasst:

- die Zugriffsmethode,

- die Version des HTTP und

- die Adresse der angeforderten Ressource.

Die *Zugriffsmethode* bestimmt den Datenfluss zwischen den Rechnersystemen. Die Spezifikation des HTTP umfasst die Zugriffsmethoden GET, POST und HEAD. Da die Methode GET der Anforderung von Ressourcen von der Website (z. B. in Form von Produktinformationen) dient, stellt sie die zentrale Zugriffsmethode dar. Zur Synchronisation von Client und Server wird zudem die *Versionsnummer* des HTTP übertragen. Die *Adresse* der angeforderten Ressource wird in Form einer URL angegeben und bezeichnet z. B. HTML-Dokumente, die vom Kunden angefordert werden. Da Websites häufig als dynamische HTML-Anwendungen (DHTML) mit Skriptsprachen realisiert werden, enthält das Attribut *Adresse* meist komplexe Abfragen (queries). Durch Analyse dieser Abfragen können weiter gehende Informationen über das Konsumentenverhalten gewonnen werden. Fordert ein Kunde im Rahmen eines Shopsystems beispielsweise produktbezogene Informationen an, so umfasst die Abfrage meist die korrespondierende Produktnummer und zusätzliche Identifikationsmerkmale (z. B. die Kundennummer).

Der *Referrer* bezeichnet die Ressource, die der Konsument in der vorangehenden Interaktion angefordert hat. Dieses Attribut stellt den Zusammenhang zwischen Einzelinteraktionen her und ermöglicht die Ermittlung des Navigationspfades des Konsumenten. Darüber hinaus kann anhand des Referrer festgestellt werden, welchen WWW-Server der Konsument vor dem Besuch der Website aufgesucht hat. Auf diese Weise wird der Navigationszusammenhang zwischen unterschiedlichen Websites deutlich.

2.3 Technische Kontrolldaten

Die beiden Attribute Status und Umfang erlauben Aussagen über die Bearbeitung der Anforderung durch die Website. Der *Status* zeigt an, ob im Zuge der Interaktion Störgrößen aufgetreten sind, die die Kommunikation zwischen den Rechnersystemen beeinträchtigt haben. Der *Umfang* entspricht der Anzahl der Bytes, die von der Website an das Rechnersystem des Konsumenten übertragen wurden.

3 Segmentierungskriterien

Die protokollierten Sachverhalte liefern eine Reihe von Aussagen über die *technologische Plattform* und das *Informationsverhalten* des Konsumenten. Die erste Merkmalsgruppe charakterisiert mit den Attributen *Browsertyp* und *Betriebssystemtyp* die technologische Basis, mit der der Zugriff auf die Website erfolgt. Diese Kriterien gestatten eine Segmentierung von Kunden anhand ihrer technografischen Eigenschaften. Da diese Merkmale jedoch meist nur geringe Kaufverhaltensrelevanz besitzen, eignen sie sich nur bedingt als Segmentierungskriterien. Demgegenüber besitzen Merkmale des Informationsverhaltens für die Erklärung des Online-Kaufverhaltens hohe Bedeutung (Bellman et al. 1999). Zu diesen verhaltensorientierten Merkmalen sind die Interaktionsdaten und technischen Kontrolldaten zu zählen. Zur Systematisierung dieser Merkmale als verhaltensorientierte Segmentierungskriterien kann das *Paradigma des Informationsverhaltens* (Meffert 1992, S. 106 ff.) zugrunde gelegt werden (Tab. 1).

Als Indikator für die Menge der Informationen („welche Informationen?") kann der Umfang der übertragenen Bytes herangezogen werden. Eine inhaltliche Aussage über die angeforderten Informationen und über die ökonomischen Bezugsobjekte der Information („welche Produkte?") kann anhand der HTTP-Anforderung getroffen werden. Zu diesem Zweck ist allerdings Domänenwissen über die *Inhalte* der referenzierten Ressourcen notwendig. Dieses kann z. B. anhand der Abfragen gewonnen werden, die beim Zugriff auf Ressourcen durchgeführt werden. Im Rahmen eines Online-Shops wird der Zugriff auf artikelspezifische Informationen z. B. durch folgende HTTP-Anforderung realisiert:

```
GET /Product/detail.htm?PRODUCT_ID=84638
```

In der URL kommt die Artikelnummer ("84638") zum Ausdruck, über die ein Zusammenhang zum konkreten ökonomischen Bezugsobjekt (Produkt) hergestellt werden kann. Dabei können die Protokolldaten von Online-Shops auch Detailinformationen über die bestellten Warenkörbe der Konsumenten liefern. In diesem Fall können die Online-Kunden auch anhand ihres *realisierten Kaufverhaltens* segmentiert werden.

Während der *Zeitpunkt* der Informationsaktivität („wann?") protokolliert wird, findet eine explizite Erfassung des *Zeitraums* („wie lange?") nicht unmittelbar statt. Jedoch ist die Ermittlung der Dauer von Informationsaktivitäten durch den zeitlichen Vergleich der Einzelaktivitäten technisch möglich. Durch Analyse der Protokolldaten kann auch die Häufigkeit der Aktivitäten („wie oft?") ermittelt werden.

Fragestellung	Dimension	Relevante Attribute
Welche Informationen?	Menge und Inhalt der Information	HTTP-Anforderung Umfang
Über welche Produkte?	Ökonomische Bezugsobjekte der Information	HTTP-Anforderung
Wann?	Zeitpunkt der Informationsaktivität	Zeit
Wie lange?	Dauer der Informationsaktivität (Zeitraum)	Berechenbar aus dem Attribut Zeit
Wie oft?	Häufigkeit der Informationsaktivität	Berechenbar durch Häufigkeitsanalyse
In welcher Reihenfolge?	Sequenz der Informationsaktivitäten	Referrer
Mit welchem Erfolg?	Resultat der Informationsaktivität	Status

Tabelle 1: Systematisierung der Attribute der Protokollkomponente anhand des Paradigmas des Informationsverhaltens (aufbauend auf Bensberg/Weiß 1999, S. 428)

Die Sequenz der Einzelaktivitäten („in welcher Reihenfolge?") lässt sich anhand des Referrer nachvollziehen. Das Resultat der Informationsaktivität („mit welchem Erfolg?") wird durch den Status angezeigt. Dieses Attribut kennzeichnet den *technisch* definierten Erfolg der Informationsaktivität. Über die subjektbezogenen, kognitiven Konsequenzen der Informationsaktivität liefern die Protokolldaten keine Aussagen. Aus Anbietersicht lassen sich in bestimmten Anwendungssituationen auch Aussagen über den ökonomischen Erfolg der Informationsaktivitäten ableiten. Dies ist der Fall, wenn in den Protokolldaten auch die Kaufakte der Konsumenten abgebildet werden.

Welche dieser verhaltensorientierten Kriterien zur Segmentierung heranzuziehen sind, ist vom jeweiligen Anwendungskontext abhängig. Aus inhaltlicher Perspektive ist der abgerufene Informationsinhalt bzw. das ökonomische Bezugsobjekt der Informationsaktivität von zentraler Bedeutung für das Kaufverhalten. Durch Nutzung dieses Kriteriums können Online-Kunden mit gleichartigen Interessenprofilen identifiziert werden, die schließlich mit spezifischen Marketingaktivitäten belegt werden können. Bei der Auswahl der Segmentierungskriterien ist auch zu berücksichtigen, ob die gewählten Kriterien die formal-inhaltlichen Anforderungen erfüllen. So muss jedes einzelne Kriterium insbesondere die Anforderungen der *Messbarkeit* und der *zeitlichen Stabilität* erfüllen. Während die Messbarkeit der angeführten Kriterien im Rahmen des Web Mining gegeben ist, erweist sich die Forderung nach der zeitlichen Stabilität als problematisch. So ist das erfasste Navigationsverhalten der Konsumenten auch von der inhaltlichen und formalen Ausgestaltung der Website abhängig. Infolgedessen sind Segmentierungsergebnisse insbesondere nach einer durchgeführten Rekonstruktion der Website in Bezug auf ihre Validität zu überprüfen.

4 Informationsgewinnung

4.1 Datenselektion

Im Rahmen des konkreten Anwendungskontexts ist zunächst der sachliche und zeitliche Analysehorizont zu definieren. Zu diesem Zweck ist festzulegen, welche Website bzw. Protokolldaten Gegenstand der Segmentierung sind und welcher Zeitraum zu untersuchen ist. Dabei ist sicherzustellen, dass die Protokolldaten für den gewählten Zeitraum korrekt aufgezeichnet wurden und zur Verfügung stehen.

Voraussetzung für die Segmentierung der Protokolldaten anhand der dargestellten Kriterien ist eine adäquate Datenselektion. In diesem Schritt sind die zu analysierenden Attribute und Einträge auszuwählen. Im Rahmen der *vertikalen Selektion* sind irrelevante Einträge zu eliminieren. Welche Einträge irrelevant sind, hängt grundsätzlich von der verfolgten Zielsetzung der Segmentierung ab. In der praktischen Anwendung sind folgende Einträge meist von untergeordneter Bedeutung:

- In den Protokolldaten befinden sich neben den Einträgen für die abgerufenen HTML-Seiten ebenfalls Einträge für das Laden der darin eingebetteten grafischen oder multimedialen Elemente. Diese Einträge, die anhand der Dateiendung (z. B. JPG oder GIF) identifiziert werden können, resultieren aus dem Aufruf der übergeordneten HTML-Seite. Um zu vermeiden, dass im Rahmen der Segmentierung diese technisch determinierten Beziehungen identifiziert werden, sind diese Einträge zu eliminieren.

- Fehlerhafte Operationen liefern zwar Erkenntnisse zur technischen Optimierung der Website, doch bilden sie keine erfolgreichen Interaktionen des Konsumenten ab. Für die Zwecke der Segmentierung ist es daher sinnvoll, lediglich erfolgreiche HTTP-Operationen zu berücksichtigen. Mit Hilfe des Attributs Status kann überprüft werden, ob eine Interaktion erfolgreich war.

- In Protokolldateien werden auch die Zugriffe von Suchmaschinen (robots) aufgezeichnet. Da sich diese Interaktionen nicht auf das Kundenverhalten bezieht, sind diese Zugriffe ebenfalls zu filtern. Dies kann für viele Suchmaschinen anhand der DNS-Adresse oder anhand des Attributs Browsertyp erfolgen. Allerdings geben nicht sämtliche Suchmaschinen ihre Identität in den Protokolldaten zu erkennen. Zur Identifikation dieser maskierten Suchmaschinen wurden Verfahren entwickelt, die Transaktionen anhand spezifischer Interaktionseigenschaften klassifizieren (Tan/Kumar 2001).

- Häufig finden sich in den Protokolldateien administrative Zugriffe, die z. B. der Konsistenzprüfung von Websites (Link Checker) oder technischen Leistungsmessung dienen. Da sich diese Zugriffe nicht auf das Konsumentenverhalten beziehen, sind sie für die Zwecke der Segmentierung irrelevant. Diese Zugriffe können anhand der IP-Adresse gefiltert werden. Voraussetzung hierfür ist jedoch, dass die administrativen Zugriffe dokumentiert werden.

Durch das Filtern von irrelevanten Einträgen lässt sich die Anzahl der zu verarbeitenden Datensätze oft erheblich reduzieren (zur Datenaufbereitung s. auch Kapitel 2.2.1 des vorliegenden Bandes). Darüber hinaus sind im Rahmen der *horizontalen Datenselektion* Attribute zu eliminieren, die keinen Informationsgehalt für die Zwecke der Segmentierung besitzen (z. B. konstante Merkmalsausprägungen). In der Praxis weisen die Attribute *Anmeldekennung* und *Authentifizierungskennung* häufig fehlende Werte auf, die für die Segmentierung irrelevant sind und infolgedessen zu eliminieren sind.

Zur Durchführung der dargestellten Selektionsoperationen stehen unterschiedliche informationstechnologische Realisierungsalternativen zur Verfügung. So kann die Selektion der relevanten Einträge mit Hilfe von Skriptsprachen (z. B. *perl, awk*) oder Systemprogrammen erfolgen (z. B. *grep*), die Funktionen zum Suchen und Vergleichen von Zeichenfolgen zur Verfügung stellen. Mit Hilfe dieser Werkzeuge können textbasierte Protokolldateien ausgelesen, selektiert und in einen neuen Datenbestand überführt werden. Dabei ist allerdings zu beachten, dass auf diese Weise lediglich textbasierte Dateien verarbeitet werden können. Um komplexe Operationen, wie z. B. das Sortieren oder Mischen von Datenbeständen zu realisieren, sind datenbankbasierte Lösungen erforderlich. Mit Hilfe geeigneter Abfragesprachen (z. B. SQL) können Protokolldateien importiert und weiterverarbeitet werden. Dieser Ansatz bietet einen höheren Flexibilitätsgrad und ermöglicht die Integration weiterer Datenbestände.

4.2 Datenvorbereitung

Im Anschluss an die Selektion sind die extrahierten Daten für die Analyse vorzubereiten. Dabei ist sicherzustellen, dass den in der nächsten Phase anzuwendenden Segmentierungsverfahren ökonomisch sinnvolle Bezugsobjekte zur Verfügung gestellt werden, die die relevanten Segmentierungskriterien formal adäquat abbilden.

Das HTTP erlaubt als verbindungsloses Protokoll keine Identifikation von Benutzersitzungen. Folglich besitzen Protokolldaten kein Ordnungskriterium, das eine Zuordnung der einzelnen Einträge zu Benutzersitzungen ermöglicht. Um eine sinnvolle Datengrundlage für die Segmentierung zu generieren, sind die Elementaroperationen zu gruppieren. In Analogie zur Realwelt bietet sich die Konstruktion des Aggregats *virtueller Kundenbesuch (visit)* an. Dieses Aggregat umfasst sowohl sachliche Eigenschaften des Konsumenten (in Form der Grunddaten) als auch zeitbezogene Eigenschaften (in Form der Interaktionsdaten). Im technisch geprägten Kontext des Web Mining wird dieses Aggregat als Transaktion bezeichnet. Eine *Transaktion* umfasst schließlich sämtliche Interaktionen eines Konsumenten mit der Website, die einen zeitlichen Zusammenhang aufweisen. Im Zuge der *Transaktionsableitung* ist daher der sachliche und zeitliche Zusammenhang zwischen den Elementaroperationen herzustellen.

Zur Transaktionsableitung steht eine Reihe technischer und heuristischer Verfahren zur Verfügung (Cooley et al. 1999; Wu et al. 1998):

- *Technische Verfahren* verfolgen die Anreicherung der Protokolldateien mit Daten, die die Identifikation einzelner Transaktionen oder Besucher (visitors) ermöglichen. Zu den technischen Verfahren gehört die Browserregistrierung via Cookies und die Benutzerauthentifizierung.

- *Heuristische Verfahren* verwenden die Attribute der Protokolldatei und Domänenwissen über die Website, um die Elementaroperationen zu Transaktionen zusammenzufassen. Grundsätzlich differenzieren sich diese Verfahren durch die Nutzung der verfügbaren Attribute zur Transaktionsableitung. (Zur Transaktionsableitung s. auch Kapitel 2.2.1 dieses Buches.)

Als Ergebnis der Transaktionsableitung liegen die Protokolldaten in transaktionaler Form vor (Tabelle 2).

Transaktion	Zeit	Methode	HTTP-Anforderung	...
1	28.07.2001:05:25:23	GET	/index.html	...
1	28.07.2001:05:28:10	GET	/katalog.html	...
1	28.07.2001:05:28:40	GET	/service.html	...
2	28.07.2001:07:13:29	GET	/index.html	...
2	28.07.2001:07:14:21	GET	/produkte.html	...
3	28.07.2001:08:01:44	GET	/start.html	...
3	28.07.2001:08:02:01	GET	/katalog.html	...
3	28.07.2001:08:02:33	GET	/agb.html	...
...	...	...	...	...

Tabelle 2: Ergebnis der Transaktionsableitung

Im Anschluss ist eine formal adäquate Abbildung der Segmentierungskriterien zu leisten. Dabei setzt die Clusteranalyse ein Datenmodell voraus, bei dem die Daten in Form einer *Datenmatrix* strukturiert sind. In einer Datenmatrix werden die einzelnen Beobachtungen *zeilenweise* gespeichert. Die *Spalten* einer Datenmatrix bilden die Attribute bzw. Merkmale der Beobachtungen ab. Ein Datensatz einer derartigen Relation wird auch als Merkmalsvektor oder Objekt bezeichnet. Da das Datenformat der abgeleiteten Transaktionen nicht dem einer Datenmatrix entspricht, ist bei Anwendung der Verfahren der Clusteranalyse eine Transaktionsverdichtung durchzuführen.

Im Zuge der Transaktionsverdichtung sind die segmentierungsrelevanten Kriterien in eine geeignete Repräsentationsform zu überführen. Dabei stellt sich insbesondere die Aufgabe, das Verhalten der Online-Kunden in Bezug auf die abgerufenen Informationsinhalte, die durch das qualitative Attribut HTTP-Anforderung (Ressource) dokumentiert werden, adäquat darzustellen. Deshalb ist eine Datenmatrix zu erzeugen, die als Objekte die einzelnen Transaktionen (T_1, T_2, ... T_m) erfasst und als Merkmale die Informationsinhalte (I_1, I_2, ... I_n) der Website abbildet. Die Struktur dieser Datenmatrix wird in Tab. 3 dargestellt.

T \ I	I1	I2	...	In
T_1	i_{11}	i_{12}	...	i_{1n}
T_2	i_{21}	i_{22}	...	i_{2n}
...	...	...	...	...
T_m	i_{m1}	i_{m2}	...	i_{mn}

Tabelle 3: Struktur der Datenmatrix

Für eine Website, die *n* Informationsinhalte zur Verfügung stellt, wird eine einzelne Transaktion im Rahmen dieser Datenmatrix als n-dimensionaler Merkmalsvektor abgebildet. Die einzelnen Werte dieses Merkmalsvektors (i_{11} ,i_{12} , ... i_{1n}) bewerten die Interessantheit eines Informationsangebots. Auf der Grundlage der Protokolldateien können unterschiedliche Maßgrößen zur Interessantheitsbewertung herangezogen werden (Yan et al. 1996, S. 1009; Mobasher et al. 1999):

- Zunächst kann erfasst werden, *ob* ein Kunde ein Informationsangebot abgerufen hat. Die Werte des Merkmalsvektors werden in diesem Fall binär codiert. Durch diese Binärcodierung geht jedoch die Information über die Häufigkeit der Abrufe in einer Transaktion verloren. Ist die *Häufigkeit* der Informationsaktivitäten für den situativen Anwendungskontext relevant, können die Zellen der Datenmatrix auch mit den Abrufhäufigkeiten belegt werden.

- Zur Bewertung der Interessantheit können *zeitorientierte Maße* herangezogen werden. So kann der Zeitraum erfasst werden, die ein Konsument auf einer bestimmten Seite verweilt ("Dauer der Informationsaktivität"). Dieser wird durch Bildung der zeitlichen Differenz der aufeinander folgenden Interaktionen ermittelt. Diese seitenspezifische Verweildauer ist ggf. in Relation zum quantitativen Informationsangebot (z. B. Seitenumfang in Byte) zu setzen, um eine normalisierte Basis für die Segmentierung zu erhalten.

- Die Interessantheit eines Informationsangebots kann auch anhand des *Navigations-* und *Interaktionsverhaltens* auf der entsprechenden Seite bewertet werden. So liefert die Anzahl der aktivierten Verweise (Links) oder sonstiger Interaktionselemente (z. B. textuelle Suchfunktionen) einen Indikator für die Interessantheit des Informationsangebots.

Die Auswahl des Bewertungskriteriums hängt dabei vom situativen Anwendungskontext ab. So können navigations- und interaktionsorientierte Maße nur dann sinnvoll eingesetzt werden, wenn sämtliche Seiten über entsprechende Navigations- und Interaktionselemente verfügen. Bei Anwendung zeitorientierter Maße ist zu beachten, dass Probleme in Bezug auf die Datenqualität auftreten. So kann für die letzte Informationsaktivität einer Transaktion aufgrund des fehlenden Nachfolgers keine seitenspezifische Verweildauer berechnet werden. Infolgedessen sind bei Anwendung dieses Kriteriums Maßnahmen zur Verbesserung der Datenqualität zu ergreifen (Shahabi et al. 1997).

Bei Erzeugung der Datenmatrix stellt sich die Frage, welche Informationsangebote der Website für die Segmentierung der Online-Kunden relevant sind. Zum einen besteht die Möglichkeit, sämtliche Informationsangebote der Website als Grundlage für die Segmentierung zu verwenden. Da hierbei die einzelnen Inhaltsseiten der Website für den Aufbau der Datenmatrix relevant sind, wird dieser Ansatz im Folgenden als *seitenorientierter Segmentierungsansatz* bezeichnet. Dieser ist vor allem dann relevant, wenn das allgemeine Nutzungsverhalten des Online-Kunden im Erkenntnismittelpunkt steht. Zum anderen besteht aus Marketingsicht das Interesse, Kundensegmente auf der Basis ökonomischer Bezugsobjekte abzuleiten. Im Mittelpunkt dieses *produktbezogenen Segmentierungsansatzes* stehen dabei Informationsaktivitäten, die konkrete Produkte des betrieblichen Leistungsprogramms fokussieren. Handelt es sich bei der untersuchten Website um einen Online-Shop, liefern die Protokolldaten auch Aufschluss über die bestellten Warenkörbe der Konsumenten. In diesem Fall kann der produktbezogene Segmentierungsansatz eingesetzt werden, um Kunden auf der Basis des realisierten Kaufverhaltens zu gruppieren.

Zur produktbezogenen Segmentierung ist die Datenmatrix anhand der angebotenen Produkte (P_1, P_2, ... P_o) zu strukturieren. Hierzu sind diejenigen Informationsangebote der Website zu identifizieren, die produktbezogene Informationen enthalten und auf das Produktangebot abzubilden (Abbildung 2).

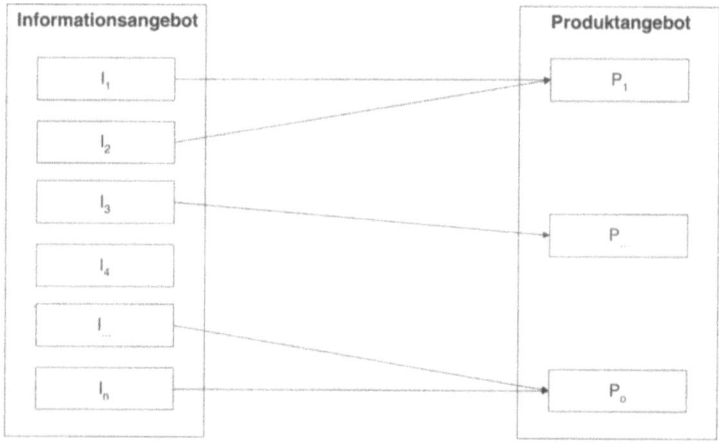

Abbildung 2: Abbildung der Informationsangebote auf Produktangebote

Auf Grundlage dieser Zuordnung kann eine produktbezogene Strukturierung der Datenmatrix vorgenommen werden (Tab. 4). In dieser Datenmatrix bewerten die einzelnen Werte (p) die Interessantheit eines Produktangebots (P).

$T \backslash P$	P_1	P_2	...	P_o
T_1	p_{11}	p_{12}	...	p_{1o}
T_2	p_{21}	p_{22}	...	p_{2o}
...	...	...	...	...
T_m	p_{m1}	p_{m2}	...	p_{mo}

Tabelle 4: Produktbezogene Strukturierung der Datenmatrix

Das dargestellte Beispiel zeigt, dass die Codierung des abgerufenen Informationsangebots in praktischen Anwendungssituationen zu einer hohen Anzahl von Attributen führen kann (Fu et al. 1999). Dabei ist zu beachten, dass Performanz und Ergebnisqualität der Segmentierung durch eine hohe Attributanzahl beeinträchtigt wird. Bei Online-Shops, die über eine hohe Anzahl produktbezogener Informationsangebote verfügen, ist eine Codierung auf der Ebene einzelner Produkte daher kaum zielführend. In diesen Fällen ist eine semantisch zweckmäßige Aggregation der produktbezogenen Informationsangebote durchzuführen. In praktischen Anwendungskontexten stehen zu diesem Zweck häufig Strukturierungsinformationen zur Verfügung, die das Leistungsprogramm der Unternehmung nach marktrelevanten Kriterien generalisieren (z. B. Warengruppen-hierarchien).

Den dargestellten Codierungsverfahren ist gemein, dass die Sequenz der Informations-aktivität im Zuge der Transaktionsverdichtung nicht abgebildet wird. In spezifischen Anwendungskontexten kann es allerdings erforderlich sein, Online-Kunden anhand der Reihenfolge ihrer Informationsaktivitäten – d. h. ihrer Pfade – zu beschreiben. Da klassische clusteranalytische Verfahren pfadorientierte Datenstrukturen nicht adäquat verarbeiten können, setzt diese besondere Aufgabenstellung domänenspezifische Algorithmen und Informationssysteme voraus (Zarkesh et al. 1997; Nasraoui et al. 1999).

Im Zuge der Datencodierung können weitere Merkmale der Transaktionen in die Datenmatrix integriert werden. Neben technografischen Kriterien (Browser- und Betriebssystemtyp) kann der Zeitpunkt der Informationsaktivität erfasst werden. Neben diesen originären Merkmalen eröffnet sich die Möglichkeit, neue Attribute zur Anreicherung des Datenbestands zu erzeugen. Die Erzeugung neuer Attribute kann isoliert auf der Grundlage der gegebenen Protokolldaten oder integriert durch Nutzung von Internet-Diensten erfolgen. Anhand der Protokolldaten kann z. B. die *Besuchstiefe* (Anzahl der abgerufenen Informationsangebote) oder die *Besuchsdauer* der Transaktionen ermittelt werden. Darüber hinaus stehen Internet-Dienste zur Verfügung, die eine Anreicherung des Datenbestands gestatten. Auf der Grundlage der numerischen IP-Adresse des Konsumenten (z. B. 128.156.0.12) kann mit Hilfe des verteilten Namensdienstes DNS (Domain Name System) die logische Adresse des Online-Kunden ermittelt werden (z. B. pcwi012.uni-muenster.de). Diese eignet sich grundsätzlich als makrogeografisches oder soziodemografisches Segmentierungskriterium. So liefert die DNS-Adresse Aufschluss über die regionale Herkunft des Konsumenten (z. B. Endung de) oder den Organisationstyp (z. B. uni-muenster). Erfolgt der Zugriff des Konsumenten allerdings über einen Proxy-Server, so wird dessen DNS-Adresse aufgezeichnet. Daher besitzt die DNS-Adresse nur eine geringe Validität als geografisches bzw. soziodemografisches Segmentierungskriterium.

4.3   Methodenanwendung

Zur Kunden- und Marktsegmentierung finden häufig clusteranalytische Verfahren Anwendung. Unter dem Begriff der Clusteranalyse werden multivariate statistische Verfahren subsumiert, die eine umfangreiche und ungeordnete Objektmenge in kleinere, in sich homogene Teilmengen gliedern. Die Zielsetzung besteht in der Generierung möglichst homogener Gruppen, d. h. die Objekte innerhalb einer Gruppe sollen gleiche oder zumindest ähnliche Merkmalsausprägungen aufweisen, während sich die Objekte unterschiedlicher Gruppen durch eine möglichst große Heterogenität differenzieren sollen.

Für die Durchführung der Clusteranalyse sind zwei Schritte von maßgeblicher Bedeutung. In einem ersten Schritt erfolgt die Auswahl und Anwendung eines *Proximitätsmaßes* zur Quantifizierung der Ähnlichkeit von Objekten (Backhaus et al. 1996, S. 262). Anschließend werden die Objekte auf der Basis ihrer Ähnlichkeitswerte durch einen

Fusionierungsalgorithmus zu Gruppen zusammengefasst. Im Mittelpunkt der folgenden methodischen Betrachtung steht die Durchführung dieser beiden Schritte auf Basis einer binärcodierten Datenmatrix.

Zur Bewertung der Ähnlichkeit von Transaktionen ist ein Vergleich der einzelnen Merkmale durchzuführen. Für binärcodierte Merkmale sind im Rahmen eines Paarvergleichs zweier Objekte vier Kombinationsmöglichkeiten zu unterscheiden, die in der folgenden Kontingenztafel abgebildet werden.

		Objekt 2		Zeilen-summe
		Eigenschaft vorhanden (1)	Eigenschaft nicht vorhanden (0)	
Objekt 1	Eigenschaft vorhanden (1)	a	c	a+c
	Eigenschaft nicht vorhanden (0)	b	d	b+d
	Spaltensumme	a+b	c+d	a+b+c+d

Tabelle 5: Kombinationsmöglichkeiten beim Vergleich binärer Attribute (Quelle: Backhaus et al. 1996, S. 266)

Die absoluten Häufigkeiten a, b, c und d werden zur Formulierung einer allgemeinen Ähnlichkeitsfunktion verwendet, die die Grundlage für eine Reihe von Ähnlichkeitsmaßen darstellt. Die Ähnlichkeitsfunktion S_{ij} wird wie folgt definiert:

$$S_{ij} = \frac{a + \delta \cdot d}{a + \delta \cdot d + \lambda \cdot (b + c)}$$

Symbole

Sij   Ähnlichkeit zwischen den Objekten i und j

δ, λ Gewichtungsfaktoren der Ähnlichkeitsfunktion

a, b, c, d   Absolute Häufigkeiten.

Durch die numerische Belegung der Gewichtungsfaktoren werden Ähnlichkeitsmaße gebildet, die unterschiedliche Eigenschaften bezüglich der Bewertung nicht übereinstimmender Merkmale (Gewichtungsfaktor λ) und der Bewertung bilateral fehlender Merkmale (Gewichtungsfaktor δ) besitzen (Backhaus et al. 1996, S. 266). Tab. 6 stellt eine Auswahl unterschiedlicher Ähnlichkeitsmaße dar.

| Bezeichnung | Gewichtungsfaktoren | | Definition |
	δ	λ	
Tanimoto/Jaccard	0	1	$\dfrac{a}{a+b+c}$
Russel & Rao (RR)	-	-	$\dfrac{a}{a+b+c+d}$
Simple Matching	1	1	$\dfrac{a+d}{a+b+c+d}$

Tabelle 6: Ausgewählte Ähnlichkeitsmaße für binäre Attribute (Quelle: Backhaus et al. 1996, S. 267)

Der *Tanimoto-* bzw. *Jaccard-Koeffizient* setzt die Anzahl der übereinstimmenden, vorhandenen Merkmale (a) in bezug zu den Häufigkeiten, die sich aus Attributvergleichen ergeben, bei denen die Eigenschaft bei mindestens einem Objekt gegeben ist (a+b+c). Die übereinstimmenden nicht vorhandenen Merkmale (d) besitzen keinen Einfluss auf die Ähnlichkeitsberechnung. Diese asymmetrische Bewertung wird verwendet, wenn die negative Übereinstimmung keine inhaltliche Bedeutung besitzt und daher keinen Einfluss auf die Gruppenbildung nehmen soll (Meffert 1992, S. 271). Dagegen berücksichtigt der *RR-Koeffizient* die negativen Übereinstimmungen im Nenner. Dies führt dazu, dass bilateral fehlende Merkmale die Ähnlichkeit zweier Objekte reduzieren. Der *Simple-Matching-Koeffizient* belegt die Gewichtsfaktoren δ und λ jeweils mit eins, so dass die Häufigkeiten aller übereinstimmenden Merkmale ins Verhältnis zur Gesamthäufigkeit gestellt werden.

Die Auswahl des Koeffizienten ist abhängig von der konkreten Datensituation und inhaltlich zu begründen. Von entscheidender Bedeutung ist dabei, ob das Vorhandensein oder das Fehlen eines Merkmals die gleiche Aussagekraft besitzt (Backhaus et al. 1996, S. 271 f.). In praktischen Anwendungssituationen ist festzustellen, dass binärcodierte Transaktionen überwiegend Nullwerte aufweisen. Eine Ähnlichkeitsberechnung auf Basis des Simple Matching-Koeffizienten führt dazu, dass das fehlende Interesse von Online-Kunden an bestimmten Informationsangeboten den gleichen Einfluß auf die Gruppenbildung besitzt wie das positive Interesse. Dies führt angesichts dominierender Nullwerte zu Kundensegmenten, die sich aus inhaltlicher Perspektive durch ähnliche Desinteressen auszeichnen. Da eine derartige Käufergruppenstruktur kaum Anhaltspunkte für eine segmentspezifische Ausgestaltung der Marketinginstrumente liefert, sind Ähnlichkeitsmaße zu empfehlen, die eine asymmetrische Bewertung vornehmen (z. B. Tanimoto/Jaccard-Koeffizient).

Die dargestellten Ähnlichkeits- bzw. Distanzfunktionen stellen die Grundlage für die Anwendung von Fusionierungsalgorithmen dar, die die Gruppierung der Transaktionen zu sinnvollen Teilmengen durchführen. In Bezug auf die Gruppierungsform wird zwischen hierarchischen und partitionierenden Verfahren differenziert.

Hierarchische Verfahren führen die Clusterbildung entweder agglomerativ oder divisiv durch (Kaufmann/Pape 1996, S. 453). *Agglomerative hierarchische Verfahren* beginnen mit der feinsten Partitionierung, d. h. jedes Objekt repräsentiert einen eigenen Cluster. Durch die sukzessive Fusionierung wird die Anzahl und die Homogenität der Cluster reduziert. Dabei werden schrittweise die beiden ähnlichsten Objekte zu einem neuen Cluster zusammengefasst. *Divisive hierarchische Verfahren* verwenden die gesamte Objektmenge als Startpartition und teilen diese in kleinere Cluster auf. Durch die sukzessive Zerlegung der Objektmenge steigt die Anzahl und die Homogenität der Cluster. Insgesamt zeichnen sich hierarchische Verfahren dadurch aus, dass der Verlauf der Clusterbildung für den Anwender transparent ist und die Anzahl der Cluster nicht ex ante vorgegeben werden muss, sondern nach der Analyse festgelegt wird.

Partitionierende Verfahren gehen von einer gegebenen Gruppenaufteilung der Objekte als Startpartition aus (Backhaus et al. 1996, S. 281 f.). Durch iteratives Austauschen der Gruppenzugehörigkeit der Objekte wird probiert, die Ausgangslösung zu verbessern. Der Austauschprozess ist beendet, wenn die Heterogenität der Cluster einen befriedigenden Wert aufweist oder keine Verbesserung der Lösung erzielt werden kann. Dabei hat der Anwender durch die Vorgabe einer Startpartition die Anzahl der Cluster ex ante zu bestimmen.

Neben statistischen Verfahren der Clusteranalyse können zur Kundensegmentierung auch Künstliche Neuronale Netze in der Variante der so genannten *Kohonen-Netze (selbstorganisierende Karten, Self-Organizing Kohonen Feature Maps)* eingesetzt werden (Saathoff 2000, S. 119 ff.). Diese stellen relativ geringe Ressourcenanforderungen und besitzen aufgrund ihrer einfachen Struktur eine hohe Anschaulichkeit. Allerdings sind bei Anwendung dieses Verfahrens tendenziell höhere Rechenzeiten in Kauf zu nehmen.

Welches Verfahren zur Segmentierung einzusetzen ist, lässt sich nicht allgemein gültig feststellen. Vielmehr erscheint eine fallspezifische Betrachtung der Vor- und Nachteile des jeweiligen Verfahrens unumgänglich. Darüber hinaus verfügen kommerzielle Analysesysteme meist über einen umfangreichen Methodenmix, so dass die Aufgabenstellung der Segmentierung mit Hilfe mehrerer Verfahren bearbeitet werden kann. Auf diese Weise eröffnet sich die Möglichkeit, die Ergebnisse der Segmentierung mit Hilfe mehrerer Verfahren auf Stabilität zu prüfen.

4.4 Visualisierung und Interpretation der Ergebnisse

Im Anschluss an die Verfahrensanwendung sind die Segmentierungsergebnisse darzustellen und zu interpretieren. Dabei stellt sich dem Anwender die Aufgabe, nicht nur die formale Qualität des erzielten Resultats zu beurteilen, sondern darüber hinaus eine fachliche Interpretation der identifizierten Gruppen zu leisten.

Zur Darstellung von Segmentierungsergebnissen steht eine Vielzahl von Visualisierungsmethoden zur Verfügung. Dabei sind Darstellungsformen sinnvoll, die einen Gesamteindruck über die charakteristischen Eigenschaften der identifizierten Segmente liefern. Für die beiden Ansätze der seitenorientierten und produktorientierten Segmentierung wird im Folgenden je ein Praxisbeispiel dargestellt.

4.4.1 Seitenorientierte Segmentierung einer Branding Site

In Abbildung 3 wird ein seitenorientiertes Segmentierungsergebnis visualisiert, das das generelle Informationsverhalten der Besucher einer Branding Site beschreibt. Die Berechnung und Visualisierung erfolgte mit dem Web Mining-System *EasyMiner* auf der Grundlage eines partitionierenden Clusterverfahrens.

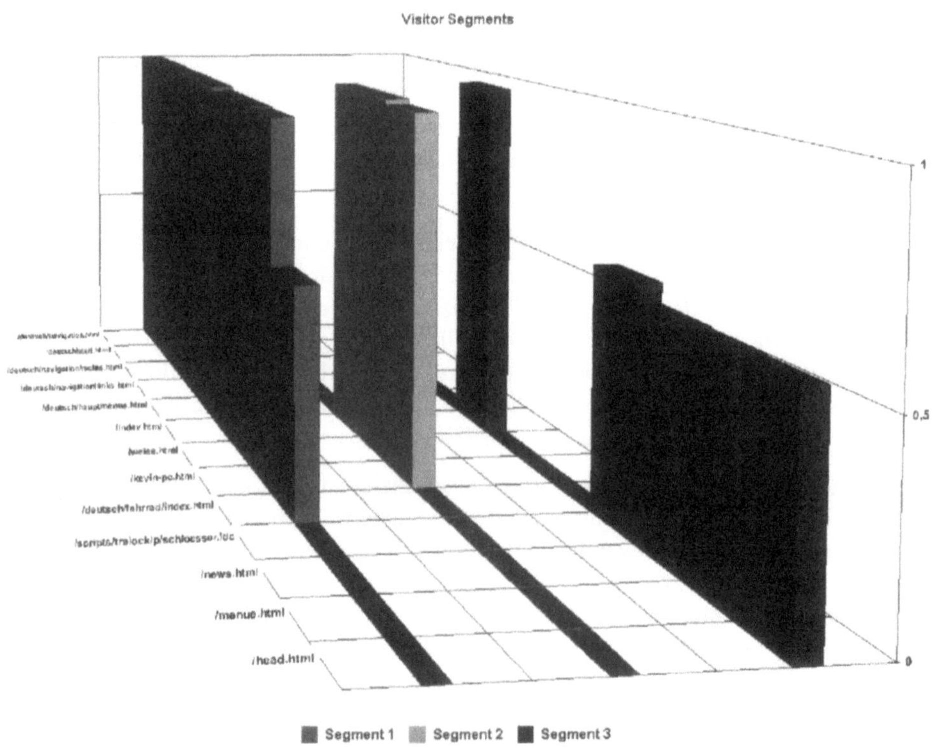

Abbildung 3: Graphische Darstellung des Segmentierungsergebnisses (EasyMiner)

In diesem Balkendiagramm werden drei Kundensegmente dargestellt (Z-Achse), die sich in Bezug auf die abgerufenen Informationsinhalte (X-Achse) deutlich unterscheiden. Dabei wird auf der Größenachse die relative Häufigkeit abgebildet, mit der der

Abruf des jeweiligen Informationsinhalts durch die jeweilige Kundengruppe erfolgte. Aus dieser Darstellung wird deutlich, dass die Transaktionen des ersten Segments relativ viele Informationsangebote abrufen. Infolgedessen zeichnet sich dieses Segment durch einen breit angelegten Informationsbedarf aus. Demgegenüber rufen die Kunden des zweiten und dritten Segments relativ wenige Seiten ab.

Zwar gestattet diese Darstellung eine inhaltliche Charakterisierung der Cluster anhand der abgerufenen Informationsangebote, doch sind zur Interpretation der Segmente weitere quantitative Kennzahlen zweckmäßig. Neben der Clustergröße sind dabei vor allem die Besuchsdauer und –tiefe von Interesse. Auf diese Weise können Aussagen über die clusterspezifische Interaktionsneigung gewonnen werden. Tabelle 7 liefert eine Beschreibung der drei Segmente in Bezug auf Größe und Interaktionsverhalten.

Segment	Number of Visits	Average Visit Duration	Average Visit Length
1	5839	00:03:16	11
2	1509	00:01:41	6
3	12649	00:01:02	2
Total	19997	00:02:00	6

Tabelle 7: Charakterisierung der Segmente in Bezug auf Größe und Interaktionsverhalten (EasyMiner)

Aus dieser Darstellung wird deutlich, dass das erste Segment die längste Besuchsdauer (Average Visit Duration) und die höchste Besuchstiefe (Average Visit Length) aufweist. Demgegenüber zeichnen sich die beiden anderen Segmente durch eine relativ geringe Interaktionsneigung aus. In Zusammenhang mit der Segmentgröße lassen sich hieraus interessante Erkenntnisse für die untersuchte Branding Site ableiten, deren Zielsetzung darin besteht, eine hohe Produkt- bzw. Markenbekanntheit aufzubauen:

- 30% der Besucher (Segment 1) besitzen eine relativ hohe Interaktionsneigung und verweilen entsprechend lange. Auf Grund dieser Charakteristika ist davon auszugehen, dass die Informationswirkung der Branding Site bei diesem Segment am höchsten ist.

- 63% der Besucher (Segment 3) verweilen nur sehr kurz und rufen wenige Informationsangebote ab. Damit besitzt die Branding Site bei einem Großteil der Online-Kontakte nur eine geringe Informationswirkung.

- Segment 2 erfasst Besucher, die eine mittlere Interaktionsneigung und Besuchsdauer besitzen. Der Umfang dieser Besuchergruppe ist mit ca. 7% der Gesamtpopulation relativ gering.

Das skizzierte Ergebnis zeigt, dass die Segmentierungsergebnisse deutliche Unterschiede im Informationsverhalten der Online-Besucher zum Ausdruck bringen. Durch Dokumentation der segmentspezifischen Merkmalsausprägungen können die einzelnen Cluster in Form von Interessenprofilen dokumentiert werden. Abbildung 4 zeigt das Interessenprofil für das erste Segment. In der graphischen Darstellung kommen die clusterspezifischen relativen Häufigkeiten zum Ausdruck, mit denen der Abruf bestimmter Informationsangebote erfolgt.

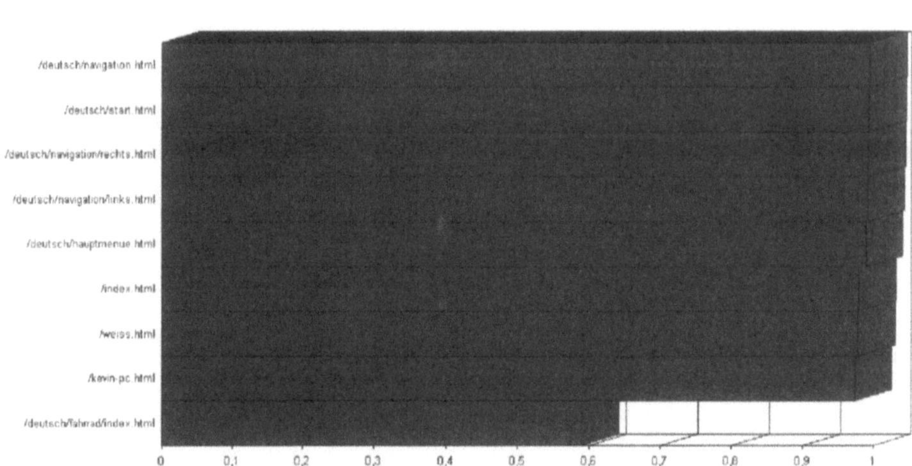

Abbildung 4: Interessenprofil (EasyMiner)

Aus dem dargestellten Beispiel wird deutlich, dass die seitenorientierte Segmentierung zwar interessante Erkenntnisse über das Interaktionsverhalten der Online-Kunden liefert, doch sind die Ergebnisse für die informatorische Fundierung von Marketingentscheidungen nur begrenzt geeignet. So lässt das in Abbildung 4 gezeigte Interessenprofil erkennen, dass nicht-produktspezifische Seiten (z. B. /index.html, /deutsch/navigation.html) die Segmentbildung beeinflussen. Dies führt dazu, dass die resultierenden Kundengruppen in Bezug auf ihr Produktinteresse nicht notwendigerweise homogen sind. Folglich eignen sich die abgeleiteten Segmente nur bedingt zur segmentspezifischen Ausgestaltung des Marketingmix.

4.4.2 Produktorientierte Segmentierung eines Online-Shops

Für einen Online-Shop aus dem Elektronik-Versandhandel wurde eine Segmentierungsstudie durchgeführt, bei der die Ableitung produktbezogener Interessenprofile im Vordergrund stand. Der Online-Shop bietet knapp 90.000 Artikel aus über 20 Warengruppen an. Zur produktorientierten Segmentierung wurden sämtliche Transaktionen, in denen Produkte bestellt wurden, in eine Datenmatrix überführt. Dabei wurden die bestellten Produkte auf Warengruppenebene abgebildet und binär codiert. Zur Segmentierung erfolgte die Anwendung Künstlicher Neuronaler Netze in der Variante der *Kohonen-Netze* mit Hilfe des Data Mining-Systems Intelligent Miner for Data. Abbildung 5 stellt das resultierende Segmentierungsergebnis dar.

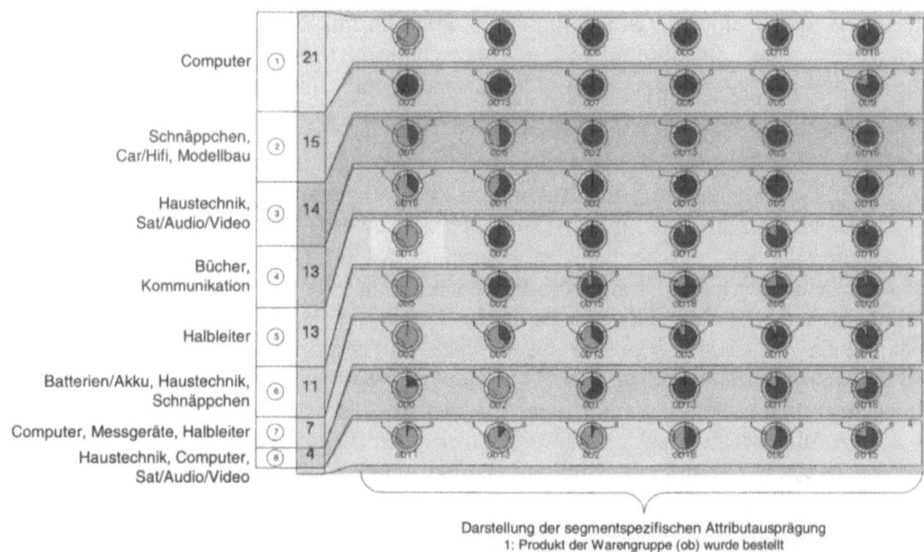

Abbildung 5: Segmentierung von Online-Besuchern nach Kaufverhalten

Die dargestellte Segmentierung liefert eine Reihe von Käufergruppen, die sich thematisch deutlich voneinander unterscheiden. Auffällig hierbei sind die beiden Segmente *Computer* (1) und *Halbleiter* (5). Diese beschreiben Kunden, die fast ausschließlich Produkte einer Warengruppe erwerben (monothematisches Kaufverhalten). Die übrigen Segmente zeichnen sich dagegen durch warengruppenübergreifendes, polythematisches Kaufverhalten aus (z. B. Segment 2 mit den Themenbereichen *Schnäppchen, Car/Hifi* und *Modellbau*). Diese komplexen Interessenprofile liefern Erkenntnisse über die produktbezogenen Präferenzen der Online-Kunden und stellen somit eine Informationsgrundlage für Marketingentscheidungen dar.

5 Informationsverwendung

Im Anschluss an die Informationsgewinnung sind die Segmentierungsergebnisse zur Gestaltung und Steuerung des Marketingmix zu nutzen. Dabei ist die Entscheidung zu treffen, für welche Absatzkanäle die identifizierten Kundensegmente Bedeutung besitzen. Unternehmen, die eine Multi-Kanal-Strategie verfolgen, kombinieren Online-

Geschäftsmodelle häufig mit traditionellen Absatzstrukturen (z. B. Katalog-Versandhandel). Eine ad hoc-Informationsverwendung zur Ausgestaltung traditioneller Kanäle (z. B. zur Gestaltung von Print-Katalogen) ist allerdings kritisch zu bewerten. So können signifikante Unterschiede zwischen dem Online-Käuferverhalten und dem Käuferverhalten in traditionellen Kanälen dazu führen, dass sich die Gültigkeit der identifizierten Segmente auf den Online-Handel beschränkt. Infolgedessen setzt die Koordination hybrider Absatzstrukturen einen methodisch gestützten Vergleich zwischen Online- und Offline-Käuferverhalten voraus. Sofern dieser nicht gegeben ist, sind die identifizierten Segmente ausschließlich zur Ausgestaltung des Online-Marketingmix heranzuziehen.

Die Möglichkeiten der Informationsverwendung hängen primär vom gewählten Segmentierungsansatz ab. Wie in Abschnitt 4 gezeigt wurde, liefert die *seitenorientierte Segmentierung* eine ganzheitliche Beschreibung des Interaktionsverhaltens sämtlicher Besucher einer Website. Da die resultierenden Kundensegmente in Bezug auf ihr Produktinteresse nicht notwendigerweise homogen sind, eignen sie sich nur begrenzt zur inhaltlichen Ausgestaltung produktspezifischer Marketinginstrumente. Vielmehr liefern sie eine Informationsgrundlage zur Beurteilung des eingesetzten kommunikationspolitischen Instrumentariums (Werbebanner, Keyword Advertising). Hierzu sind die einzelnen Segmente in Bezug auf ihr Interaktionsverhalten (Besuchsdauer, -tiefe) und ihr site-externes Suchverhalten (z. B. benutzte Werbebanner, Suchmaschinen und –wörter) zu beschreiben. Auf diese Weise kann festgestellt werden, welche Werbebanner oder Suchmaschinen in besonderem Maße dazu geeignet sind, Online-Kunden mit einer hohen Besuchsdauer bzw. Besuchstiefe zu attrahieren. Aus methodischer Perspektive können zu diesem Zweck Klassifikationsverfahren (z. B. Diskriminanzanalyse, Entscheidungsbauminduktion) eingesetzt werden.

Die *produktorientierte Segmentierung* liefert Kundengruppen, die sich in Bezug auf ihr Produktinteresse weitgehend homogen verhalten. Zur segmentspezifischen Ansprache dieser Kundengruppen stehen dem Online-Marketing operative Aktionsparameter zur Verfügung, die eine *Adaption* der Website an die jeweiligen Käuferpräferenzen durchführen (Brusilovsky 1996). Mit der Adaption wird die Zielsetzung verfolgt, dem Online-Besucher gezielt Produkte zu präsentieren, die den subjektiven Präferenzstrukturen entsprechen. Mit dieser konsequenten Orientierung an den individuellen Kundenbedürfnissen gehen potenziell absatzfördernde Effekte einher, die zur Steigerung des Unternehmenserfolgs beitragen. Aus kaufprozessorientierter Perspektive stellt sich die Aufgabe, dem Online-Kunden während der Informations- und Produktsuche ein individuelles Informationsangebot zu präsentieren. Ansatzpunkte für eine adaptive Gestaltung von Websites sind daher diejenigen Schnittstellen, über die die Suchaktivitäten der Online-Kunden erfolgen.

Um eine effiziente Suche in komplexen Produktangeboten zu gestatten, unterstützen Online-Shops meist zwei unterschiedliche Suchmechanismen (shopping metaphors) (Lee et al. 2000, S. 22). Im Rahmen des *Browsing* navigiert der Online-Besucher in der Produkthierarchie, die von dem elektronischen Produktkatalog über geeignete Schnittstellenelemente visualisiert wird. Durch entsprechende Drill Down-Funktionen gelangt der potenzielle Käufer über die gewünschte Warengruppe zum gesuchten Produkt. Da das manuelle Navigieren in komplexen Informations- bzw. Produkthierarchien zeitintensiv ist, bieten Shopsysteme die Möglichkeit, mittels *Textsuche* gezielt nach bestimmten Begriffen in der Produktdatenbank zu suchen. Die Visualisierung passender Produkteinträge erfolgt dabei über Ergebnislisten, die Verweise auf weiterführende Produktinformationen enthalten.

Im Rahmen dieser Suchmechanismen sind die gewonnenen Segmentierungsinformationen einzusetzen, um eine kundenorientierte Informations- und Produktpräsentation zu erzielen. Zu diesem Zweck stehen unterschiedliche Techniken zur Verfügung, die in Abhängigkeit von der Art der Segmentierungsergebnisse anzuwenden sind. In Abbildung 5 wird eine Segmentierung auf der Ebene von *Warengruppen* dargestellt. Ist die Anzahl der angebotenen Artikel gering, kann eine Segmentierung auch auf der Ebene *einzelner Produkte* erfolgen. Die aus diesen beiden Segmentierungstypen resultierenden Adaptionstechniken werden in Abbildung 6 dargestellt.

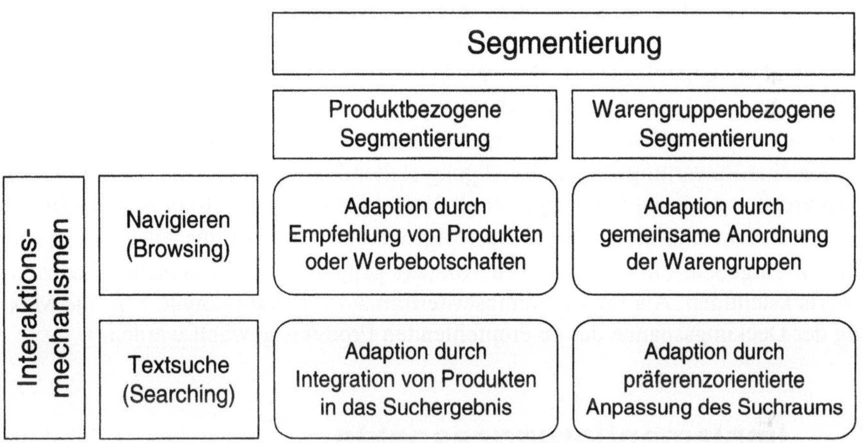

Abbildung 6: Adaptionstechniken auf der Basis warengruppen- und produktbezogener Segmentierungsergebnisse

Bei der hierarchischen Navigation (Browsing) bietet sich die Möglichkeit, die Anordnung der Warengruppen anhand segmentspezifischer Bedürfnisstrukturen zu gestalten. Um z. B. eine adaptive Präsentation für das zweite Segment aus Abbildung 5 durchzuführen, sind die Warengruppen *Schnäppchen, Car/Hifi* und *Modellbau* gemeinsam anzuordnen. Auf diese Weise wird eine Sortimentswahrnehmung erzielt, die den Bedürfnisstrukturen des betrachteten Segments entspricht. Wird die Segmentierung nicht auf Warengruppenebene sondern auf Produktebene durchgeführt, bieten die resultierenden Interessenprofile eine Informationsbasis zur Gestaltung von Empfehlungssystemen *(recommendation engines).* Diese zeigen bei Auswahl konkreter Produktinformationen geeignete Verweise oder Werbebotschaften an, die die kommunikative Präsenz komplementärer Produkte im Wahrnehmungsfeld des Online-Kunden steigern. Im Rahmen textueller Suchprozesse bieten Segmentierungsinformationen die Möglichkeit, den Suchraum an die Präferenzstrukturen der Online-Kunden anzupassen. Wird beispielsweise in der Warengruppe *Schnäppchen* nach einem bestimmten Begriff gesucht, so kann eine automatische Ausdehnung der Suche auf die Warengruppen *Car/Hifi* und *Modellbau* sinnvoll sein. Bezeichnet der gesuchte Begriff ein konkretes Produkt, können weitere Produkte, die dem Interessenprofil des Kunden entsprechen, in das Suchergebnis aufgenommen werden. Allerdings ist dabei zu beachten, dass diese lediglich nachrangig angezeigt werden dürfen, damit keine Produkte verdrängt werden, die dem Primärinteresse des Käufers entsprechen.

Die Anwendung dieser segmentspezifischen Adaptionsmaßnahmen setzt voraus, dass Online-Kunden während des Besuchs der Website anhand ihres Navigationsverhaltens klassifiziert werden können. Aus informationstechnologischer Perspektive ist daher ein kontinuierliches Monitoring erforderlich, das die abgerufenen Informationsinhalte der Online-Besucher protokolliert. Auf diese Weise wird eine dynamische Datengrundlage geschaffen, die eine Segmentzuordnung der Online-Kunden in Echtzeit gestattet. Zu diesem Zweck ist die Ähnlichkeit der aktiven Transaktionen mit den gegebenen Segmenten zu berechnen. Dies erfolgt z. B. auf Basis der in Abschnitt 4.3 vorgestellten Proximitätsmaße. Die resultierenden Ähnlichkeitswerte liefern die erforderliche Datengrundlage zur Segmentzuordnung der Online-Kunden, die nach jeder einzelnen Interaktion erneut durchzuführen ist. Anschließend sind anhand der Segmentcharakteristika Produkte bzw. Warengruppen zu identifizieren, die mit Hilfe der dargestellten Adaptionstechniken präsentiert werden können. Hierzu schlagen Mobasher et al. ein Kriterium vor, das eine Bewertung der zur Verfügung stehenden Angebote anhand pfadorientierter Distanzmaße vornimmt (Mobasher et al. 1999). Da mit der präferenzorientierten Adaption jedoch wirtschaftliche Zwecke verfolgt werden, sind bei der Auswahl der entsprechenden Angebote die im situativen Kontext gegebenen ökonomischen Zielsetzungen zu berücksichtigen. Als Entscheidungskriterium zur Auswahl könnte z. B. die Maximierung der Deckungsspanne des zu empfehlenden Produkts gewählt werden.

6 Implementierungsaspekte

Zielsetzung adaptiver Websites ist die Integration von Informations- und Aktionsseite des Marketing. Diese Integration bedingt aus informationstechnologischer Perspektive jedoch eine enge Verzahnung analytischer und operativer Prozesse. Dabei fällt den analytischen Prozessen die Aufgabe zu, *valide* Steuerungsinformationen für die operativen Prozesse zu generieren. Daher ist sicherzustellen, dass die Segmente über eine hinreichende zeitliche Stabilität verfügen. So können Veränderungen im Online-Käuferverhalten dazu führen, dass historische Segmentierungsergebnisse keine Gültigkeit mehr besitzen. Da eine Adaption auf Basis ungültiger Segmentierungsinformationen nicht den Konsumentenpräferenzen entspricht, sind die analytischen Prozesse so auszugestalten, dass eine kontinuierliche Prüfung der Segmentierungsergebnisse durch den Entscheidungsträger oder das Informationssystem erfolgt (Adomavicius/Tuzhilin 1999). Damit wird sichergestellt, dass nur gültige Interessenprofile für die Adaption

genutzt werden und somit eine evolutorische Anpassung der Website an die Käuferpräferenzen erfolgt.

Die identifizierten Segmente sind durch geeignete Mechanismen in zielgerichtete Marketingaktionen zu transformieren, wie z. B. dieer automatische Adaption der Präsentati-
onsschnittstellen. Ein derartiger Mechanismus kann z. B. in Form eines *Konfigurators*
realisiert werden, der auf der Grundlage von validierten Segmentierungsinformationen
und exogen vorgegebener Marketingregeln die Anpassung der Schnittstellen vornimmt.
Im Rahmen von *Marketingregeln* hat der Entscheidungsträger zunächst zu spezifizieren,
welche Bedingungen erfüllt sein müssen, damit eine Adaption erfolgt. So ist eine Adaption z. B. nur dann sinnvoll, wenn der Online-Kunde nach produktbezogenen Informationen sucht und auf Grund seines Navigationsverhaltens einem Segment zugeordnet
werden kann. In Abhängigkeit von dieser Bedingung ist die entsprechende Aktion zur
präferenzorientierten Ausgestaltung der Website zu definieren. Entsprechende Aktionen
können beispielsweise das Einblenden von Werbebotschaften oder das Anzeigen produktbezogener Verweise sein. Dabei ist auch festzulegen, welche Produkte des relevanten Segments Kommunikationsgegenstand der adaptiven Maßnahmen sein sollen. Dieses Beziehungsgefüge wird in Abbildung 7 zusammenfassend dargestellt.

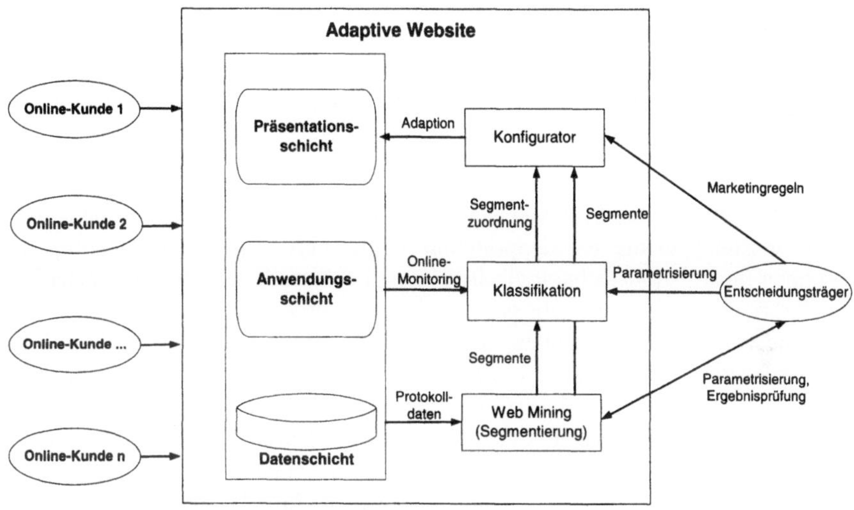

Abbildung 7: Technologische Makrostrukturen einer adaptiven Website

Das dargestellte Architekturmodell zeigt, dass zur Gestaltung adaptiver Websites analytische Komponenten notwendig sind, deren Steuerung durch einen bzw. mehrere Entscheidungsträger erfolgt. Um eine zielsetzungsgerechte Planung und Kontrolle von
Adaptionsmaßnahmen durchzuführen, ist eine systematische Erfassung der erzielten
Adaptionseffekte durchzuführen. Dabei stellt sich die Frage, wie der Nutzen adaptiver
Maßnahmen zu quantifizieren ist. Eine ökonomische Erfolgskontrolle kann dann z. B.
dann erfolgen, wenn im Rahmen der Website Bestellvorgänge abgewickelt werden

(Online-Shopsysteme). In einem ersten Schritt ist die Absatzwirkung der Adaption zu bewerten. Zu diesem Zweck sind auf der Grundlage der historischen Bestelldaten zunächst Mengeneffekte zu ermitteln, die durch Anwendung von Adaptionstechniken induziert wurden. Zur Entscheidungsunterstützung sind diese mengenmäßig ausgewiesenen Adaptionswirkungen monetär zu bewerten, indem z. B. der zusätzliche Rohgewinn ermittelt wird. Diese Informationsgrundlage gestattet schließlich eine zielsetzungsgerechte Steuerung der Adaptionsmaßnahmen.

7 Fazit

Die Segmentierung liefert einen informatorischen Beitrag zur Analyse und Ausgestaltung des Online-Marketingmix. Zum einen können Besuchergruppen identifiziert werden, die über ähnliches Interaktionsverhalten in Bezug auf sämtliche Informationsangebote der Website verfügen. Auf diese Weise erhält der Entscheidungsträger eine Informationsgrundlage, die einen Gesamteindruck über die Nutzung der jeweiligen Website liefert. Diese Informationen gestatten eine dedizierte Schwachstellenanalyse von Online-Auftritten und liefern eine Datengrundlage für weiterführende analytische Aufgabenstellungen. Zum anderen ist die Online-Segmentierung in der Lage, Kunden mit ähnlichen produktbezogenen Interessenprofilen zu identifizieren. Neben der informatorischen Unterstützung der Planung und Kontrolle des Online-Marketing erschließt diese Ergebnisgrundlage die Möglichkeit, segmentspezifische Marketingaktionen automatisiert durchzuführen.

Durch die Gestaltung adaptiver Mechanismen kann somit eine evolutorische Anpassung der Einkaufsstätte an die Kundenpräferenzen realisiert werden. Dies bedingt jedoch einen hohen informationstechnologischen Integrationsgrad, der durch die derzeit in der Praxis verbreiteten Systeme nicht gegeben ist. Von großer praktischer Bedeutung sind daher standardisierte Schnittstellen, die die Verknüpfung operativer und analytischer Prozesse gestatten. Ansatzpunkte hierfür liefert die XML-basierte Auszeichnungssprache *Predictive Model Markup Language (PMML),* die die strukturierte Speicherung von Segmentierungsmodellen gestattet (Grossman 1999). Durch Nutzung von PMML können die Ergebnisse des Segmentierungsprozesses in operative Systeme importiert und zur Gestaltung adaptiver Elemente genutzt werden. Weitere Impulse für die Segmentierung von Online-Kunden liefern Profildienste, über die der Konsument seine Bedürfnisse artikulieren kann.

So verfügt der *Customer Profile Exchange Standard* (CPExchange) über Mechanismen, die eine explizite Modellierung und Übertragung konsumentenindividueller Präferenzen gestatten (Bohrer/Holland 2000, S. 78 f.). In Zukunft wird daher der Aspekt der Integration konsumentenbezogener Daten zunehmend an Bedeutung gewinnen.

Literatur

Adomavicius, G.; Tuzhilin, A. (1999): User Profiling in Personalization Applications through Rule Discovery and Validation. In: Proceedings of the 5th ACM SIGKDD International Conference on Knowledge Discovery and Data Mining, New York, S. 377-381.

Backhaus, K.; Erichson, B.; Plinke, W.; Weiber, R. (1996): Multivariate Analysemethoden: Eine anwendungsorientierte Einführung. 8. Aufl., Berlin et al.

Bellman, S.; Lohse, G.; Johnson, E. (1999): Predictors of Online Buying Behavior. In: Communications of the ACM, Vol. 42, No. 12, S. 32-38.

Bensberg, F. (2001): Web Log Mining als Instrument der Marketingforschung – Ein systemgestaltender Ansatz für internetbasierte Märkte. Wiesbaden.

Bensberg, F.; Weiß, T. (1999): Web Log Mining als Marktforschungsinstrument für das World Wide Web. In: Wirtschaftsinformatik, Nr. 5, S. 426–432.

Bohrer, K.; Holland, B. (2000): Customer Profile Exchange (CPExchange) Specification. http://www.cpexchange.org/standard/cpexchangev1_0F.zip (Zugriff: 11.11.2001).

Brusilovsky, P. (1996): Methods and Techniques of Adaptive Hypermedia. In: User Modeling and User Adapted Interaction, Vol. 6., No. 2–3, S. 87–129.

Cooley, R.; Mobasher, B.; Srivastava, J. (1999): Data Preparation for Mining World Wide Web Browsing Patterns. In: Journal of Knowledge and Information Systems, Vol. 1, No. 1, S. 5–32.

Fu, Y.; Sandhu, K.; Shih, M.-Y. (1999): Clustering of Web Users Based on Access Patterns. http://www.umr.edu/~yongjian/pub/webkdd99.ps (Zugriff 1.11.2001).

Grossman, R. et al. (1999): The Management and Mining of Multiple Predictive Models Using the Predictive Modeling Markup Language. In: Information and Software Technology, Vol. 41, No. 9, S. 589–595.

Kaufmann, H.; Pape, H. (1996): Clusteranalyse. In: Fahrmeir, L.; Hamerle, A.; Tutz, G. (Hrsg.): Multivariate statistische Verfahren. 2. Aufl., Berlin/New York, S. 437–536.

Lee, J. et al. (2000): Understanding Merchandising Effectiveness of Online Stores. In: Electronic Markets, Vol. 10, No. 1, S. 20-28.

Meffert, H. (1992): Marketingforschung und Käuferverhalten. 2. Aufl., Wiesbaden.

Mobasher, B.; Cooley, R.; Srivastava, J. (1999): Automatic Personalization Based on Web Usage Mining. http://maya.cs.depaul.edu/~mobasher/personalization/index.html (Zugriff: 2.11.2001).

Nasraoui, O.; Krishnapuram, R.; Joshi, A. (1999): Mining Web Access Logs Using a Fuzzy Relational Clustering Algorithm Based on a Robust Estimator. http://www.cs.umbc.edu/~ajoshi/web-mine/www8.ps (Zugriff: 13.08.1999).

Saathoff, I. (2000): Kundensegmentierung aufgrund von Kassenbons – Eine kombinierte Analyse mit Neuronalen Netzen und Clustering. In: Alpar, P.; Niedereichholz, J. (Hrsg.): Data Mining im praktischen Einsatz. Braunschweig/Wiesbaden, S. 119-141.

Shahabi, C. et al. (1997): Knowledge Discovery from Users Web-Page Navigation. In: Proceedings of Research Issues in Data Engineering (RIDE ´97), Birmingham. http://dimlab.usc.edu/DocsDemos/ride97.ps (Zugriff: 13.08.1999).

Tan, P.-N.; Kumar, V. (2001): Discovery of Web Robot Sessions based on their Navigational Patterns. http://www.cs.umn.edu/~ptan/dmkd.ps (Zugriff 3.11.2001).

Wu, K.-L.; Yu, P. S.; Ballman, A. (1998): SpeedTracer: A Web Usage Mining and Analysis Tool. In: IBM Systems Journal, Vol. 37., No. 1, S. 89–105.

Yan, T.; Jacobsen, M.; Garcia-Molina, G.; Dayal, U. (1996): From User Access Patterns to Dynamic Hypertext Linking. In: Computer Networks and ISDN Systems, Vol. 28., No. 11, S. 1007–1014.

Zarkesh, A. M. et al. (1997): Analysis and Design of Server Informative WWW-sites. In: Proceedings of the ACM 6th International Conference on Information and Knowledge Management (CIKM ´97), Las Vegas, S. 254–261.

Dr. Matthias Meyer

Jahrgang 1969. Studium der Wirtschaftsinformatik an der Technischen Universität Braunschweig, 1994 Abschluss als Diplom-Wirtschaftsinformatiker. 1995 bis 1999 wissenschaftlicher Mitarbeiter am Lehrstuhl für Wirtschaftsinformatik der Katholischen Universität Eichstätt, 1999 Promotion zum Dr. rer. pol. Seit 1999 wissenschaftlicher Assistent am Lehrstuhl für Empirische Forschung und Quantitative Unternehmensplanung an der Ludwig-Maximilians-Universität München, seit 2001 zusätzlich Dozent für Informationstechnologie an der Europäischen Betriebswirtschafts-Akademie München. Forschungs- und Beratungsschwerpunkte sind Data Mining und Decision Support in Handel und Marketing, Customer Relationship Management und Information Networking.

2.3.3 Einsatz von Klassifikation und Prognose im Web Mining

1 Einführung und Überblick

Im Internet werden Nutzer mit einer enormen Menge an Produkten, Dienstleistungen und Informationen konfrontiert. Ziel ist es, Nutzer mit unterschiedlichsten Interessen und Hintergründen anzusprechen. Fraglich ist allerdings, durch wen welche Angebote in welcher Weise und mit welchem Ergebnis genutzt werden.

Für Anbieter im Internet besteht die Herausforderung daher darin,

- entweder mit dem Angebot die „richtigen" Nutzer gezielt zu erreichen oder

- den Nutzern die „richtigen" Angebote gezielt zu unterbreiten (Meyer et al. 2001b, S. 1).

In beiden Fällen ist damit zu klären, wer mit dem Webauftritt erreicht wird und wie dieser genutzt wird. Im Gegensatz zum „klassischen" Handel bieten Websites dabei die Möglichkeit, die Nutzung des Angebots genauer zu analysieren und unter Umständen nutzerspezifisch auszugestalten. Seitens des Nutzers kann diese Form der Kundenorientierung zu Bindung an den Anbieter bzw. zur Generierung von Cross- und Up-Selling-Potenzialen führen (Rix et al. 2002).

Um auf Kundenbedürfnisse gezielt eingehen zu können, bedarf es einer Identifikation und Bewertung (im Sinne einer Gewichtung) der Faktoren, die das Kaufverhalten und die Kaufwahrscheinlichkeit beeinflussen. Dies betrifft die Gestaltung der Website insgesamt, sodass sich Nutzer gut zurechtfinden, und die individuelle Anpassung der Website an die Bedürfnisse der Nutzer (Personalisierung).

Neben der Identifikation und Bewertung relevanter Einflussfaktoren ist die Klassifikation und die Vorhersage der Kaufwahrscheinlichkeit von Bedeutung. Dabei geht es um die Zuordnung von Objekten zu Gruppen (Klassifikation), z.B. die Klassifizierung einer Person als Käufer oder als Nichtkäufer, oder die Prognose eines Ereignisses (Kauf/Nicht-Kauf). In Verbindung mit der Clusteranalyse (siehe dazu den Beitrag zur Segmentierung in Kapitel 2.3.2 dieses Buches) besteht zusätzlich die Möglichkeit, für bestimmte (Ziel-)Gruppen entsprechende Analysen durchzuführen.

Für die genannten Aufgaben – Prognose, Klassifikation und Bewertung des Einflusses bestimmter Größen – eignen sich insbesondere die Regressionsanalyse, Künstliche Neuronale Netze (KNN) und Entscheidungsbaumverfahren. Um den sinnvollen Einsatz der vorgestellten Methoden im Marketing und insbesondere im Rahmen des Web Mining zu verdeutlichen, werden in den entsprechenden Abschnitten und in Abschnitt 3 einige Anwendungen und Anwendungsmöglichkeiten erläutert.

2 Methoden – Grundlagen und Einsatzmöglichkeiten

In diesem Abschnitt werden die Methoden – Regressionsanalyse, KNN und Entscheidungsbäume – behandelt. Ihre Einsatzmöglichkeiten im Rahmen des Web Mining werden in Abschnitt 3 erläutert.

2.1 Regressionsanalyse

Die Regressionsanalyse ist ein vielseitig einsetzbares und weithin anerkanntes statistisches Verfahren, das sich sowohl zur Wirkungsabschätzung von Einflussgrößen als auch zur Prognose eignet. Typische Beispiele sind etwa die Abschätzung des Zusammenhangs zwischen der Absatzmenge oder dem Marktanteil eines Produktes (erklärte, abhängige Variable) und dem Werbemitteleinsatz und der Preisgestaltung (unabhängige, erklärende Variablen) (Albers/Skiera 1999a, S. 205). Weitere Beispiele sind das Scoring zur Zielgruppenbestimmung (Wilde 1999) und die Entscheidungsunterstützung beim gezielten Marketingmitteleinsatz (Meyer 1999).

Die Regressionsanalyse ist daher für die genannten Aufgaben im Web Mining geeignet. Welche Voraussetzungen und Einschränkungen beim Einsatz der Regressionsanalyse allgemein zu beachten sind, ist Gegenstand der weiteren Ausführungen. Im Anschluss daran werden mögliche Einsatzgebiete im Rahmen des Web Mining behandelt.

- *Grundmodell*

Prinzipiell geht die (lineare) Regressionsanalyse von folgendem Grundmodell aus (die Notation orientiert sich an Albers/Skiera 1999a):

$$y_i = b_0 + \sum_{k \in K} b_k \cdot x_{i,k} + e_i \qquad (i \in I), \qquad (1)$$

Mit:

b_0 Konstante der Regressionsfunktion

b_k Regressionskoeffizient, er gibt das Gewicht bzw. den Einfluss der k-ten Variablen an

e_i Residuum der i-ten Beobachtung

I Indexmenge der Beobachtungen

K Indexmenge der (unabhängigen) Variablen

$x_{i,k}$ Wert der i-ten Beobachtung für die k-te unabhängige Variable

y_i Wert der i-ten Beobachtung für die abhängige Variable

Ist K=1, d.h. es liegt genau eine unabhängige Variable vor, spricht man von einer *einfachen Regression*. Bei K>1 handelt es sich um eine *multiple Regression*.

Das in (1) dargestellte Regressionsmodell wird aufgrund der additiven Verknüpfung der Regressionskoeffizienten auch als *linear in den Parametern* bezeichnet. Der Anwender unterstellt damit implizit einen linearen Zusammenhang zwischen der abhängigen und den unabhängigen Variablen. Ist dieser nicht gegeben, erweisen sich möglicherweise die sog. nichtlineare Regressionsanalyse oder alternative Modellierungen als geeigneter zur Aufdeckung des Zusammenhangs zwischen der abhängigen und der (den) unabhängigen Variablen. Ist die weitere Anforderung, dass die betrachteten Variablen metrisch skaliert sein müssen, nicht erfüllt, kommen ebenfalls spezielle Varianten der Regressionsanalyse in Betracht. In beiden Fällen sei auf die einschlägige Literatur (z.B. Maddala 2001) verwiesen.

Voraussetzung für den Einsatz der Regressionsanalyse ist eine Datenbasis mit Beobachtungen. Sie enthalten Realisierungen der abhängigen und der unabhängigen Variablen, während die Parameter b_0, b_k ($k \in K$) und die Residualgrößen (auch: Residuen, Störgrößen) e_i ($i \in I$) zu schätzen sind. Die e_i entsprechen den Abweichungen zwischen den mit Gleichung (2) geschätzten Werten $\hat{y}_i$ und den tatsächlichen y_i. Ziel der Regressionsanalyse ist es, die Parameter derart zu bestimmen, dass die (quadrierten) e_i minimiert werden.

$$\hat{y}_i = b_0 + \sum_{k \in K} b_k \cdot x_{i,k} \qquad (i \in I). \qquad (2)$$

Eine Minimierung der e_i ist gleichbedeutend mit einer guten Anpassungsgüte der Regressionsfunktion, die üblicherweise mit Hilfe des Bestimmtheitsmaßes R^2 beurteilt wird. Dieses Maß gibt Auskunft darüber, wie hoch der durch die Regressionsgleichung erklärte Anteil der Varianz der abhängigen Variablen ist. Ein Wert nahe 1 weist dabei auf eine gute bis sehr gute Anpassung hin, ein niedriger Wert (z.B. bis 0,5) ist gleichbedeutend mit einer geringen Anpassungsgüte.

- *Signifikanzprüfungen*

Bei Querschnittsuntersuchungen, d.h. sämtliche Beobachtungen werden zu einem Zeitpunkt im Querschnitt betrachtet, werden oftmals nur relativ niedrige R^2-Werte (beispielsweise bis 0,3) erreicht. Dies bedeutet jedoch nicht zwingend, dass die geschätzte Gleichung unbrauchbar ist. Vielmehr ist neben dem R^2-Wert die Signifikanz der Gleichung und der einzelnen Parameter zu prüfen.

Eine Überprüfung der Signifikanz ist erforderlich, da Daten in der Regel nicht für die betrachtete Grundgesamtheit, sondern nur für eine Stichprobe vorliegen. Mittels der Signifikanz soll festgestellt werden, ob und inwieweit die für die Stichprobe ermittelte Gleichung und ihre Parameter auch für die Grundgesamtheit gültig sind. Zu diesem Zweck wird sowohl ein Signifikanztest für die ermittelte Gleichung als auch für jeden

Regressionskoeffizienten durchgeführt. Ziel ist die Ermittlung der Irrtumswahrscheinlichkeit, d.h. sich mit der Annahme, dass ein Zusammenhang besteht bzw. dass die Regressionskoeffizienten ungleich Null sind, zu irren. Wenn der Signifikanzwert unter dem vorgegebenen Signifikanzniveau (je nach Problemstellung z.B. 5%) liegt, wird von einem signifikanten Zusammenhang bzw. von signifikanten Koeffizienten gesprochen.

- *Betrachtung der standardisierten Regressionskoeffizienten (Beta-Werte)*

Oftmals ist es hilfreich, die Einflussstärke der unabhängigen Variablen nicht nur mehr oder weniger richtig einzuschätzen, sondern auch untereinander zu vergleichen. In der Regel bewegen sich die Wertebereiche der unabhängigen Variablen und damit auch die geschätzten Regressionskoeffizienten auf unterschiedlichen Niveaus (z.B. bei gleichzeitiger Betrachtung des Umsatzes eines Produktes in einem Außendienstgebiet und der Anzahl durchgeführter Kundenbesuche; ein Beispiel im Bereich des Web Mining wäre der durch einen Online-Kunden generierte Umsatz und die Verweilzeit auf bestimmten Webseiten). Es wird daher eine Standardisierung der geschätzten Regressionskoeffizienten im Sinne eine Wertetransformation vorgenommen, indem jeder Regressionskoeffizient b_k ($k \in K$) zunächst mit der Standardabweichung der dazugehörigen Variablen multipliziert und durch die Standardabweichung der abhängigen Variablen dividiert wird (Albers/Skiera 1999a, S. 212). Der resultierende Wert gibt an, um welchen Betrag und in welcher Richtung sich die abhängige Variable ändert (gemessen in Standardabweichungen), wenn sich c.p. die jeweilige unabhängige Variable um eine Standardabweichung ändert. An der geschätzten Gleichung und ihrer Güte ändert sich dadurch nichts. Gelegentlich werden anstelle standardisierter Koeffizienten auch die Elastizitäten verwendet (z.B. Albers/Skiera 1999b).

- *Weitere Voraussetzungen und Annahmen*

Damit die lineare Regressionsanalyse zu brauchbaren Ergebnissen führt, müssen bestimmte Voraussetzungen bzw. Annahmen erfüllt sein, die hier kurz umrissen werden sollen (weiter führende Betrachtungen enthalten z.B. Maddala 2001, Chatterjee/Price 1995 und Chatterjee et al. 2000):

- Es wird unterstellt, dass in dem Modell sämtliche relevanten Größen enthalten sind und dass ein linearer Zusammenhang zwischen den (der) unabhängigen und der abhängigen Variablen besteht.

- Es wird vorausgesetzt, dass die Residualgrößen normalverteilt und untereinander nicht korreliert sind (keine Autokorrelation) sowie gleich bleibende Varianz aufweisen (keine Heteroskedastizität bzw. Homoskedastizität).

- Unabhängig von der Standardisierung der Koeffizienten setzt eine „saubere" Abschätzung der Einflussstärke der unabhängigen Variablen voraus, dass die unabhängigen Variablen untereinander nicht korreliert sind (Multikollinearitätsproblem). Im Falle korrelierter Variablen ist deren Einfluss nicht mehr eindeutig zurechenbar, was gerade dann problematisch ist, wenn daraus Entscheidungen abgeleitet werden sollen. Für eine Prognose der abhängigen Variablen aus den unabhängigen Variablen ohne Aussage über die Einflussstärke der einzelnen unabhängigen Variablen ist Multikollinearität jedoch unerheblich, solange davon ausgegangen werden kann, dass die Korrelationsstruktur in der Stichprobe zur Schätzung der Regressionskoeffizienten unverändert für die Anwendungsfälle der Prognose gilt.

- *Logistische Regression*

Bei vielen Fragestellungen – insbesondere im Marketing – ist die abhängige Variable dichotom ausgeprägt. Beispiele sind der Kauf bzw. Nichtkauf von Produkten oder Kreditwürdigkeitsprüfungen. Speziell im Rahmen des Web Mining interessiert die Vorhersage bzw. Wahrscheinlichkeit des Kaufs eines Produkts. Derartige Fragestellungen lassen sich mit der beschriebenen linearen Regressionsanalyse nicht beantworten, da bei Verwendung einer binären abhängigen Variable die Prämisse normalverteilter Residuen verletzt wird (Krafft 1999, S. 239). In einem solchen Fall kommt daher entweder die (lineare) Diskriminanzanalyse oder die Logistische Regressionsanalyse in Betracht. Beide Methoden eignen sich zur Klassifikation und zur Bewertung von Gruppenunterschieden, wobei die Logistische Regression der Diskriminanzanalyse in zumindest zwei Aspekten überlegen ist (Krafft 1999, S. 239):

- Die Logistische Regression gilt als robustes Schätzverfahren, das sich im Gegensatz zur Diskriminanzanalyse auch zur Analyse nicht-metrischer Einflussgrößen eignet.

- Für die mit der Logistischen Regression geschätzten Koeffizienten lassen sich Konfidenzintervalle angeben.

Allerdings kann die Logistische Regression im Unterschied zur Diskriminanzanalyse nur im Zwei-Gruppen-Fall verwendet werden.

Aufgrund der umfassenden theoretischen Fundierung und zahlreicher Erweiterungen bzw. Spezialfälle ist die Regressionsanalyse ein weit verbreitetes Datenanalyseverfahren. Entsprechend groß ist die Anzahl der publizierten Verwendungsmöglichkeiten im Marketing (siehe dazu beispielsweise Gierl/Kurbel 1997, Albers/Skiera 1999b und Wilde 1999). Anwendungsmöglichkeiten im Rahmen des Web Mining werden in Abschnitt 3 behandelt.

2.2 Künstliche Neuronale Netze

Künstliche Neuronale Netze (KNN) stellen ein Berechungsmodell dar, das ursprünglich seit Mitte der 40er Jahre zur Simulation der Fähigkeiten des menschlichen Gehirns entwickelt wurde (siehe Zell 2000 und Rojas 1993 zur historischen Entwicklung von KNN). Mittlerweile haben sich KNN in zahlreichen Forschungsgebieten, wie z.B. Statistik und Data Mining, aufgrund ihrer Anpassungs- und Lernfähigkeit als Klassifikations- und Prognosemethode etabliert.

Neben der ursprünglich am biologischen Vorbild orientierten Forschung, die nicht Gegenstand dieses Beitrags sein soll, hat sich mehr und mehr die anwendungsorientierte Forschung entwickelt. Auch wenn eine endgültige Einordnung von KNN in ein Forschungsgebiet nicht vorgenommen werden kann und soll, werden KNN in diesem Beitrag als eine Verfahrensklasse innerhalb der Künstlichen Intelligenz betrachtet, mit denen sich bestimmte betriebswirtschaftliche und industrielle Anwendungsprobleme lösen lassen (Poddig/Sidorovitch 2001, S. 364). Wie die weiteren Ausführungen zeigen werden, gibt es dabei sehr unterschiedliche Typen von KNN, die sich für verschiedene Anwendungsprobleme eignen.

- *Neuronen*

KNN setzen sich aus einer Vielzahl von Berechnungseinheiten, den sogenannten (künstlichen) Neuronen, zusammen. Die Anpassungs- und Leistungsfähigkeit von KNN resultiert dabei – ähnlich wie bei natürlichen Neuronen – aus der Vernetzung der Neuronen, d.h. die Neuronen tauschen untereinander Informationen bzw. Berechnungsergebnisse aus.

Die Neuronen verarbeiten dabei eine Reihe von Inputgrößen zu einem Output, der entweder an andere Neuronen weitergegeben oder als Berechnungsergebnis des gesamten KNN ausgegeben wird. Üblicherweise werden bei KNN die Neuronen in Schichten (Layer) eingeteilt. Man unterscheidet Inputschicht (Input Layer), verdeckte Schichten (Hidden Layer) und Outputschicht (Output Layer). Abbildung 1 zeigt ein einfaches Beispiel für ein sogenanntes Neuronales Backpropagation-Netz mit einem Hidden Layer.

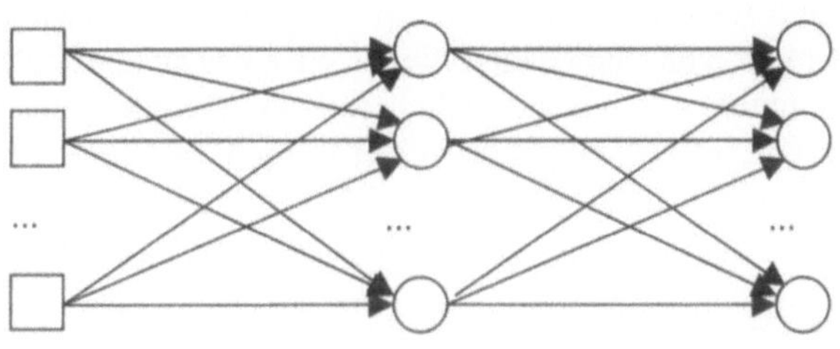

Abbildung 1: Neuronales Netz mit einem Hidden Layer (Quelle: Poddig/Sidorovitch 2001, S. 373)

Zur Simulation von KNN gibt es mittlerweile zahlreiche Software-Tools, die entweder eigenständig (z.B. NeuroShell) oder integriert in Datenanalyse-Pakete (z.B. SAS) realisiert sind.

Aufgrund ihrer Berechnungseigenschaften können KNN als nichtlineare Regressionsverfahren interpretiert werden, die die Entwicklung sehr mächtiger Prognose- und Klassifizierungsmodelle ermöglichen (Meyer et al. 2001, S. 128). Bevor ein KNN allerdings tatsächlich Berechnungen durchführen kann, ist darüber zu entscheiden, welcher Netztyp zum Einsatz kommt (siehe unten). Dies setzt – auch wenn dies gelegentlich bestritten und als erheblicher Vorteil von KNN propagiert wird – die Auswahl geeigneter Inputgrößen voraus. Anschließend muss die Anzahl der verdeckten Schichten und die Anzahl der Neuronen je Schicht festgelegt werden. Man spricht in diesem Zusammenhang auch von sogenannten *Topologien* (siehe dazu Abbildung 3), die sich für unterschiedliche Zwecke eignen (einen Überblick gibt z.B. Bigus 1996). Schließlich ist vom Benutzer die Berechnung innerhalb der Neuronen festzulegen, wobei es um die Auswahl geeigneter Funktionen geht. Hier unterscheidet man Input , Aktivierungs- und Outputfunktionen, die dafür verantwortlich sind, ob und in welcher Form die Neuronen Berechnungsergebnisse weitergeben (siehe dazu beispielsweise Hoffmann 1993, S. 15ff.). Um die genannten Entscheidungen zu unterstützen und damit den Einsatz von KNN zu erleichtern, wurden zahlreiche Heuristiken entwickelt. Nichtsdestotrotz bedarf es einiger Erfahrung, um KNN zweckmäßig und erfolgreich einsetzen zu können. Die dargestellte Auswahlproblematik kann als der wesentliche Nachteil von KNN bezeichnet werden (Poddig/Sidorovitch 2001, S. 375; Schwanenberg 2001, S. 34ff.).

Während die oben genannten Parameter zu Beginn vom Benutzer festzulegen sind, sind die Verbindungen zwischen den Neuronen zunächst nicht initialisiert (der Sonderfall, dass die Verbindungen festzulegen sind und ob diese vorwärts- oder rückwärtsgekoppelt sind, wird hier nicht näher betrachtet; hierzu sei z.B. auf Hoffmann 1993 verwiesen). Diese Verbindungen sind verantwortlich für das Verhalten eines KNN, indem sämtliche Eingangswerte jedes Neurons gewichtet werden, bevor sie in weitere Berechnungsschritte einfließen. Erst dadurch kann ein KNN an eine spezifische Aufgabe, wie z.B. die Klassifikation von Objekten oder die Prognose von Kaufwahrscheinlichkeiten, angepasst werden.

Die Festlegung bzw. Anpassung der Gewichte geschieht im Gegensatz zu den anderen Parametern im Allgemeinen nicht durch den Benutzer, sondern wird mit Hilfe sogenannter Lernverfahren vorgenommen. Je nach Netztyp kommen dabei unterschiedliche Methoden zum Einsatz, auf die im Weiteren eingegangen wird.

- *Netztyp und Lernverfahren*

Im Folgenden werden Backpropagation-Netze (BPN-Netz) sowie die sogenannten Kohonen-Netze (auch Self Organizing Maps bzw. SOM), zwei der am meisten eingesetzten Netztypen, detaillierter betrachtet.

Mit BPN-Netzen handelt es sich um mehrschichtige (vorwärtsgekoppelte) KNN, bei denen die Verbindungsgewichte mit Hilfe des Backpropagation-Algorithmus (BPN-

Algorithmus) angepasst werden. Zu diesem Zweck wird die verwendete Datenbasis üblicherweise in zwei Datensätze aufgeteilt:

- *Trainingsdaten* stellen die Basis für das Lernen von Zusammenhängen und Strukturen dar, indem die Gewichte des KNN den Trainingsdaten entsprechend bestimmt werden. Ziel ist es, die Abweichung zwischen tatsächlichem und gewünschtem Output des KNN zu minimieren (siehe unten).

- *Validierungsdaten* wiederum werden verwendet, um eine Überanpassung des KNN an die Trainingsdaten zu vermeiden (siehe unten).

Der Lernvorgang wird als *überwachtes Lernen* bezeichnet, da für jede Beobachtung der Trainings- und Validierungsdaten der gewünschte Output bekannt ist und zur Beurteilung des Netz-Outputs verwendet werden kann. Unter dem Backpropagation-Prinzip versteht man dabei die wiederholte Rückkopplung des Fehlers, d.h. der Differenz zwischen Netz-Output und gewünschtem Output, durch das Netz. Mit Hilfe eines sogenannten Gradientenverfahrens werden dann nach und nach die Verbindungsgewichte derart verändert, bis sich diese Abweichung innerhalb eines aus Benutzersicht vertretbaren Toleranzbereiches befindet. Dabei ist zu beachten, dass der Fehler sowohl auf der Trainings- als auch auf der Validierungsdatenmenge betrachtet wird. Ziel ist es zunächst, den Fehler bezüglich der Trainingsdatensätze zu minimieren. Um jedoch zu vermeiden, dass das KNN zu stark an die Trainingsdaten angepasst wird (Problem der *Überanpassung* bzw. des *Overfitting*), betrachtet man zusätzlich, wie gut die Anpassung an die Validierungsdaten gelingt. Sobald dort der Fehler ein Minimum erreicht, wird das Training abgebrochen (siehe Abbildung 2). Dies gewährleistet die *Generalisierungsfähigkeit* des KNN, da es für dem Netz unbekannte Datensätze ebenfalls gut geeignet ist.

Gelegentlich wird zusätzlich eine *Testdatenmenge* verwendet, um zusätzlich die Güte des KNN beurteilen zu können. Im Gegensatz zu den Trainings- und Validierungsdaten beeinflussen die Testdaten nicht die Struktur des KNN.

Üblicherweise bieten Softwaretools die Möglichkeit, die verfügbaren Daten in diese Mengen aufzuteilen, wobei der Benutzer jeweils den Prozentanteil oder die absolute Anzahl an Beobachtungen festlegen kann. Auf den Testdatensatz wird oftmals verzichtet, um eine entsprechend höhere Beobachtungszahl für das Training und die Validierung des KNN zur Verfügung zu haben.

Neben dem genannten Gradientenverfahren gibt es weitere Verfahren, wie z.B. Genetische Algorithmen, zur Anpassung der Gewichte, die bei bestimmten Problemstellungen möglicherweise eher eine (lokal) optimale Gewichtekonstellation liefern. Das Auffinden eines globalen Optimums können diese Verfahren aber ebenso wenig garantieren. Zudem besteht auch für diese Verfahren aufgrund der durch die Anzahl festzulegender Gewichte entsprechend große Zahl freier Parameter das Problem einer Überanpassung.

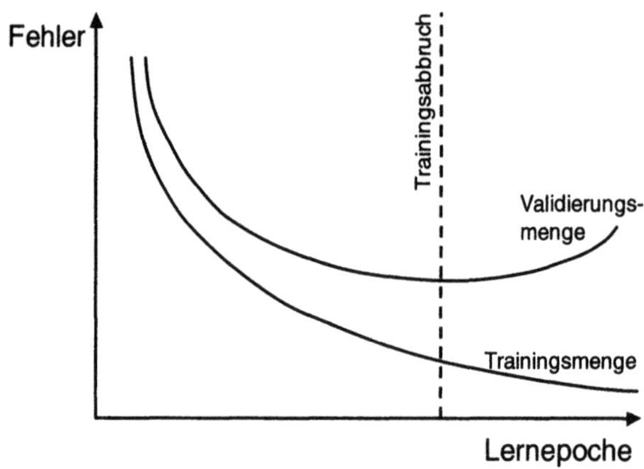

Abbildung 2: Trainingsabbruch bei KNN

Ein ebenfalls weit verbreiteter Netztyp sind die sogenannten Self-Organizing Maps (SOM) oder Kohonen-Netze, die vielfach für die Segmentierung innerhalb großer Datenmengen eingesetzt werden. SOM unterscheiden sich von BPN-Netzen in Bezug auf die Topologie und das eingesetzte Lernverfahren.

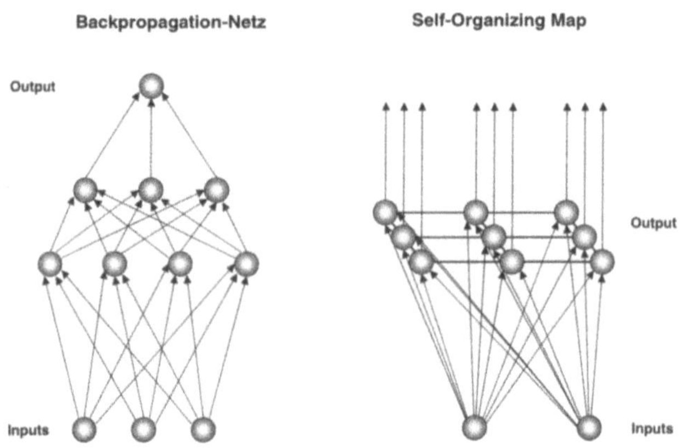

Abbildung 3: Topologie-Vergleich zwischen Backpropagation-Netzen und Self-Organizing Maps (Quelle: Meyer et al. 2001, S. 129)

Kohonen-Netze bzw. SOM besitzen eine einfach konstruierte zweischichtige Topologie, die aus einem Input- und einem Output-Layer besteht. Der Input-Layer dient dazu, Informationen in das Netz einzulesen, wobei die Anzahl der Input-Units der Anzahl der Variablen eines Informationsobjektes entspricht (Meyer et al. 2001, S. 129). Ziel ist es, mehrdimensionale Merkmalsräume auf einer üblicherweise zweidimensionalen Schicht abzubilden, d.h. ein durch Einbeziehung mehrerer Variablen aufgespannter hochdimensionaler Merkmalsraum wird verdichtet (Poddig/Sidorovitch, 2001, S. 383), indem aufgrund ihrer Variablenausprägungen ähnliche Beobachtungen durch benachbarte Output-Units repräsentiert werden. Zu beachten ist, dass die Output-Neuronen nicht untereinander verbunden sind, d.h. die in Abbildung 3 eingezeichneten Verbindungslinien in dem Outputlayer des SOM sind nicht mit Gewichten versehen, sondern dienen lediglich der Veranschaulichung der Ordnungsrelation.

Die Visualisierung der Nachbarschaftsbeziehungen kann auf unterschiedliche Weise erfolgen. Beispielsweise stellt die Data Mining Workbench SPSS Clementine die relative Entfernung einzelner Output-Units mittels unterschiedlicher Grautöne dar (siehe Abbildung 4). Helle Töne deuten auf eine Ähnlichkeit benachbarter Output-Neuronen hin, dunkle Töne markieren „Täler" zwischen den im Inputraum weit voneinander entfernten Output-Neuronen (Poddig/Sidorovitch 2001, S. 391; Meyer et al. 2001, S. 129).

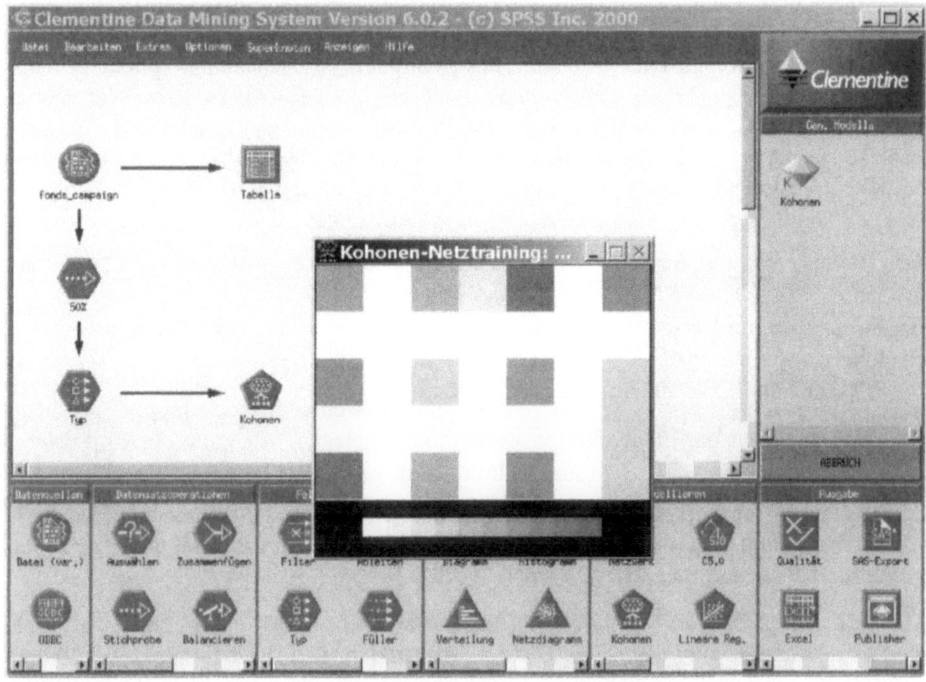

Abbildung 4: SOM-Output-Layer am Beispiel SPSS Clementine (Quelle: Meyer et al. 2001, S. 130)

Im Gegensatz zum BPN-Netz kommen bei SOM Verfahren des unüberwachten Lernens zum Einsatz, da der Output nicht im vorhinein bekannt ist. Dies ist bei vielen, insbesondere auch betriebswirtschaftlichen Anwendungsproblemen der Fall, d.h. die Datenbasis besteht ausschließlich aus Inputmustern, für die ein Output nicht bekannt ist. Ziel eines SOM ist es dann, „eigenständig" vorhandene Strukturen in der Datenbasis zu entdecken. Einer der wesentlichen Unterschiede zu Verfahren des überwachten Lernens besteht darin, dass Parameter (hier: Gewichte) zu bestimmen sind, ohne dass ein Output vorliegt. Der Lernfortschritt wird daher nicht mittels eines Fehlermaßes beurteilt, das die Abweichungen des Outputs von einer bekannten Zielgröße misst, sondern daran, wie gut die Anpassung an die Inputdaten gelingt.

Auch wenn hier nicht im Einzelnen auf Lernverfahren von SOM eingegangen werden kann, soll die Grundidee kurz skizziert werden (Einzelheiten sind z.B. bei Kohonen 1982, 1982a, 1982b und 1997 beschrieben). Der Lernprozess beginnt damit, dass sämtliche Inputvektoren, d.h. die Merkmalsausprägungen jeder Beobachtung in Vektorform, an die Input-Neuronen angelegt werden. Anschließend wird für jedes Output-Neuron das sog. Aktivitätsniveau ermittelt, indem die Distanz (üblicherweise die Euklidische Distanz) zwischen dem Inputvektor und dem Gewichtsvektor des betreffenden Output-Neurons ermittelt wird. Anschließend werden die Aktivitätsniveaus aller Output-Neuronen miteinander verglichen. Aktiv wird dann das Neuron (auch bezeichnet als „winning unit"), das gemäß dem gewählten Distanzmaß die geringste Distanz zum anliegenden Inputvektor aufweist (dies entspricht dem sog. Nearest-Neighbour-Prinzip). Im Laufe des Lernprozesses werden nun die Verbindungsgewichte dieses Neurons derart verändert, dass sie sich in Richtung des Eingabemusters bewegen. Zudem – und das ist das Besondere dieses Lernverfahrens – werden auch die Verbindungsgewichte der benachbarten Output-Neuronen (innerhalb eines bestimmten Radius) in Richtung des Inputvektors angepasst. Da letztlich aber das Neuron, das zu dem Inputvektor die geringste Distanz aufweist, aktiv wird und am stärksten lernt, wird dieses Verfahren auch als „competitive learning" bezeichnet.

Da die dargestellte Verschiebung der Gewichtsvektoren in Richtung der Inputvektoren typischerweise eine größere Anzahl an Lernschritten benötigt – empfohlen werden bis zu 100.000 Schritte – und üblicherweise deutlich weniger Beobachtungen vorliegen, werden dem KNN die Inputvektoren wiederholt angelegt. Der Lernerfolg wird dabei an Hand der Anpassung des SOM an die Inputdaten gemessen. Nach Abschluss der Lernphase sollte für jeden Inputvektor ein Neuron „zuständig" sein, d.h. aktiv werden. Auf diese Weise lassen sich einerseits Segmente identifizieren und auch visualisieren (siehe Abbildung 4) und andererseits unbekannte Inputvektoren klassifizieren, d.h. einer identifizierten Klasse zuordnen.

SOM können daher als Kombination clusteranalytischer und diskriminanzanalytische Verfahren angesehen werden, da Cluster identifiziert und zusätzlich Beobachtungen klassifiziert werden. Die Outputneuronen lassen sich dabei als Klassenzentroide interpretieren, die bei Eingabe neuer Beobachtungen gemessen an der Distanz ausschlaggebend für die Zuordnung zu einer Klasse sind (Poddig/Sidorovitch 2001, S. 390).

Vergleicht man das Vorgehen des überwachten Lernens mit dem des unüberwachten Lernens, dann lässt sich ersteres mit strukturprüfenden Verfahren und letzteres mit strukturentdeckenden Verfahren vergleichen (Poddig/Sidorovitch 2001, S. 366).

Die Ausführungen haben gezeigt, dass KNN sehr unterschiedlich ausgestaltet sein können. Entsprechend vielseitig lassen sich KNN für verschiedenste Aufgaben einsetzen. Anwendungsbeispiele mit Bezug zum Marketing werden beispielsweise bei Hruschka

1991, Hruschka 1993, Tietz et al. 2001, Urban 1998, Petersohn 1999 und Löbler/Petersohn 2001 beschrieben. Auf die Anwendung im Rahmen des Web Mining wird in Abschnitt 3 eingegangen.

2.3 Entscheidungsbaumverfahren

Ähnlich wie die logistische Regression oder auch KNN werden Entscheidungsbäume zur Klassifikation von Objekten verwendet. Ziel ist jedoch nicht die Parameterschätzung, sondern die Generierung sogenannter Klassifikationsregeln. Zu diesem Zweck versuchen Entscheidungsbäume, aus einer Menge unabhängiger Variablen diejenigen zu identifizieren, die besonders gut zwischen den Klassen der abhängigen Variablen, z.B. zwischen Kauf und Nichtkauf eines Produkts, trennen.

Entscheidungsbaumverfahren gibt es bereits seit den 60er Jahren, und sie erfreuen sich insbesondere seit Mitte der 90er Jahre großer Beliebtheit, da sie vergleichsweise unkompliziert in der Handhabung sind und gut interpretierbare Ergebnisse liefern. Speziell im Rahmen des Data Mining werden sie gern zur Datenexploration verwendet.

2.3.1 Grundlagen

- *Bezeichnungen*

Ein Entscheidungsbaum ist ein gerichteter, zyklenfreier Graph aus Knoten und Kanten. Bei den Knoten unterscheidet man Wurzelknoten, innere Knoten und Blattknoten. Ein Baum besteht dabei aus genau einem Wurzelknoten, der den Ausgangspunkt bildet. Innere Knoten sind dagegen Knoten, die Unterknoten besitzen, aber keine Wurzelknoten sind – sie befinden sich quasi auf dem Kantenweg von der Wurzel zu den Blattknoten. Die Kanten eines Entscheidungsbaums kennzeichnen Unterteilungen des Datensatzes in Untermengen. An Hand eines nach bestimmten Gütekriterien (siehe dazu die weiteren Ausführungen) ausgewählten Merkmals wird dabei entweder an der Wurzel oder an einem inneren Knoten entschieden, welcher Untermenge eine Beobachtung aufgrund ihrer jeweiligen Merkmalsausprägung angehört.

- *Beispiel*

Abbildung 5 enthält ein Beispiel für einen Entscheidungsbaum, in dem das Abwanderungsverhalten von Kunden einer Telekommunikationsgesellschaft visualisiert ist. Insgesamt werden 100 Personen betrachtet, von denen 50 als Abwanderer und weitere 50 als treue Kunden klassifiziert sind. Ziel ist es, Abwanderer und treue Kunden möglichst korrekt zu klassifizieren bzw. für diese Aufgabe geeignete Variablen zu identifizieren. Für die erste Unterteilung hat sich in diesem Beispiel die Variable (oder das Merkmal) „Telefonmodell" mit den Ausprägungen „hat altes Telefon" und „hat neues Telefon" als am besten geeignet erwiesen.

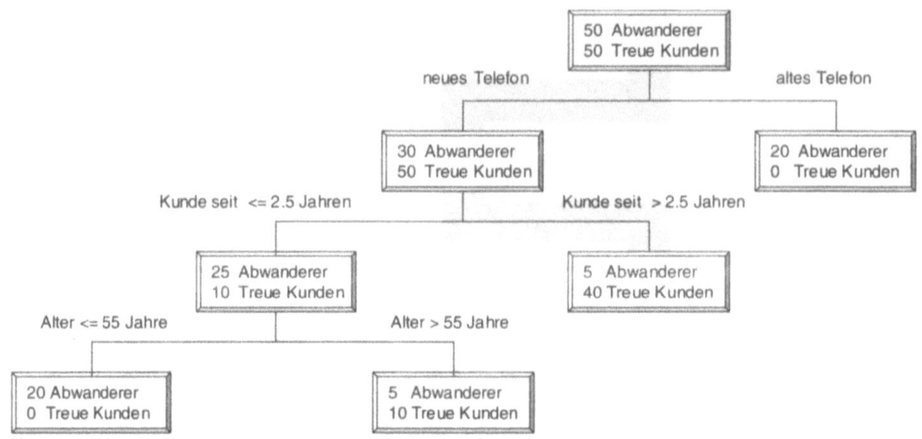

Abbildung 5: Beispiel für einen Entscheidungsbaum (Quelle: in Anlehnung an Berson et al. 1999, S. 157)

Da die dargestellte Form der Unterteilung jeweils an Hand eines Merkmals getroffen wurde, spricht man auch von einem *univariaten Entscheidungsbaum*. Wenn mindestens eine Unterteilung auf mehreren Variablen basiert, handelt es sich um einen *multivariaten Entscheidungsbaum*.

■ *Merkmalsskalierung*

Ein entscheidender Aspekt für die Unterteilung ist das Skalenniveau der Merkmale, die für die Unterteilungen verwendet werden. Hier unterscheidet man nominale und quantitative Merkmale (die Erläuterungen orientieren sich an Säuberlich 1999, S. 83f.):

- Bei *nominalen Merkmalen* werden üblicherweise die Ausprägungen eines Merkmals zur Unterteilung verwendet (in dem Beispiel aus Abbildung 5 also die beiden Ausprägungen „hat altes Telefon" und „hat neues Telefon"). Dabei entspricht die Anzahl der Untermengen der Anzahl an Merkmalsausprägungen. Alternativ dazu können auch Gruppen von Ausprägungen gebildet werden. Es ist einfach einsehbar, dass sich je nach Anzahl an Kombinationsmöglichkeiten entsprechend sehr viele Unterteilungen ergeben können. Daher beschränkt man sich oftmals auf die Zusammenfassung zu zwei Gruppen von Merkmalsausprägungen. Dies führt dann dazu, dass die Datenbasis in zwei Gruppen unterteilt wird. In diesem Fall spricht man auch von einem Binärbaum.

- Werden dagegen *quantitative Merkmale* (z.B. Alter) verwendet, muss für jede Variable der Wertebereich in Intervalle eingeteilt werden, um die Datenbasis unterteilen zu können. Ähnlich wie bei den nominalen Merkmalen beschränkt man sich in vielen Anwendungsfällen auf eine Zweiteilung, d.h. auf die Bestimmung eines Schrankenwerts, da ansonsten die Anzahl der möglichen Teilintervalle sehr groß werden kann. Im Beispiel aus Abbildung 5 wurde der

Schrankenwert für die Altersvariable bei 55 Jahren festgelegt, da sich bei dieser Altersgrenze die gemäß einem zuvor definierten Gütekriterium (siehe unten) beste Trennung zwischen Abwanderern und treuen Kunden erreichen ließ. Die Bestimmung eines geeigneten Schrankenwerts setzt somit unter Umständen voraus, dass viele verschiedene Werte getestet werden. Werden zudem mehrere quantitative Variablen zur Ermittlung der am besten geeigneten Variablen betrachtet, kann die Komplexität des Verfahrens schnell erheblich ansteigen.

■ *Datenbasis*

Ausgangspunkt des Aufbaus eines Entscheidungsbaums ist wie bei der Regressionsanalyse eine Datenbasis bestehend aus Objekten, für die die Klassifikation bekannt ist. Diese Basis wird typischerweise – ähnlich wie bei Künstlichen Neuronalen Netzen – in zwei Mengen, die *Trainings- und die Validierungdatenmenge*, aufgeteilt. Zunächst wird dann versucht, mit Hilfe eines Entscheidungsbaums die Klassenstruktur der Trainingsdaten möglichst gut zu repräsentieren (Säuberlich 1999, S. 80).

Entscheidungsbaumverfahren sind üblicherweise sogenannte Top-Down oder divisive Verfahren, bei denen zunächst die gesamte Menge der Trainingsdaten der Wurzel zugeordnet wird. Anschließend wird die betrachtete Trainingsdaten(teil)menge in Teilmengen unterteilt, die neuen Knoten des Baumes zugewiesen werden. Diese Unterteilung wird so lange fortgesetzt, bis ein bestimmtes Abbruchkriterium erfüllt wird. (Säuberlich 1999, S. 80)

Abschließend wird an Hand der Validierungsdaten, die nicht zum Aufbau des Entscheidungsbaums verwendet worden sind, überprüft, inwieweit der betreffende Entscheidungsbaum diese korrekt klassifiziert. Diese Vorgehensweise wird wie bei den KNN als *überwachtes Lernen* bezeichnet.

■ *Klassifikationsregeln*

Neben der Bestimmung geeigneter Variablen bzw. Variablenausprägungen zur Unterteilung des Datensatzes ist die Generierung von Klassifikationsregeln von Interesse. Auch hier erweist sich die Ergebnisinterpretation als einfach, da sich die Regeln aus den Pfaden, die an dem Wurzelknoten beginnen und in den Blattknoten enden, direkt ablesen lassen. So wurden in dem in Abbildung 5 dargestellten Entscheidungsbaum insgesamt vier Regeln generiert. Beispielsweise lässt sich aus dem grau hinterlegten Pfad folgende „Wenn-Dann"-Regel ablesen:

Wenn Telefon = neu und Kunde seit > 2,5 Jahre Dann Abwanderungswahrsch. $\approx 11\%$

2.3.2 Varianten

Im Weiteren werden die verbreitetsten Entscheidungsbaumverfahren – CART, C4.5 und CHAID – kurz vorgestellt und miteinander verglichen.

- *CART*

Ziel der CART-Analyse (**C**lassification **and R**egression **T**rees) ist es, die Datenmenge in üblicherweise zwei Teilmengen so zu zerlegen, dass die Blattknoten eine möglichst hohe Homogenität aufweisen. Man spricht in diesem Zusammenhang auch von „Reinheit" eines Knotens, d.h. dass er möglichst nur eine Klasse von Beobachtungen enthalten soll, die nicht durch eine andere Klasse „verunreinigt" sein soll. Man versucht also stets, wiederholt an den Knoten ein Kriterium zu finden, das die vorgegebenen Klassen möglichst „sauber" voneinander trennt.

Als Maß für die Verunreinigung wird bei CART in der Regel der sogenannte Gini-Index verwendet. Er misst quasi die Durchmischung der verschiedenen Klassen und dient der Bewertung und damit dem Vergleich verschiedener Unterteilungen.

Ein Knoten wird bei CART weiter unterteilt, bis sich nur noch Objekte einer Klasse in diesem Knoten befinden oder die Objekteanzahl in diesem Knoten eine vorgegebene Anzahl unterschreitet. Ein Baum, bei dem alle Blattknoten eine dieser Bedingungen erfüllen, wird als *maximaler Baum* bezeichnet (Bonne/Arminger 2001, S. 217). Ähnlich wie bei den KNN, ist dieser Baum optimal an die verwendeten Daten angepasst. Ziel ist es allerdings, verallgemeinerbare Ergebnisse zu erhalten. Daher wird dieser maximale Baum anschließend schrittweise „zurückgeschnitten". Optimale Größe hat der Baum, wenn die Fehlklassifikationskosten für die Objekte der Validierungsdatenmenge minimal sind (Bonne/Arminger 2001, S. 218f.). Fehlklassifikationskosten sind Kosten für falsche Zuordnungen von Objekten. Diese können für die betrachteten Klassen unterschiedlich hoch sein, da beispielsweise die Klassifikation eines Käufers als Nichtkäufer „teurer" sein könnte (Gewinnausfall) als wenn eine Person fälschlicherweise als Käufer klassifiziert wird (Mailingkosten). Gerade im Online-Geschäft sind die letztgenannten Kosten minimal, allerdings werden durch Spam-Mails mögliche Interessenten abgeschreckt oder verärgert.

- *C4.5*

Die Bildung von Klassifikationsbäumen nach der von Quinlan (Quinlan 1993) entwickelten C4.5-Methode unterscheidet sich von der CART-Analyse durch die Regeln zum Verzweigen und Zurückschneiden (Bonne/Arminger 2001, S. 221). Dabei wird anstelle des Gini-Index das sogenannte Entropie-Maß verwendet. Zudem erfolgt im Gegensatz zur CART-Analyse eine Zerlegung in $K \geq 2$ Teilmengen bzw. Folgeknoten. Die Entropie misst ähnlich wie der Gini-Index die Verunreinigung in den Knoten (siehe dazu im Einzelnen Säuberlich 1999, S. 89f.). Gesucht ist die Verzweigung, die zur größten Verringerung der Entropie führt, wobei zur Vermeidung einer zu großen Kategorienanzahl diese in der Verzweigungsregel berücksichtigt wird (siehe dazu im Einzelnen Säuberlich 1999, S. 91).

- *CHAID*

Mit der CHAID-Analyse (**Ch**i-Sqared **A**utomatic **I**nteraction **D**etection) erzeugte Klassifikationsbäume unterscheiden sich von CART und C4.5 dadurch, dass ausschließlich kategoriale oder kategorisierte Merkmale verwendet werden können und das Verzweigungen nicht zurückgeschnitten werden (Bonne/Arminger 2001, S. 223).

Der CHAID-Algorithmus besteht im Wesentlichen aus zwei Schritten (Bonne/Arminger 2001, S. 223ff.), wobei jeweils der sogenannte χ^2-Unabhängigkeitstest (siehe dazu im Einzelnen Säuberlich 1999, S. 93ff.) verwendet wird:

1. *Zusammenfassung von Kategorien der unabhängigen (erklärenden) Variablen*: Mit Hilfe des χ^2-Unabhängigkeitstests wird zunächst für jedes Merkmal mit mehr als zwei Ausprägungen getestet, ob Kategorien zusammengefasst werden können. Dies ist dann der Fall, wenn sich bei zwei Kategorien herausstellt, dass zwischen ihnen kein signifikanter Unterschied besteht. Dieser Test wird wiederholt durchgeführt, bis keine Zusammenfassungen mehr möglich sind.

2. *Verzweigung eines Knoten*: In diesem Schritt wird mit Hilfe des χ^2-Unabhängigkeitstests der Zusammenhang zwischen den unabhängigen und der abhängigen Variablen überprüft. Ausgewählt wird anschließend die Variable mit dem geringsten (impliziten) Testniveau (das zudem unter einem vorgegebenen Signifikanzniveau ist), für die sich quasi am deutlichsten ein Zusammenhang nachweisen lässt. Nach dieser Variablen wird dann verzweigt, wobei die Anzahl der Folgeknoten der Anzahl Kategorien dieser Variablen entspricht.

Für jeden Folgeknoten wird dieses Verfahren wiederholt, bis keine Verzweigungen mehr möglich sind.

Entscheidungsbaumverfahren werden auf Grund der gut interpretierbaren Ergebnisse und ihrer Anwendbarkeit auf große Datenbestände in vielen Gebieten eingesetzt. Anwendungsmöglichkeiten im Marketing sind unter anderem die Klassifikation von Käufern/Nichtkäufern bestimmter Produkte oder Reagenten/Nicht-Reagenten auf Mailings (siehe beispielsweise Decker/Temme 2001, Ittner et al. 2001, Musiol/Steinkamp 2001 und Tietz et al. 2001).

Entscheidungsbaumverfahren sind aus den eingangs genannten Gründen prädestiniert für Web Mining-Analysen. Neben der relativ einfachen Handhabbarkeit sind die Anforderungen an die Daten (Variablenskalierung, Verteilung etc.) recht gering. Zudem lassen sich große Datenmengen, wie sie typischerweise im Bereich des Web Mining anzutreffen sind, bewältigen. Nicht zuletzt sind die Ergebnisse gut interpretierbar und – ein nicht zu unterschätzender Vorteil – kommunizierbar. Im nachfolgenden Abschnitt wird kurz auf Anwendung von Entscheidungsbäumen im Rahmen des Web Mining eingegangen.

3 Klassifikation und Prognose im Web Mining

Die vorangegangenen Ausführungen haben gezeigt, dass die dargestellten Methoden zur Klassifikation und Prognose vielseitig einsetzbar sind. Im Weiteren sollen tatsächliche und mögliche Anwendungen im Rahmen des Web Mining aufgezeigt werden.

Im Marketing und insbesondere im Online-Marketing zielen die Bemühungen grundsätzlich darauf ab, die Marketingmaßnahmen auf die Kundschaft, auf bestimmte Kundengruppen oder mittlerweile auf einzelne Kunden abzustimmen. Dabei eröffnen sich im Online-Marketing neue Möglichkeiten durch die Verfügbarkeit von Nutzungs- bzw. Zugriffsdaten.

Speziell im Online-Marketing lässt sich zwischen einer an der gesamten Kundschaft orientierten und einer personalisierten Website-Gestaltung unterscheiden. Gerade die Personalisierung geht über das klassische Marketing hinaus, da z.B. ein Online-Shop virtuell vorhanden ist und daher auf jegliche Kunden bzw. Kundentypen angepasst werden kann. Dies entspräche einem Ladenumbau im stationären Einzelhandel, je nachdem welcher Kunde(ntyp) gerade den Laden betritt, was real nicht möglich ist. Im stationären Handel beschränkt man sich daher auf bestimmte Zielgruppen und passt die Ladengestaltung entsprechend an. Ein Online-Shop kann dagegen an die Bedürfnisse und Erwartungen beliebiger Zielgruppen angepasst werden – die erreichbare Kundschaft wird dadurch theoretisch größer, sieht man einmal von der nicht zu unterschätzenden Wettbewerbs-, Kommunikations- und Kundenbindungsproblematik im Online-Geschäft ab.

Im Gegensatz zur Personalisierung stellt sich bei der allgemeinen Gestaltung von Webseiten die Frage, wie diese aussehen und strukturiert sein sollen, sodass Nutzer sich einfach orientieren können, Käufe tätigen und nicht zuletzt die Site wieder besuchen. Allein aus den getrackten Nutzungsdaten lassen sich diesbezüglich bereits wichtige Erkenntnisse gewinnen, etwa bei welchen Klickpfaden, bei welcher Referrer URL oder bei welchem Banner ein Kauf wahrscheinlicher ist.

In Weingärtner 2001 wird ein anschauliches Beispiel für den Einsatz von KNN, Logistischer Regression und Entscheidungsbäumen im Bereich des Web Mining vorgestellt. Ziel war die Vorhersage des Kaufs von Software-Produkten für Besucher eines Online-Shops auf der Basis des Orientierungs- und Kaufverhaltens, das in Logfiles gespeichert worden ist. Für diese Aufgabe lagen unter anderem folgende Informationen vor:

- Aufgerufene Webseiten

- IP-Adresse

- Referrer-URL

- Zeitstempel der Zugriffe

Mittels einer Cookie-Id ließen sich einzelne Sessions innerhalb der Nutzungsdaten differenzieren. Neben den reinen Daten zur Website-Nutzung wurden außerdem Informationen zu Bestell- und Bezahlungsvorgängen in Datensätzen festgehalten.

Bevor die in Abschnitt 2 beschriebenen Methoden eingesetzt werden können, bedarf es einer adäquaten Datenaufbereitung. Diesbezüglich beschreibt Weingärtner mehrere aufeinander folgende Transformations- und Kodierungsschritte (Weingärtner 2001, S. 892ff.):

- Sequenzenbildung: Aus den Aufrufen einzelner Webseiten in Verbindung mit den ebenfalls gespeicherten Zeitstempeln werden Sequenzen gebildet. Anschließend werden für Sequenzen mit hohem Support und hoher Confidence (siehe dazu den Beitrag 4.1 von M. Spiliopoulou in diesem Buch) entsprechende Variablen definiert, wobei je Sequenz eine sogenannte Dummy-Variable angelegt wurde, d.h. mittels einer 0/1-Kodierung wird angegeben, ob eine bestimmte Sequenz vorlag (1) oder nicht (0).

- Nach der Identifikation der Sessions mittels der Cookie-Id's werden für jede Session folgende Kennzahlen ermittelt:

    o Startzeit

    o Dauer der Session

    o Anzahl Clicks

    o Durchschnittliche Verweilzeit auf den während einer Session aufgerufenen Seiten

- Weitere zur Auswertung gelangte Informationen sind die Referrer-URL, die aufgerufenen Webseiten (0/1-kodiert) und natürlich Informationen, ob ein Kauf getätigt wurde.

Erst durch diese Datenaufbereitung wurde die Anwendung der dargestellten Verfahren überhaupt möglich. Ziel war die Prognose des Kaufs/Nichtkaufs und die Bestimmung geeigneter Einflussgrößen bzw. relevanter Faktoren/Rahmenbedingungen, die zum Kauf/Nichtkauf führen.

Für die genannte Aufgabe können grundsätzlich sowohl die (Logistische) Regressionsanalyse als auch Entscheidungsbäume und KNN eingesetzt werden, da sich alle drei Methoden gut für die Vorhersage des Eintretens und Nichteintretens von Ereignissen eignen. Aus diesem Grund wurden diese Verfahren jeweils eingesetzt und die erzielten Ergebnisse miteinander verglichen.

Zunächst wurde mit Hilfe einer CART-Analyse der in Abbildung 6 dargestellte Entscheidungsbaum ermittelt.

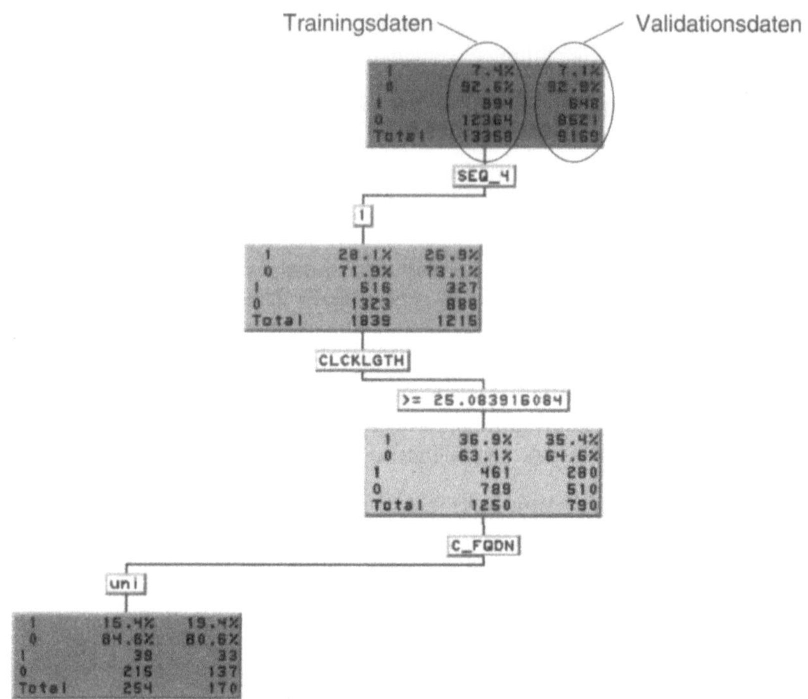

Abbildung 6: Auszug des ermittelten Entscheidungsbaums (Weingärtner 2001, S. 898)

Aus dem in Abbildung 6 dargestellten Auszug des ermittelten Entscheidungsbaums lässt sich die nachfolgende Regel ablesen (Weingärtner 2001, S. 898; dort werden die relevanten Variablen näher erläutert):

"Wenn ein Kunde gemäß der Sequenz seq_4 *„logpost* → *catalog* → *program* → *product"* durch die Webseiten im Shop navigiert und durchschnittlich länger als 25 Sekunden auf einer Seite verweilt und die IP-Adresse die eines Universitätsrechners ist, dann liegt die Kaufwahrscheinlichkeit bei 15.4%".

Verglichen mit der Kaufwahrscheinlichkeit für die gesamten Trainingsdaten der Stichprobe von 7,4 % (siehe Wurzelknoten in Abbildung 6) ergibt sich aufgrund dieser Selektionskriterien eine mehr als doppelt so hohe Wahrscheinlichkeit für einen Kauf.

Während mit Hilfe von Entscheidungsbäumen Merkmale selektiert werden können, die besonders gut zwischen Kauf und Nichtkauf trennen, bietet sich die Logistische Regression an, um die Bedeutung der Merkmale an Hand der geschätzten Koeffizienten erkennen zu können. Bei der vorliegenden Anwendung stellte sich beispielsweise heraus, dass eine hohe Anzahl besuchter Seiten (Anzahl Clicks) während einer Session positiv auf den Kaufvorgang wirkt (Weingärtner 2001, S. 899).

Insgesamt konnte festgestellt werden, dass Merkmale, die bei den Entscheidungsbäumen besonders gut getrennt haben, bei der Logistischen Regression vergleichsweise hoch gewichtet wurden. Bestätigt wurde dies durch die ebenfalls verwendeten KNN (BPN-Netz), die sich bei dieser konkreten Anwendung als am besten geeignet zur Kaufvorhersage erwiesen hatten. Bei der Ergebnisinterpretation stellte sich zudem heraus, dass aufgrund eines missverständlichen Registrierungsvorgangs Bestellungen nicht durchgeführt wurden (aus Sicht des Benutzers war unklar, was Registrierung und Anmeldung bedeuten bzw. worin sie sich unterscheiden). Weingärtner konnte zudem zeigen, dass die Anzahl erforderlicher Mausklicks zur Durchführung einer Bestellung zu lang war (Weingärtner 2001, S. 902).

Untersuchungen dieser Form zeigen somit auf, inwieweit die aktuelle Website tatsächlich für Abverkäufe förderlich oder hinderlich ist.

4 Abschließende Bemerkungen

Mit den dargestellten Klassifikations- und Prognosemethoden – Regressionsanalyse, Künstliche Neuronale Netze und Entscheidungsbaumverfahren – handelt es sich um vielseitig einsetzbare Methoden, die einen festen Platz in der Marktforschung und auch im Web Mining einnehmen.

Insbesondere durch den gemeinsamen Einsatz der Methoden lassen sich wertvolle Erkenntnisse gewinnen, da Entscheidungsbäume Kriterien identifizieren, die gut in Bezug auf die Zielgröße trennen. Diese Kriterien können dann mit Hilfe der Regressionsanalyse oder mit KNN gewichtet werden. Gerade KNN und Entscheidungsbäume sind gut für Aufgaben im Web Mining geeignet, da sie vergleichsweise geringe Anforderungen an die Datenbasis (z.B. Variablenskalierung und -verteilung, Linearität des Zusammenhangs) stellen. Allerdings bedarf es bei KNN einer geschickten Bestimmung relevanter Parameter (z.B. Topologie, Anzahl und Typ der Neuronen).

Zahlreiche Tools bieten mindestens eine, oftmals auch alle dieser Methoden an. Allerdings steht und fällt jede Analyse mit der adäquaten Datenbereitstellung und aufbereitung. Diesbezüglich sei auf die entsprechenden Beiträge in diesem Handbuch verwiesen (s. insbesondere Kapitel 2.2.1).

Es wurde deutlich gemacht, dass es für die Gestaltung von Websites und Personalisierungsmaßnahmen unerlässlich ist, Klassifikations- und Prognosemethoden einzusetzen.

Literatur

Albers, S.; Skiera, B. (1999a): Regressionsanalyse. In: Hermann, A.; Homburg, C. (Hrsg.): Marktforschung: Methoden – Anwendungen – Praxisbeispiele. Wiesbaden, S. 203-236.

Albers, S.; Skiera, B. (1999b): Umsatzvorgaben für Außendienstmitarbeiter. In: Hermann, A.; Homburg, C. (Hrsg.): Marktforschung: Methoden – Anwendungen – Praxisbeispiele. Wiesbaden, S. 957-978.

Backhaus, K.; Erichson, B.; Plinke, W.; Weiber, R. (2000): Multivariate Analysemethoden: Eine anwendungsorientierte Einführung, Berlin.

Berry, M.; Linoff, G. (2000): Mastering Data Mining – The Art and Science of Customer Relationship Management. New York.

Berson, A.; Smith, S.J.; Thearling, K. (1999): Building Data Mining-Applications for CRM. New York.

Bigus, J.P. (1996): Data Mining with Neural Networks. New York.

Bonne, T.; Arminger, G.: Diskriminanzanalyse. In: Hippner, H.; Küsters, U.; Meyer, M.; Wilde, K.D. (Hrsg.): Handbuch Data Mining im Marketing. Wiesbaden, S. 193-239.

Breiman, L.; Friedman, J.H.; Olshen, R.A.; Stone, C.J. (1984): Classification and Regression Trees. Belmont, CA.

Chatterjee, S.; Hadi, A.S.; Price, B. (2000): Regression Analysis by Example. 3rd Edition, New York.

Chatterjee, S.; Price, B. (1995): Praxis der Regressionsanalyse, München u.a. (Übersetzung von G. Lorenzen).

Decker, R.; Temme, T. (2001): CHAID als Instrument der Werbemittelgestaltung und Zielgruppenbestimmung im Marketing. In: Hippner, H.; Küsters, U.; Meyer, M.; Wilde, K.D. (Hrsg.): Handbuch Data Mining im Marketing. Wiesbaden, S. 671-683.

Gierl, H.; Kurbel, T.M. (1997): Möglichkeiten zur Ermittlung des Kundenwertes. In: Link, J.; Brändli, D.; Schleuning, C.; Hehl, R.E. (Hrsg.): Handbuch Database Marketing, Ettlingen, S. 175-189.

Hoffmann, N. (1993): Kleines Handbuch Neuronale Netze. Braunschweig/Wiesbaden.

Hruschka, H. (1991): Einsatz künstlicher neuronaler Netzwerke zur Datenanalyse im Marketing. In: Marketing Zeitschrift für Forschung und Praxis, S. 217-225.

Hruschka, H. (1993): Determining Market Response Functions by Neural Network Modeling. In: European Journal of Operational Research, Vol. 66, S. 27-35.

Ittner, A.; Sieber, H.; Trautzsch, S. (2001): Nichtlineare Entscheidungsbäume zur Optimierung von Direktmailingaktionen. In: Hippner, H.; Küsters, U.; Meyer, M.; Wilde, K.D. (Hrsg.): Handbuch Data Mining im Marketing. Wiesbaden, S. 707-723.

Kohonen, T. (1982): Clustering, Taxonomy and Topological Maps of Patterns. In: Proceedings of the sixth International Conference on Pattern Recognition. Silver Spring, MD (IEEE Computer Society), S. 114-128.

Kohonen, T. (1982a): A Simple Paradigm for the Self-Organisation of Structured Feature Maps, Competition and Cooperation in Neural Nets. In: Amari, S.; Arbib, M.A. (Eds.): Lecture Notes in Biomathematics. Vol. 45, Berlin, S. 248-266.

Kohonen, T. (1982b): Self-organized formation of topologically correct feature maps. In: Biological Cybernetics. 43, S. 59-69.

Kohonen, T. (1997): Self-Organizing Maps. Berlin.

Krafft, M. (1999): Logistische Regression. In: Hermann, A.; Homburg, C. (Hrsg.): Marktforschung: Methoden – Anwendungen – Praxisbeispiele. Wiesbaden, S. 237-264.

Löbler, H.; Petersohn, H. (2001): Kundensegmentierung im Automobilhandel zur Verbesserung der Marktbearbeitung. In: Hippner, H.; Küsters, U.; Meyer, M.; Wilde, K.D. (Hrsg.): Handbuch Data Mining im Marketing. Wiesbaden, S. 623-641.

Maddala, G.S. (2001): Introduction to Economics. Chichester, West Sussex.

Meyer, M. (1999): Regionale Marketingbudgetierung – Ansätze zur Entscheidungsunterstützung. Wiesbaden.

Meyer, M. (2001): Data Mining im Marketing – Einordnung und Überblick. In: Hippner, H.; Küsters, U.; Meyer, M.; Wilde, K.D. (Hrsg.): Handbuch Data Mining im Marketing. Wiesbaden, S. 563-588.

Meyer, M.; Weingärtner, S.; Jahke, T.; Lieven, O. (2001a): Web Mining und Personalisierung in Echtzeit. Arbeitspapier Nr. 5 des Seminars für Empirische Forschung und Quantitative Unternehmensplanung der LMU München.

Meyer, M.; Weingärtner, S.; Döring, F. (2001b): Kundenmanagement in der Network Economy – Business Intelligence mit CRM und e-CRM. Wiesbaden.

Musiol, G.; Steinkamp, G. (2001): Data Mining als Instrument des Fundraising in Nonprofit-Organisationen. In: Hippner, H.; Küsters, U.; Meyer, M.; Wilde, K.D. (Hrsg.): Handbuch Data Mining im Marketing. Wiesbaden, S. 741-753.

Petersohn, H. (1999): Beurteilung von Clusteranalysen und selbstorganisierenden Karten. In: Hippner, H.; Meyer, M.; Wilde, K.D. (Hrsg.): Computer Based Marketing. Wiesbaden, S. 551- 562.

Poddig, T.; Sidorovitch, I. (2001): Künstliche Neuronale Netze: Überblick, Einsatzmöglichkeiten und Anwendungsprobleme. In: Hippner, H.; Küsters, U.; Meyer, M.; Wilde, K.D. (Hrsg.): Handbuch Data Mining im Marketing. Wiesbaden, S. 363-402.

Quinlan, J.R. (1993): C4.5 Programs for Machine Learning. San Mateo, California.

Rix, R.; Meyer, M.; Schwaiger, M. (2002): Personalisierung durch Data Mining im e-Retailing – Möglichkeiten und Grenzen. Erscheint in: Ahlert, D.; Olbrich, R.; Schröder, H. (Hrsg.): Jahrbuch Handelsmanagement 2002 – Electronic Retailing, Frankfurt.

Rojas, R. (1993): Theorie der neuronalen Netze. Berlin u.a.

Säuberlich, F. (2000): KDD und Data Mining als Hilfsmittel zur Entscheidungsunterstützung. Frankfurt u.a.

Schnieders, T.; Thun, A. (1999): BOL – Bertelsmann Online. In: Albers, S.; Clement, M.; Peters, K.; Skiera, B. (Hrsg.): eCommerce – Einstieg, Strategie und Umsetzung im Unternehmen. Frankfurt am Main, S. 249-260.

Schwanenberg, S. (2001): Neuronale Netze als Segmentierungsverfahren für die Marktforschung. Lohmar/Köln.

Tietz, C.; Poscharsky, N.; Erichson, B.; Müller, H. (2001): Ein Vergleich führender Data Mining-Methoden zur Cross-Selling-Optimierung von Finanzprodukten. In: Hippner, H.; Küsters, U.; Meyer, M.; Wilde, K.D. (Hrsg.): Handbuch Data Mining im Marketing. Wiesbaden, S. 767-785.

Urban, A. (1998): Einsatz Künstlicher Neuronaler Netze bei der operativen Werbemitteleinsatzplanung im Versandhandel im Vergleich zu ökonometrischen Verfahren. Abrufbar unter http://www.dissertation.de/html/body_urban.htm (letzter Zugriff: 19.12.2001).

Weingärtner, S. (2001): Web Mining – Ein Erfahrungsbericht. In: Hippner, H.; Küsters, U.; Meyer, M.; Wilde, K.D. (Hrsg.): Handbuch Data Mining im Marketing. Wiesbaden, S. 889-903.

Wilde, K.D. (1999): Marketing-Decision-Support-Systeme im Mikromarketing am Beispiel der Pharmaindustrie. In: Hippner, H.; Meyer, M.; Wilde, K.D. (Hrsg.): Computer Based Marketing, Wiesbaden, S. 485-497.

Zell, A. (2000): Simulation neuronaler Netze. München.

Dr. Michael Haft

Herr Haft promovierte auf dem Themenfeld Informationsthoerie und biologische Informationsverarbeitung bei Siemens Corporate Technology bzw. am Physikdepartment der TU-München. Seit 1996 ist er Mitarbeiter bei Siemens in der Abteilung "Neuroinformatik" und arbeitet im Umfeld Machine Learning, statistische Modellierung und Datamining an verschiedenen Anwendungs- und Forschungsprojekten. Schwerpunkt der derzeitigen Arbeit ist die produktreife Entwicklung und Vermarktung neuer Technologien.

Dr. Reimar Hofmann

Herr Hofmann promovierte bei der Siemens Corporate Technology im Themenbereich Datenanalyse mit Kausalen Netzen. Seit 1997 hat er verschiedene Forschungsarbeiten und Anwendungen zur Datenanalyse und Modellierung von Expertenwissen entwickelt. Derzeit leitet er zusammen mit Herrn Haft die Entwicklung und Vermarktung eines neuartigen Analysewerkzeuges für Kundendaten.

Dr. Dietmar Janetzko

geb. 1960, 1981-1987, Studium der Psychologie, Philosophie und Theologie in Bochum, 1994-1996 Fernstudium Erwachsenenbildung in Kaiserslautern, 1996 Promotion zur Auswertung sequentieller symbolischer Daten. Seit 1998 wissenschaftlicher Assistent am Institut fuer Informatik und Gesellschaft (Abt. Kogitionswissenschaft) der Alberts-Ludwigs-Universität Freiburg. Arbeits- und Forschungsschwerpunkte: Forschungsmethoden, probabilistische Modelle, Datenerhebung im Internet, E-Learning.

Dr. Ralph Neuneier

Ralph Neuneier ist seit seiner Promotion auf dem Themengebiet „Finanzanalyse mit Methoden der Künstlichen Intelligenz" Projektleiter bei Siemens Corporate Technology. Als Business Consultant berät er Kunden bei der Anwendung innovativer Technologien und Entwicklung spezieller Lösungen im eBusiness-Umfeld wie zum Beispiel CRM, SCM, PLM.

2.3.4 Kausale Netze – Vorgehensweise und Einsatzmöglichkeiten

1 Einleitung

Die Analyse des Vertriebskanals „Web" bringt für viele Unternehmen eine besondere Herausforderung mit sich, die in diesem Maß von andern Vertriebskanälen nicht bekannt ist: Durch die elektronische Natur der Kommunikation kann jede Aktion eines Kunden oder eines Besuchers festgehalten werden. So entstehen zum einen große Mengen an Daten – durchschnittlich besuchte Websites kommen innerhalb weniger Monate auf einige Mio. Besuche (Sessions). Bekanntere Webseiten (wie z.B. Web.de) erreichen bis zu 50 Mio. Sessions pro Monat. Zum anderen ist für jeden Besucher eine Vielzahl von beschreibenden Attributen (Dimensionen) verfügbar. Die Herausforderung besteht also sowohl in der Menge als auch in der Dimensionalität der Daten. Statt unmittelbar mit dem Daten zu arbeiten, ist es daher oft sinnvoller, die Daten zunächst zu einem „gemeinsamen Wahrscheinlichkeitsmodell" zu kondensieren, das ein Abbild beliebiger Zusammenhänge zwischen Variablen der Domäne darstellt. Das Wissen über Kunden kann in Form dieser Modelle für jeden Anwender „greifbar" gemacht werden.

Sobald die Daten in einer strukturierten Form in einer Datenbank abgelegt sind (z.B. in Form von Sessions) lassen sich mit Hilfe von OLAP-Werkzeugen (**O**nline **A**nalytical **P**rocessing) statistische Informationen zur Nutzung einer Website aus diesen Daten extrahieren. Es existieren OLAP-Technologien unterschiedlicher Ausrichtung (MOLAP, ROLAP, HOLAP), die sich nicht alle über einen Kamm scheren lassen. OLAP-Werkzeuge greifen in unterschiedlichem Maße auf die Ausgangsdaten zu oder generieren zusätzliche, redundante Datenstrukturen, um einem effizienten Zugriff auf Statistiken zu haben. Tatsächlich bergen verschiedene OLAP-Technologien dabei sogar die Gefahr der „Data Explosion" in sich (siehe http://www.olapreport.com/ DataExplosion.htm). Auf Grund der Größe der entstehenden Datenbanken bleibt ein Explorieren des Kundenverhaltens an Hand einer Vielzahl von Attributen daher nach wie vor schwerfällig.

In vielen Fällen ist es daher vorteilhaft, die Daten zunächst zu einem gemeinsamen Wahrscheinlichkeitsmodell zu „verdichten". Die Modelle sind ein Abbild aller wesentlichen Zusammenhänge in einer Domäne und können an Stelle der Ausgangsdaten dazu genutzt werden, um beliebige statistische Anfragen zu beantworten. Da die Modelle erheblich kleiner sind als die Ausgangsdaten (10 GB Logfile können sinnvoll durch ein 10 MB Modell dargestellt werden), lassen sie sich einfach und effizient handhaben. Daten über Kunden oder Website-Besucher werden so „greifbar". Ein interaktives Explorieren des Verhaltens der Website-Besucher wird an Hand der Modelle möglich.

Die Antwortzeiten der Modelle liegen in der Größenordnung von Bruchteilen von Sekunden. Über interaktive Analysen hinaus wird es damit möglich, die Modelle zur realtime Personalisierung einzusetzen. Ein Modell wird dazu mit allen aktuell bekannten Informationen über den Besucher versorgt. Die Antwort des Modells in Form von Wahrscheinlichkeiten kann als eine Prognose über zukünftiges Verhalten oder über Präferenzen eines Besuchers aufgefasst werden. Aus diesen Prognosen lassen sich Personalisierungsvorschläge ableiten. Der Zyklus aus Analyse und darauf aufbauender Personalisierung wird somit im Rahmen einer Technologie geschlossen. Die Modelle unterstützen dabei zum einen die interaktive Analyse des Verhaltens der Kunden oder Website-Besucher. Zum anderen kann das Wissen über Besucher in Form der Modelle unmittelbar operativ genutzt werden, um Kunden vorausschauend zu bedienen (vgl. Abbildung 1).

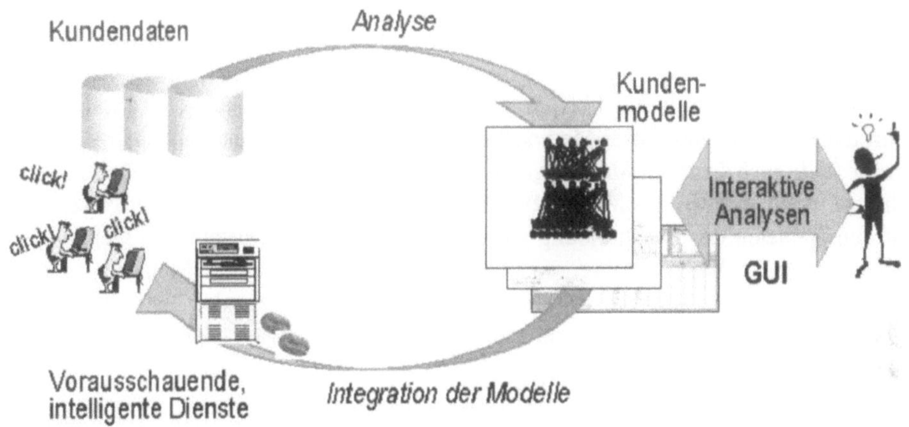

Abbildung 1: „Closed Loop"-Ansatz der Analyse und Nutzung von Kundeninformationen

Kausale Netze, Bayesianische Netze oder allgemeine Graphische Wahrscheinlichkeitsmodelle (Graphical Probabilistic Models) liefern einen sehr vorteilhaften technologischen Rahmen zur Bildung statistischer Modelle. In den letzten Jahren entwickelte „Inferenzverfahren" (Perl 1988, Jensen 1996, Haft et al. 1999) erlauben die Handhabung auch sehr großer Domänen. Mit diesen Verfahren hat das Thema Graphische Probabilistische Modelle in den letzten Jahren zunehmend an Bedeutung gewonnen. Neuerliche Entwicklungen richten sich zunehmend auf das Thema „Lernen von statistischen Modellen aus Daten" (Jordan 1999). Je nach Struktur der gewählten Modelle und den gewählten Lernverfahren ergeben sich zusätzliche Einsichten über die analysierten Daten. Modelle mit latenten Variablen vermitteln Einsichten über Kundenklassen und typische Verhaltens-Szenarien (Click Streams) (Tresp 1999). Strukturlernen in Kausalen Netzen gibt Aufschluss über potentielle Ursache-Wirkungs-Zusammenhänge (Hofmann 2000).

Das folgende Kapitel erklärt Kausale Netze und vermittelt einige wenige Grundlagen. Kapitel 3 beschreibt, wie sich Kausale Netze im Kontext Web Mining einsetzen lassen, und welche Erkenntnisse man durch die interaktiven, hypothesenfreien Analysen erwarten darf. (Mehr Details hierzu finden sich auch in der Fallstudie in Kapitel 3.3 dieses Buches.) In Kapitel 4 dieses Beitrags wird beschrieben, wie die gleichen Modelle, die zunächst zur Analyse genutzt werden, im operativen Betrieb für eine Personalisierung von Webseiten herangezogen werden können. Kapitel 5 beschreibt einige praktische Aspekte und erhältliche Software. Eine Zusammenfassung der Möglichkeiten, die im Kontext Web Mining mit Kausalen Netzen gegeben sind, erfolgt in Kapitel 6.

2 Grundlagen Kausaler Netze

Kausale Netze, Bayesianische Netze oder Bayesian Belief Networks (BBNs) sind Methoden zur Modellierung von Abhängigkeiten zwischen verschiedenen Größen, die sich über bedingte Wahrscheinlichkeiten ausdrücken lassen. Der Name „Kausale Netze" rührt daher, dass es mit dieser Methode möglich ist, nicht nur Zusammenhänge, sondern im Idealfall auch kausale Abhängigkeiten zwischen interessierenden Größen zu ermitteln und in ein statistisches Modell zu integrieren. Die Leistungen kausaler Netze liegen auf den Gebieten der Beschreibung sowie der Vorhersage in komplexen Gegenstandsbereichen (z.B. Web Mining, medizinische Diagnostik oder Mensch-Computer-Interaktion). Typisch für die Beschreibung und Nutzung kausaler Netze ist es, dass dabei teils graphentheoretische und teils probabilistische (wahrscheinlichkeitstheoretische) Ausdrucksformen herangezogen werden.

2.1 Die graphentheoretische Sicht

Unter einem formalen Blickwinkel betrachtet, ist ein KN ein gerichteter azyklischer Graph (*directed acyclic graph*, DAG), dessen Knoten Zufallsvariablen (diskreter oder stetiger Werte oder Zustände) und dessen Kanten die Richtung der Abhängigkeit zwischen den Knoten (Variablen) darstellen. Knoten und Kanten stellen graphentheoretische Ausdrucksformen dar, die unverzichtbar für die Beschreibung der Struktur bzw. Topologie Kausaler Netze sind. Diese lässt sich durch geeignete Werkzeuge wie z.B. Hugin illustrieren (http://www.hugin.com; http://www.hugin.dk). Knoten können binäre, diskrete aber auch stetige Werte annehmen. Im Bereich des Web Mining lassen sich einzelne HTML-Seiten als Variablen begreifen. Diskrete bzw. binäre Werte wären etwa Angaben wie „besucht" bzw. „nicht besucht". Ein Beispiel für stetige Werte ist die Viewtime, d.h. die Zeitspanne, mit der ein Benutzer sich ein einzelnes HTML-Dokument in seinem Browser darstellen lässt, bevor er die nächste Seite aufruft. Allerdings muss die *Viewtime* erst eigens aus den Logdateien berechnet oder mittels speziell dafür ausgelegter Verfahren erhoben werden (Janetzko, Hildebrandt, Meyer, 2001).

Die Abhängigkeiten in einem KN werden über die Richtungen der Kanten zwischen den Variablen (Knoten) dargestellt. Fehlt eine Kante zwischen zwei Variablen, so drückt dies die konditionale Unabhängigkeit (*conditional independence*) zwischen diesen Variablen aus (Pearl 1988). Sowohl vorhandene wie auch fehlende Kanten zwischen zwei Knoten (Variablen) eines Kausalen Netzes sind für den Inferenzmechanismus und für das Lernen kausaler Netze (s.u.) sowie insgesamt für deren Interpretation bedeutsam. Beispielhaft zeigt Abbildung 3 die Topologie eines Kausalen Netzes, das Informationen über den Besuch einzelner Seiten, aber auch andere für die Vorhersage von Seitenbesuchen relevante Informationen (z.B. Tageszeit) zusammenführt. Wichtig für die Interpretation von KN ist, dass die Kanten nie sequentiell, sondern immer nur probabilistisch interpretiert werden dürfen. D.h. Kanten entsprechen nicht etwa den Pfaden von Benutzern, sondern den probabilistischen Abhängigkeiten zwischen den Besuchen von HTML-Dokumenten.

2.2 Die probabilistische Sicht

Will man nun die Ausprägung von Abhängigkeiten in Kausalen Netzen darstellen, muss man auf probabilistische Ausdrucksformen zurückgreifen. Abhängigkeiten stellen nämlich quantitative Größen – genauer: bedingte Wahrscheinlichkeiten – dar. Detaillierte Angaben darüber werden nicht allein über die Knoten und Kanten des Graphen, sondern über Tabellen bedingter Wahrscheinlichkeiten (conditional probability tables = CPT) festgehalten, die im Falle diskreter Werte mit jeder Variable (Knoten) verknüpft sind. Hier ist für den jeweiligen Knoten die Verteilung der bedingten Wahrscheinlichkeiten (conditional probability distribution = CPD) beschrieben. Einen Sonderfall stellen die CPTs bei Variablen dar, die keine übergeordneten Variablen haben, denn die Einträge stellen dann keine bedingten Wahrscheinlichkeiten, sondern relative Häufigkeiten bzw. einfache Wahrscheinlichkeiten dar.

Im Falle bedingter Wahrscheinlichkeiten wird angegeben, mit welcher Wahrscheinlichkeit eine Variable bei gegebenen Zuständen der übergeordneten Variablen bzw. Knoten (parent nodes) einen bestimmten Wert oder Zustand annimmt. Bezogen auf das Web Mining wird in den CPTs beispielsweise festgehalten, wie groß die Wahrscheinlichkeit für den Besuch eines HTML-Dokumentes einer kommerziellen Website ist, auf der Bestellungen getätigt werden können (B), wenn eine (oder mehrere) andere HTML-Dokumente der gleichen Website (etwa eine Seite mit detaillierten Produktinformationen, P) aufgerufen wurden. Ausgedrückt wird dies als Wert für $P(B+ |P+) = 0.2$. Daneben verwaltet eine CPT die Wahrscheinlichkeiten für das Auftreten aller Werte einer Variable in Abhängigkeiten vom Vorliegen oder Nicht-Vorliegen aller Werte der übergeordneten Variablen (vgl. Abbildung 2).

Produkte	P = besucht	P = nicht besucht
B = besucht	0.2	0.1
B = nicht besucht	0.8	0.9

Abbildung 2: Conditional Probability Table (CPT)

Bislang haben wir nur den Fall der probabilistischen Abhängigkeit zwischen zwei Variablen betrachtet. Kausale Netze stellen jedoch eine elegante Form der Darstellung *aller* Abhängigkeiten (einer gewissen Mindestgröße) zwischen interessierenden Variablenmengen (z.B. Seiten einer Website) dar. Man spricht hier auch von der gemeinsamen

Wahrscheinlichkeitsverteilung (*joint probability distribution*), die ein KN repräsentiert und die sich für Inferenzen zwischen beliebigen Knoten bzw. Mengen von Knoten nutzen lässt. Abbildung 3 zeigt ein mögliches Ergebnis eines Kausalmodells. In diesem Beispiel bestimmen Tageszeit und Referrer, welche Seiten als erstes besucht werden. Die zuerst besuchte Seite beeinflusst wiederum die als nächstes aufgerufene Seite sowie die Dauer der Session.

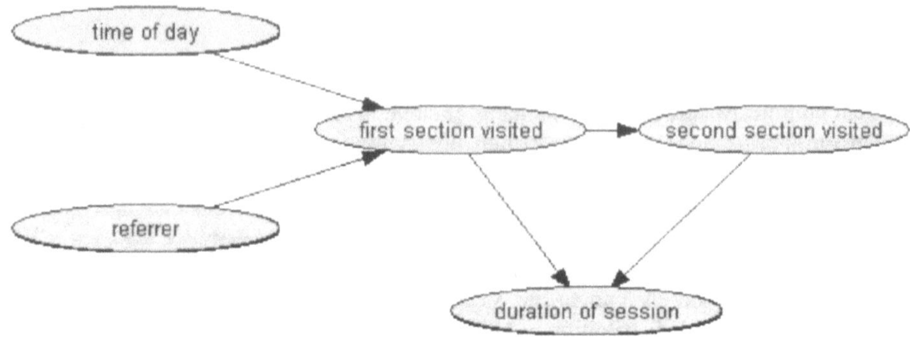

Abbildung 3: Beispielhaftes Kausalmodell im Web Mining

Betrachten wir zur Erläuterung der gemeinsamen Verteilung aller Variablen eines KN das in Abbildung 3 dargestellte Beispiel. Die Variablen sollen dazu mit dem Anfangsbuchstaben der Variablenbezeichnungen abgekürzt werden (t = time of day etc.). Bei den fünf Knoten (t, r, f, s ,d) aus Abbildung 3 lautet die „volle" gemeinsame Verteilung nach der sogenannten Kettenregel der Wahrscheinlichkeitsrechnung:

$$p(t,r,f,s,d) = p(t) * p(r|t) * p(f| r,t) * p(s|r,t,f) * p(d|r,t,f,s).$$

Soweit sind noch keine vereinfachenden Modell-Annahmen getroffen worden. Die obige Gleichung kann jede Verteilung exakt beschreiben und beinhaltet umgekehrt aber auch eine große Zahl an Freiheitsgraden, die das Modell schwer handhabbar machen. Im allgemeinen läßt sich jedoch zumeist ein „schlankeres" Modell durch Einführen von bedingten Unabhängigkeitsannahmen ermitteln, das die Ausgangsverteilung noch sehr exakt widerspiegelt. Der Graph in Abbildung 3 bringt zum Beispiel die Annahme (oder die Beobachtung) zum Ausdruck, daß die Länge der Besuche (duration of session) nicht unmittelbar von der Tageszeit (time of day) abhängt (sondern nur mittelbar über andere Größen, z.B. „first section visited"). In dem Graphen existiert somit kein direkter Pfeil von „time of day" zu „duration of session". Die zu dem Knoten „duration of session" gehörende Tafel $p(d|r,t,f,s)$ reduziert sich daher zu $p(d|f,s)$. Insgesamt vereinfacht sich die obige gemeinsame Verteilung entsprechend dem Graph aus Abbildung 3 gemäß:

$$p(t,r,f,s,d) = p(t) * p(r) * p(f| r,t) * p(s|f) * p(d|f,s).$$

Eine gemeinsame Verteilung ermöglicht die Berechnung einer Antwort auf jede Anfrage zu statistischen Beziehungen zwischen den Variablen einer Domäne. Moderne Inferenzverfahren nutzen dabei die im Rahmen des Modells angenommenen Unabhängigkeiten, um beliebige bedingte Verteilungen (z.B. den Zusammenhang zwischen „referrer" und „duration of session") bei Anfrage effizient aus dem Modell zu berechnen (Jensen 1996). Vereinfachende Modelle zusammen mit effizienten Inferenzverfahren ermöglichen dabei die Handhabung auch sehr großer statistischer Domänen.

2.3 Lernen mit Kausalen Netzen

Kausale Netze werden auch als Wahrscheinlichkeits-basierte Expertensysteme bezeichnet; ein typisches Einsatzfeld ist die Diagnose, z.B. die medizinische Diagnostik. Sowohl die Struktur des Netzes (also z.B. die kausalen Zusammenhänge zwischen Krankheiten und Symptomen) als auch die quantitativen Abhängigkeiten (Wahrscheinlichkeitstafeln) werden durch den Experten vorgegeben. In unserem Fall tritt an die Stelle des Expertenwissens eine große Menge von Daten, die implizit Informationen über die statistischen Abhängigkeiten enthalten. Ziel eines „Lernverfahren" ist es, aus den Daten heraus automatisch ein Kausales Netz, und damit ein Modell der Zusammenhänge, zu generieren.

Bereits seit einigen Jahren stehen Lernverfahren und entsprechende Werkzeuge bereit, die sich auch auf das Web Mining und die hier anfallenden Daten (z.B. aus Logdateien) anwenden lassen. Oben haben wir bereits graphentheoretische und wahrscheinlichkeitstheoretische Ausdrucksformen angesprochen. Dieser Unterscheidung begegnen wir auch beim Lernen in Kausalen Netzen. Lernen in KN kann sich nämlich auf die Struktur bzw. Topologie oder aber auf die Ausprägung der Abhängigkeiten zwischen den Variablen (Knoten) der Topologie richten. Im ersten Fall spricht man von *Strukturlernen* und im zweiten Fall von *Parameterlernen*. Schließlich ist es auch möglich, sowohl die Parameter als auch die Struktur eines Kausalen Netzes zu erlernen.

Parameterlernen setzt üblicherweise Wissen über die Zusammenhänge zwischen Variablen voraus und ist bedeutsam für die Genauigkeit der Inferenzen, die mit einem KN vorgenommen werden. Strukturlernen vermittelt ein Bild von bis dato unbekannten kausalen Zusammenhängen in komplexen Datensätzen. Mittlerweile gibt es eine Vielzahl von Lernverfahren, die sich mit Blick auf das Lernziel (Struktur, Parameter) und vor allem hinsichtlich der Performanz unterscheiden. Ein wichtiger grundsätzlicher Ansatz beim Lernen in KN beruht darauf, verschiedene Modellvarianten zu generieren, die sich hinsichtlich der Struktur bzw. der Parameter unterscheiden, und die Wahrscheinlichkeit solcher Modelle bei gegebenen Daten zu ermitteln. Kann ein Raum möglicher Modelle aufgespannt werden und die Modelle anhand eines Kriteriums wie der Likelihood bewertet werden, so besteht das Lernen in einer Selektion von Modellen, die optimal zu den Daten passen. In der Praxis muss jedoch der skizzierte einfache Ansatz modifiziert werden, um bei realistischen Problemen einsetzbar zu sein.

In gewissem Umfang stellt jedes Modell eine vereinfachte Beschreibung der Realität dar. Doch erst mit dieser Vereinfachung wird eine Fokussierung auf das Wesentliche möglich. Dabei kann man verschiedene vereinfachende Annahmen treffen. Häufig genutzt wird der Typ des „Kausalmodells", bei welchem die beobachteten Abhängigkeiten in einer Domäne nach Ursache- und Wirkungsbeziehungen zwischen den Variablen dargestellt werden. Die Offenlegung der kausalen Beziehungen oder direkten Abhängigkeiten, welche die in den Daten beobachteten Abhängigkeiten am besten beschreiben, geschieht durch Strukturlernalgorithmen (Hofmann 2000). Mögliche Ergebnisse werden in Form eines Schaubilds analog zu Abbildung 3 dargestellt.

Beim Kausalmodell handelt es sich um eine sehr treffende Art, eine Domäne zu beschreiben, wenn alle relevanten Variablen der Domäne erfasst werden. In vielen Fällen allerdings befinden sich in der Domäne verborgene Variablen, die nicht zugänglich sind. Ein häufig genutzter Modelltyp für diese Fälle ist das „Modell latenter Variablen". Es enthält verborgene Variablen, mit denen sich Ursachen modellieren lassen, die hinter den beobachteten Variablen stehen.

Ein einfaches Beispiel für ein derartiges Modell wird in Abbildung 4 dargestellt.. Die Annahme dieses Modells ist es, dass die Intention der Besucher die wesentliche Größe ist, die das Verhalten auf der Website bestimmt. Beispielsweise könnten sie nach speziellen Information suchen und navigieren deswegen auf eine bestimmte Art. Durch diese Absicht wird das Verhalten zweifellos beeinflusst. Die Absicht des Besuchers ist allerdings in der Regel nicht bekannt und kann daher lediglich als verborgene Ursache behandelt werden. Lernen eines solchen Modells entspricht einem Zerlegen der Besuche in typische Szenarien, die im Allgemeinen auch mit bestimmten Zielen der Besucher verbunden sind.

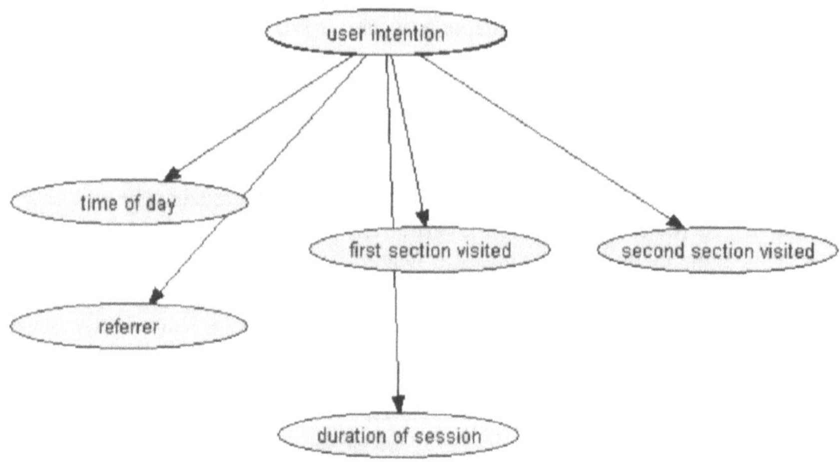

Abbildung 4: Beispiel eines Modells mit der latenten Variable „user intention"

Grundsätzlich bilden weder ein Kausalmodell noch das Modell einer latenten Ursache die Wahrheit perfekt ab. Beide stellen allerdings Näherungsmodelle dar, welche das Wesentliche der ursprünglichen Domäne erfassen. Dabei lassen sich beide Modelltypen kombinieren und grundsätzlich bis zu jedem willkürlich festgelegten Grad an Komplexität steigern (sofern man über die notwendigen Kenntnisse bzw. ausreichend Daten verfügt). Je nach Modelltyp gewinnt man zusätzliche Erkenntnisse zu möglichen Kausalbeziehungen oder zu Verhaltensclustern (bzw. entsprechenden Szenarien).

Das strukturelle Lernen und Anpassen von Parametern beruht im Regelfall auf der (penalized) Likelihood (Fisher 1922) als Optimierungskriterium. Bei Vorliegen latenter Variablen ist das am häufigsten verwendete Optimierungsverfahren für Likelihoodbasiertes Lernen das EM-Lernen (Expectation Maximization Learning; Dempster 1977). Das normale EM-Lernen ist im Falle fehlender oder verborgener Informationen jedoch sehr langsam – zu langsam im Anwendungsfall des Web Mining, wo sehr große Datenmengen in Protokolldateien abgelegt sind. Eine Reihe von Erweiterungen sind daher notwendig, mit denen die Effizienz der Handhabung fehlender Informationen verbessert wird und kleine, schnell erlernbare Teilmodelle zu einem leistungsstarken Gesamtmodell zusammengesetzt werden.

3　Kausale Netze im Web Mining

3.1　Aufbereitung von Logdaten

Über das „klassische" Pre-processing im Web Mining hinaus (s. hierzu Kapitel 2.2.1 des vorliegenden Buches) sind die Logdaten noch in ein spezielles Zielformat zu überführen, das von Werkzeugen zur Erstellung Kausaler Netze vorausgesetzt wird. Dieses Zielformat entspricht dem Format gängiger Statistikprogramme (z.B. SPSS). Hier stehen die Variablenwerte in den Spalten, und die Beobachtungseinheiten (z.B. Personen) werden in den einzelnen Zeilen angeordnet.

Nach geeigneter Datentransformation lässt sich ein Besuch einer Website durch eine Person über einen Nutzungsvektor beschreiben, der im einfachsten Fall aus 1 und 0 zusammengesetzt ist. Dabei steht 1 für den Besuch eines HTML-Dokuments und 0 für den Nicht-Besuch eines HTML-Dokuments. Werkzeuge zur Erstellung von Kausalen Netzen können aber auch stetige Werte (z.B. Verweildauer auf einzelnen Dokumenten) verarbeiten.

Bei den vorhandenen KN-Softwarepaketen gibt es große Unterschiede in Bezug auf die Lernleistungen. Wünschenswert sind in jedem Fall Werkzeuge, mit denen sich sowohl Parameterlernen als auch Strukturlernen durchführen lässt. Neben reinen Logfiledaten kann es sinnvoll sein noch weitere Daten (z.B. aus Zeitmessungen) hinzuzuziehen und in ein KN einzubinden. Tatsächlich ist dies vom Ansatz der KN einfach möglich, allerdings müssen solche Daten natürlich zunächst erhoben werden.

3.2　Mögliche Fragestellungen im Web Mining

Nach dem Lernen der Modelle aus den Daten spiegeln die Modelle alle wesentlichen statistischen Abhängigkeiten zwischen beliebigen Variablen der Domäne wider. Statt unmittelbar statistische Abfragen über eine Datenbank laufen zu lassen (z.B. in Form eines SQL-Statements oder mit Hilfe von OLAP-Werkzeugen) kann das gemeinsame Wahrscheinlichkeitsmodell dazu benutzt werden, um beliebige bedingte Verteilungen, Randverteilungen oder daraus abgeleitete Größen zu errechnen. Die Größe der Modelle und die Geschwindigkeit, mit der sich die Modelle handhaben lassen, ermöglichen dabei ein interaktives, sehr effizientes und flexibles Vorgehen.

Die Gesamtheit der Website-Besucher lässt sich somit sehr schnell von allen Seiten betrachten. So können Fragen der Art: „Welche Bereiche werden am meisten von Besuchern aufgesucht, die von Yahoo kommen?" oder umgekehrt „Woher kommen Besucher, die den Hardware-Bereich lesen?" an das Modell gestellt werden. Die Antwort auf derartige Fragen lässt sich an Hand des Modells in Bruchteilen von Sekunden ermitteln. Dies bedeutet, dass der Kunde oder Website-Besucher mit Hilfe der Modelle aus jeder Perspektive betrachtet werden kann und man ohne Weiteres eine sog. 360°-Sicht der Besucher erhalten kann. In der vorgestellten Fallstudie in diesem Buch ist ein ausführlicher Bericht über ein Pilotprojekt des „Web Mining mit Kausalen Netzen" zu finden (s. Kapitel 3.3 dieses Bandes). Das effiziente Explorieren der Abhängigkeiten zwischen Variablen machte es in diesem Projekt möglich, die Besucher nicht nur aus quantitativer Sicht (z.B. wie viele Besucher kommen über welche Referrer) sondern auch aus qualitativer Sicht (welche Sorte von Besucher) zu beleuchten.

Je nach Typ des gewählten Modells lassen sich zusätzliche Erkenntnisse gewinnen. Strukturlernen liefert Einsichten über mittelbare und unmittelbare Abhängigkeiten. So könnte Strukturlernen z.B. zu der Aussage führen, dass die Wahrscheinlichkeit dafür, dass ein Kunde ein bestimmtes Produkt kauft, unmittelbar davon abhängt, über welchen Werbepartner ein Kunde auf die Website gekommen ist, ansonsten aber nur indirekt von anderen Größen abhängig ist. Lernen mit versteckten Variablen liefert Erkenntnisse über typische Szenarien oder typische Verhaltensmuster (Click Streams). An Hand der wesentlichen Verhaltensmuster lässt sich schnell ein Überblick über eine ansonsten schwer überschaubare Anzahl an Besuchern einer Website gewinnen.

3.3   Einsatz Kausaler Netze zur Personalisierung

Portale, Web-Shops, E-Marktplätze und das Internet in seiner Gesamtheit ähneln weitgehend Selbstbedienungssystemen. Suchmaschinen sind im Wesentlichen die einzige Hilfe bei der Suche nach dem Gewünschten; von einer persönliche Unterstützung kann keine Rede sein. Der Nutzer ist an derartige Situationen gewohnt, weil die Welt außerhalb des Internets sich hiervon häufig nicht wesentlich unterscheidet. So kann man es in einem Call Center ohne Weiteres mit einem Agenten zu tun haben, der weniger kenntnisreich ist als man selbst. Ein Grund hierfür ist, dass qualifizierte Mitarbeiter kostspielig sind und viele Unternehmen ihre Kundenkontakte möglichst effizient organisieren wollen.

Dies kann im klassischen Laden an der Straßenecke völlig anders aussehen, wo die Kunden von jemandem bedient werden, der ihre Vorlieben kennt und ihren Bedarf aus den aktuellen Umständen erschließt. In diesem Fall ist es möglich, dass der Verkäufer Produkte anbietet, die ein Kunde bisher nicht kannte; die ihm allerdings überaus gelegen kommen. Die angenehme Überraschung eines solch patenten Service schafft eine starke Beziehung zum Kunden. Websites oder Call Center mit derart intelligenten Serviceleistungen haben daher (ohne Beschäftigung kostspieliger Mitarbeiter) eindeutige Wettbewerbsvorteile.

Die Basis für eine intelligente Bedienung von Kunden ist die Kenntnis darüber, welche Charakteristika die Kunden aufweisen, welche Vorlieben sie haben und was diese Kunden tatsächlich benötigen könnten. Die dargestellten statistischen Modelle enthalten implizit eine große Menge dieser Kenntnisse über Kunden. Diese Kenntnisse lassen sich im Rahmen automatisierter Verfahren nutzen, um für individuelle Kunden optimierte Leistungen bereitzustellen. Dabei werden die statistischen Aussagen des Modells als Prognosen künftiger Verhaltensmuster und Interessen eines Kunden genutzt, der eine Website aktuell besucht.

Um diese Prognose zu erhalten, muss das Modell mit allen Informationen über einen aktuellen Besucher gespeist werden, die momentan verfügbar sind, darunter auch sein beobachtetes Verhalten in Form vorangegangener Seitenabrufe. Das Modell ermittelt daraus eine bedingte Verteilung, d.h. die Erkenntnis, mit welcher Wahrscheinlichkeit Kunden, deren Verhalten und Eigenschaften dem aktuellen Besucher gleichen, an bestimmten Dingen interessiert sind oder was diese Sorte Kunden typischerweise in der Zukunft mit welcher Wahrscheinlichkeit tun werden.

Das Modell kann diese Prognosen in Echtzeit erstellen. Diese Prognosen können genutzt werden, um Informationen einzuspielen, die für diese Art von Kunden besonders relevant sind. Auf Basis dieser Informationen lassen sich dynamische Angebote erstellen und Cross-/ Upselling-Chancen realisieren, indem z.B. Anzeigen „zur rechten Zeit am rechten Ort" platziert oder Hitlisten je nach Relevanz für den Kunden erstellt werden. Diese Möglichkeiten sind nur einige wenige Beispiele. Sobald die Kundenmodelle verfügbar sind, gibt es praktisch unbegrenzte Möglichkeiten für kreative Ideen, wie die in den Kundenmodellen abgelegten Informationen zur Optimierung des Service eingesetzt werden können.

Konkret könnte eine Personalisierung wie folgt erfolgen. Nehmen wir an, ein Website-Besucher sucht am frühen Nachmittag im Multimedia-Bereich einer Website nach Informationen, und sein Referrer ist www.xyz-tv.com. Mit einem Cookie kann der Besucher als wiederkehrender Besucher erkannt werden; bei seinen früheren Besuchen hat er wiederholt Interesse am Musikbereich gezeigt. Bevor die Anfrage des Kunden beantwortet wird, werden all diese Informationen über ihn in das Modell eingespeist, d.h. folgende Variablen werden mit den aufgeführten Werten belegt:

- Uhrzeit: früher Nachmittag

- Erste Seite: Multimedia-Bereich

- Referrer: www.xyz-tv.com

- Kundentyp: wiederkehrender Kunde

- Vorherrschende Interessen bei früheren Besuchen: Musikbereich

Das Modell berechnet verzögerungsfrei folgende Information:

„20% der Besucher mit diesen Eigenschaften haben ein Interesse an MP3-Playern."

Jetzt erst wird dem Besucher die angeforderte Website übermittelt, wobei jedoch an geeigneten Stellen auch einige Links zum MP3-Bereich untergebracht werden.

Die Schlussfolgerung des Modells kann am späten Abend bei einem ansonsten gleichartigen Besucher sehr unterschiedlich ausfallen, wenn abends eine andere Klasse von Kunden die Website besucht. Über die Modelle wird die statistische Abhängigkeit der Benutzerinteressen von der Uhrzeit und allen anderen Größen benutzt und in personalisierte Inhalte umgesetzt. Der Modell-basierte Personalisierungsansatz kann sich all diese subtilen Beziehungen automatisch zunutze machen, auch wenn kein menschlicher Bearbeiter das Beziehungsgeflecht in einer derartigen Tiefenstruktur erkennen kann.

Aus technischer Sicht ist diese Personalisierung nur möglich, weil die Modelle in Sekundenbruchteilen ausgewertet werden können, d.h. im Zeitraum zwischen dem Klick eines Anwenders und der Antwort des Servers. Auf diese Weise erhalten alle Anwender auf jeden Klick eine personalisierte Antwort. Somit kann man mit demselben Ansatz wie für die Analyse des Kundenverhaltens einen vorausschauenden, proaktiven Dialog mit dem Kunden führen. Diese Rückkopplungsschleife, bei der Erkenntnisse über Kunden in Form eines Modells gewonnen werden und für Angebote an Kunden genutzt werden, ist in Abbildung 1 veranschaulicht.

4 Fazit: Was macht Kausale Netze für Web Mining so interessant?

Der Kerngedanke des hier dargestellten Ansatzes ist die Verdichtung großer Mengen von Daten über die Nutzung einer Website zu einem kompakten statistischen Verhaltensmodell. Ein Modell ist die vereinfachte, approximative Beschreibung der Wirklichkeit, die jedoch oft das Wesentliche zum Vorschein bringt. Der Aufbau von Modellen empfiehlt sich immer dann, wenn das Ausgangsproblem für eine effiziente Analyse zu umfangreich oder so unüberschaubar ist, dass sein eigentlicher Kern nur schwer im Auge behalten werden kann. Während beim Web Mining die Ausgangsdaten schnell einige Dutzend GB erreichen können, haben die daraus gebildeten Modelle typischerweise nur ca. 10 MB. Im Unterschied zu den Originaldaten kann das abgeleitete Modell flexibel und mit wenig Aufwand gehandhabt werden. Erst an Hand des Modells wird schließlich ein interaktives Erforschen des Verhaltens der Besucher einer Website möglich.

Zusammenfassend bietet der Modellbasierte Ansatz die folgenden Vorteile:

- Explorative Analyse:

Der Modellbasierte Ansatz liefert Möglichkeiten zur explorativen Analyse des Verhaltens von Besuchern, die über die Möglichkeiten von OLAP hinausgehen; insbesondere können viele Dimensionen genutzt werden. Damit wird ein interaktives Erforschen des Verhaltens der Besucher über viele Zeitschritte hinweg möglich.

- Data Mining:

Gleichzeitig liefern die Modelle zusätzliche Einsichten in Form potentieller Ursache-Wirkungs-Beziehungen oder in Form typischer Verhaltensszenarien (Click Streams).

- Personalisierung:

Die Antwortzeit der Modelle liegt in der Größenordnung von Bruchteilen von Sekunden. Das Wissen über Verhalten und Präferenzen der Besucher in Form der Modelle kann daher unmittelbar in den operativen Betrieb zurückfließen und zu einer real-time Personalisierung genutzt werden.

Da der Modellbasierte Ansatz explorative Analysefunktionalität, Data Mining-Funktionalität und Möglichkeiten zur Personalisierung in einem geschlossenem technologischen Ansatz liefert (siehe „Closed Loop" in Abbildung 1) lassen sich Projekte sehr einfach stufenweise gestalten, ohne in jeden Schritt Investitionen für neue Technologien zu erfordern.

Literatur

Cooley, R.; Mobasher, B.; Srivastava, J. (1999): Data preparation for mining world wide web browsing patterns. In: Journal of Knowledge and Information Systems Vol. 1, Nr. 1, S. 5-32.

Dempster, A.; Laird, N.; Rubin, D. (1977): Maximum Likelihood for incomplete data via the EM algorithm. In: Journal of the Royal Statistical Society B 39, S. 1-38.

Fisher, R. (1922): On the mathematical foundations of theoretical statistics. In: Philosophical Transactions of the Royal Society, Ser. A 222, S. 309-368.

Haft, M.; Hofmann, R.; Tresp, V. (1999): Model-independent mean field theory as a local method for approximate propagation of information. In: Network: Computation in Neural Systems Vol. 10, Nr. 1, S. 93-105.

Hofmann, R. (2000): Lernen der Struktur nichtlinearer Abhängigkeiten mit graphischen Modellen Berlin: dissertation.de.

Hofmann, R.; Haft, M.; Herbert, J.; Jung, G. (2001): Analytical CRM: From Statistical Customer Models to Personalized Services. In: Proceedings of the ESOMAR Congresses „Marketing Transformation", Amsterdam.

Janetzko, D. (1999): Statistische Anwendungen im Internet, München.

Janetzko, D.; Hildebrandt, M.; Meyer, H.A. (2001): Zeiterfassungen bei Online-Fragebögen. In: Theobald, A.; Dreyer, M.; Starsetzki, T. (Hrsg.): Online-Marktforschung - Beiträge aus Wissenschaft und Praxis, Wiesbaden, S. 191- 212.

Jensen, F. (1996): An Introduction to Bayesian Networks, London.

Jordan, M. I. (Ed.) (1999): Learning in graphical models, Cambridge.

Mehlmann, O.; Landvogt, J.; Jameson, A.; Rist, T.; Schäfer, R. (1998): Einsatz Bayes'scher Netze zur Identifikation von Kundenwünschen im Internet. In: Künstliche Intelligenz, Nr. 3, S. 43-48.

Murphy, K.P. (2001a): A Brief Introduction to Bayesian Networks and Graphical Models. URL am 11.5.2001: http://www.cs.berkeley.edu/~murphyk/Bayes/bayes.html.

Murphy, K.P. (2001b): Software Packages for Graphical Models / Bayesian Networks. URL am 11.5.2001: http://www.cs.berkeley.edu/~murphyk/Bayes/bnsoft.html.

Pearl, J. (1988): Probabilistic Reasoning in Intelligent Systems: Networks of Plausible Inference, San Mateo.

Pearl, J. (2000): Causality - Models, Reasoning, and Inference, Cambridge.

Tresp, V.; Haft, M.; Hofmann, R. (1999): Mixture Approximations to Bayesian Networks. In: Uncertainty in Artificial Intelligence, Proceedings of the 15. Conference.

2 Der Web Mining Prozess

2.4 Umsetzung der Ergebnisse

Prof. Dr. Wolfgang Gaul

ist Mitglied der kollegialen Leitung des Instituts für Entscheidungstheorie und Unternehmensforschung, Universität Karlsruhe (TH).

Dr. Lars Schmidt-Thieme

ist wissenschaftlicher Mitarbeiter am Institut für Entscheidungstheorie und Unternehmensforschung, Universität Karlsruhe (TH).

2.4.1 Web Controlling und Recommendersysteme

1   Motivation

Kontrolle im wohlverstandenen Sinne bildet einen wichtigen Bestandteil erfolgreichen Handelns. Zu den Aufgaben des Controlling können Mithilfe bei der Auswahl von Zielen und der Zusammenführung von unterschiedlichen Planvorstellungen zu einem Gesamtplan ebenso gehören wie Vorschläge zur Organisation einer geeigneten Informationsbereitstellung und zum Aufbau eines adäquaten Berichtswesens, woraus oft eine Mitverantwortung bei der Anschaffung von Controlling-Software und ihrer Pflege resultiert. Hauptaufgaben des Controlling bestehen in der Schaffung von Transparenz beim Handlungsablauf, z.B. bei der Überprüfung des Grades der Zielerreichung, sowie in der Ergebniszuordnung zu Teilphasen und Verantwortungsbereichen. Hierbei sind bei den Verantwortlichen in den überprüften/zu überprüfenden Bereichen durch Erläuterung einzelner Schritte des Controlling-Vorgangs und Diskussion von Entscheidungszwängen im Controlling-Umfeld evtl. auftretende Spannungen zu minimieren. Hilfreich sind i.d.R. Anregungen zur Verbesserung der bestehenden Situation, was fundierte Kenntnisse in den entsprechenden Problemgebieten voraussetzt.

Diese Beschreibung von Controlling ist nicht zuletzt deshalb sehr allgemein ausgefallen, weil mittlerweile so viele Aufgabenbereiche und Anwendungsfelder mit Controlling-Aspekten in Beziehung gesetzt worden sind (man siehe etwa die Sammlung von Controlling-Konzepten in Mayer et al. 1999 oder das ZfB-Ergänzungsheft 2/2001). Unter den Anwendungsfeldern ist hier speziell das Marketing (man siehe etwa Link et al. 2000 oder Reinecke et al. 1998 und Zerres 2000) als ein Ausgangspunkt für die Beschäftigung mit Controlling-Fragestellungen im Internet zu erwähnen, weil sich durch die neuen Medien Erweiterungen der Kommunikationsmöglichkeiten zwischen Unternehmen und (potentiellen) Zielgruppen ergeben haben und Veränderungen in den Mediennutzungsgewohnheiten solcher Zielgruppen zu beobachten sind, die zu einer Überprüfung bisheriger Marketing-Konzepte und Anpassungen entsprechender Controlling-Maßnahmen führen. In diesem Zusammenhang ist der Begriff „Web-Controlling" entstanden, der das Umfeld derjenigen Aktivitäten beschreibt, mit denen man die Ausgestaltung des Web-Auftritts von Unternehmen überprüft und Hinweise gibt, wo und wie Verbesserungsmöglichkeiten umgesetzt werden könnten.

Dabei spielt der Begriff „Recommendersysteme", mit dem Software bezeichnet wird, die vorrangig aus dem Nutzungs- und Kaufverhalten von Besuchern/Kunden einer Web-Site geeignete Empfehlungen ($\rightarrow$ recommendations) erzeugt, eine wichtige Rolle. Aufgrund von Kennzahlen zur Beschreibung von ONLINE-Geschäftsabläufen wird erläutert, wie Recommendersysteme durch Übernahme von Web-Controlling-Aufgaben zum Erfolg im e-Business-Bereich beitragen können. Im Fokus des Web-Controlling stehen dabei eher die durch Web-Nutzung neu entstehenden Herausforderungen an ONLINE-Geschäftstätigkeiten als die traditionellen Aufgabenfelder des Controlling, die unabhängig von einer Internet-Anbindung von Unternehmen ihre Bedeutung behalten.

In einem Ausblick werden Grenzen der Sammlung, Aufbereitung und Speicherung von Kundendaten angesprochen und Hinweise auf zukünftige Entwicklungen gegeben.

2 Zur Beschreibung von ONLINE-Geschäftsabläufen mittels Web Mining

Stellen Sie sich ein „schönes" Geschäft vor, in dem wirklich „schöne" Angebote von Dienstleistungen und Produkten vorhanden sind, wo aber das Verkaufspersonal fehlt. Halten Sie eine solche Geschäftsidee für erfolgversprechend? Dies ist – sehr vereinfacht – die Situation, in der ONLINE-Geschäftsabläufe zu optimieren sind und das Web-Controlling Schwachstellen zu finden und zu beseitigen hat. Ein Hauptproblem ist, ob und wie man fehlende persönliche Bindungen zu den Besuchern/Kunden des ONLINE-Geschäfts kompensieren kann und was das Web-Controlling dazu beizutragen hat. Hier kommt es offensichtlich sehr darauf an, zunächst diejenigen Zielgruppen zu bestimmen und geeignet anzusprechen, die mit der entsprechenden Technologie erreichbar sind.

Abbildung 1 liefert eine Visualisierung des Vorgangs, aus potentiellen Kontakten im Zusammenhang mit ONLINE-Geschäften einen Kundenstamm aufzubauen und zeigt Ansatzpunkte für Web-Controlling-Maßnahmen auf. Da sich nicht alle Kontaktmöglichkeiten realisieren lassen, ergibt sich als eine der ersten Web-Controlling-Aktivitäten (siehe (1) in Abbildung 1) die Aufgabe zu überprüfen, wie der Anteil nicht realisierter Kontakte zu bewerten und evtl. zu verringern ist. Die Anzahl von (wo und wie) platzierten Werbebannern oder Angaben über die Präsenz und Positionierung des Web-Auftritts von Unternehmen in Suchmaschinen liefern hier Beispiele für Informationen, die sich in entsprechende Web-Controlling-Kennzahlen transformieren lassen, mit denen Erfolge bei der Kontaktaufnahme überprüfbar werden.

Entsprechendes gilt für die Ursachenforschung, warum Kontakte mit der Web-Site des Unternehmens nicht zum Kauf geführt haben (siehe (2) in Abbildung 1) bzw. warum Käufer nicht zu Wiederkäufern werden (siehe (3) in Abbildung 1), wobei nicht der Eindruck entstehen sollte, dass nur Schwachstellen gesucht werden, denn erfolgreiche Übergänge von erwünschten Zuständen in erwünschte Folgezustände liefern natürlich ebenfalls wertvolle Informationen für das Web-Controlling. Fragestellungen dieser Art sind nicht grundsätzlich neu und wurden bereits im klassischen Marketing-Controlling behandelt, dort vielleicht im Rahmen des bekannten und in Abbildung 1 ebenfalls angedeuteten „awareness-trial-repeat" Phasenmodells. Neu ist, dass die Fülle der bei ONLI-NE-Geschäftsabläufen anfallenden Daten die Erzeugung nuer Kennzahlen begünstigt (man siehe etwa Future Now 2001 oder NetGenesis 2000 für eine Diskussion geeigneter „e-metrics" bzw. „conversion rates").

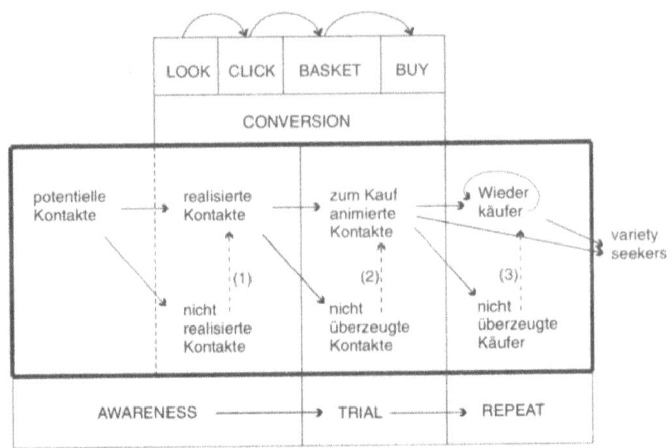

Abbildung 1: Zustandswechsel bei ONLINE-Geschäftsabläufen als Ansatzpunkte für
Web-Controllling-Aktivitäten

Diese Fülle an Informationen kann leicht zum Problem werden, dem man mit Methoden
des „Data Mining" zu begegnen versucht (man siehe etwa Gaul/Schader 1999 für eine
kritische Würdigung). Wie sich sogenannte „micro-conversion rates" (man siehe etwa
Gomory et al. 2000 oder Lee et al. 2000) zur Überprüfung von ONLINE-
Geschäftsabläufen einsetzen lassen, ist in Abbildung 1 ebenfalls skizziert, wobei die
benutzten Abkürzungen „look", „click", „basket" und „buy" nahezu selbsterklärend
sind. „look" umschreibt die Phase, in der der Site-Besucher erste Eindrücke über das
ONLINE-Angebot sammelt. „click" umfasst den Vorgang, in dem auf einen speziellen
Hyperlink geklickt wird und zugehörige (Produkt-)Informationen verfügbar werden.

Hinter „basket" verbirgt sich die Situation, dass das ausgesuchte Kaufobjekt in einen
elektronischen Einkaufskorb gelegt wird. „buy" bezeichnet die finale Kauftransaktion.
Die „basket-to-buy rate" ist dann eine Kennzahl, die den Anteil der sich in Warenkörben befindenden Objekte angibt, die auch tatsächlich gekauft wurden. Wenn diese Rate
nicht groß genug ist, muss das Web-Controlling nach Ursachen suchen, wobei das hier
skizzierte Beispiel der Verwendung von „micro-conversion"-Situationen verdeutlichen
soll, welche Genauigkeit bei der Überprüfung von ONLINE-Geschäftsabläufen erreicht
werden kann.

Dabei ist von großer Wichtigkeit, wie das Nutzerverhalten der Besucher der Web-Site
des betrachteten Unternehmens geeignet beschrieben werden kann. Eine technische
Möglichkeit, Basiskennzahlen des Nutzerverhaltens („hits", „page views", „visits") mit
der Struktur der zugrundeliegenden Web-Site in Zusammenhang zu bringen, um daraus
interessierende Web-Controlling-Größen zu generieren, besteht darin, ausgehend von
Web-Server-Anfragen, die jeweils Logfile-Einträge („hits") erzeugen, Seitenaufrufe
(„page views") zu betrachten, wobei eine Web-Site aus mehreren Seiten und eine Seite
i.d.R. aus mehreren Teilen besteht, die jeweils einen „hit" erzeugen. Besuche der Web-

Site („visits") definiert man dann über zusammengehörige Seitenaufrufe, wobei die Überprüfung der Zusammengehörigkeit durchaus Probleme aufwerfen kann (man siehe etwa Schmidt-Thieme/Gaul 2002).

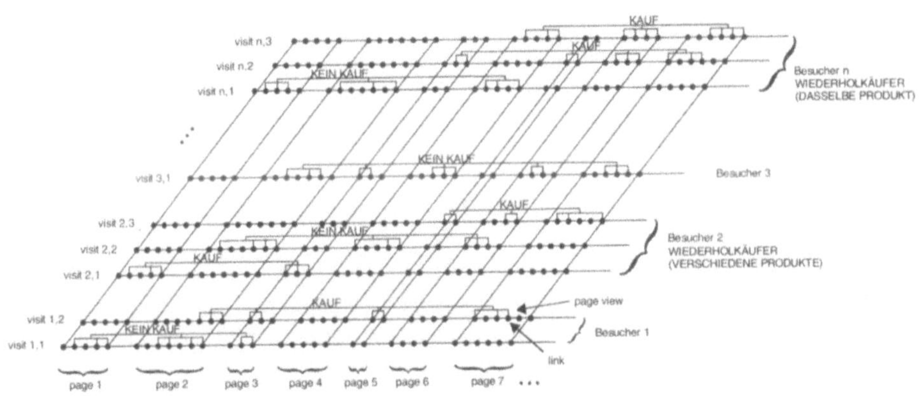

Abbildung 2: Beschreibung des Web-Nutzerverhaltens mittels „links, page views, visits"

Statt der Verwendung der technischen Größe „hits" bieten sich zur Beschreibung des Web-Nutzerverhaltens die „links" an, denen ein Benutzer gefolgt ist. Wie Abbildung 2 veranschaulichen soll, kann man solche Nutzungssituationen z.B. mittels der besuchten Seiten und der angeklickten Links auf einer Seite innerhalb eines Besuches, der in mehreren Besuchen wiederholt aufgerufenen Seiten, des speziellen Navigationsverhaltens, der schließlich erfolgten Kaufabschlüsse oder des an den Tag gelegten Wiederkaufverhaltens charakterisieren. Einzelne Seiten lassen sich über die Anzahl der angeklickten Links sowie die Zugriffshäufigkeiten und -dauern in Bezug auf ihre Teile und die gesamte Web-Site über die Attraktivität ihrer Seiten beurteilen. Man kann so feststellen, wofür sich potentielle Kunden interessieren bzw. woran es bei Teilen des Web-Auftritts des Unternehmens hapert.

Eines erlaubt das in Abbildung 2 skizzierte Schema nicht: Rückschlüsse, in welcher Aufeinanderfolge ein Besucher auf einzelne Inhalte in der Web-Site zugegriffen hat. Hier hilft Abbildung 3 weiter, in der der sequentielle Charakter der Navigation durch die Web-Site visualisiert wird.

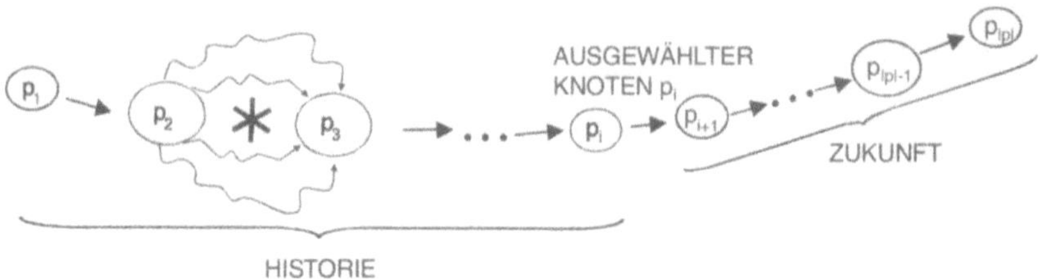

Abbildung 3: Sequentielle Informationen durch Navigationspfad-Fragmente

Mit der Bezeichnung p_j für den Aufruf von Seite (page) j lässt sich ein Navigationspfad als Folge $p = (p_1, p_2, ..., p_{|p|})$ (andere Schreibweise $p_1p_2...p_{|p|}$) der Länge $|p|$ in einem Web-Site-Verbindungsgraphen mit Knoten (Seiten der Web-Site) und Kanten (Verbindungsstruktur der Seiten der Web-Site) beschreiben. Falls ein Teilpfad, auf dem man von einer Seite p_j zu einer Seite p_k gelangen kann, für die Darstellung des Navigationsverhaltens nicht wichtig oder gar nicht bekannt ist, kann man diesen Teilpfad ignorieren und durch Verwendung des „wildcard"-Symbols $*$ auf diesen Tatbestand hinweisen. $p_j * p_k$ bedeutet in diesem Zusammenhang, dass es zur Interpretation des Navigationsverhaltens nicht darauf ankommt, wie man von p_j nach p_k gelangt ist. Der Navigationspfad zerfällt dann in Navigationspfad-Fragmente, z.B. von vielen Besuchern häufig benutzte Teilpfade und solche, die, weil weniger interessant, durch „wildcards" ersetzt werden (man siehe etwa Gaul/Schmidt-Thieme 2000 für eine mathematische Beschreibung der hierbei auftretenden Probleme). Wenn sich ein Site-Besucher bis zu einem Knoten p_i durchnavigiert hat, stellt sich die Frage, wie man aus der Kenntnis aller gesammelten Informationen über Navigationspfade bis zum Knoten p_i und der speziellen Historie des aktuellen Nutzers darauf schließen kann, welches Navigations-/Kaufverhalten in Zukunft zu erwarten ist.

Auch diese Informationen sind für die Optimierung von ONLINE-Geschäftsabläufen sehr wichtig, weil häufige Navigationspfad-Fragmente mit Erfolg zur Personalisierung von Kundenbeziehungen verwendet werden können. Dabei umfasst Personalisierung alles, was aufgrund der bislang gesammelten Informationen über Web-Site-Nutzer (z.B. Geschmacksrichtungen, mitgeteilte Wünsche aber auch aus der individuellen Art der Web-Nutzung abgeleitete Präferenzen sowie Ähnlichkeiten zu Mitgliedern spezifizierter Kundensegmente) und aufgrund der aufgebauten Erwartungshaltung von Site-Besuchern in Zusammenhang mit ihren bisherigen Web-Erfahrungen dazu beiträgt, die eingangs im Rahmen fehlender persönlicher Bindungen angesprochenen Defizite abzubauen, Besucher zu wiederkehrenden Käufern zu machen und individualisierte Kunden- und Nutzervorstellungen zu berücksichtigen.

Als Resümee haben die hier skizzierten Anwendungssituationen von Web-Controlling eines erkennen lassen: Zum Einsatz von Web-Controlling gehört die Kenntnis von und der Umgang mit Web Mining-Techniken, um aus den riesigen Datenmengen die für die Optimierung von ONLINE-Geschäftsabläufen richtigen und wichtigen Botschaften zu generieren. Dabei können Recommendersysteme helfen.

3 Recommendersysteme als Web-Controlling-Instrumente

Die Bezeichnung "Recommendersystem" ist der Oberbegriff für Software, mit der Informationen über Site-Besucher (z.B. ihr Interesse an speziellen Angeboten der Web-Site, Nachfragen nach gewünschten/wünschenswerten Suchdimensionen oder andere FAQ, Navigations- und Kaufverhalten) gesammelt und aggregiert werden und mit bereits gespeichertem Wissen über verfügbare oder beschaffbare Angebote sowie anderen relevanten Neuigkeiten verknüpft wird, um daraus Empfehlungen ($\rightarrow$ recommendations) für unterschiedliche Interessenten abzuleiten.

Die in Abbildung 4 nur angedeuteten Einsatzmöglichkeiten von Recommendersystemen lassen erkennen, dass mit dieser Technologie natürlich Web-Controlling-Aufgaben bearbeitet werden können. Auch wenn in der Literatur (man siehe etwa Gaul et al. 2002, Gaul/Schmidt-Thieme 2002 und die dort zitierten Referenzen) bisher die Verwendung von Recommendersystemen zur Verbesserung der Beziehungen zwischen Site-Besuchern und Site-Betreibern im Vordergrund steht, können diese Systeme Site-Betreibern nicht nur helfen, für die Besucher und Kunden ihrer Web-Site Hilfen bereitzustellen, sondern durch gezielte Kennzahlengenerierung ebenfalls dazu beitragen, den Web-Auftritt des Unternehmens zu optimieren.

NACHFRAGER-SICHTWEISE			ANBIETER-SICHTWEISE
WEB-SITE BESUCHER	RECOMMENDER SYSTEME		WEB-SITE BETREIBER
WÜNSCHEN	UNTERSTÜTZEN DIE	HELFEN BEI DER	WÜNSCHEN
• HILFE BEI IHRER SUCHE NACH INTERESSANTEN ANGEBOTEN	• TENDENZ, WEB SITE BESUCHER ZU KÄUFERN ZU MACHEN	• KLASSIFIKATION VON KONSUMENTEN-BEDÜRFNISSEN	• HILFE BEIM AUFSPÜREN VON KONSUMENTEN-SEGMENTEN MIT ÄHNLICHEM KAUFVERHALTEN
• UNTERSTÜTZUNG BEI DER AUSWAHL VON ANGEBOTEN MIT VORGEGEBENEN EIGENSCHAFTEN	• VERBESSERUNG VON CROSS- UND UP-SELLING MÖGLICHKEITEN	• ENTDECKUNG VON CROSS- UND UP-SELLING MÖGLICHKEITEN	• HINWEISE, WIE ANGEBOTS-BÜNDELUNGEN AUF KUNDENWÜNSCHE ANGEPASST WERDEN KÖNNEN
• VERGLEICHENDE BEURTEILUNGEN VON WETTBEWERBS-ANGEBOTEN	• VERFESTIGUNG VON KUNDEN-LOYALITÄT	• ÜBERPRÜFUNG VON NACHFRAGE-TRENDS	• ANALYSEN IN BEZUG AUF ZUKÜNFTIGE WETTBEWERBS-SZENARIOS
• • •	• • •	• • •	• • •

Abbildung 4: Einsatzmöglichkeiten von Recommendersystemen

Abbildung 5 listet eine Auswahl von Kennzahlen auf, die hierbei zum Einsatz kommen könnten, wobei am Anfang eher Kennzahlen genannt werden, die Vorgänge wie Akquisition und Übergänge vom Besucher- zum Kunden-Status bzw. vom Käufer- zum Wiederkäufer-Status beschreiben, während die zuletzt gelisteten Kennzahlen das Site-Angebot oder sogar einzelne Seiten charakterisieren helfen. Dabei wurden die englischen Bezeichnungsweisen beibehalten, die in den meisten Fällen selbsterklärend sind. Mit Begriffen wie „freshness" (womit man beurteilen möchte, wie sich das Ändern von Inhalten der Web-Site auf die Besuchshäufigkeit auswirkt), „duration" (Verweildauer) und „stickiness" bzw. „slipperiness" (womit man bewerten möchte, wie lange und wie häufig man sich mit gewissen Inhalten der Web-Site beschäftigt) soll die Attraktivität des Web-Auftritts des Unternehmens abgeschätzt werden (wobei eine gewisse „slipperiness" gut ist bei solchen Inhalten, wo der Nutzer bei zu langem Verweilen auf einer Seite den Besuch abbrechen würde, und „stickiness" wünschenswert ist in Situationen, wo lange Verweildauern und hohe Besuchshäufigkeiten (sowie gute Erreichbarkeit) von Vorteil ist.

$$\text{Acquisition Cost} = \frac{\text{Advertising \& Promotional Costs}}{\text{Number of Click-Throughs}}$$

$$\text{Cost Per Visitor} = \frac{\text{Average Monthly Marketing Expenses}}{\text{Average Number of Unique Visitors per Month}}$$

$$\text{Customer Acquisition Cost} = \frac{\text{Average Monthly Marketing Expenses}}{\text{Average Number of Orders per Month}}$$

$$\text{Customer Acquisition Ratio} = \frac{\text{Cost Per Visitor}}{\text{Customer Acquisition Cost}}$$

$$\text{Total Site Reach} = \frac{\text{Number of Unique Users who Visited in T}}{\text{Total Number of Unique Users}}$$

$$\text{Connect Rate} = \frac{\text{Page Views}}{\text{Click-Throughs to First Interior Page}}$$

$$\text{Average Order Size} = \frac{\text{Average Sales per Month}}{\text{Average Number of Orders per Month}}$$

$$\text{Sales Per Visitor} = \frac{\text{Average Sales per Month}}{\text{Average Number of Unique Visitors per Month}}$$

$$\text{Cost per Conversion} = \frac{\text{Advertising \& Promotional Costs}}{\text{Number of Orders}}$$

$$\text{Customer Conversion Rate} = \frac{\text{Average Number of Orders}}{\text{Average Number of Unique Visitors}}$$

$$\text{Repeat Customer Conversion Rate} = \frac{\text{Customers who become Repeat Customers}}{\text{Customers}}$$

$$\text{Order Rate of Repeat Customers} = \frac{\text{Orders of Repeat Buyers}}{\text{Average Number of Orders}}$$

$$\text{Site Penetration Rate} = \frac{\text{Number of Click-Throughs to First Interior Page}}{\text{Number of Home Page Hits per Month}}$$

$$Frequency = \frac{\text{Number of Visits in Time Period T}}{\text{Number of Unique Users who Visited in T}}$$

$$\text{Freshness Factor} = \frac{\text{Average Content Area Refresh Rate}}{\text{Average Section Visit Frequency}}$$

$$Duration = \frac{\text{Total Amount of Time Spent Viewing all Pages}}{\text{Number of Visits in Time Period T}}$$

$$\text{Stickiness} = \text{Frequency} \bullet \text{Duration} \bullet \text{Total Site Reach}$$

$$\text{Slipperiness} = \text{Low Stickiness}$$

Abbildung 5: Auswahl von Kennzahlen für das Web-Controlling

Dass es sich hierbei nur um eine Auswahl von Kennzahlen handelt, wird schon daran deutlich, dass keine Mikro-Übergangsraten wie die im Zusammenhang mit Abbildung 1 genannten „look-to-click"-, „click-to-basket"- bzw. „basket-to-buy"-Größen angegeben werden. Abbildung 5 soll lediglich Beispiele dafür liefern, welche Möglichkeiten sich für das Web-Controlling ergeben. Die konkrete Umsetzung des Web-Controlling-Vorgangs ist dann vom speziellen Typ des zugrundeliegenden ONLINE-Geschäfts abhängig.

Abbildung 6 zeigt das Einsatzumfeld von Recommendersystemen auf und soll dabei auch verdeutlichen, wo konkrete Web-Controlling-Aktivitäten anfallen. Wenn Web-Site-Besucher wiederholt zur Web-Site zurückkehren, sind sie als potentielle Kunden interessant, so dass man sie aufgrund ihres Navigationsverhaltens und anderer zusätzlicher Informationen charakterisieren und mit für sie interessanten Empfehlungen versorgen sollte und wegen der zwischenzeitlich offensichtlich verbesserbaren Bindung zur Web-Site mit größerer Erfolgswahrscheinlichkeit davon überzeugen kann, sich identifizieren zu lassen. Beim Identifizierungsvorgang sind unterschiedliche Stufen der Weitergabe von persönlichen Informationen möglich, was durch die beiden parallel eingezeichneten Pfeile in Abbildung 6 angedeutet wird. Für Kunden am einsichtigsten ist, dass zur korrekten Abwicklung des mit dem Kauf verbundenen Liefer- und Zahlungsvorgangs entsprechende Daten benötigt werden. Zur Festigung der Kundenbeziehung sind schließlich geeignete ONLINE-Kundenbindungsstrategien einzusetzen. Die Ausgestaltung erfolgreicher Kundenbindung ist eines der bevorzugten Anwendungsfelder für Recommendersysteme.

Offensichtlich liefert Abbildung 6 eine andere Sichtweise der bereits in Abbildung 1 skizzierten Situationsbeschreibung und verdeutlicht nochmals die zwischen Recommendersystemen und Web-Controlling-Software bestehenden engen Beziehungen. Wenn die erzeugten „recommendations" einen begehrten Mehrwert für Web-Site-Besucher darstellen, werden sie dazu beitragen, gelegentliche Besucher zu häufigen Nutzern und Käufer zu Wiederkäufern zu machen. Insbesondere beim zuletzt genannten Übergang ist der optimierte Einsatz von ONLINE-Kundenbindungsmaßnahmen mittels

Recommendersystemen von großer Wichtigkeit. Eine ausführlichere Behandlung dieser Thematik würde allerdings den Rahmen der für diesen Beitrag vorgesehenen Seitenbegrenzung sprengen.

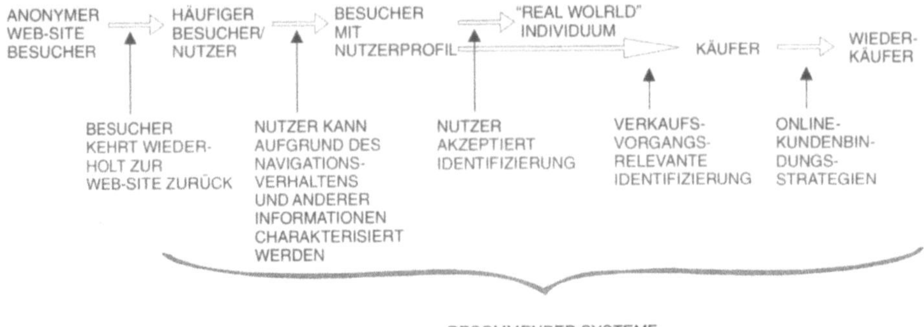

Abbildung 6: Einsatzumfeld für Recommendersysteme

Als weiterer Gesichtspunkt ist abschließend noch der Umgang mit personenbezogenen Daten zu erwähnen. Tabelle 1 soll hierzu eine einfache Einteilungsmöglichkeit liefern, die sich am Teledienstedatenschutzgesetz (TDDSG) orientiert.

Aus nationaler Sicht sind neben dem TDDSG das Bundesdatenschutzgesetz (BDSG) und das Informations- und Kommunikationsienstegesetz (IuKDG) für den Bereich Teledienste/Individualkommunikation, das Telekommunikationsgesetz (TKG), die Telekommunikationsdatenschutzverordnung (TDSV) und das Fernmeldegesetz (FMG) für die Bereitstellung von Technik und elektronischen Grundlagen sowie der Mediendienstestaatsvertrag (MDStV) und entsprechende Länderdatenschutzgesetze (LDSG) für die Weitergabe von Informationen, die der Allgemeinheit zugänglich gemacht werden, zu nennen, in denen weitere Regelungen zum Umgang mit Informationen zu finden sind. Aufgrund der grenzüberschreitenden Vernetzung und Durchführbarkeit von ONLINE-Unternehmensaktivitäten sind daneben die einschlägigen Gesetze und Vorschriften in solchen Ländern zu berücksichtigen, in denen man mit seinen ONLINE-Geschäften tätig ist.

Auf den ersten Blick mag diese Vielzahl von in Frage kommenden Einschränkungen abschreckend wirken. Beim näheren Hinsehen gibt es aber eine Reihe von Sachverhalten, durch die sich dieser erste Eindruck relativieren lässt, z.B.:

- Einwilligung: Der Nutzer willigt in die Sammlung und Auswertung seiner Daten ein.

- Informationspflicht: Vor der Erhebung personenbezogener Daten muss informiert werden (Verzichtserklärung muss möglich sein.).

- Nutzungsprofile: Die Erzeugung von Nutzungsprofilen ist (nur) unter Verwendung von Pseudonymen zulässig (Ausnahme: Einwilligung des Nutzers).

- Zweckbindung: Die Datenerhebung muss zweckgebunden (zur Erbringung von Leistungen) erfolgen (Ausnahme: Einwilligung des Nutzers).

- Monopolklausel: Ein Anbieter von ONLINE-Diensten, der ein Monopol in einem bestimmten Bereich besitzt, darf die Erbringung von Diensten nicht von der Verarbeitung oder Nutzung der personenbezogenen Daten für andere Zwecke abhängig machen.

- Präventiver Datenschutz: Die Softwaresystemstrukturen verfügen über eine technisch-organisatorische Trennung verschiedener Bearbeitungsbereiche und unterliegen datenschutzrechtlichen Kontrollen.

- Gültigkeit nationaler Vorschriften: Rechtsnormen in einem anderen Land können weniger restriktiv im Hinblick auf dort erhobene Daten sein.

Art der Daten	Erläuterung	Löschungs-vorschrift	Weiterverwen-dungseinschrän-kungen
Bestandsdaten	Daten, die für die Inhaltliche Begründung oder Ausgestaltung eines Vertragsverhältnisses erforderlich sind	Spätestens zwei Jahre nach Vertragsbeendigung	Ausdrückliche Einwilligung des Nutzers
Nutzungsdaten	Daten, um die Inanspruchnahme von Telediensten zu ermöglichen	Frühestmöglich, spätestens nach Ende der jeweiligen Nutzung (Ausnahme→ Abrechnungsdaten)	Nur anonymisierte Verwendung
Abrechnungsdaten	Daten, um die Inanspruchnahme von Telediensten abzurechnen	Nach Erfüllung der Forderung durch den Nutzer, spätestens 80 Tage nach Versand der Abrechnung, wenn diese beglichen wurde	Nur zum Zweck der Abrechnung, sonst nur anonymisierte Verwendung

Tabelle 1: Beschränkungen bei der Sammlung personenbezogener Daten

Man erkennt, dass sich durch die Einwilligung des Site-Besuchers viele Probleme lösen lassen. Für eine ausführlichere Erläuterung des rechtlichen Rahmens muss allerdings auf die einschlägige Rechtsliteratur verwiesen werden (s. hierzu auch Kapitel 2.1.3 des vorliegenden Buches). Man beachte aber noch folgenden Sachverhalt:

- Viele der im Rahmen von Web-Controlling-Aktivitäten anfallenden Daten müssen nicht personenbezogen erhoben werden. Für viele der im Web-Controlling durchzuführenden Überprüfungen genügen anonymisierte Daten.

4   Ausblick

Die bisherigen Ausführungen zum Web-Controlling haben erkennen lassen, wo sich Einsatzschwerpunkte ergeben und welche Schwierigkeiten zu berücksichtigen sind. Im Vergleich zu früheren, computergestützten Aktivitäten mit Marketing-Bezug (man siehe etwa Gaul/Baier 1994 oder Gaul/Both 1990) sind die riesigen Datenmengen und die Vorschaltung geeigneter Daten-Preprozessing-Schritte als Herausforderungen zu nennen, mit denen heutige Datenverarbeitungstechniken stärker als früher konfrontiert werden. Speziell im Bereich der Auswertung von Web-Nutzungsdaten sind die angesprochenen Restriktionen bei der Sammlung und Verwertung personenbezogener Informationen zu berücksichtigen.

Wenn – wie eingangs erwähnt – Web-Controlling zur „optimierten" Gestaltung von ONLINE-Geschäftsabläufen beitragen soll, dann kann man sich für Hinweise auf zukünftige Entwicklungen die wichtigsten Aktivitäten bei e-Business-Vorgängen auflisten und überlegen, wo Verstärkungen von Web-Conrolling-Aspekten zu Wettbewerbsvorteilen führen können. Zu nennen sind z.B. (in Klammern sind jeweils einige dabei zu berücksichtigende Aspekte aufgeführt): Erzeugung von Aufmerksamkeit für den Web-Auftritt des Unternehmens (e-Werbung, Spamming, Urheberrechtsschutz), Information über spezielle Angebote im Rahmen des ONLINE-Geschäfts (Angebotsbündelung, Markenrecht), Protokollierung des Navigationsverhaltens der Web-Site-Besucher (Bereitstellung von Navigationshilfen, Datenschutz), Zusammenstellung von Warenkörben (Kaufverbundsanalyse, Rabattgewährung), Aufzeichnung des Kaufverhaltens (Erforschung von Verbrauchertrends, Datenschutz), Abwicklung des e-Verkaufsvorgangs (Haftungsproblematik), Sicherstellung der Bezahlung (Schutz vor Missbrauch im Zahlungsverkehrsbereich, Datenschutz), Überwachung des Liefervorgangs (Order Tracking, Sendungsverfolgung), Überprüfung der Kundenzufriedenheit (Analyse des Beschwerde-/Wiederkaufverhaltens), Erhöhung der Kundenbindung (Bereitstellung von Empfehlungen, die einen (Mehr)Wert darstellen).

Einige der genannten Aspekte, vielleicht aber auch ganz neue Geschäftsfelder, werden in Abhängigkeit von erkennbaren Wünschen der Site-Besucher, vor allem aber aufgrund von Reaktionen der Kunden des eigenen ONLINE-Geschäfts, der durch das Web-Controlling festgestellten Verbesserungsmöglichkeiten und der verfolgten Unternehmensphilosophie für den Einsatz von Recommendersystemen und entsprechender Controlling-Software besondere Wichtigkeit erhalten. Für die Thematik „e-Marketing mittels Recommendersystemen" kann hier bereits auf eine anstehende Veröffentlichung (Gaul et al. 2002) verwiesen werden.

Literatur

Future Now (2001): Increasing Conversion Rates: One Step at a Time, Future Now, Inc.

Gaul, W.; Baier, D. (1994): Marktforschung und Marketing Management, München.

Gaul, W.; Both, M. (1990): Computergestütztes Marketing, Berlin et al.

Gaul, W.; Geyer-Schulz, A.; Hahsler, M.; Schmidt-Thieme, L. (2002): eMarketing mittels Recommendersystemen, erscheint in Marketing ZFP, 2002.

Gaul, W.; Schader, M. (1999): Data Mining: A New Label for an Old Problem? in: Gaul, W.; Schader, M. (Hrsg.): Mathematische Methoden der Wirtschaftswissenschaften, Festschrift für Otto Opitz, Heidelberg, S. 3-14.

Gaul, W.; Schmidt-Thieme, L. (2000): Frequent Generalized Subsequences – A Problem From Web Mining, in: Gaul, W.; Opitz, O.; Schader, M. (Eds.): Data Analysis: Scientific Modeling and Practical Application, Berlin et al., S. 430-445.

Gaul, W.; Schmidt-Thieme, L. (2002): Recommender Systems Based on User Navigational Behavior in the Internet, to appear in Behaviormetrika, 29, No. 1, 2002.

Gomory, S.; Hoch, R., Lee, J.; Podlaseck, M., Schonberg, E. (2000): E-Commerce Intelligence: Measuring, Analyzing, and Reporting on Merchandising Effectiveness of Online Stores, working paper, IBM T.J. Watson Research Center.

Lee, J.; Hoch, R.; Podlaseck, M.; Schonberg, E.; Gomory, S. (2000): Analysis and Visualization of Metrics for Online Merchandising, Lecture Notes in Computer Science, Berlin et al.

Link, J.; Gerth, N.; Voßbeck, E. (2000): Marketing-Controlling, München.

Mayer, E.; Liessmann, K.; Freidank, C.-C. (Hrsg.) (1999): Controlling-Konzepte, Wiesbaden.

NetGenesis (2000): E-Metrics: Business Metrics for the New Economy, NetGenesis Corp.

Reinecke, S.; Tomczak, T.; Dittrich, S. (Hrsg.) (1998): Marketingcontrolling, St. Gallen.

Schmidt-Thieme, L.; Gaul, W. (2002): Aufzeichnung des Nutzerverhaltens – Erhebungstechniken und Datenformate, in diesem Band.

Zerres, M.P. (Hrsg.) (2000): Handbuch des Marketing-Controlling, Berlin et al..

ZfB-Ergänzungsheft 2/2001: Controlling-Theorie.

Dr. Frank Bensberg

promovierte über den Themenbereich Web Mining und wurde als Gründungsgesellschafter der Horváth Web Intelligence GmbH (Münster) in zahlreichen Web Mining-Projekten beratend tätig. Zur Zeit arbeitet Dr. Bensberg als Wissenschaftlicher Assistent am Institut für Wirtschaftsinformatik der Westfälischen Wilhelms-Universität.

2.4.2 Website-Optimierung – Aufgabenstellung und Vorgehensweise

1   Aufgabenstellung der Website-Optimierung

Zahlreiche Unternehmen haben in den Aufbau und die Pflege von Websites investiert. In der Praxis ist allerdings festzustellen, dass ein zielsetzungsgerechtes Controlling von Online-Investitionen oftmals nur sporadisch erfolgt. Zu diesem Zweck bietet das Web Mining ein umfangreiches methodisches Instrumentarium, das eine Informationsgrundlage zur nachhaltigen Optimierung von Websites schaffen kann.

Ausgangspunkt für die Website-Optimierung ist die Zielsetzung, die mit dem jeweiligen Internet-Auftritt verfolgt wird. Zum einen werden Websites aufgebaut, um die kommunikative Präsenz von Marken im Medium Internet zu intensivieren. Diese Branding-Sites bieten neben Produkt- und Markeninformationen (Content) zusätzliche Funktionen, wie z. B. elektronische Grußkarten (E-Cards) oder Gewinnspiele. Auf diese Weise wird dem Online-Besucher ein markenbezogener Mehrwert angeboten, der psychographische Zielgrößen wie z. B. die Markenbekanntheit und die Kundenzufriedenheit positiv beeinflusst. Zum anderen werden Websites zur Abwicklung von Markttransaktionen genutzt. So unterstützen Online-Shopsysteme sämtliche Aktivitäten des marktlichen Transaktionsprozesses von der Informationsphase über die Vereinbarungs- und Abwicklungsphase bis hin zur After-Sales-Phase. Im Mittelpunkt dieser transaktionsorientierten Websites stehen ökonomische Zielgrößen (z. B. Umsatz, Deckungsbeitrag).

Zur nachhaltigen Optimierung von Websites ist eine systematische Messung relevanter Steuerungsgrößen erforderlich. Zu diesem Zweck sind Kennzahlen (Metriken) zu erfassen, die eine Stärken- bzw. Schwächenanalyse gestatten und ein kontinuierliches Controlling der Website ermöglichen (zu den Möglichkeiten des Web Controlling vgl. auch Kapitel 2.4.1 dieses Buches). In Abbildung 1 werden exemplarische Online-Kennzahlen dargestellt.

Kontaktorientierte Kennzahlen:	Interaktivitätsorientierte Kennzahlen:	Ergebnisorientierte Kennzahlen:
Ad Impressions Page Impressions Product Impressions ...	Besuchstiefe Besuchsdauer Clicks / Minute	Umsatz Deckungsbeitrag Return on Investment ...

Technische Kennzahlen:
Übertragungsgeschwindigkeit Datenvolumen ...

Abbildung 1: Online-Kennzahlen (Quelle: In Anlehnung an Skiera/Spann 2000)

Kontaktorientierte Kennzahlen liefern Aussagen darüber, wie viele Online-Kunden in einem definierten Zeitraum Kontakt zur Website oder sonstigen Online-Werbemitteln (z. B. Werbebanner oder Interstitials) hatten. Gängige Kontaktkennzahlen sind z. B. die Anzahl der Sichtkontakte von Werbebannern (Ad Impressions) oder produktbezogenen Informationsinhalten (Product Impressions). Diese Kennzahlen liefern einen Anhaltspunkt zur Bestimmung der Produkt- bzw. Markenbekanntheit und – bei Erfassung von Wiederholungskontakten – der Loyalität des Online-Kunden.

Interaktivitätsorientierte Kennzahlen beschreiben dagegen das Interaktionsverhalten des Online-Kunden mit einer Website. Zu den gängigsten Interaktivitätskennzahlen gehören zum einen die Besuchsdauer des Konsumenten (Duration) und die Besuchstiefe (Visit Depth), welche die Anzahl der abgerufenen Seiten erfasst. Anhand dieser Kennzahlen kann auch die Geschwindigkeit erfasst werden, mit der der Besucher durch das Informationsangebot der Website navigiert (Clicks / Minute).

Ergebnisorientierte Kennzahlen charakterisieren den ökonomischen Erfolg von Online-Aktivitäten. Eine detaillierte Messung des ökonomischen Erfolgs ist dann möglich, wenn Informationen über den gesamten Kaufprozess vorliegen. Dies ist beispielsweise bei Online-Shops der Fall, die sämtliche Phasen des marktlichen Transaktionsprozesses abdecken. In diesem Fall kann z. B. der durch bestimmte Marketingaktionen induzierte zusätzliche Umsatz erfasst werden. Auf diese Weise ist eine detaillierte monetäre Wirkungskontrolle des Online-Marketingmix möglich.

Technische Kennzahlen geben Aufschluss über das Systemverhalten und liefern Erkenntnisse über die Benutzerfreundlichkeit (Usability) des Systems (Nielsen 2000). Ein wesentlicher Erfolgsfaktor für die Akzeptanz einer Website ist dabei die Geschwindigkeit des Seitenaufbaus. Zur Messung dieses Sachverhalts können automatische Testwerkzeuge eingesetzt werden, die mehrere gleichzeitige Benutzerzugriffe simulieren und die erzielten Übertragungsgeschwindigkeiten mit einer hohen zeitlichen Auflösung messen. Das resultierende Reaktionsprofil der Website liefert Aufschluss darüber, welche Präsentationselemente der Website einer technischen Optimierung zu unterziehen sind (z. B. durch Verbesserung der Skalierbarkeit oder Reduktion des zu übertragenden Datenvolumens).

Anhand der dargestellten Kennzahlen kann zumeist eine generische Schwachstellenanalyse von Websites erfolgen. Sinkende Kontaktzahlen, kurze Besuchsdauern oder stagnierende Umsätze in Online-Shops liefern Anhaltspunkte dafür, dass Handlungsbedarf zur Optimierung der Website besteht. Diese Optimierungsmaßnahmen können unterschiedliche Aspekte der Website betreffen. Zum einen ist zu differenzieren, welche Interaktionsmechanismen zu optimieren sind. Um eine effiziente Suche in komplexen Informationsangeboten zu gestatten, unterstützen Websites meist unterschiedliche Interaktionsmechanismen (shopping metaphors) (Lee et al. 2000, S. 22; Chau et al. 2000, S. 4):

- Im Rahmen des *Browsing* navigiert der Online-Besucher in einem Informationsangebot. Dabei kann es sich z. B. um einen elektronischen Produktkatalog handeln, in dem das angebotene Sortiment hierarchisch präsentiert wird.

- Da das manuelle Navigieren in komplexen Informations- bzw. Produkthierarchien zeitintensiv ist und einen hohen kognitiven Aufwand induziert (Yoo/Kim 2000, S. 242 f.), bieten Websites auch die Möglichkeit, mittels *Textsuche* gezielt nach bestimmten Begriffen zu suchen. Die Visualisierung der Suchergebnisse erfolgt dabei über Listen, die Verweise auf weiterführende Informationen enthalten.

Zum anderen ist zu unterscheiden, ob *interne* Merkmale der Website (z. B. Navigationsmechanismen eines Online-Shops) oder *externe* Merkmale (z. B. Suchmaschineneinträge einer Branding-Site) zu optimieren sind (Abbildung 2). Durch externe Optimierung kann meist eine Intensivierung der kommunikativen Präsenz der Website im Internet erzielt werden. Dies führt in der Regel zu steigenden Kontaktkennzahlen des Internet-Auftritts. Demgegenüber verfolgt die interne Optimierung die Zielsetzung, die Such- und Navigationsmechanismen der Website zu verbessern. Durch eine kundenorientierte Ausgestaltung von Online-Shops lässt sich beispielsweise die Kaufneigung von Online-Besuchern steigern, wodurch schließlich der Absatz positiv beeinflusst wird.

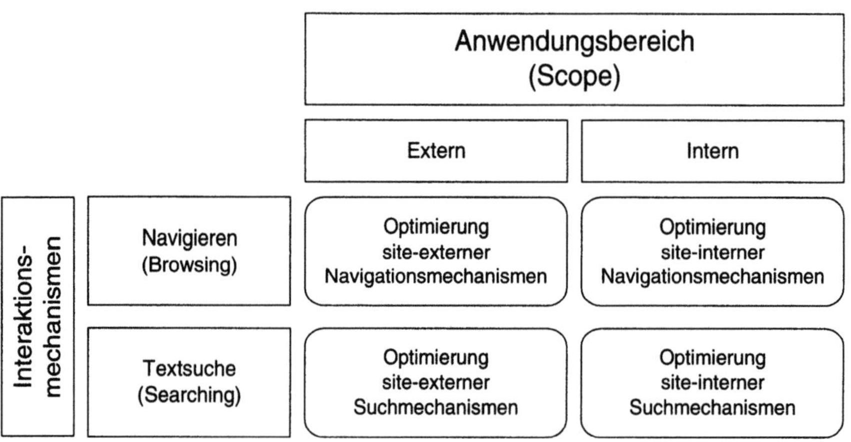

Abbildung 2: Maßnahmen der Website-Optimierung

2 Site-interne Optimierung

Zur Optimierung site-interner Interaktionsmechanismen stellt das Web Mining eine Vielzahl von Verfahren zur Verfügung, die eine detaillierte Analyse des Interaktionsverhaltens der Online-Kunden gestatten. Auf diese Weise können folgende exemplarische Fragestellungen beantwortet werden:

- Welche Informationsangebote und Produkte werden häufig gemeinsam gesucht bzw. gekauft?

- Welche Pfade nutzen die Online-Kunden am häufigsten?

- Mit welchem Erfolg werden Online-Geschäftsprozesse durchgeführt?

Im Folgenden werden diese Aufgabenstellungen der site-internen Optimierung anwendungsorientiert dargestellt.

2.1 Optimierung auf der Basis von Verbundbeziehungen

Zur Beantwortung der ersten Fragestellung sind Verbundbeziehungen zwischen Informationsangeboten und Produkten zu identifizieren. Diese Verbundbeziehungen können dazu genutzt werden, um Produkte in Online-Shops gemeinsam zu präsentieren. Auf diese Weise kann der Navigations- und Suchaufwand des Anwenders reduziert und potenziell eine Absatzsteigerung komplementärer Produkte erzielt werden. Der Bearbeitung dieser Fragestellung dient das Verfahren der Assoziationsanalyse, das auch im stationären Einzelhandel zur Analyse von POS-Daten eingesetzt wird (Agrawal et al. 1993; Bollinger 1996). Im Kontext des Online-Handels besitzt die Assoziationsanalyse ein breites Anwendungsspektrum. So können in Online-Shops Verbundbeziehungen zwischen Produkten anhand der bestellten Warenkörbe der Kunden identifiziert werden. In Abbildung 3 werden Verbundbeziehungen präsentiert, die Zusammenhänge zwischen unterschiedlichen Werkzeugartikeln eines Online-Shops erfassen.

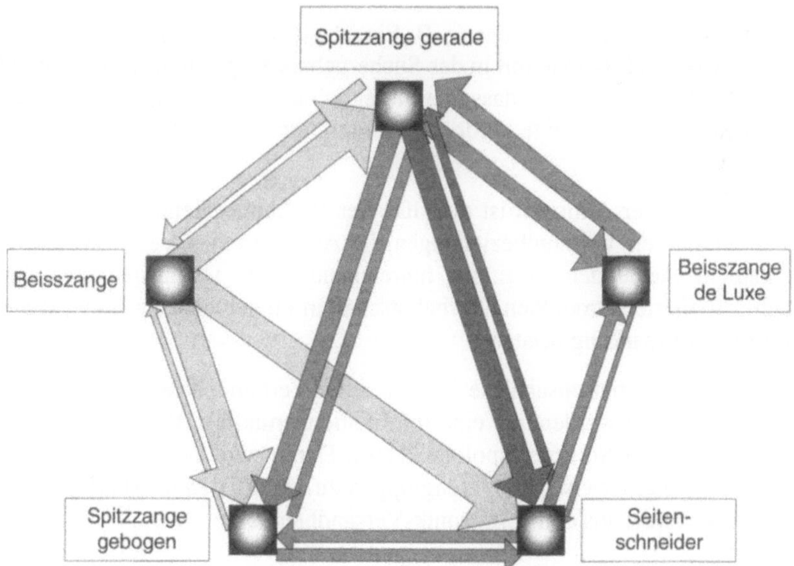

Abbildung 3: Verbundbeziehungen zwischen Artikeln

Dabei geben Kantenstärke und -farbe Aufschluss über die Güte des ermittelten Zusammenhangs. Je stärker die Kante, desto höher die Wahrscheinlichkeit, mit der die Kunden das assoziierte Produkt erwerben. Je heller die Kantenfarbe, desto häufiger tritt die entsprechende Verbundbeziehung in den untersuchten Warenkörben auf. Beispielsweise führt der Erwerb einer *Beisszange* stets zum Kauf der Artikel *Spitzzange gerade*, *Spitzzange gebogen* und *Seitenschneider*. Zum einen bieten diese Zusammenhänge einen Anhaltspunkt für operative sortimentspolitische Maßnahmen. So können die Verbundbeziehungen z. B. zur Gestaltung eines Bundles genutzt werden, das sämtliche stark assoziierten Produkte umfasst. Zum anderen bieten diese Verbundbeziehungen die Möglichkeit, die Online-Warenpräsentation zu optimieren. Dies ist vor allem für die Informations- bzw. Produktsuche des Online-Kunden relevant. Gelingt es, dem Online-Besucher gezielt Produkte zu präsentieren, die seinen subjektiven Präferenzstrukturen entsprechen, steigt seine Kaufneigung. Im Rahmen der Navigation und Textsuche können die Verbundbeziehungen genutzt werden, um den Online-Kunden auf assoziierte Artikel aufmerksam zu machen. Entsprechende Aktionen können beispielsweise das Einblenden von Werbebotschaften (z. B. in Form eines Banners) oder Verweisen zum assoziierten Produkt sein. Auf diese Weise wird die kommunikative Präsenz des Produkts im Wahrnehmungsfeld des Käufers in unterschiedlichem Ausmaß gesteigert (Bensberg 2001):

- Bei Auswahl des Produkts *Beisszange* kann ein Verweis auf das Produkt *Seitenschneider* eingeblendet werden. Diese Optimierungstechnik wird beispielsweise im Internet-Buchhandel eingesetzt, um den Online-Besucher bei der Präsentation detaillierter Produktinformationen auf stark assoziierte Produkte hinzuweisen.

- Bei einer textuellen Suche (z. B. Eingabe des Suchbegriffs *Beisszange*) können assoziierte Produkte mit in das Suchergebnis aufgenommen werden. Allerdings ist dabei zu beachten, dass diese lediglich nachrangig angezeigt werden dürfen, damit keine Produkte verdrängt werden, die dem Primärinteresse des Käufers entsprechen.

Bei der Auswahl der Aktionen ist die Güte der Verbundbeziehung zu berücksichtigen. So kann bei starken Verbundbeziehungen die Anzeige eines Verweises zur Erzielung einer kaufentscheidenden Wirkung hinreichend sein. Demgegenüber können bei schwach assoziierten Produkten Werbebotschaften eingeblendet werden, die eine stärkere Informationswirkung besitzen.

Auf Basis der Assoziationsanalyse können auch Verbundphänomene auf Warengruppenebene festgestellt werden, die eine Informationsgrundlage für strategische Entscheidungstatbestände der Sortimentspolitik liefern. Damit wird es möglich, Aussagen über Verbundbeziehungen zwischen Warengruppen zu identifizieren. Abbildung 4 zeigt ein Anwendungsbeispiel aus dem Elektronik-Versandhandel.

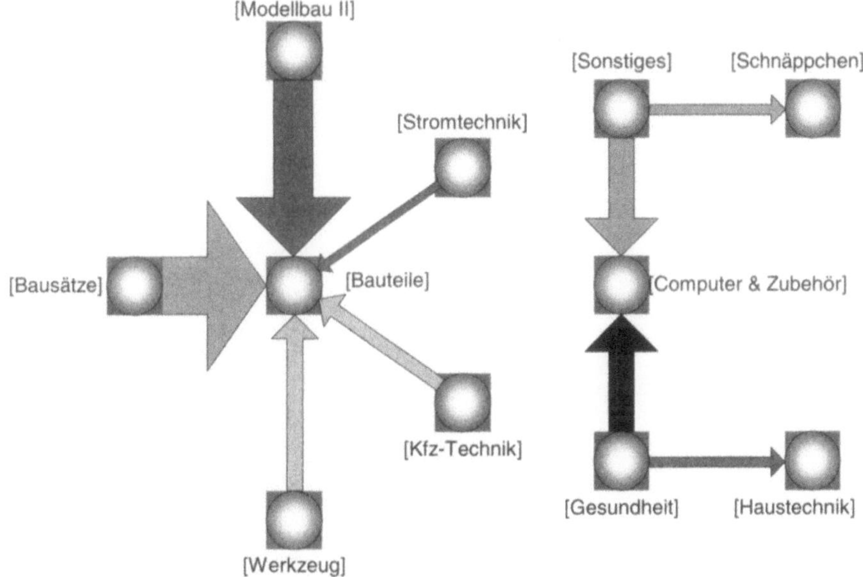

Abbildung 4: Verbundbeziehungen zwischen Warengruppen

In diesem Ergebnisbeispiel treten warengruppenübergreifende Verbundphänomene bei den beiden zentralen Warengruppen *Bauteile* und *Computer & Zubehör* auf:

- Die Käufer von Artikeln aus den Warengruppen Modellbau II und Bausätze neigen dazu, auch Bauteile zu erwerben.

- Die Käufer der Warengruppen Sonstiges und Gesundheit erwerben mit hoher Wahrscheinlichkeit auch Artikel der Warengruppe Computer & Zubehör.

Diese warengruppenbezogenen Verbundbeziehungen können eingesetzt werden, um die Präsentation komplexer Warengruppenhierarchien kundenorientiert auszugestalten. So sorgt eine gemeinsame Anordnung assoziierter Warengruppen (z. B. *Modellbau II* und *Bauteile*) für eine Sortimentswahrnehmung, die den Präferenzen der Online-Besucher entspricht.

Verbundbeziehungen können nicht nur auf der Grundlage des Kaufverhaltens (Warenkörbe) des Online-Kunden identifiziert werden, sondern auch auf der Basis des Navigations- und Suchverhaltens. Viele Websites verfügen über die Möglichkeit der Textsuche. Wird die Assoziationsanalyse auf die protokollierten Sucheingaben angewendet, können thematische Zusammenhänge im Suchverhalten der Konsumenten aufgedeckt werden (Mayer et al., S. 162 f.). In Abbildung 5 wird ein exemplarisches Analyseergebnis aus dem Anwendungsbereich des Elektronik-Versandhandels dargestellt, das Verbundbeziehungen zwischen Sucheingaben der Online-Kunden identifiziert.

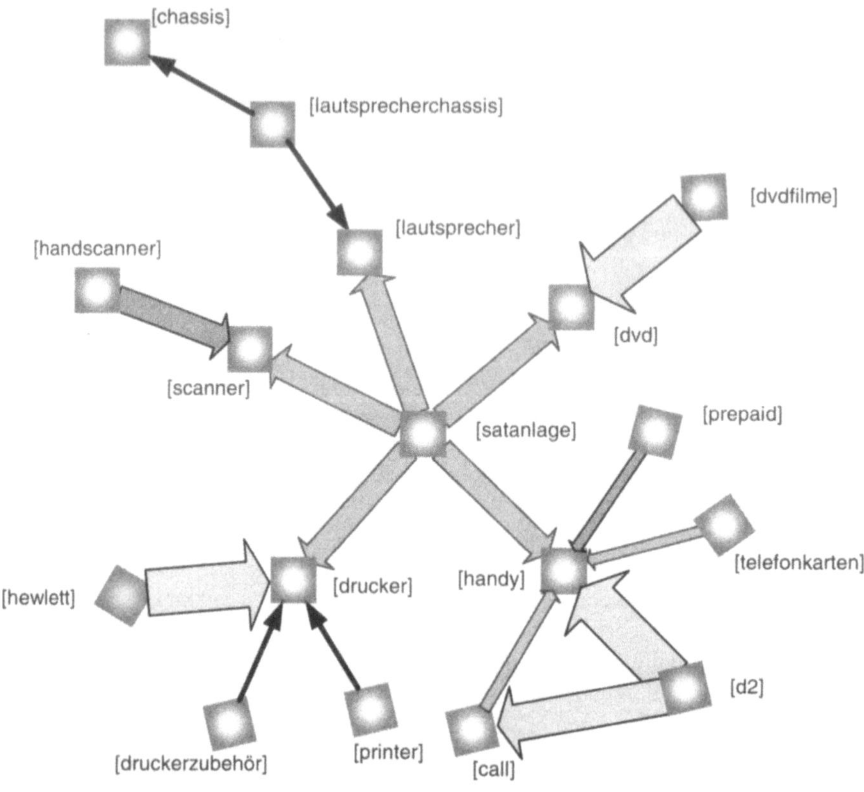

Abbildung 5: Verbundbeziehungen im Suchverhalten der Online-Kunden

Aus Abbildung 5 wird deutlich, dass der Suchbegriff *Satanlage* zentrale Bedeutung besitzt. Kunden, die nach diesem Themengebiet suchen, interessieren sich auch für die Themengebiete *Scanner, Drucker, Handy, DVD* und *Lautsprecher*. Stärker ist jedoch die Assoziation zwischen den Suchbegriffen *D2* und *Handy* sowie *Call*, wobei der Begriff *Handy* auch mit den Begriffen *PrePaid* und *Telefonkarten* verknüpft ist. Diese Erkenntnisse lassen sich zur Optimierung der Interaktionsmechanismen heranziehen. Zur Optimierung der Textsuche kann die Verschlagwortung des Produktkataloges an die entdeckten Zusammenhänge angepasst werden. Auf diese Weise wird die Abwanderungsneigung des Kunden auf Grund fehlender oder unzutreffender Suchergebnisse reduziert. Im Rahmen der Navigation eignen sich die entdeckten thematischen Zusammenhänge zur Optimierung der Sortimentspräsentation. So können die assoziierten Warengruppen (z. B. SAT-Anlagen, Handy, DVD, Drucker, Lautsprecher) gemeinsam angeordnet oder über Verweise verknüpft werden, um den Navigationsaufwand des Kunden zu reduzieren. Darüber hinaus liefern die entdeckten Zusammenhänge einen Beitrag zur Ausgestaltung der Sortimentspolitik. Auf der Grundlage des artikulierten Konsumenteninteresses können Produkttrends frühzeitig erkannt und entsprechende

Gestaltungsmaßnahmen eingeleitet werden. Voraussetzung hierfür ist eine kontinuierliche Analyse des konsumentenbezogenen Suchverhaltens.

2.2 Pfadoptimierung

Mit Hilfe der Assoziationsanalyse können zwar Verbundbeziehungen zwischen Informations- und Produktangeboten identifiziert werden, doch liefern diese keine Erkenntnisse über die zeitliche Abfolge der Online-Kundenaktivitäten. Um detaillierte Aussagen über die Nutzung bestimmter Pfade zu treffen, ist eine zeitlich-sequentielle Analyse erforderlich. Dieser Aufgabenstellung widmen sich Verfahren der Sequenz- bzw. Pfadanalyse (Wu et al. 1998; Berendt/Spiliopoulou 2000). Eine Fragestellung für diese Verfahren ist beispielsweise, welche Informationsangebote die Kunden nach dem Abruf der Startseite wählen. Auf diese Weise kann festgestellt werden, welche Informations- und Produktangebote für die Online-Besucher nach Betreten der Website den höchsten Interessantheitsgrad aufweisen. Die generierten Ergebnisse liefern dem Anwender Erkenntnisse über signifikante Informationssuchstrategien der Konsumenten und bieten damit Anhaltspunkte für die inhaltliche und formale Optimierung der Website. Ein exemplarisches Ergebnis der Pfadanalyse für den Informationsbereich "Nachrichtendienste" eines Finanzportal wird in Abbildung 6 gezeigt.

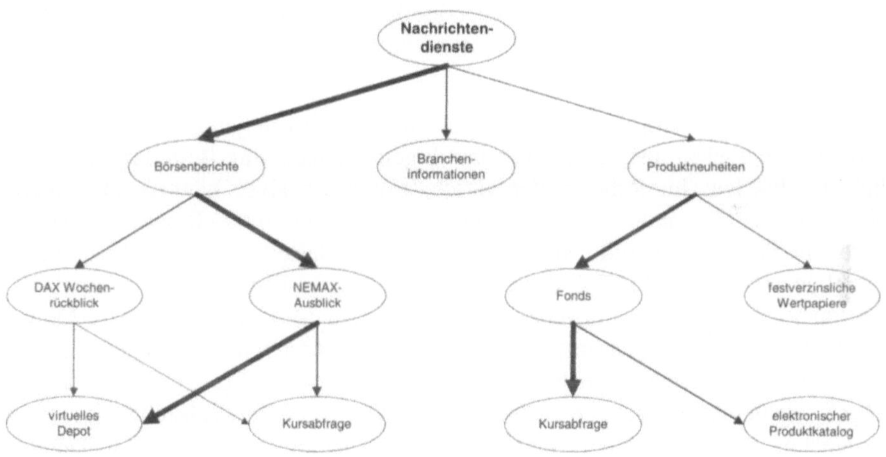

Abbildung 6: Pfadanalyse

Dabei stellt die Pfeilstärke die relative Häufigkeit dar, mit der Online-Besucher ein bestimmtes Informationsangebot auswählen. So weisen die Besucher, die Nachrichtendienste nutzen, eine starke Neigung für den Pfad *Nachrichtendienste ⇒ Börsenberichte ⇒ NEMAX-Ausblick ⇒ virtuelles Depot* auf. Dies zeigt, dass das Informationsangebot *NEMAX-Ausblick* für die Benutzung des virtuellen Depots eine gewisse Verhaltenswirkung besitzt. Wie dieses exemplarische Ergebnis verdeutlicht, können mit Hilfe der Pfadanalyse informatorische "Trampelpfade" identifiziert werden, die signifikante Navigationszusammenhänge kennzeichnen. Diese Zusammenhänge können zunächst zur Bewertung der bereitgestellten Informationsangebote eingesetzt werden. So führt der Pfad *Nachrichtendienste* ⇒ *Produktneuheiten* ⇒ *festverzinsliche Wertpapiere* nicht zur Nutzung weiterer Dienste des Finanzportals. Infolgedessen dürfte die kundenbindende Wirkung dieses Informationsangebots relativ gering sein. Auf der Grundlage dieser Evaluation der Informationsangebote bezüglich ihrer Verhaltensrelevanz ist schließlich auch die Integration von Navigationsmechanismen möglich, welche die Präferenzen der Besucher reflektieren. Durch Anwendung geeigneter Navigationsmechanismen kann z. B. eine Schnittstelle zwischen dem Informationsangebot *NEMAX-Ausblick* und den Diensten *virtuelles Depot* und *Kursabfrage* geschaffen werden. Dieser benutzerorientierte Navigationskontext liefert damit einen Beitrag zur Optimierung der Usability des Finanzportals.

2.3   Geschäftsprozessoptimierung

In der Praxis ist zur Optimierung von Websites häufig eine eingehende Analyse unternehmenskritischer Geschäftsprozesse notwendig, die Aufschluss über die einzelnen Prozessmengen und –durchlaufzeiten liefert. Dies gilt insbesondere für Bestell- und Buchungsprozesse, die ein wesentlicher Indikator für den ökonomischen Erfolg einer Website sind. In Abbildung 7 wird eine exemplarische Analyse für den Bestellprozess eines Online-Shops dargestellt.

Aus Abbildung 7 wird deutlich, dass nur ein Bruchteil derjenigen Besucher, die sich Produkte angesehen und in den Warenkorb gelegt haben, ihre Bestellung auch tatsächlich abschließen. Im Rahmen der Geschäftsprozessanalyse können phasenbezogene Konversionsraten ermittelt werden. So haben insgesamt 20.000 Besucher ihren Warenkorb mit Produkten befüllt, von denen 40% den Bestellprozess auslösen. Insgesamt bestellen jedoch nur 11,52% der potenziellen Käufer den befüllten Warenkorb. Zur Optimierung sind daher kritische Prozessphasen zu identifizieren. Dies erfolgt durch simultane Analyse der phasenspezifischen Besuchsdauern und der Konversionsraten. So deutet die relativ lange Besuchsdauer und gleichzeitig niedrige Konversionsrate in der Phase "Zahlungsbedingungen wählen" auf eine Prozessschwachstelle hin, die durch Anpassung der formalen oder inhaltlichen Ausgestaltung zu beheben ist. Durch Optimierung dieser Phase (z. B. Verbesserung der Navigationsmechanismen oder Angebot kundenfreundlicher Zahlungsbedingungen) kann letztlich die Anzahl der abgeschlossenen Bestellungen und damit der ökonomische Erfolg gesteigert werden.

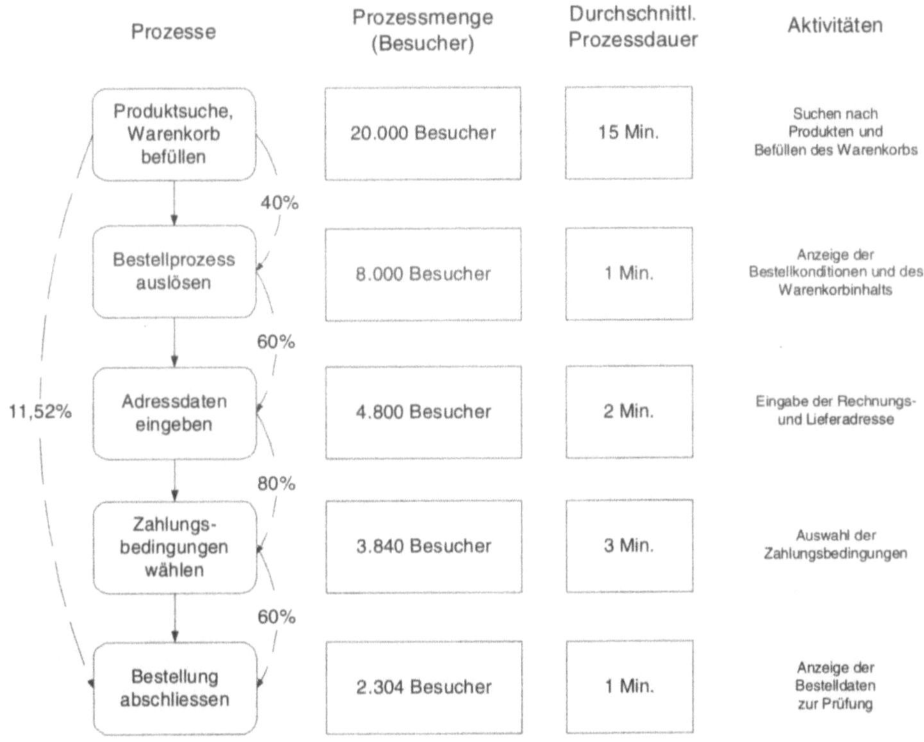

Abbildung 7: Geschäftsprozessanalyse am Beispiel des Bestellprozesses

Geschäftsprozessanalysen eignen sich jedoch nicht nur für Online-Shops, sondern auch für Branding-Sites, die die Zielsetzung verfolgen, dem Kunden einen markenbezogenen Mehrwert zu vermitteln. Viele dieser Sites bieten Funktionen wie z. B. elektronische Grußkarten (E-Cards), Bestellung von Gratismustern oder Gewinnspiele. Mit Hilfe der Geschäftsprozessanalyse lässt sich ein detailliertes Profil über die Nutzung dieser Funktionen zeichnen, das schließlich eine Informationsgrundlage für die Prozessoptimierung dieser Funktionen liefert. Darüber hinaus liefert die Geschäftsprozessanalyse auch das notwendige Mengengerüst für die Anwendung prozessorientierter Controllinginstrumente.

3 Site-externe Optimierung

Gegenstand der site-externen Optimierung ist die Steigerung der Kommunikationswirkung der Website im Internet. Dieser Optimierungsaspekt ist insbesondere für Branding-Sites relevant, die die Zielsetzung verfolgen, im Internet eine hohe Produkt- bzw.

Markenbekanntheit aufzubauen. Um den Kontakt zwischen Kunde und Website herzustellen, stehen unterschiedliche Mechanismen zur Verfügung:

- Zur gezielten Informationssuche verwenden Online-Besucher häufig Suchmaschinen. Im Rahmen der Optimierung ist daher zu untersuchen, über welche Suchbegriffe und -maschinen die Online-Besucher auf die Website gelangen. Diese Ergebnisgrundlage liefert Anhaltspunkte zur Verbesserung site-externer Suchmechanismen.

- In Form von Bannerwerbung werden graphische Verweise in externe Websites eingebunden, über die der Online-Kunde auf das Informationsangebot des Anbieters navigieren kann. Zur Kontrolle und Optimierung dieser internetbasierten Werbeform ist eine differenzierte Wirkungsbeurteilung erforderlich.

Im Folgenden werden diese beiden Aufgabenbereiche der site-externen Optimierung anwendungsorientiert erörtert.

3.1 Optimierung von Suchmechanismen

Die Optimierung von Suchmechanismen setzt voraus, dass ein detailliertes Profil der Online-Besucher in Bezug auf ihr Suchverhalten zur Verfügung steht. Zu diesem Zweck sind dedizierte Analysen notwendig, die zunächst Aussagen über die Suchmaschinen liefern, über deren Dienste die Besucher auf die Website gelangt sind. Voraussetzung für diese analytische Fragestellung ist jedoch, dass die Informationsangebote der betrachteten Website von den relevanten Suchmaschinen indiziert wurden und damit für die Online-Besucher auffindbar sind. Anhand der Protokolldaten kann nicht nur die Häufigkeit erfasst werden, mit der Kontakte über eine spezifische Suchmaschine zustande gekommen sind, sondern auch die resultierende Kontaktqualität. Relevante Kriterien zur Charakterisierung der Kontakte sind z. B. die durchschnittliche Besuchsdauer (Duration) oder die dominierende Einstiegsseite der Website (Top Entry Page). In Tabelle 1 wird ein Beispiel für eine Branding-Site dargestellt.

Rank	Search Engine	Visits	Average Duration	Top Entry Page
1	Lycos	240	01:14	/index.html
2	Google	152	01:24	/samples.html
3	Yahoo	99	02:23	/products.html
4	Altavista	2	00:36	/index.html

Tabelle 1: Analyse des externen Suchverhaltens nach Suchmaschinen

Das dargestellte Beispiel verdeutlicht, dass sich die Kontakte in Bezug auf Häufigkeit, Besuchsdauer und Einstiegsseite deutlich voneinander unterscheiden. So deutet das Ergebnis darauf hin, dass z. B. über die Suchmaschine Yahoo Online-Besucher auf die Website gelangen, die sich durch eine überdurchschnittliche Besuchsdauer auszeichnen und primär auf produktspezifische Informationen (/products.html) fokussiert sind. Demgegenüber gelangen über Altavista nur wenige Besucher mit einer geringen durchschnittlichen Besuchsdauer auf die Website. Die Ursachen hierfür sind anhand weiterer Analysen zu identifizieren. Häufig sind geringe Kontaktzahlen auf eine unzureichende Verschlagwortung bzw. geringes Ranking der Website durch die entsprechende Suchmaschine zurückzuführen.

Zur Steigerung der suchmaschinenbezogenen Online-Kontakte stehen unterschiedliche technische Maßnahmen zur Verfügung. Zum einen ist dafür zu sorgen, dass die Informationsangebote der Website mit geeigneten Metadaten ausgezeichnet werden. Auf diese Weise wird Suchmaschinen eine Verschlagwortung dieser Informationsangebote ermöglicht. Die *Hypertext Markup Language (HTML)* stellt zu diesem Zweck geeignete Auszeichnungsoperatoren (Meta-Tags) zur Verfügung. Zum anderen ist sicherzustellen, dass bei den relevanten Suchmaschinen eine wahrnehmungsgerechte Positionierung für produkt- bzw. markenrelevante Suchbegriffe erzielt wird. Auf Grund begrenzter Informationsverarbeitungskapazitäten nehmen Konsumenten häufig nur eine Teilmenge der identifizierten Suchergebnisse wahr, so dass dem suchmaschinenspezifischen Ranking der betrachteten Website hohe Bedeutung zukommt (Brin/Page 1998, S. 108 ff.).

Das suchmaschinenspezifische Ranking von Websites kann durch die Werbeform des Keyword Advertising aktiv ausgestaltet werden. Im Rahmen dieses Instrumentariums werden spezifische Suchbegriffe mit Verweisen auf die Website des Anbieters belegt, so dass bei Eingabe durch den Online-Besucher diese Verweise priorisiert angezeigt werden. Die Anwendung dieser Werbeform setzt allerdings voraus, dass die aus Kundensicht relevanten Begriffe identifiziert werden können. Zu diesem Zweck sind die Protokolldaten in Bezug auf die artikulierten Suchbegriffe zu untersuchen, über die die Online-Besucher auf die Website gelangt sind. Tabelle 2 zeigt ein exemplarisches Ergebnis für eine Branding Site eines Anbieters von Feinwaschmitteln.

Rank	Keyword	Visits	Average Duration	Top Entry Page
1	Waschmittel	123	00:31	/index.html
2	Gratismuster	88	01:31	/gratis.html
3	Feinwaschmittel	67	02:45	/products.html
4	Waschmaschine	12	00:36	/index.html

Tabelle 2: Analyse des externen Suchverhaltens nach Suchbegriffen

So kommen zwar über den Suchbegriff "Waschmittel" die meisten Online-Kontakte zustande, doch weisen diese eine relativ geringe Besuchsdauer auf. Demgegenüber zeichnen sich Online-Besucher, die über den Begriff "Feinwaschmittel" auf die Website gelangen, durch eine relativ lange Besuchsdauer aus. Diese Ergebnisse liefern eine Informationsgrundlage zur inhaltlichen Ausgestaltung des Keyword Advertising. So können gezielt Suchbegriffe belegt werden, die das Primärinteresse der Konsumenten reflektieren und zudem mit relativ langen Besuchsdauern einhergehen. Dies gestattet eine kundenorientierte Fokussierung des Keyword Advertising auf Suchwörter bzw. Suchmaschinen, die zu einer hohen Kontaktqualität führen.

3.2 Optimierung von Bannerwerbung

Zur Planung und Kontrolle von Bannerwerbung (Ad Evaluation) dominieren in der Praxis Modelle, die eine quantitative Wirkungsbeurteilung auf Basis der Sichtkontakte oder Online-Besuche leisten (Skiera/Spann 2000). Da jedoch auch die Kontaktqualität für die Erreichung der Werbeziele ausschlaggebend ist, besitzen diese Modelle lediglich eingeschränkte Aussagekraft. Infolgedessen sind neben quantitativen Kriterien auch qualitative Kriterien zur Wirkungsbeurteilung heranzuziehen (Riedl/Busch 1997). Zu diesem Zweck stellen die Protokolldaten verhaltensorientierte Merkmale zur Verfügung, wie z. B. die Besuchsdauer, Besuchstiefe und die abgerufenen Informationsinhalte der Online-Besucher.

Für eine differenzierte Wirkungsbeurteilung von Werbemaßnahmen sind die Online-Kontakte daher quantitativ *und* qualitativ zu erfassen. Dies setzt jedoch voraus, dass die spezifischen Besuchertypen einer Website anhand der gewählten Merkmalsdimensionen identifiziert werden. Zu diesem Zweck eignen sich Segmentierungsverfahren, die eine ganzheitliche Beschreibung der Online-Kontakte gestatten. In Abbildung 8 wird ein typisches Segmentierungsergebnis für die Besucher einer Branding-Site dargestellt, die neben Produktinformationen auch ein Gewinnspiel anbietet.

In der Praxis ist häufig festzustellen, dass ein großer Anteil der Online-Besucher nur kurz auf der Website verweilt und bis auf die Einstiegsseite (Homepage) kaum Informationen abruft. Infolgedessen ist davon auszugehen, dass die Website für das Segment der "Kurzbesucher" unattraktiv ist und nur eine schwache Kommunikationswirkung besitzt. Ein weiteres typisches Segment, das in den meisten Praxisstudien identifiziert werden kann, besteht aus Zugriffen von Suchmaschinen. Diese greifen zu Indizierungszwecken innerhalb kurzer Zeit auf viele Informationsangebote der Website zu (Tan/Kumar 2001). Da es sich hierbei um maschinelle Zugriffe handelt, ist dieses Segment für die Wirkungsbeurteilung irrelevant. Eine relativ hohe Kommunikationswirkung liegt dagegen bei den beiden Segmenten "Gewinnspieler" und "Produktinteressenten" vor. Durch das Angebot von Gewinnspielen werden meist viele Besucher angezogen, die zudem lange verweilen. Demgegenüber ist das Segment der Produktinteressenten, die produkt- oder markenbezogene Informationen (Information Seeker) abrufen, relativ klein.

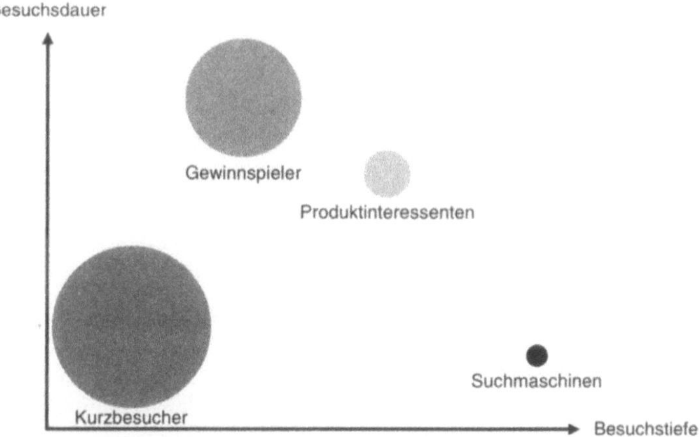

Abbildung 8: Segmentierung der Online-Kontakte

Diese Segmentierung liefert die erforderliche Informationsgrundlage, um Werbebanner differenziert zu beurteilen. So ist für die einzelnen Banner zu ermitteln, in welchem Ausmaß sie welche Besuchergruppen auf die Website führen. Anhand der Protokolldaten kann beispielsweise festgestellt werden, ob durch bestimmte Werbebanner Kurzbesucher, Produktinteressenten oder Gewinnspieler auf die Website geführt werden. Diese Informationsgrundlage liefert somit eine Entscheidungsgrundlage zur Optimierung des Online-Werbemixes. Sofern es sich bei der betrachteten Website um einen Online-Shop handelt, kann auch der ökonomische Erfolg von Bannerwerbung beurteilt werden. Zu diesem Zweck sind die einzelnen Werbemaßnahmen in Bezug auf ihre ergebnisorientierten Maße (z. B. Deckungsbeitrag) zu untersuchen. Auf diese Weise kann eine Wirkungskontrolle anhand des realisierten Kaufverhaltens erfolgen. Dabei ist jedoch hervorzuheben, dass eine derartige Bewertung erhebliche Kausalitätsprobleme aufwirft (Skiera/Spann 2000, S. 421). So kann anhand der Protokolldaten nicht festgestellt werden, ob die Kaufentscheidung ursächlich auf die Informationswirkung der Bannerwerbung zurückzuführen ist oder z. B. die Werbung in traditionellen Kommunikationskanälen (z. B. Print- oder TV-Werbung).

4   Fazit

Die dargestellten Beispiele zeigen, dass ein umfassendes analytisches Instrumentarium zur Optimierung von Websites zur Verfügung steht. Dieses hilft Entscheidungsträgern dabei, kurzfristig veränderte Produktpräferenzen zu erkennen, die Attraktivität neuer Produkte und Dienstleistungen zu beurteilen, die optimale Anordnung und Präsentation der Produkte herauszufinden, Verbundkäufe zu fördern oder kundensegmentspezifische Werbemaßnahmen zu optimieren.

Beim Einsatz dieses Instrumentariums ist allerdings zu beachten, dass die Optimierung des Internet-Auftritts Kontinuität erfordert. Einmalige Optimierungsmaßnahmen dürften auf Grund der hohen Dynamik des Online-Handels lediglich temporäre Wirkung zeigen. Für die informationstechnologische Ausgestaltung der Website-Optimierung bedeutet dies, dass ein zyklisches Monitoring der Online-Aktivitäten gewährleistet sein muss. Im Mittelpunkt dieses Monitoring-Prozesses stehen erfolgsrelevante Kennzahlen, die im Rahmen eines aktiven Berichtssystems automatisch generiert werden können. Diese Informationsgrundlage gestattet die Analyse von Schwachstellen und die Planung spezifischer Optimierungsmaßnahmen, deren Wirkung anschließend zu überprüfen ist. Eine isolierte Planung und Kontrolle einzelner Optimierungsmaßnahmen ist auf Grund sachlicher Kopplungen zwischen den einzelnen Aktionsparametern jedoch nicht zweckmäßig. So kann eine Steigerung der abgeschlossenen Bestellungen eines Online-Shops durch site-externe Aktionsparameter (z. B. Optimierung der Bannerwerbung) *und* durch site-interne Aktionsparameter (z. B. Optimierung des Bestellprozesses) induziert werden. Dieser Problematik ist durch Anwendung integrierter Planungsansätze zu begegnen, die die Verbundbeziehungen zwischen den einzelnen Aktionsparametern berücksichtigen.

Literatur

Agrawal, R. et al. (1993): Mining Association Rules between Sets of Items in Large Databases. In: ACM SIGMOD Record, Vol. 22, No. 2, S. 207–216.

Bensberg, F. (2001): Warenkorbanalyse im Online-Handel. In: Buhl, H.U.; Huther, A.; Reitwiesner, B. (Hrsg.): Information Age Economy – 5. Internationale Tagung Wirtschaftsinformatik 2001, Heidelberg, S. 103-116.

Berendt, B.; Spiliopoulou, M. (2000): Analysis of Navigation Behaviour in Web Sites integrating multiple Information Systems, No. 9, S. 56-75.

Bollinger, T. (1996): Assoziationsregeln – Analyse eines Data Mining Verfahrens. In: Informatik-Spektrum, 19. Jg., Nr. 5, S. 257–261.

Brin, S.; Page, L. (1998): The Anatomy of a Large-Scale Hypertextual Web Search Engine. In: Computer Networks and ISDN Systems, Vol. 30, S. 107-117.

Chau, P.; Au, G.; Tam, K.Y. (2000): Impact of Information Presentation Modes on Online Shopping - An Empirical Evaluation of a Broadband Interactive Shopping Service. In: Journal of Organizational Computing and Electronic Commerce, Vol. 10, No. 1, S. 1-22.

Lee, J. et al. (2000): Understanding Merchandising Effectiveness of Online Stores. In: Electronic Markets, Vol. 10, No. 1, S. 20-28.

Mayer, R.; Bensberg, F.; Hukemann, A. (2001): Web Log Mining als Controllinginstrument für Online-Shops. In: Controlling, 13. Jg., Nr. 3, S. 157-166.

Nielsen, J. (2000): Designing Web Usability – The Practice of Simplicity, Indianapolis.

Riedl, J.; Busch, M. (1997): Marketing-Kommunikation in Online-Medien – Anwendungsbedingungen, Vorteile und Restriktionen. In: Marketing ZFP, Nr. 3, S. 163-176.

Skiera, B.; Spann, M. (2000): Werbeerfolgskontrolle im Internet. In: Controlling, Nr. 8/9, S. 417-423.

Tan, P.-N.; Kumar, V. (2001): Discovery of Web Robot Sessions based on their Navigational Patterns. http://www.cs.umn.edu/~ptan/dmkd.ps (Zugriff 3.11.2001).

Wu, K.-L.; Yu, P.S.; Ballman, A. (1998): SpeedTracer: A Web Usage Mining and Analysis Tool. In: IBM Systems Journal, Vol. 37., No. 1, S. 89–105.

Yoo, B.; Kim, J. (2000): Experiment on the Effectiveness of Link Structure for Convenient Cybershopping. In: Journal of Organizational Computing and Electronic Commerce, Vol. 10, No. 4, S. 241-256.

Dr. Peter Gentsch

ist Director der Bereiche Web Intelligence und Data Mining sowie Niederlassungsleiter Berlin bei der pepper technologies AG. Zuvor hat er für die I-D Media AG den Bereich Web Intelligence aufgebaut. Zudem war er mehrere Jahre für verschiedene namhafte Industrie- und Dienstleistungsunternehmen als Unternehmensberater tätig. Er hat diverse Projekte im Bereich E-Business und CRM geleitet und durchgeführt. Im Rahmen verschiedener Lehraufträge an Deutschen Hochschulen ist er zudem auch in der Lehre aktiv. Darüber hinaus ist er Autor zahlreicher Bücher und Studien zum Thema Innovations- und Wissensmanagement.

2.4.3 Personalisierung der Kundenbeziehung im Internet – Methoden und Technologien

1   Einleitung

Für Unternehmen reicht es heute nicht mehr aus, lediglich im Internet präsent zu sein. Dies ist in der Zwischenzeit selbstverständlich geworden und dient allenfalls dazu, Kundeninteresse zu wecken. Ziel muss im Sinne des Customer Relationship Management (CRM) die dauerhafte Bindung der profitablen Kunden sein. Diese kann vor allem durch die individuelle Ausrichtung der Geschäftsprozesse erreicht werden.

Das Internet ermöglicht dem Kunden, sich einen umfassenden Überblick über sämtliche Angebote zu verschaffen. Da die Angebotspalette von Anbieter zu Anbieter im Allgemeinen ähnlich ist, wird letztlich dasjenige Unternehmen den Kunden für sich gewinnen können, das die Bedürfnisse und Interessen der Kunden am besten antizipiert und darauf reagiert. Der Kunde möchte umworben werden, persönlich angesprochen werden. Auch wenn er alle Möglichkeiten der modernen Technologie nutzt und seine Geschäfte über das Internet abwickelt – in diesem Punkt ist er „altmodisch" geblieben.

Jeden einzelnen Kunden mit seinem individuellen Kundenwert an das Unternehmen zu binden und individuell zu betreuen, erscheint vor diesem Hintergrund sowohl in der traditionellen wie auch in der „eWelt" der Königsweg zu sein, um Wettbewerbsvorteile zu erreichen. In Anbetracht der Informationsflut in internet-basierten Commerce- und Business-Anwendungen ist es offensichtlich, dass das Thema Kundenbindung im Internet eng mit der Fähigkeit große Datenmengen zu managen und zu analysieren und damit mit dem Thema Data Mining respektive Web Mining verbunden ist (Grothe/ Gentsch 2000, S. 177 ff.).

Der vorliegende Beitrag stellt anhand des Personalisierungsprozesses die verschiedenen Methoden zur Personalisierung von Kunden- und Geschäftsbeziehungen im Internet dar. Darüber hinaus erfolgt ein Vergleich der Methoden sowie die Darstellung ihrer informationstechnologischen Umsetzung. Aus Sicht der Unternehmenspraxis werden die jeweiligen Methoden anhand konkreter Anwendungsbeispiele beleuchtet und bewertet. Eine Gegenüberstellung verschiedener Softwarelösungen sowie ein kurzer Ausblick runden diesen Beitrag ab.

2   Der Personalisierungs-Prozess

Der Personalisierungsprozess lässt sich grundsätzlich in die Phasen *Profiling*, *Matching* und *Channeling* einteilen.

In der *Profiling-Phase* werden die für die Personalisierung relevanten Profildaten generiert. Ziel des Profiling ist die möglicht umfassende Abbildung des Kunden in Form von Kundenprofilen. Hierbei müssen soziodemographische, mikrogeographische, transaktions- und verhaltensbasierte Daten gemeinsam mit der jeweiligen Kundenhistorie berücksichtigt und integriert werden. Die Integration verteilter, in der Regel heterogener Offline- und Online-Daten stellt dabei einen nicht zu unterschätzenden Aufwand dar. Ebenso müssen insbesondere vor der Diskussion über den gläsernen Kunden die datenschutzrechtlichen Gesetze Beachtung finden.

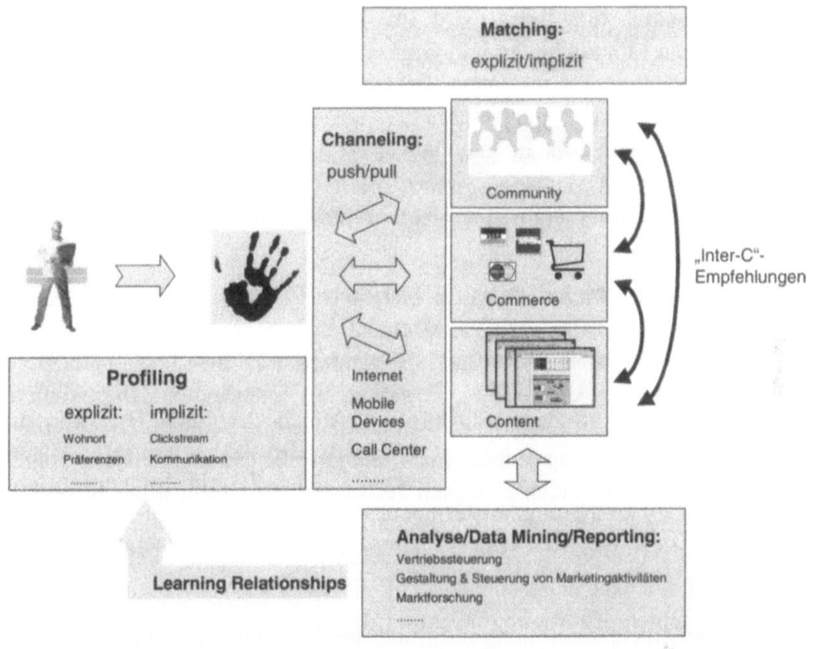

Abbildung 1: Personalisierung als Closed-Loop-Prozess

Neben den expliziten Profildaten (z.B. Name, Anschrift, Bankverbindung) sind insbesondere die impliziten Verhaltensdaten relevant, die aus dem jeweiligen Clickstream abgeleitet werden können. Das implizite Profiling ermöglicht die Datengewinnung auf allen drei Interaktionsebenen:

- Informationsebene: Logfiles, Cookies, Session-Ids, Logins

- Kommunikationsebene: E-Mails, Check-Boxes, Eingaben in Suchmasken, Chatinhalte in den Communities

- Transaktionsebene: Bestell- und Kaufprozesse

In der Offline-Welt kann man sich dies wie eine Beobachtung oder Beschattung des Nutzers mit anschließender Protokollierung vorstellen. Die Ergebnisse der Beobachtung werden nun verwandt, um Rückschlüsse von dem Verhalten des Nutzers auf seine Person bzw. Präferenzen zu ziehen. Der Erfassung der Logfiles kommt im Zusammenhang mit passiven Datenerhebungsmethoden eine zentrale Bedeutung zu. Aus den Daten, die im Logfile enthalten sind, lassen sich Rückschlüsse auf das Verhalten der Kunden auf der Website ziehen. Als Grundanforderung ist es aber notwendig, die Verhaltensmuster der Benutzer zunächst auf Ebene eines Besuchs und in einem weiteren Schritt auch über längere Zeit hinweg auf User-Ebene zusammenzuführen.

Die Phase des Profiling ist dabei von grundlegender Bedeutung, da hier die Basis für die gesamte Personalisierung gelegt wird. Im Sinne von „it all begins with data" werden in dieser Phase die Möglichkeiten und Grenzen der systematischen Entwicklung und Nutzung des Kundenwissens festgelegt. Fehlen hier Daten oder sind diese fehlerhaft oder nicht konsistent, besteht die Gefahr, dass im Rahmen der Kundenbindung „falsche" Kunden mit „falschen" Maßnahmen adressiert werden. Für ein erfolgreiches CRM werden nicht nur inhaltlich richtige, sondern auch klar strukturierte und analysefähige Daten benötigt (zur Datenerhebung und –aufbereitung im Web Mining s. Kapitel 2.1.1 und 2.2.1).

Die *Matching-Phase* beinhaltet das zielgerichtete Zusammenführen von Kundenprofilen mit den jeweiligen Inhalten und Produkten. Ziel ist es, in Abhängigkeit von dem jeweiligen Kundenprofil und der jeweiligen Situation dem Kunden adäquate Angebote (z.B. Inhalte, Chat-Partner, URL-Links, Produkte) zu unterbreiten. Dies kann zum einen durch eine direkte Zuordnung von Profil und Angebot erfolgen. Hier werden im Sinne des One-to-One-Marketing auf der individuellen Ebene personalisierte Angebote angezeigt. Dabei ist der Abgleich zwischen verschiedenen Userprofilen aufgrund der in der Regel gleichen Attribuierung am einfachsten. Das „Matchen" von Userprofilen mit Produkt- und Contentprofilen erfordert zunächst eine adäquate semantische Klassifizierung der Produkte bzw. des Contents.

Da die zielgerichtete Zuordnung aufgrund der möglichen Anzahl und Tiefe von Kundenprofilen eine sehr komplexe Aufgabe darstellt, wird in der Praxis meistens das Matching auf einer *One-to-Some-* bzw. *One-to-Many-Ebene* vollzogen. So werden zunächst einzelne Kundenprofile einem Kundencluster und diese Cluster dann einem entsprechenden Angebot zugeordnet. Da sich bisher keine eindeutigen Standards für die Beschreibung von Kundenprofilen, Produktkatalogen und Contentklassifikationen herausgebildet haben, darf die redaktionelle Arbeit bei der Zuordnung von Profilen, Inhalten und Produkten nicht unterschätzt werden. Die Zuordnung und Klassifikation von Profilen und Inhalten kann jedoch erheblich durch moderne Verfahren des Data Mining und Text Mining unterstützt werden (s. hierzu Grothe/Gentsch 2000 sowie Hippner et al. 2001). Eine wichtige Aufgabe in dieser Phase besteht damit in der Auswahl geeigneter Anpassungs- und Klassifikationsverfahren sowie der richtigen IT-Unterstützung.

Nachdem die Angebote profil- bzw. segmentabhängig selektiert wurden, stellt sich im Modul *Channeling* die Frage nach der geeigneten Distribution der personalisierten Inhalte. Hierbei geht es darum, den für den Kunden geeigneten Kanal (z.B. Brief, Internet, Call Center) zu wählen, die Konsistenz der Inhalte über die verschiedenen Kanäle zu gewährleisten sowie zwischen passiven und proaktiven Verteilungsmechanismen (z.B.

270

Pull-Strategie: Recommendation-Fenster auf der Web-Seite, oder Push-Strategie: E-Mail, Outbound-Call Center-Kampagne) zu wählen.

Der Vorteil des Internet als rückkanalfähiges Endgerät besteht nun darin, die Kundenreaktion auf die Personalisierungsangebote zu erfassen. Das erfasste und bewertete Feedback (Reporting/ Data Mining) schließt den Closed Loop der Personalisierung, indem die Kundenreaktion als Verfeinerung in das Profil aufgenommen wird. Durch diese Lernschleife werden die Kundenprofile sukzessive verbessert und führen so zu immer treffenderen Empfehlungen.

3 Personalisierungs-Architektur

Die Implementierung des Personalisierungsprozesses bedeutet mehr als die Installation einer einzelnen Software. Vielmehr geht es um das Zusammenspiel verschiedenartiger Applikationen. Im Mittelpunkt des Applikationsnetzwerkes steht die Personalisierungs-Engine.

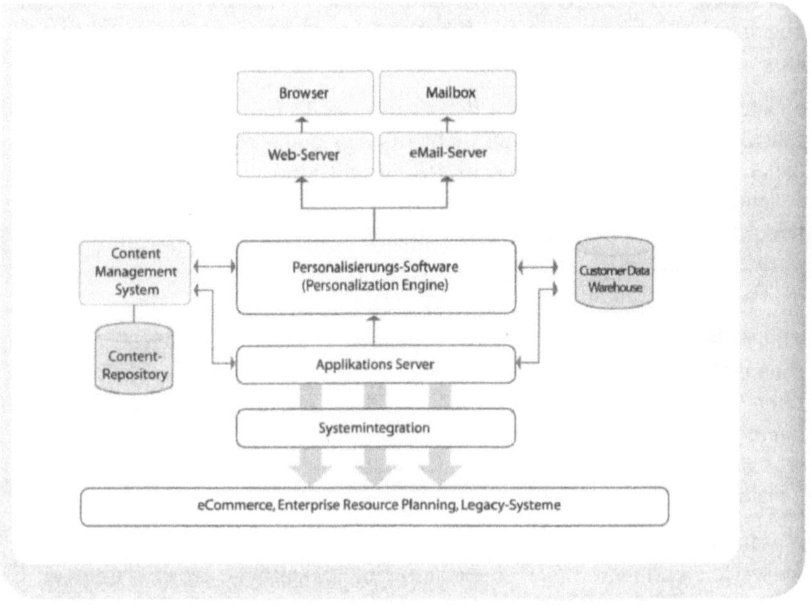

Abbildung 2: Allgemeine Personalisierungs-Infrastruktur

3.1 Personalisierung-Engine

Die Personalisierungs-Software (Personalisierungs-Engine) als zentrale Schaltzentrale ist für die Koordination und Synchronisation der verschiedenen Applikationen zuständig. Nur so kann gewährleistet werden, dass die jeweiligen Kundeninformationen konsistent verwaltet und gezielt zur Verfügung gestellt werden können. In jeder Applikation werden bestimmte profilrelevante Daten erzeugt und benötigt. Da die jeweiligen Applikationen meist eine proprietäre Profil-Datenstruktur und -verwaltung haben, ist eine harmonisierende, logische Profildatenbank (siehe Phase *Profiling* des Personalisierungsprozesses) notwendig. Diese integrierende Datenbasis, in der alle verfügbaren Informationen über die einzelnen Kunden und ihr individuelles Verhalten aus den verschiedenen operativen Informationssystemen sowie externen Quellen zusammengeführt und für die Datenanalyse aufbereitet werden, soll im folgenden als Customer Data Warehouse bezeichnet werden.

3.2 Customer Data Warehouse

Die Basis für ein Customer Data Warehouse bilden Datenquellen, aus denen Kundeninformationen extrahiert und in das Data Warehouse integriert werden. Generell lassen sich hier interne und externe Datenquellen unterscheiden.

Interne Daten sind in der Regel mit den operativen Daten gleichzusetzen. Es ist davon auszugehen, dass die Informationen nicht in einer einzigen Datenbank vorliegen, sondern über eine Vielzahl von Datenbanken verteilt sind, da in den meisten Fällen die verschiedenen Anwendungssysteme (ERP (Enterprise Resource Planning), E-Commerce, CRM) je eine eigene Datenbank besitzen. Die Überführung der internen und externen Datenquellen in ein Data Warehouse erfolgt in drei Schritten, die als Extraktion, Transformation und Laden (ETL) bezeichnet werden.

Der ETL-Prozess kann ereignis- oder zeitgesteuert ausgelöst werden. Der ETL-Monitor beobachtet dazu die operativen Quelldatensysteme daraufhin, ob ein definiertes Ereignis eingetreten ist. Der ETL-Loader dient als Zugriffsschnittstelle für die heterogenen Quelldatensysteme. Die definierten Informationsobjekte werden extrahiert und in die Staging Area kopiert. Die Staging Area kann als eine Art temporärer Zwischenspeicher für den Data-Warehouse-Ladeprozess gesehen werden.

Im nächsten Schritt werden diese Informationsobjekte anhand der festgelegten Data-Warehouse-Konventionen transformiert, um eine einheitliche Ausprägung von Elementen im Data Warehouse sicherzustellen. Sämtliche Transformationsregeln sind im Metadaten-Repository hinterlegt. Nachdem die Informationsobjekte entsprechend den Data-Warehouse-Konventionen transformiert wurden, werden die Regeln für die Datenqualität angewandt. Der Schritt der Validierung und Bereinigung der Informationsobjekte soll sicherstellen, dass vorhandene Fehler in den Datenbeständen beseitigt werden.

In einem letzten Arbeitsschritt wird der nun fertig erstellte, operative Datenextrakt noch auf während der Ausführung der Transformationsprozesse aufgetretene Fehler untersucht, indem das automatisch generierte Fehlerprotokoll evaluiert wird. Sind alle Übernahmekriterien erfüllt, wird der operative Datenextrakt in das zentrale Data Warehouse übernommen.

Klassische Data Warehouses werden typischerweise primär mit Daten aus internen und externen Offline-Daten gespeist. Für ein ganzheitliches Kundenbeziehungs- und Multi-Channel-Management ist jedoch die systematische Integration von Offline- und Online-Daten erforderlich. Eine wichtige Online-Datenquelle sind die vom Web-Server automatisch protokollierten Logfiles. Um später kundenrelevante Aussagen treffen zu können, sollten die Logfiles semantisch angereichert bzw. kategorisiert werden (z.B. Klassifikation der Logfiles gemäß der Taxonomie des Web Content Management Systems; Anreicherung um CGI-Parameter, Suchbegriffe,...). Auf der Basis semantisch angereicherter, integrierter Daten lassen sich dann erweiterte Reporting- und Data Mining-Verfahren realisieren (Abbildung 3).

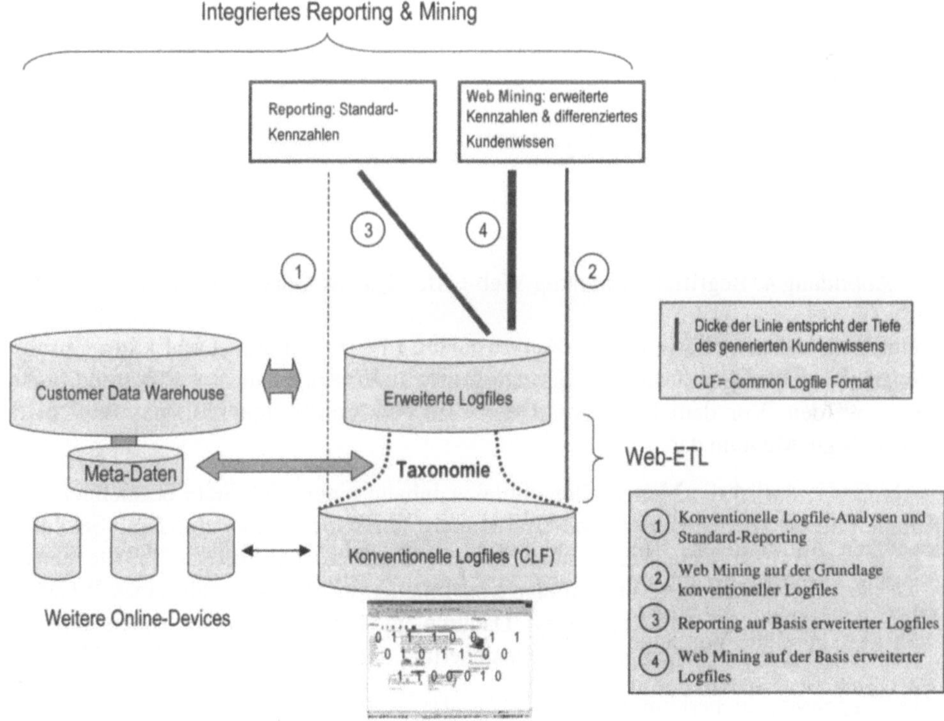

Abbildung 3: Integration von Customer Warehouse-Daten mit semantisch angereicherten Online-Daten

3.3 Web Content Management System

Voraussetzung für die Erstellung personalisierter Web-Seiten ist die dynamische Generierung der Inhalte beim Aufruf durch einen Benutzer. Da diese Inhalte abhängig von Kundengruppen unterschiedlich aufbereitet werden müssen, ist zudem eine Trennung von Inhalt und Layout erforderlich. Diese Aufgaben übernimmt ein Web Content Management System (WCMS).

Der Begriff WCMS vereint die vier unterschiedlichen Begriffe Web, Content, Management und System. Die Begriffsbestimmung wird anhand von Abbildung 4 veranschaulicht.

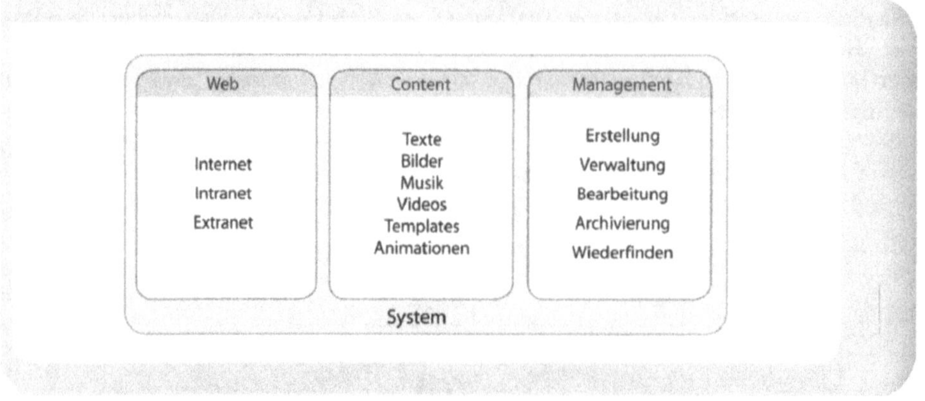

Abbildung 4: Begriffsbestimmung Web-CMS (Quelle: Büchner et al. 2001, S. 100)

Unter Web lassen sich in diesem Zusammenhang Internet, Intranet und Extranet subsumieren. In allen diesen drei Erscheinungsformen müssen Inhalte verwaltet und organisiert werden. Vor dem Hintergrund der Web-Personalisierung stellt das Internet das bevorzugte Medium dar.

Als *Content* wird die Menge aller digitalen Inhalte einer Web-Seite bezeichnet. Dazu zählen neben Texten, Bildern und Grafiken vor allem die für moderne Web-Seiten eingesetzten Animationen, Videos und Sounds, die auch multimediale Inhalte genannt werden. Die Speicherung und Ablage von Inhalten erfolgt innerhalb eines WCMS in einem zentralen Content-Repository. Dadurch wird ein konsistenter Datenstamm gewährleistet und die Vorgänge der Datensicherung und Administration erleichtert.

Im Gegensatz zu herkömmlichen HTML- (Hypertext Markup Language) Seiten gewährleistet ein WCMS eine getrennte Speicherung von Inhalt und Layout. Es existieren die digitalen Inhalte, die bei der Erstellung der Web-Seiten mit den entsprechenden Vorlagen (Templates) verbunden werden. Diese Abstraktion des Contents von seiner Darstellung schafft erst die Voraussetzungen für eine Web-Personalisierung, da je nach

Kundenprofil unterschiedliche Layouts und Inhalte dynamisch generiert werden können.

Die stringente Trennung bietet zudem die Möglichkeit des „Cross-Media-Publishings", da die vorhandenen Inhalte nicht nur in HTML-Formate, sondern beispielsweise über WML- (Wireless Markup Language) Vorlagen auch auf mobile Endgeräte übertragen werden können.

Diese Trennung von Inhalt und Layout wird durch die Extensible Markup Language (XML) ermöglicht. Anders als HTML beschreibt die universelle Metasprache XML nicht, wie der Inhalt dargestellt werden soll. Die XML-Tags enthalten lediglich semantische Informationen über den Inhalt, der unabhängig von einem speziellen Zielmedium gespeichert und jeweils medienspezifisch aufbereitet werden kann. Die individuelle Darstellung der Daten wird in sog. Style Sheets definiert.

Nach außen hin bietet ein WCMS Export- und Importschnittstellen, um mit externen Quellen (z.B. Datenbanken) Informationen austauschen zu können. Zudem kann das WCMS über Programmierschnittstellen (Application Programming Interfaces) mit anderen Systemen kommunizieren und lässt sich auf diese Weise in die Systemlandschaft des Unternehmens integrieren. Für die Web-Personalisierung ist eine Integration mit den bestehenden Web-Servern sowie der Personalization Engine unerlässlich.

3.4   Drittsysteme

Gerade im Umfeld der Web-Personalisierung im E-Commerce ist es wichtig, auf Informationen zugreifen zu können, die in ERP- oder OLTP- (Online Transaction Processing) Systemen vorliegen. Daher muss die Personalization Engine neben dem Content Management System und dem Customer Data Warehouse mit weiteren EDV-Systemen integriert werden.

Denkbare Anwendungsfälle sind beispielsweise Lagerbestandsabfragen oder die Anbindung an ein Buchungssystem, um beim Erstellen der individuellen Seiten die Verfügbarkeiten unmittelbar in den operativen Systemen überprüfen zu können; damit kann dem Kunden ein Mehrwert geboten und die Kundenzufriedenheit gesteigert werden.

Abbildung 5 zeigt exemplarisch eine konkrete, in der betrieblichen Praxis integrierte Personalisierungs-Infrastruktur auf. Dabei ist zu betonen, dass es nicht „die" Personalisierungs-Infrastruktur gibt, sondern nur eine jeweils an die bestehende DV-Infrastruktur und die gesetzten Ziele angepasste Infrastruktur geben kann. Die Abbildung zeigt, das die verschiedenen Datenquellen zusammen die Datenbasis in Form des Customer Data Warehouse darstellen. Dabei wird deutlich, dass die Datenakquisition sowohl explizit als auch implizit erfolgt. Die Personalisierung im engeren Sinne wird durch die Personalisierungs-Engine dargestellt. Die gesamte Architektur umfasst die Personalisierung im weiteren Sinne.

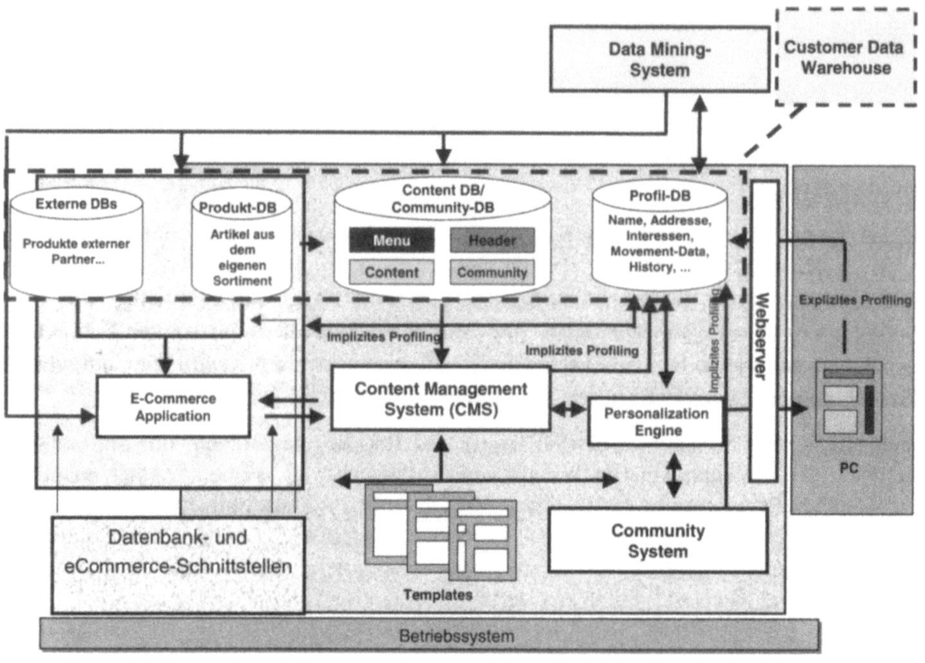

Abbildung 5: Beispiel einer integrierten Personalisierungs-Infrastruktur

4 Personalisierungs-Methoden

Im Folgenden werden die Methodiken, mit denen die Personalisierungs-Engine arbeitet, vorgestellt und diskutiert. Dabei werden ausschließlich Verfahren betrachtet, die ein bestimmten Automatismus bei der Phase des Matching unterstützten. Die benutzergetriebene Personalisierung im Sinne des Customizing wird hier nicht weiter betrachtet. Bei der kundengetriebenen Personalisierung muss der Benutzer selbst die Anpassung der Website an seine Bedürfnisse vornehmen. Damit handelt es sich um eine Personalisierung, die sich ausschließlich auf die expliziten Angaben des Kunden stützt. Dafür müssen ihm von Unternehmensseite her eine ausreichende Anzahl von unterschiedliche Informationskategorien angeboten werden, aus denen der Kunde diejenigen auswählt, die seinen Präferenzen am ehesten entsprechen (vgl. hierzu Frielitz et al. 2001).

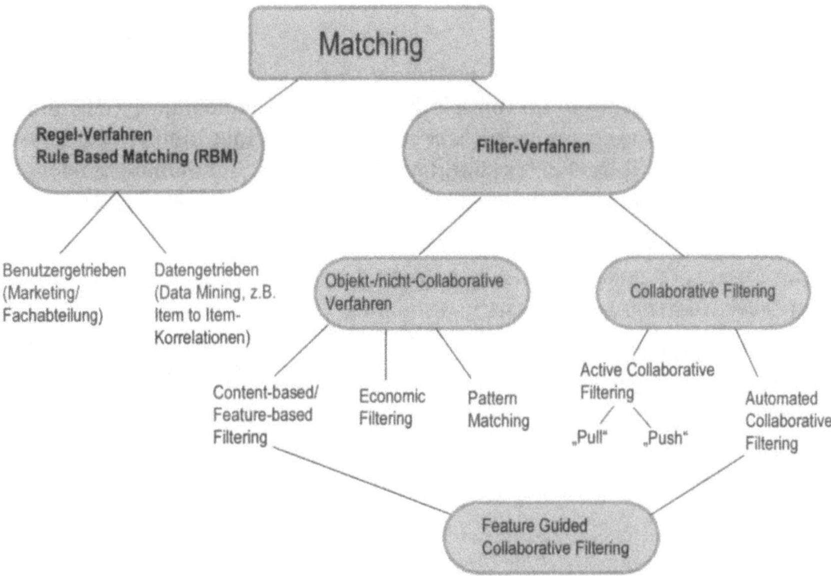

Abbildung 6: Klassifikation von Verfahren zur Personalisierung

4.1 Regel-Verfahren/ Rule Based Matching (RBM)

4.1.1 Manuelle Modellierung des Regelwerks

Regelbasierte Systeme stellen das Wissen, das über einen Kunden gesammelt wurde, in einem Satz von Regeln dar. Hier werden nach bestimmten Regeln (Zum Beispiel: *wenn* eine Person zwischen 20 und 30 Jahre alt ist und ein mittleres Einkommen hat, *dann* empfehle die Information X und das Produkt Y) Empfehlungen ausgesprochen. Die Regeln können entweder durch die Anwender (Marketing/Fachabteilungen) benutzergetrieben definiert oder datengetrieben durch Data Mining automatisiert entwickelt werden. Anhand der Regeln können nun die Objekte der Web-Personalisierung (Content, Produkte, Navigation,...) an die einzelnen Benutzer bzw. Benutzergruppen individuell angepasst werden. Die Regeln müssen dynamisch und entwicklungsoffen sein, um Umgruppierungen und weitergehende Differenzierungen zu ermöglichen.

Regelbasierte Personalisierungs-Software beruht auf dem Prinzip regelbasierter Expertensysteme, die der „künstlichen Intelligenz" zugeordnet werden können. Der Einsatz regelbasierter Expertensysteme ist die kontrollierbarste Form unter allen Personalisierungstechniken. Das definierte Regel-Set ist unabhängig von der Menge der Benutzer sowie den Inhalten einer Web-Seite und kann jederzeit an sich ändernde Umweltbedingungen angepasst werden.

Innerhalb eines regelbasierten Expertensystems hat der Begriff „Regel" eine spezielle Bedeutung. Eine Regel ist die formale Form, in der Empfehlungen, Handlungsanweisungen oder Vermutungen ausgedrückt werden. Die Struktur einer Regel lässt sich in Prämisse („Wenn"-Teil) und Schlussfolgerung („Dann"-Teil) aufteilen. Sowohl Prämisse als auch Schlussfolgerung können wiederum aus mehreren, über logische Operatoren (AND, OR und andere) verknüpften Klauseln bestehen.

Einer der gängigsten Ansätze, Wissen in Form von Regeln darzustellen, ist der Objekt-Attribut-Wert-Ansatz (O-A-W-Tripel: Abbildung 7). Bei diesem Ansatz werden unter Objekten physikalische Einheiten wie beispielsweise Kunden subsumiert. Attribute sind mit dem Objekt assoziierte Eigenschaften (Alter, Geschlecht etc.). Der Wert beschreibt letztendlich das Attribut eines Objekts in einer spezifischen Situation. Bei dieser Regel erhalten Studenten, die jünger als 30 Jahre sind, auf alle Flugpreise einen Rabatt in Höhe von 10 Prozent.

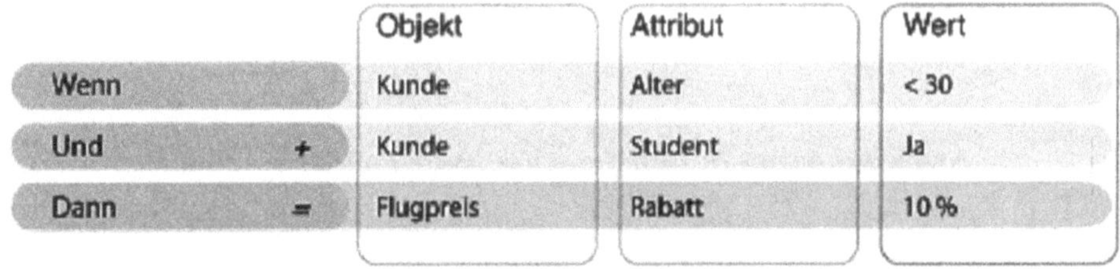

Abbildung 7: Beispiel einer Regel für die Personalisierung

Für die regelbasierte Personalisierung ist es sinnvoll, die Regeln in einer hierarchischen Struktur zu organisieren (Abbildung 8). Dabei sind die in tieferen Schichten liegenden Regeln allgemeingültiger und werden nur aktiv, wenn keine passenderen, spezielleren Regeln vorhanden sind. Je individueller die Regeln sind, desto geringer wird auch die Unsicherheit der Ergebnisse. Abbildung 8 beschreibt den Zusammenhang von Profil-Granularität und Personalisierungstiefe.

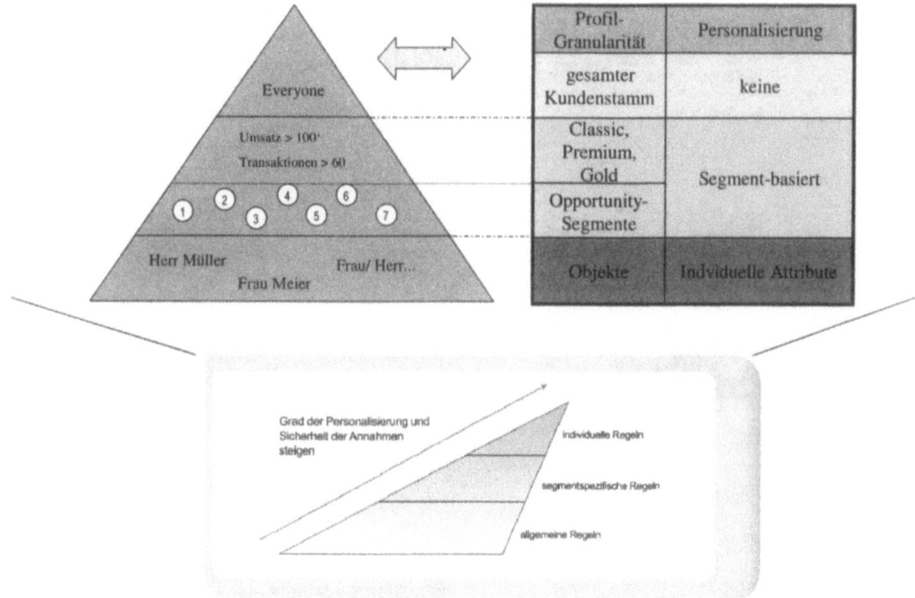

Abbildung 8: Zusammenhang von Profil-Granularität und Personalisierungstiefe

Ein Beispiel für eine regelbasierte Personalisierung ist das Musik-Portal „Callasong". Ziel der Personalisierung ist es hier, die Kundenbindung durch das gezielte Anzeigen von personalisiertem Angebot zu erhöhen. Das Musik-Portal ermöglicht das Anhören von Musikstücken sowie das kostenlose als auch das gebührenpflichtige Herunterladen von Musikstücken (MP3-Files). Ziel ist es, neben dem allgemeinen Content usertypspezifische Inhalte und Empfehlungen anzubieten. Die für die Personalisierung notwendigen Daten werden dabei zum einen durch die optionale explizite Abfrage von Interessen und Musikpräferenzen erhoben. Da die Bereitschaft der User zum Ausfüllen der angebotenen Registrierungsformulare gering war (Check-Box-Personalisierung), wurden die Userprofile komplementär auf Basis der impliziten, verhaltensbasierten Profilierung aufgebaut.

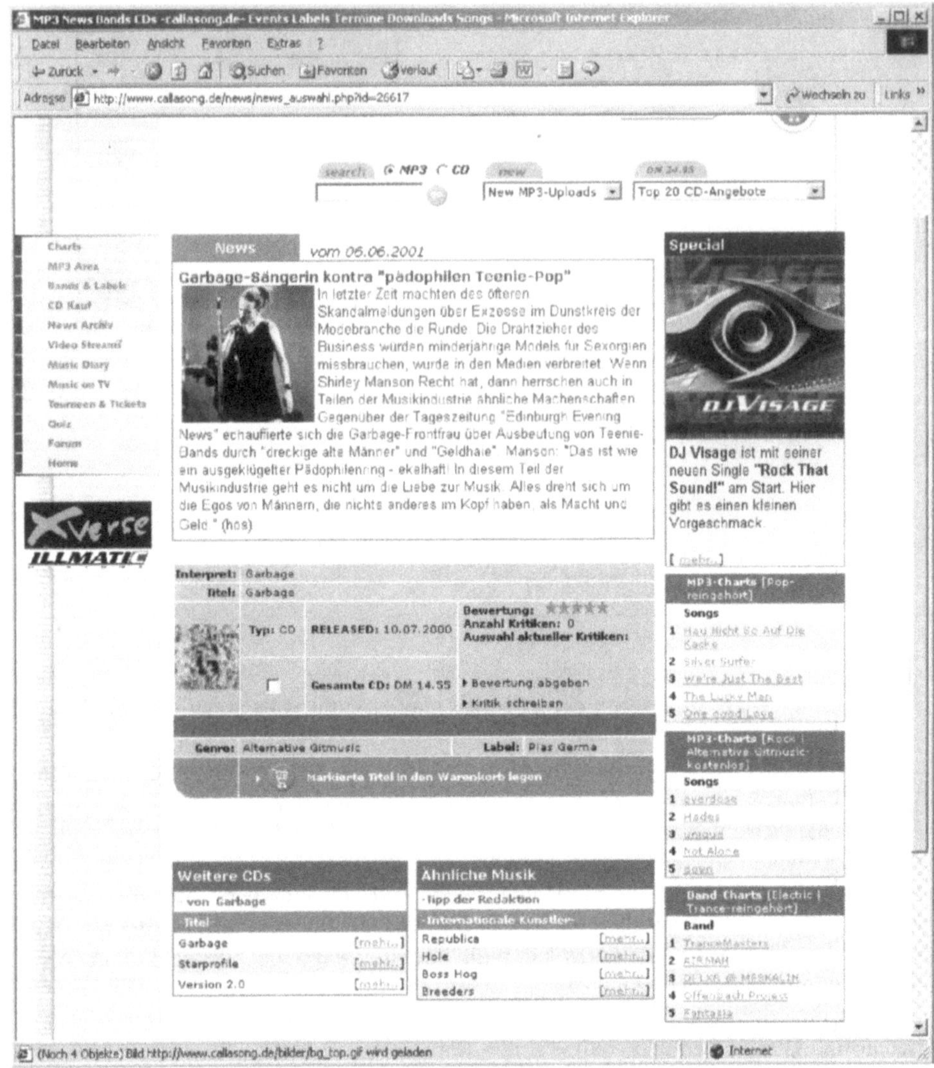

Abbildung 9: Das Musikportal „Callasong"

Abbildung 9 zeigt eine Seite des Musikportals. In der Mitte der Seite befindet sich der allgemeine, nicht individualisierte Content, auf der rechten Seite wird hingegen profilabhängig personalisierter Content eingespielt. Die Abbildungen 10a und 10b zeigen das korrespondierende Back-End. Die Online-Redakteure können für verschiedene Content-Container (z.B. CD der Woche, Konzert-Tip, Song des Tages,...) personalisierte Inhalte definieren (linke Abbildung). Des weiteren existiert ein Regeleditor, mit dessen Hilfe sich die jeweiligen Regeln formulieren lassen (rechte Abbildung): Z.B. User, die sich für die Gruppe X interessieren, bekommen als Empfehlung die aktuellen Tourdaten der Gruppe sowie als CD-Tip ein Album angezeigt, das mit der Musik der Gruppe X vergleichbar ist. Die Erstellung der Regeln erfolgt manuell durch die Online-Redakteure durch das Justieren von Gewichtungsfaktoren: So werden z.B. Lese- und Suchvorgänge mit dem Faktor 1 gewichtet, Kauf- und Hörvorgänge mit dem Faktor 9 gewichtet. Ebenso werden Schwellwerte eingestellt, z.B. werden Käufe erst dann als profilschärfe nd gewertet, wenn das Kaufvolumen mindest   1 beträgt oder die Anzahl der MP3-Downloads mindestens drei beträgt.

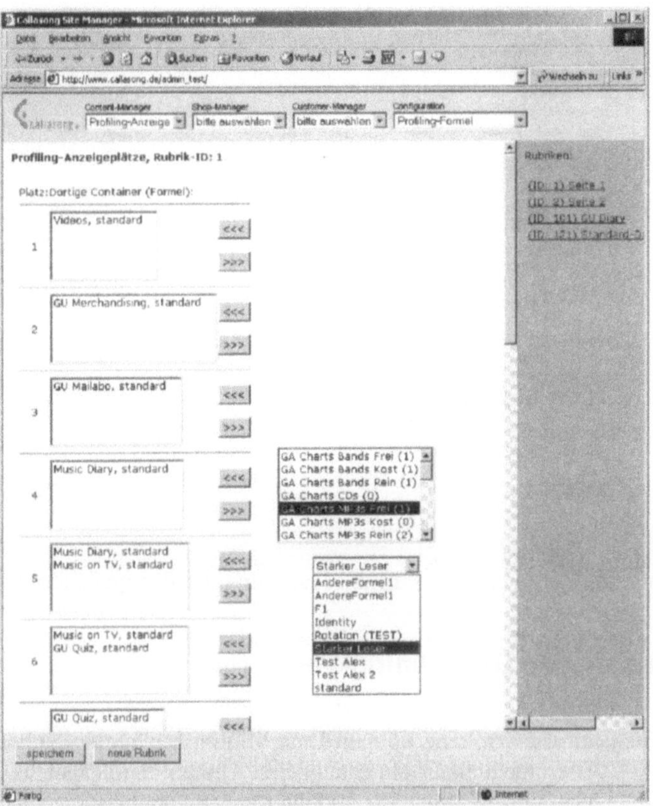

Abbildung 10a: Das „Back-End": Justierung der Personalisierungsregeln

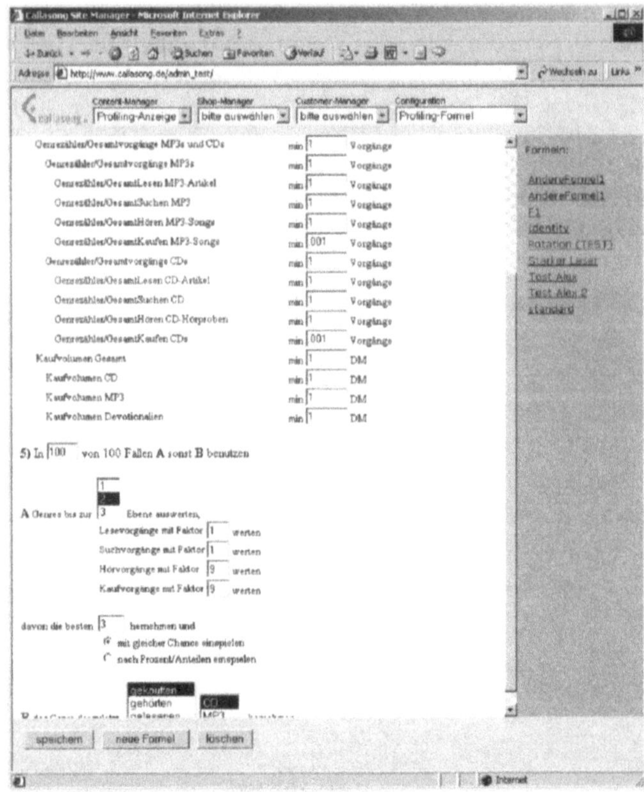

Abbildung 10b: Das „Back-End": Justierung der Personalisierungsregeln

4.1.2 Einsatz von Data Mining-Verfahren

Während bei den eben beschriebenen regelbasierten Verfahren ein relativ hoher manueller Modellierungsaufwand besteht, können Data Mining-Technologien bei der Entwicklung von Personalisierungslogiken ein erhebliches Unterstützungspotenzial bieten. Der Einsatz von Data Mining im E-Business bedeutet weitaus mehr als das Anwenden eines einzelnen Analyseverfahrens. Data Mining ist Teil eines umfangreichen Prozesses, der von der Selektion und Aufbereitung von Daten über das Generieren interessanter Datenmuster (eigentliches Mining) bis hin zur Ergebnis-Repräsentation und -Interpretation reicht (Knowledge Discovery-Prozess). Die Anwendung von Techniken und Methoden des Data Mining ist gewissermaßen der zentrale Arbeitsschritt im übergeordneten Prozess des Knowledge Discovery, weil es um die eigentliche Mustersuche in den Daten geht. Dabei kommen typische Data Mining-Aufgaben wie Assoziationen, Klassifikationen, Segmentierungen und Prognosen zur Anwendung. Für die unterschiedlichen Aufgaben des Data Mining stehen verschiedene Methoden/ Verfahren zur Verfügung, die in

Abbildung 11 im Zusammenhang mit den korrespondierenden Aufgaben und Fragestellungen dargestellt werden (Gentsch et al. 2000). (Für eine ausführliche Darstellung der einzelnen Verfahren s. die Kapitel 2.3.1 bis 2.3.4 dieses Buches.)

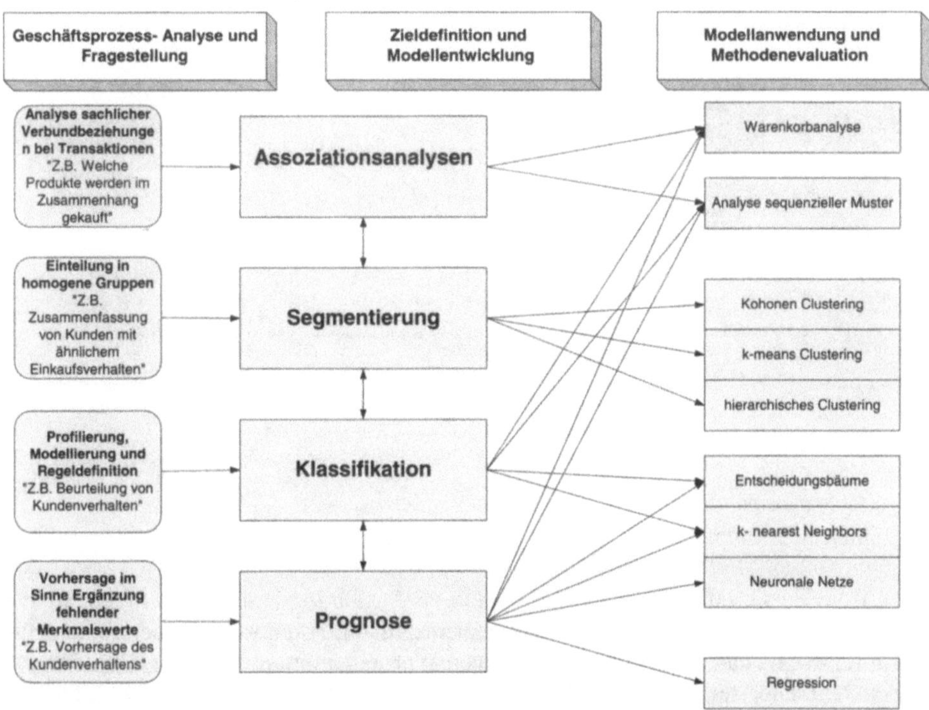

Abbildung 11: Fragestellungen, Ziele und Methoden im Data Mining

Ein für die Web-Personalisierung typischer Anwendungsfall sind Assoziationsanalysen in Form von *Warenkorbanalysen*, mit deren Hilfe sich auf Basis von Transaktionen komplementäre Beziehungen zwischen einzelnen Produkten identifizieren lassen. Diese können als informatorische Grundlage für marketingpolitische Maßnahmen (z.B. Cross- und Up-Selling) verwendet werden. Während *Callasong* ein Beispiel für ein Regelwerk ist, das von Fachleuten „benutzergetrieben" erstellt wurde, sind die Kaufempfehlungen bei amazon.com (Abbildung 12) Regeln, die aus einem Data Mining-Verfahren, in diesem Fall der Assoziationsanalyse, stammen.

Abbildung 12: Empfehlung auf Basis von Assoziationsanalysen bei www.amazon.com

Ebenso lassen sich durch Assoziationsverfahren Auskünfte darüber generieren, welche Informationen auf einer Website häufig gemeinsam abgerufen werden; sie können Hinweise für die Gestaltung und die Struktur von Webseiten liefern. So zeigt Abbildung 13 (links: textuelle, rechts graphische Darstellung) die Zusammenhänge zwischen den Webseiten travel2.html und living.html auf. Diese Assoziationen zeigen, dass alle Besucher, die travel2.html besucht haben, auch living.html besucht haben (die sogenannte Confidence beträgt 100%). Beide Webseiten zusammen sind jedoch in Bezug auf die Zahl der Besuche im Online Shop nur zu 0.562% besucht worden (Support). Die hohe Signifikanz der Beziehung zwischen diesen Seiten zeigt sich auch in einem Lift von 35.6 (der Lift beschreibt die relative Abweichung dieser Kombination gegenüber dem Zufallsfall, der grundsätzlich mit einem Lift von 1 gekennzeichnet wird; ein Wert über 1 kennzeichnet dementsprechend eine überzufällige Kombination der Regelelemente).

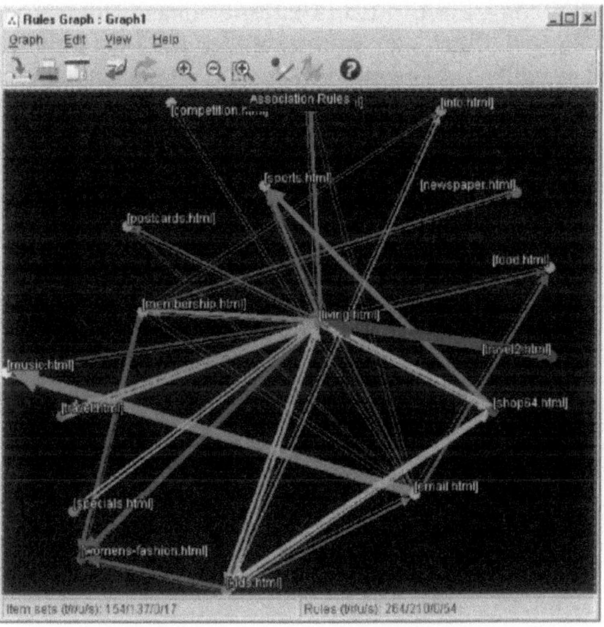

Abbildung 13: Assoziationen zwischen Web-Seiten eines E-Shops

Neben diesen statischen Zeitpunktbetrachtungen lassen sich Assoziationen auch über einen bestimmten Zeitraum in Sequenzen abbilden. Die sogenannte Sequenzanalyse dient der Extraktion von zeitlichen Abfolgen aus einer Transaktionsmenge.

Eine Sequenz S ist eine geordnete Menge von Items. Es lassen sich Sequenzen ohne Zyklen – d. h. in der Sequenz können Items immer nur einmal auftauchen (z. B. S = {3, 7, 8, 1}) – und Sequenzen mit Zyklen - d. h. in der Sequenz können Items mehrfach auftauchen (z. B. S = {3, 7, 8, 3, 1}) – unterscheiden. Die statistischen Maßgrößen „Support" und „Confidence" können wie bei der Assoziationsanalyse zur Gütebeurteilung herangezogen werden: Eine Sequenz S besitzt auf der Transaktionsmenge D den Support s, wenn s Prozent aller Transaktionen in D die Sequenz S enthalten.

Ein Sequenzanalysealgorithmus extrahiert in einer Transaktionsmenge mit vorgegebenem Parameter für minimalen Support (minSupp) alle Sequenzen, welche dieser Support-Bedingung genügen. Leistungsfähige Algorithmen zur Sequenzanalyse sind derzeit noch selten. Im einfachsten Fall werden nur alle Sequenzen mit unmittelbar aufeinanderfolgenden Items mittels einfacher Suchstrategien extrahiert (genutzt von einigen Web-Analysetools zur Berechnung typischer Pfade in Logfiles). Diese Variante ist jedoch aufgrund der einfachen Suchstrategie sehr langsam.

Abbildung 14 zeigt die Anwendung der Sequenzanalyse am Beispiel signifikanter Navigationspfade innerhalb eines großen Online-Shops. Es handelt sich dabei um eine sequentielle Folgen von Besuchen (Click-Streams) innerhalb eines Online-Shops, die besonders auffällig sind. Durch die Sequenzanalysen des Data Mining wurden assoziative Folgen mit buy.html, die also einen konkreten Kauf mit einschließen, transparent.

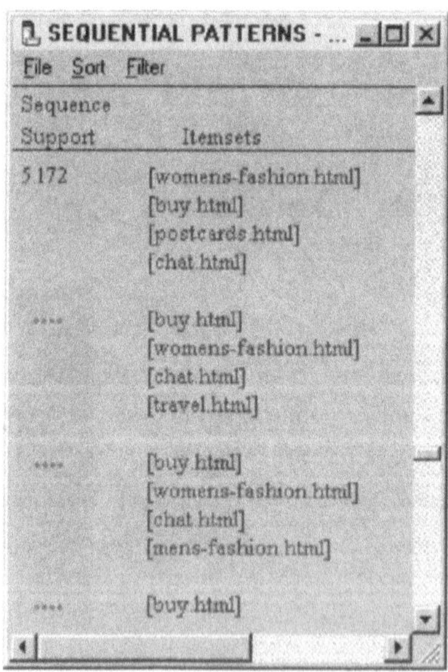

Abbildung 14: Auffällige Navigationspfade in einem Online-Shop

Interessant ist nun die Interpretation der gefundenen Assoziationen: so interessieren sich 5.172% der User zunächst für verschiedene Artikel in Bereich „womens-fashion.html", tätigen dann die eigentliche Kauftransaktion (buy.html), verschicken daraufhin eine virtuelle Postkarte (postcard.html) und beginnen dann zu chatten (chat.html). Diese Resultate sprechen dafür, dass die Shop-Besucher zunächst einkaufen und dann ihrem Kommunikationsbedürfnis durch das Versenden von Postkarten und dem Chatten in der Online-Community nachgehen.

Weitere 5.172% der Shop-Besucher kaufen zunächst ein (buy.html), besuchen dann den Modebereich (womens-fashion.html) und steuern nach dem Chatten (chat.html) den Reisebereich (travel.html) bzw. den Männermodebereich (mens-fashion.html) an. Die Kaufabsicht scheint bei diesen Shop-Besuchern im Mittelpunkt ihres Besuches zu stehen. Die informativen Bereiche werden erst nach getätigtem Kauf aufgesucht.

Damit die beschriebenen Ergebnisse durch die Assoziations- und Sequenzanalysen gewonnen werden konnten, mussten zunächst im Rahmen des Preprocessing die Logfiles gemäss der E-Shop-Taxanomie klassifiziert bzw. zusammengefasst werden (siehe Abschnitt 3.2). So wurden alle Webseiten die dem Thema „Kaufen" gehören zu der Kategorie „buy.html", die dem Thema Kommunikation gehören der Kategorie „chat.html" usw. zugeordnet. Ohne diese semantische Aufbereitung der Webseiten wären durch das Data Mining nicht diese verdichteten, gut interpretierbaren Ergebnisse erzielt worden.

Auf Basis dieses differenzierten Kundenwissens können nun verschiedene Maßnahmen zur gezielteren Kundenansprache und Verkaufsförderung diskutiert werden. Eine Möglichkeit besteht darin, das Angebot je nach Kundentypus zu personalisieren oder entsprechende Restrukturierungen des Shops vorzunehmen (s. hierzu das Praxisbeispiel in Kapitel 3.7 dieses Buches). Ebenso können Fragen des Shop- und des Produktdesigns wie auch Sortimentsfragen gelöst werden, indem z.B. zielgerichtet einzelne Medien innerhalb des Shops zu Akzeptanzfragen genutzt werden: Beim Angebot virtueller Postkarten können Produktvorschläge bzw. Designbausteine direkt oder indirekt platziert werden. Die am stärksten nachgefragten Produkt- bzw. Designvorschläge werden dann für das zukünftige Shopsortiment bzw. das Produktdesign ausgewählt und können darüber hinaus zur Personalisierung der Seiten genutzt werden. Dabei ist schon innerhalb des Postkartenangebots eine kundenindividuelle Differenzierung möglich.

Auch wenn sich die Assoziations- und Sequenz-Analysen automatisieren lassen, ist ihr Realtime-Einsatz im Closed-Loop-Prozess der Personalisierung in der Praxis noch nicht die Regel. Häufig werden die generierten Regeln aus Sicht des Marketing, der Usability sowie der Web-Performance diskutiert und bewertet. Erst danach fließt das Ergebnis in Form von optimierten Seiten und Cross-Selling-Recommendations in die Web-Seite ein. Der Vorteil besteht in der Qualitätssicherung und dem unternehmensoptimierten Einsatz des Regelwissens. Dieser Vorteil wird mit einem Medienbruch und der damit verbundenen Verzögerung erkauft.

4.2 Filter-Verfahren

Im Gegensatz zu den regelbasierten Systemen, deren Personalisierung auf den Erfahrungen von Experten beruht oder aus Data Mining-Prozessen gewonnen wird, sind Content based Filtering-Systeme stärker von dem aktuellen, individuellen Informationsbedürfnis eines Kunden geprägt. Die Studie von Malone et al. untersucht, mit welchen Methoden diese individuellen Bedürfnisse am besten befriedigt werden können (Malone et al. 1987). Die beteiligten Versuchspersonen sollten erklären, wie sie z.B. Artikel anhand eines Inhaltsverzeichnisses aus einer Zeitschrift auswählen oder wie sie entscheiden, welche Beiträge sie lesen und welche nicht. Das Ergebnis der Studie war, dass sich die Versuchspersonen hinsichtlich ihrer Entscheidung in drei Gruppen einteilen ließen. Die Entscheidung erfolgte entweder inhaltsbezogen (Content-based Filtering), war ökonomischer Art (Economic Filtering) oder wurde aufgrund von Empfehlungen durch andere Personen getroffen (Collaborative Filtering):

- *Content-based Filtering*: Diese Filtertechnik bezieht sich auf den Inhalt der zu filternden Daten. In einer Tageszeitung wird man beispielsweise vor allem in denjenigen Kategorien (Sport, Wirtschaft) nach Artikeln suchen, die den persönlichen Interessen am ehesten entsprechen.

- *Economic Filtering*: Diese Gruppe von Entscheidungsregeln zur Filterung von Daten hat als Grundlage den Vergleich von Kosten und Nutzen. Dabei muss es sich nicht immer um die monetären Kosten handeln. Es kann auch sein, dass nur eine bestimmte Zeit zum Lesen zur Verfügung steht und daher lediglich Bücher in Frage kommen, die eine bestimmte Seitenzahl nicht überschreiten.

- *Collaborative Filtering*: Damit sind alle Techniken gemeint, in die zwischenmenschliche Beziehungen einfließen. Hierzu gehört beispielsweise die Empfehlung durch einen Buchhändler.

Neben diesen drei Filter-Verfahren werden in moderner Personalisierungssoftware auch die sogenannten Pattern Matching-Verfahren eingesetzt, die sich durch einen besonders hohen Automatisierungsgrad auszeichnen. Im folgenden werden die verschiedenen Filter-Verfahren näher vorgestellt.

4.2.1 Content-based Filtering

Beim *Content-based Filtering* wird für eine betrachtete Klasse von Objekten (Produkt, Text, Bild) ein Eigenschaftsraum entwickelt. Die Objekte werden anhand einer Reihe objektiver Eigenschaften klassifiziert bzw. bewertet.

Die Darstellung objektiver Eigenschaftsräume soll an dem Objekt „Kraftfahrzeug" verdeutlicht werden. Denkbar wäre hier eine Bewertung der Eigenschaften Fahrzeugtyp (z.B. Coupé, Limousine, Cabriolet), Leistung des Motors, Volumen des Kofferraumes etc. Das Objekt Kraftfahrzeug lässt sich demnach zumindest zum Teil über Produkteigenschaften beschreiben. Anhand dieser Eigenschaftsbündel können beispielsweise aus einem Gebrauchtwagenangebot lediglich auf das Benutzerprofil passende Gebraucht-wagen gefiltert werden. Dazu werden aus dem Gesamtangebot an Gebrauchtwagen zunächst Fahrzeuge nach bestimmten Kriterien ausgeschlossen (z.B. max. 20.000 km). Diesen herausgefilterten Objekten wird die Präferenz Null zugewiesen. Die verbleiben-den Objekte sollen im Anschluss in eine Rangordnung gebracht werden. Dies geschieht, indem die Präferenzen von Objekteigenschaften für den individuellen Benutzer ermittelt werden (Runte 2001, S. 11).

Zu diesem Zweck kann eine *Conjoint-Analyse* durchgeführt werden, die sich zu einem häufig verwendeten Marketinginstrument zur Gestaltung und zum kundenorientierten Angebot von Produkten entwickelt hat. Der Vorteil von Conjoint-Analysen besteht in der guten Abbildung der Kauf- bzw. Auswahlentscheidungen des Konsumenten. Dem Benutzer wird eine Reihe realer oder fiktiver Produkte mit verschiedenen Eigenschaften präsentiert, zu denen er seine Präferenzen äußern soll. Auf dieser Basis können für Ob-jekte, deren Eigenschaftsausprägungen bekannt sind, Prognosen bezüglich der Präferenz ermittelt werden.

Als Beispiel soll die Web-Applikation Personalogic dienen, die auf Basis des Content-based Filtering versucht, dem Kunden die Suche nach Produkten und Dienstleistungen in einer Vielzahl von Angeboten im Internet zu erleichtern.

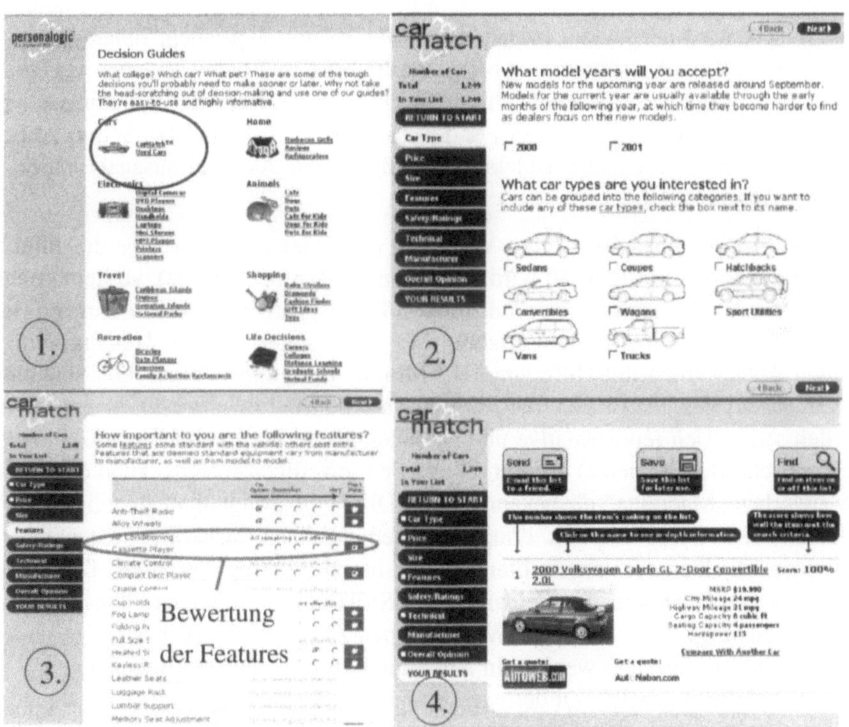

Abbildung 15: Content-based Filtering am Beispiel von Personalogic

Wie in Abbildung 15 (oben links) dargestellt, muss der Anwender zunächst aus einer großen Anzahl von Dienstleistungs- und Produktangeboten, für die er eine Empfehlung erhalten will, einen Bereich auswählen. Das bereits illustrierte Auto-Beispiel wird dabei weiter genutzt. Nachdem der Anwender sich für die Empfehlung eines passenden PKWs entschieden hat, muss er eine Art Fragebogenparcours durchlaufen, in dessen Verlauf versucht wird, die Präferenzen des Anwenders für bestimmte Produktcharakteristika zu erfragen. Durch die durchzuführende Einordnung in eine Bewertungsskala wird versucht, systematisch die „nice to have"- von den „must be"-Kriterien zu unterscheiden. Die Produktcharakteristika stellen dabei die Objekte für das Content-based Filtering dar.

Das Beispiel zeigt, dass beim Content-based Filtering anhand der Eigenschaften eines Objektes auf die Präferenz des Benutzers für dieses Objekt geschlossen wird. Häufig ist die Beschreibung von Objekteigenschaften allerdings nicht durchführbar. Stehen beispielsweise subjektiv wahrgenommene Eigenschaften wie Qualität, Geschmack oder Ästhetik bei der Bewertung eines Objektes im Vordergrund (z.B. bei Musik oder Videos), stößt dieser Ansatz an seine Grenzen. Denn nur unter Schwierigkeiten lässt sich beispielsweise die Eigenschaft „Image" einer Auto-Marke bewerten. Hierbei stellt sich zumindest das Problem der Objektivität. Ein großes Problem beim Content-based Filtering in der Praxis ist zudem die starke Tendenz zur Spezialisierung. Da das System nur Objekte empfehlen kann, deren Inhalte in hohem Maße mit dem Benutzermodell übereinstimmen, wird der Nutzer lediglich auf Objekte mit ähnlichem Inhalt hingewiesen. Dies kann zu einer Einschränkung bei Empfehlungen und damit zu einer weniger guten Beratungsleistung des Systems führen. Gerade im Bereich des E-Commerce ist der Einbezug von Komplementärgütern und Substituten (Cross- und Up-Selling) zu bereits bewerteten bzw. bezogenen Objekten wichtig (siehe Assoziationsanalysen des Data Mining; Abschnitt 4.1.2).

Während bei den bisherigen Filter-Verfahren die Objekte, über welche die Ähnlichkeit bzw. Zugehörigkeit festgestellt wird (z.B. Fahrzeugtyp oder -farbe), vorher explizit von den Unternehmen manuell bzw. redaktionell herausgearbeitet werden mussten, können alternativ auch automatisierte Verfahren des sogenannten *Pattern Matching* eingesetzt werden. Hier werden mit Hilfe von Text Mining Texte hinsichtlich ihrer semantischen Struktur analysiert. Auf Basis linguistischer, statistischer oder wissensbasierter Ansätze werden semantisch repräsentative und aussagekräftige Worte und Wort-Koallokationen (semantische Begriffsnetze) erzeugt. Durch den jeweiligen Kontext kann die Technologie zwischen „Madonna" als bekannter Pop-Diva und „Madonna" als religiöser Person unterscheiden. Diese implizit ermittelten semantischen Strukturen entsprechen den expliziten Objekten der vorgestellten Content-based Filtering-Verfahren. Die den jeweiligen Text repräsentierenden semantischen Strukturen werden nun hinsichtlich ihrer Ähnlichkeit verglichen. Auf diese Weise können z.B. ähnliche Webseiten gefunden und dem Anwender angezeigt werden. In Abbildung 16 wird dies am Beispiel der Webseite von TV Spielfilm gezeigt. Zu der exemplarisch ausgewählten Seite „Web Suche – wie geht das?" kann sich der Anwender unter der Rubrik „mehr zum Thema" inhaltlich ähnliche Seiten zeigen lassen. Die Ähnlichkeit wird dabei als ein Prozentwert im Bereich von 0-100 % zum Ausdruck gebracht. Die Empfehlung ist jedoch nicht auf den

Content-Bereich beschränkt. Darüber hinaus können z.B. auch CD- oder TV-Programm-Empfehlungen ausgesprochen werden, die zur jeweiligen Webseite passen.

Da dem Pattern Matching-Verfahren ein inhaltliches Verständnis im Sinne einer redaktionellen Einordnung fehlt, sollten die automatisiert erstellten Empfehlungen einer redaktionellen Qualitätssicherung unterzogen werden, bevor sie realtime in die Webseite eingespielt werden.

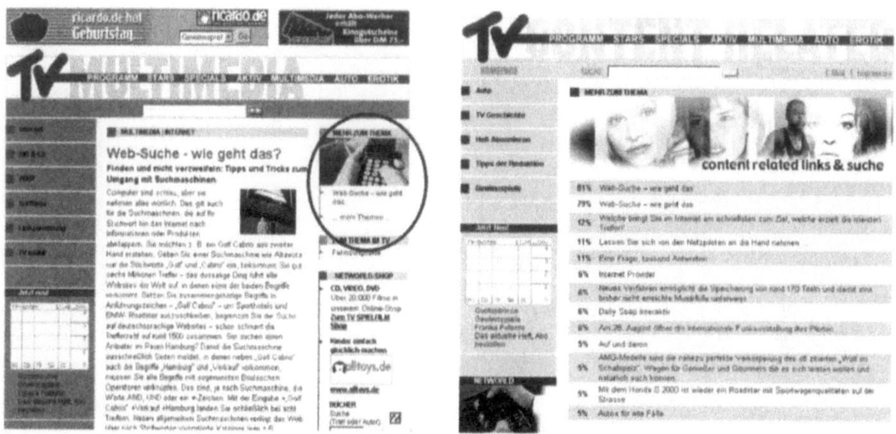

Abbildung 16: Pattern Matching am Beispiel von TV Spielfilm

Diese Form des Pattern Matching stellt eigentlich keine echte Personalisierung dar, da die Empfehlungen unabhängig von Kundenprofilen erstellt werden. Personalisierung im engeren Sinne bedeutet das Zusammenführen von User-Profilen mit Content-Profilen. Content-Profile sind dabei sowohl Profile über Content im engeren Sinne wie z.B. Zeitungsdokumente als auch über Content im weiteren Sinne wie z.B. Produktkataloge. Werden jedoch zudem User-spezifische Profile gewonnen, kann die Pattern Matching-Technologie auch zur Personalisierung im engeren Sinne eingesetzt werden. So können z.B. aus dem Surfverhalten eines Besuchers individuelle Merkmalsmuster abgeleitet werden, auf deren Basis dem User Content mit einem ähnlichen Merkmalsmuster angeboten wird. Darüber hinaus kann das User-Profil auch aus E-Mails, Web-Seiten, Beschwerde-Briefen, Feedback in Communities usw. erstellt werden. So können Kunden auch individualisierte Inhalte im Sinne der indirekten Personalisierung angeboten werden. Darüber hinaus können auch beide Formen der Content-basierten Personalisierung miteinander verbunden werden: Hierbei werden zunächst User-profil-abhängige Content-Empfehlungen ausgesprochen um dann weiteren Content - ähnlich zum initial gemachten Content – anzubieten. Damit entspricht der indirekt gemachte Content mittelbar ebenso dem jeweiligen Kundenfilter (Abbildung 17).

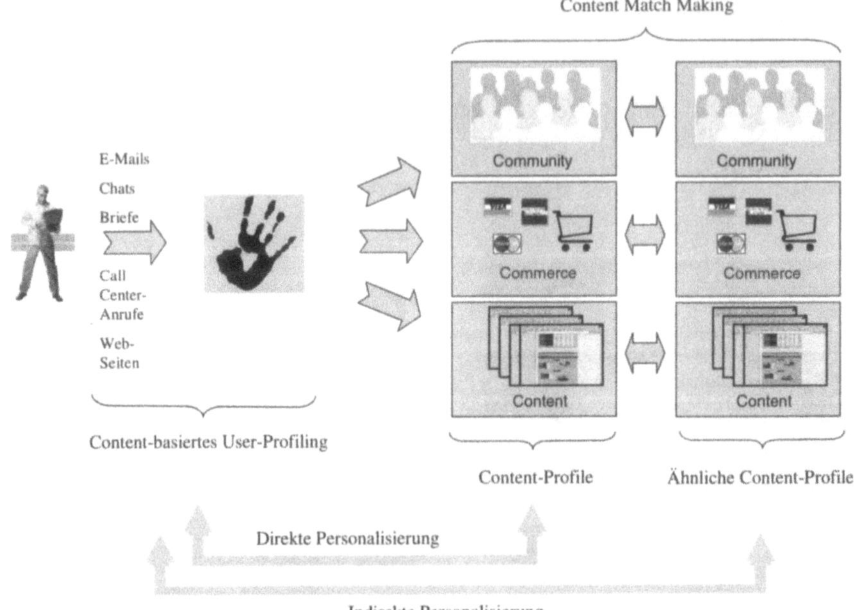

Abbildung 17: Content-basierte Personalisierung im engeren und weiteren Sinne

Als weiteres Anwendungsfeld im Kontext der Personalisierung ist auch die automatische Erfassung und Klassifikation von eingegangenen Kunden-E-Mails möglich. So können etwa Beschwerden je nach ihrem Inhalt automatisch klassifiziert und entsprechend weitergeleitet und archiviert werden. Ein weiteres Beispiel für das Content Mining ist das automatische Erfassen und inhaltliche Klassifizieren von Community-Inhalten. Dieses automatisierte inhaltliche Monitoring von Communities, Chats und Diskussionsforen bietet großes Unterstützungspotential für die betreuenden Community-Manager. Weitere Content-basierte Personalisierungsanwendungen beziehen sich auf Portale. Beispielhaft seien hier das automatisierte persönliche News Feed, individualisierte Push-Services insbesondere für mobile Geräte, persönliche intelligente Softwareagenten sowie personalisierte Suchfunktionalitäten genannt.

4.2.2 Collaborative Filtering

Beim Collaborative Filtering wird die Perspektive auf die Kunden verlagert, die ein Produkt bewerten. Verglichen werden hier nicht die Objekte, sondern die Kunden bezüglich ihrer Objektbewertungen. Empfehlungen werden anhand von Ähnlichkeiten zwischen Kundenbewertungen ausgesprochen.

Collaborative Filtering-Verfahren basieren demnach auf dem Gedanken, dass man über eine Vielzahl von in sich homogenen Personengruppen verfügt. Diese sollen in einen automatischen Erfahrungsaustausch einbezogen werden. Möchte sich nun ein aktiver Benutzer eine individuelle Empfehlung über für ihn interessante oder bevorzugte Objekte geben lassen, wird aus der großen Anzahl unterschiedlicher Benutzer in der Datenbank eine Reihe ähnlicher Benutzer identifiziert. Deren Objektbewertungen werden herangezogen, um dem aktiven Benutzer eine individuell für ihn passende Empfehlung zu geben.

Beim *Active Collaborative Filtering* empfehlen sich die einzelnen Benutzer gegenseitig aktiv bestimmte Objekte. So können z.B. auf dem Meinungsportal doyoo User Beurteilungen bzw. Empfehlungen zu einem bestimmten Produkt aussprechen, die dann von der gesamten doyoo-Community gelesen werden können. Die Glaubwürdigkeit der „user-driven" Empfehlungen sowie die Multiplikation durch das Internet stellen hier die besonderen Vorteile dar.

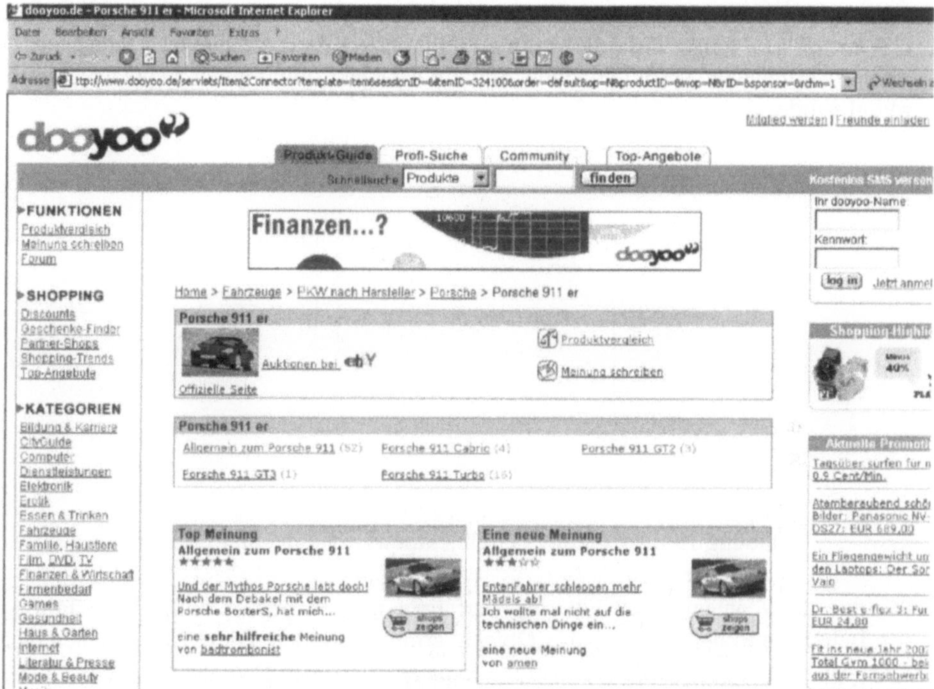

Abbildung 18: Active Collaborative Filtering am Beispiel von doyoo

Neben dieser „Pull-Funktion" des Active Collaborative Filtering können Empfehlungen auch von den Besuchern im Sinne eines „Push-Dienstes" an ihnen bekannte Personen weitergeleitet werden. So existiert z.B. auf der Homepage der Online-Zeitung „Die Welt" (www.welt.de) ein sogenannter Recommendation Button („Artikel versenden"), durch den ein interessanter Bericht per E-Mail an Freunde, Bekannte oder Kollegen versendet werden kann. Diese Mail enthält neben dem eigentlichen Bericht auch einen Link auf die Homepage der Online-Zeitung (Frielitz et al. 2001, S. 24). Diese Variante des Active Collaborative Filtering beruht auf der Annahme, dass die empfehlende Person über die Interessen und Präferenzen ihrer Freunde oder Bekannten besonders gut informiert ist.

Das *Automated Collaborative Filtering* ermöglicht bei einer hohen Anzahl von Benutzern eine vollständige Automatisierbarkeit des Empfehlungsverfahrens. Da im vorliegenden Beitrag die informationstechnologisch automatisierten Lösungen im Vordergrund stehen, wird im folgenden stets das Automated Collaborative Filtering betrachtet. Hierbei kommen Algorithmen zum Einsatz, die bestimmte Strukturen in der Datenbasis über Benutzergrenzen hinweg erkennen und nutzen. Die Datenbasis stellt eine endliche Objektmenge dar, deren Elemente anhand der Ausprägungen von Objektbewertungen von Benutzern charakterisiert werden. Alle Bewertungen werden in einer Datenmatrix U zusammengefasst, deren Zeilen durch die Benutzer und deren Spalten durch die bewertbaren Objekte repräsentiert werden (Abbildung 19; Sarwar, B. et al. 2000, S. 3). Das Element U11 enthält die Bewertung von Benutzer 1 für das Objekt 1. Die Matrix U kann auch fehlende Werte enthalten, wenn ein Objekt durch einen Benutzer nicht bewertet wurde.

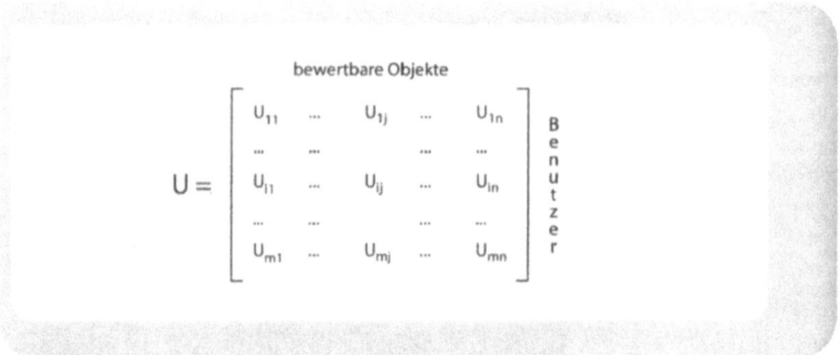

$$U = \begin{bmatrix} U_{11} & \cdots & U_{1j} & \cdots & U_{1n} \\ \cdots & \cdots & & \cdots & \cdots \\ U_{i1} & \cdots & U_{ij} & \cdots & U_{in} \\ \cdots & \cdots & & \cdots & \cdots \\ U_{m1} & \cdots & U_{mj} & \cdots & U_{mn} \end{bmatrix} \begin{array}{l} \text{B} \\ \text{e} \\ \text{n} \\ \text{u} \\ \text{t} \\ \text{z} \\ \text{e} \\ \text{r} \end{array}$$

bewertbare Objekte

Abbildung 19: Darstellung der Objektbewertung in einer Datenmatrix

Wie bei den Content-based Filtering-Verfahren müssen beim Collaborative Filtering von Benutzern Präferenzdaten über Objekte ermittelt werden. Diese Daten dienen dazu, Ähnlichkeiten zwischen dem aktiven und anderen, in der Datenmatrix gespeicherten Benutzern zu berechnen (Proximitätsberechnung). Auf Basis der erhaltenen Ergebnisse wird eine Anzahl besonders ähnlicher Benutzer ausgewählt. Diese Benutzer werden herangezogen, um die fehlenden Bewertungen im Benutzerprofil des aktiven Benutzers zu prognostizieren (Abbildung 20; Sarwar, B. et al. 2000, S. 25).

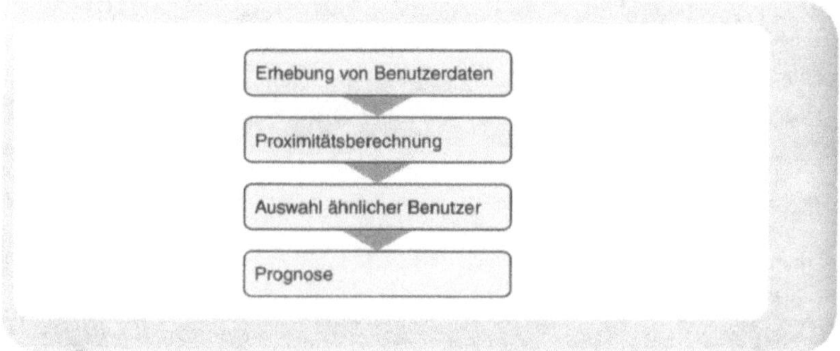

Abbildung 20: Vorgehensweise beim Collaborative Filtering

Betrachtet man die beim Automated Collaborative Filtering eingesetzten Verfahren, so lässt sich Collaborative Filtering auch in die Kategorie der Data Mining-basierten Personalisierungsverfahren einordnen. So werden beim Collaborative Filtering die Proximitätsmaße z.B. auf Basis von Clusteranalysen, Lq-Distanzen (Minkowski-Lq-Metriken) oder auf Basis von Distanzmaßen, die auf den Pearsonschen Korrelationskoeffizienten zurückgreifen, berechnet.

In Abbildung 21 wird die Internet-Applikation „Launch.com" als Beispiel für eine Anwendung des Automated Collaborative Filtering gezeigt. Der Anwender muss hier im ersten Schritt seine Musikpräferenzen auswählen und über Schiebeschalter bewerten. Diese Gewichtungen stellen die Gewichtungsfaktoren für das Collaborative Filtering dar. Anschließend werden dem Anwender im Sinne eines personalisierten Internet-Radios Musikstücke zugespielt, die seinem Musikgeschmack entsprechen. Als „Geschmacks- und Empfehlungsbasis" fungiert die Launch.com-Community.

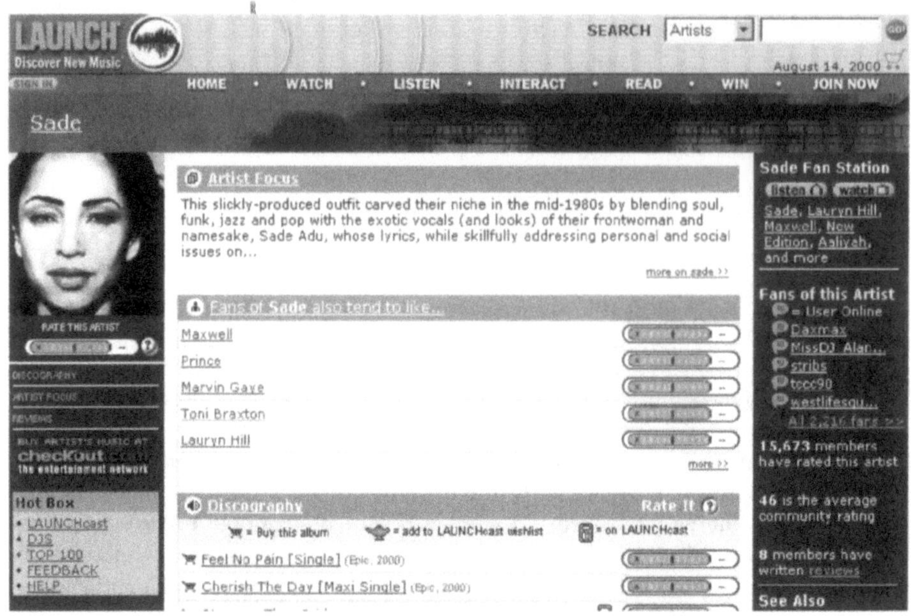

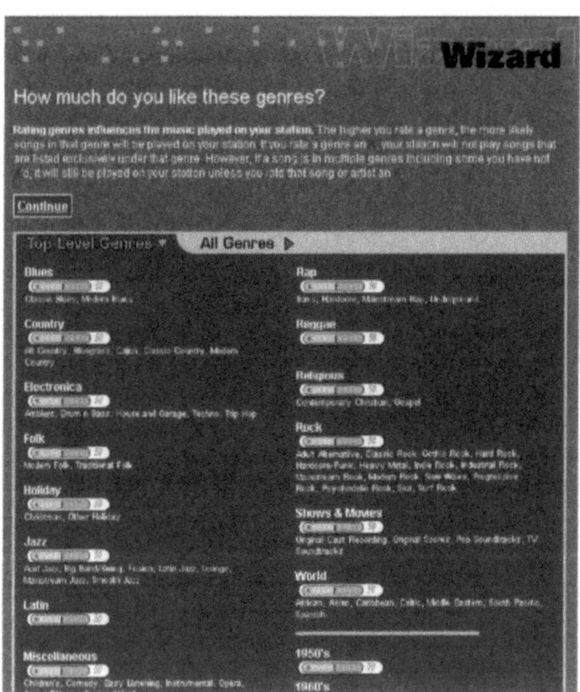

Abbildung 21: Collaborative Filtering am Beispiel von Launch.com

Der Einsatz von Collaborative Filtering-Verfahren erfordert eine ausreichende Anzahl an Benutzern in der Datenbasis. Dieses „Kaltstart-Problem" grenzt den Einsatzbereich des Collaborative Filtering ein. Das Verfahren findet daher typischerweise seinen Einsatz bei Objekten, die sich nicht anhand von objektiven Eigenschaften beschreiben lassen oder deren Erhebung zu aufwändig wäre. Dies ist insbesondere im Unterhaltungssektor (CD's, Videos etc.) der Fall, da die Präferenz für bestimmte Objekte hier ausgesprochen subjektiv ausfällt (Good, N. et al. 1999, S. 2.).

4.2.3 Hybride Form der Verfahren: Feature Guided Collaborative Filtering

Die spezifischen Nachteile von Content-based Filtering und Collaborative Filtering versucht man durch die Kombination der beiden Methoden zu beheben. Der Vorteil dieser Vorgehensweise liegt in der Kombination der Stärken beider Verfahren, wobei eine Reihe von Nachteilen vermieden werden kann. Abbildung 22 veranschaulicht zusammenfassend die Voraussetzungen für eine Anwendung sowie die wesentlichen Vor- und Nachteile der beiden Verfahren (Balabanovic/Shoham 1997, S. 67).

Bei einer kombinierten Anwendung wird durch das Content-based Filtering eine effiziente Vorselektion von Objekten vorgenommen, soweit dies anhand von Eigenschaften möglich ist. Der Einsatz von Collaborative Filtering-Methoden sorgt für die Einbringung menschlicher Erfahrungen und subjektiver Objektbewertungen (Balabanovic/Shoham 1997, S. 67). Einschränkend muss erwähnt werden, dass bei einer kombinierten Anwendung die jeweiligen speziellen Voraussetzungen für die beiden Ansätze zumindest teilweise gleichzeitig erfüllt sein müssen.

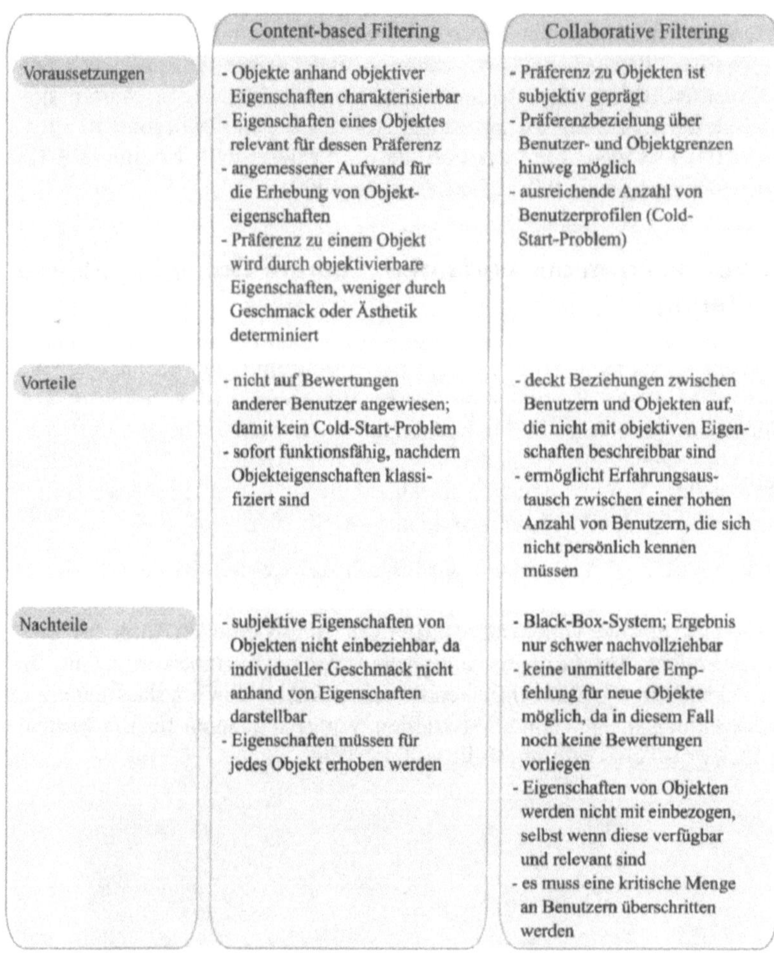

Abbildung 22: Content-based Filtering - Collaborative Filtering

4.3 Restriktionen der Personalisierungsmethoden

Bei der praktischen Umsetzung der Personalisierung muss berücksichtigt werden, dass die durch das Data Mining und die Filter-Verfahren generierten Regeln einer statistischen Signifikanz oder einer aggregierten Community-Präferenzstruktur folgen, die nicht unbedingt mit einem betriebswirtschaftlichen Kalkül konform gehen muss. So müssen bei der endgültigen Bewertung von Regeln auch Verhältnismäßigkeit der Regeln (unverhältnismäßig wäre z.B. beim Kauf eines Müsli-Riegels ein Fitnessgerät als Cross-Selling-Empfehlung anzugeben), Positivlisten (Produkt sollte aus Gründen der Lagerhaltung, des Deckungsbeitrages oder der Sortimentpolitik angeboten werden) sowie Negativlisten (z.B. dürfen nicht jugendfreie Artikel nicht zusammen mit Spielzeugartikel empfohlen werden) Berücksichtigung finden. Damit kann die Personalisierungsaufgabe schnell zu einem betriebswirtschaftlichen Optimierungsproblem werden, bei dem es verschiedene Zielgrößen und Restriktionen zu beachten gilt (Abbildung 23).

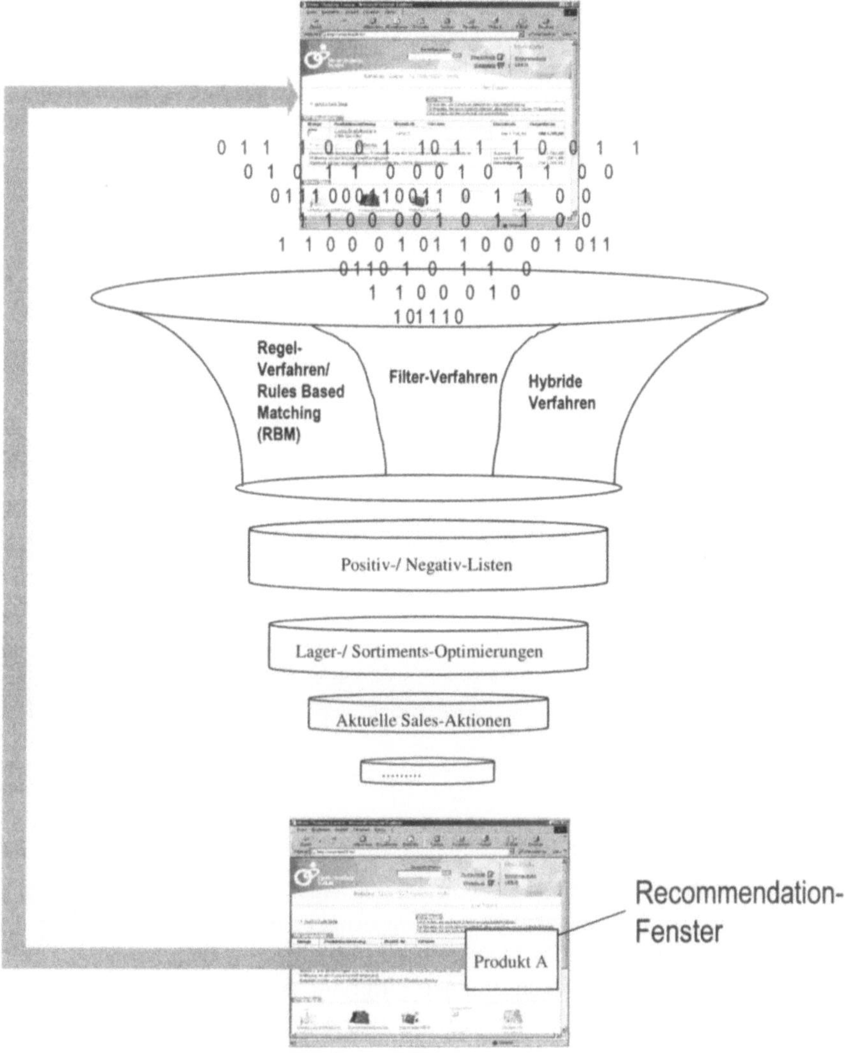

Abbildung 23: Die verschiedenen Filter bei der Personalisierung

Personalisierungssysteme versuchen mehr oder weniger als wissensbasierte Systeme das „Expertenwissen der Tante Emma" abzubilden und zu nutzen. Die Frage, inwieweit sich menschliche Interaktion informationstechnologisch abbilden und nutzen lässt, wird schon seit geraumer Zeit unter der Forschungsrichtung der Benutzermodellierung diskutiert. Die Unzufriedenheit mit bestehenden Personalisierungslösungen ist häufig auf die noch zu große Qualitätslücke zwischen automatisierter Personalisierung und der durch menschliche Akteure vorgenommenen Personalisierung zurückzuführen. Dies ist auch der Grund, warum in der Unternehmenspraxis häufig kein automatisierter, realtime Closed Loop-Ansatz der Personalisierung verfolgt wird. Vielmehr wird häufig das Personalisierungssystem zur Unterstützung menschlicher Akteure eingesetzt, die vor dem Einspielen der personalisierten Empfehlungen diese redaktionell qualitätssichern. Abbildung 24 zeigt modellhaft den Unterschied zwischen heutigen Personalisierungssystemen und idealen Personalisierungssystemen durch menschliche Akteure.

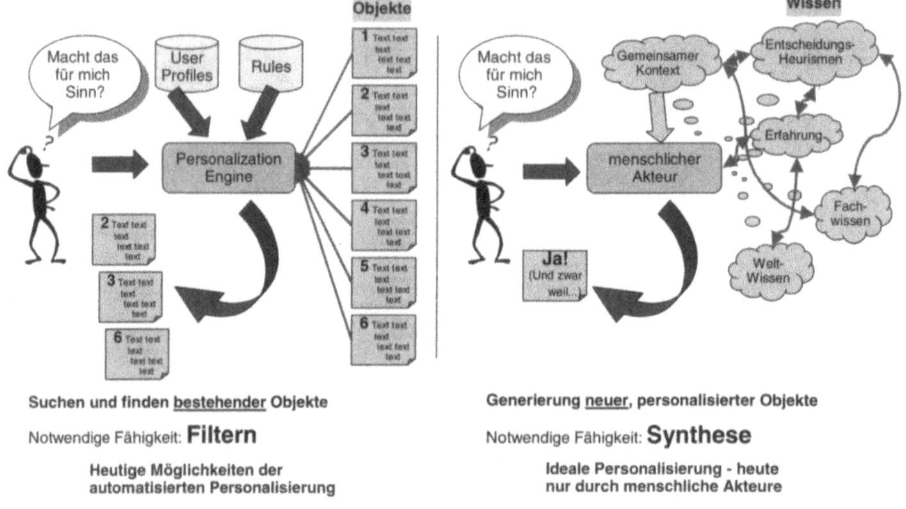

Abbildung 24: Personalisierung: Möglichkeiten, Grenzen und Idealvorstellung

Ein weiterer Problembereich bei der Umsetzung einer Personalisierung besteht darin, dass die maßgeschneiderten One-to-One-Angebote im Sinne einer Push-Personalisierung in der Regel nicht von allen Kunden positiv aufgenommen werden. Es besteht die Gefahr, dass manche Kunden aufgrund der fehlenden Kontrollierbarkeit bzw. Steuerbarkeit die Personalisierung als „unangenehm" empfinden. Aktuellere Ansätze wie der „P3P-Standard" oder das „Permission Marketing" versuchen dem entgegenzuwirken. Der P3P-Standard ist ein von dem W3C-Konsortium empfohlener XML-basierter Standard zur Beschreibung von Kundenprofilen, der insbesondere die Privacy-Überlegungen in den Vordergrund stellt (s. hierzu: http://www.w3.org/P3P).

Zudem ist es oft schwierig, das Feedback auf die personalisierten Aktivitäten zu erfassen bzw. zu messen. Dies ist jedoch im Sinne des beschriebenen Closed-Loop-Ansatzes notwendig. Lernt das Unternehmen nicht aus den Reaktionen der Kunden, können die

Personalisierungsleistungen nicht zeit- und kundengerecht adressiert werden. Die One-to-One-Aktivitäten könnten in diesem Fall sogar kontraproduktiv wirken.

Grundsätzlich muss die Frage, ob Personalisierungstechnologien zunehmend die menschliche Interaktion dominieren, kritisch diskutiert werden. Die Gefahr der Technologie-getriebenen Personalisierung besteht in der Überschätzung technologischer Möglichkeiten und der Unterschätzung menschlicher Interaktion. Der Widerspruch lässt sich nicht allein durch Personalisierungstools lösen: Einem an sich unpersönlichen, anonymen Distanzmedium wie dem Internet sollen persönliche Beziehungen eingehaucht werden. Personalisierung ist in erster Linie Kommunikation. Kommunikation lässt sich durch Informationstechnologie unterstützen, jedoch nicht ersetzen. Der für die Personalisierung maßgebliche Closed Loop-Ansatz lässt sich in den einzelnen Phasen substanziell durch Informationstechnologie unterstützen: Das Customer Profiling durch Tracking- und ETL-Module, die Analyse durch OLAP und Data-Mining, das Kampagnenmanagement durch entsprechende CRM-Module und das Monitoring wiederum durch Tracking-Module entsprechender Personalisierungstools. Zusammenspiel, Abstimmung, Überwachung und Anpassung der einzelnen Phasen und Module zu einem ganzheitlichen Personalisierungsansatz sind nicht möglich ohne fundiertes und aktuelles Markt-, Kunden-, Analysten- und CRM-Wissen der entsprechenden Fachleute.

Um personalisierte Inhalte und Produkte bedarfsgerecht liefern zu können, benötigen Unternehmen differenziertes Wissen über ihre Kunden: Welche Interessen haben sie? Welche Kommunikationsform präferieren sie? Wie unterscheiden sich bestimmte Kundengruppen? Die Antworten hierzu kommen in der traditionellen Offline-Welt in der Regel aus der Marktforschung. Es stellt sich nun die Frage, inwieweit das Internet neue Wege aufzeigen kann, um das für die Personalisierung relevante Wissen zu akquirieren: Das Internet bietet zum Einen eine einzigartige Vielzahl von Informationen, die es ermöglichen, „den Puls des Kunden" in Echtzeit zu messen. Zum anderen stellen Privacy-Restriktionen und Datenvolumina besonders hohe Anforderungen an die Analyse von Kundendaten im Internet.

„Den Puls des Kunden zu messen", heißt aus Sicht der Personalisierungstools, zu beobachten und zu messen, was der Kunde tatsächlich in der Vergangenheit gemacht hat und aktuell gerade macht. Die Fragen nach seiner Intention, nach seinen Wünschen, Sehnsüchten und Ängsten bleiben jedoch weitgehend unbeantwortet. Um wirklich fundiertes und differenziertes Wissen über Kunden und Märkte zu erhalten, sollten Unternehmen zukünftig stärker die Verhaltensebene und die Motivebene miteinander verbinden (Abbildung 25). So kann der datengetriebene Ansatz der Personalisierungstools zum Einen helfen, im Rahmen der Marktforschung auf Basis des tatsächlichen Verhaltens die richtigen Fragen zu stellen. Zum Anderen lassen sich durch das tatsächlich erfasste Verhalten Aussagen validieren, die durch die Marktforschung gewonnen wurden (Gentsch et al. 2001, S. 349-367).

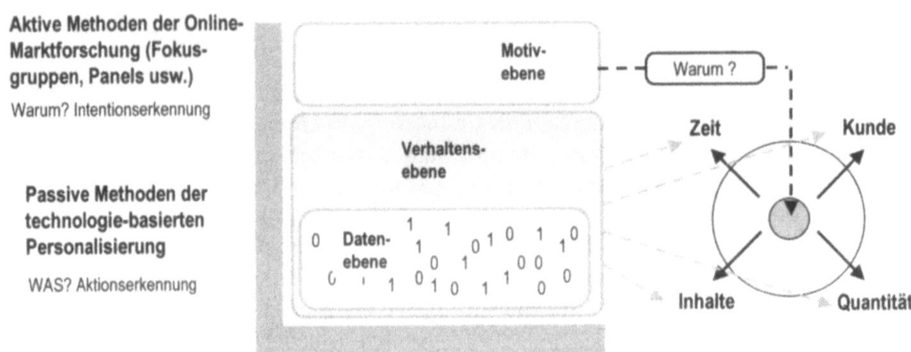

Abbildung 25: Verhaltensebene und Motivebene als Basis für die Personalisierung

Ein weiterer wichtiger Punkt bei der Einschätzung der Personalisierungstechnologien aus Kundensicht ist, dass der Kunde die eigentliche Personalisierungsleistung am Front-End beurteilt, und nicht die Entstehung dieser Leistung. Der Kunde wird eine nicht ganz so passende Content-Empfehlung, die vollkommen automatisiert erstellt wurde, schlechter bewerten als eine vielleicht nur geringfügig bessere Empfehlung, die ein großes Redaktionsteam aufwändig manuell erstellt hat. Der Vorteil der effizienteren Realisierung in Form der gewonnenen Kostenersparnis kann dann jedoch wieder in andere Kundenbindungsmaßnahmen und in die Optimierung des Personalisierungssystems investiert werden.

Neben den möglichen Restriktionen und Risiken der durch Informationstechnologie automatisierten Personalisierung dürfen die Vorteile eines hohen Automatisierungsgrades nicht übersehen werden. Die beschriebenen Verfahren ermöglichen die relativ einfache Erfassung von Veränderungen. So variieren im Zeitablauf z.B. die Kundenpräferenzen, das Nachfragerverhalten oder die adressierten Zielgruppen. Ein leistungsfähiges und flexibles Customer Relationship Management muss diese Veränderungen schnell aufnehmen können, um dann kundengerecht zu reagieren.

5 Softwarelösungen

Der Markt für Personalisierungswerkzeuge ist noch relativ jung und wurde in den letzten Jahren aufgrund der attraktiven Marktaussichten vor allem durch eine Vielzahl von Startup-Unternehmen adressiert. Ebenso finden sich aber auch länger existierende Anbieter, die nicht von Beginn an mit ihren Produkten auf die Personalisierung spezialisiert waren. Die lukrativen Aussichten des E-Commerce sowie die positiven Marktentwicklungen im Umfeld des Customer Relationship Managements ließen einige Softwarehersteller ihre bisherigen Geschäftsmodelle verwerfen, um sie in Richtung Web-Personalisierung umzuwandeln oder auszuweiten. So sind auf dem Markt Hersteller zu finden, die aus den Schwerpunktbereichen der Datenanalyse und des Data Mining (wie SAS oder SPSS) stammen, andere hingegen kommen aus den Disziplinen des Content Management (wie Vignette) oder des E-Commerce (wie Broadvision).

Herkunft der Anbieter und Definition der Einsatzbereiche für Personalisierung bewirken eine Heterogenität im Personalisierungsmarkt, die einen direkten Vergleich von Lösungen nur in kleinen Teilbereichen möglich macht. Der Ansatz eines umfassenden Kriterienkataloges zur Bewertung würde „Äpfel mit Birnen" vergleichen. Eine Beurteilung nach gleichen Maßstäben würde also unzulässige oder nur umfassend zu interpretierende Aussagen generieren. Die jeweils mit der Personalisierung verfolgte Zielrichtung ermöglicht jedoch eine schwerpunktmäßige Einordnung der Anbieter. Diese schafft Klarheit über die Positionierung und die funktionalen Schwerpunkte der jeweiligen Anbieter. Als grundsätzliche Orientierungshilfe lassen sich content-, commerce- sowie analyseorientierte Werkzeuge unterscheiden (Abbildung 26).

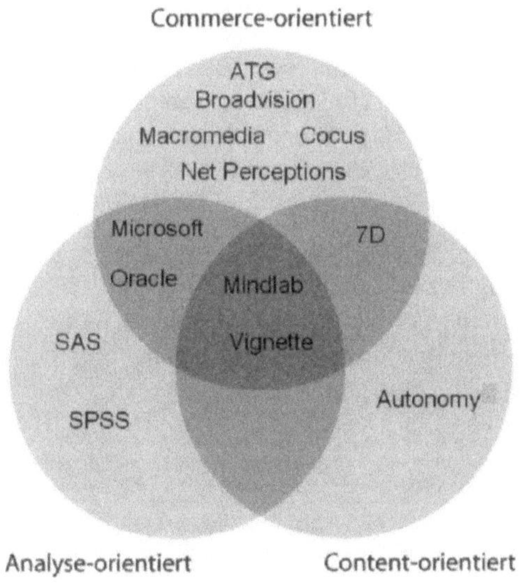

Abbildung 26: Content-, Commerce- sowie Analyse-orientierte Werkzeuge

Commerce-orientierte Ansätze werden insbesondere im B2C-Bereich in Online-Shops eingesetzt. Ihre Aufgabe ist in erster Linie, den Customer Lifetime Value durch das gezielte Angebot von Produkten und Preisen sowie durch das Aufzeigen von Cross- und Up-Selling-Potentialen zu erhöhen. Hierfür ist es erforderlich, eine hohe Anzahl an Kunden-, Produkt und Transaktionsdaten zu verwalten und zu kombinieren sowie die für das Cross-Selling notwendigen Produktkorrelationen im System zu hinterlegen. Da diese Lösungen in Echtzeit während einer Web-Session arbeiten, müssen die Werkzeuge hinsichtlich Verarbeitungsgeschwindigkeit und -volumen eine hohe Performance aufweisen.

Aufgabe der *Analyse-orientierten* Werkzeuge ist die Wissensgenerierung, die durch die Auswertung der gewonnenen Kundeninformationen erfolgt. Hierbei werden unter Zuhilfenahme von Data Mining-Verfahren Modelle (etwa Entscheidungsbäume) aufgebaut. Auf diese Weise lässt sich nicht nur Wissen über die Online-Kunden generieren. Durch Navigationsmuster (Trampelpfade) lassen sich ebenfalls wichtige Aussagen über Struktur und Aufbau von Web-Seiten treffen, die Ansatzpunkte für eine Umstrukturierung und Optimierung der bestehenden Web-Präsenz liefern. Des weiteren können durch Clickstream-Analysen und Assoziationsverfahren Produkte und Content identifiziert werden, die von bestimmten Kundengruppen nachgefragt werden und daher wichtige Informationen für die zielgruppenadäquate Produktempfehlung geben. Dieses gewonnene Wissen kann vor allem im Marketing wertvoll eingesetzt werden (Kampagnen, Trends, Prognosen). Analytische Werkzeuge bilden teilweise auch die Grundlage für andere Lösungen, da beispielsweise Regeln für die Commerce- oder Content-orientierte Personalisierung erzeugt werden können.

Content-orientierte Personalisierungslösungen können auf Web-Seiten eingesetzt werden, die eine hohe Zahl unterschiedlicher textueller Inhalte anbieten. Anwendungsbereiche sind beispielsweise Portalseiten oder unternehmensinterne Intranets, auf denen Text-Informationen aus den verschiedensten Themenbereichen zusammengestellt und aufbereitet werden. Aufgrund der gesammelten Benutzerdaten und –präferenzen werden Themenschwerpunkte antizipiert und mit den im Content Management-System verwalteten Inhalten kombiniert.

Neben der grundsätzlichen Klassifikation der Personalisierungs-Tools in die drei Kategorien Commerce, Content und Analyse lassen sich die Werkzeuge und ihre Anbieter zusätzlich nach den Kriterien Personalisierungsgüte, Performance, Markterfahrung, Softwarekosten und Personalisierungsfokus unterschieden (s. hierzu ausführlich Gentsch et al. 2001).

6   Ausblick

Personalisierung im Internet wird nur dann langfristig funktionieren, wenn dem Kunden klare Mehrwertszenarien der Personalisierung kommuniziert werden. Er muss zu der Überzeugung gelangen, dass von der Web-Personalisierung nicht nur der Anbieter profitiert, sondern vor allem er, der Kunde. Derzeitige Personalisierungslösungen sind noch zu stark auf das unmittelbare Ausschöpfen des „Share of Wallets" konzentriert. Dem Kunden werden Werbe-Pop-up-Fenster und Cross-/ Up-Selling-Empfehlungen eingespielt, die einseitig der Gewinnoptimierung des Unternehmens dienen sollen. Personalisierte Services (z.B. personalisierte Suchmaschinen oder Pre- und After-Sales-Services) die dem Kunden einen unmittelbaren personalisierten Mehrwert bieten, sind selten. Aber gerade diese Dienste können maßgeblich zum Auf- und Ausbau von Kundenbeziehungen beitragen.

Für zukünftige Personalisierungslösungen erscheint neben den Tracking- und Analyse-Komponenten insbesondere das Channel Management als wichtig. Welcher Kommunikationskanal ist für welche Zielgruppe der richtige? Wie sollte die „Personalisierungsansprache" erfolgen? Wie lassen sich unterschiedliche Kanäle wie Web-Pads, Internet oder Telefon untereinander verbinden und koordinieren? Wie lässt sich eine Multi Channel-Personalisierung planen und steuern? Für diese Fragen müssen Personalisierungs-Tools zunehmend Unterstützungsleistung bieten. Dies gilt insbesondere auch für die Integration von Online- und Offline-Welt (Personalisierung + E-Personalisierung = I-Personalisierung). Allerdings steckt ein solcher integrierter Cross Media-Ansatz noch in den Kinderschuhen. Langfristig wird sich jedoch die Aufteilung in CRM und eCRM auflösen. Es wird einen CRM-Begriff geben, der schlicht ohne zusätzliche Attribuierungen ein kanalübergreifendes Kundenbeziehungsmanagement zum Ausdruck bringt.

Ein weiterer Trend ist die „regionalisierte Personalisierung" im Rahmen des mobilen Internet. Aufgrund der Auflösungs- und Speicher-Restriktionen mobiler Devices ist die komprimierte, individualisierte Darstellung der Inhalte von besonderer Bedeutung. Abbildung 27 zeigt, dass Regionalisierungswissen für das individualisierte Zusammenführen von User-Profilen und Inhalten/Diensten einen deutlichen Mehrwert mit sich bringt.

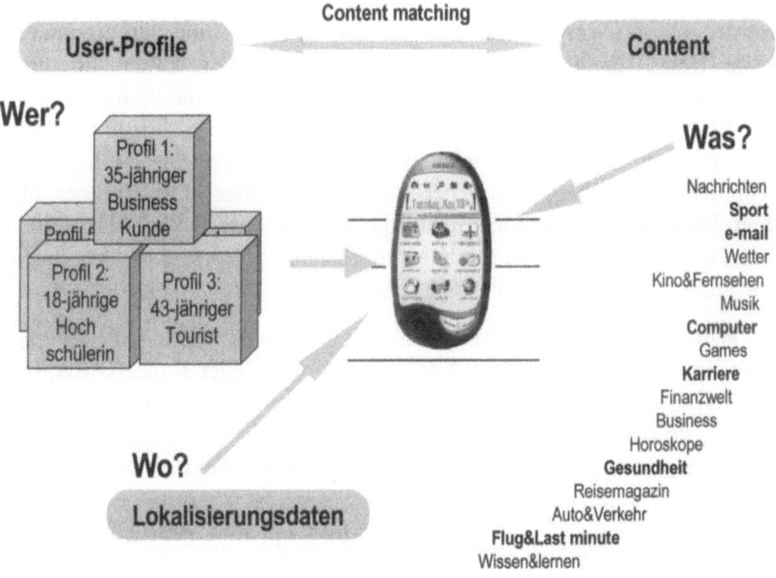

Abbildung 27: „regionalisierte Personalisierung" im Rahmen des mobilen Internet

Als Trend im Softwaremarkt für Personalisierungslösungen lässt sich derzeit erkennen, dass die Grenze zwischen Herstellern von Personalisierungs-Tools und Data-Mining-Tools zunehmend verschwimmt. So bewegen sich klassische Hersteller von Data-

Mining-Tools wie SAS oder SPSS zunehmend im Personalisierungsmarkt. Umgekehrt nehmen auch Hersteller von Personalisierungslösungen wie ATG zunehmend Mining-Funktionalitäten in ihre Produkte auf. Neben dem traditionellen Mining auf Basis strukturierter Daten werden für die Personalisierung zunehmend Mining-Technologien interessant, die auch auf Basis unstrukturierter, textueller Daten arbeiten: Personalisierungsinteraktionen im Internet erzeugen eine Vielzahl von sowohl strukturierten und unstrukturierten als auch von content-bezogenen und transaktionsorientierten Daten. Aus Sicht einer umfassenden Personalisierung werden neben den strukturierten Daten zunehmend die unstrukturierten, qualitativen Daten im Internet wichtig werden. So enthalten Web-Seiten, E-Mails sowie Äußerungen in Chats und Newsforen wertvollen Input zur Analyse von Kunden und deren Verhaltensweisen.

Insbesondere die Integration der verschiedenen Mining-Ansätze wird es zukünftig ermöglichen, systematisch automatisierte Daten- und Marktforschungsanalysen im E-Business durchzuführen. Ziel dieser Analysen ist eine möglichst umfassende individuelle Ansprache des Kunden, ein optimiertes Leistungsangebot sowie erhöhte Kundenzufriedenheit und -bindung. Der Kern des integrierten Data Mining-Einsatzes liegt in der Ausrichtung aller Aktivitäten entlang der digitalen Wertschöpfungskette an dem individuellen Profil und den individuellen Bedürfnissen des Kunden.

Im Rahmen der Web-Personalisierung wird sich zunehmend auch die Diskussion um den gläsernen Kunden verschärfen. Dies betrifft in erster Linie die zugrunde liegende vertragliche Basis für die Sammlung und Nutzung von Daten für die Online-Marktforschung und -Personalisierung. Gibt es im Internet eine vertragliche Tradition? Impliziert bereits der Besuch einer Website einen „mündlich" formlosen Vertrag des Einverständnisses zur Speicherung des Clickstream, oder bedarf es explizit einer schriftlichen Vereinbarung? Wie ausdrücklich müssen Nutzungsvereinbarungen über Daten sein, die im Internet erfasst werden? Und folglich, wie ausdrücklich muss eine regelnde Politik sein, um die Privatsphäre schützen zu können? (Zu Aspekten des Datenschutzes im Web Mining s. Kapitel 2.1.3 dieses Buches.)

Web-Personalisierung wird nur dann funktionieren, wenn dem Unternehmen ausreichend viele Kundendaten vorliegen. Allerdings ist nicht jeder Kunde bereit, Informationen über sich preiszugeben. Umfragen werden nicht selten als lästig oder gar als Einmischung in die Privatsphäre empfunden. Der erste Schritt ist daher, das Vertrauen des Kunden zu gewinnen; Diskretion und Schutz der Kundendaten müssen gewährleistet sein (s. hierzu z.B.: http://www.w3.org/P3P).

Die Unternehmen werden sich auf die Entwicklung der zunehmenden Sensibilität hinsichtlich personenbezogener Daten weiter einstellen müssen, um das Vertrauen der Konsumenten zurückzugewinnen und persönliche, langfristige Kundenbeziehungen aufbauen zu können. Vertrauensmanagement muss dem Konsumenten Klarheit darüber verschaffen, dass seine Daten ihm gehören, welchen Gegenwert er für die Preisgabe seiner Daten erhält und dass seine Daten vor dem Zugriff Dritter geschützt sind (Gentsch 2001).

Literatur

Balabanovic, M.; Shoham, Y. (1997): Collaborative Recommendation. In: Communications of the ACM, No. 3, Vol. 40, S. 67-72.

Büchner, H.; Zschau, O.; Traub, D.; Zahradka, R. (2001): Web Content Management. Websites professionell betreiben, Bonn.

Frielitz, C.; Hippner, H.; Martin, S.; Wilde, K. (2001): eCRM – Kundenbindung im Internet. In: Frielitz, C.; Hippner, H.; Martin, S.; Wilde, K.D. (Hrsg.): Markstudie eCRM 2001 - Innovative Kundenbindung im Internet, Düsseldorf, S. 9-36.

Gentsch, P.; Roth, M.; Faulhaber, N. (2001): Data Mining in der Online-Marktforschung – Auf zu gläsernen Märkten und Kunden? In: Theobald, A.; Dreyer, M.; Starsetzki, T. (Hrsg.): Online-Marktforschung – Theoretische Grundlagen und praktische Erfahrungen, Wiesbaden, S. 349-367.

Gentsch, P.; Schinzer, H.; Veth, C.; Mandzak, P.; Bange, C.; Roth, M. (2001): Web-Personalisierung und Web-Mining für eCRM: 12 Tools im Vergleich, Feldkirchen.

Gentsch, P. (2002): Kundengewinnung und -bindung im Internet: Möglichkeiten und Grenzen des Analytischen eCRM. In: Schögel, M.; Schmidt, I. (Hrsg.): Report Electronic Customer Relationship Management (E-CRM) – eine neue Dimension der Kundenbeziehung, Düsseldorf.

Gentsch, P.; Niemann, C.; Roth, M. (2000): Data Mining-Tools: 12 Tools im Vergleich, Feldkirchen.

Good, N.; Schafer, J.B.; Konstan, J.A.; Borchers, A.; Sarwar, B.; Herlocker, J.; Riedl, J. (1999): Combining Collaborative Filtering with Personal Agents for Better Recommendations. In: Proceedings of the Sixteenth National Conference on Artificial Intelligence, S. 439-446.

Grothe, M.; Gentsch, P. (2000): Business Intelligence - Aus Informationen Wettbewerbsvorteile gewinnen, München.

Hippner, H.; Küsters, U.; Meyer, M; Wilde, K.D. (Hrsg) (2001): Handbuch Data Mining im Marketing, Wiesbaden.

Malone, T.; Grant, K.; Turbak, F.; Brobst, M.; Cohen, M. (1987): Intelligent Information Sharing Systems. In: Communications of the ACM, No. 5, Vol. 30, S. 390-402.

Runte, M. (2001): Personalisierung im Internet – Individualisierte Angebote mit Collaborative Filtering. In: http://www.linxx.de/publications/runte/personalisierung_im _internet.pdf, Informationsabfrage am: 10.02.2001.

Sarwar, B.; Karypis, G.; Konstan, J.; Reidl, J. (2000): Analysis of Recommendation Algorithms for E-Commerce. In: Proceedings of the ACM Conference on ECommerce (EC00), Minneapolis, October 2000.

Web Mining in der Praxis

Prof. Dr. Klaus D. Wilde

ist Inhaber des Lehrstuhls für Allgemeine Betriebswirtschaftslehre und Wirtschaftsinformatik an der Katholischen Universität Eichstätt-Ingolstadt und befasst sich seit über 20 Jahren in zahlreichen Forschungs- und Beratungsprojekten mit Fragen der Marketinginformatik. Aktuelle Forschungs- und Beratungsschwerpunkte sind Customer Relationship Management (insbesondere Analytical CRM), Data Mining im Marketing und Electronic Commerce.

Dr. Hajo Hippner

schloss 1996 sein Studium der Wirtschaftsinformatik mit den Schwerpunkten, Datenbanken und Systementwicklung, Industrielle Anwendungssysteme sowie Büro- und Verwaltungsautomation an der Universität Bamberg ab. Ende 1996 nahm er eine Stelle als wissenschaftlicher Mitarbeiter am Lehrstuhl für Allgemeine Betriebswirtschaftslehre und Wirtschaftsinformatik der Katholischen Universität Eichstätt-Ingolstadt an. 2001 erfolgte die Promotion. Parallel zu seinen Lehr- und Forschungstätigkeiten ist Herr Hippner als freier Berater in den Bereichen Customer Relationship Management und Data Mining im Marketing tätig. In diesen Gebieten ist er auch Verfasser zahlreicher Fachbeiträge.

Melanie Merzenich

ist wissenschaftliche Mitarbeiterin am Lehrstuhl für Allgemeine Betriebswirtschaftslehre und Wirtschaftsinformatik der Katholischen Universität Eichstätt-Ingolstadt. Ihre Forschungsschwerpunkte liegen auf den Gebieten Data Mining, Web Mining und CRM. Im Rahmen ihrer Promotion beschäftigt sie sich mit der Analyse von Geschäftsprozessen im CRM.

3.1 Web Mining in der Praxis – eine empirische Untersuchung

1 Zielsetzung und Vorgehensweise

Insbesondere im deutschsprachigen Raum sind bisher nur wenige Informationen zu durchgeführten Web Mining Projekten erhältlich. Der Lehrstuhl für Allgemeine Betriebswirtschaftslehre und Wirtschaftsinformatik der Katholischen Universität Eichstätt-Ingolstadt untersuchte daher in Zusammenarbeit mit der Zeitschrift „absatzwirtschaft" den aktuellen Stand der Auswertung von Web Logfiles durch deutsche Unternehmen. Die Erhebung sollte empirische Erkenntnisse zu den folgenden Fragestellungen erbringen:

- Werden Logfiledaten in der betrieblichen Praxis gespeichert und ausgewertet?

- Werden die Ergebnisse zur Verbesserung des Internetauftrittes genutzt?

- Werden Verfahren des Web Mining eingesetzt oder ist dieser Einsatz geplant?

- Wie könnte ein typisches Web Mining Projekt in der Praxis aussehen?

- Welche Gründe stehen dem Einsatz von Web Mining derzeit noch im Weg?

Die Datenerhebung wurde anhand eines elektronischen Fragebogens per eMail durchgeführt. Als Zielgruppe der Studie wurden 650 Unternehmen mit der folgenden Zusammensetzung ausgewählt:

- Die 500 größten Unternehmen Deutschlands

- Die 50 größten Banken Deutschlands

- Die 20 größten Versicherungen Deutschlands

- Die 50 größten + 30 ausgewählte Internet-Firmen in Deutschland

Der Erhebungszeitraum erstreckte sich über die Monate Januar bis Februar 2001. Mit einem Rücklauf von 11% konnten schließlich 72 ausgefüllte Fragebogen zur Auswertung herangezogen werden. Bei den Respondern handelt es sich überwiegend um Entscheidungsträger aus dem Internet-/ Marketing-Bereich der Unternehmen.

Der zu Grunde liegende Fragebogen untergliedert sich in vier Teile. Der erste Teil umfasst allgemeine Fragen zum Unternehmen wie Branche, Größe, Distributionsorgane und Bedeutung des Internets. Im zweiten Teil wird erfasst, wie die Bedeutung von Web Mining für verschiedene Funktionen eingeschätzt wird und welche Alternativen zum Web Mining gesehen werden. Der dritte Teil beschäftigt sich mit der Art und Weise der Erfassung und Analyse von Webserver Logfiles sowie mit der Verwendung der gewonnenen Informationen.

Der vierte Teil unterscheidet zwischen Unternehmen, die bereits erste Web Mining Projekte durchgeführt oder geplant haben sowie denjenigen, welche die Anwendung von Web Mining in absehbarer Zeit nicht planen. Besonderes Interesse gilt hier der ersten Gruppe, welche zu den einzelnen Phasen und Elementen der durchgeführten/ geplanten Web Mining Projekte befragt wird. Unter anderem wird erhoben, welche Abteilungen in den Projektverlauf involviert sind, welche Daten und Verfahren zur Analyse herangezogen werden, welche Ziele mit dem Projekt verfolgt werden und welche Probleme bei der Planung und Durchführung auftreten.

2 Unternehmensinformationen

Abbildung 1 und Abbildung 2 zeigen die Zusammensetzung der befragten Unternehmen nach Größe und Branchenzugehörigkeit. Aufgrund der Auswahl der Zielgruppe überwiegen Unternehmen mit mehr als 1.000 Mitarbeitern. Die relativ gleichmäßige Verteilung der Befragten auf die vorgegebenen Branchen wurde nicht bewusst herbeigeführt, sollte aber von Vorteil für die Aussagefähigkeit der Studie sein.

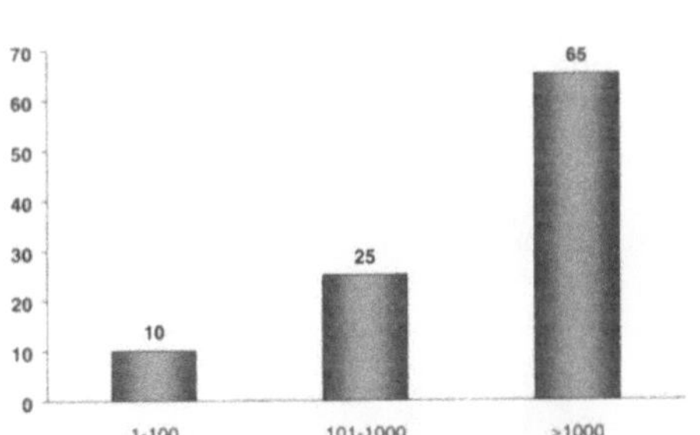

[In Prozent der befragten Unternehmen]

Abb. 1: Unternehmensgröße nach Anzahl der Mitarbeiter

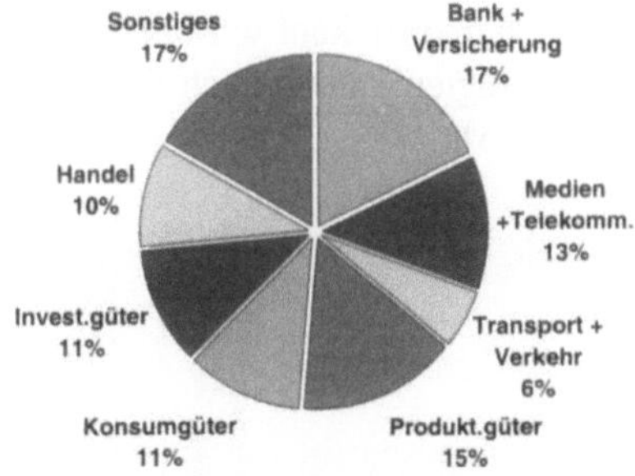

[In Prozent der befragten Unternehmen]

Abb. 2: Branchenzugehörigkeit

Auch die Ausrichtung der verschiedenen Unternehmen auf „Business"- oder „Consumer"-Bereich weist eine ziemlich gleichmäßige Verteilung auf (Abbildung 3). Etwa zwei Drittel der befragten Unternehmen nutzen das Internet als Distributionskanal. In den meisten Fällen sind daneben noch weitere Distributionskanäle vorhanden (Abbildung 4).

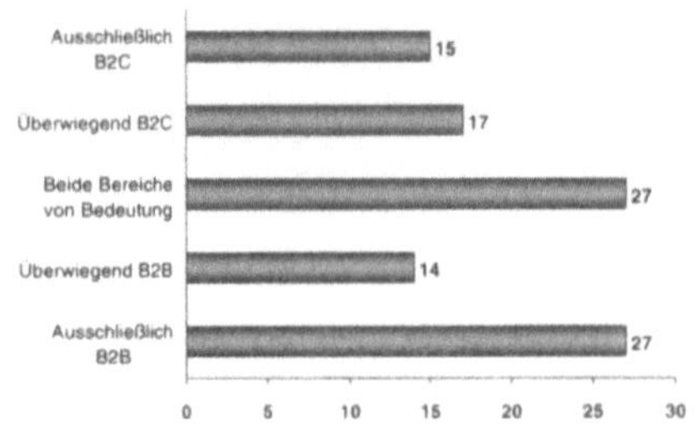

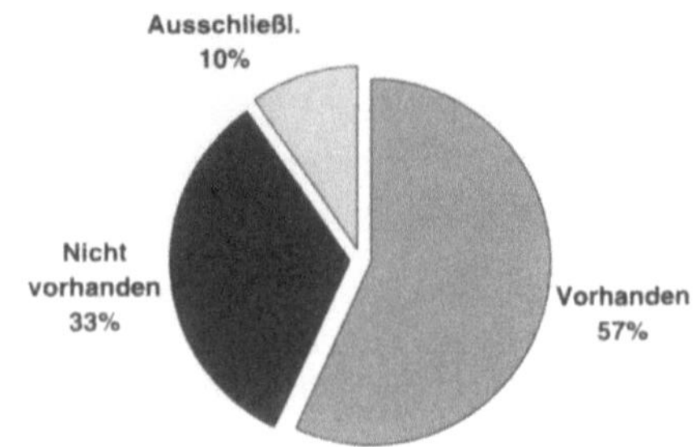

[In Prozent der befragten Unternehmen]

[In Prozent der befragten Unternehmen]

Abb. 3: Unternehmensausrichtung

Abb. 4: Distributionskanal Internet

Für Information, Kommunikation und Imagebildung hat das Internet bereits heute eine hohe Bedeutung, welche zukünftig weiter ansteigen wird. Die Bedeutung für Service, Vertrieb und Einkauf wird bisher als eher gering eingeschätzt. Für die Zukunft erwarten die Befragten jedoch auch für diese Funktionen eine stark wachsende Bedeutung (Abbildung 5).

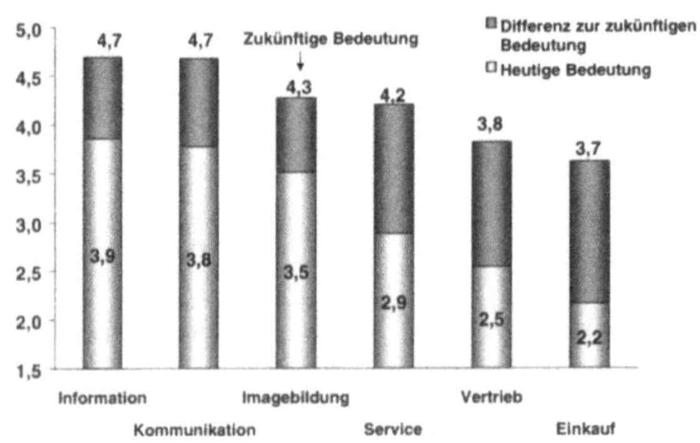

[Mittelwerte, Skala von 1 = "keine Bedeutung" bis 5 = "hohe Bedeutung"]

Abbildung 5: Bedeutung des Internet für verschiedene Funktionen

Weniger als 50% der Unternehmen weisen bereits Erfahrung im Einsatz von Data Mining auf (Abbildung 6). In Bezug auf Text Mining (der Anwendung von Data Mining Verfahren auf Textdokumente) liegt diese Quote sogar unter 25% (Abbildung 7). Allerdings planen 15% [13%] den Einsatz dieser Verfahren (Abbildung 6 und 7).

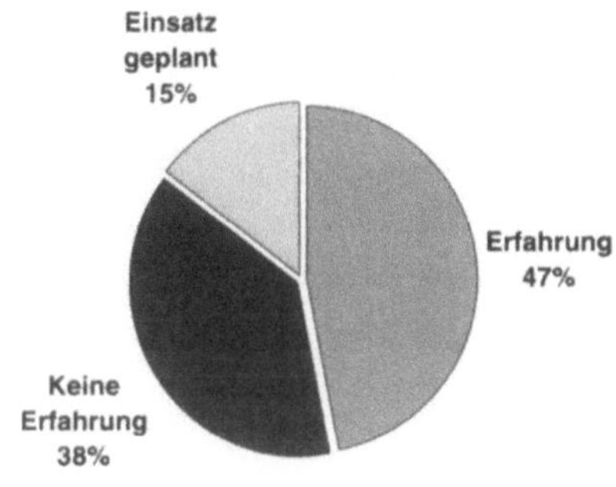

[In Prozent der befragten Unternehmen]

Abb. 6: Erfahrung mit Data Mining

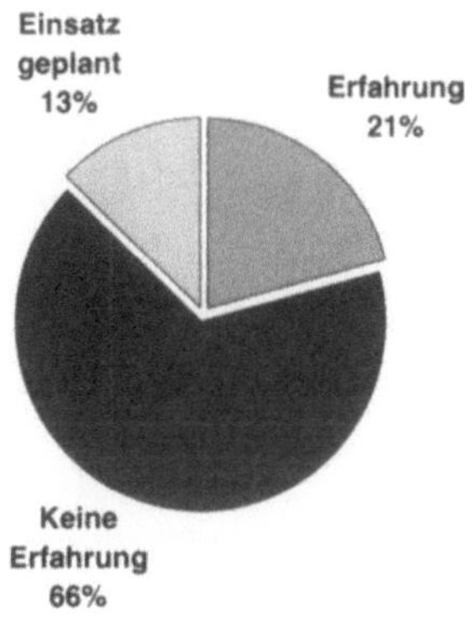

[In Prozent der befragten Unternehmen]

Abb. 7: Erfahrung mit Text Mining

3   Bedeutung von Web Mining

Der Literatur zufolge eignet sich Web Mining zur Unterstützung zahlreicher webspezifischer Funktionen. Dieser „theoretischen" Rechtfertigung des Einsatzes von Web Mining sollte eine praktische Einschätzung gegenübergestellt werden. Interessant scheinen daher die Fragen, ob die entsprechenden Funktionen in der betrieblichen Praxis überhaupt von Bedeutung sind und wie Praktiker das Potenzial von Web Mining zur Unterstützung dieser Funktionen einschätzen. Abbildung 8 zeigt, dass 50-80% der Befragten sowohl den einzelnen Funktionen als auch dem Einsatz von Web Mining eine mittlere bis hohe Bedeutung zumessen. Die praktische Rechtfertigung des Einsatzes von Web Mining kann somit für einen großen Teil der befragten Unternehmen grundsätzlich als gegeben angenommen werden.

Bemerkenswert ist die Beobachtung, dass neben den „klassischen" Funktionen „Dokumentation" und „Layout-Planung und Erfolgskontrolle" auch die Personalisierung und die Gewinnung von Kundeninformationen von mindestens 70% der Befragten als bedeutsam angesehen werden. Dies legt die Vermutung nahe, dass die meisten Unternehmen die Bedeutung des CRM im eCommerce und damit die Bedeutung individueller Kundenbeziehungen auch im Medium Internet erkannt haben. Daher möchten sie nicht lediglich die Bewegungen der Besucher auf ihren Internetseiten dokumentieren sondern verstärkt Informationen über diese Besucher gewinnen, um einzelne Nutzer oder Nutzergruppen differenziert ansprechen zu können.

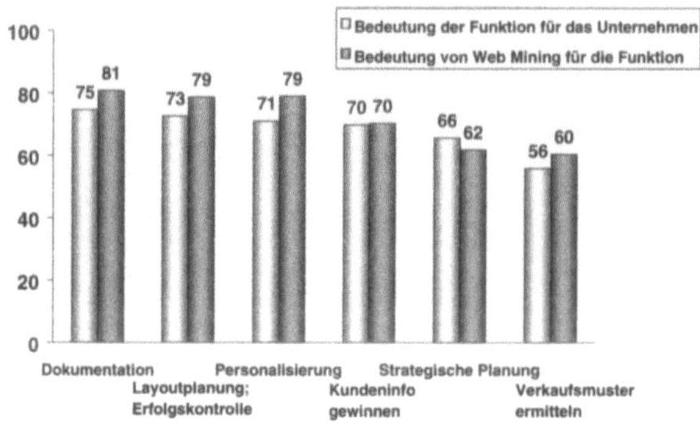

[In Prozent der befragten Unternehmen, Summe aller Antworten von 3 ="mittlere" bis 5 = "hohe Bedeutung"]

Abbildung 8: Bedeutung von Web Mining

Die auf den ersten Blick relativ geringe Bedeutung der Ermittlung von Verkaufsmustern ist dadurch zu erklären, dass 33% der befragten Unternehmen das Internet (noch) nicht als Distributionskanal nutzen und daher gar nicht in der Lage sind, Verkaufsmuster untersuchen zu können. Betrachtet man nur diejenigen Unternehmen, die das Internet bereits zur Distribution verwenden, vergeben 74% der entsprechenden Teilnehmer eine mittlere bis sehr hohe Bedeutung für diese Funktion.

Die dargestellten Funktionen wurden bei der Befragung weiter aufgegliedert, so dass eine detaillierte Übersicht über die Bedeutung der einzelnen Teilfunktionen vorliegt. Auf dem Gebiet der Dokumentation wird über die Erstellung von Webstatistiken hinaus auch der Ausbau des Data Warehouse mit Interaktionsdaten als bedeutsame Funktion angesehen (Abbildung 9). Diese Tatsache stützt die Annahme, dass es zunehmend wichtiger wird, ein ganzheitliches Bild der Online-Besucher zu erzeugen. Bei der Betrachtung von Abbildung 10 fällt die insgesamt relativ geringe Bedeutung der Online-Werbeschaltung auf. Trotz dieser geringen Bedeutung wird jedoch das Potenzial von Web Mining zur Unterstützung von Werbeplatzierung und -erfolgskontrolle erkannt.

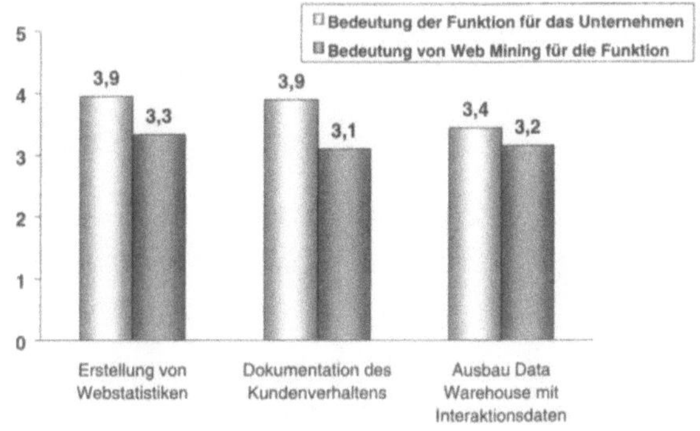

[Mittelwerte, Skala von 1 = "keine Bedeutung" bis 5 = "hohe Bedeutung"]

Abbildung 9: Bedeutung der Dokumentation

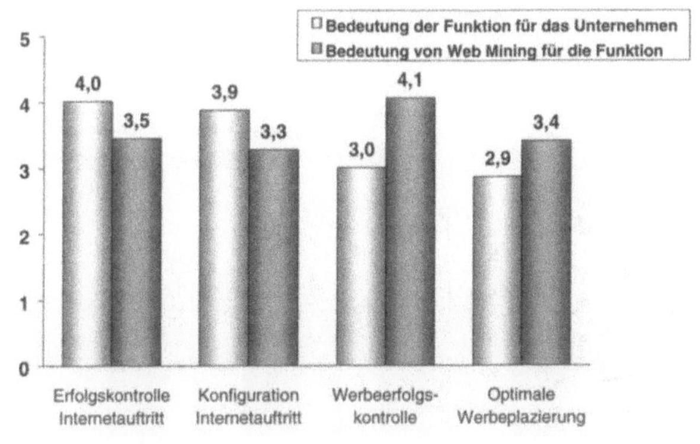

[Mittelwerte, Skala von 1 = "keine Bedeutung" bis 5 = "hohe Bedeutung"]

Abbildung 10: Bedeutung der Layout-Planung und Erfolgskontrolle

Im Rahmen der Personalisierung wird der kundenindividuellen Interaktion sowie der zielgruppenspezifischen Gestaltung von Marketingkampagnen eine besondere Bedeutung zugemessen. Die Erstellung personalisierter Seiteninhalte oder personalisierter Produkte und Dienstleistungen tritt demgegenüber leicht zurück (Abbildung 11). Wie bereits festgestellt wurde, wird die Gewinnung von Kundeninformationen insgesamt als bedeutsam erachtet.

Die Beantwortung der Frage „Wer sind meine Kunden?" wird von den Teilnehmern als besonders wichtig angesehen (Abbildung 12). Auch die Kundensegmentierung und -klassifizierung sowie die Kundenpotenzialanalyse stellen bedeutsame Funktionen dar. Die Online-Bonitätsprüfung wird dagegen mit einer eher geringen Bedeutung belegtge-

sehen. Gleichzeitig wird die Eignung von Web Mining zur Unterstützung aller genannten Funktionen sehr positiv eingeschätzt.

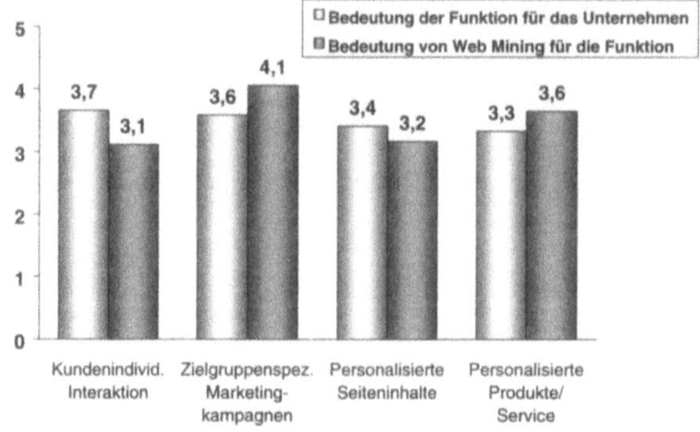

[Mittelwerte, Skala von 1 = "keine Bedeutung" bis 5 = "hohe Bedeutung"]

Abbildung 11: Bedeutung der Personalisierung

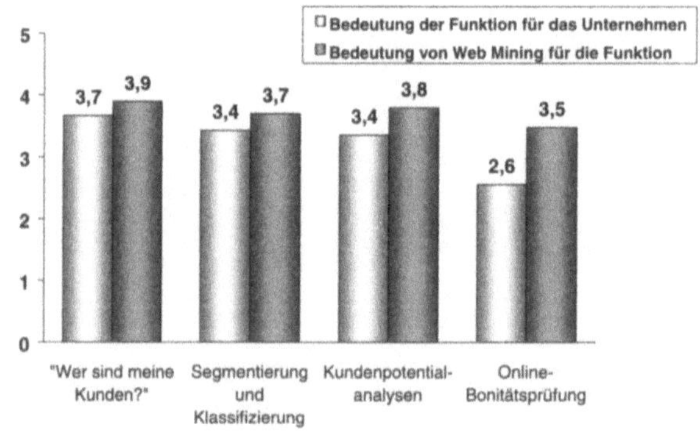

[Mittelwerte, Skala von 1 = "keine Bedeutung" bis 5 = "hohe Bedeutung"]

Abbildung 12: Bedeutung der Gewinnung von Kundeninformationen

Die Bedeutung der strategischen Planung und der Ermittlung von Verkaufsmustern liegt
insgesamt unter der der übrigen Funktionen. Im Bereich der strategischen Planung sind
kaum nennenswerte Abstufungen zwischen den Funktionen zu beobachten (Abbildung
13). Lediglich die Planung von Marketing-Kampagnen wird in der Bewertung leicht
bevorzugt. Für die geringe Bedeutung der Verkaufsmuster (Abbildung 14) gilt die oben
angeführte Begründung des fehlenden Distributionskanals. Betrachtet man hier nur
diejenigen Unternehmen, die das Internet auch tatäschlich als Distributionskanal nutzen,
ergibt sich eine deutlich höhere Bewertung mit einem Mittelwert von 3,8 (ohne Abbildung).

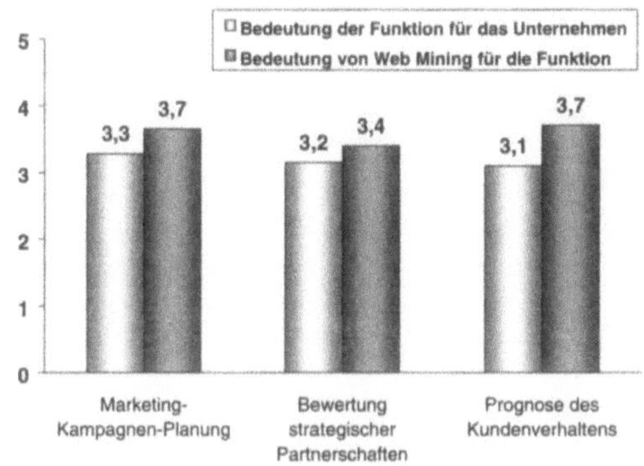

[Mittelwerte, Skala von 1 = "keine Bedeutung" bis 5 = "hohe Bedeutung"]

Abbildung 13: Bedeutung der strategischen Planung

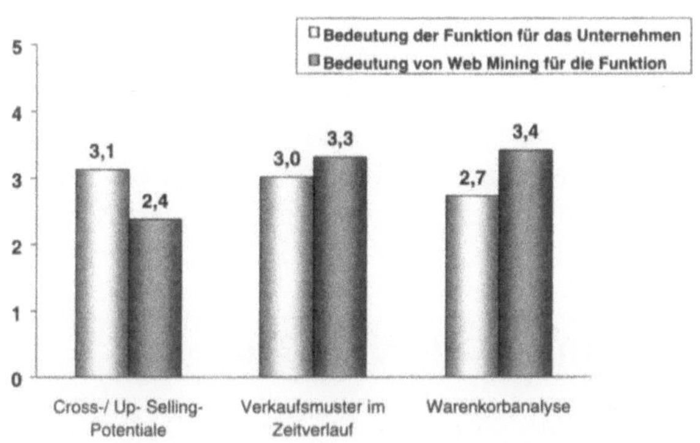

[Mittelwerte, Skala von 1 = "keine Bedeutung" bis 5 = "hohe Bedeutung"]

Abbildung 14: Bedeutung der Ermittlung von Verkaufsmustern

Unter den möglichen Alternativen zum Web Mining wird die Befragung der Kunden nach ihrer Meinung zum Internetauftritt mit der höchsten Priorität belegt (Abbildung 15). Die Abfrage persönlicher Interessen wird etwas zurückhaltender bewertet, und die Möglichkeiten einer Studie mit Testnutzern oder einer Verwendung von Panel-Untersuchungen belegen die letzten Plätze der Bewertung. Gleichzeitig wurde von verschiedenen Teilnehmern betont, dass diese Maßnahmen insgesamt als Ergänzung zum Web Mining und nicht als eigenständige Alternativen anzusehen sein sollten.

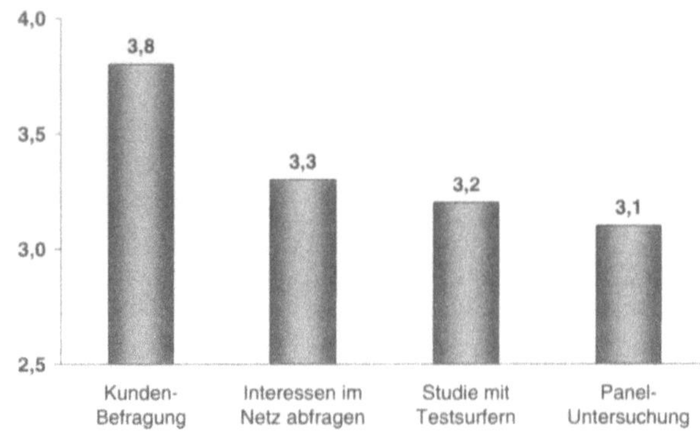

[Mittelwerte, Skala von 1 = "keine Bedeutung" bis 5 = "hohe Bedeutung"]

Abbildung 15: Alternativen zum Web Mining

Die Rangfolge zeigt, dass die Teilnehmer es grundsätzlich für sinnvoller halten, die eigenen Kunden direkt nach ihrer Meinung und ihren Wünschen zu befragen als auf Studien mit ausgewählten Testnutzern oder gar auf allgemeine Panel-Untersuchungen zurückzugreifen. Diese Einschätzung bestätigt den Trend, im Rahmen des CRM den Fokus vom anonymen Massenmarkt in Richtung des einzelnen Kunden zu verschieben und sich verstärkt mit individuellen Wünschen auseinanderzusetzen.

4 Umgang mit Logfiledaten

Mit der überwiegend positiven Einstellung zum Web Mining ist eine wichtige Voraussetzung für die Planung und Durchführung von Web Mining Projekten gegeben. Eine weitere notwendige Voraussetzung besteht in der Existenz des entsprechenden Datenmaterials. Im nächsten Schritt soll daher herausgefunden werden, ob die befragten Unternehmen die notwendige Datenbasis zur Anwendung von Web Mining Verfahren besitzen.

Die Betrachtung von Abbildung 16 zeigt, dass 97% aller Teilnehmer zumindest Logfiledaten speichern. Zusätzlich erfolgt bei etwa 50% der Befragten eine Registrierung der Online-Besucher sowie die Abfrage persönlicher Daten. 39% der teilnehmenden Unternehmen setzen Cookies ein, um Internetnutzer bei ihrer Bewegung durch die Site verfolgen zu können. Damit lässt sich festhalten, dass in einem Großteil aller befragten Unternehmen eine wertvolle Datenbasis vorhanden ist, die sich prinzipiell zur Analyse mit Hilfe von Web Mining eignen sollte.

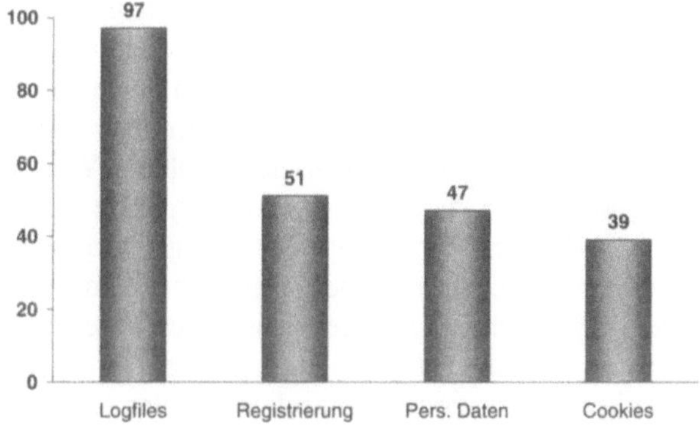

[In Prozent der befragten Unternehmen]

Abbildung 16: Vorhandenes Datenmaterial

Das Informationspotenzial dieser Daten scheint in den meisten Unternehmen erkannt zu werden, denn 94% aller Teilnehmer gaben an, die im Internet erhobenen Daten in irgendeiner Form auszuwerten (davon 76% durch das eigene Unternehmen, Abbildung 17). 58% der Befragten legen die Daten in einer speziellen Web-Analyse-Software ab, und 42% erstellen Web Datenbanken. Diese systematische Speicherung (und eventuell erste Aufbereitung) des Datenmaterials stellt eine gute Ausgangsbasis für die Anwendung von Web Mining Verfahren dar.

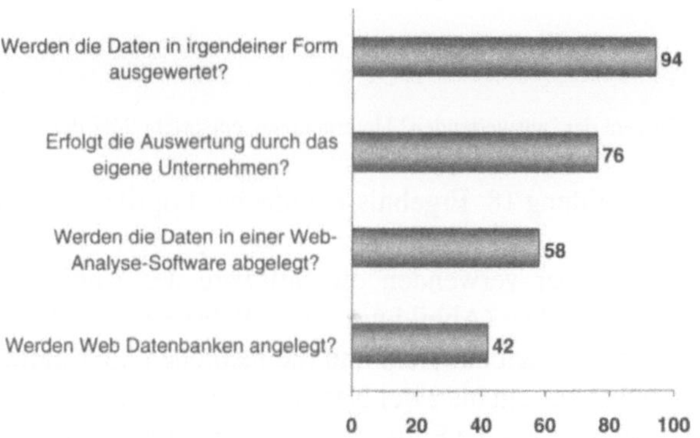

[In Prozent der befragten Unternehmen]

Abbildung 17: Umgang mit den vorhandenen Daten

Der überwiegende Teil der befragten Unternehmen erstellt zumindest einfache Webstatistiken. Hits, Pageviews und die Anzahl der Besucher sind die am häufigsten erhobenen Größen (Abbildung 18). Diese Größen erfassen den durch die Website generierten Verkehr; sie tragen jedoch nicht dazu bei, Informationen über Online-Besucher zu gewinnen. Von stärkerem Interesse sollten daher die Variablen „Verweisende Seiten" und „Verwendete Suchbegriffe" sein, da diese erste Anhaltspunkte bieten, um auf die Interessen der Besucher zu schließen. Die Analyse der häufigsten verweisenden Seiten kann auch Aufschluss darüber geben, wie viele Besucher über bestimmte externe Links, Bannerschaltungen oder Suchmaschinen auf die Website des Unternehmens gelangen und könnte so beispielsweise zur Auswahl und Bewertung von Werbepartnern herangezogen werden. Trotz des hohen Informationsgehaltes dieser beiden Größen werden sie jedoch deutlich seltener erfasst als die klassischen Messgrößen „Hits" und „Page Views".

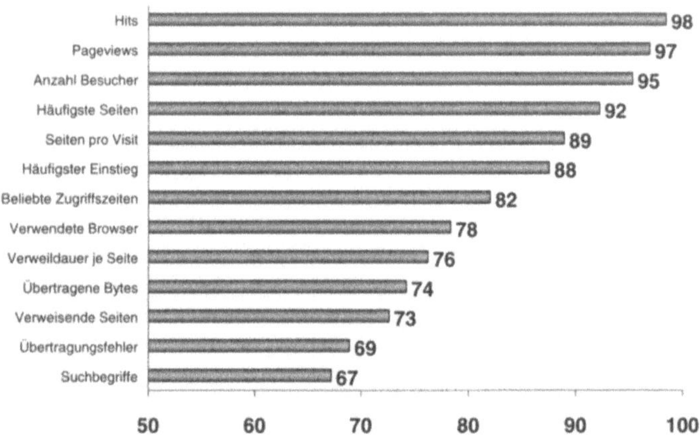

[In Prozent der "auswertenden" Unternehmen, entspricht 94% der Befragten]

Abbildung 18: Ergebnisse einfacher Logfileanalysen

Über 50% der Teilnehmer verwenden die Software des Anbieters „Webtrends" zur Erstellung von Webstatistiken (Abbildung 19). „Websuxess" und „Webalyzer" vereinigen weitere 27% der Stimmen auf sich, und die restlichen 23% entfallen auf zahlreiche Produkte, welche meist nur ein bis zwei Nennungen aufweisen sowie die Analyse durch den Provider oder auch die eigene Entwicklung entsprechender Software.

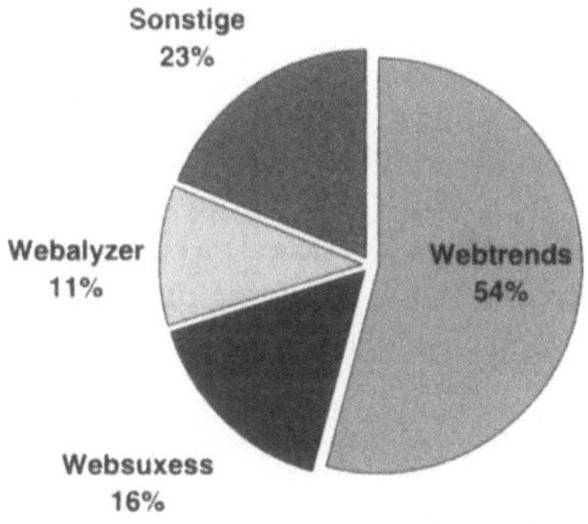

[In Prozent der befragten Unternehmen]

Abbildung 19: Verwendete Software

Die Ergebnisse einer einfachen Logfileanalyse werden hauptsächlich zur Dokumentation und zur Erfolgskontrolle sowie ansatzweise zur Platzierung von Inhalten und zur strategischen Planung eingesetzt (Abbildung 20). Die Gewinnung von Kundeninformationen und die Personalisierung des Internetauftrittes nehmen einen wesentlich geringeren Stellenwert ein. Diese Erkenntnis entspricht den theoretischen Ausführungen, wonach nicht die Logfileanalyse sondern der Einsatz von Web Mining das geeignete Instrument für Kundeninformationsgewinnung und Personalisierung darstellen sollte.

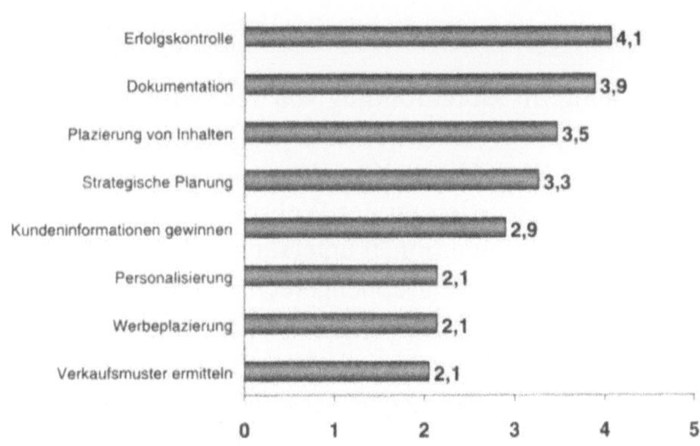

[Mittelwerte, Skala von 1= "keine Bedeutung" bis 5= "hohe Bedeutung"]

Abbildung 20: Verwendung der Ergebnisse einer Logfileanalyse

5 Web Mining Projekte

Die bisher dargestellten Ergebnisse zeigen, dass das Potenzial von Web Mining zur Unterstützung verschiedener webspezifischer Funktionen grundsätzlich erkannt wird, und dass auch die notwendige Datenbasis zumeist vorhanden ist. Im Anschluss daran ergibt sich nun die Frage, ob die befragten Unternehmen über einfache Webstatistiken hinaus tatsächlich Verfahren des Web Mining einsetzen oder deren Einsatz planen. Wie die Auswertung von Sekundärquellen erwarten lässt, haben bisher nur wenige Unternehmen erste Web Mining Projekte durchgeführt (10% der Befragten, Abbildung 21). Bei weiteren 29% ist der Einsatz von Web Mining jedoch bereits in Planung.

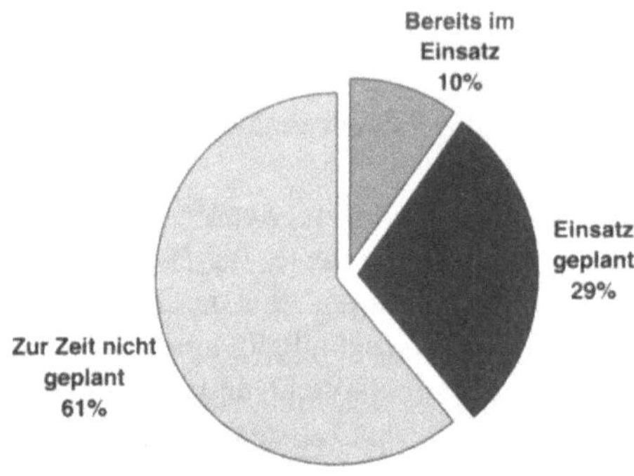

[In Prozent der befragten Unternehmen]

Abbildung 21: Durchführung von Web Mining Projekten

Als wichtigste Ziele eines Web Mining Projektes werden die Generierung von Kunden-informationen und die Personalisierung der Website angegeben (Abbildung 22). Damit werden nun genau diejenigen Funktionen unterstützt, die bei der einfachen Logfileana-lyse vernachlässigt wurden. Die zielgruppengerechte Platzierung von Inhalten hat eben-falls eine hohe Bedeutung. Daneben werden die Ergebnisse zur (fortschrittlichen) Er-folgskontrolle, Dokumentation und strategischen Planung eingesetzt. Bei der Betrach-tung der Rangfolge der möglichen Ziele verwundert die geringe Bedeutung für die Werbeplatzierung, da sich Web Mining der Literatur zufolge sehr gut für eine zielgrup-penspezifische Werbeschaltung einsetzen lassen sollte. Dieser Widerspruch könnte zumindest teilweise in der insgesamt als niedrig eingeschätzten Bedeutung der Werbe-schaltung begründet liegen.

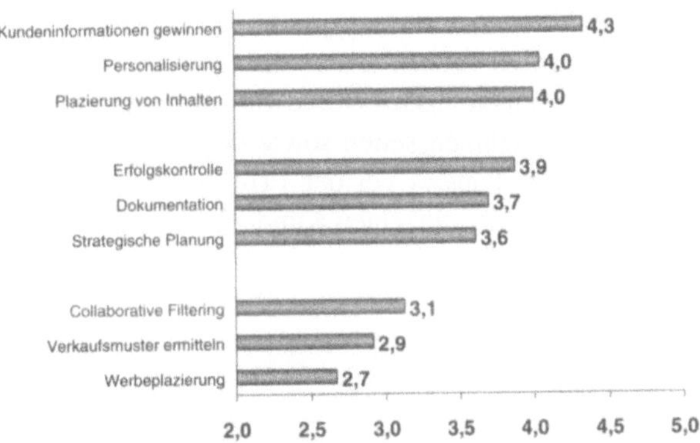

[Mittelwerte, Skala von 1 = "keine Bedeutung" bis 5 = "hohe Bedeutung"; Unternehmen, die bereits Web Mining Projekte durchführen oder planen]

Abbildung 22: Ziele von Web Mining Projekten

Wichtigstes übergeordnetes Ziel der untersuchten Web Mining Projekte ist mit einem Mittelwert von 4,7 die Steigerung der Kundenbindung (Abbildung 23). Damit scheinen die befragten Unternehmen die wachsende Bedeutung von CRM im eCommerce und das Potenzial von Web Mining zur Unterstützung des eCRM erkannt zu haben. Die Verbesserung der Wettbewerbsfähigkeit und die Steigerung des Umsatzes werden als weitere bedeutsame Ziele genannt. Diese Punkte sollten idealerweise mit einer gesteigerten Kundenbindung einhergehen. Auch die Senkung von Transaktions- und Akquisitionskosten wird angestrebt, diese Ziele haben jedoch eine wesentlich geringere Bedeutung.

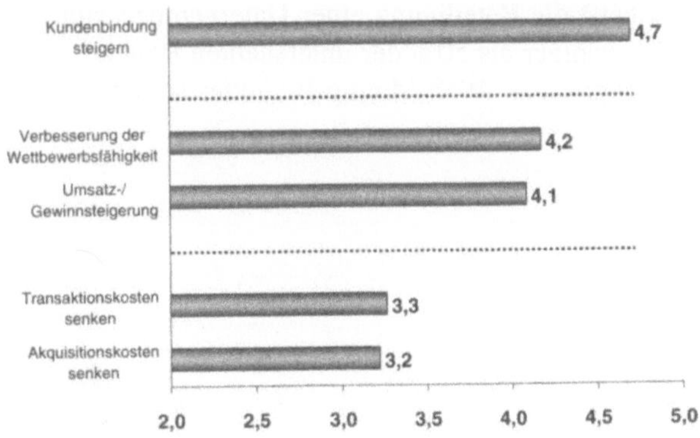

[Mittelwerte, Skala von 1 = "keine Bedeutung" bis 5 = "hohe Bedeutung"; Unternehmen, die bereits Web Mining Projekte durchführen oder planen]

Abbildung 23: Übergeordnete Ziele von Web Mining Projekten

Die Rangfolge der möglichen Erfolgskriterien spiegelt die hohe Bedeutung der Kundenbindung wider (Abbildung 24). Sie entspricht der Philosophie des CRM, auf langfristige Kundenbeziehungen zu setzen, anstatt Kunden als beliebig austauschbare Objekte zu betrachten. So nehmen insbesondere die Wiederkehrrate, die Verweildauer eines Kunden auf den Unternehmensseiten sowie der Umsatz pro Kunde und die Wiederkaufsrate einen hohen Stellenwert bei der Erfolgsmessung ein. Alle diese Größen sind auf den gezielten Ausbau der einzelnen Kundenbeziehungen ausgerichtet.

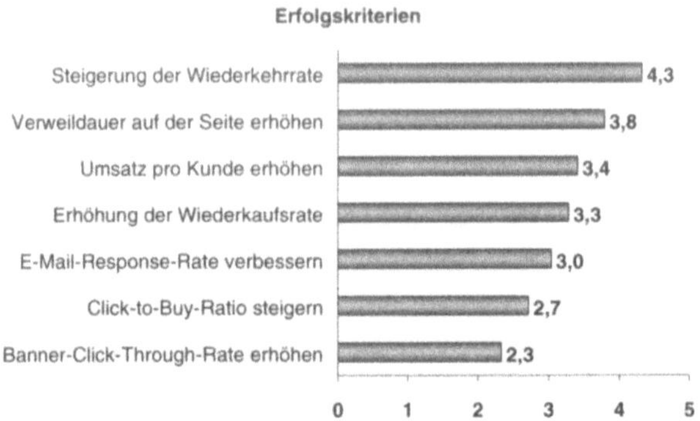

[Mittelwerte, Skala von 1 = "keine Bedeutung" bis 5 = "hohe Bedeutung"; Unternehmen, die bereits Web Mining Projekte durchführen oder planen]

Abbildung 24: Erfolgskriterien von Web Mining Projekten

Neben den Zielen und Erfolgskriterien sollte insbesondere der Ablauf eines Web Mining Projektes untersucht werden. Abbildung 25 zeigt die Einbindung verschiedener Abteilungen im Projektverlauf. Es ergibt sich ein insgesamt eher heterogenes Bild. In den meisten Fällen trifft die Beteiligung einer Unternehmenseinheit an einer bestimmten Projektphase für weniger als 50% der untersuchten Projekte zu. Daher fällt die Rekonstruktion eines „typischen" Web Mining Projektes schwer. Es lassen sich lediglich Tendenzen erkennen.

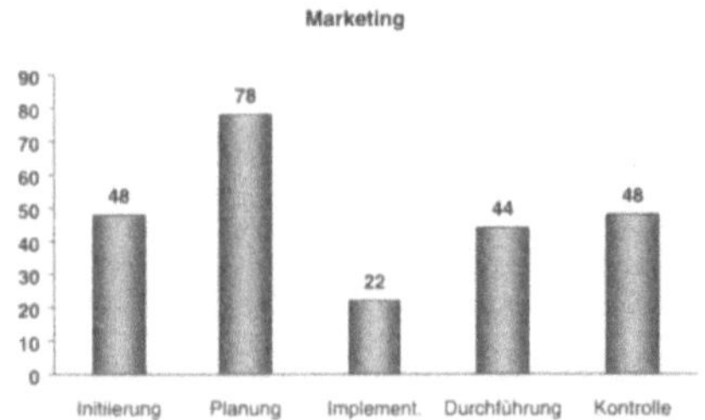

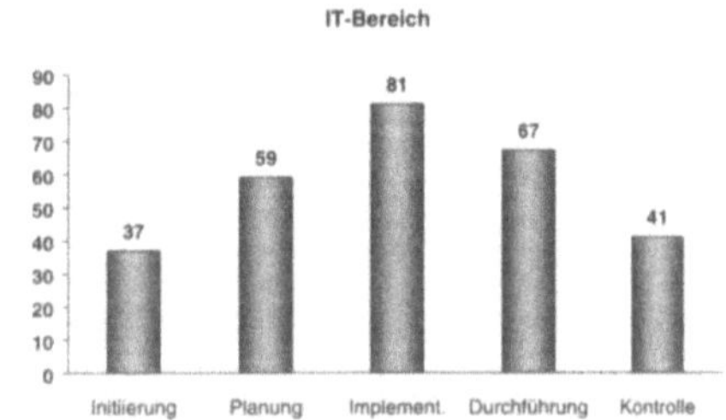

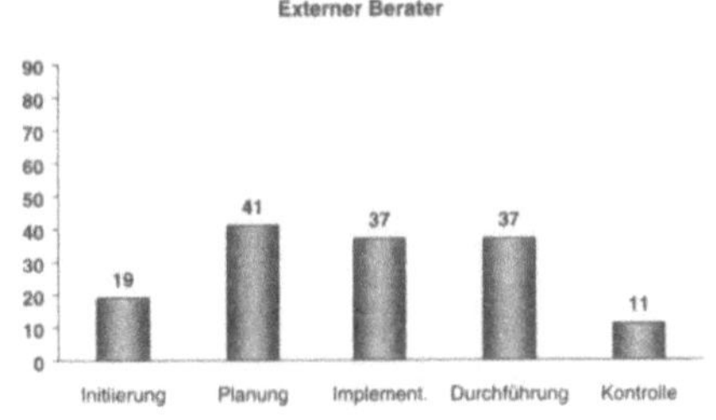

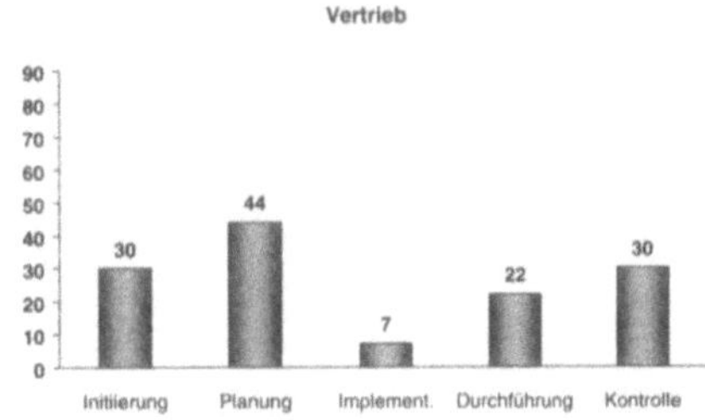

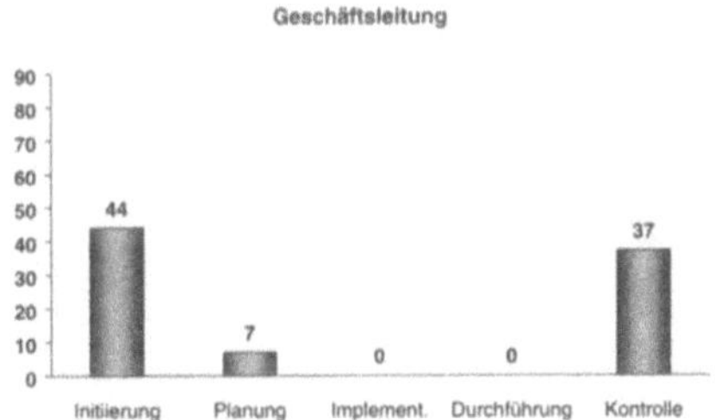

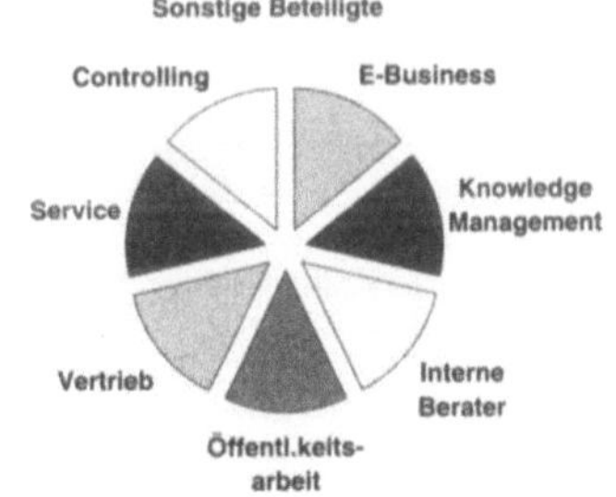

[In Prozent der Unternehmen, die bereits Web Mining Projekte durchführen oder planen]

Abbildung 25: Beteiligte im Verlauf eines Web Mining Projektes

Die insgesamt höchste Beteiligung entfällt auf den Marketing- und IT-Bereich. Da mit der Steigerung der Kundenbindung Ziele des Marketing verfolgt werden und die technische Umsetzung naturgemäß durch IT-Fachleute erfolgen sollte, entspricht dieses Ergebnis den Erwartungen. Auf den ersten Blick erstaunt eher die Tatsache, dass der IT-Bereich „nur" in 81% der Fälle an der Implementierung beteiligt ist. Dies erklärt sich durch das Mitwirken externer Berater: in den übrigen Fällen erfolgt die Implementierung durch externe Fachkräfte. Diese sind an über einem Drittel aller untersuchten Projekte beteiligt, überwiegend an der Planung, Implementierung und Durchführung.

Die Geschäftsleitung nimmt hauptsächlich über Initiierung und Kontrolle Einfluss auf den Projektverlauf. Gleichzeitig werden jedoch über 50% der Projekte ohne die Einbeziehung der Geschäftsleitung initiiert und gesteuert. Auch der Vertrieb ist bei wenigstens 30% aller Projekte an Initiierung, Planung und Kontrolle beteiligt. Darüber hinaus wurden Service, Controlling und Öffentlichkeitsarbeit sowie interne Berater, eBusiness und Knowledge Management als weitere Mitwirkende genannt. Die Beteiligung dieser Unternehmenseinheiten liegt jedoch in allen Phasen deutlich unter 30% und eignet sich daher nicht für verallgemeinernde Aussagen.

Eine Betrachtung auf Basis der einzelnen Phasen führt zu der in Tabelle 1 dargestellten Übersicht über die Mitwirkung beteiligter Unternehmenseinheiten.

Projektphase	Überwiegend durch
Initiierung	Marketing (48%), Geschäftsleitung (44%), IT (37%)
Planung	Marketing (78%), IT (59%), Vertrieb (44%), Externer Berater (41%)
Implementierung	IT (81%), Externer Berater (37%)
Durchführung	IT (67%), Marketing (44%), Externer Berater (37%)
Kontrolle	Marketing (48%), IT (41%), Geschäftsleitung (37%)

[Angaben in Klammern: die Abteilung ist bei x% der untersuchten Projekte an dieser Phase beteiligt.]

Tabelle 1: Übersicht der Beteiligung an Web Mining Projekten

Weitere interessante Aspekte bei der Durchführung eines Web Mining Projektes sind die einbezogenen Daten und die Umsetzung der Ergebnisse sowie die verwendete Software und die eingesetzten Verfahren. Neben Web Logfiles lassen sich insbesondere Kundendaten und Transaktionsdaten zu einer Analyse heranziehen. Abbildung 26 zeigt die klare Tendenz, bei ersten Pilotprojekten überwiegend mit Logfiles zu arbeiten, während Folge- und „visionäre" Projekte verstärkt Kundendaten und schließlich auch Transaktionsdaten einbeziehen.

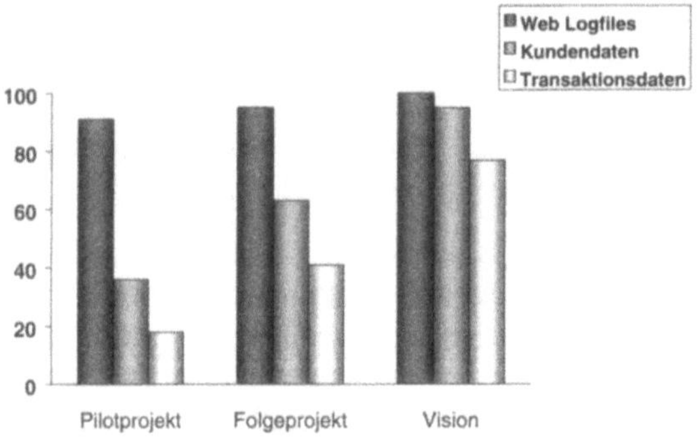

[In Prozent der Unternehmen, die bereits Web Mining Projekte durchführen oder planen]

Abbildung 26: Einbezogene Daten

Ein entsprechendes Bild ergibt sich für die zeitnahe Umsetzung der Ergebnisse. Pilotprojekte und erste Folgeprojekte setzen Ergebnisse nahezu ausschließlich „offline" um, für die Zukunft erhofft man sich jedoch eine Umsetzung in Echtzeit (Abbildung 27).

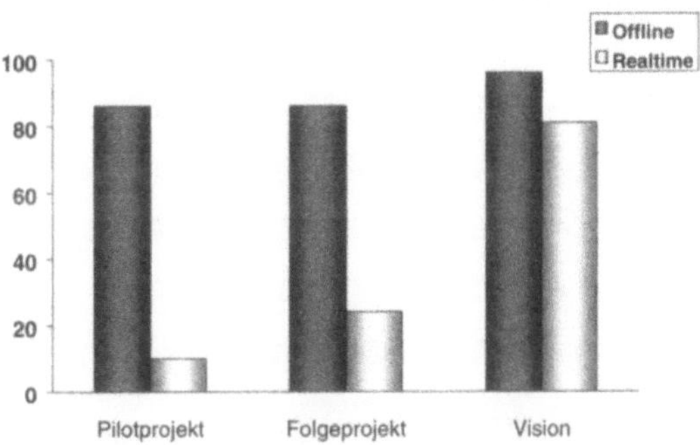

[In Prozent der Unternehmen, die bereits Web Mining Projekte durchführen oder planen]

Abbildung 27: Umsetzung der gewonnenen Ergebnisse

Unter den befragten Teilnehmern kann keine Bevorzugung einer speziellen Analysesoftware festgestellt werden. 25% greifen ausschließlich auf eigene Entwicklungen zurück, weitere 17% verwenden zum Teil eigene Entwicklungen (Abbildung 28).

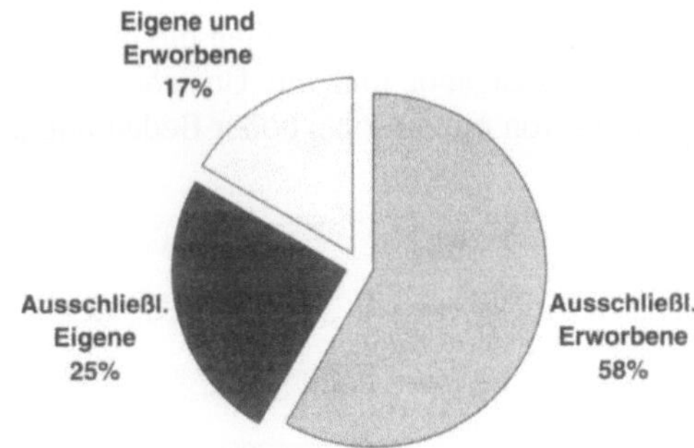

[In Prozent der Unternehmen, die bereits Web Mining Projekte durchführen oder planen]

Abbildung 28: Verwendete Software

Etwas homogener stellt sich die Verteilung auf die einzelnen Hersteller für Webserver und Datenbanksysteme dar. Microsoft, Netscape und IBM sind die meistgenannten Hersteller verwendeter Webserver; auf sie entfallen zu etwa gleichen Teilen nahezu 65% der Antworten. Von den Herstellern Oracle (53%) und Microsoft (23%) stammt der überwiegende Teil aller eingesetzten Datenbanksysteme.

Die zur Analyse herangezogenen Data Mining Verfahren sind Abbildung 29 zu entnehmen. In einem Großteil der untersuchten Projekte kommen Clustering und Assoziation zum Einsatz. Auch Sequenzanalyse und Entscheidungsbäume werden häufig eingesetzt. Neuronale Netze, Logistische Regression und Diskriminanzanalyse werden mit einem jeweiligen Anteil von maximal 50% deutlich seltener genannt.

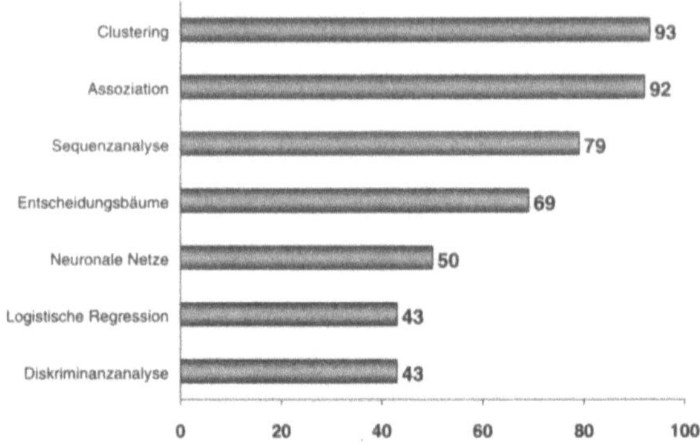

[In Prozent der Unternehmen, die bereits Web Mining Projekte durchführen oder planen]

Abbildung 29: Eingesetzte Data Mining Verfahren

Die Teilnehmer sehen in der Komplexität, dem Zeitaufwand und den Kosten eines Web Mining Projektes die stärksten Probleme bei der Planung und Durchführung von Web Mining Projekten (Abbildung 30). Daneben stellen die mangelhafte Qualität der Daten, das undurchsichtige Softwareangebot und die Unsicherheit bezüglich des Return on Investment (ROI) Probleme von mittlerer bis hoher Bedeutung dar.

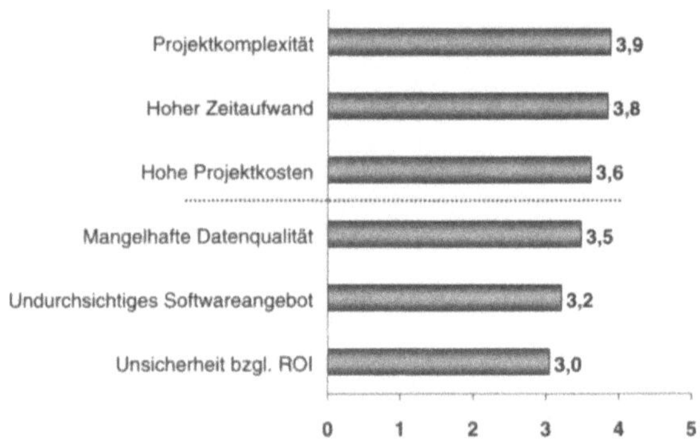

[Mittelwerte, Skala von 1 = "keine Bedeutung" bis 5 = "hohe Bedeutung"; Unternehmen, die bereits Web Mining Projekte durchführen oder planen]

Abbildung 30: Probleme eines Web Mining Projektes I

Dem Problem des Datenschutzes sowie dem Mangel an qualifiziertem Personal wird eine mittlere Bedeutung zugewiesen (Abbildung 31). Widerstände einzelner Abteilungen, fehlende technische Voraussetzungen oder eine mangelhafte Beratung vom Anbieter werden dagegen eher selten beklagt.

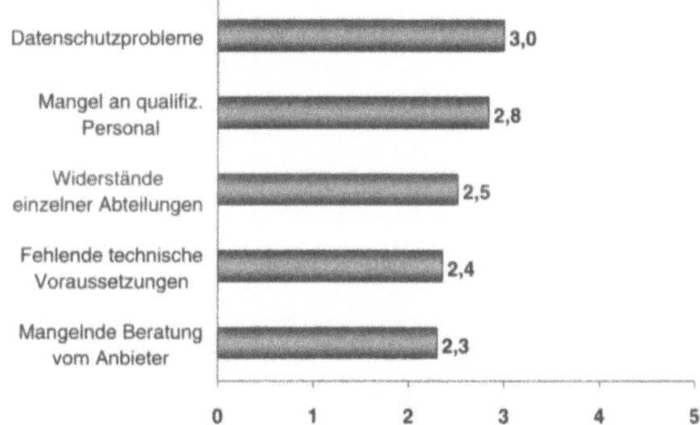

[Mittelwerte, Skala von 1 = "keine Bedeutung" bis 5 = "hohe Bedeutung"; Unternehmen, die bereits Web Mining Projekte durchführen oder planen]

Abbildung 31: Probleme eines Web Mining Projektes II

6   Gründe gegen den Einsatz von Web Mining

Da 61% der befragten Unternehmen in absehbarer Zeit keine Web Mining Projekte durchführen möchten, soll untersucht werden, welche Faktoren für diese Entscheidung verantwortlich sind. Dazu werden die Teilnehmer einerseits direkt nach ihren Gründen befragt; zum anderen werden eventuelle Beziehungen zwischen bestimmten Unternehmenseigenschaften (Größe, Branche, etc.) und dem Einsatz von Web Mining analysiert.

Für Unternehmen, die momentan keine Web Mining Projekte planen, stellt der Zeitmangel den insgesamt bedeutsamsten Hinderungsgrund dar (Abbildung 32). Damit kommen sie zu der gleichen Einschätzung wie diejenigen Unternehmen, welche Web Mining bereits durchführen oder planen, denn auch diese sehen in Projektkomplexität und Zeitaufwand die größten Hindernisse.

Gleichzeitig legt die hohe Bedeutung des Problems „Zeitmangel" den Schluss nahe, dass ein großer Teil der befragten Unternehmen ein prinzipielles Interesse an dem Einsatz von Web Mining aufweist, dies jedoch aus Zeitmangel nicht in die Tat umsetzen kann. Diese Annahme wird allerdings etwas abgeschwächt von der Tatsache, dass auch die Option „Noch nicht in Betracht gezogen" eine hohe Bedeutung zugewiesen bekommt. Aus dieser Beobachtung geht hervor, dass in der Praxis deutscher Unternehmen durchaus noch Aufklärungsbedarf bezüglich der Nutzungsmöglichkeiten und Einsatzpotenziale von Web Mining besteht.

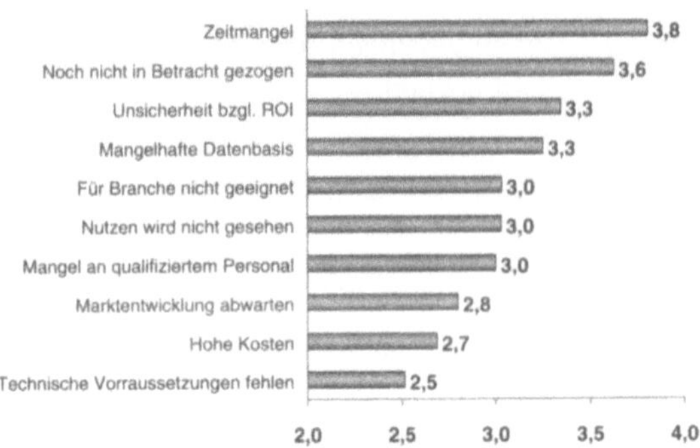

[Mittelwerte, Skala von 1 = "keine Bedeutung" bis 5 = "hohe Bedeutung"; Unternehmen, die bereits Web Mining Projekte durchführen oder planen]

Abbildung 32: Gründe gegen den Einsatz von Web Mining

Die Unsicherheit bezüglich des ROI sowie die mangelhafte Qualität der Datenbasis sind von mittlerer Bedeutung; der Mangel an qualifiziertem Personal und das Fehlen technischer Voraussetzungen werden mit einer geringeren Bedeutung belegt. Auch diese Bewertung stimmt ziemlich genau mit der Einschätzung „erfahrener" Web Miner überein. Das Problem der hohen Kosten wird jedoch von Unternehmen, die sich bereits näher mit der Planung und Umsetzung auseinandergesetzt haben als wesentlich schwerwiegender angesehen. Erst an fünfter und sechster Stelle werden die Alternativen „Für Branche nicht geeignet" und „Nutzen wird nicht gesehen" genannt. Die Teilnehmer gestehen dem Einsatz von Web Mining also durchaus einen möglichen Nutzen auch für ihr spezielles Unternehmen zu.

Unternehmensspezifische Faktoren, welche den Einsatz von Web Mining beeinflussen, könnten unter anderem in der Unternehmensgröße und -ausrichtung, der Erfahrung im Einsatz von Data Mining und der Bedeutung des Internet für das Unternehmen liegen.

Von besonderem Einfluss auf die Entscheidung für oder gegen die Durchführung eines Web Mining Projektes ist die Ausrichtung des Unternehmens. Unternehmen, die überwiegend im B2B-Bereich tätig sind, setzen Web Mining zu einem wesentlich geringeren Teil ein als Unternehmen, die zumindest gleichbedeutend auf den B2C-Bereich ausgerichtet sind (Abbildung 33). Dieses Ergebnis könnte damit zu erklären sein, dass Unternehmen aus dem B2B-Bereich eine insgesamt geringere Anzahl an Kunden aufweisen und deren Eigenschaften und Bedürfnisse durch persönliche Vertriebskontakte bereits besser kennen. Daher sind sie nicht im gleichen Maße wie ein B2C-Unternehmen darauf angewiesen, täglich die Erwartungen tausender anonymer Besucher (und potenzieller Kunden) auf ihren Internetseiten zu erfüllen.

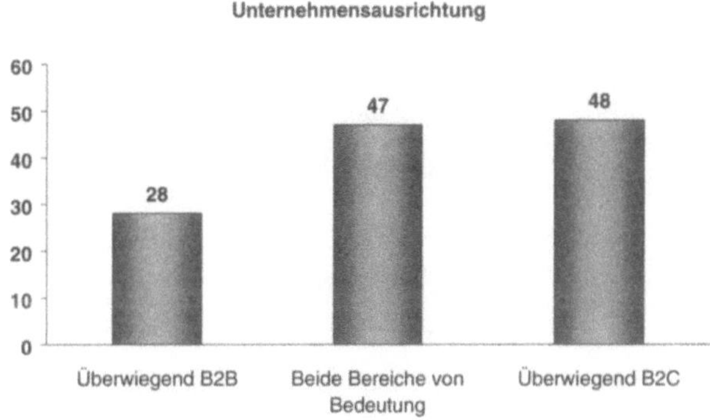

[Bestehender oder geplanter Einsatz von Web Mining in Prozent der einzelnen Unternehmensausrichtungen]

Abbildung 33: Einsatz von Web Mining nach Unternehmensausrichtung

Ein noch deutlicheres Bild liefert die Betrachtung des Einsatzes von Web Mining in Abhängigkeit von der Nutzung des Internet als Distributionskanal (Abbildung 34). Es wird nicht verwundern, dass eine verstärkte Nutzung des Internet zur Distribution die Anwendung von Web Mining begünstigt. Auffällig ist jedoch die Tatsache, dass auch unter den befragten Unternehmen, die diesen Distributionskanal ausschließlich nutzen, erst 57% Web Mining Projekte durchführen oder planen.

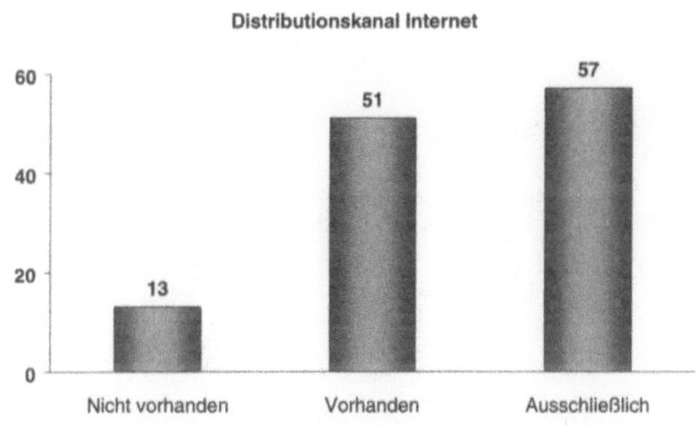

[Bestehender oder geplanter Einsatz von Web Mining in Prozent der einzelnen Alternativen]

Abbildung 34: Einsatz von Web Mining nach Distributionskanal Internet

Die bereits vorliegende Erfahrung mit Techniken des Data Mining stellt keine notwendige Bedingung für die Durchführung eines Web Mining Projektes dar. Die Quote für „Einsatz oder Planung" ist unter erfahrenen Data Minern zwar höher als unter Unternehmen, die noch keine Erfahrung mit Data Mining Techniken besitzen; letztere planen jedoch auch zu einem Drittel den Einsatz von Web Mining oder setzen Web Mining bereits ein (Abbildung 35).

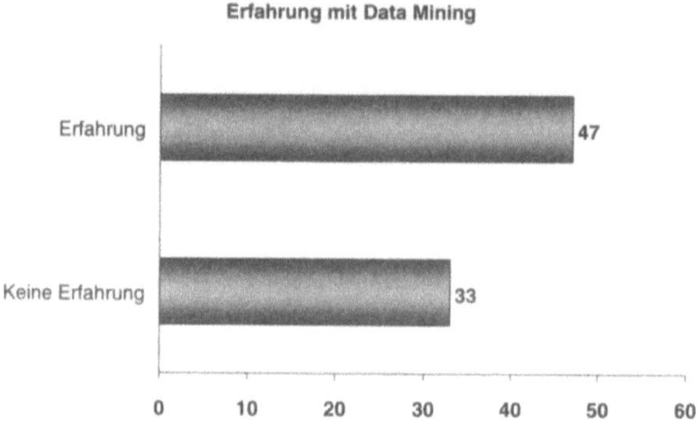

[Bestehender oder geplanter Einsatz von Web Mining in Prozent der beiden Alternativen]

Abbildung 35: Einsatz von Web Mining nach Data Mining Erfahrung

Interessant scheint schließlich die Untersuchung der Beziehung zwischen der Bedeutung des Internet und der Durchführung von Web Mining Projekten. Abbildung 36 zeigt, dass das Medium Internet für Unternehmen, die bereits Web Mining einsetzen, eine hohe Bedeutung besitzt. Unternehmen, die den Einsatz von Web Mining planen, messen dem Internet eine mittlere Bedeutung zu, und diejenigen Teilnehmer, die den Einsatz zur Zeit nicht planen, sehen eine eher geringe Bedeutung.

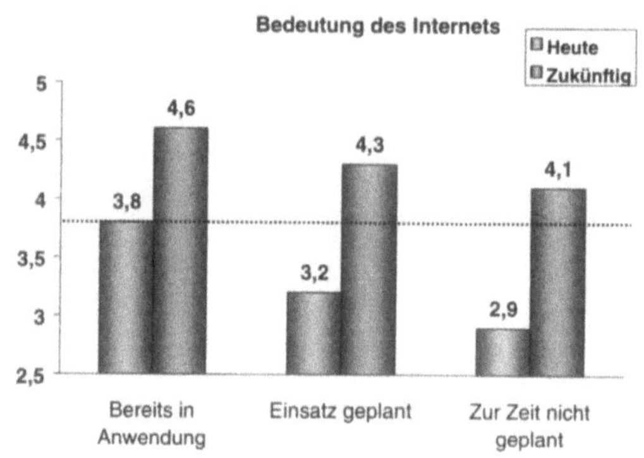

[Mittelwerte, Skala von 1 = "keine Bedeutung" bis 5 = "hohe Bedeutung"]

Abbildung 36: Einsatz von Web Mining nach Bedeutung des Internet

Die Bedeutung des Internet wird jedoch für alle drei Untergruppen stark anwachsen, und so erwartet auch die letzte Gruppe für die Zukunft eine hohe durchschnittliche Bedeutung. Falls diese Bedeutung des Internet für ein Unternehmen mit dem Einsatz von Web Mining in Verbindung steht, kann daher zukünftig eine deutliche Steigerung in der Anzahl der Web Mining Projekte angenommen werden.

7 Zentrale Ergebnisse und Ausblick

Es wird gezeigt, dass die wachsende Bedeutung des CRM (auch) im eCommerce eine zunehmend individualisierte Ansprache und Betreuung der (Online-) Kunden erfordert. Diese Individualisierung der Kundenansprache lässt sich nur realisieren, wenn das Unternehmen ausreichende Informationen über die Interessen einzelner Kunden besitzt. Im Internet agierende Unternehmen kennen ihre Kunden nicht persönlich, aber das Verhalten der Kunden im Internet wird detailliert in den sogenannten Web Logfiles aufgezeichnet. Daher sollten diese Logfiles eine ideale Informationsbasis zur Gewinnung von Kundeninformationen darstellen.

Mit Hilfe der herkömmlichen Methode der Auswertung von Logfiles, der Erstellung von einfachen Webstatistiken, lässt sich jedoch lediglich ein grundlegendes Informationsbedürfnis befriedigen, das stärker auf die Aktivität des Webservers als auf die Verhaltensweise einzelner Kunden ausgerichtet ist. Daher könnte Web Mining ein geeignetes Instrument darstellen, um das in Web Logfiles verborgene Wissen über Eigenschaften und Verhaltensmuster der Online-Besucher zutage zu fördern.

Das theoretische Potenzial des Web Mining wird von den befragten Unternehmen grundsätzlich bestätigt. Ebenso ist die notwendige Datenbasis in den meisten Unternehmen vorhanden. Da von fast allen Unternehmen zumindest einfache Logfileanalysen durchgeführt werden, kann weiterhin angenommen werden, dass das Informationspotenzial der Logfiles prinzipiell erkannt wird. Die Ergebnisse der Logfileanalysen werden jedoch hauptsächlich zur Dokumentation und Erfolgskontrolle verwendet, hinsichtlich der Gewinnung von Kundeninformationen und der Personalisierung lassen sie sich kaum nutzen.

Bisher haben nur 10% der befragten Unternehmen erste Web Mining Projekte durchgeführt (weitere 30% geplant). Diese Unternehmen geben gerade die Gewinnung von Kundeninformationen sowie die Personalisierung der Kundenansprache als wichtigste Ziele an. Die wichtigste übergeordnete Zielsetzung besteht in der Steigerung der Kundenbindung. Entsprechend kann davon ausgegangen werden, dass diese Unternehmen die Bedeutung von CRM im eCommerce erkannt haben.

Die Umsetzung ist jedoch nicht ganz unproblematisch. Als schwerwiegendste Probleme bei der Planung und Durchführung von Web Mining Projekten werden die Projektkomplexität sowie der hohe Kosten- und Zeitaufwand genannt. Dieselben Gründe halten einen Großteil der übrigen Unternehmen von dem Einsatz von Web Mining ab: der durchschnittlich am höchsten bewertete Grund gegen den Einsatz ist der Mangel an Zeit. Diese Beobachtung sollte eine Chance für externe Dienstleister darstellen, interessierten Unternehmen die Durchführung von vollständigen Web Mining-Analysen zur Verfügung zu stellen. Daneben wird auch der fehlenden Auseinandersetzung mit dem Thema eine hohe Bedeutung zugemessen, was erneut auf den bestehenden Aufklärungsbedarf (s.o.) hinweist.

Über die direkte Befragung der Teilnehmer hinaus können aus den vorliegenden Daten weitere Faktoren identifiziert werden, die den Einsatz von Web Mining begünstigen. Besonders interessant erscheint die Gegenüberstellung des Einsatzes von Web Mining und der Bedeutung des Internet im Unternehmen. Diese Betrachtung zeigt, dass für diejenigen Unternehmen, welche bisher noch keine Web Mining Projekte planen, das Internet zur Zeit eine vergleichsweise geringe Bedeutung aufweist. Dieselben Unternehmen gehen jedoch von einer zukünftigen Bedeutung des Internets aus, welche die heutige Einschätzung seitens der Unternehmen, die bereits jetzt Web Mining betreiben, sogar übersteigt. Falls von der Bedeutung des Internet auf den Einsatz von Web Mining geschlossen werden kann, sollte daher für die Zukunft eine deutlich erhöhte Anzahl an Web Mining Projekten erwartet werden.

Damit besteht ein ableitbarer Handlungsbedarf vor allem darin, das Problem der Projektkomplexität und des damit einher gehenden Zeit- und Kostenaufwandes zu lösen. Von Seiten der Softwarehersteller gilt es, Tools zur Verfügung zu stellen, die exakt auf die speziellen Erfordernisse eines komplexen Web Mining Projektes zugeschnitten sind und den Web Mining Prozess möglichst über alle Phasen (von der Auswahl und Aufbereitung der Daten bis zur Umsetzung der Ergebnisse) unterstützen.

Gleichzeitig sollte man jedoch auch auf der Unternehmensseite die Konsequenzen daraus ziehen, dass die Durchführung eines Web Mining Projektes mit einem relativ hohen Zeit- und Kostenaufwand verbunden ist. Daher muss von Unternehmen, welche ein solches Projekt planen, der notwendige Bedarf an finanziellen und personellen Ressourcen zur Verfügung gestellt werden.

Allerdings existiert bei den befragten Unternehmen noch keine einheitliche Vorstellung, wie derartige Projekte organisiert werden können. Die Bereiche Marketing und IT sollten als inhaltliche und technische Kompetenzträger immer einbezogen werden. Zudem erfordern die Beteiligung unterschiedlicher Bereiche und der damit verbundene Koordinationsaufwand die hierarchische Verankerung des Projekts in der Geschäftsführung. Beides ist in der Praxis jedoch nicht immer der Fall. Darüber hinaus kann zumindest anfänglich auf externe Beratungsleistungen zurückgegriffen werden, falls im Unternehmen ein qualitativer oder quantitativer Mangel an entsprechenden Mitarbeitern herrscht.

Des weiteren ist anzumerken, dass Web Mining nicht als einmaliges Projekt zu verstehen ist, sondern ein fester Bestandteil des CRM von im Internet agierenden Unternehmen werden sollte. Die befragten Unternehmen haben dies überwiegend erkannt, da über erste Projekte hinaus bereits Vorstellungen zu Folgeprojekten existieren sowie Zukunftsvisionen entwickelt wurden.

Abschließend lässt sich festhalten, dass der Einsatz von Web Mining in deutschen Unternehmen momentan noch in den Kinderschuhen steckt. Da jedoch das Potenzial von Web Mining zur Informationsgewinnung seitens der Unternehmen grundsätzlich erkannt wird, und der Bedarf an entsprechenden Informationen zukünftig stark ansteigen wird, ist mit einem zunehmenden Einsatz von Web Mining zu rechnen.

Dirk Arndt

Nach seinem Studium arbeitete Herr Arndt im International Marketing and Sales Department von Amtrak in Washington D.C. und als Business Consultant der Abteilung Database Marketing des debis Systemhauses in Düsseldorf. Seit Mai 1999 ist er Mitglied der DaimlerChrysler Austauschgruppe und leitet mehrere internationale Projekte im Themenumfeld des Customer Relationship Managements.

3.2 Web Mining für Marketinganwendungen – Pilotprojekt der DaimlerChrysler AG

1 Einleitung

Im Zuge der Entwicklung des Internets entstanden und entstehen täglich große Datenmengen, welche durch die Interaktionen der Nutzer erzeugt werden. Frühzeitig befassten sich sowohl Wissenschaftler als auch Praktiker mit der Auswertung dieser neuen Art von Daten. Die Untersuchung von Datenquellen des Internets mittels Data Mining Methoden wird allgemein als *Web Mining* bezeichnet, welches in verschiedene Spielarten zerfällt (s. Kapitel 1 sowie Kapitel 2.1.3 in diesem Band). Dabei wird die gezielte Untersuchung des Nutzerverhaltens *Web Usage Mining* genannt. Konzentriert sich dieses auf die rein deskriptive Auswertung von Protokolldateien, spricht man allgemein von der *Logfileanalyse*.

Die meisten Publikationen und Projekte auf dem Gebiet des Web Usage Mining stellen bis heute Vorgehensmodelle, Implementierungsprobleme und die Anwendung von verschiedenen Data Mining Methoden für die Auswertung von Internetdaten in den Vordergrund (Srivastava et al. 2000, S. 17). Die Umsetzung der Ergebnisse in einem konkreten Businessumfeld, z.B. für Zwecke des Marketings, wird bisher nicht ausreichend betrachtet. Selbst wenn Anwendungen beschrieben werden, geschieht dies eher auf einer abstrakten Ebene, die nur wenige konkrete Rückschlüsse auf tatsächliche Anwendungsmöglichkeiten und die zu erwartende Profitabilität zulässt (Spiliopoulou/Berendt 2001, S. 855 ff.; Weingärtner 2001, S. 889 ff.).

Um eine Einschätzung der Potenziale des Web Usage Mining vornehmen zu können, wurde deshalb bei DaimlerChrysler ein entsprechendes Projekt aufgesetzt. Dieses Projekt war auf die Analyse von Protokolldateien (Logfiles) beschränkt. Die Integration weiterer Datenquellen in die Web Mining Analyse wird als *Integrated Web Usage Mining* bezeichnet (Büchner et al. 1998). Diese Integration wurde bewusst außer acht gelassen, da im Projektteam bereits weitreichende Erfahrung bei der Anwendung solcher Daten für Marketingzwecke bestand. Daher bestand das Projektziel darin, zu ermitteln, welche Informationen in Protokolldateien zu finden sind und welchen speziellen Mehrwert diese für Data Mining Anwendungen im Marketing generieren können.

In diesem Artikel werden zuerst die Zielsetzung und der Ablauf des Projektes vorgestellt. Dabei werden die Probleme der Web Mining Analyse aufgezeigt und die in dem Projekt gewonnenen Erfahrungen ausgeführt. Am Ende erfolgt eine Bewertung der Projektergebnisse sowie ein Ausblick.

2 Generelle Zielsetzung und Rahmenbedingungen des Projektes

Die Mitarbeiter der Abteilung Data Mining Solutions von DaimlerChrysler hatten zum Zeitpunkt des Projektstarts zwar hohe Kompetenzen auf dem Gebiet des Data Mining allgemein, aber noch keine speziellen Erfahrungen beim Web Mining selbst. Unter Berücksichtigung des im vorherigen Abschnitt benannten generellen Zieles wurden daher vier Aufgabenbereiche definiert. Diese waren im Einzelnen:

1. Durchführung des Gesamtprozesses, um Teilschritte zu identifizieren und um spezielle Probleme zu spezifizieren,

2. Überprüfung der Eignung der bei DaimlerChrysler vorhandenen Software und Algorithmen für das Web Mining,

3. Einschätzung des Informationsgehalts bereits vorhandener (historischer) Logfiles,

4. Abschätzung des Potenzials von Web Usage Mining und Logfileanalysen sowie Generierung von Anwendungsideen für Marketingfragestellungen im Konzern.

Das Projekt wurde von zwei Mitarbeitern und zwei Diplomanden der DaimlerChrysler AG durchgeführt und umfasste einen Zeitrahmen von ungefähr acht Monaten. Da keine spezielle Web Mining Software zur Verfügung stand, kamen unterschiedliche kommerzielle Werkzeuge (z.B. SPSS Clementine 5.1, IBM Intelligent Miner, Oracle, etc.) und verschiedene Eigenentwicklungen zum Einsatz.

Es wurden Daten von zwei unternehmensinternen und einer unternehmensexternen Web-Präsenz ausgewertet. Dabei handelte es sich bei zwei von den drei Web-Angeboten um reine Informationsangebote. Bei der dritten Anwendung wurden Internetnutzer zu ihren Einstellungen gegenüber DaimlerChrysler befragt. In allen Fällen fand keine persönliche Anmeldung am System statt. Die Erhebungszeiträume differieren stark, umfassen allerdings immer mehrere Monate. Als Inputdaten standen Web Meta Daten (z.B. Seitenstruktur, -inhalt) und verschiedene Protokolldateien zur Verfügung (z.B. Zugriffsprotokolle, Fehlerprotokolle, Cookie-Protokolle). Andere Daten waren nicht vorhanden. Die Zugriffsprotokolle lagen im Extended Logfile Format (Microsoft Internet Information Server 4.0) vor.

3 Projektablauf und Erfahrungen

Die Durchführung des Projektes orientierte sich grundsätzlich am dreistufigen Webminer-Prozess, wie er an der Universität von Minnesota seit dem Jahre 1996 entwickelt wird (Mobasher et al. 1996, S. 2). Dieses Konzept gehört zu der ersten Generation von Ansätzen für das Web Usage Mining und kann als Grundlage für viele andere Methoden gesehen werden. Die nachfolgende Abbildung 1 zeigt den Ablauf des Projektes bei DaimlerChrysler (Schmidt 2000, S. 43).

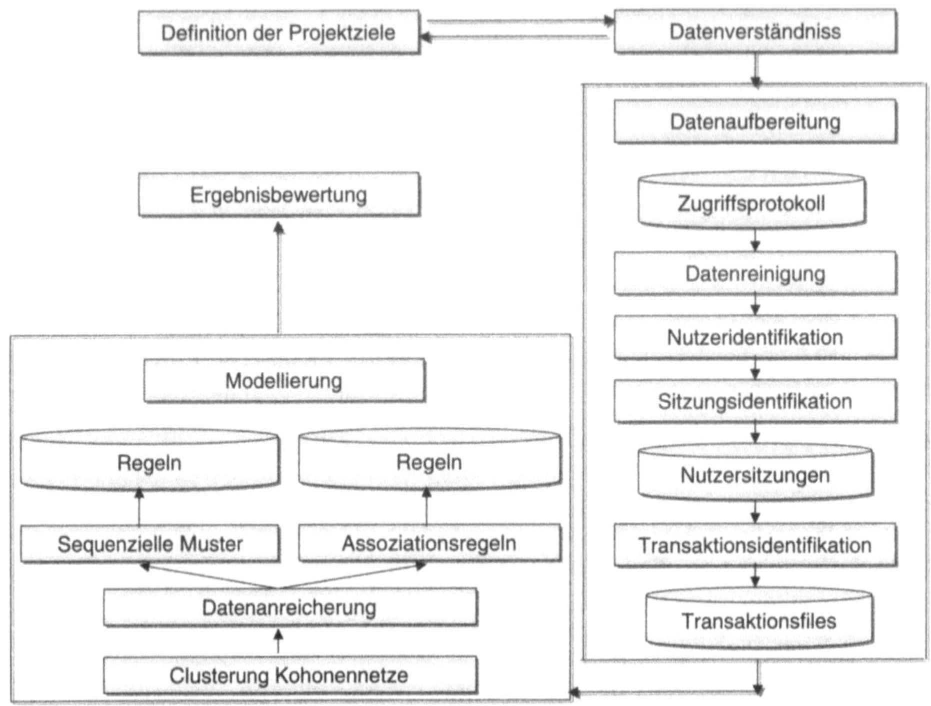

Abbildung 1: Der Web Mining Prozess im Projekt

3.1 Definition konkreter Projektziele

Eine Besonderheit des hier besprochenen Projekts bestand darin, dass bei der Definition der Projektziele kein klares Geschäftsziel benannt wurde, sondern das gerade vielversprechende Anwendungen bzw. zu beantwortende Fragestellungen aus dem Marketingbereich gefunden werden sollten (vgl. Abschnitt 2). Deshalb wurde, untypisch für den normalen Verlauf von Data Mining Projekten, mit der Festlegung der Data Mining Ziele begonnen und erst im Anschluss daran die Geschäftsziele betrachtet.

In der Literatur finden sich bei verschiedenen Autoren unterschiedliche Arten von Data Mining Zielen (Data Mining Problemtypen). In weitläufiger Übereinstimmung werden die Ziele Segmentierung, Klassifikation, Vorhersage, Assoziation, Abweichungserkennung und Datenbeschreibung genannt (Arndt/Gersten 2002). Die Ziele Abweichungserkennung und Datenbeschreibung sind eher in der Phase der Datenaufbereitung von Bedeutung und treten meist als Unterziele in Verbindung mit anderen Data Mining Zielen auf (Nakhaeizadeh et al. 1998, S. 9 f.). Deshalb wurden sie in diesem Pilotprojekt nicht in die nähere Betrachtung einbezogen. Bei der Klassifikation werden Objekte (z.B. Internetnutzer) bestehenden Klassen zugeordnet. Da im betrachteten Fall noch keine Klassen vorgegeben waren, wurde dieses Ziel ebenfalls ausgeschlossen. Die Vorhersage ist der Klassifikation sehr ähnlich. Der Unterschied ist, dass dabei numerische Werte vorhergesagt werden. Obwohl solche Ziele z.B. für die Schätzung des künftigen Verkehrs auf einer Web-Seite und damit bspw. für die Systemverbesserung (s.u.) nützlich sein können, wurden sie im betrachteten Fall ausgeschlossen, da Marketinganwendungen im engeren Sinne im Fokus des Projekts standen.

Die verbleibenden Data Mining Ziele Segmentierung und Abhängigkeitsanalyse kommen im Web Mining bisher bevorzugt zum Einsatz (Srivastava et al. 2000, S. 21). Diese Methoden des unüberwachten Lernens erlauben die Generierung von Wissen, ohne die spezielle Formulierung von Hypothesen. Da im vorliegenden Fall keine genaue Vorstellung über mögliche Anwendungsszenarien vorhanden war (s.o.) und somit auch keine Hypothesen aufgestellt werden konnten, wurden diese Problemtypen für das durchzuführende Web Mining-Projekt ausgewählt. Dabei wurde die Grundidee verfolgt, in den unabhängigen drei Datenquellen nach Verhaltensmustern der Internetnutzer zu suchen, welche dann zu interpretieren und in konkrete Marketinganwendungen zu überführen sind. Für eine gezielte Suche war es nun notwendig, mögliche Szenarien für Geschäftsanwendungen zu entwickeln.

Hierbei wurde von den Hauptanwendungsgebieten des Web Usage Mining ausgegangen, wie sie ebenfalls von Srivastava et al. (2000, S. 17 ff.) aus der gängigen Praxis zusammengetragen und vorgestellt wurden. Als Anwendungsfelder nennt er: Personalisierung, Systemverbesserung, Seitenmodifikation, Marktforschung und Nutzercharakterisierung.

Auffällig dabei ist, dass diese Anwendungsfelder, vielleicht mit Ausnahme der Marktforschung (Business Intelligence), ausschließlich Online-Aktivitäten und damit das *Online-Marketing* unterstützen. Praktiker und Wissenschaftler messen der Eignung des Web Usage Mining für das Offline-Marketing augenscheinlich eher eine geringe Bedeutung bei. Das könnte darin begründet liegen, dass es sich beim Kern der untersuchten Daten (Protokolldateien) um *Verhaltensdaten aus dem Internet* handelt, deren Inhalte auf das Offline-Marketing kaum übertragbar sind. Für das betrachtete Projekt wurde diese Auffassung übernommen und festgelegt, die entstehenden Muster nach nützlichen Informationen für alle fünf Anwendungsgebiete zu durchsuchen.

3.2 Datenverständnis

In jedem Data Mining Projekt muss man frühzeitig die Ausgangsdaten hinsichtlich ihrer *Herkunft* und ihres *Inhaltes* untersuchen, um ein grundlegendes Datenverständnis zu erlangen (CRISP-DM 2000, S. 3). Im Falle der Logfileanalyse ist es zu empfehlen, eine Übersicht aller vorhandenen Protokolldateien zu erstellen und eine grobe Beschreibung der Dateien sowie der zugehörigen Inhalte anzufertigen. Diese Dokumentation beschreibt den Ausgangspunkt und ist darum ein Hilfsmittel für das Auffinden und Vermeiden von Fehlern während der Datenaufbereitung und der Modellierung.

Die Beschreibung der Dateien sollte mindestens den Aufzeichnungszeitraum, die Originalgröße und das jeweilige Format enthalten. Sind mehrere Server im Einsatz oder werden Webseiten z.B. gespiegelt, muss man weiterhin genau erfassen, woher die entsprechende Datei stammt. Oftmals werden Protokolldateien nicht systematisch in einer Datenbank abgelegt, sondern z.B. als Text- oder HTML-Datei gespeichert. Wenn diese für die Analyse zu kombinieren sind, benötigt man die soeben beschriebenen Informationen, um notwendige Transformationen oder Ausschlüsse vornehmen zu können. Die Informationen helfen weiterhin, Veränderungen in der Web-Präsenz nachzuvollziehen. Ändern sich bspw. Seitenbezeichnungen, Pfadstrukturen oder Inhalte während des Betrachtungszeitraumes, ist es erforderlich, diese Veränderungen für die Ausgangsdaten erkannt und dokumentiert zu haben, um sie bei der Analyse entsprechend berücksichtigen zu können.

Eine erste Beschreibung der Inhalte der Ausgangsdaten umfasst typischerweise Werte wie den Mittelwert, den niedrigsten oder höchsten Wert oder die Häufigkeitsverteilung (z.B. für die Herkunft der Zugriffe) von Protokollfeldern. Viele kommerzielle Statistikwerkzeuge für das Internet (wie z.B. Webtrends, Webalyzer, etc.) erleichtern die Erfassung und Visualisierung dieser Eckdaten. Allerdings ist bei der allzu freizügigen Interpretation der Ergebnisse Vorsicht geboten (Turner 2001, S. 1 ff.).

Die Beschreibung der Inhalte der Ausgangsdateien dient wie bereits erwähnt als Grundlage für die weiteren Schritte der Analyse, insbesondere für die Datenaufbereitung. In diesem Projekt wurde bspw. festgestellt, dass eine Gruppe besonders häufiger IP-Adressen von den Administratoren oder anderen internen Nutzern der Webseiten stammten. Diese Zugriffe wurden später während der Datenreinigung ausgeschlossen. Ein zweites typisches Beispiel für die Nutzung der Informationen ist die Transformation stetiger Variablen in intervallskalierte Variablen. Abbildung 2 zeigt die aus den Zeitstempeln ermittelte Verweildauer auf den einzelnen Seiten von einer der Projektdateien (in Sekunden). Aufgrund dieser Verteilung wurde nachfolgend die Verweildauer in drei Intervalle zerlegt, welche die gleiche Häufigkeit aufweisen (Gleichverteilung). Dadurch reicht das erste Intervall von 0 bis 4 Sekunden, das zweite von 5 bis 28 Sekunden und das dritte von 28 bis 1530 Sekunden (Schmidt 2000, S. 49 f.). Diese Information konnte dann wiederum gut in den Daten verschlüsselt werden (siehe Beispiel Abschnitt 3.5).

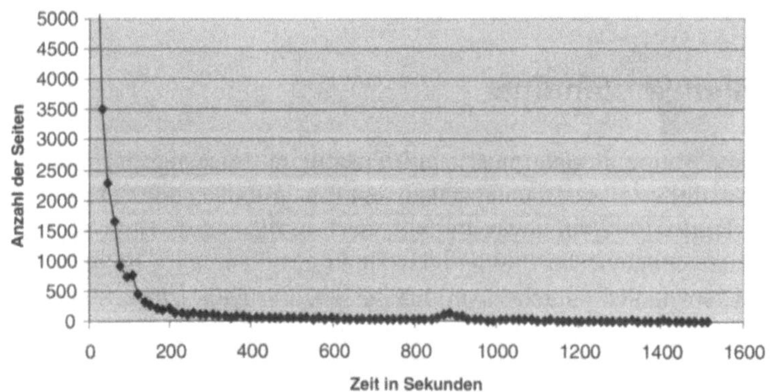

Abbildung 2: Verweildauer auf den einzelnen Seiten

3.3 Datenaufbereitung

Die Datenaufbereitung umfasst vier Phasen: die Datenreinigung, die Nutzeridentifikation, die Sitzungsidentifikation und die Transaktionsidentifikation. Während die letzten drei Phasen für alle Projekte relativ identisch sind, weist die Phase der Datenreinigung eine höhere Individualität auf. Die speziellen Schritte dabei leiten sich aus den einzelnen Analysezielen und den konkreten Inhalten der Protokolldateien ab (zur Datenreinigung s. Kapitel 2.2.1 in diesem Band). Im vorhergehenden Abschnitt wurden bereits zwei Beispiele für Aufgaben dieser Art vorgestellt, welche sich aus den konkreten Inhalten der vorliegenden Dateien ergaben. Im Folgenden sollen noch zwei weitere Erfahrungen diskutiert werden.

Zunächst ist zu beachten, dass die Einträge in den Logfiles noch vereinheitlicht werden müssen. Zugriffe von unterschiedlichen Systemen können dazu führen, dass ein Eintrag nicht immer gleich dargestellt wird. Schwierigkeiten ergeben sich hier insbesondere bei der Verwendung von Umlauten und durch Groß- und Kleinschreibung bei der Vergabe Seitennamen. Dies ist in Abbildung 3 verdeutlicht.

IP-Adresse	URL
128.176.238.61	/Prüfbericht/Protokolle
427.196.287.24	/prüfbericht/protokolle
531.242.375.27	/prŸfbericht/protokolle

Abbildung 3: Unterschiedliche Schreibweisen für den gleichen Eintrag in einem Zugriffsprotokoll

Darüber hinaus ist es zu empfehlen, die Einträge bereits jetzt in eine gut interpretierbare Form zu übertragen. Das heißt, dass man versucht, die jeweiligen Seiteninhalte in der URL mit abzubilden, da dies später z.B. die Interpretation von Assoziationsregeln wesentlich erleichtert. Zwar verwenden die meisten Programmierer von Web Seiten i.d.R. sprechende Namen, allerdings ist das z.B. bei der Verwendung von Scriptsprachen (Aufruf mit Parameterübergabe) auf der Serverseite nicht immer möglich.

Um beide der vorab genannten Aufgaben zu bewerkstelligen, kann man das Logfile in eine Datenbank einlesen und nicht opportune Einträge bzw. Namen einfach suchen und entsprechend ersetzen. Dafür ist allerdings die genaue Kenntnis der Webseiten (Web Meta Daten) erforderlich.

Eine andere wichtige Aufgabe der Datenreinigung ist die Reduktion des Zugriffsprotokolls um Bilddateien, Skripte und automatisch geladene Seiten. Diese Aufgabe wurde in der Literatur bereits häufig und ausführlich diskutiert und soll deshalb hier nicht näher betrachtet werden (Cooley et al. 1999, S.13, Ansari et al. 2000, S. 4 ff.). (Für eine ausführliche Darstellung der Datenreinigung s. auch Kapitel 2.2.1 in diesem Band.)

Nach der Datenreinigung folgt die Pfadvervollständigung (Srivastava et al. 2000, S. 14). Durch den Einsatz von Zwischenspeichern (Caches) und bestimmte Funktionen von Browsern (z.B. Rückwärtssprung) kann es zu unvollständigen Pfaden im Serverprotokoll kommen. Mit Hilfe der Seitentopologie (Web Meta Daten) und anderen Protokolldateien (z.B. Verweisprotokollen, Fehlerprotokollen) kann hier der Versuch unternommen werden, die Pfade weitgehend zu vervollständigen. Dabei ergaben sich in der Praxis verschiedene Schwierigkeiten, wie sie z.B. von Haigh et al. beschrieben wurden (s. hierzu Haigh et al. 1998, S. 2 ff.). In der Konsequenz mussten viele Datensätze gelöscht werden, da sie nicht vervollständigt werden konnten. Hierbei ist anzumerken, dass dieses Vorgehen die Validität der Ergebnisse negativ beeinflusst, da z.B. bestimmte Nutzergruppen mit ähnlichen Navigationspfaden *systematisch* von der Analyse ausgeschlossen werden.

Weiterhin war es notwendig, auf die Bearbeitung der Daten von der Befragung bzgl. der Einstellungen zu DaimlerChrysler (vgl. Abschnitt 2) zu verzichten. Hierbei handelte es sich um eine große Web Präsenz, die in der Vergangenheit mehrfach in Struktur und Inhalt verändert worden war. Aufgrund von Personalfluktuation und fehlender Dokumentation konnten keine vollständigen Informationen hinsichtlich ihres Aufbaus erhalten werden. Dieses Beispiel verdeutlicht insbesondere, dass es sehr schwierig ist, Informationen aus älteren (historischen) Logfiles zu extrahieren.

Die nächste Phase ist die Nutzeridentifikation. Wenn, wie im vorliegenden Fall, keine Anmeldung der Nutzer im System stattfindet, treten hier erhebliche Probleme auf. Neben dem Einsatz von Cookies (Enzer/Wilison 1997) wurde versucht, IP-Adressen in Kombination mit verschiedenen Protokolldateien zur Identifikation einzusetzen. Die Akzeptanz von Cookies bei den Nutzern war in diesem Fall allerdings zu gering (34%), um diese Art der Identifikation zu nutzen. Hätte man nur mit den 34% der Sitzungen gearbeitet, wäre die Validität der Ergebnisse nicht einmal mehr eingeschränkt gewährleistet gewesen.

Auch bei der zweiten Möglichkeit der Identifikation ergaben sich Schwierigkeiten, welche bereits mehrfach in der Literatur diskutiert wurden und hinlänglich bekannt sind (siehe z.B. Spiliopoulou 2001, S. 494 f. und Srivastava et al. 2000, S. 14). Als Folge davon musste auf die Identifizierung einzelner Nutzer verzichtet werden, und es erfolgte eine Beschränkung auf die Definition einzelner Nutzersitzungen (Sitzungsidentifikation). Eine Sitzung beinhaltet alle Seitenzugriffe, die einzelne Nutzer während eines Besuches durchgeführt haben. Auf die Erkennung der Identität der Nutzer wird dabei verzichtet. Als zeitliche Begrenzung (timeout) zwischen 2 Zugriffen wurde hier ein empirisch ermittelter Wert von 25,5 Minuten gewählt (Catledge/Pitkow 1995).

Die letzte Phase der Datenaufbereitung ist die *Transaktionsidentifikation*. Eine Transaktion unterscheidet sich von einer Sitzung in ihrer Länge. Sie kann von einem einzelnen Zugriff bis hin zu allen Zugriffen einer Sitzung reichen. Die Art der Transaktionstrennung hängt sehr stark vom Untersuchungsziel ab. Da eine allgemeine Potenzialschätzung vorgenommen werden sollte, wurden zwei verschiedene Ansätze gewählt:

1. Es wurde davon ausgegangen, dass eine neue Transaktion beginnt, sobald ein Nutzer zu einer bereits besuchten Seite zurückkehrt. Diese Methode wird MFR-Methode (Maximal Forward Reference) genannt (Cooley et al. 1999, S. 15 f.).

2. Es wurde davon ausgegangen, dass eine Transaktion einer Sitzung entspricht, weil gerade der wiederholte Besuch einer Seite interessante Ergebnisse verursachen kann.

Als Ergebnis der Datenaufbereitung erhielt man folglich jeweils zwei Dateien mit Transaktionsdaten für jede der beiden verbliebenen Anwendungen. Diese Dateien enthielten 196.000 respektive 224.000 Datensätze, welche einzelnen Transaktionen entsprachen. Die beiden Dateien mussten für die unterschiedlichen Ansätze bei der Modellierung jeweils noch leicht modifiziert werden (s.u.).

3.4 Modellierung

Wie in Abschnitt 3.1 beschrieben, wurden die Data Mining Ziele Segmentierung und Abhängigkeitsanalyse ausgewählt, um die Projektziele zu erreichen. Zur Segmentierung wurde das Kohonennetz der SPSS Software Clementine 5.1 genutzt. Die Abhängigkeitsanalyse wurde mit dem Apriori-Algorithmus (Hipp et al. 2000, S. 85 ff.) und mittels der Sequenzanalyse des IBM Intelligent Miner durchgeführt. Die Sequenzanalyse stellt eine Sonderform der Abhängigkeitsanalyse dar, bei welcher zusätzlich die Reihenfolge der Ereignisse berücksichtigt wird (Agrawal/Srikant 1994, S. 3 ff.).

In der Phase der Modellierung wurden beide Algorithmen zur Abhängigkeitsanalyse zunächst direkt auf die jeweiligen Transaktionsfiles angewendet. In einem weiteren Versuch wurde eine Segmentierung vorgelagert, um danach einzelne Segmente hinsichtlich nützlicher Regeln zu untersuchen. Dabei wurden, wie oben beschrieben, pro Datei zwei Transaktionsfiles genutzt. Abbildung 4 verdeutlicht den generellen Ablauf der Untersuchung.

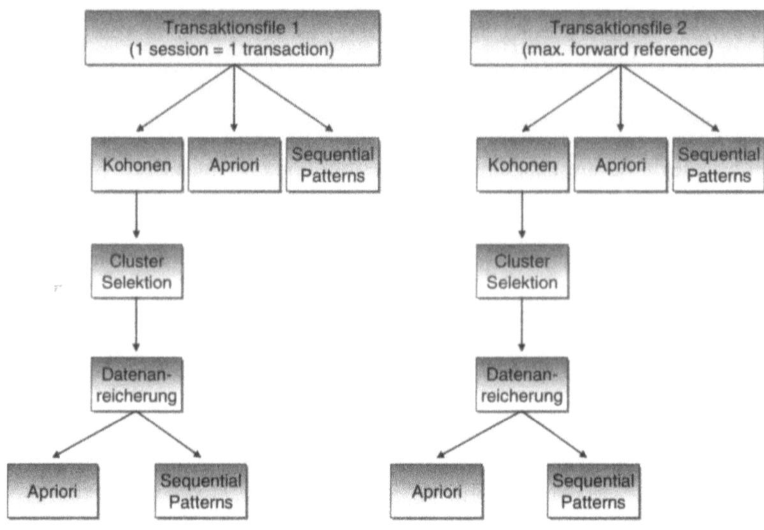

Abbildung 4: Genereller Ablauf der Modellierung

Das Ergebnis der Abhängigkeitsanalyse führte in allen dargestellten Fällen zu einer Vielzahl von Regeln. Während der Modellierung wurde generell versucht, diese Regelmengen gezielt einzugrenzen. Dabei wurde mit den gängigen Gütemaßen wie Confidence, Support und Interest (lift) experimentiert sowie verschiedene inhaltlich begründete Eingrenzungen bei den zu betrachtenden Ereignissen vorgenommen (s. hierzu Bensberg 2001, S. 103 ff. und S. 146 f.; Brin et al. 1997, S. 267 ff.; Cooley et al. 1999, S. 20 ff.; Liu et al. 1999, S. 125 ff.).

Die der Abhängigkeitsanalyse teilweise vorgelagerte Segmentierung folgt der Idee, die ungeordneten Transaktionen in homogene Gruppen zu zerlegen und dadurch bessere Regelmengen zu generieren. Hierbei wurden drei Ansätze untersucht, zu deren Erklärung an dieser Stelle zunächst eine Begriffsdefinition erfolgen soll. Im Folgenden sollen unter dem Begriff „zusätzliche Daten" alle Attribute verstanden werden, die nicht zu den direkt aus den Zugriffspfaden hergeleiteten Attributen zählen. Dazu gehören z.B.: Zugriffszeit, Browserdaten und Verweildauer.

Für die Segmentierung wurden folgende drei Möglichkeiten untersucht:

1. die Segmentbildung mit allen vorhandenen Attributen,

2. die Segmentbildung allein aufgrund der zusätzlichen Daten,

3. die Segmentbildung allein aufgrund der Zugriffsdaten.

Die Clusteranalysen unter Einschluss der zusätzlichen Daten führte allerdings nicht zu zufriedenstellenden Ergebnissen. Es konnten keine homogenen Segmente mit einem starken Unterschied zwischen den Gruppen gefunden werden. Das könnte dadurch verursacht sein, dass diese Attribute in beiden Dateien zu selten verfügbar waren. Auch wiesen die vorhandenen zusätzlichen Daten eher geringere Streuungen auf, so dass zu vermuten ist, dass sie deshalb nicht zur Erklärung von Klassen beitragen konnten. Daher wurde festgelegt, im weiteren lediglich das reine Navigationsverhalten für die Segmentierung zu nutzen.

Nach der Segmentierung wurde für ausgesuchte große homogene Segmente erneut eine Abhängigkeitsanalyse durchgeführt (s.o.). Dafür wurden die zusätzlichen Daten wieder hinzugefügt (vgl. Abbildung 1 und 4). Eine der Möglichkeiten, wie man diese Information in die Daten einfügen kann, ist in Abbildung 5 erkennbar. Der Zusatz „out" auf der linken Seite der fett gedruckten Regel zeigt an, dass diese Seite die Ausstiegsseite war und der Ausdruck „1-4" auf der rechten Seite bedeutet eine Verweildauer im Intervall von 1 bis 4 Sekunden (vgl. Abschnitt 3.2).

Durch die beschriebene Vorgehensweise wurden für beide Ausgangsdateien mehrere Regelmengen von unterschiedlicher Größe erzeugt, die im Folgenden interpretiert und hinsichtlich ihrer Eignung für die in Abschnitt 3.1 genannten Anwendungsfelder untersucht werden mussten.

3.5 Ergebnisbewertung

Entsprechend der in Abschnitt 3.4 beschriebenen Modellierung sind die Ergebnisse der Segmentierung lediglich eine Zwischenstufe. Die dabei gebildeten Transaktionsgruppen (Segmente) waren in sich homogen und ordneten die Sitzungen bestimmten Themengebieten zu. Diese Analyse allein lieferte allerdings noch keine Ansatzpunkte für die in Abschnitt 3.1 beschriebenen Anwendungsgebiete. Es konnte lediglich die kaum überraschende Feststellung getroffen werden, dass es Nutzergruppen mit einem ähnlichen Verhalten gibt, welche sich speziell für ausgesuchte Themengebiete interessieren. Dabei ist insbesondere noch die zeitliche Stabilität dieser Segmente zu hinterfragen.

Die Resultate der Abhängigkeitsanalyse (Assoziationsregeln und Sequenzanalyse) fielen unterschiedlich aus. Bei beiden Anwendungen erzeugte der Einsatz der Algorithmen auf den reinen Transaktionsfiles eine unübersichtliche Anzahl von Regeln, deren Menge durch die Anwendung der in Abschnitt 3.4 genannten Methoden nur schwer zu begrenzen war. Wenn die Regelmenge z.B. mit Hilfe der Confidence beschränkt wurde, nahm der Support dramatisch ab oder die Aussagekraft der Inhalte war nicht mehr gegeben. In der Menge der Regeln war es nicht möglich, Muster zu entdecken, welche eine eindeutige Interpretation zuließen. Damit war die Überprüfung der Eignung hinsichtlich der Anwendungsfelder (vgl. Abschnitt 3.1) sehr schwierig.

Betrachtet man die anderen Experimente (vgl. Abbildung 4), so musste festgestellt werden, dass sich die erzielten Ergebnisse nur wenig verbesserten. Die besten Resultate ließen sich aus den Dateien erzeugen, bei denen eine Transaktion einer Sitzung entspricht und für den Fall, dass nur spezielle Transaktionsgruppen (Segmente) ausgewählt wurden. Dieses Ergebnis ähnelt dem Ergebnis der von Cooley et al. 1999 durchgeführten Tests (s. Cooley et al. 1999, S. 24 f.). Die nachfolgende Abbildung 5 zeigt ein Beispiel für Regeln, welche unter den besten beschriebenen Umständen mit dem Apriori-Algorithmus erzeugt wurden.

```
[/buecher/buecherframe.htm_1-4] ==> [/discussion/Discframe.htm_1-4] (66.67%, 1.292% -> 8)
[/buecher/buecherframe.htm_1-4] ==> [/startframe.htm_5-28] (66.67%, 1.292% -> 8)
[/buecher/selbstmanagement.htm_1-4] ==> [/startframe.htm_5-28] (77.78%, 1.131% -> 7)
[/buecher/exkursion_1998.htm_1-4] ==> [/discussion/disc.asp_1-4] (70%, 1.131% -> 7)
[/startframe.htm_1-4] ==> [/discussion/disc.asp_1-4] (34.21%, 2.1% -> 13)
[/startframe.htm_29+] ==> [/discussion/disc.asp_1-4] (39.62%, 3.393% -> 21)
[/discussion/disc.asp_1-4] ==> [/startframe.htm_5-28] (44.33%, 6.947% -> 43)
[/discussion/disc.asp_out] ==> [/discussion/Discframe.htm_1-4] (83.61%, 8.239% ->51)
[/discussion/Discframe.htm_1-4] ==> [/discussion/disc.asp_out] (47.22%, 8.239% ->51)
[/discussion/Discframe.htm_5-28] ==> [/discussion/disc.asp_out] (40.62%, 2.1% -> 13)
[/startframe.htm_1-4] ==> [/discussion/Discframe.htm_1-4] (34.21%, 2.1% -> 13)
[/startframe.htm_29+] ==> [/discussion/Discframe.htm_1-4] (50.94%, 4.362% -> 27)
[/discussion/Discframe.htm_29+] ==> [/startframe.htm_5-28] (36.59%, 2.423% -> 15)
```

Abbildung 5: Beispiel aus einem Regelset für das Segment „Diskussionsforum"

Alle hier abgebildeten Regeln stammen aus einem Segment, bei dem hauptsächlich das Diskussionsforum des Internetangebotes von Interesse war. Die fett gedruckte Regel sagt aus, dass bei den Sitzungen, bei welchen die Seite „disc.asp" als Ausstiegseite benutzt wurde, auch zu ca. 83% die Seite „discframe.htm" in einer Zeit von 1 bis 4 Sekunden betrachtet worden war (vgl. Abschnitt 3.4). Die beiden Seiten sind in 8,2 % aller Fälle dieses Segments zusammen besucht worden. Daraus lässt sich bspw. interpretieren, dass viele Besucher irrtümlich auf der Seite des Diskussionsforums (discframe.htm) landeten und dann nach kurzer Zeit die Web-Präsenz über die Seite „disc.asp" verließen. Folglich könnte man in der Seitenstruktur nach den Gründen für die Fehlleitung der Internetnutzer suchen oder versuchen, die Seite des Diskussionsforums interessanter zu gestalten.

Hier gilt allerdings festzustellen, dass die vorstehende Interpretation rein spekulativ ist. Selbst wenn sich wie in diesem Fall in der Web Präsenz Anhaltspunkte für die Vermutungen finden lassen, ist der Fakt zumeist nicht wirklich nachweisbar. So enthält die obere Regel z.B. keinen Verweis darüber, wann genau die Seite „discframe.htm" besucht wurde. Auch kann man den Grund für die kurze Betrachtung nicht wirklich schlussfolgern, da diese Information in den Daten schlichtweg nicht vorhanden ist. Weiterhin ist die Frage zu beantworten, wie die Wirkung der möglichen Verbesserungen in der Web Präsenz gemessen werden sollte.

Das Beispiel verdeutlicht, welche Schwierigkeiten bei der Generierung, dem Auffinden und der Interpretation von Mustern bei der Logfileanalyse entstehen können. In den durchgeführten Versuchen ist es nicht gelungen, Regeln für eines der oben benannten Anwendungsfelder zu generieren, in der Regelmenge zu finden und in eine konkrete Geschäftsempfehlung umzusetzen, die den relativ hohen Projektaufwand rechtfertigen würden. Bei der Breite der angelegten Tests ist dieses Ergebnis ernüchternd. Das Urteil bleibt auch dann bestehen, wenn man berücksichtigt, dass das vorgestellte Pilotprojekt mit nur drei Anwendungsfällen nicht repräsentativ war und viele Modellierungsparameter nicht getestet werden konnten.

4   Zusammenfassung und Ausblick

Zusammenfassend sollen die vier in Abschnitt 2 genannten generellen Projektziele hinsichtlich der erzielten Ergebnisse bewertet werden. Abschließend folgt einen kurzer Ausblick darauf, welche Schwerpunkte für die künftige Entwicklung der Thematik gesehen werden.

Als schwierigste Teilschritte während der Logfileanalyse wurden im dargestellten Projekt die Pfadvervollständigung, die Nutzeridentifikation sowie die Begrenzung der entstehenden Regelmengen empfunden (s.o.). Dies bestätigt im Wesentlichen die in der Literatur oft adressierten Problemfelder. Allerdings ist es nicht gelungen, die Schwierigkeiten mittels der in diesem Artikel benannten und der in der Verweisliteratur diskutierten Problemlösungsvorschläge zu überwinden.

In Summe konnten die zur Verfügung stehenden Softwarewerkzeuge und Algorithmen als ausreichend bewertet werden. Alle zu bewältigenden Aufgaben konnten mit mehr oder weniger Aufwand gelöst werden. Im Nachgang zu dem Projekt wurden verschiedene Hersteller von speziell für das Web Mining entwickelten Programmen zu DaimlerChrysler eingeladen. Die Programme erleichterten die Arbeit an einigen Stellen. Es konnten jedoch keine eindeutigen Vorteile gegenüber den in der Fallstudie genutzten Werkzeugen ausgemacht werden. An dieser Stelle sei noch erwähnt, dass das „Clementine Application Template for Web Mining" (SPSS 2001) eine anschauliche Beispielbibliothek für geübte Nutzer dieses Programms darstellt, um eigene Anwendungen zu entwickeln. Darüber hinaus kann es nach Meinung der Verfasser allerdings kaum direkt in realen Projekten verwendet werden.

Der Informationsgehalt von Server-Logfiles wird aufgrund der gewonnenen Erfahrungen skeptisch beurteilt. Die Schwierigkeiten, welche bereits bei der Aufzeichnung von Protokolldateien beginnen, werden in der Literatur ausführlich beschrieben (s. Haigh et al. 1998, S. 3 ff.; Kohavi 2001, S. 3 ff.; Turner 2001, S. 2 f.). Die Erfahrungen aus dem Projekt bestätigen die Meinung dieser Autoren. Insbesondere für bereits existierende Protokolldateien ist die Informationslücke nach Meinung der Verfasser nicht mehr zu schließen. Die Qualität der Informationen ist zu unvollständig und zu ungenau, um einen wirklichen Mehrwert für die angesprochenen Anwendungsfelder liefern zu können (Arndt/Gersten 2001, S. 56 ff.).

Bei der Einschätzung des heutigen und künftigen Potenzials des Web Usage Mining und der Logfileanalyse im Speziellen, ist stark zu differenzieren. Wie oben beschrieben, wird nach der Auswertung des Projektes in der Auswertung bestehender Sever-Logfiles kein Potential gesehen. Wie bereits erwähnt, wurden verschiedene Vertreter von Firmen und Universitäten zu diesem Thema interviewt. Kein einziger konnte mit einer wirklich erfolgreichen Referenz aufwarten. Interessante Ansätze zur Überwindung der Schwierigkeiten mit „herkömmlichen" Logfiles werden z.B. von den Firmen MindLab und Blue Martini Software vorgeschlagen (Kohavi 2001, S. 4 f.; MindLab 2001, S. 6 ff.). Diese Konzepte könnten insbesondere für neu zu schaffende Internetauftritte und das Anwendungsfeld der Personalisierung geeignet sein. Ob und in wie weit sie sich allerdings als wirklich praxistauglich erweisen und durchsetzen, bleibt abzuwarten.

Ebenfalls ist zu bedenken, dass das Potential des Web Usage Mining im Falle von Online-Shops signifikant höher ist, als bei anderen Anwendungen. Dies ist zum einen darin begründet, dass sich Kunden spätestens beim Kauf eindeutig identifizieren müssen. Dadurch sind die Informationen besser zuzuordnen und können über längere Zeiträume betrachtet werden. Zum anderen kommen bei Online-Shops andere Business- und damit auch andere Data Mining Anwendungen zum Tragen. So ist es z.B. möglich, Cross- und Up-Selling Ansätze zu verfolgen. Dafür werden immer mehr spezielle Softwaretools wie etwa Broadvision und Cocus angeboten (Gentsch et al. 2001, S. 187).

Aufgrund der vorstehend geschilderten Erfahrungen schreiben die Verfasser dem Web Usage Mining vom heutigen Standpunkt aus eine geringe kommerzielle Bedeutung zu. Es ist eher als ein Forschungsgebiet der Wissenschaft zu betrachten. Für die Zukunft ist jedoch zu erwarten, dass parallel zu den steigenden Umsätzen im Internet auch die Bedeutung des Web Mining (und der Logfileanalyse) zunimmt. Allerdings werden die Bedingungen für erfolgreiche Anwendungen dadurch erschwert, dass mit der Entwicklung des Internets auch die Vielfalt der eingesetzten Technik zunimmt, was die Aufzeichnung und Analyse von Daten zusätzlich erschwert. Eine Lösung für diese Problematik könnte eher im Entwickeln neuer Konzepte der Datengenerierung (Protokollierung) und Speicherung zu finden sein, als in der momentan favorisierten Entwicklung von Algorithmen und Vorgehensweisen der Datenauswertung.

Literatur

Agrawal, R.; Srikant, R. (1994): Mining sequential patterns, Research Report RJ 9910, IBM Almaden Research Center, San Jose, California.

Ansari, S.; Kohavi, R.; Mason, L.; Zheng, Z. (2000): Integrating E-Commerce and Data Mining: Architecture and Challenges. In: WEBKDD 2000, Workshop: Web Mining for E Commerce – Challenges and Opportunities, Boston.

Arndt, D.; Gersten, W. (2002): Measurement of Predictive Modeling in Direct Marketing, ICDM 2002, Leipzig.

Arndt, D.; Gersten, W. (2001): External Data Selection for Data Mining in Direct Marketing. In: International Conference on Information Quality 2001, MIT, Boston, S. 44-61.

Bensberg, F. (2001): Web Log Mining als Instrument der Marketingforschung, Wiesbaden.

Brin, S.; Motwani, R.; Silverstein, C. (1997): Beyond market baskets: Generalizing association rules to correlations. In: Proceedings of the ACM SIGMOD International Conference on Management of Data, S. 265-276.

Büchner, A.G.; Mulvenna, M.D. (1998): Discovering Internet Marketing Intelligence through Online Analytical Web Usage Mining, S. 54-61. Im WWW unter http://www.infj.ulst.ac.uk/~cbgv24/html/publications.html (Zugriff: 29.05.2001).

Büchner, A.G.; Mulvenna, M.D. (1998): Discovering Behavioral Patterns in Internet; Log Files: Playing the Devil`s Advocate. Im WWW unter http://www.infj.ulst.ac.uk/~cbgv24/html/publications.html (Zugriff: 30.05.2001).

Catledge, L.D.; Pitkow, J.E. (1995): Characterizing browsing strategies in the World Wide Web. In: Computer Systems and ISDN Systems: Proc. 3rd International WWW Conference, Vol. 27, S. 1065-1073.

Cooley, R.; Mobasher, B.; Srivastava J. (1999): Data Preparation for Mining World Wide Web Browsing Patterns University of Minnesota. Im WWW unter http://www-users.cs.umn.edu/~cooley/pubs.html (Zugriff: 22.05.2001).

CRISP-DM: Cross Industry Standard Process Model for Data Mining. Im WWW unter http://www.crisp-dm.org/home.html (Zugriff: 01.08.2001).

Enzer, M.; Wilson, B. (1997): A step-by-step guide to using cookies to analyze user activity & create custom pages. Im WWW unter http://www.netscapeworld.com/nw-02-1997/nw-02-cookiehowto.html (Zugriff: 07.05.2001).

Gensch, P.; Veth, C.; Bange, C.; Schinzer, H.; Mandzak, P.; Roth, M. (2001): Web-Personalisierung und Web-Mining für eCRM, Feldkirchen.

Haigh, S.; Megarity, J. (1998): Measuring Web Site Usage: Log File Analysis; Network Notes #57; ISSN 1201-4338; Information Technology Services; National Library of Canada.

Hipp, J.; Güntzer, U.; Nakhaeizadeh, G. (2000): Algorithms for Association Rule Mining – A General Survey and Comparison. In: SIGKDD Explorations, Vol. 2, S. 58-64.

Kohavi, R. (2001): Mining E-Commerce Data: The Good, the Bad, and the Ugly. Im WWW unter http://robotics.Stanford.EDU/~ronnyk/ecommerce-dm (Zugriff: 10.08.01).

Liu, B.; Hu, M.; Ma, Y. (1999): Prunning and summarizing the discoverd associations. In: Proceedings of the 5th International Conference on Knowledge Discovery in Databases and Data Mining, S. 125-134.

MindLab GmbH (2001): NETMIND individualisierte Websites, White Paper, MindLab GmbH.

Mobasher, B.; Jain, N.; Han, E.H.; Srivastava, J. (1996): Web Mining: Pattern Discovery from World Wide Web Transactions, University of Minnesota, Minneapolis. Im WWW unter http://maya.cs.depaul.edu/~mobasher/pubs-subject.html (Zugriff: 22.05.2001).

Nakhaeizadeh, G.; Reinartz, T.; Wirth, R. (1998): Wissensentdeckung, In: Datenbanken und Data Mining – Ein Überblick. In: Nakhaeizadeh, G. (Hrsg.): Data Mining – Theoretische Aspekte und Anwendungen, Heidelberg, S. 1-33.

Spiliopoulou, M. (2001): Web Usage Mining: Data Mining über die Nutzung des Web. In: Hippner, H.; Küsters, U.; Meyer, M.; Wilde, K.D. (Hrsg.), Handbuch Data Mining im Marketing, Friedrich Vieweg & Sohn Verlagsgesellschaft mbH, Braunschweig/Wiesbaden, S. 489-507.

Spiliopoulou, M.; Berendt, B. (2001): Kontrolle der Präsentation und Vermarktung von Gütern im WWW. In: Hippner, H.; Küsters, U.; Meyer, M.; Wilde, K.D. (Hrsg.): Handbuch Data Mining im Marketing, Braunschweig/Wiesbaden, S. 855-873.

SPSS Inc. (2001): Clementine Application Template for Web Mining, Chicago.

Srivastava, J. Cooley, R.; Deshpande, M.; Tan, P.N. (2000): Web Usage Mining: Discovery and Applications of Usage Patterns from Web Data; 36526. In: SIDKDD Exploration, Vol. 1, No. 2; S. 12-23.

Schmidt, M. (2000): Web Usage Mining: Knowledge Discovery in Webdata, Diplomarbeit, Universität Leipzig.

Turner, S. (2001): Readme for analog 3.0: How the web works. Im WWW unter http://www.statslab.cam.ac.uk/~sret1/analog/docs/webworks.html (Zugriff: 10.10.2001).

Weingärtner, S. (2001): Web Mining – Ein Erfahrungsbericht. In: Hippner, H.; Küsters, U.; Meyer, M.; Wilde, K.D. (Hrsg.), Handbuch Data Mining im Marketing, Braunschweig/Wiesbaden, S. 889-904.

Dr. Michael Haft

Herr Haft promovierte auf dem Themenfeld Informationsthoerie und biologische Informationsverarbeitung bei Siemens Corporate Technology bzw. am Physikdepartment der TU-München. Seit 1996 ist er Mitarbeiter bei Siemens in der Abteilung "Neuroinformatik" und arbeitet im Umfeld Machine Learning, statistische Modellierung und Datamining an verschiedenen Anwendungs- und Forschungsprojekten. Schwerpunkt der derzeitigen Arbeit ist die produktreife Entwicklung und Vermarktung neuer Technologien.

Joachim Herbert

Joachim Herbert ist für die Leitung von Sonderprojekten bei der IDG Interactive GmbH zuständig. Der gelernte Wirtschaftsjournalist kam 1985 zu IDG. Zuletzt baute er das Stromgeschäft der PC-WELT (CD-ROM + online) auf. Weitere Stationen: Leiter IT, Strategische Planung, Chefredakteur der PC-WOCHE, Nachrichtenredakteur bei der COMPUTERWOCHE.

Dr. Reimar Hofmann

Herr Hofmann promovierte bei der Siemens Corporate Technology im Themenbereich Datenanalyse mit Kausalen Netzen. Seit 1997 hat er verschiedene Forschungsarbeiten und Anwendungen zur Datenanalyse und Modellierung von Expertenwissen entwickelt. Derzeit leitet er zusammen mit Herrn Haft die Entwicklung und Vermarktung eines neuartigen Analysewerkzeuges für Kundendaten.

Dr. Ralph Neuneier

Ralph Neuneier ist seit seiner Promotion auf dem Themengebiet „Finanzanalyse mit Methoden der Künstlichen Intelligenz" Projektleiter bei Siemens Corporate Technology. Als Business Consultant berät er Kunden bei der Anwendung innovativer Technologien und Entwicklung spezieller Lösungen im eBusiness-Umfeld wie zum Beispiel CRM, SCM, PLM.

3.3 Web Mining mit Kausalen Netzen für das online-Computermagazin tecChannel

1 Einführung

In diesem Beitrag wird an Hand eines praktischen Beispiels vorgestellt, wie sich die Bewegungen der Besucher auf einer Website basierend auf „statistischen Verhaltensmodellen" analysieren lassen. Die Technologie, auf der die Analysen beruhen, ist im Detail in einem separaten Artikel in diesem Buch beschrieben (s. Kapitel 2.3.4). Dieser Beitrag beschäftigt sich praktischen Anwendung dieser Technologie, beschreibt Ergebnisse aus einem Projekt mit dem Online-Computermagazin www.tecChannel.de und diskutiert an Hand des Projektes Vor- und Nachteile der modellbasierten Vorgehensweise.

Im Rahmen der zu Grunde liegenden Vorgehensweise werden Logfiles oder Kundendaten zunächst zu einem statistischen Modell des Kundenverhaltens verdichtet. Statt die Originaldaten zu bearbeiten, wird das Modell untersucht, um Erkenntnisse über den Kunden zu gewinnen. Das Modell stellt ein umfangreiches und stark komprimiertes Abbild des Verhaltens der Besucher einer Website dar. Auf Grund seiner Größe lassen sich die Modelle jedoch weit flexibler handhaben als die Originaldaten. Die Modelle liefern jede gewünschte statistische Information ohne wahrnehmbare Antwortzeit, unabhängig vom Umfang der Ausgangsdaten.

In dem vorgestellten Projekt betrug die Menge der Ausgangsdaten ca. 10 GByte. Die darin enthaltenen Informationen über das Verhalten der Besucher ließen sich sinnvoll zu einem Modell von nur wenigen MByte Größe komprimieren. Ein solches Modell einer großen Datenbasis lässt sich dann sogar per eMail verschicken. Die Vorteile dieser Vorgehensweise liegen insbesondere in der Effizienz und Flexibilität mit der das Verhalten der Besucher exploriert werden kann. Einige aus dieser Flexibilität folgenden Erkenntnisse für den Kunden tecChannel.de sind im Folgenden beschrieben.

Die Modelle stellen nicht nur statistische Informationen bereit, sondern segmentieren die Kunden und ihr Verhalten auch automatisch in eine überschaubare Zahl von Szenarien, wobei eine große Zahl von Kunden mit ähnlichen Verhaltensmustern zu einem einzigen Szenario zusammengefasst werden. Indem der Anwender die so gewonnenen Szenarien nacheinander bearbeitet, kann er einen Überblick zu typischen Kundenklassen, zu deren charakteristischem Verhalten und deren Vorlieben gewinnen. So kann man ein umfassendes Bild über eine ansonsten unüberschaubare Anzahl von Kunden (bzw. Website-Besuchern) gewinnen, indem man nur eine kleine Zahl von Szenarien betrachtet.

2 Bildung der Modelle

In entsprechenden Artikeln in diesem Buch wird die notwendige Vorverarbeitung von Logfiles, über das Thema Benutzerwiedererkennung und die Bildung von Sessions ausführlich behandelt (s. Kapitel 2.2.1). Diese Schritte, obwohl von hoher Bedeutung, stehen in diesem Beitrag nicht im Vordergrund. Zusätzlich zu der üblichen Vorverarbeitung die Logfiles müssen alle aus den Logfiles abgeleiteten Größen in diskrete Wertebereiche eingeteilt werden. Die meisten einen Besucher beschreibenden Größen liegen bereits in dieser Form vor. Für einige der Variablen muss dagegen noch eine Einteilung in diskrete Stufen festgelegt werden. Die Variable „Dauer einer Session" beispielsweise könnte in folgenden Stufen diskretisiert werden: „<1 min", „<10 min", „<1 h", „>1 h". Nach der Erfassung und Vorverarbeitung werden die Daten in einer Datenbank-Tabelle gespeichert. Jeder Datensatz beschreibt nunmehr eine Session und jede Variable entspricht einer Spalte der Tabelle. Die Einträge entsprechen den diskreten Werten der Variablen.

- Variablen, die im Rahmen des Projektes mit dem tecChannel zur Beschreibung einer Web-Session herangezogen wurden, sind:

- Wochentag: „Montag", „Dienstag" usw.

- Tageszeit der Session in diskreten Stufen: „Vormittag", „Mittag", „Nachmittag" usw.

- Anzahl der angeforderten Webseiten: „1 Seite", „2 Seiten", „3-5 Seiten", ... , „>20 Seiten"

- Dauer der Session: „<1 min", „<10 min", „<1 h", „>1 h".

- Referrer: Ist der Besucher über einen Link von einer anderen Site zu der Site gelangt, so wird diese ursprüngliche Site als Referrer bezeichnet. Zu interessanten Sites können unterschiedliche Suchmaschinen („Yahoo", „Google" usw.), Partner für Online-Werbung („Doubleclick" usw.), sonstige Partner und generell alle Websites zählen, über welche eine große Zahl von Besuchern zum tecChannel gelangt.

- Erste besuchte Seite (bzw. Seitenkategorie): Die erste Internetseite der Session. Häufig ist dies die Homepage des tecChannels, doch kann der Besucher über Referrer wie z.B. eine Suchmaschine auch mitten in die Website gelangen. Im Regelfall werden keine einzelnen Webseiten untersucht, sondern Kategorien von Webseiten, um die Anzahl möglicher Werte zu reduzieren. In dem Projekt für das Online-Computermagazin tecChannel entsprachen die Kategorien der Struktur der Website: „Homepage", „News", „Hardware", „Software" usw. In detaillierteren Modellen ist auch die Teilstruktur der verschiedenen Kategorien weiter aufgelöst.

- Zweite Kategorie besuchter Seiten: Der Besucher liest möglicherweise eine Zeitlang Seiten der ersten Kategorie und geht dann zu einer anderen Kategorie über, die dann zur zweiten Kategorie besuchter Seiten wird.

- Dritte Kategorie, vierte Kategorie, ...

Basierend auf einem Cookie wurden die Sessions um weitere Informationen über den jeweiligen Besucher ergänzt:

- Auf welcher Seite oder in welcher Kategorie hat der Besucher die letzte Session beendet.

- Vergangene Zeit seit der letzten Session des Besuchers.

- Vergangene Zeit seit der ersten Session des Besuchers.

- Anzahl der Seiten, die in der letzten Session des Besuchers besucht wurden.

- Anzahl der Sessions, die der Besucher bis zur aktuellen Session generiert hat.

An Hand dieser Variablen lässt sich auch das Wiederkehrverhalten der Besucher analysieren.

Die Daten werden in Form einer diskreten Tabelle oder Matrix dem Algorithmus übergeben, der daraus dann ein entsprechendes Modell bildet. Wie im Folgenden an Hand einiger beispielhafter Erkenntnisse beschrieben können diese Modelle dann zur Exploration des Verhaltens der Benutzer herangezogen werden. Es sei allerdings darauf hingewiesen, dass die Methodik und das Tool nicht auf Web Mining beschränkt sind, sondern auch zur Analyse von Kundendaten aus jeder anderen Quelle verwendet werden können.

3 Vorgehen bei der Untersuchung von Kundenverhaltensmodellen

In diesem Kapitel soll gezeigt werden, wie man mit diesen Modellen arbeiten kann und welche Antworten zu erwarten sind. Abbildung 1 zeigt einen Teil des Basisbildschirms nach dem Aufbau der Modelle aus den Daten:

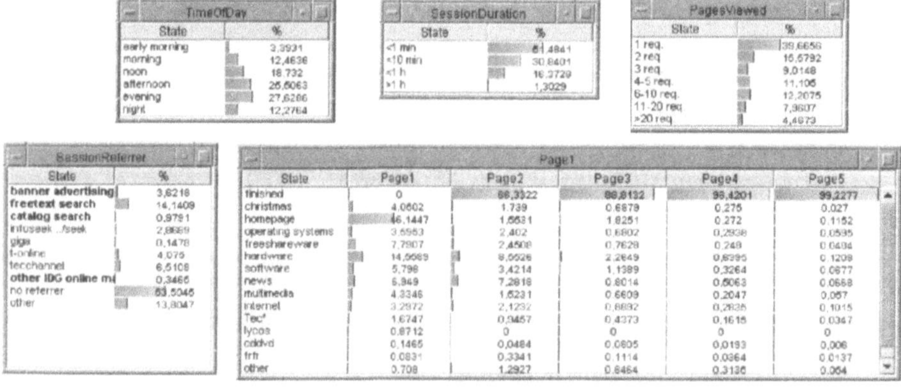

Abbildung 1: Basisbildschirm

Die grafische Benutzeroberfläche zeigt für jede Variable eine Liste möglicher Werte. Auf dem Basisbildschirm wird durch einen Balken und eine zugehörige Zahl hinter jedem möglichen Wert angezeigt, in welchem Prozentsatz der Sessions die Variable den betreffenden Zustand annimmt. In dem abgebildeten Modell kann man beispielsweise sehen, dass ca. 25% aller Sessions nachmittags stattfanden, dass die Nutzung der Website im Laufe des Tages bis zum Abend stetig zunahm und dann zurückging. Ebenfalls zu sehen ist, dass ca. 50% aller Sessions weniger als 1 Minute dauerten. Über 39% aller Sessions bestanden lediglich aus dem Abruf einer einzigen Web-Seite und verdienen kaum die Bezeichnung „Session". Im Feld Session Referrer ist zu sehen, dass 3,6% aller Sessions auf das Anklicken von Werbebannern zurückzuführen ist. Der weitaus größte Teil aller Sessions, nämlich 53%, kam ohne Referrer zustande. Dies bedeutet, dass der Besucher (a) entweder die URL www.tecChannel.de von Hand im Browser eingegeben hat, oder (b) ein Bookmark auf einer dieser Seiten hat und dieses im Browser geöffnet hat, oder (c) eine der tecChannel-Seiten zur Startseite des Browser gemacht und den Browser gestartet hat. Auf jeden Fall ist Besuchern, die ohne Referrer zum tecChannel gelangten, die Website offenbar bereits bekannt, die sie möglicherweise regelmäßig besuchen. Damit dürfte der hohe Anteil von Sessions ohne Referrer positiv zu werten sein. Das große Fenster schließlich zeigt den Clickstream. Technisch handelt es sich lediglich um mehrere Variablen, die in einem einzigen Fenster angezeigt werden. Der Clickstream wird durch die Sequenz der Variablen „Kategorie der ersten besuchten Seite" bis „Kategorie der fünften besuchten Seite" beschrieben. Links im Fenster sind die verschiedenen Seitenkategorien der Website aufgeführt. Da das Modell in dem Beispiel für ein Online-Computermagazin gilt, betreffen die Seiten auf der Website überwiegend Artikel zu einem Computerthema.

Die Informationen auf dem Basisbildschirm sind lediglich der Startpunkt. Der Betreiber einer derartigen Website kann u.a. folgende Fragen stellen:

- Wie effektiv ist die Online-Werbung, für die ich Geld ausgebe? Dabei ist es nicht nur von Interesse, wie viele Besucher ich für mein Geld bekomme, sondern auch, welcher Art diese Besucher sind und wie wertvoll sie für mich sind.

- Wie navigiert der Besucher auf meiner Website? Wie kann ich die Struktur meiner Website verbessern, um mehr Besucher zu gewinnen oder sie zu einer längeren Verweildauer zu veranlassen?

- Wie kann ich meine Kunden segmentieren? Welche Sorte von Besuchern habe ich? Was sind typische Verhaltensszenarien?

Zur Beantwortung der ersten Frage sollen diejenigen Sessions näher betrachtet werden, die auf Referrer aus der Rubrik „banner advertising" zurückzuführen sind. In dieser Rubrik finden sich zwei Werbepartner, die im folgenden aus Gründen der Vertraulichkeit mit Partner A und Partner B bezeichnet werden (s. Abbildung 2). 3,4% der Sessions werden über den Partner B generiert und nur 0,19% über den Partner B. Über die Quantität hinaus ist es interessant auch die Qualität des Verkehrs zu beleuchten, der über die beiden Partner generiert wird. Dies geschieht durch Anklicken von „Partner B" in dem entsprechenden Fenster. Vor dem Anklicken stand der Balken für „Partner B" auf dem

Wert 3,4%, der anzeigt, welcher Prozentsatz aller Sessions von diesem Referrer stammen. Nach dem Anklicken springt der Balken auf 100% und wechselt seine Farbe zu Rot (hier in einem dunkleren Grauton dargestellt), alle anderen Balken in der Variable der Session-Referrer nehmen den Wert 0 an (vgl. Abbildung 2).

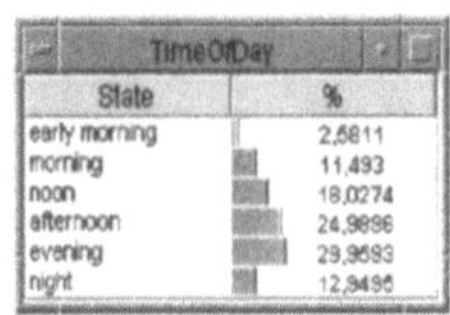

TimeOfDay

State	%
early morning	2,5811
morning	11,493
noon	18,0274
afternoon	24,9896
evening	29,9693
night	12,9496

SessionDuration

State	%
<1 min	84,6357
<10 min	8,2906
<1 h	4,9166
>1 h	0,1571

PagesViewed

State	%
1 req.	77,1294
2 req.	14,9818
3 req.	3,7625
4-5 req.	2,2904
6-10 req.	1,0586
11-20 req.	0,4963
>20 req.	0,292

SessionReferrer

State	%
banner advertising	
Partner B	
Partner A	0
freetext search	0
catalog search	0
infoseek.../seek	0
giga	0
t-online	0
tecchannel	0
other IDG online m|	0
no referrer	0
other	0

Page1

State	Page1	Page2	Page3	Page4	Page5
finished	0	92,0224	99,7543	99,5928	99,8969
christmas	0,3016	0,2094	0,0203	0,0191	0,0015
homepage	92,2785	0,0904	0,2868	0,0248	0,0193
operating systems	0,3583	0,4207	0,072	0,0356	0,0059
freeshareware	0,1329	0,433	0,0723	0,031	0,0061
hardware	0,5017	1,0713	0,2133	0,0685	0,0163
software	0,2442	0,5441	0,0999	0,037	0,0069
news	2,1147	3,9097	0,0793	0,0796	0,0101
multimedia	0,0816	0,2954	0,0557	0,0254	0,0062
internet	0,2087	0,5208	0,1065	0,0274	0,0133
Tec*	3,5724	0,1964	0,0384	0,0196	0,0045
lycos	0,0329	0	0	0	0
cddvd	0,0129	0,0086	0,0099	0,0032	0,0014
frfr	0,0142	0,117	0,0151	0,0057	0,0023
other	0,1454	0,1606	0,1761	0,0303	0,0081

Abbildung 2: Besucher, die über den Referrer „Partner B" kommen

Der dunklere Balken zeigt an, dass die Sicht nun auf alle diejenigen Sessions verengt wurde, die den Referrer „Partner B" betreffen. Der Wert 100% für „Partner B" zeigt an, dass alle aktuell betrachteten Sessions als Referrer „Partner B" haben. Die Balken in allen anderen Variablen ändern ebenfalls sofort ihre Werte. Die neuen Werte zeigen nun die Prozentsätze aller Sessions mit dem Referrer Partner B an. Aus der dünnen vertikalen Linie in jedem Balken geht der Wert vor dem letzten Klick hervor – hier der Wert vor Beschränkung der Sicht auf „Partner B". Daher zeigen in diesem Fall die vertikalen Linien den Prozentsatz in allen Sessions an, während die Balken und Zahlen sich nur auf die eingeschränkte Menge der Sessions beziehen.

Im Fenster zur Tageszeit ist zu sehen, dass sich alle vertikalen Linien am Ende der jeweiligen Balken befinden, d.h. die Werte haben sich infolge der Sichtbeschränkung nicht geändert. Dies bedeutet, anders ausgedrückt, dass das Tageszeitprofil von Besuchern mit dem Referrer Partner B grundsätzlich dem Profil aller Besucher entspricht. Am interessantesten dürfte die Untersuchung der Sessiondauer und der betrachteten Seiten sein. Hier kann festgestellt werden, dass bei 77% aller Sessions, die über den Partner B eingeleitet werden, der Besucher nur eine einzige Seite betrachtete und zudem von diesen Sessions über 86% weniger als eine Minute dauerten. Größtenteils begannen sie auf der Homepage, d.h. offenbar sind die Banner mit der Homepage verknüpft und führen nicht direkt zu anderen Seiten. Diese Werte können durch das Anklicken von „Partner A" im Fenster Session-Referrer leicht mit denen für die Sessions mit dem Referrer „Partner A" verglichen werden (vgl. Abbildung 3).

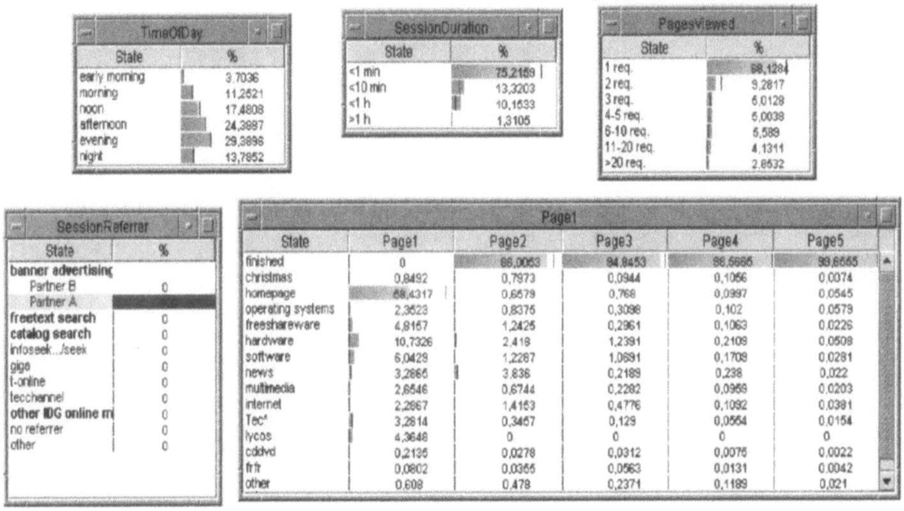

TimeOfDay

State	%
early morning	3,7036
morning	11,2521
noon	17,4808
afternoon	24,3897
evening	29,3896
night	13,7852

SessionDuration

State	%
<1 min	75,2169
<10 min	13,3203
<1 h	10,1633
>1 h	1,3105

PagesViewed

State	%
1 req.	68,1284
2 req.	9,2817
3 req.	6,0128
4-5 req.	5,0038
6-10 req.	5,589
11-20 req.	4,1311
>20 req.	2,8632

SessionReferrer

State	%
banner advertising	
Partner B	0
Partner A	
freetext search	0
catalog search	0
infoseek.../seek	0
gigg	0
t-online	0
tecchannel	0
other IDG online m	0
no referrer	0
other	0

Page1

State	Page1	Page2	Page3	Page4	Page5
finished	0	86,0063	94,8453	86,5666	99,8665
christmas	0,8492	0,7973	0,0944	0,1056	0,0074
homepage	68,4317	0,6579	0,768	0,0997	0,0545
operating systems	2,3523	0,8375	0,3098	0,102	0,0579
freeshareware	4,8167	1,2425	0,2961	0,1063	0,0226
hardware	10,7326	2,418	1,2391	0,2109	0,0508
software	6,0429	1,2287	1,0691	0,1709	0,0281
news	3,2866	3,836	0,2189	0,238	0,022
multimedia	2,6546	0,6744	0,2282	0,0969	0,0203
internet	2,2867	1,4163	0,4776	0,1092	0,0381
Tec*	3,2814	0,3467	0,129	0,0564	0,0154
lycos	4,3648	0	0	0	0
cddvd	0,2136	0,0278	0,0312	0,0076	0,0022
frfr	0,0802	0,0365	0,0563	0,0131	0,0042
other	0,608	0,478	0,2371	0,1189	0,021

Abbildung 3: Besucher, die über den Referrer „Partner A" kommen

Wiederum ändern sich alle Balken in allen Fenstern. Die vertikalen Linien zeigen abermals die Werte vor dem letzten Klicken an, die sich in diesem Fall auf die Prozentsätze für die Sessions mit dem Referrer Partner B beziehen. Zu sehen ist, dass die Chancen auf länger anhaltende Sessions mit mehr als einer Seite bei Partner A etwas höher als bei Partner B lagen (68% statt 77% Sessions mit Abruf von nur einer Seite). Ebenso zu sehen ist, dass ein höherer Prozentsatz der Sessions nicht auf der Homepage begann, sondern etwas tiefer in der Website.

Somit zeigt der Vergleich der beiden Partner, dass über Partner B zwar weit mehr Besucher hereinkommen, bei den Besuchern über Partner A jedoch eine höhere Wahrscheinlichkeit einer längeren Verweildauer besteht.

Nun soll die zweite Frage betrachtet werden, nämlich „Wie navigieren die Besucher auf meiner Website?". Auf dem Basisbildschirm ist zu sehen, dass 46% aller Sessions auf der Homepage beginnen. Durch Anklicken von „Homepage" in der Spalte „Page1" wird erkennbar, dass 48% aller Sessions, die mit der Homepage begannen, nicht weiter führten, und jeweils ca. 14% im weiteren Verlauf zu Hardware und News übergingen (Abbildung 4).

State	Page1	Page2	Page3	Page4	Page5
finished	0	48,3151	84,8689	94,8087	98,9343
christmas	0	3,3622	0,3603	0,4832	0,0252
homepage	100	0,1921	3,5843	0,2678	0,227
operating systems	0	3,8641	0,882	0,4414	0,0603
freeshareware	0	2,9067	0,9233	0,3544	0,0632
hardware	0	14,487	3,2472	0,9794	0,1537
software	0	4,7303	1,2972	0,4419	0,0907
news	0	14,1905	0,8197	0,9256	0,076
multimedia	0	2,1633	0,757	0,2667	0,0682
internet	0	2,3419	1,3333	0,3604	0,1626
Tec*	0	1,3858	0,436	0,2263	0,0438
lycos	0	0	0	0	0
cddvd	0	0,0142	0,0784	0,0195	0,0079
frfr	0	0,5368	0,1876	0,0554	0,0243
other	0	1,512	1,2249	0,3694	0,0728
not defined	0	0	0	0	0

Abbildung 4: Clickstreams, die mit der Homepage beginnen

Durch Anklicken von „news" in Variable „Page2" werden nun ausschließlich die Sessions betrachtet, die mit der Homepage begannen und dann zu News übergingen (Abbildung 5).

State	Page1	Page2	Page3	Page4	Page5
finished	0	0	69,7743	90,3156	98,0979
christmas	0	0	0,7602	1,0376	0,0575
homepage	100	0	8,0633	0,4604	0,5936
operating systems	0	0	1,7125	0,602	0,098
freeshareware	0	0	1,4966	0,5888	0,0888
hardware	0	0	7,8939	1,2931	0,2872
software	0	0	2,0294	0,8334	0,1151
news	0	100	0,91	2,2988	0,1004
multimedia	0	0	0,9728	0,5292	0,0894
internet	0	0	3,1568	0,6169	0,2387
Tec*	0	0	0,7623	0,3884	0,0674
lycos	0	0	0	0	0
cddvd	0	0	0,1889	0,0173	0,0133
frfr	0	0	0,493	0,0817	0,0438
other	0	0	1,786	0,9369	0,1089
not defined	0	0	0	0	0

Abbildung 5: Clickstreams, die mit der Homepage beginnen, und dann zu News übergehen

Nahezu 70% dieser Sessions endeten nach dem Besuch der News. Man kann sich weiter auf lediglich die Sessions beschränken, die damit nicht zu Ende gegangen sind, indem mit der rechten Maustaste „finished" in der Spalte „Page3" (Abbildung 6) angeklickt wird.

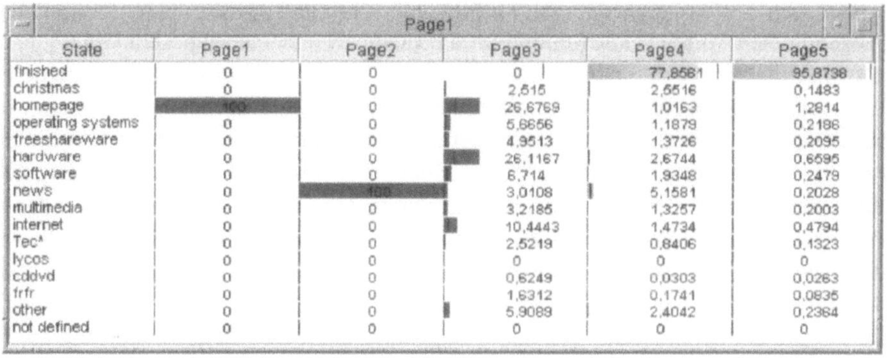

State	Page1	Page2	Page3	Page4	Page5
finished	0	0	0	77,8561	95,8738
christmas	0	0	2,515	2,5516	0,1483
homepage	100	0	26,6769	1,0163	1,2814
operating systems	0	0	5,6656	1,1879	0,2186
freeshareware	0	0	4,9513	1,3726	0,2095
hardware	0	0	26,1167	2,6744	0,6595
software	0	0	6,714	1,9348	0,2479
news	0	100	3,0108	5,1581	0,2028
multimedia	0	0	3,2185	1,3257	0,2003
internet	0	0	10,4443	1,4734	0,4794
Tec*	0	0	2,5219	0,8406	0,1323
lycos	0	0	0	0	0
cddvd	0	0	0,6249	0,0303	0,0263
frfr	0	0	1,6312	0,1741	0,0835
other	0	0	5,9089	2,4042	0,2364
not defined	0	0	0	0	0

Abbildung 6: Clickstreams, die mit der Homepage beginnen, dann zu News übergehen, und danach nicht sofort enden

Bei über 26% der weiterlaufenden Sessions erfolgte eine Rückkehr zur Homepage in „Page3". Betrachtet man nur diese und beschränkt die Betrachtung weiter auf diejenigen, die nicht in „Page4" beendet wurden, so wird erkennbar, dass sie größtenteils, d.h. zu über 23%, abermals zu News zurückkehrten (Abbildung 7).

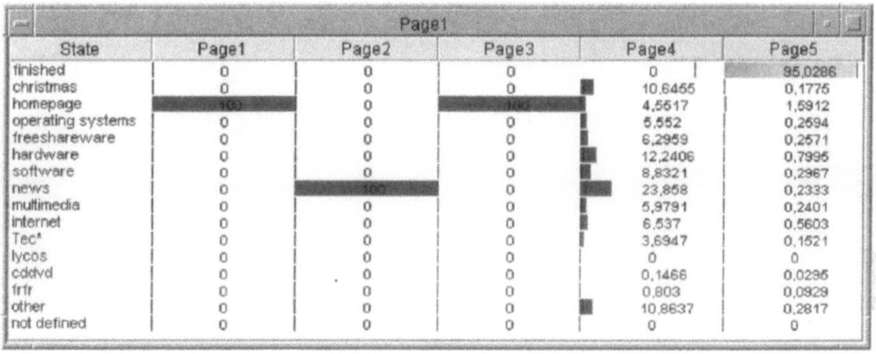

State	Page1	Page2	Page3	Page4	Page5
finished	0	0	0	0	95,0286
christmas	0	0	0	10,6455	0,1775
homepage	100	0	100	4,5517	1,5912
operating systems	0	0	0	5,552	0,2594
freeshareware	0	0	0	6,2959	0,2571
hardware	0	0	0	12,2406	0,7995
software	0	0	0	8,8321	0,2967
news	0	100	0	23,858	0,2333
multimedia	0	0	0	5,9791	0,2401
internet	0	0	0	6,537	0,5603
Tec*	0	0	0	3,6947	0,1521
lycos	0	0	0	0	0
cddvd	0	0	0	0,1466	0,0295
frfr	0	0	0	0,803	0,0929
other	0	0	0	10,8637	0,2817
not defined	0	0	0	0	0

Abbildung 7: Clickstreams, die mit der Homepage beginnen, dann zu News übergehen, und danach wieder zur Homepage zurückspringen

Ein ähnliches Verhalten kann auch in anderen Bereichen (hier nicht angezeigt) beobachtet werden: Bei Sessions mit dem Besuch einer bestimmten Kategorie und Rückkehr zur Homepage war eine Tendenz festzustellen, zur selben Kategorie zurückzukehren und keine andere Kategorie aufzusuchen. Offenbar dient die Homepage zur Navigation innerhalb der Kategorien, vielleicht weil die Navigation innerhalb der Kategorien schwieriger ist. Einer der Gründe für die Tendenz zur Rückkehr zu denselben Kategorien könnte sein, dass die Besucher klar umrissene Interessen haben, d.h. an anderen Kategorien ganz einfach nicht interessiert sind.

Bisher wurde so vorgegangen, dass Drilldowns zu immer spezifischeren Session-Typen vorgenommen wurden. Dies empfiehlt sich dann, wenn man eine konkrete Frage beantwortet haben möchte oder etwas festgestellt hat, das weiter untersucht werden soll. Bei weniger konkreten Fragen, mit denen lediglich ein Überblick gewonnen werden soll, empfiehlt sich eine Betrachtung der unterschiedlichen Segmente, denen die Sessions zuzuordnen sind. Die betrachteten Modelle ermöglichen jeweils eine Segmentierung von Sessions. Die Segmentierungskriterien brauchen dabei vom Anwender nicht vorgegeben zu werden. Dies wird automatisch vom Modell nach dem Prinzip vorgenommen, dass Sessions, welche eine ähnliche statistische Verteilung der Variablen aufweisen, demselben Segment zuzuordnen sind. Die Gewichtung der Variablen und die Anzahl der zu bildenden Segmente kann dabei auch vom Benutzer gesteuert werden. Ggf. können auch nachträglich vom Benutzer mehrere der automatisch identifizierten Segmente zu einem einzigen zusammengefasst werden. Die Segmentierung kann sehr ähnlich wie die anderen Variablen des Modells angezeigt werden (Abbildung 8).

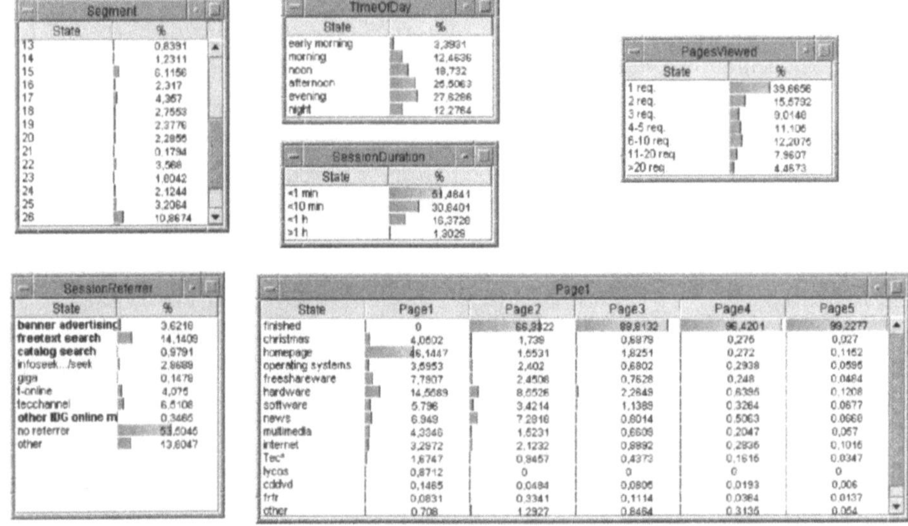

Abbildung 8: Segmentierung

Das Fenster links oben zeigt die verschiedenen Segmente an, die identifiziert worden sind (in der Abbildung sind nicht alle sichtbar, der Benutzer kann aber scrollen). Jede Zeile steht für ein Segment; der Balken und die Zahl, die sich daneben befinden, zeigen an, welcher Prozentsatz der Sessions diesem Segment zuzuordnen ist. Auf das Segment in der letzten Zeile entfallen über 10% aller Sessions. Durch Anklicken der Zeile kann man die Sessions in diesem Segment näher untersuchen (Abbildung 9).

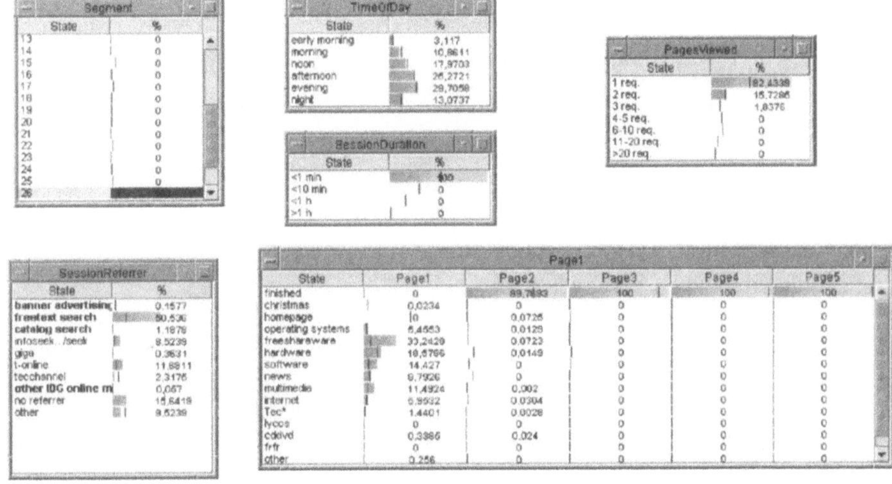

Abbildung 9: Beispiel eines Segments

Die Balken in den anderen Fenstern ändern sich nun ausschließlich bei den Sessions, die diesem Segment zuzurechnen sind, unter Anzeige der entsprechenden Werte. Bei einem Vergleich der neuen Prozentsätze mit den vorherigen Gesamtwerten (vertikale Linien) lässt sich feststellen, dass dieses Segment durch sehr kurze Sessions (< 1 Min.), sehr wenige angezeigte Seiten, einen hohen Anteil von Freitext-Suchmaschinen und einer Wahrscheinlichkeit von Null, dass mit der Homepage angefangen wird, gekennzeichnet ist. Dieses Szenario lässt sich interpretieren als eine „erfolglose Freitextsuche". Interessanterweise entsprechen 10% aller Sessions diesem Verhaltensmuster.

Um einen Überblick zu gewinnen, was im Einzelnen auf der Website geschieht, besteht eine empfehlenswerte Strategie darin, nacheinander jedes einzelne Segment zu bearbeiten – bzw. zumindest die Segmente, auf welche ein hoher Prozentsatz aller Sessions entfällt. Abbildung 10 zeigt ein weiteres Segment, auf das über 6,1% der Sessions (Zahl auf dem Balken vor dem Anklicken) entfallen.

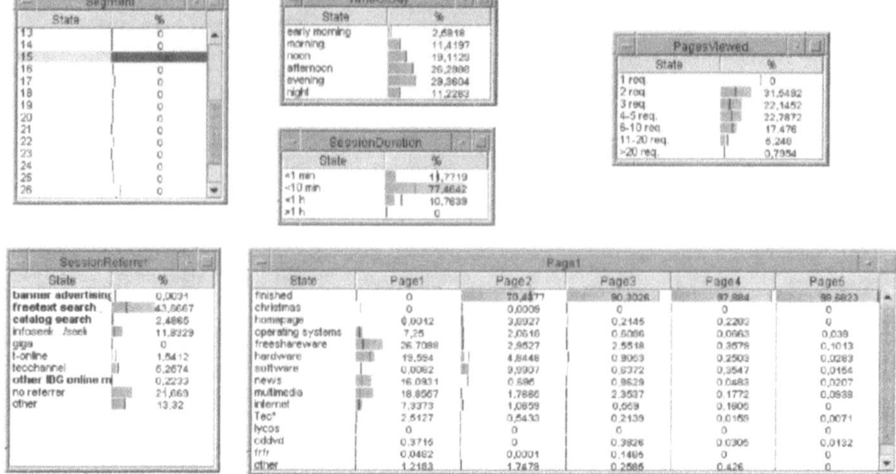

Abbildung 10: Weiteres Beispiel eines Segments

Dieses Segment ist abermals durch einen hohen Anteil von Freitext-Suchmaschinen gekennzeichnet, die den Besucher unmittelbar in die Website unter Umgehung der Homepage führen, wobei diesmal allerdings die Dauer der Sessions und die Anzahl der betrachteten Seiten im Mittelfeld anzusiedeln ist. Dieses Szenario lässt sich daher als „erfolgreiche Freitextsuche" bezeichnen. Interessant ist, dass lediglich ca. 70% der Besucher ihre Session in derselben Kategorie beenden, in der sie begonnen wurde. Somit gehen nahezu 30% zu einer anderen Kategorie weiter, was darauf schließen lässt, dass Querverweise zu interessanten Artikeln gefunden wurden, die über den unmittelbaren Gegenstand der ursprünglichen Suche hinausgehen. Abbildung 11 zeigt ein weiteres Segment, auf das ca. 3,4% aller Sessions entfallen.

Kennzeichnend für diese Sessions ist, dass überwiegend kein Referrer im Spiel ist und über die Homepage in den Bereich Hardware navigiert wird, wobei eine mittlere Anzahl von Seiten während einer durchschnittlichen Zeitdauer betrachtet wird. Dieses Segment dürfte auf Rückkehrbesucher zutreffen, die Bookmarks auf der Homepage angebracht haben oder der URL aus dem Kopf eingeben und sich wieder mit dem Hardware-Bereich befassen wollen.

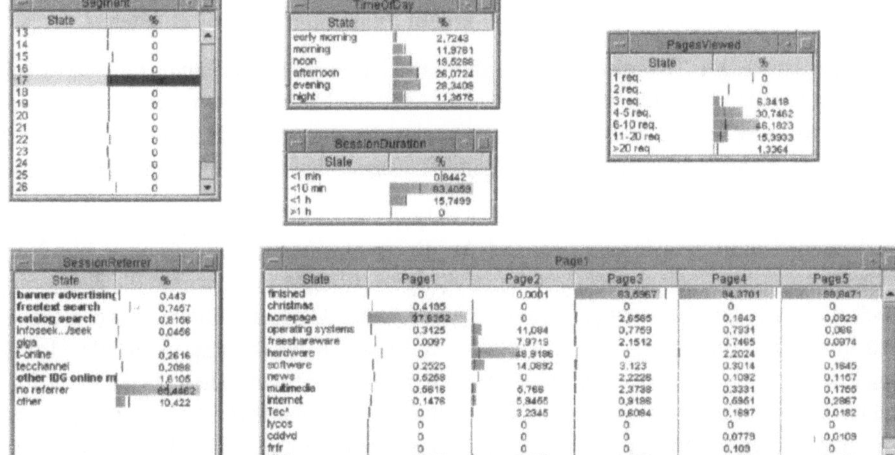

Abbildung 11: Weiteres Beispiel eines Segments

Nach dem Durcharbeiten sämtlicher Segmente verfügt man über einen vollständigen Überblick des Verkehrs auf seiner Website. Obwohl dieses Modell 200.000 Sessions zusammenfasst, reicht es für einen guten Überblick aus, eine kleine Zahl von Segmenten zu betrachten. Durch das Verfahren einer Gruppierung von Sessions in Segmente wird sichergestellt, dass eine große Anzahl von Sessions zu einer kleinen Zahl von Segmenten zusammengefasst wird. Die Daten werden somit zu ihrem wesentlichen Kern verdichtet.

In dem vorangestellten Abschnitt wurden zwei Möglichkeiten zur Durcharbeitung des Modells vorgestellt:

Einerseits kann man durch Anklicken der Zustände in den Fenstern Drilldowns in Sessions vornehmen, bei denen sich die entsprechende Variable in dem betreffenden Zustand befindet. Dabei lassen sich beliebige Zustände zusammenstellen, ausschließen und gleichzeitig mit einer beliebigen Anzahl von Variablen auswählen. Dabei entspricht jeder Klick einer Frage nach dem „Was wäre, wenn..."-Schema, die dem Modell gestellt wird; und das Modell antwortet sofort mit Statistiken zu allen Variablen. Bei diesen Statistiken handelt es sich allerdings lediglich um Näherungswerte. In der Praxis wurde jedoch festgestellt, dass diese Werte im Regelfall sehr nahe bei den exakten Werten liegen (generell mit einer Abweichung von weniger als 1%), weshalb die Qualität der Schlussfolgerungen in den obigen Beispielen nicht gemindert wird.

Eine zweite Möglichkeit für Untersuchungen auf der Basis des Modells besteht darin, typische Verhaltensszenarien zu betrachten. Das Modell unterteilt die Sessions in Segmente ähnlichen Verhaltens. Dabei muss das Segmentierungskriterium vom Anwender nicht angegeben werden. Es wird automatisch von dem Ziel abgeleitet, dass Sessions im gleichen Segment hinsichtlich der Variablen des Modells so ähnlich wie möglich sein sollen. Durch Betrachtung einer vergleichsweise kleinen Zahl von Segmenten kann man auch hier einen Überblick über eine viel größere Zahl von Sessions erhalten.

Mit den dargelegten Beispielen sollte demonstriert werden, wie man mit statistischen Kundenmodellen arbeiten kann und welche Art von Ergebnissen man erhalten kann. Keinesfalls werden dadurch sämtliche Ergebnisse des Projekts mit dem tecChannel dargestellt. Näheres hierzu ist dem folgenden vierten Abschnitt des Beitrags zu entnehmen.

In diesem Kapitel wurde durchgehend das Beispiel einer Logfile-Analyse zur Veranschaulichung der Analyseverfahren herangezogen. Allerdings ist weder die Technologie noch das Software-Tool auf die Analyse von Logfile-Daten beschränkt, und diese werden in der Tat auch zur Analyse weiterer Arten von Kundendaten verwendet. Im Beispiel des Web Mining hat ein Datensatz einer Session entsprochen. In anderen Fällen entspricht ein Datensatz einem Kunden oder einem Verkaufsvorgang, wobei gleichzeitig auch entsprechende anderen Variablen zur Beschreibung eines Kunden oder eines Kaufvorgangs herangezogen werden. Statt einer Klickfolge werden möglicherweise Sequenzen von Einkaufsvorgängen betrachtet. Somit kann der hier vorgestellte Ansatz auf derartige Fragestellungen zur Untersuchungen von beliebigen Kunden- und Produktdaten vollkommen analog angewandt werden.

4 Informationen zum Web Mining-Projekt

Im vorangegangenen Kapitel wurde zur Veranschaulichung des zu Grunde liegenden Ansatzes das Online-Computermagazin tecChannel herangezogen. Dieses Kapitel enthält weitere Informationen zu diesem Projekt, dem dahinterstehenden Unternehmen, dessen Zielen und Ergebnissen.

4.1 Allgemeine Informationen zum Unternehmen

IDG Communications ist ein Verlagshaus mit Schwerpunkt auf Informationstechnologie und Telekommunikation sowie deren Einsatzfeldern. IDG verlegt in mehr als 80 Ländern der Erde über 300 Zeitungen und Zeitschriften, die überwiegend durch Websites ergänzt werden. Das Unternehmen beschäftigt bei einem Jahresumsatz von über 3,1 Mrd. US-Dollar weltweit 12.000 Menschen. Die wichtigsten Produktlinien sind Computerworld, Network World, PC-World, Macworld, The Industry Standard und die „Dummies"-Buchreihe.

In Deutschland hat das Unternehmen zwei Hauptproduktlinien: Für Geschäftskunden am wichtigsten sind die Publikationen Computerwoche, Network World und Computer Partner. Vom Unternehmensbereich Privatkunden werden allgemein im Zeitschriftenhandel erhältliche Zeitschriften wie PC-WELT, Macwelt und Gamestar angeboten sowie ergänzende Websites unterhalten. Daneben wurde durch diesen Bereich im Oktober 1999 eine reine Internet-Publikation namens tecChannel gestartet, die sich an ein professionelles Publikum mit technischem Fokus richtet. IDG Deutschland beschäftigt rund 500 Mitarbeiter, die zumeist als Redaktions- und Vertriebskräfte tätig sind. Die Websites von IDG Deutschland generieren monatlich über 30 Mio. Page Impressions mit einer Wachstumsrate von ca. 10% pro Monat.

4.2 Verlegerische Basisstrategie

Hauptsäule des langjährigen Erfolgs des Unternehmens auf dem deutschen Markt ist sein Fokus auf dem Informationsbedarf seiner Leser, statt das Zeitschriftenkonzept in erster Linie auf die Anforderungen der Anzeigenkunden auszurichten. Doch auch die Anzeigenkunden profitieren von dieser Strategie: Die Publikationen von IDG belegen auf ihren jeweiligen Märkten hinsichtlich Abonnements und Verkaufszahlen im Handel jeweils die ersten Plätze.

Zwar gibt es im Print-Bereich eine Vielzahl bewährter Instrumente zur Messung von Leserzahlen und demographischen Daten, für die Nutzung von Websites stehen jedoch keine vergleichbaren Mittel zur Verfügung. Es gibt keine zuverlässigen Möglichkeiten zur Erfassung von Daten zu Nutzerkategorien, Demographie, Verhalten auf der Website und dergleichen.

Die für die Analyse von Logfiles derzeit verfügbaren Tools haben einige Nachteile: Sie ermöglichen nur sehr begrenzt eine interaktive, multidimensionale Sicht auf das Verhalten von Besuchern und Zielgruppen ohne flexible Möglichkeiten, die Informationen in Beziehung zueinander zu setzen und miteinander zu verknüpfen. Darüber hinaus sind sie auch in den Bereichen Nutzerverhalten und Clickstreams unzulänglich.

Angebote wie MMXI oder Nielsen Netratings bieten zwar bessere Einblicke in das Nutzerverhalten, sie haben jedoch andere Nachteile: Sie sind auf dem deutschen Markt zu wenig verbreitet. Die verwendeten Stichproben sind bei kleineren Websites für aussagekräftige Ergebnisse zu klein; zudem werden keinerlei verwertbare Daten zum Verkehr aus Unternehmensnetzen bereitgestellt. In der Tat betreffen sie nur die private Nutzung des Internets.

4.3 Anforderungen von IDG an die Logfile-Analyse

Damit die Strategie einer Fokussierung auf die Anforderungen der Anwender erfolgreich umgesetzt werden kann, müssen Antworten auf entscheidende Fragen gefunden werden:

- Hat die Website die richtige Struktur, entspricht die Navigation durch die Site den Anforderungen der Anwender?

- Wie verhält sich der Besucher unserer Site?

- Wie viele Seiten ruft er ab?

- Kehrt er zurück?

- Ist die Site „sticky"?

- Ist der Besucher nur an einem einzigen Thema oder an einem ganzen Themenmix interessiert?

- Ist der Anwender als Werbeziel von Interesse?

- Welches sind die besten und effizientesten Möglichkeiten zur Generierung einer höheren Nutzung mit möglichst vielen zurückkehrenden Anwendern?

- Welche Überkreuz-Werbung funktioniert, welche Kooperationen mit anderen Sites erschließen für die Sites die wertvollsten Benutzer?

- Gibt es mehrere unterscheidbare Benutzergruppen?

- Gibt es irgendwelche sonstigen nützlichen Themen, die zur besseren Erfüllung der Anforderungen der Benutzer angesprochen werden könnten?

Abgesehen von diesen Fragen gibt es weitere geschäftliche Fragen, die nur dann zufriedenstellend gelöst werden können, wenn ausreichende und gültige Daten verfügbar sind. Dies sind:

- Messung der relativen Performance von Suchmaschinen und Portalen, die als Referrer potenzieller Kunden für die Sites wirken.

- Erkennung der entscheidenden Faktoren, die einen Besucher zu einem Kaufvorgang auf der Website veranlassen.

- Identifizierung des externen Content (z.B. Bannerwerbung, Verzeichniseinträge usw.), der bei der Zuführung von Besuchern zu der Website am effektivsten ist.

- Was sind die besten Kundensegmente?

- Naturgemäße Besuchersegmentierung auf der Basis des Surf-Verhaltens.

4.4   Warum Web Mining?

Im Verlauf des Projekts konnten auf der gesamten Site die Navigation und die Links erheblich verbessert werden. Das Tool trug auch dazu bei, die Beziehungen zu Partnersites, welche der Site tecChannel.de Verkehr zuführten, sowie die Qualität dieses Verkehrs besser zu verstehen, wodurch eine Konzentration auf die effizientesten Partnerschaften ermöglicht wurde. Ebenfalls optimiert werden konnte der Einsatz von Bannerwerbung für die Website hinsichtlich Kreativitätsauswahl und Site-Hosting-Bannerwerbung.

Bei der Analyse des Click Stream ergaben sich aus den gemeldeten Daten Erkenntnisse zum Benutzerverhalten, die mit den bisher genutzten Analyse-Tools nicht realisiert werden konnten. Eine der wichtigsten Erkenntnisse war, dass die Besucher im Verlauf einer Session sehr stark bei der Rubrik oder bei dem Thema verweilen, mit dem sie ursprünglich ihre Session begonnen haben. Diese Erkenntnisse waren nur möglich, weil das Vorgehen unvoreingenommen auf der Basis der statistischen Modelle erfolgt und dadurch Beziehungen und Verhaltensmuster aufgezeigt werden, die sonst nicht festzustellen gewesen wären.

Bereitgestellt wird eine Faktenbasis für jede Diskussion zum Optimierungsprozess der Website, wodurch eine problemlose Überprüfung verschiedener Szenarien ermöglicht wird. Dies gestattet eine qualitative Einstufung verfügbarer Alternativen und einen gezielteren Mittel- und Personaleinsatz. Durch die Erkennung der effizientesten Werbemittel wurde der Marketing- und Anzeigenaufwand erheblich reduziert.

5   Schlussfolgerungen

In diesem Beitrag wurden Ergebnisse aus einem Projekt für ein *modellbasiertes Web Mining* vorgestellt. Durch diesen Ansatz wird gleichzeitig eine OLAP-ähnliche Analyse-Funktionalität, eine Data Mining-Funktionalität (interaktive Untersuchung von Abhängigkeiten, Segmentierung) sowie eine Prognostizierung/Personalisierung (s. Kapitel 2.3.4 in diesem Buch) in Echtzeit ermöglicht. Er eignet sich besonders gut zum Aufbau von Verhaltensmodellen (z.B. Besucher- oder Kundenverhaltensmodellen) und damit zur Transformation von Daten in Erkenntnisse, auf deren Grundlage Maßnahmen zur Optimierung einer Website ergriffen werden können. Mit diesem Ansatz wird der gesamte „Loop" von Erkenntnisgewinnung bis hin zur automatischen Nutzung der gewonnenen Erkenntnisse im operativen Betrieb innerhalb einer einzigen durchgängigen Technologie ermöglicht. Projekte lassen sich damit schrittweise aufbauen, angefangen von einfachen Analysen bis hin zum Aufbau intelligenter personalisierter Dienste.

Die Ergebnisse aus dem Projekt zeigen, dass sich durch die Flexibilität der Analysen eine Vielzahl von Erkenntnissen zu Tage fördern lassen, die mit anderen Analyseverfahren nur sehr schwer hätten erlangt werden können. Dies betrifft insbesondere Erkenntnisse, die in den Abhängigkeiten zwischen Variablen stecken, also z.B. Zusammenhänge zwischen Variablen wie dem Referrer (Werbepartner), dem Wert eines Besuchers (Anzahl Clicks) und seinem Click-Verhalten. Über die Anzahl der Besucher hinaus lässt sich aus den Abhängigkeiten zu anderen Größen auch der Wert der Besucher aus den verschiedenen Referrern feststellen. Auch in anderer Hinsicht sind damit nicht nur Antworten auf Fragen der Form „Wie viele Kunden ... ?" sondern in sehr starkem Maße auch Antworten auf Fragen der Form „Welche Qualität an Kunden ...?" möglich.

Ein Nachteil der beschriebenen Methode ist, dass die basierend auf den Modellen gewonnenen Zahlen lediglich Näherungswerte darstellen. Diese liegen im Regelfall sehr nahe bei den exakten Werten. Jedoch ist der Ansatz überall dort nicht geeignet, wo unbedingt exakte Zahlen erforderlich sind (z.B. im Umfeld Financial Reporting). Umgekehrt eignet sich die Modell-basierte Vorgehensweise überall dort hervorragend, wo das Gewicht eher auf dem Gesamtbild und den wesentlichen Zusammenhängen liegt und weniger auf einzelnen Fällen. In dieser Hinsicht entspricht er sehr gut den typischen Anforderungen im Marketing. Der sehr allgemeine Analyseprozess wurde an Hand des Beispiels Web Mining veranschaulicht und eine Fallstudie vorgestellt. Die Ergebnisse aus dem Projekt wurden als überaus nützlich bewertet; erste Konsequenzen aus den Erkenntnissen wurden bereits gezogen (z.B. in Form einer Neubewertung von Werbepartnerschaften).

Arnd Winter

(Jg. 1967) studierte Wirtschaftspädagogik und arbeitete in verschiedenen empirischen Forschungsprojekten an den Universitäten Mannheim und Leipzig bevor er 1997 bei SPSS eine Tätigkeit im Non-Profit-Vetrieb aufnahm. Seitdem bekleidete er bei derselben Firma verschiedene Positionen in den Bereichen Sales und Consulting; derzeit als Consultant einer weltweiten Clementine-Spezialistengruppe. Seine Arbeitsschwerpunkte liegen in den Feldern analytisches CRM/e-CRM.

3.4 Ableitung von Kaufempfehlungen aus anonymen Session-Informationen bei Jubii

1 Problemstellung

Seit seinem Start im Jahr 1995 hat sich Jubii zu Dänemarks meist besuchtem Internetportal mit 771.000 unterschiedlichen Besuchern, 2.1 Millionen User-Sessions und 16.6 Millionen besuchten Seiten (Stand: KW 35/2000) entwickelt. Die rege Nutzung ist hauptsächlich auf den Umstand zurückzuführen, dass Jubiis Portal eine der besten Suchsites ist. Neben dieser elementaren Funktion hat Jubii viel Mühe darauf verwendet, seinen Dienst zu vermarkten und regelmäßig seine angebotenen Inhalte zu verbessern: Von Jubii Shopping, online Radio und Net Events, bis hin zu fundierten Informationen über die EU und die Währungsunion. Eine ganze Angebotspalette an Nachrichten wurde aus der Taufe gehoben und auf bestimmte Nutzersegmente zugeschnitten.

Jubiis Dienste sind für seine Nutzer kostenlos. Der kommerzielle Erfolg von Jubii wird durch Bannerwerbung, Sponsoren, Net-Events, und Newsletter-Werbung erwirtschaftet. Dabei wurde der Markt für Web-Werbung für 2000 auf 150-200 Millionen Dänische Kronen geschätzt. Obwohl Jubii bereits einen relativ großen Marktanteil besitzt, soll versucht werden, noch zielgerichtetere und individuellere Dienstleistungen für unterschiedliche Nutzergruppen anzubieten.

Die große Menge an gesammelten Daten über das Kundenverhalten sind für Jubii sehr wertvoll. Sie stellt die empirische Basis für die Entwicklung von Modellen und damit für die Vorhersage des Nutzungsverhaltens von neuen und unbekannten Kunden dar. Dies ist wiederum die Voraussetzung zur Stärkung des kommerziellen Wertes der Site gegenüber Investoren.

Jubiis Data Mining-Vision ist es, Nutzereindrücke und kommerzielle Gelegenheiten dadurch zu optimieren, dass man so viel wie möglich über das Verhalten der Besucher in Erfahrung bringt. So können, basierend auf dem Nutzungsverhalten und den Nutzerprofilen, zu verschiedenen Zeitfenstern und Rahmenbedingungen personalisierte Webseiten / Inhalte angeboten werden.

Auf lange Sicht erhofft sich Jubii auch bestimmen zu können, welche Dienste den Kunden gratis und welche gegen Entgelt zur Verfügung gestellt werden können. Denn nach Meinung von Kasper Larsen von Jubii befindet sich das Internet und Portale derzeit erst in einer Start-up-Phase: Während die Dienste immer weiter ausgebaut werden, erfolge gleichzeitig eine Teilung in weiterhin freie Dienste und Abo-Dienste. Im Wettbewerb um entgeltpflichtige Abodienste ist mehr denn je die Data Mining-Analyse mit ihrer Möglichkeit zur Prädiktion von Kauf- bzw. Kundenverhalten ein wichtiges Element.

Aus dem Gesagten können folgende Aufgabenstellungen und Rahmenbedingungen herausgefiltert werden:

Kunden loggen sich nicht notwendigerweise in das Portal ein. Damit kann, sofern man von potenziell problematischen Identifikationsverfahren (Cookies, IP-Adresse) von vornherein Abstand nimmt, nicht von einer persönlichen Identifikationsmöglichkeit der Besucher ausgegangen werden. Daher soll der Analysefokus auf anonyme Sessions gerichtet sein.

Ziel ist es, Webbesuchern personalisierte Inhalte und Angebote anzuzeigen. Einem Kunden sollen also vorwiegend diejenigen Produkte oder Links (technisch ist beides substituierbar) angezeigt werden, bei denen die Kauf-/Klick-Wahrscheinlichkeit maximal ist (SPSS 2001).

Im Folgenden soll die grundlegende Vorgehensweise illustriert werden, die bei derartigen Aufgabenstellungen, und im speziellen beim Projekt Jubii, zur Anwendung kommt.

2 Projektverlauf

2.1 Das Tool: Clementine

Jubii setzt mit Clementine (Version 6) ein marktführendes Data Mining-Tool ein, das grundsätzlich branchen- und anwendungsneutral ist. Durch diese Neutralität erhält der Anwender die Möglichkeit, Data Mining-Applikationen zu entwickeln, die genau auf die individuellen Bedürfnisse des Unternehmens zugeschnitten sind und auch auf veränderte Rahmenbedingungen angepasst werden können, ohne dass ein externes Consulting notwendig ist.

Mit Application-Templates (CATs) sind in Clementine für die Bereiche Telekommunikation und Web Mining Modellvorlagen implementiert, die den spezifischen Phasen des Prozesses entsprechend, Lösungen für häufige Problemstellungen bieten. Im Folgenden soll am Beispiel Web Mining skizziert werden, was CATs genau sind, wie sie aussehen und funkionieren, bevor wir uns im Detail denjenigen Teilen („Streams") des Web-CATs zuwenden, mit denen die gekennzeichnete Web Mining-Aufgabenstellung („Personalisierung von Webseiten bei anonymen Visits") zu lösen war.

2.2 Das Erfahrungswissen: Clementine Application Templates (Web CATs)

Zunächst soll skizziert werden wie Clementine grundsätzlich funktioniert, um die Funktionsweise der CATs deutlich machen zu können. Clementine besteht aus einer systematischen Sammlung an Knoten. Jeder Knoten übernimmt dabei eine spezifische Funktion. So gibt es Knoten zum Einlesen von verschiedenen Formaten, Knoten zur Datenaufbereitung, zur Modellierung und zur Erstellung von Grafiken und Ausgaben. Die Kunst besteht nun darin, diese Knoten auf der Arbeitsoberfläche zu sinnvollen Modellen zu verbinden. Zur Lösung komplexer Aufgaben ist es hilfreich, wenn man anhand geeigneter Vorlagen eine potenzielle Lösung skizziert bekommt. Bei der Web-Log Analyse liegen zunächst in der Regel mindestens folgende Angaben vor:

- IP-Adresse (z.B. 88.73.46.68)

- Page (z.B. main.htm oder 9075.jpg)

- Time (z.B. 09:35:54)

- Date (21/02/2001)

Die Aufgabe, die in den meisten Fällen - so auch hier - gestellt wird, ist folgende:

Anhand einer geschickten Kombination von Datenaufbereitung und Analysen dieser Daten soll es ermöglicht werden, einem neuen Besucher unseres Webangebots nach etwa 7-8 Klicks eine Webseite mit personalisiertem Content anzubieten.

Es soll anhand des Einsatzes von Clementine WebCATs Schritt für Schritt gezeigt werden, wie diese Aufgabe zu lösen ist, wobei hier lediglich der Analysepart dargestellt wird. Die Aufgabe ist erfüllt, wenn der anzuzeigende personalisierte Content bestimmt worden ist. Gezeigt werden hier nur ausgewählte Streams des WebCATs, die für die Lösung dieser Aufgabenstellung notwendig sind. Insgesamt enthalten die WebCATs 33 verschiedene Streams. Die einzelnen Streams sind dabei den verschiedenen Phasen des Data-Mining-Prozessmodells Crisp-DM zugeordnet, das sich als Industriestandard etabliert hat (Crisp-DM-Konsortium 2000).

2.3 Web Mining-Prozess

2.3.1 Preprocessing: Datenaufbereitung und Session-Identifikation

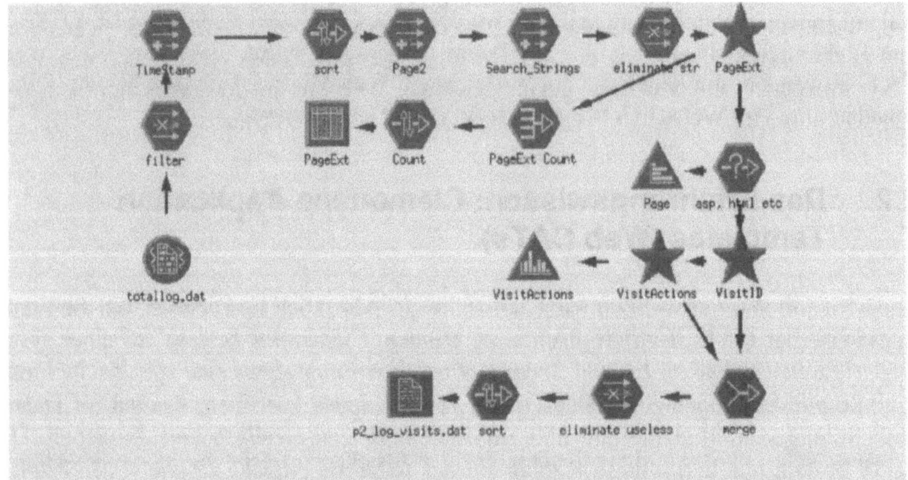

Abbildung 1: Clementine-Stream: Transformation eines einzelnen Web-Logs

- *Zusammenfassung*

Dieser Stream zeigt die anfängliche Aufbereitung eines einzelnen rohen Web-Logs. Er illustriert die Identifikation einzelner Besuche (durch die nachträgliche Erzeugung von Session IDs) und das Entfernen irrelevanter Informationen (SPSS 2001a).

- *Erklärung*

  - Die Identifikation signifikanter Aktionen innerhalb des Besuches eines Kunden ist einer der Schlüsselprozesse im Web Mining; ebenso die Identifikation und das Entfernen von irrelevanten Daten (unnötiger Ballast bei ohnehin großen Datenmengen).

  - An das Web-Log im Datenimportknoten (‚totallog.dat') wird zunächst ein Filterknoten angehängt, der alle Feldnamen im Web-Log in verständliche Bezeichnungen umwandelt (so wird ‚cs-uri-stem' in ‚Page' umgewandelt).

  - Es wird ein numerisches Feld ‚TimeStamp' als Kombination von Datum und Uhrzeit abgeleitet, welches ein einfaches Sortieren und eine einfache Sequenzanalyse erlaubt. Der TimeStamp wird in Sekunden errechnet.

  - Die Logfile-Einträge werden sortiert, zuerst nach IP-Adresse, dann absteigend nach TimeStamp (damit liegen alle Ereignisse mit gleicher IP-Adresse nebeneinander).

  - Es wird ein neues Feld ‚Page2' abgeleitet, das den kompletten Pfad jeder besuchten Seite ohne etwaige Search Terms (Suchausdrücke, beginnen in der Regel mit ‚?') enthält; dieser Schritt variiert je nach eingesetztem Server.

  - Der Search Term wird in einem separaten Feld für die weitere Verwendung abgelegt (‚Search_Strings').

  - Das alte ‚Page'-Feld wird gelöscht und das neue (‚Page2') in ‚Page' umbenannt.

  - Im Superknoten (ein Superknoten besteht aus mehreren Einzelknoten, die ‚hinter' dem Superknoten verborgen bleiben und erst durch Hineinzoomen in den Superknoten editierbar werden) ‚PageExt' wird die Seiten-Extension (jpg,htm,php,etc.) identifiziert und anschließend ein Feld abgeleitet, das nach dem letzten Item in dem Pfad der Seite sucht.

- *Entfernen von irrelevanten Extensions*

  - In einem Abzweig des Streams, auf den nicht näher eingegangen werden soll, (‚PageExtCount', ‚Count', ‚PageExt') wird eine Häufigkeitsauszählung aller Extensions erzeugt. Dies ist interessant um zu entscheiden, welche Extensions irrelevant sind und daher aus der Analyse ausgeschlossen werden sollten.

- Im Selektionsknoten (‚asp, html, etc.') werden dann die Extensions hinterlegt, die in die Analyse eingeschlossen - oder alternativ: ausgeschlossen - werden sollen. Häufig werden z.B. Grafik-Dateien ausgeschlossen, aber es mag Gelegenheiten geben, wo man gerade an diesen Events interessiert ist. Daher ist es wichtig, dass die Clementine CATs auf die eigenen Anforderungen hin modifizierbar sind. In unserem Beispielstream bleiben alle Datensätze mit Extensions erhalten, die Links enthalten können.

- An dieser Stelle haben die Datensätze einen TimeStamp, sind sortiert, und überflüssige Events wurden entfernt. Sie sind nun für die Identifikation von Sessions aufbereitet.

- *Visit Identification*

  - In einem Ableitungsknoten wird ein Zähler (Sessionzähler) angelegt, der inkrementiert wird, wenn sich entweder die IP-Adresse verändert oder aber ein zeitlicher Abstand von mehr als 30 Minuten zwischen zwei benachbarten Events sichtbar wird. In diesem Fall wird davon ausgegangen, dass es sich um zwei verschiedene Sessions handelt. Ein solches Vorgehen wird insbesondere durch die dynamische IP-Vergabe von Providern erforderlich.

  - Der Ausdruck „Visit_" wird dem Sessionzähler vorangestellt, das Resultat wird im Feld ‚Visit ID' abgespeichert.

  - Damit wurden die Besuche (Sessions) identifiziert.

- *Visit Actions*

In einem weiteren Abzweig des Streams (Superknoten ‚VisitActions') wird für jeden Besuch per Aggregation die Anzahl der Events festgestellt (da unterstellt wird, dass diese Information für spätere Analysezwecke wertvoll ist) und dann wieder im Mergeknoten (‚merge') den ursprünglichen Daten, die vom Superknoten ‚VisitID' abgehen, hinzugefügt.

- *Abschluss*

Abschliessend wird „aufgeräumt": Überflüssige Felder werden herausgefiltert, die Daten nach VisitID und TimeStamp aufsteigend sortiert und die resultierende Datei in ein ASCII-File geschrieben. Aus Kompatibilitätsgründen findet in den CATs der Export nicht in eine Datenbanktabelle sondern immer in ein ASCII-File statt. Allerdings kann ebenso problemlos in die DB geschrieben werden wenn der ASCII-Export-Knoten durch einen Datenbankexportknoten ausgetauscht wird. Auch ist es möglich, alle vorgestellten Streams in einem Schritt ohne die Anlage von Zwischenfiles auszuführen. Diese Vorgehensweise im WebCAT hat mehr didaktische Gründe, um die Einzelstreams verständlich und überschaubar zu halten. Ein Ausschnitt der resultierenden Datei ist in nachfolgendem Screenshot wiedergegeben:

Tabelle (53246 Datensätze)

Tabelle Bearbeiten Generieren Hilfe

VisitID	VisitActions	User_Agent	TimeStamp	Page	Search_Strings
Visit_0	7	Browser_0	67345630	splash.htm	
Visit_0	7	Browser_0	67347013	main.htm	
Visit_0	7	Browser_0	67348297	western.htm	
Visit_0	7	Browser_0	67349869	bargin.asp	
Visit_0	7	Browser_0	67350020	dracula.htm	
Visit_0	7	Browser_0	67350311	horror.htm	
Visit_0	7	Browser_0	67352084	bargin.asp	
Visit_1	7	Browser_2	67545075	splash.htm	
Visit_1	7	Browser_2	67545228	main.htm	
Visit_1	7	Browser_2	67546286	login.asp	

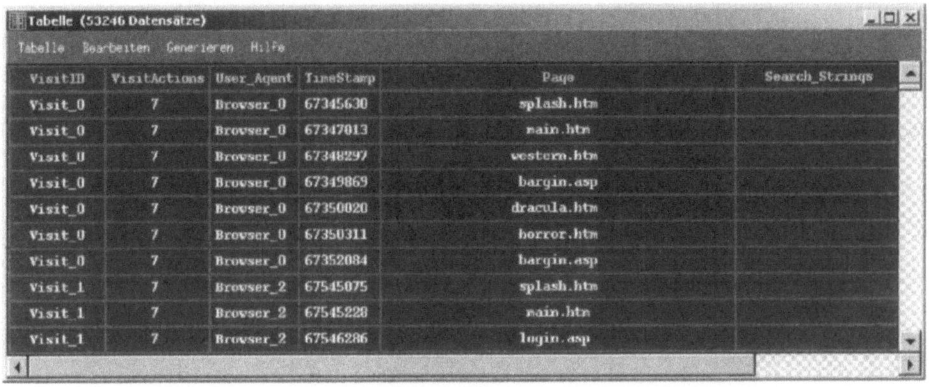

Abbildung 2: Darstellung der generierten Session-IDs (VisitID)

2.3.2 Preprocessing: Profilbildung

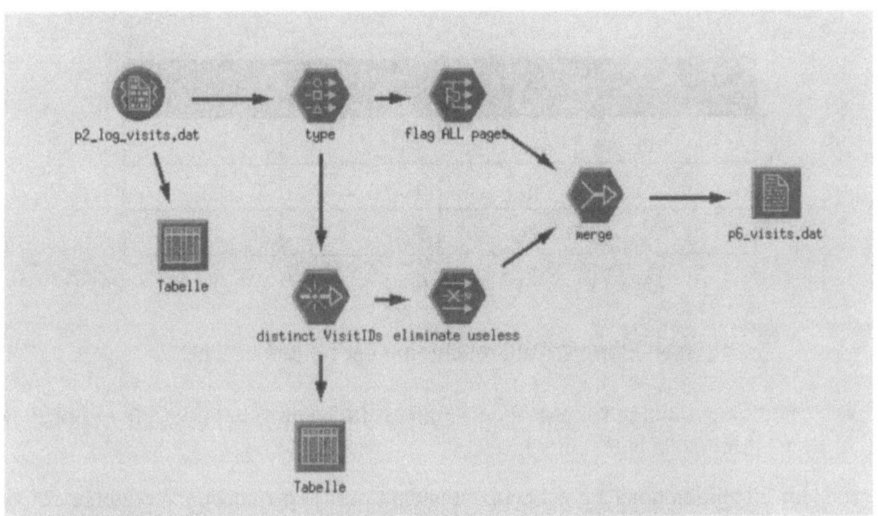

Abbildung 3: Clementine-Stream: Erstellen von Besuchprofilen

- *Zusammenfassung*

Dieser Stream erstellt auf Basis der zuvor erstellten Datei Visit Records. Dabei wird für jede besuchte Seite ein Flag (True/False) erzeugt, welches anzeigt, ob der Besucher diese Seite besucht hat oder nicht.

- *Erklärung*

Dieser Stream leistet eine Warenkorbtransformation, indem eine Anzahl an Datensätzen, die individuelle durch eine ID verbundene Ereignisse darstellen, in eine Anzahl von Flags für Ereignisse (hier: Seiten) überführt werden.

Session	Event
1	Seite A
1	Seite B
1	Seite C
2	Seite C
2	Seite B
3	Seite A

Vorher

Session	Seite A	Seite B	Seite C
1	T	T	T
2	F	T	T
3	T	F	F

Nachher

Abbildung 4: Binärcodierung der Seitenbesuche

- Die Daten aus dem vorherigen Schitt werden mit einem ASCII-Importknoten (‚p2_log_visits.dat') eingelesen.

- Im Type-Knoten (‚type') wird zunächst der Typ und der Wertebereich jedes Feldes automatisch bestimmt. Dies ist erforderlich, damit der Set-to-Flag-Knoten (‚flag ALL pages') laufen kann.

- Der Set-to-Flag-Knoten führt die oben beschriebene Warenkorbtransformation durch.

- Da durch den Set-to-Flag-Vorgang alle anderen Felder (außer den Seiteninformationen, die durch Set-to-Flag generiert werden) verloren gehen, ist es erforderlich, die ursprünglichen Daten für jede Session wieder anzufügen.

- Dies geschieht im unteren Teil des Streams. Zunächst wird mit einem Distinct-Knoten der erste Datensatz aller identischen Sessions extrahiert (also: für jede

Session die erste besuchte Seite). Irrelevante Felder werden gelöscht ('eliminate useless') und anschließend werden die resultierenden Felder mittels eines Merge-Knotens den Originaldaten zugespielt.

- Das resultierende File wird wieder in eine ASCII-Datei geschrieben (siehe Screenshot).

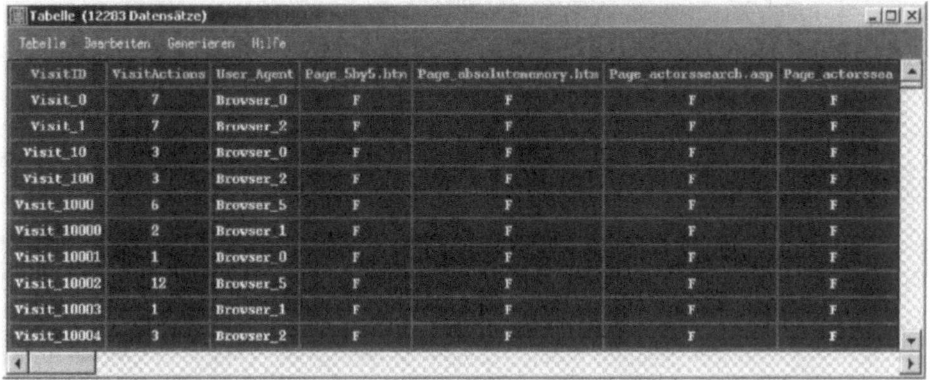

Abbildung 5: Ergebnis der Warenkorbtransformation (Codierung)

2.3.3 Modeling: Segmentierung von Besuchen durch Clustering und Profiling

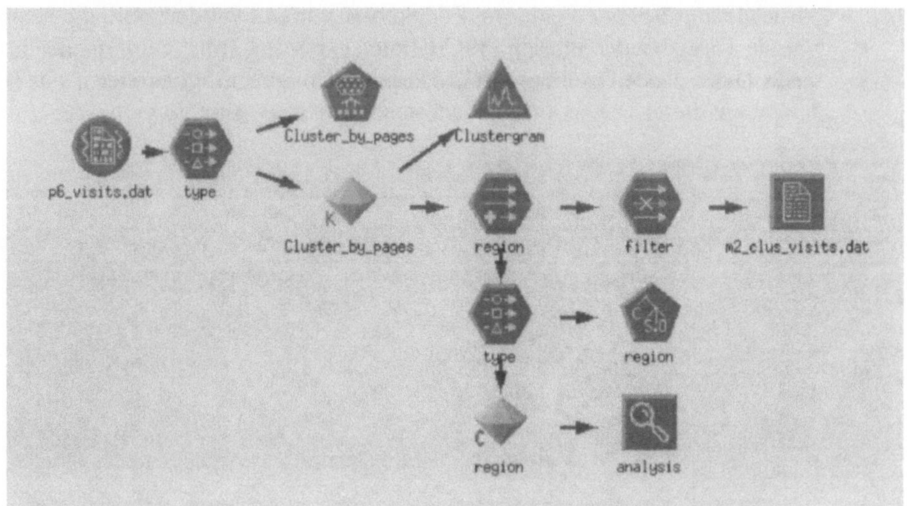

Abbildung 6: Clementine-Stream: Segmentierung durch Clustering

- *Zusammenfassung*

Die Datenaufbereitung ist nun weitestgehend abgeschlossen. Es liegen Session IDs vor, und für jede Session ist festgehalten, ob die jeweilige Seite besucht wurde oder nicht. Ziel des nachfolgenden Schrittes ist es nun, mittels eines Clusterverfahrens Gruppen von Besuchen zu finden, die ähnliche Seiten angeklickt haben.

- *Erklärung*

  - An den Datenimportknoten (,p6_visits.dat') wird ein Typknoten angehängt, in dem festgelegt wird, welche Felder dem anschließenden Clusteralgorithmus als Grundlage zur Findung ähnlicher Gruppen dienen sollen. Hierbei handelt es sich um alle Felder, in denen festgehalten ist, ob eine Webseite besucht wurde oder nicht.

  - Als Clusteralgorithmus wurde hier ein Kohonen-Netz verwendet. Alternativ hätte auch der extrem performante TwoStep (eine Neuentwicklung von SPSS) oder ein traditioneller K-Means zum Einsatz kommen können.

  - Das vom Clusteralgorithmus erzeugte Modell ist der Diamant (,Cluster by pages'). Er ordnet jedem Besuch nun automatisch ein Wertepaar (z.B. Cluster1 / Cluster 3) zu. Diese Wertepaare entsprechen den Koordinaten der Ausgabeschicht des Kohonen-Netzwerkes, weshalb ähnliche Besuche durch gleiche Wertepaare zu identifizieren sind.

  - In dem Feld ,region' wird zum Zwecke der leichteren Handhabung das Wertepaar zu einem Feld verschmolzen (hier: Cluster13). Somit ist jeder Besuch genau einem Cluster zugeordnet.

  - Nachdem irrelevante Felder im Filterknoten entfernt wurden, wird die resultierende Datei wieder in eine ASCII-Datei exportiert (,m3_clust_rec.dat'). Ein Ausschnitt dieser Datei wird im nachstehenden Screenshot gezeigt:

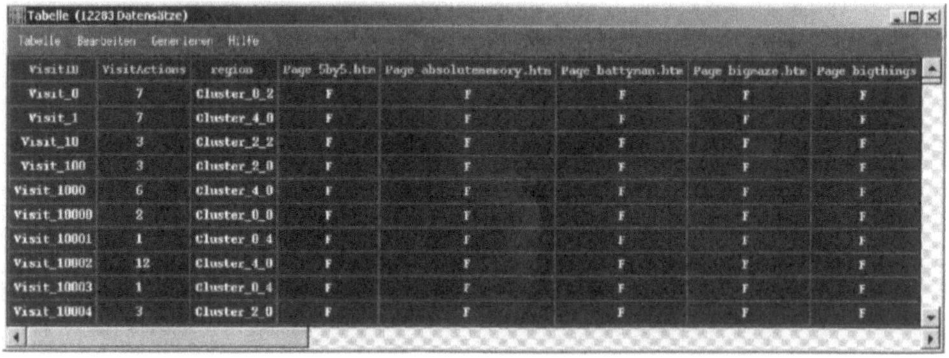

VisitID	VisitActions	region	Page 5by5.htm	Page absolutememory.htm	Page battyman.htm	Page bigmaze.htm	Page bigthings
Visit_0	7	Cluster_0_2	F	F	F	F	F
Visit_1	7	Cluster_4_0	F	F	F	F	F
Visit_10	3	Cluster_2_2	F	F	F	F	F
Visit_100	3	Cluster_2_0	F	F	F	F	F
Visit_1000	6	Cluster_4_0	F	F	F	F	F
Visit_10000	2	Cluster_0_0	F	F	F	F	F
Visit_10001	1	Cluster_0_4	F	F	F	F	F
Visit_10002	12	Cluster_4_0	F	F	F	F	F
Visit_10003	1	Cluster_0_4	F	F	F	F	F
Visit_10004	3	Cluster_2_0	F	F	F	F	F

Abbildung 7: Zuordnung der Clustereigenschaften im Feld „region"

- Der untere Teil des Streams (‚type'-,‚region'-,‚region'-,‚analysis') dient zur Veranschaulichung der gebildeten Cluster. Er zeigt, welche Seiten alle Besuche typischerweise besuchen, die in Cluster 13 fallen.

- Dieser Prozess läßt sich durch einen Entscheidungsbaum (hier: C5 ‚region') automatisieren. Der Entscheidungsbaum lernt, welche Regeln auf jedes gebildete Besuchscluster zutreffen und fasst sie in einem Modell (Diamant ‚region') zusammen – ein Beispiel zeigt nachstehender Screenshot. Im Cluster 0-1 befinden sich, wie am nachstehenden Screenshot exemplarisch dargestellt, 4 ähnliche Nutzergruppen, die jeweils durch ein Profile beschrieben werden. Im hier gezeigten 4. Profil zeigt sich, dass man diesem Cluster mit einer Wahrscheinlichkeit von 72,1 Prozent angehört, wenn die Sonderangebote und die Splash-Seite besucht wurden, nicht aber Comedies und Science-Fiction (und die Login-Seite).

- Der Analysis-Knoten gibt einen ersten Anhaltspunkt dafür, wie gut die Bildung der Besuchstypologie arbeitet.

Abbildung 8: Ausschnitt aus dem Regelsatz für ein Cluster

2.3.4 Umsetzung: Entwicklung von Empfehlungen

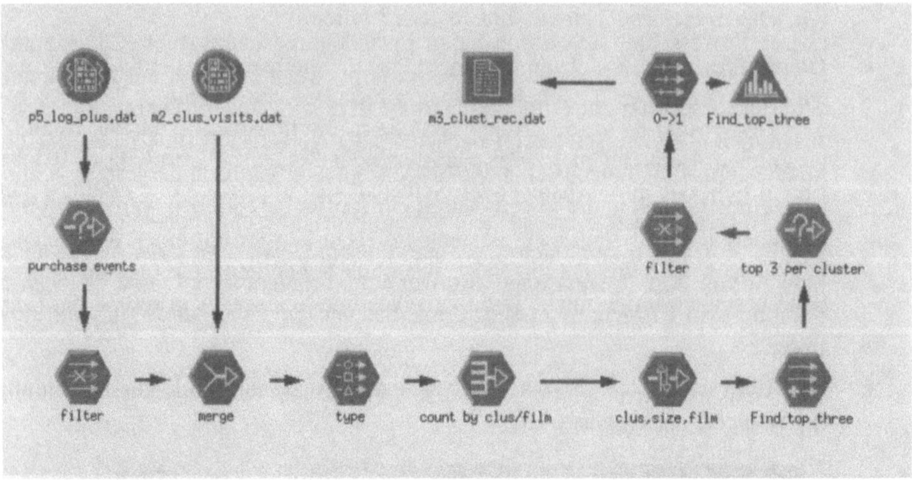

Abbildung 9: Clementine-Stream: Erstellen von Kaufempfehlungen für Besuchercluster

- *Zusammenfassung*

Dieser Stream fügt den Clusterdaten aus Schritt 3 Verkaufsdaten für jede Session hinzu. Getrennt für jedes Cluster werden die drei meist verkauften Produkte errechnet und in einer Datei abgelegt.

- *Erklärung*

Der Stream illustriert, wie das Clustern dabei helfen kann, Kaufempfehlungen für einzelne Produkte zu treffen.

- Aus dem Web-Log werden (im linken Teilstream: ‚p5_log_plus.dat'; ‚purchase events', ‚filter') diejenigen Datensätze ausgewählt, die einen Verkauf beinhalten.

- Alle Felder außer Session ID und Kaufinformationen werden entfernt.

- Diese Daten werden im merge-Knoten mit den Cluster-Daten zusammengespielt (Schlüsselfeld Session ID), um für jeden Einkauf die Clustertypologie des Besuchers zu erhalten.

- Ein Aggregationsknoten (‚count by clus/film') wird verwendet, um die Anzahl der Abverkäufe jedes Produktes in den einzelnen Clustern zu erhalten.

- Die aggregierten Daten (jede Zeile ist ein Produkt) werden nach Cluster und Abverkaufsmenge sortiert (‚clus, size, film'), so dass für jedes Cluster die Produkte ‚oben stehen', die am häufigsten verkauft werden.

- Für jedes Produkt wird der Verkaufsrang innerhalb eines Clusters gebildet („Find_top_three').

- Für jedes Cluster werden nur die ersten 3 Produkte selektiert („top 3 per cluster').

- Irrelevante Felder werden wieder entfernt, und der Output wird in eine ASCII-Datei geschrieben („m3_clust_rec.dat', siehe nachstehenden Screenshot).

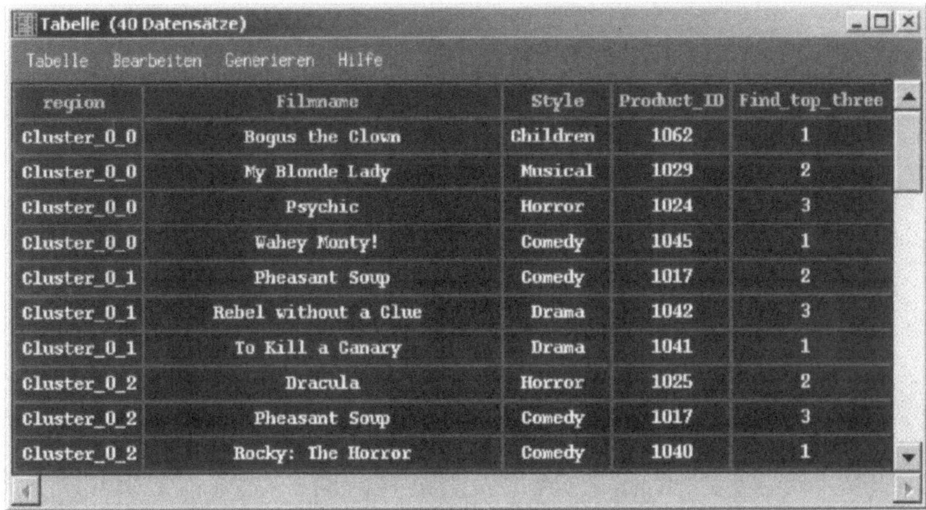

region	Filmname	Style	Product_ID	Find_top_three
Cluster_0_0	Bogus the Clown	Children	1062	1
Cluster_0_0	My Blonde Lady	Musical	1029	2
Cluster_0_0	Psychic	Horror	1024	3
Cluster_0_0	Wahey Monty!	Comedy	1045	1
Cluster_0_1	Pheasant Soup	Comedy	1017	2
Cluster_0_1	Rebel without a Clue	Drama	1042	3
Cluster_0_1	To Kill a Canary	Drama	1041	1
Cluster_0_2	Dracula	Horror	1025	2
Cluster_0_2	Pheasant Soup	Comedy	1017	3
Cluster_0_2	Rocky: The Horror	Comedy	1040	1

Abbildung 10: Produktempfehlungen nach Käufertypologie

Das Zwischenziel ist erreicht: Wir haben eine Käufertypologie entwickelt und für jeden Käufertyp genau die Produkte ermittelt, die diesem Typ am besten gefallen.

Darauf aufbauend möchten wir jedem neuen Besucher unserer Webseiten die für ihn wahrscheinlich interessantesten Produkte anbieten. Dazu muss zunächst die Klassifikation des Käufertyps erfolgen und im weiteren untersucht werden, welche Produkte sein Typ normalerweise kauft. Diese Produkte schreiben wir in eine Datei, damit sie von einem Content-Management-System aufgegriffen und angezeigt werden können. All das wird in Schritt 5 realisiert.

2.3.5 Deployment: Kaufempfehlungen in Echtzeit

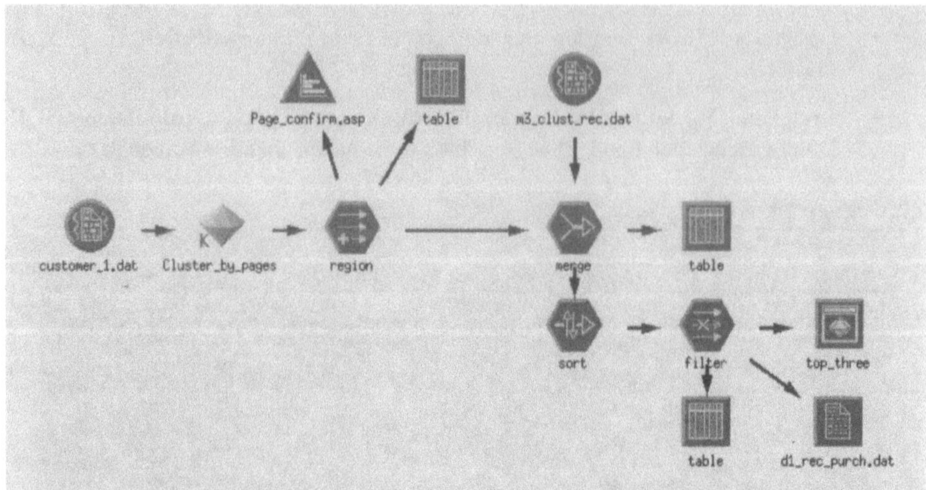

Abbildung 11: Clementine-Stream: Deployment: Kaufempfehlungen in Echtzeit

- *Zusammenfassung*

Dieser Kaufempfehlungsstream erzeugt eine Liste mit je drei Produkten, die einem Webseitenbesucher angeboten werden sollen. Die Berechnung basiert auf dem in Schritt 3 erzeugten Kohonen-Netz in Verbindung mit den zuvor besuchten Seiten.

- *Erläuterung*

Während sich der Kunde auf einer Website bewegt, wird ein Protokoll über die Seiten angelegt die er bereits besucht hat (in diesem Stream repräsentiert durch ‚customer_1.dat'). Dieser Datensatz enthält als Felder alle wichtigen Seiten mit dem Feldinhalt Ja/Nein, je nachdem, ob sie besucht wurden oder nicht.

- Der Datensatz wird zunächst durch das Kohonennetz (‚Cluster_by_pages') geschickt, und somit die Clusterzugehörigkeit (‚region') ermittelt.

- Mit einem Merge-Knoten werden aus der in Schritt 4 erzeugten Datei die Top 3 Produkte des Clusters herausgezogen, dem der Kunde laut Kohonen-Netz wahrscheinlich angehört.

- Die Produkte werden in absteigender Reihenfolge sortiert (‚sort'), damit das passendste Produkt im ersten Datensatz steht.

- Irrelevante Felder werden herausgefiltert (‚filter'), die Session ID und das Produktranking werden in eine Datei exportiert (‚d1_rec_purch.dat', siehe Screenshot).

Filmname	Style	Product_ID	Find_top_three	VisitID
Wahey Monty!	Comedy	1045	1	Visit_0
Rebel without a Clue	Drama	1042	2	Visit_0
The French Patient	Drama	1050	3	Visit_0

Abbildung 12: Empfehlungsvorschlag

Der Besucher bekommt die drei Filme ‚Wahey Monty', ‚Rebel without a Clue' und ‚The French Patient' angezeigt, da dies die Filme sind, die seinen Besuchertyp in der Vergangenheit am meisten interessiert haben (die Information, zu welchem Clustertyp der Kunde gehört, ist an dieser Stelle nicht mehr vorhanden, da sie für das Content-Management-System irrelevant ist).

Das Content-Management-System hat nun die Aufgabe, die Datei auszulesen und die entsprechenden Produkte anzuzeigen.

Damit werden dem Besucher personalisierte Kaufempfehlungen gemacht; die Kaufwahrscheinlichkeiten und damit der ROI der Website erhöhen sich entsprechend.

Damit das Scoren in Echtzeit funktioniert, kann mit dem Zusatzmodul ‚Clementine Solution Publisher' der gesamte Data-Mining-Prozess aus Clementine herausgelöst werden und ist dezentral verfügbar (z.B. auf einem Webserver). Wichtig ist, dass – wie bei anderen Tools – nicht nur die Data Mining-Modelle herausgelöst werden können (z.B. als C-Code), sondern dass dies auch für die umfangreiche Datenaufbereitungs- und Postprocessingsphase gilt, die ansonsten manuell (zeitaufwendig und ressourcenintensiv) nachprogrammiert werden müsste.

3 Zusammenfassung

Jubii ist ein Pionier in der effizienten Gestaltung von Webseiten zum Erzielen höherer Besucherzahlen, höherer Klickraten und höherer Nutzung von kostenpflichtigen Dienstleistungen und Produkten. Die Analyse zur Personalisierung des Contents erfolgt dabei mit Clementine. Es wurde exemplarisch gezeigt, wie eine solche Personalisierung mit Clementine funktioniert. Verwendet werden dabei Clementine Application Templates, branchenspezifische vorkonfigurierte Streambibliotheken, die von Expertenteams zusammengestellt wurden und einfach auf die Bedürfnisse des jeweiligen Endanwenders von diesem adaptiert werden können. Im dargestellten Fall sollten personalisierte Web-angebote für Besucher gemacht werden, die nicht eindeutig identifizierbar sind, also ohne die Verwendung von Login, Cookies o.ä.. Zunächst wurden aus dem rohen Logfile Session-IDs generiert, um Webevents genau einem (anonymen) Nutzer im Zeitablauf zuordnen zu können. Dann wurden für jede Session und jede Webseite des Webangebots ein Flag (Ja/Nein) erstellt, das angibt, ob in dieser Session die entsprechende Webseite besucht wurde oder nicht. Die Sessions wurden nach eben diesen besuchten Webseiten geclustert, d.h. ähnliche Gruppen von Nutzern in Cluster gleichen Interesses (=Besuchertypen) zusammengefasst. Für jeden dieser Typen wurden die 3 am häufigsten gekauften Produkte ermittelt. Wenn ein Online-Besucher nun das Webangebot nutzt und mindestens 7-8 Klicks initiiert, wird per Echtzeitscoring sein Nutzertyp ermittelt, die für seinen Typ besten 3 Produkte werden analyisert und an das Content-Management-System übergeben.

Literatur

Crisp-DM-Konsortium (2000): Crisp 1.0 Process and User Guide. http://www.crisp-dm.org/download.htm (Zugriff: 3.9.2001).

SPSS (2001): Jubii Anwenderbericht. http://www.spss.com/spssatwork/template _view.cfm?Story_ID=69 (Zugriff: 3.9.2001).

SPSS (2001a): Clementine Application Template for Web Mining, Chicago/Woking (im Lieferumfang von Clementine zum Zeitpunkt der Drucklegung enthalten).

Prof. Dr. Myra Spiliopoulou

hat von 1982 bis 1986 Mathematik an der Universität Athen studiert. Zwischen 1987 und 1994 war sie als Forschungsassistentin in der Abteilung Informatik der Universität Athen tätig und hat dort 1992 ihren Promotionstitel zum Thema der parallelen Anfrageoptimierung erhalten. Zwischen 1994 und 2000 war sie als Wissenschaftliche Assistentin in der Wirtschaftsinformatik der Humboldt-Universität zu Berlin tätig, wo sie 2000 ihre Habilitation zum Thema des qualitativen Ausbaus von Diensten im Web erlangte. Seit April 2001 hat sie den Lehrstuhl Wirtschaftsinformatik des E-Business in der Handelshochschule Leipzig inne.

In ihrer Forschung befasst sie sich mit Themen der Wissensentdeckung und des Wissensmanagements, insbesondere im Anwendungsfeld des E-Business. Ein zentrales Themengebiet ihrer Forschung ist die Auswertung von Web-Auftritten mit Techniken des Web Usage Mining und unter Berücksichtigung ökonomischer Bewertungssysteme. Ein weiterer Forschungsschwerpunkt ist das Gebiet des Text Mining.

Dr. Bettina Berendt

studierte Betriebswirtschaftslehre, Volkswirtschaftslehre und Künstliche Intelligenz/Informatik in Berlin, Cambridge und Edinburgh. Sie promovierte 1998 in Hamburg in Informatik/Kognitionswissenschaft mit einer Arbeit zur formalen Modellierung und empirischen Untersuchung menschlicher Raumkognition. Anschließend war sie Wissenschaftliche Mitarbeiterin an der Abteilung Pädagogik und Informatik der Humboldt-Universität zu Berlin. Seit 2001 ist sie Wissenschaftliche Assistentin am Institut für Wirtschaftsinformatik der Humboldt-Universität zu Berlin. Ihr Hauptforschungsgebiet ist zur Zeit die Analyse von Webnutzungsverhalten mit informatischen, ökonomischen und psychologischen Methoden.

3.5 Wie werden Surfer zu Kunden? Navigations-analyse zur Ermittlung des Konversionspoten-zials verschiedener Sitebereiche

1 Die Web-Site und ihre Ziele

Die Web-Site der Thomaskirche zu Leipzig, an der Bach während seiner kreativsten Jahren als Kantor tätig war, bietet Informationen über das Gebäude selbst und über die dort angebotenen Veranstaltungen und fungiert auch als elektronischer Kontaktpunkt für die Gemeinde. Die zwei Einstiege in die Site, *www.thomaskirche.org* und *www.thomaskirche-bach2000.de*, bieten Zugang zum gesamten Informationsangebot bzw. zum Informationsangebot des Vereins *Thomaskirche-Bach 2000* und zum elektronischen *ThomasShop*.

Die unterschiedlichen Zielgruppen der Site sind die Mitglieder der Gemeinde, die Mitglieder des Bach-Vereins, Besucher der Thomaskirche (vor Ort oder virtuell) sowie Personen, die sich für Bach, Gebäude und Kunstwerke der Thomaskirche, Leipzig, die karitativen Tätigkeiten der kirchlichen Einrichtung und/oder die Veranstaltungen interessieren.

Den Zielgruppen entsprechend hat die Site mehrere Ziele. Im Rahmen der Fallstudie wurde die Site ausschließlich in Bezug auf eines dieser Ziele untersucht, dem Beitrag zu den Einkünften der Thomaskirche durch Spenden und durch Einkäufe im ThomasShop. Der Verein *Thomaskirche-Bach 2000* spielt eine besondere Rolle bei der Spendenakquise: Zweck des Vereins ist die Erhaltung der Thomaskirche, und seine Mitglieder sind selber potenzielle Spender. Dementsprechend sind die meisten Seiten mit Information zu und Kontaktaufnahme für Spenden durch Verweise von der Subsite des Vereins zu erreichen. Abbildung 1 zeigt einen Screenshot der Startseite.

Gemäß der Zielsetzung richtete sich das Augenmerk auf die Kontakt- und Konversionseffizienz für Kunden und Spender. Dabei waren nicht die Konversionsraten selbst von Interesse, sondern die Wirkung der Komponenten der Site auf diese Werte und die Erkennung von Optimierungspotenzialen. Eine dritte, davon abgeleitete Frage war die Konversion der potenziellen Spender zu Kunden und vice versa.

Die Fallstudie folgte den üblichen Phasen des Web Mining: Nach der eben dargestellten Problembestimmung folgten die Phasen der Datenbeschaffung und -aufbereitung, der Analyse des Datenbestands, der Interpretation der Ergebnisse und der Formulierung von Verbesserungsvorschlägen. Datenanalyse-Methoden waren die Entdeckung von Assoziationsregeln und Navigationsmustern.

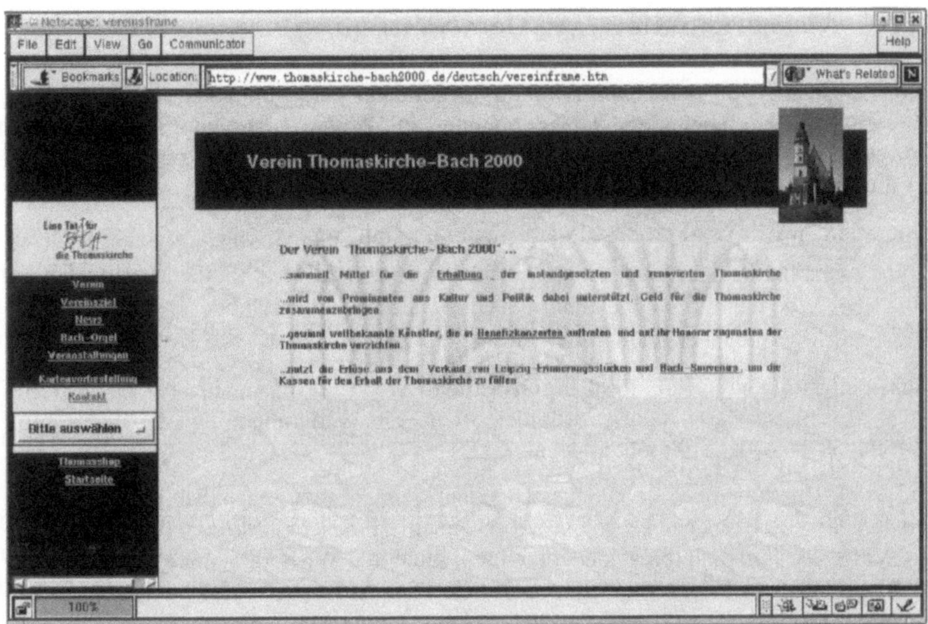

Abbildung 1: Die Startseite des Vereins Thomaskirche-Bach 2000
(http://www.thomaskirche-bach.de/deutsch/vereinframe.htm, Zugriff 20.02.2002)

Für die Datenaufbereitung, insbesondere für die Datenreinigung, Gestaltung von Sitzungen und Abstrahierung der Seiten auf Anwendungskonzepte, wurde das Aufbereitungsmodul von WUM (Web Utilization Miner, http://ebusiness.hhl.de/wum) verwendet. Im Studentenprojekt wurden der SAS Enterprise Miner http://www.sas.com/products/miner) zur Sequenzanalyse und zur Klassifizierung des Nutzungsverhaltens genutzt und WUM zur Sequenzanalyse. Wir berichten hier über die Ergebnisse der Sequenzanalysen.

2 Abbildung der Zugangsdaten auf Anwendungskonzepte

Für die Analyse standen die Zugangsdaten des Web-Servers *www.thomaskirche-bach2000.de* für einen mehrmonatigen Zeitraum zur Verfügung. Hierin sind Aufrufe an Objekte des Servers registriert, also Seiten, Bilder, Skripte und Navigationsleisten. Diese Objekte wurden im Rahmen der Datenaufbereitung gefiltert und zu anwendungsbezogenen, zielgesteuerten Konzepten abstrahiert: Das vielfältige Angebot der Site wurde ausschließlich hinsichtlich der Unterstützung der Spendenakquise und Kundengewinnung betrachtet.

2.1 Ausgangsdaten und Datenreinigung

Die Logdatei von *www.thomaskirche-bach2000.de* entspricht dem Extended-Log-Format, welches neben den konventionellen Hit-Daten Agent und Referrer enthält. Cookies wurden nicht genutzt. (Zu Aufbau und Aufzeichnung von Logfiles s. Kapitel 2.1.1 des vorliegenden Bandes.)

Eine Seite dieser Web-Site besteht aus mehreren Objekten, darunter Navigationsleisten zur Unterstützung der Orientierung, Skriptaufrufe und Bilder. Somit entspricht der Aufruf einer Seite mehreren Objekten im Web-Server-Log. Während der Datenaufbereitung müssen diese Objekte eindeutig einer Sitzung zugeordnet werden (s. Kapitel 2.1.1 in diesem Band). Neben der IP-Adresse wurde der Agent des jeweiligen Besuchers berücksichtigt (Cooley et al. 1999; Spiliopoulou/Berendt 2001), nicht aber der Referrer jedes Aufrufs, da dieser häufig zu fehlerhaften Fragmentierungen von Sitzungen führt (Berendt et al. 2001; Spiliopoulou et al. 2002).

Aufgrund der Abwesenheit von Cookie-Identifiers war es zum einen nicht möglich, wiederkehrende Besucher als solche zu erkennen. So beschränkte sich die Analyse auf das Verhalten innerhalb einzelner Sitzungen, ohne den Wiedererkennungsgrad der Site zu berücksichtigen. Zum anderen war die Zuordnung von Aufrufen zu Sitzungen nur eingeschränkt zuverlässig, weil in der Site keine Cookies eingeschaltet worden waren. Da jedoch die Zahl der Sitzungen pro Tag und die Zahl der parallel zugreifenden Nutzer niedrig sind, sind simultane Sitzungen von derselben IP-Adresse aus unwahrscheinlich. Somit kann angenommen werden, dass die heuristische Rekonstruktion der Sitzungen (Cooley et al. 1999; Berendt/Spiliopoulou 2000) in diesem Fall zuverlässiger ist als im Allgemeinen (Berendt et al. 2001; Spiliopoulou et al. 2002).

Im ersten Schritt der Datenaufbereitung der Sitzungen wurden alle Zugriffe entfernt, welche für die angestrebte Analyse irrelevant waren: Unterobjekte einer Seite wie Bilder und Navigationsleisten, Skriptaufrufe und Zugriffe von Suchrobotern u.ä. Hieraus ergab sich für (fast) jede Seite ein einziger *Seitenaufruf*.

Diese Aufrufe wurden auf Anwendungsobjekte in baumförmigen Konzepthierarchien abgebildet. Eine Konzepthierarchie diente zur Abbildung des Navigationsverhaltens und eine zur Abbildung der thematischen Präferenzen der Besucher. Die Bezeichnungen "Navigation / Präferenzen der Besucher" stellen hierbei eine Vereinfachung dar, da die Analyse auf Sitzungen und nicht auf dem Gesamtverhalten wiederkehrender Nutzer basiert.

2.2 Konzepthierarchie für das Navigationsverhalten

Konzepthierarchien sind – i.d.R. baumförmige – hierarchisch strukturierte Gruppierungen von Seiten zu Konzepten zunehmender Abstraktion. Konzepthierarchien unterstützen die Beschreibung von intendiertem Verhalten, und damit die Entdeckung von Abweichungen im tatsächlichen Verhalten, da eine Beschreibung von Erwartungen häufig auf einem relativ abstrakten Niveau stattfindet. Besuche einzelner Seiten bzw. Seitenfolgen sind dann Beispiele dieses zunächst allgemein beschriebenen Verhaltens. Eine detaillierte Beschreibung findet sich im Beitrag „Assoziations- und Pfadanalyse" in diesem Band (s. Kapitel 2.3.1).

In der Fallstudie wurde das Navigationsverhalten der Besucher hinsichtlich deren Konversion zu Kunden bzw. Spendern modelliert. So wurde jeder Seitenaufruf auf ein Konzept abgebildet, welches das Konversionspotenzial dieser Seite widerspiegelt. So ist zum Beispiel das Konversionspotenzial des Bestellformulars vom ThomasShop größer als das jeder anderen Seite im ThomasShop: Ein Besucher, welcher das Bestellformular aufruft, wird wahrscheinlicher Kunde werden (d.h. das Formular ausfüllen und abschicken) als einer, welcher erst das Angebot des elektronischen Geschäfts studiert.

Abbildung 2 zeigt die resultierende Konzepthierarchie (teilweise aus Jernmark et al. 2001). Wir betrachten die Konzepte dieser Taxonomie als kennzeichnend für das Navigationsverhalten, weil sie in der Analyse dazu dienen, die Pfade der Besucher von Seiten niedrigen Potenzials zu Seiten hohen Potenzials *oder umgekehrt* zu kennzeichnen. Während der Analyse wurden die Konzepte der detailliertesten Ebene verwendet.

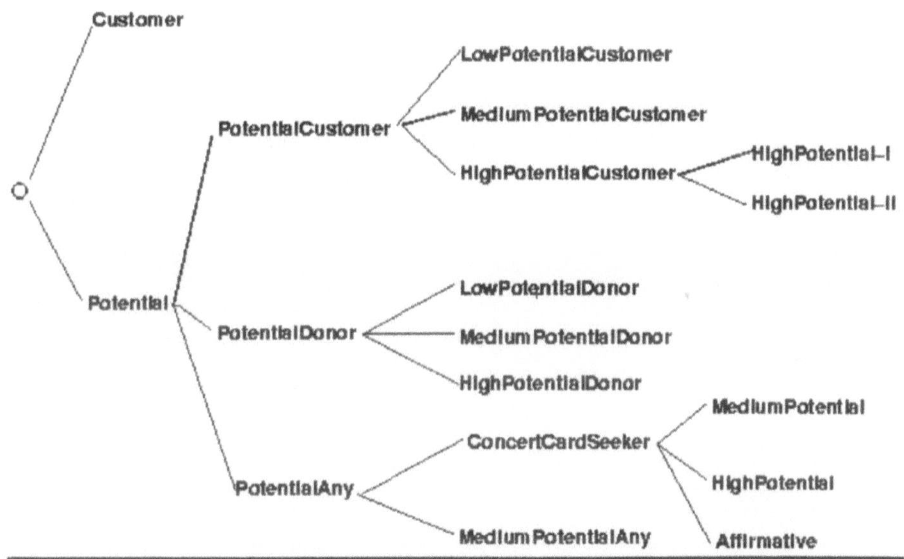

Abbildung 2: Konzepthierarchie für die Konversion von Kunden und Spendern

In der Konzepthierarchie von Abbildung 2 ist eine Seite als Customer bezeichnet, wenn ihr Aufruf einem Kauf entspricht. Dies gilt für die Seite *bestellbest.htm*, die Bestätigung eines erfolgreich abgeschickten Bestellungsformulars. Es gibt keine entsprechende Seite für Spender, da Online-Spenden in der Site nicht möglich waren. So sind alle übrigen Seiten nach ihrem *Potenzial* zugeordnet, ihrem Beitrag dazu, dass ein Besucher Kunde und/oder Spender wird.

Die zwei Einstiegsseiten des ThomasShop wurden dem Konzept LowPotentialCustomer zugeordnet. Die Seiten mit dem Angebot des ThomasShop wurden als MediumPotentialCustomer bezeichnet. Das Konzept HighPotentialCustomer wurde für den Aufruf des Warenkorbs (Typ I) und für den Aufruf des Bestellformulars (Typ II) angewendet.

Die Seiten *spenden.htm* und *startspende.htm* wurden dem Konzept HighPotentialDonor zugeordnet: Sie dienen der Kontaktaufnahme zum Zwecke des Spendens. Der Zugriff auf die Seiten des Vereins wurde auf das Konzept MediumPotentialDonor abgebildet und der Aufruf der Vereins-Hauptseite auf LowPotentialDonor.

Durch Verweise auf der Hauptseite des Vereins können Informationen zu Veranstaltungen erreicht und Konzertkarten erworben werden. Diese Seiten werden zum Konzept ConcertCardSeeker abstrahiert. Hierbei wird unterschieden zwischen einfachem Zugriff auf die Seiten (MediumPotential), dem Aufruf der Vorbestellungsseite (HighPotential) und einer erfolgreichen Bestellung (Affirmative). Alle weiteren Verweise auf der Hauptseite des Vereins sind dem Konzept MediumPotentialAny zugeordnet. Das übergeordnete Konzept PotentialAny weist darauf hin, dass diese Seiten sowohl zum Kauf als auch zur Spende beitragen können.

2.3 Konzepthierarchien für die Nutzerpräferenzen

Die Seiten der drei MediumPotential...-Konzepte aus Abbildung 2 wurden in den in Abbildung 3 gezeigten thematischen Taxonomien weiter untergliedert, um zu untersuchen, ob bestimmte Produkte oder Inhalte ein größeres Konversionspotenzial haben als andere.

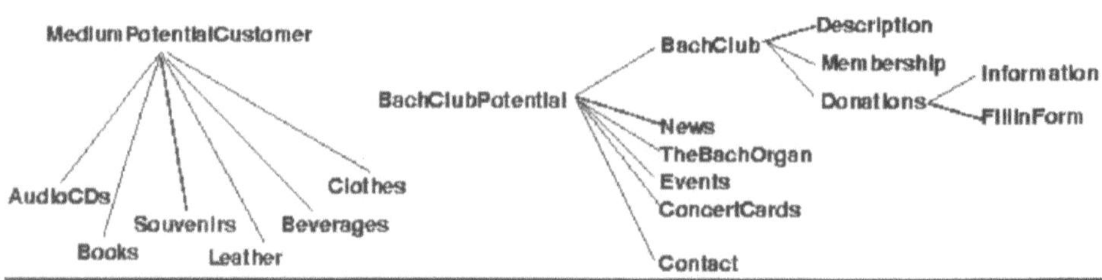

Abbildung 3: Thematische Taxonomien für die Konversion von Kunden und Spendern

Die einfache Taxonomie unter dem Konzept MediumPotentialCustomer (Abbildung 3 links) beschreibt das Angebot im ThomasShop. Die zweite Taxonomie bezieht sich auf die Seiten des Vereins. Sie fasst die Konzepte unter den übergeordneten Begriffen MediumPotentialDonor, MediumPotentialAny und ConcertCardSeeker.MediumPotential im Konzept BachClubPotential zusammen und verfeinert dieses Konzept dann, anders als in Abbildung 2, nach thematischen Kriterien weiter. Dazu gehören die Seiten des Vereins, die über Mitgliedschaft und Spenden informieren, sowie das Formular für eine (zweckgebundene) Spende, Seiten mit Nachrichten, Auskunft zu Konzerten und elektronischer Kartenvorverkauf, und Seiten zur Kontaktaufnahme. Die Seiten zu der kürzlich restaurierten Orgel der Thomaskirche sind in dieser Taxonomie hervorgehoben, weil es möglich ist, für einzelne Orgelpfeifen zu spenden.

Diese zwei Taxonomien wurden in der Analyse nach der Konzepthierarchie von Abbildung 2 angewandt, um die Interessen der Besucher im Bereich MediumPotential näher zu beleuchten.

3 Musterentdeckung

Die Analyse hatte nicht das Ziel, häufige oder anderweitig *a posteriori* interessante Muster zu entdecken, sondern vielmehr das Konversionspotenzial der Site zu beleuchten und auf Verbesserungsmöglichkeiten hinzuweisen. So wurde die Analyse durch die Formulierung konkreter Fragen gesteuert. Die folgenden Abschnitte beziehen sich auf diese Fragen.

Für die Sequenzanalyse nach den Konzepten in Abbildung 2 wurden der SAS Enterprise Miner und WUM angewendet; die hier beschriebenen Befunde wurden durch die Analyse mit jedem der beiden Werkzeuge unterstützt. Für die Analyse nach den Konzepten in Abbildung 3 wurde aus zeitlichen Gründen im Rahmen des Studentenprojekts nur WUM eingesetzt.

3.1 Konversionseffizienz und ideale Navigationspfade

Die erste Frage, die in der Analyse beantwortet werden sollte, betraf die Effizienz in der Konversion der Besucher. Gemäß der Konzepthierarchie in Abbildung 2 wurden die Seiten nach ihrem Konversionspotenzial gruppiert. Idealerweise sollten alle Besucher von einer Seite mit niedrigem Potenzial zu einer mit mittlerem und dann zu einer mit hohem Potenzial wechseln. Da diese Seiten direkt aufeinander verweisen, wäre der ideale Pfad für die Kundenkonversion (vgl. "optimaler Pfad" in Cutler/Sterne 2000) wie in Abbildung 4.

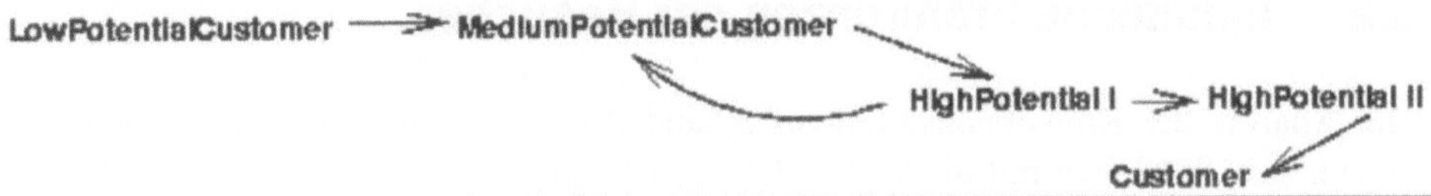

Abbildung 4: Idealer Pfad für die Kundenkonversion

Die Darstellung des idealen Pfads in Abbildung 4 weist darauf hin, dass die Besucher mindestens einmal durch eine MediumPotentialCustomer zu einer HighPotential I Seite kommen, wobei dieser Subpfad eventuell mehrmals durchquert wird. Das entspricht der Tatsache, dass das Konzept MediumPotentialCustomer für die Produkte im Thomas-

Shop steht, während HighPotential I den Aufruf des Warenkorbs und das Hineinlegen eines Produkts abstrahiert. Laut dem optimalen Pfad sollten also die Besucher jedes Produkt in den Warenkorb legen und dann das Bestellformular aufrufen (HighPotential II), dessen Bestätigung dem Kauf (Customer) entspricht.

Nach der Abstraktion zu den Konzepten der untersten Ebene von Abbildung 2 gab es kaum Sitzungen, die den obigen idealen Pfad enthielten. Dies bedeutet, dass die Kunden mehrere Seiten mittleren Potenzials (nämlich: Produkte) aufgerufen haben, bevor sie den Kauf durchgeführt haben. Das ist nicht weiter erstaunlich, da die Kunden sich oft mehr Produkte anschauen, als sie in den Warenkorb ablegen. Allerdings führte dieses Erkenntnis dazu, dass nicht der optimale Pfad untersucht wurde, sondern die Konfidenz seiner Bestandteile.

Für die Kundenkonversion besteht der ideale Pfad in Abbildung 4 aus den Sequenzen [LowPotentialCustomer, MediumPotentialCustomer], [MediumPotentialCustomer, HighPotential I] und [HighPotential I, HighPotential II]. Die erste hat eine Konfidenz von circa 55%, d.h. mehr als die Hälfte der Besucher des ThomasShop haben sich ein Produkt angeschaut. Dagegen ist die Konfidenz der zweiten Sequenz sehr niedrig: nur wenige der angeschauten Produkte landen im Warenkorb. Die dritte Sequenz hat ebenfalls eine niedrige Konfidenz, d.h. dass Warenkorbe sehr oft ohne Bestellung verlassen werden. Die idealen Pfade für Spender und für den Kauf von Konzertkarten sind entsprechend: In Abbildung 2 führen vom niedrigen zum mittleren und dann zum hohen Potenzial jeweils ein Schritt. Der Aufruf von mehreren Seiten mittleren Potenzials ist zu erwarten. Die Sequenz [LowPotentialDonor, MediumPotentialDonor] hat eine Konfidenz von mehr als 55%, die Sequenzen vom mittleren zum hohen Potenzial für Spender und Konzertkartenkauf jedoch haben Konfidenzwerte von weniger als 25%.

Als *Querkonversion* betrachten wir die Konversion eines potenziellen Spenders zu einem potenziellen Kunden oder Kartenkäufer und umgekehrt. Sie entspricht der Konfidenz, mit der ein Besucher von einem Bereich der Site zum anderen wechselt. Die Querkonversion vom Bereich MediumPotentialDonor zum ThomasShop (LowPotentialCustomer) ist fast 20%, alle weitere Konfidenzwerte sind niedriger, was auf beschränkte Synergieeffekte zwischen den Bestandteilen der Site hinweist.

3.2 Inhaltliche Präferenzen der Besucher

Die Analyse der Konversionseffizienz anhand der Konzepthierarchie in Abbildung 2 zeigte, dass die Seiten mit niedrigem Potenzial relativ effektiv sind, indem sie ihre Besucher mit einer Konfidenz von mehr als 50% zu Seiten mit mittlerem Potenzial überführen. Hingegen sind letztere weit weniger effektiv. So stellte sich als zweite Aufgabe die Untersuchung der Präferenzen der Besucher dieser Seiten. Dazu wurden die Taxonomien in Abbildung 3 verwendet.

Für die Analyse der Interessen der potenziellen Spender wurden Sequenzen der Art [BachClubPotential, Y] untersucht, wobei Y ein der Konzepte der untersten Ebene in der entsprechenden Taxonomie in Abbildung 3 ist. Alle diese Konzepte erscheinen auf derselben vertikalen Navigationsleiste auf der Hauptseite des Vereins (BachClubPotential). Die Beschreibung des Vereins und die Bach Orgel erwiesen sich als die populärsten Themen, die mit einer Konfidenz von circa 30% aufgerufen werden. News, Veranstaltungen und Karten werden mit einer Konfidenz zwischen 20% und 30% gefragt. Die Kontaktaufnahme weist eine Konfidenz von circa 15% auf. Alle anderen Konzepte werden mit einer Konfidenz von weniger als 10% aufgerufen.

Für die Kundenkonversion im ThomasShop wurde zunächst die Konfidenz des Aufrufs für jeden Produkttyp untersucht. Die höchste Konfidenz weisen CDs auf (mehr als 50%), gefolgt von den Souvenirs, während die Konfidenz aller anderen Produkte bei circa 30% lag.

Die Wirkung eines Produkts auf die Konversionseffizienz lässt sich nicht trivial ermitteln. Theoretisch betrachtet fungieren manche Produkte als kaufstimulierend, ohne selber gekauft zu werden. Dieser Effekt kann aber nicht durch die Wahrscheinlichkeit eines Kaufs nach dem Aufruf des Produkts berechnet werden. Diese Wahrscheinlichkeit ist für Nahrungs- und Genussmittel (Getränke, Pralinen usw.) am höchsten, was aber keineswegs bedeutet, dass Gourmets mit größerer Konfidenz kaufen als diejenigen, die sich für andere Produkte interessieren. Vielmehr hat die Inspektion der Navigationsmuster mit WUM gezeigt, dass die meisten Pfade mehrere Produktaufrufe enthalten, so dass der Beitrag jedes einzelnen zur Konversion nicht ermittelt werden kann. Allerdings zeigt das Navigationsmuster für Kunden, dass CDs die häufigste erste Wahl sind.

4 Auswertung der Ergebnisse

Die Sequenzanalyse hat gezeigt, dass das Konversionspotenzial weder für Kunden noch für Spender ausgeschöpft ist. Die Seiten mit niedrigem Potenzial wirken als Zubringer mit einer Konfidenz von mehr als 50%. Die Seiten mit mittlerem Potenzial jedoch, die zu Spenden und Käufen motivieren und Zugang zu den entsprechenden Formularen enthalten, sind weniger effektiv. Die Seiten hohen Potenzials sind zwar effektiver, aber immer noch verbesserungswürdig; ihr Ausbau scheint sogar dringender, weil sie zum Schwund von fast konvertierten Kunden/Spendern beitragen.

Die Untersuchung der Ursachen für die niedrigen Konfidenzwerte sind nicht Thema dieses Beitrags. Andeutungsweise soll nur auf die Interpretation der Konfidenzwerte der Sequenzen [BachClubPotential, Y] eingegangen werden. Eine Ist-Analyse und die Formulierung von Vorschlägen zur Verbesserung der Web-Site wurde im Rahmen eines anderen Studentenprojekts vorgenommen.

Die Konfidenzwerte der Sequenzen [BachClubPotential, Y] variieren zwischen 5% und 30%, obwohl Y für Konzepte steht, die auf der vertikalen Navigationsleiste derselben Seite erscheinen. Allerdings sind sie in zwei Gruppen geteilt. Die obere Gruppe auf der Navigationsleiste besteht aus Verweisen zu den einzelnen Themen, während die Verweise der unteren Gruppe in einem Pop-Up-Menü erscheinen. Die Konzepte, die mit hoher Konfidenz aufgerufen werden (Vereinsbeschreibung, Bach-Orgel, News, Veranstaltungen und Karten), sind gerade die Konzepte der ersten Gruppe. Alle Konzepte der zweiten Gruppe werden seltener aufgerufen, was darauf hinweist, dass das Pop-Up-Menü selten als solches wahrgenommen wird.

5 Fazit

In der obigen Fallstudie haben wir die Effektivität einer Web-Site im Sinne der Erfolgskontrolle (Spiliopoulou/Pohle 2001) untersucht. Die Ergebnisse zeigen, wie das an sich einfache Paradigma der Assoziationsregeln wertvolle Erkenntnisse liefern kann, welche weit über die überstrapazierte Assoziation von Bier und Windeln hinausgehen.

Der Umgang mit der Web-Site hat auch wichtige Erkenntnisse zum Vorgang der Analyse gezeigt. Die Erfolgskontrolle fängt nicht mit dem Einsetzen der Mining-Software an, sondern mit einer aufwändigen Datenaufbereitungsphase. Die Ausarbeitung von geeigneten Konzepthierarchien hat sich als der entscheidende Schritt in diesem Projekt erwiesen. Die ursprüngliche Aufgabenstellung wurde durch die ausgewählten Konzepte ausgebaut und zu konkreten Fragestellungen übergeführt. Diese entsprechen nicht vorformulierten Hypothesen, sondern dienen eher dazu, die Mining-Software zur Entdeckung nur der relevanten Muster zu steuern.

In dieser Fallstudie wurde die Konversionseffizienz einer Site untersucht. Durch die Gruppierung von Seiten nach ihrem Konversionspotenzial wurde eine Verfeinerung des Konzepts „Konversion" selber notwendig, die durch den Gebrauch des generischen Begriffs „Konfidenz" vermieden wurde. Dieser Bedarf weist darauf hin, dass im Bereich der E-Metriken für die Web-Site-Analyse (Cutler/Sterne 2000; Spiliopoulou/Pohle 2001), und dem dazugehörigen methodische Vorgehen noch Forschungsbedarf besteht.

Der Vorgang der Datenanalyse ist iterativer Natur. Die entdeckten Muster führen zu neuen Fragestellungen. Für manche Iterationen ist die Abstrahierung oder Konkretisierung von Konzepten notwendig, was dem Roll-Up und Drill-Down in einem Warehouse entspricht. Diese Funktionalität wird zurzeit nicht im Data Mining selber beansprucht, die Datenanalyse konzentriert sich auf einem statischen Datenbestand. Es besteht also die Herausforderung, die Mechanismen zu Roll-Up und Drill-Down entlang von Konzepthierarchien in allen Phasen der Datenaufbereitung, Analyse und Visualisierung der Ergebnisse einsetzen zu können.

Literatur

Berendt, B.; Mobasher, B.; Spiliopoulou, M.; Wiltshire, J. (2001): Measuring the accuracy of sessionizers for web usage analysis. In: Proceedings of the Workshop on Web Mining at SIAM Data Mining Conference 2001, Chicago, IL, S. 7-14.

Cooley, R.; Mobasher, B.; Srivastava, J. (1999): Data preparation for mining world wide web browsing patterns. In: Journal of Knowledge and Information Systems, Vol. 1, No. 1, S. 5-32.

Cutler, M.; Sterne, J. (2000): E-metrics – business metrics for the new economy. Net-Genesis Corporation, Technical report, http://www.netgen.com/emetrics (Zugriff: 22.07.2001).

Jernmark, P.; Mittal, N.; Narayan, R.; Subudhi, S.; Wallin, K. (2001): Analysis of the Thomaskirche website. Handelshochschule Leipzig, KDD-Kurs-Projektreport.

Säuberlich, F. (2002): Vorverarbeitung von Web-Daten – Pre-Processing. In diesem Band, S. 107-123.

Spiliopoulou, M.; Berendt, B. (2001): Kontrolle der Präsentation und Vermarktung von Gütern im WWW anhand von Data-Mining Techniken. In: Hippner, H.; Küsters, U.; Meyer, M.; Wilde, K.D. (Hrsg.): Handbuch Data Mining im Marketing, Wiesbaden, S. 855-874.

Spiliopoulou, M.; Mobasher, B.; Berendt, B.; Nakagawa, M. (2002): Evaluating data preparation in Web usage analysis. Erscheint in: INFORMS Journal on Computing.

Spiliopoulou, M.; Carsten Pohle, C. (2001): Data mining for measuring and improving the success of web sites. In: Data Mining and Knowledge Discovery, Special Issue on E-commerce, Vol. 5, No. 1 / 2, S. 85-114.

Dr. Klaus-Peter Huber

40 Jahre, studierte an der Universität Karlsruhe Informatik. Seine erste Station war die Mercedes-Benz AG, bei der er drei Jahre als Fachreferent für wissensbasierte Systeme tätig war. Nach seiner Promotion über das Thema Data Mining an der Universität Karlsruhe, stieg er 1998 als Product Consultant bei dem Business Intelligence- und Data Warehouse-Anbieter SAS ein. Dort baute er das Competence Center und später die Business Unit e-Intelligence auf. Er ist heute bei SAS Deutschland als Manager für die Business Unit CRM Solutions verantwortlich. Er ist Mitglied in verschiedenen Programmkomitees wissenschaftlicher Konferenzen (IDA etc.), hält Vorlesungen an der Universität Mainz und ist Autor zahlreicher Fachartikel zu den Themen Data Mining/CRM und e-Intelligence.

Dr. Frank Säuberlich

ist seit 2000 in der Business Unit e-Intelligence bei SAS in Heidelberg als Technical Consultant tätig. Davor war er wissenschaftlicher Mitarbeiter am Institut für Entscheidungstheorie und Unternehmensforschung der Universität Karlsruhe (TH) mit dem Forschungsschwerpunkt Data Mining im Marketing

Claudia Böhm

Claudia Böhm studierte Physik an der Universität Göttingen, war danach wissenschaftliche Mitarbeiterin am ZARM (Center of Applied Space Technology and Microgravity) der Universität Bremen und ist seit 1999 bei SAS in Heidelberg als Business Expert tätig. Schwerpunkte in ihrer Beratungstätigkeit sind Enterprise Performance Management und Balanced Scorecard.

3.6 Kennzahlenbasiertes Web Controlling mit einer Web Scorecard

1 Problemstellung

Das Internet stellt eine immer wichtiger gewordene Schnittstelle zum Kunden dar und muss daher in jedes CRM-Konzept integriert werden. Zur Steuerung dieser Komponente müssen die geschäftsrelevanten Informationen aus den operativen Systemen gewonnen, verdichtet und entsprechend aufbereitet werden. Dies kann analog zur Balanced Scorecard auf Basis von Perspektiven, Zielen und Kennzahlen durchgeführt werden. Im Beitrag wird dieser Ansatz erläutert. Dabei werden beispielhaft mögliche Indikatoren vor- und an einer Beispielanwendung dargestellt. Der Web-Kanal als wichtiges Element einer CRM-Strategie wird damit transparent und effektiv nutzbar.

2 Einleitung und Motivation

Betrachtet man die Aussagen der IT-Analysten sowie die Entwicklung des Software-marktes in den letzten Jahren, ist ganz offensichtlich der Kunde in den Mittelpunkt jeder Strategie gerückt. Dieses Customer Relationship Management (CRM) genannte Konzept reicht von der strategischen Ausrichtung des Unternehmens in den Führungsetagen bis hin in die operativen Abläufe z.B. im Call Center. Durch das Internet ist nun ein neuer sehr wichtiger Kontaktpunkt zum Kunden entstanden, den es optimal zu steuern und zu nutzen gilt.

Dies ist um so wichtiger geworden als die Firmen berechtigt intern die Frage stellen, was letztlich mit dem meist für Millionen Mark aufgebauten Web-Auftritten tatsächlich passiert. Wie viele Besucher bringt der Auftritt? Wie viele Kunden wurden gewonnen? Ist der Trend positiv? Hat sich die Warenkorbgröße der Kunden verändert? Wirken sich Marketingaktionen auf die Besucherzahlen aus und wenn ja in welcher Form? Dies sind Fragen, die heute beantwortet werden müssen, um dem Management Entscheidungs-grundlagen für optimale Web-Strategien liefern zu können.

Die Beantwortung dieser Fragen kann, analog zum Ansatz einer Balanced Scorecard (Kaplan/Norton 1996), auf Basis von Perspektiven, Zielen und Kennzahlen erfolgen. Dazu muss ein Prozess initiiert werden, der als Resultat gerade diese abstrakten Konzepte mit den Inhalten zur Steuerung eines Web-Auftritts füllt. In einem nächsten Schritt kann der Aufbau dieser Web Scorecard, durch Generierung der aktuellen Kennzahlen auf Basis der im Unternehmen verteilten operativen Daten, erfolgen. Zur Unterstützung des Managements werden diese Informationen komprimiert und übersichtlich in einem webbasierten Frontend zur Verfügung gestellt.

3 Die Balanced Scorecard als Unternehmenssteuerungsinstrument

Die Balanced Scorecard stellt den bisher ambitioniertesten Versuch dar, im Rahmen eines ganzheitlichen Ansatzes zur Betrachtung eines Unternehmens alle Bereiche und Funktionen einzuschließen und diese detailgetreu abzubilden. Balanced Scorecard (BSC) bedeutet die bewusste Abkehr von Beurteilungsweisen, die einseitig klassische Finanzkennzahlen wie etwa Return on Investment oder den Shareholder Value zum Maßstab nehmen. Das Potenzial eines Unternehmens wird dadurch identifiziert, dass bislang nicht bilanzierte Faktoren, wie etwa die Innovationsfähigkeit, die Kundenzufriedenheit oder die Verfügbarkeit des intern vorhandenen Wissens, in das Unternehmensbild integriert werden. Dabei erlaubt die Balanced Scorecard dem Management nicht nur verschiedene Perspektiven auf die Geschäftsprozesse, sondern geht noch einen Schritt weiter: Sie gibt Auskunft darüber, welche Ursache-Wirkungs-Beziehungen zwischen den Finanzdaten einerseits und den nicht-monetären Kriterien andererseits bestehen. Das Steuerungsmodell ergänzt also finanzielle Meßgrößen um Leistungstreiber wie zum Beispiel die Kundenbindung, alle internen Geschäftsabläufe oder die Lern- und Innovationsbereitschaft der Mitarbeiter.

Als Ausgangspunkt eines umfassenden Performance-Managements auf Basis einer Balanced Scorecard wird die Unternehmensstrategie diskutiert: Welche Vision will das Unternehmen realisieren? Mit welchen Strategien und Mitteln? Welche Vorgaben können gesetzt werden? Wie sollen die Strategien kommuniziert werden? Aus der Unternehmensvision und den definierten Strategien werden strategische Ziele, auch Key Performance Indicators (KPIs) genannt, abgeleitet, die mit Kennzahlen und konkreten Vorgaben belegt werden. Die KPIs bilden die Aspekte ab, die für den wirtschaftlichen Erfolg eines Unternehmens entscheidend sind. Im ursprünglichen Balanced Scorecard-Konzept von Kaplan und Norton werden folgende Perspektiven vorgeschlagen (Kaplan/Norton 1996):

- *Die Finanzperspektive*: Sie bildet die klassischen finanziellen Steuergrößen wie Eigenkapitalrendite oder Economic Value Added ab.

- *Die Kundenperspektive*: Diese beinhaltet die Ziele des Unternehmens in Bezug auf Kunden- und Marktsegmente (Kundenzufriedenheit, Markt, Wettbewerb).

- *Die Prozessperspektive*: Sie bezieht sich auf die wichtigsten Ziele der betrieblichen Kernprozesse (Innovationszyklen, Auftragsabwicklung).

- *Die Potenzial- oder Innovationsperspektive*: Diese Perspektive adressiert die für einen Unternehmenserfolg notwendige Infrastruktur (Leistungsfähigkeit der Informationssysteme, Kompetenz und Motivation der Mitarbeiter).

In den folgenden Abschnitten wird aufgezeigt, wie diese Perspektiven auf Fragestellungen des E-Business übertragen werden können.

4 Das Web als wichtiges Element eines CRM-Konzeptes

Der heutige Wettbewerb macht es für im Web präsente Unternehmen unerlässlich, umfassend über die Aktivitäten ihrer Web-Besucher sowie deren Interessen informiert zu sein. Die wachsende Bedeutung des Internets als Kontaktpunkt zum Kunden macht es somit einerseits notwendig, alle Web-Aktivitäten in ein CRM-Konzept einzubringen (Integrationsaspekt). Andererseits ist das Web als Kanal so komplex, dass bereits dieses Element eines CRM-Systems einer gezielten Nutzung und Steuerung bedarf. Bildet man die Idee einer Balanced Scorecard zur Unternehmenssteuerung auf die Steuerung des Internet-Auftritts ab, erhält man die sogenannte Web Scorecard. Analog sind dabei zunächst die wesentlichen Perspektiven zu definieren:

- *Die Systemperspektive*: Das Web-Angebot muss den Besuchern 24 Stunden pro Tag, sieben Tage die Woche performant zur Verfügung stehen. Einer der wichtigsten Aspekte in diesem Zusammenhang ist die Ladedauer: Internet-Surfer warten im Schnitt maximal sieben Sekunden – wenn die Seiten bis dahin nicht komplett geladen sind, klicken die Besucher weiter. Demzufolge spielt die Antwortzeit der Web-Site aus Anwendersicht eine zentrale Rolle bei der Beurteilung des Web-Auftritts. Der Aufbau von Web-Sites läuft über die Stationen Anwender-Client, Netzwerk und Web-Server. Um diese Prozesse im Detail zu analysieren, brauchen die IT-Verantwortlichen Kennzahlen aus allen Teilschritten des Web-Site-Aufbaus.

- *Die Angebotsperspektive*: Diese Perspektive beschäftigt sich mit der zentralen Fragestellung, wie die Besucher das Angebot nutzen: Auf welchen Seiten entsteht der meiste Web-Traffic? Mit welchen Suchbegriffen landen Besucher auf den Web-Seiten? Gibt es bestimmte Seiten, an denen die Besucher das Angebot häufig verlassen? Antworten auf diese Fragen müssen in Form von Kennzahlen aktuell im Unternehmen zur Verfügung stehen.

- *Die Kundenperspektive*: Neben den genannten Kennzahlen der Angebotsnutzung müssen vor allem im Hinblick auf ein optimales Zielgruppenmarketing Mechanismen vorhanden sein, um die Besucher/Kunden auf den Web-Seiten genauer kennenzulernen: Existieren Kundensegmente mit unterschiedlichem Kaufverhalten? Was sind die Eigenschaften und Charakteristika von Käufern einer bestimmten Produktkategorie? Was sind Navigationspfade der Besucher, die häufig zum Kauf im Online-Shop führen?

Für einzelne Perspektiven existieren bereits unterschiedliche Werkzeuge und Vorgehensweisen, um das zugehörige Wissen bereitzustellen:

Zur Optimierung der IT-Infrastruktur werden z.B. sogenannte Service Monitors eingesetzt, die exakte Zeitangaben unter anderem über Request Service, Verification, die Ladezeit beim Client, die gesamte Dauer des Browsens und den Datenverkehr über das WAN liefern.

Web-Reporting Softwaretools liefern Kennzahlen über das Nutzerverhaltens des Web-Angebotes, wie z.B. Zahl der Page Hits oder der User Sessions im interessierenden Zeitraum. Diese Berichte können, wenn die nötige Datengrundlage in den operativen Systemen vorhanden ist, auf sogenannte E-Metrics erweitert werden (NetGenesis 2000 für eine Übersicht möglicher E-Metrics), die mit Kenngrößen wie z.B. Stickiness oder Slipperiness weiterführende Informationen über den Erfolg des Web-Angebotes liefern. (Für eine ausführliche Darstellung möglicher Kenngrößen s. Kapitel 2.4.1 in diesem Buch.)

Um die Besucher/Kunden auf den Web-Seiten genauer kennen zu lernen sind weiterführende Analysen nötig, die man unter dem Begriff Web Mining zusammenfasst (Srivastava et al. 2000). Das Verhalten der Besucher auf den Web-Seiten wird analysiert, um Charakteristika im Besucherverhalten zu identifizieren, wie z.B. verschiedene Kundensegmente mit unterschiedlichem Kaufverhalten oder Produktaffinitäten (Theusinger/Huber 2000). Diese Segmente müssen dann bezüglich ihrer Interessen personalisiert angesprochen werden, zum Beispiel durch Anzeige spezifischer Seiteninhalte.

Für die drei genannten Perspektiven müssen entsprechende Ziele, Maßnahmen und Messgrößen festgelegt werden. In Tabelle 1 wird gezeigt, welche Aspekte beispielsweise zur Steuerung eines Internet-Angebotes für den Endkunden (Business-To-Consumer) relevant sein können.

Perspektiven	Strategische Ziele	Maßnahmen	Messgrößen
System	Ressourceneinsatz optimieren	Serverzahl erhöhen, erniedrigen	Serverauslastung
	Customer Performance	Reduktion der Objekte pro Seite, Serveranzahl prüfen	Mittlere E2E-Antwortzeit, Zugriffsfehler
Angebot	Sichtbarkeit im Markt erhöhen	Werbeaktionen planen, Umfragen durchführen	Aktuelle Pagehits, Aktuelle Sessions
	Stickiness erhöhen	Seiteninhalte überarbeiten, Analyse besuchter und genutzter Inhalte, mehr Personalisierung	Mittlere Besuchszeit
Kunde	Steigerung Kundenzufriedenheit	Personalisierte Web-Seiten	Zufriedenheitsmessung auf den Web-Seiten, Anzahl Abrufe/ Benutzerzeitliche Entwicklung, Usability Rate/ Navigation

	Konversionsrate erhöhen	Durchführung von Marketingkampagnen (Online/Offline), Clickstream-Analyse von Aus- und Einstiegspfaden	Aktuelle Konversionsrate, Responserate
	Umsatz erhöhen	Personalisierte Sonderangebote und automatisiertes Cross Selling auf Basis des analyisierten Nutzerverhaltens	Mittlere Kaufhäufigkeit der Kunden in den letzten drei Monaten
	Effektivität von Marketingmaßnahmen erhöhen	Kampagnenmanagement prüfen, neue Werbestrategie	Responserate pro Mailing

Tabelle 1: Beispielhafte Darstellung strategischer Ziele, Maßnahmen und Messgrößen einer Web Scorecard

Durch diesen Ansatz der Web Scorecard entsteht erstmals ein auf das Unternehmen und dessen Zielsetzung abgestimmtes Steuerungswerkzeug für den Internet-Auftritt.

5 Entwicklung einer Web Scorecard

Bei der Erstellung einer Web Scorecard handelt es sich um einen Prozess, der die Unternehmensziele, die im Rahmen eines CRM-Konzeptes stehen, beleuchtet und diese letztlich auf messbare Kennzahlen herunterbricht.

Im Folgenden werden die Phasen näher beschrieben, und es wird an einem Fallbeispiel der Umgang mit einer Web Scorecard dargestellt. Abschließend erfolgen Hinweise für eine erfolgreiche Realisierung in der Praxis.

5.1 Phasen bei der Erstellung

▪ *Festlegung der geschäftsrelevanten Perspektiven*

Bei einer klassischen Balanced Scorecard nach Kaplan und Norton (Kaplan/Norton 1996) sind das: Finanzen, interne Prozesse, Kunden und Markt sowie Potenziale. Für einen Web-Auftritt schlagen die Autoren die im vorhergehenden Kapitel vorgestellten Perspektiven System, Angebot und Kunde vor. Das System berücksichtigt die technologische Basis des Web-Auftritts, d.h. die Serverlandschaft, Performanceaspekte oder auch Service Level Agreements mit Providern. Beim Angebot geht es um die Nutzung der Applikation und der Inhalte sowie um die Optimierung der Seiteninhalte. Die Kundenperspektive beinhaltet zusätzlich Aspekte, die das einzelne Kundenverhalten berücksichtigen, wie etwa die Konversionsrate. Für diese Perspektiven müssen Ziele definiert werden.

- *Definition der Ziele jeder Perspektive*

Basierend auf den oben genannten Perspektiven werden Ziele festgelegt, die natürlich in einem kausalen Zusammenhang stehen können. Wichtige Ziele im Systemsegment sind beispielsweise die Gewährleistung einer kundenakzeptablen Antwortzeit des Web-Servers beim Aufbau der Web-Seiten oder die optimale Auslastung der Infrastruktur. Beim Angebot geht es um hohe Besuchszahlen und um attraktive Web-Angebote, während für die Kundensicht Erhöhung der Kundenanzahl oder Steigerung des Umsatzes relevant sind. In diesem Fall ist jedoch zu berücksichtigen, dass beispielsweise eine hohe Kundenzahl in der Regel hohe Besuchszahlen voraussetzt, diese wiederum aber nur erreicht werden, wenn nicht der Server zu den Hauptbesuchszeiten für inakzeptable Antwortzeiten sorgt und den Kunden damit zum Mitbewerber wechseln lässt. Für jedes Ziel muß anschließend eine Erreichungskennzahl definiert werden, die sich wiederum aus messbaren Größen zusammensetzen sollte.

- *Erstellung von messbaren Kennzahlen zur Beurteilung des Status der einzelnen Ziele*

Wann ist jedoch ein Ziel erreicht? Diese quantitative Beurteilung muss aus der Zusammenfassung messbarer Kennzahlen resultieren, um ein effektives Controllingwerkzeug zu erhalten. Das Ziel „attraktives Web-Angebot" lässt sich an den Kennzahlen „Anzahl Page Impressions", „Anzahl Besucher", „durchschnittliche Verweilzeit", und „mittlere Anzahl besuchter Seiten" messbar machen. Diese Kennzahlen können in der Regel aus den aufbereiteten Logfiles generiert werden. Wichtige Kennzahlen für einen steigenden Umsatz sind „mittlere Warenkorbgröße", „durchschnittlicher Umsatz", „Anzahl Käufe pro Kunde" etc. Diese werden in der Regel aus weiteren Datenquellen (Shopsystem, Kundendatenbank etc.) und einer Verknüpfung mit den Logdaten erzeugt.

- *Realisierung eines Web-Frontends als Entscheidungsunterstützungssystem*

Nach Erledigung der konzeptuellen Aufgaben werden diese Perspektiven entsprechend visualisiert, kommentiert und mit realen Daten verbunden. Dazu ist einerseits die Realisierung des Frontends zu sehen, wobei hier die Zielgruppe Management adressiert werden muss mit einfacher Bedienbarkeit und dennoch dem Durchgriff auf tiefergehende Informationen. Andererseits sind die notwendigen Daten der operativen Systeme (Web-Server, Shopsystem etc.) einzulesen, zu aggregieren und als Data Mart oder Data Warehouse zielorientiert zusammenzufügen.

Nach Realisierung einer solchen Web Scorecard sind optimale Voraussetzungen geschaffen, um mit weiterführenden Analysen zusätzliches Wissen über die einzelnen Bereiche zu generieren und Aktionen und Prozesse zu optimieren: Mit Web Mining-Analysen kann z.B. durch personalisierte Ansprache der Besucher die Nutzung der

Web-Angebote verbessert werden oder es können Data Mining-Verfahren eingesetzt werden, um z.B. durch Cross-Selling-Angebote den Umsatz zu steigern (Säuberlich 2000 gibt eine Übersicht der am häufigsten eingesetzten Data-Mining-Verfahren).

5.2 Fallbeispiel einer Web Scorecard

Die Steuerung eines Web-Auftrittes ist durch die Ausrichtung auf die Unternehmensstrategie sehr stark von den Unternehmenszielen abhängig, so dass keine „beste" Web Scorecard definiert werden kann. Sie muss in einem Prozeß erarbeitet und dann umgesetzt werden. Um das vorgestellte Konzept zu erläutern, wurde eine Web Scorecard für ein Handelsunternehmen erstellt, welches im Rahmen einer Multichannel-Strategie den Web-Kanal besser und nutzbringender einsetzen will. Der Kunde kann auf der Web-Site Produktinformationen bekommen, er kann bestimmte Produkte einkaufen, und er kann sich über aktuelle Themen informieren sowie „chatten".

Die in Kapitel 4 beschriebenen Perspektiven wurden auf das Handelsunternehmen abgebildet und als Web Scorecard realisiert. Zur Veranschaulichung des Umgangs mit diesem Controllinginstrument wird im Folgenden ein Beispiel demonstriert. Ausgangspunkt sind die angesprochenen Perspektiven, deren Gesamtbewertung Grundlage zur täglichen Entscheidungsfindung ist. Abbildung 1 verdeutlicht, dass die Systemperspektive sowie das Angebot akzeptabel sind („gelb" – in der Abbildung als heller Grauton dargestellt), aber bei der Kundendimension noch Handlungsbedarf besteht („rot" – hier als dunkler Grauton) – lediglich die Effektivität der Marketingmaßnahmen befindet sich im positiven Bereich („grün" – hier als mittlerer Grauton).

Ein Blick auf alle Kenngrößen für die Kundenperspektive bestätigt diesen Eindruck (Abbildung 2) und zeigt insbesondere, dass gerade bei der Konversionsrate dringender Handlungsbedarf besteht.

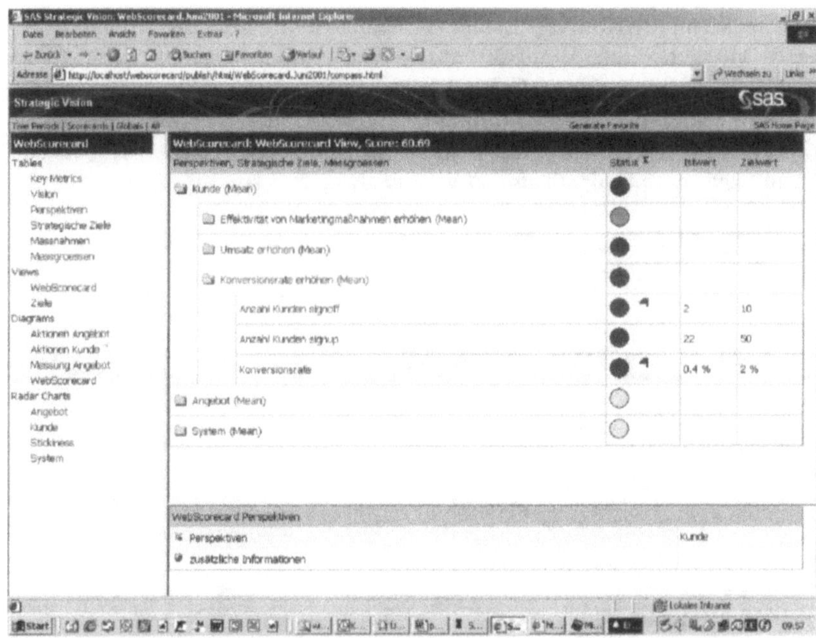

Abbildung 1: Die drei Perspektiven in der Gesamtsicht

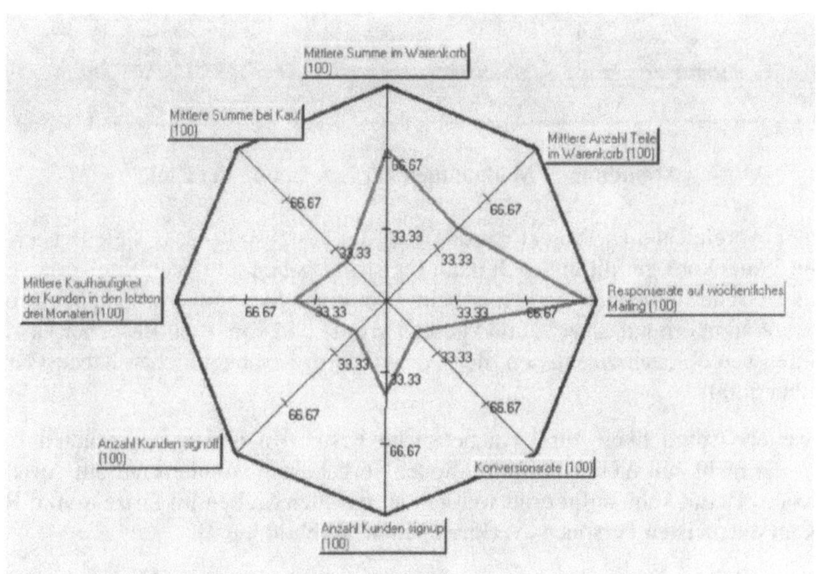

Abbildung 2: Kundenperspektive in der Gesamtsicht

Ein Blick in die mit der Konversionsrate verbundenen Maßnahmen (Abbildung 3) ergibt zwei erste Möglichkeiten: Entweder durch eine Ausstiegsanalyse herausfinden, auf welchen Seiten und zu welchen Zeiten die Besucher aussteigen, um evtl. mögliche Performance-Probleme im Webserverumfeld (Systemperspektive) erkennen zu können. Oder die Clickstream-Analyse nutzen, um Pfade zu erkennen, die zu Ausstiegen führen und dort mit Optimierungsmaßnahmen Verbesserungen herbeizuführen.

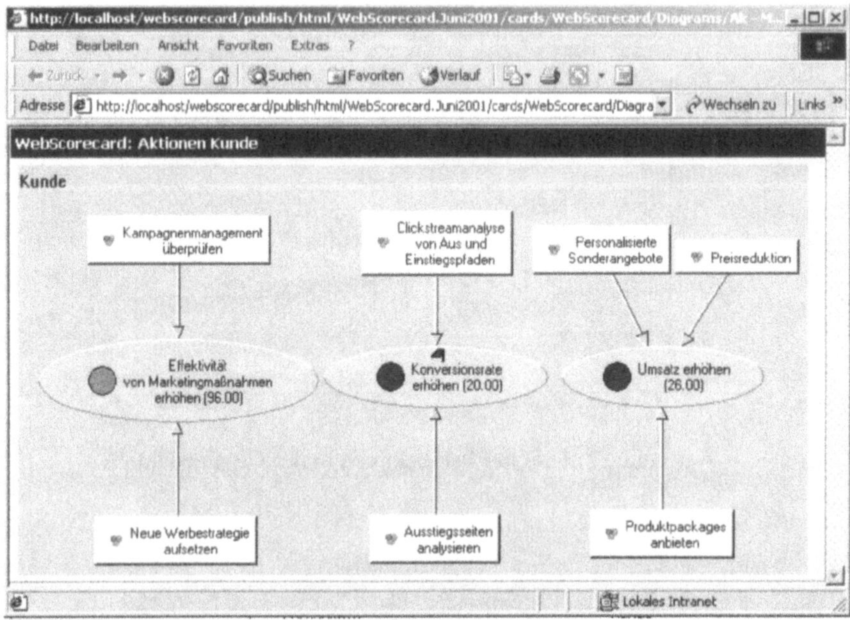

Abbildung 3: Maßnahmen zur Erreichung der Ziele

Bei einem vergleichbaren Projekt wurde dabei u.a. festgestellt, dass viele Besucher, die erst den Warenkorb gefüllt und sich dann registriert haben, die Web-Site verlassen hatten. Als Ursache stellte sich ein Fehler beim operativen System heraus, da bei Registrierung der Warenkorb auf „leer" zurückgesetzt wurde und somit die Besucher aus Ärger, die Waren neu ablegen zu müssen, den Auswahlprozess abgebrochen haben (Theusinger/Huber 2000).

Eine weitere Möglichkeit zur Ursachensuche besteht in einem sogenannten Funnel-Report, der nicht auf Web Mining-Methoden zurückgreift, sondern nur auf Auszählungen basiert. Damit kann aufgezeigt werden, an welchen Stellen im Prozess vom Besuch zum Kauf die meisten Personen „verloren gehen" (Abbildung 4).

Zu diesem Zeitpunkt existiert aus der Steuerungsperspektive im Management bereits ausreichend viel Information, um durch Einleitung interner Maßnahmen eine Verbesserung der Situation und des Web-Auftritts zu erreichen. Durch die Möglichkeit, alle

Informationen über die Zielerreichung ständig und tagesaktuell im Blick zu haben, kann dann wiederum die Wirksamkeit der Veränderungen beurteilt werden.

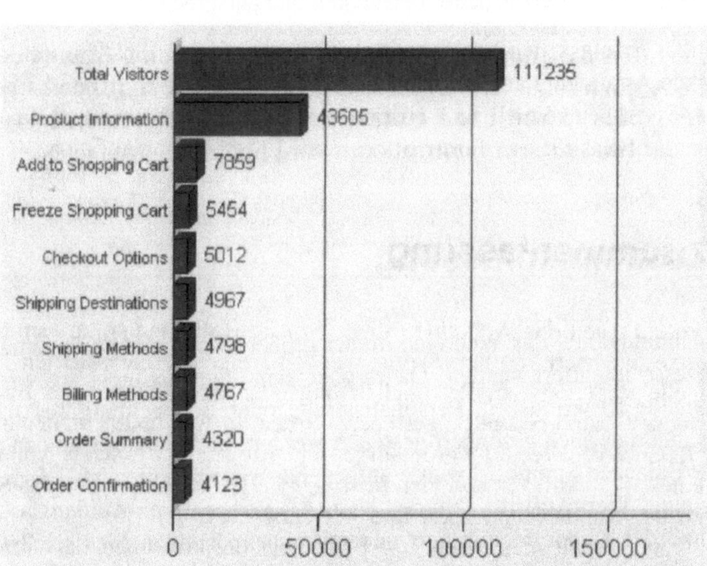

Abbildung 4: Funnel-Report als Basis zur Verbesserung des Konversionsprozesses

5.3 Realisierung

Bei der technischen Umsetzung einer Web Scorecard muss auf bestimmte Aspekte geachtet werden:

- „Messgrößen müssen messbar sein": Das kann heißen, dass sie aus verschiedenen Einzeldaten hergeleitet oder auch von Mitarbeitern zumindest quantitativ formuliert werden können.

- Bei der Herleitung muss gewährleistet werden, dass die Daten verfügbar und konsistent sind. Hier ist meist ein Data Warehouse-Ansatz am erfolgreichsten, weil dieser gewährleistet, dass der gesamte ETL-Prozeß (Extract, Transform und Load) im Hintergrund automatisiert werden kann. Einen guten Einstieg dazu vermitteln Hannig et al. (1988). Auch die Datenqualität spielt dabei eine sehr große Rolle.

- Gerade im Web-Umfeld müssen die aktuellen Verhaltensweisen der Besucher sehr schnell integriert werden, z.B. um bei einer Marketingkampagne schnell reagieren zu können. Dazu müssen auch die Logfile-Daten effizient in das Data Warehouse integriert werden.

- Sinnvoll ist, dass von der Web Scorecard direkt auf vertiefende Analysewerkzeuge, z.B. Data Mining, zugegriffen werden kann, um die beobachteten Zustände bei Bedarf genauer beleuchten und entsprechend reagieren zu können.

Ein wichtiges Erfolgskriterium ist zudem die Integration in die Abläufe des Unternehmens und die Anbindung an die vorhandene IT-Landschaft. Nur dann ist gewährleistet, dass die Messgrößen aktuell und qualitativ hochwertig sind, und nur dann wird das Management auf Basis dieser Informationen seine Entscheidungen fällen.

6 Zusammenfassung

Im CRM-Umfeld spielt das Web eine immer größere Rolle und sollte damit in die Geschäftsprozesse integriert werden. Da es aber ganz eigene Eigenschaften besitzt, wie extrem schnelle Reaktionszeit, Personalisierung oder Beobachtung des Interessentenverhaltens, muss es auch gesondert gesteuert werden. In Anlehnung an den allgemeinen Ansatz der Balanced Scorecard wurde aufgezeigt, wie sich ein solches Konzept auf die Steuerung eines Web-Auftritts abbilden lässt. Als Perspektiven wurden das System, das Angebot und der Kunde identifiziert und mit entsprechenden Messgrößen und Zielen verbunden. Damit erhält man einen Überblick über die kritischen Faktoren des Web-Auftritts und kann gegebenenfalls schnell eingreifen.

Zukünftig können diese Perspektiven für einzelne Industriebereiche angepasst werden, da beispielsweise eine Web-Site eines Automobil-Händlers anderen Anforderungen genügen muss als die eines Verlagsunternehmens. Hierfür müssen die einzelnen Ziele vertieft analysiert und in die Konzepte einer Web Scorecard eingebracht werden.

Auch wenn die Prozesse zur Herleitung einer solchen Scorecard aufwendig sein können, so gibt es keine Alternative, um die Millionen, die in das Design und den Aufbau der Web-Site investiert worden sind, mittelfristig wieder „herauszubekommen".

Literatur

Kaplan, R.S.; Norton, D.P. (1996): The Balanced Scorecard: Translating Strategy into Action, Boston.

NetGenesis (2000): E-Metrics: Business Metrics For The New Economy. White Paper.

Säuberlich, F. (2000): KDD und Data Mining als Hilfsmittel zur Entscheidungsunterstützung, Frankfurt.

Hannig, U.; Schwab, W.; Findeisen, D. (1988): Entwicklung eines Management-Informationssystems, Stuttgart.

Schwab, W.; Weich, M. (2001): E-Business Controlling und die Methodik der Balanced Scorecard. In: Proceedings des Controller-Forums von Horváth & Partner, September 2001.

Srivastava, J.; Cooley, R.; Deshpande, M.; Pan-Ning, T. (2000): Web Usage Mining: Discovery and Applications of Usage Patterns from Web Data. In: SIGKDD Explorations, Vol. 1/2.

Theusinger, C.; Huber, K.-P. (2000): Analyzing the Footsteps of Your Customers – A Case Study by ASKnet and SAS Institute GmbH. In: Proceedings of WEBKDD'2000, Boston.

Dr. Peter Gentsch

ist Director der Bereiche Web Intelligence und Data Mining sowie Niederlassungsleiter Berlin bei der pepper technologies AG. Zuvor hat er für die I-D Media AG den Bereich Web Intelligence aufgebaut. Zudem war er mehrere Jahre für verschiedene namhafte Industrie- und Dienstleistungsunternehmen als Unternehmensberater tätig. Er hat diverse Projekte im Bereich E-Business und CRM geleitet und durchgeführt. Im Rahmen verschiedener Lehraufträge an Deutschen Hochschulen ist er zudem auch in der Lehre aktiv. Darüber hinaus ist er Autor zahlreicher Bücher und Studien zum Thema Innovations- und Wissensmanagement.

Stefan Claus

studiert zur Zeit BWL an der Universität Passau mit den Schwerpunkten Marketing, Wirtschaftsinformatik und Organisation und Personalwesen. Im Rahmen verschiedener Praxis- und Forschungsprojekte hat er Erfahrungen im Bereich CRM, Web Mining und Personalisierung gesammelt.

3.7 Web Mining für die Personalisierung von e-Portalen

1   Einleitung

Die systematische Sammlung, Aufbereitung, Analyse und Interpretation von Daten über Märkte und deren Beeinflussungsmöglichkeiten ist angesichts der nachhaltigen Markt-Veränderung ein wichtiges Thema im Marketing. Jeden einzelnen Kunden mit seinem individuellen Kundenwert an das Unternehmen zu binden und persönlich individuell zu betreuen, scheint dabei sowohl in der traditionellen wie auch in der „eWelt" der Königsweg zu sein, um Wettbewerbsvorteile zu erreichen. Vor dem Hintergrund der Informationsflut in internet-basierten Commerce- und Business-Anwendungen ist es offensichtlich, dass das Thema Kundenbindung im Internet eng mit der Fähigkeit, große Datenmengen zu managen und zu analysieren, und damit mit dem Thema Data Mining respektive Web Mining verbunden ist (Grothe/Gentsch 2000, S. 177 ff.).

Für ein Internetunternehmen ist es essentiell, einen Kunden längere Zeit an sich zu binden, da die Gewinnung eines Kunden gerade im Internet mit enormen Kosten verbunden ist, ein Onlinekunde aber auch einen vergleichsweise hohen Customer Lifetime Value hat. Dies liegt daran, dass sich höhere Cross- und Up-Selling-Potentiale ergeben, da sich das Sortiment eines Online-Stores schnell und leicht erweitern lässt. Web Kunden neigen auch dazu, ihre Einkäufe auf einen Haupt-Anbieter zu konsolidieren, dessen virtueller Besuch Teil der täglichen Routine wird. Auch die Wirkung von Weiterempfehlungen ist im Internet viel größer. Eine Empfehlung, die z.B. in ein Diskussionsforum oder eine Newsgroup eingestellt wird, wird von Tausenden potentieller Kunden gelesen und kann dadurch ihre Kaufentscheidung beeinflussen (Gentsch 2001).

Das elektronische Zeitalter hat zu einem Überfluss an Informationen und Reizen geführt, die nur noch zu einem Bruchteil wahrgenommen werden können. Laut der Unternehmensberatung McKinsey sind 98 Prozent der Massenmarketing-Aktionen für den einzelnen Nutzer uninteressant. Genau hier können Personalisierungsansätze Verbesserungen in der Angebotswahrnehmung erreichen. Durch die Personalisierung von Informationen kann die „Awareness" für diese erhöht und damit auch das Bedürfnis nach Individualität und nutzergerechter Information befriedigt werden (Gentsch 2001, S. 3).

Die vorliegenden Ausführungen zeigen am Beispiel eines großen Internet-Portals die Möglichkeiten von Web Mining auf, systematisch Kundenwissen zur Personalisierung von Angeboten heranzuziehen.

2   Das betrachtete e-Portal

Das im Folgenden beschriebene Internetportal hat sich auf die Bereitstellung von Informationen im weitesten Sinn spezialisiert. Im Sinne eines Informationsportals bietet es, vergleichbar mit einer Online-Enzyklopädie, zahlreiche kostenlose Informations- und Wissensbestände im Bereich Allgemein- und Spezialwissen an.

Neben digitalen Lexika, Wörterbüchern und Chroniken existieren eine Online Lern-Funktion und ein umfassender Online-Ratgeber, der praktische Tipps zu Alltagsfragen – von Geldanlagen und Bewerbungen bis zu Trendsportarten, Gesundheitstipps und Kochrezepten – bereithält. Im Community-Bereich können sich die User mit Experten über verschiedene themenbezogene Chats und Diskussionsforen austauschen. Die Plattform finanziert sich zur Zeit primär aus der Vermarktung von Werbebannern. Langfristig besteht allerdings das Ziel, neben dem bereits bestehenden Online-Store vor allem über die Vermarktung der Informationsinhalte über Content-Syndication zusätzliche Einnahmequellen zu erschließen.

Mit Hilfe von Web Mining sollen die versteckten Potentiale des e-Portals erkennbar gemacht werden, indem verborgene Zusammenhänge in den automatisch anfallenden Daten transparent gemacht und die relevanten Informationen über die Nutzung der Inhalte, aber auch über die Interessen und Bedürfnisse der Kunden extrahiert werden, um diese dann gezielt zur Personalisierung des e-Portals einsetzen zu können.

Das folgende Praxisbeispiel gibt darüber Auskunft, welche Informationen Web Mining generieren kann, welche Vorbereitungen für eine erfolgreiche Analyse zu treffen sind und welche Vorgehensweise letztendlich zu verfolgen ist, um die gewünschten Informationen aus den Datenbergen zu erschließen. Zu diesem Zweck werden mehrere Business Cases dargestellt, die so auch in der Praxis umgesetzt wurden.

Ein vorrangiges Ziel des e-Portals ist es, die User langfristig zu binden und den Lifetime Value seiner Kunden zu maximieren. Die Site besticht in erster Linie durch die Qualität der Inhalte und Informationen. Um die gesteckten Ziele zu verwirklichen, ist es allerdings unumgänglich, seinen Kunden echte Mehrwerte gegenüber anderen Anbietern zu bieten. Dies ist zur Zeit noch nicht der Fall. Wichtige Fragestellungen sind in diesem Zusammenhang noch ungeklärt, deren Beantwortung jedoch essentiell ist, um den Kunden Mehrwerte liefern zu können:

- Wer sind die User und woher kommen sie?
- Wie verwenden die User das e-Portal?
- Woran sind die User interessiert und welche Bedürfnisse haben sie?
- Wie verhalten sich die User auf der Site?
- Welche Bereiche werden besucht und wie verteilen sich die Besucherströme?
- Welchen Wert haben die User für das e-Portal (Customer Lifetime Value)?
- Wie hält man die User und macht sie zu treuen Kunden?
- Wie lassen sich Werbemaßnahmen effizient gestalten?

Grundsätzlich lässt sich nicht immer trennscharf festlegen, welche Fragestellung, und damit auch welche Web Mining-Analyse, welchem der folgenden Business Cases zuzuordnen ist. Der Grund dafür liegt in der multiplen Verwendbarkeit der Ergebnisse. So werden z.B. die Ergebnisse der Analyse des Surf-Verhaltens der User dazu verwendet, dem Kunden individuelle Inhalte zu liefern, aber auch, um ihm die Navigation zu erleichtern.

Zuerst ist es wichtig, verschiedene Besucherklassen zu identifizieren und herauszufinden, welche unterschiedlichen Bedürfnisse und Interessen sie haben. Mit diesen Informationen lassen sich individuelle Angebote erstellen und für den Kunden interessante Inhalte selektieren. Auch Werbemaßnahmen lassen sich dann gezielt an den einzelnen User anpassen.

Auch die Performanz einer Site, also die technische und strukturelle Qualität (Usabilty), ist ein entscheidendes Merkmal einer Web-Site, das einen Mehrwert darstellt. Die Internet-Nutzer bevorzugen Seiten, die als angenehm und leicht zu bedienen wahrgenommen werden und gleichzeitig ein hohes Maß an Intuitivität beinhalten. Daher sollte die Navigation auf der Site an den individuellen User angepasst werden.

3 Preprocessing

3.1 Datenquellen

Für die Web Mining-Analysen standen zwei verschiedene Datenquellen zur Verfügung. Zum einen wurde auf die Benutzerdatenbank zurückgegriffen, die sich im Wesentlichen aus den Stammdaten der User, die im Registrierungsprozess erfasst wurden, zusammensetzt. Zusätzlich wurden noch zwei weitere Merkmale (LOGINCOUNTER und LAST_LOGIN) aufgenommen, die das Anmelden der Users auf der Site beschreiben. Insgesamt besteht die Benutzerdatenbank aus 400964 verschiedenen Datensätzen, deren einzelne Felder in Tabelle 1 aufgeführt sind.

Die zweite Datenquelle bilden die gesammelten Logfiles (im erweiterten Common Logfile Format) des Internet-Portals, in denen im Rahmen eines Jahres insgesamt 9.454.814 einzelne Sessions identifiziert werden konnten.

USER_ID	Ganze Zahl zur eindeutigen Identifikation eines einzelnen Users. Wird in der User-Datenbank als Primärschlüssel verwendet.
AGE_ID	Alter der User, aufgeschlüsselt in 9 Altersklassen (unter 16,16-20, 21-25, 26-30, 31-35, 36-40, 41-45, 46-50, über 50 Jahre).
SEX	Geschlecht des Users (männlich/weiblich)
POST_CODE	Postleitzahl
CITY	Wohnort
TITLE	akademischer Titel des Users
ANREDE	Herr/Frau
INTEREST_ID	11 Interessengebiete (Kultur [1], Geschichte [2], Gesellschaft [3], Geographie [4], Natur [5], Technik [6], Wirtschaft [7], Politik [8], Sport [9], Musik [10], Reisen [11])
NEWS	Bestellung des Newsletters (ja/nein)
CREATED	Zeitpunkt, zu dem der Registrierungsdatensatz erzeugt wurde.
LAST_LOGIN	Zeitpunkt, zu dem sich der User das letzte Mal auf der Site mit seinem Passwort angemeldet bzw. eingeloggt hat.
LOGINCOUNTER	Anzahl aller Logins eines Users.

Tabelle 1: Bestandteile der Benutzerdatenbank

3.2 Bereinigung der Registrierungsdaten

Um die Registrierungsdaten zum Web Mining verwenden zu können, müssen diese zunächst auf ihre Qualität hin überprüft und gegebenenfalls bereinigt werden. Als erstes wurde entschieden, welche Variablen für eine Analyse nicht sinnvoll verwendet werden können. Solche Variablen wurden dann nicht weiter betrachtet. Das Merkmal „ANREDE" fällt dabei als erstes auf. Da nur zwischen „Herr" und „Frau" gewählt werden kann, gibt es letztendlich nur das Geschlecht eines Users wieder. Dieses wird jedoch schon in der Variablen „SEX" abgefragt. Das Merkmal „ANREDE" enthält daher keinen zusätzlichen Informationsgehalt und wird ausgeschlossen.

Die Variable „LOGINCOUNTER" gibt an, wie oft sich der User auf der Site eingeloggt hat. Da jedoch, wie bereits oben angesprochen, eine Anmeldung auf der Site überflüssig ist, enthält die Variable „LOGINCOUNTER" keinen Hinweis auf die tatsächliche Nutzungshäufigkeit. Sie beinhaltet daher keine verwertbare Information und wird nicht weiter verwendet. Gleiches gilt auch für die Variable „LAST-LOGIN", die den Zeitpunkt festhält, zu dem sich der jeweilige User das letzte Mal auf der Site eingeloggt hat. Auch sie wurde von der weiteren Analyse ausgeschlossen.

Bei der Betrachtung des Anteils der missing values der einzelnen Variablen fiel der hohe Anteil an fehlenden Merkmalswerten bei die Variable „TITLE" auf. Da der akademische Titel zudem als Freitext eingegeben wurde, existieren sehr viele verschiedene Ausprägungen dieser Variable, die z.T. nur auf unterschiedliche Schreibweisen zurückzuführen sind. Die Variable „TITLE" wurde daher nicht weiter berücksichtigt.

Anschließend wurde mit einem entsprechenden Programm eine Plausibilitätsprüfung durchgeführt. So müssen z.B. die Eintragungen im Feld „POST_CODE" dem Format der Postleitzahl des jeweiligen Landes entsprechen. Für Deutschland ist dies eine fünfstellige, ganze Zahl. Ebenso lassen sich durch die Plausibilitätsprüfung auch Datensätze eliminieren, die sinnlose Zeichenketten aufweisen, oder die Angabe von „Fantasienamen" wie z.B. User mit dem Namen „Donald Duck". Datensätze, die wenig plausible Werte enthalten haben, wurden aus der Datenmenge entfernt.

3.3 Transformation der Registrierungsdaten

Einige Variablen waren auch nach der Bereinigung nicht besonders zum Aufspüren von Mustern und Zusammenhänge in den Daten geeignet und mussten vor der Analyse transformiert werden.

Aus der Variablen „POST_CODE" kann man die Information gewinnen, aus welcher Gegend ein User stammt. Die regionale Unterteilung eines Landes auf Basis der Postleitzahlen ist jedoch meist zu detailliert, um die geographischen Gemeinsamkeiten von Benutzern zu beschreiben. Es ist ein höherer Aggregationsgrad erforderlich. Daher wurde aus der Variablen „POST_CODE" die neue Variable „Region" gebildet. Sie enthält jeweils nur die erste Ziffer der Postleitzahl, so dass die Herkunft der User in 10 große Gebiete eingeteilt wird.

Auch die ursprüngliche Aufteilung der Altersklassen wurde verändert, um größere Klassen zu erhalten, die eine höhere Aussagekraft besitzen. Es existieren nun 5 verschiedene Klassen in der Abstufung: „unter 21 Jahre", „21-30", „31-40", „41-50" und „über 50 Jahre".

Auch die Variable „CREATED" kann in ihrer ursprünglichen Form nicht sinnvoll zum Web Mining eingesetzt werden. Sie gibt den Zeitpunkt der Registrierung auf die Sekunde genau an. Gemeinsamkeiten zwischen mehreren Datensätzen bezüglich dieses Merkmals sind somit nicht zu erwarten. Anstatt des genauen Zeitpunkts wurde daher der Monat verwendet, in dem die Registrierung erfolgt ist.

Weitere Korrelationen bestanden zwischen den verschiedenen Interessensgebieten wie z.B. zwischen Politik und Wirtschaft, aber auch zwischen einzelnen Interessengebieten und dem Geschlecht der User, wie z.B. zwischen Technik und dem Geschlecht „männlich". Diese Korrelationen sind aber gewollt und geben bereits erste Hinweise auf wichtige Zusammenhänge und Muster in den Daten.

3.4 Aufbereitung der Logfiles

Bei der Aufbereitung des Logfiles wird die Protokolldatei zunächst um alle Einträge bereinigt, die nicht für die weitere Untersuchung relevant sind. Enthält eine HTML-Seite eingebettete Elemente, wie z.B. Grafiken, so wird bei einem Aufruf des Dokuments sowohl für die HTML-Datei selbst als auch für jede darin enthaltene Grafik ein eigener Eintrag im Logfile erzeugt. Einträge, die sich auf eingebettete Elemente beziehen, gilt es herauszufiltern. Weitere irrelevante Daten sind Einträge über fehlerhafte Anforderungen. Sie sind lediglich für administrative Belange von Bedeutung. Zusätzlich werden Protokolleinträge, die Zugriffe von Suchmaschinen oder administrativen Zugriffen dokumentieren, identifiziert und eliminiert.

Für die angestrebte Web Mining-Analyse sind nicht alle Informationen, die im Logfile erfasst werden, von Interesse. Wichtig sind der Zeitstempel, die URL der aufgerufenen Webseite und die Session-ID, mit deren Hilfe einzelne Logfiles zu einer Session zusammengefügt werden können. Eine weitere Codierung der Session-ID ist hier nicht nötig, da die Sequenzanalyse, die hier zum Einsatz kommt, die Session-Daten direkt verarbeiten kann. Würde man die Logfile-Daten für eine Clusteranalyse verwenden wollen, müssten die Daten strukturiert in Form einer Datenmatrix vorliegen.

3.5 Abgeleiteter Handlungsbedarf aus dem Preprocessing

Bereits aus dem Preprocessing konnte eine Anzahl von Handlungsempfehlungen gewonnen werden, die nicht nur den Aufwand in der Preprocessing-Phase deutlich reduzieren, sondern insbesondere auch die späteren Analysepotentiale signifikant erhöhen können. Besonders wichtig erscheint es zunächst, die Voraussetzungen dafür zu schaffen, dass die Registrierungsdaten mit den Stammdaten verbunden werden können, so dass ein umfassenderes Bild der User erzeugt werden kann. Dies könnte z.B. mit Hilfe von Cookies oder einer Ausweitung des Login-Bereichs geschehen.

Aber auch die Registrierung bedarf einiger Veränderungen. Es sollten schon bei der Abfrage der einzelnen Merkmale strengere Plausibilitätskontrollen implementiert werden, um die Anzahl der fehlerhaften Datensätze von vornherein zu minimieren. Dazu gehören auch konsistente Methoden zur Erfassung der Interessensgebiete (z.B. durch Rotation der Anordnung), sowie die Möglichkeit, auch „keines der Interessensgebiete" anzugeben, um für den User nicht zutreffende Angaben von missing values unterscheiden zu können. Denkbar wäre hierfür auch ein Freitext-Eingabefeld zur Angabe von weiteren, aus Usersicht nicht zuzuordnenden Interessen.

Für die Abfrage des Merkmals „TITEL" sollte eine Auswahlliste angeboten werden, um die Anzahl der fehlenden Datensätze zu verringern und die vielen unterschiedlichen Schreibweisen, die bei diesem Merkmal auftreten, zu vermeiden. Letztendlich sollte auch die Möglichkeit evaluiert werden, die vorhandenen Daten durch externe Daten anzureichern.

4 Business Cases

4.1 Segmentierung von Besuchern

Das e-Portal hat es unter anderem durch den massiven Einsatz von Werbung geschafft, viele Besucher auf die Site aufmerksam zu machen und einen hohen Traffic zu erzeugen. Eine genauere Kenntnis der Besucher und ihrer Interessen ist jedoch nicht vorhanden. Die Besucher bleiben daher weitestgehend anonym.

Aufgrund der hohen Userzahlen und des breiten Angebotes wird unterstellt, dass innerhalb der Gesamtheit der User des Informationsportals unterschiedliche Zielgruppen existieren. Um seinen Besuchern Mehrwerte bieten zu können, ist es jedoch wichtig, zu wissen, welche unterschiedlichen homogenen Gruppen innerhalb der heterogenen User existieren. Daher wird über eine Segmentierung auf Basis der Registrierungsdaten wird versucht, die verschiedenen Besuchergruppen, die innerhalb der Gesamtheit der Besucher bestehen, zu identifizieren.

Auf diese Weise erhält man tiefreichende Kenntnisse über die Struktur der Nutzer und deren unterschiedliche Eigenschaften und Präferenzen. Diese Kenntnis wurde dazu genutzt, sowohl den Aufbau als auch den Inhalt der Seiten auf die individuellen Bedürfnisse und Interessen eines jeden Besuchers abzustimmen. Werden bei der Segmentierung User-Gruppen entdeckt, die man nicht auf den eigenen Seiten vermutet hätte, können diese entweder gezielt bearbeitet oder aber bewusst ausgegrenzt werden, um das Marketingbudget effizient aufzuteilen.

Durch die Identifikation unterschiedlicher Besuchergruppen wird es aber auch möglich, gezielt verkaufsfördernde Maßnahmen durchzuführen, indem für bestimmte Kampagnen die Zielgruppenprofile ausgewählt werden, die für die anstehende Kampagne besonders empfänglich sind. Diese Zielgruppen können dann individuell angesprochen werden. Auf diese Weise wurden sowohl die direct-mail Aktionen als auch die Bannerauslieferungen optimiert.

Auch im Hinblick auf die geplante kommerzielle Content-Syndication ist es wichtig, die Kernzielgruppe des jeweiligen Contentpartners innerhalb der User identifizieren zu können und festzustellen, welche Contentseiten diese Gruppen vorzugsweise verwendet haben. Zur Clusterbildung wurde ein Kohonen Netz eingesetzt, das aufgrund der meist höheren Präzision einem hierarchischen Verfahren vorgezogen wurde.

Nach mehreren Durchläufen mit unterschiedlichen Clusterzahlen wurde aus Plausibilitätsgründen die Lösung mit vier Clustern als Endergebnis gewählt. Diese Lösung hebt die in den Daten enthaltenen Strukturen am deutlichsten hervor und ermöglicht eine aussagekräftige Interpretation. Auffällig war dabei, dass die Interessensgebiete die Hauptkristallisationspunkte darstellten; also von besonderem Gewicht bei der Bildung der Usergruppen waren, während, abgesehen vom Geschlecht, die demographischen Merkmale wie Alter und Wohnort nur eine untergeordnete Rolle bei der Einteilung der Cluster spielten.

Die User des mit 28,7% der Grundgesamtheit größten Clusters haben annähernd alle Interessensgebiete angegeben. Dies ist jedoch nicht als besonders weites Interesse an allen Wissensgebieten zu werten, sondern deutet eher auf ein stark indifferentes Interesse hin. Die User dieses Clusters haben bei ihrer Registrierung alle Interessensgebiete angegeben, um „nichts zu verpassen". Ein wirklich zielgerichtetes Interesse an bestimmten Themengebieten besteht allerdings nicht.

Im zweiten Cluster (27,7% der Grundgesamtheit) findet sich das entgegengesetzte Bild. Hier wurden so gut wie keine Interessen angegeben. Das stärkste Interesse besteht hier in den Bereichen Technik, Musik und Natur. Aber selbst in diesen Gebieten bleibt das Interesse zum Teil stark hinter dem Durchschnitt zurück. Die User dieser Gruppe haben zwar durch ihre Registrierung ein grundsätzliches Interesse an der Site zum Ausdruck gebracht, das sich jedoch nicht in der Angabe von Interessengebieten niederschlägt. In diesem Cluster befinden sich auffällig viele User unter 20 Jahren und relativ wenige, die älter als 40 Jahre sind.

Im dritten Cluster sind dagegen eindeutige Präferenzen auszumachen. Abbildung 1 zeigt die Zusammensetzung dieses Clusters. Die Reihenfolge der Merkmale ergibt sich dabei aus der Bedeutung der einzelnen Merkmale für die Aufteilung der Cluster, beginnend mit dem Merkmal, das für die Bildung des Clusters am wichtigsten ist. Bei den Interessensgebieten bedeutet eine „1", dass das Interessensgebiet bei der Registrierung ausgewählt wurde, eine „0" bedeutet hingegen, dass den User das Gebiet nicht interessiert.

Bei dem Merkmal „SEX", steht die „1" für die Merkmalsausprägung männlich und die „0" für die Merkmalsausprägung weiblich. Bei den Kreisdiagrammen gibt der innere Kreis die Verteilung eines Merkmals innerhalb des jeweiligen Clusters wieder. Zum Vergleich stellt der äußere Ring die Verteilung des Merkmals in der Grundgesamtheit dar. Bei den Säulendiagrammen nimmt die hellere Säule Bezug auf das jeweilige Cluster und die darüber gelegte dunklere Säule auf die Grundgesamtheit.

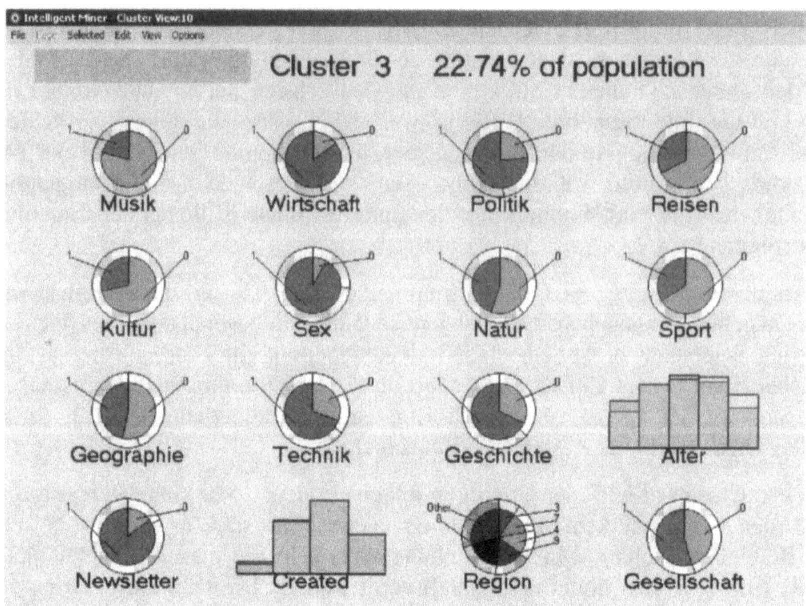

Abbildung 1: Cluster 3 – „Politisch-wirtschaftlich interessierte Männer"

Dieses Cluster stellt 22,7% der Grundgesamtheit. Besonderes Interesse besteht für Wirtschaft und Politik. Aber auch an Technik und Geschichte ist ein überdurchschnittliches Interesse zu verzeichnen. Die User dieses Clusters sind fast ausschließlich Männer.

Im letzten Cluster (22,00% der Grundgesamtheit) sind die Interessen für Kultur, Reisen, Musik, aber auch für Gesellschaft, Geschichte und Natur besonders ausgeprägt. In diesem Cluster befinden sich erwartungsgemäß ausgesprochen viele Frauen.

Cluster 1 und 2 umfassen zusammen 56,5% der registrierten User. Über die Hälfte aller registrierten User hat demnach kein tiefergehendes bzw. zielgerichtetes Interesse an der Site. Nur der kleinere Teil der User besitzt Interessensschwerpunkte, die bei den Männern eher im Bereich Wirtschaft, Politik und Technik liegen und für die Frauen in Kultur, Reisen und Musik zu finden sind.

Es wäre nun wünschenswert, feststellen zu können, welcher Kundentyp sich vorzugsweise in welchen Bereichen der Site aufhält. Besonders bei der geplanten Content-Syndication wäre es für den Verkauf von Inhalten förderlich, dem jeweiligen Kunden Informationen über die Besucher liefern zu können, die den betreffenden Inhalt verwenden. Aufgrund der fehlenden Verbindungsmöglichkeiten zwischen Registrierungsdaten und Logfiles ist dies allerdings nicht möglich.

4.2   Personalisierte Navigation

Als Folge des ständigen Wachstums an Informationsangeboten im Internet ist es oftmals schwierig, genau die Informationen zu erhalten, die man gerade benötigt. Wird jedoch das Profil eines Users und sein bisheriges Surf-Verhalten bei der Auswahl der Inhalte berücksichtigt, können dem Nutzer aus der Fülle der vorhandenen Informationen gezielt diejenigen präsentiert werden, die seinen Interessen am besten entsprechen.

Auch die Reihenfolge bzw. die Verlinkung der Seiten bis hin zur Zusammenstellung einzelner Menüs kann an den einzelnen User angepasst werden. Seiten, die häufig zusammen abgerufen werden, können enger miteinander verlinkt werden, so dass man von einer Seite direkt auf die nächste gelangen kann, ohne Umwege über weitere Seiten nehmen zu müssen. Dadurch wird die Navigation erleichtert und beschleunigt.

Sowohl Assoziations- als auch Sequenzanalysen können dafür eingesetzt werden, die Navigation durch das Informationsangebot des e-Portals für die Kunden zu optimieren. Bei den technischen Möglichkeiten der situativen, personalisierten Anpassung von Web-Seiten dürfen jedoch auf keinen Fall die Usability-Gesetze verletzt werden. So sollte eine Verwirrung bei der Sitenavigation durch einen blinden „Anpassungsaktionismus" vermieden werden. Einen echten Mehrwert im Sinne des „Guided Browsing" erreicht man durch systematische, kontinuierliche Benutzerführung, die den Bedürfnissen der User entspricht. Die adaptive Benutzermodellierung sollte dem Grundsatz der Erwartungskonformität folgen, d.h. personalisierte Inhalte und Verlinkungen sollten in möglichst fest definierten Bereichen der WebSite angezeigt werden.

Das Surfverhalten der User und die Navigationspfade, auf denen sie sich häufig bewegen, sind in den Logfiles verborgen. Mit Hilfe einer Sequenzanalyse kann man nachzeichnen, welche Pfade die User bevorzugt wählen. In diesem Fall wird jedoch nicht die genaue Abfolge einzelner Seiten analysiert, da dies bei dem umfangreichen Angebot des e-Portals zu keinem aussagekräftigen Ergebnissen führen würde. Das betrachtete Informationsportal setzt sich nicht nur aus einer enormen Vielzahl unterschiedlicher Einzelseiten zusammen, sondern zusammengehörige Inhalte sind auch oft über mehrere Einzelseiten verstreut. Eine Sequenzanalyse auf Basis einzelner Web-Seiten würde daher in einer unüberschaubaren Anzahl unterschiedlicher Regeln resultieren, zwischen denen aber wenig Gemeinsamkeiten bestehen, so dass keine häufigen Muster in den Navigationspfaden der Benutzer entdeckt werden können.

Um aussagekräftige Analyseergebnisse zu erhalten, werden die einzelnen Seiten zu hierarchischen Gruppen zusammengefasst. Es wird dann die Abfolge der einzelnen Gruppen auf dem Weg des Users durch die Site untersucht. Da zur Zeit der Durchführung der Analysen noch keine besonders detaillierte Klassifizierung und Hierarchisierung der Webseiten bestand, wurden die Seiten nur in die groben Kategorien [Lernen], [Wissen], [Wörterbuch], [Ratgeber] und [Aktuell] aufgeteilt.

Bei den gefundenen sequenziellen Mustern fällt auf, dass sich die User innerhalb einer Sitzung typischerweise nicht aus der einmal gewählten Hauptcontentgruppe entfernen (siehe Abbildung 2). Die Bereiche Lernen, Wissen und auch Wörterbücher stehen dabei im Fokus der User. Sitzungen, in denen mehrere Bereiche besucht wurden, treten nur relativ selten auf, umfassen maximal zwei Bereiche und sind eher kurz (siehe Abbildung 3). Dieses Verhalten bedeutet entweder, dass die Besucher sehr themen- bzw. problemorientiert sind, oder aber, dass der Anreiz für einen Bereichswechsel zu gering ist.

Support	Itemsets
14.007	[Lernen.] [Lernen.]
12.575	[Wissen.] [Wissen.]
11.670	[Lernen.] [Lernen.] [Lernen.]
9.476	[Woerterbu] [Woerterbu]
9.347	[Lernen.] [Lernen.] [Lernen.] [Lernen.]

Support	Itemsets
3.998	[Wissen.] [Aktuell.]
3.656	[Aktuell.] [Wissen.]
3.399	[Wissen.] [Lernen.]
3.071	[Wissen.] [Woerterbu]
3.043	[Woerterbu] [Wissen.]

Abbildung 2: Sequenzielle Muster I   Abbildung 3: Sequenzielle Muster II

Ein interessantes Navigationsmuster ist der Pfad [Wissen], [Woerterbuch]. Der User, der diesen Pfad wählt, stößt wahrscheinlich in einem Artikel im Bereich „Wissen" auf ein Wort oder eine Bezeichnung, die ihm nicht bekannt ist. Um die Bedeutung des Ausdrucks zu klären, begibt er sich in den Bereich Wörterbuch, wo er das entsprechende Wort „nachschlägt". Dieses Wissen wurde zur Platzierung entsprechender Wörterbuch-Links genutzt.

Interessant wäre die Frage, ob sich die Vertreter der bereits ermittelten unterschiedlichen Besuchertypologien auch in ihren Navigationsmustern unterscheiden. Das würde z.B. die Entscheidung über die Art und Platzierung dynamischer Inhalte erleichtern. Diese Fragestellung kann aber aufgrund der dieser Analyse zugrunde liegenden Datenbasis zur Zeit noch nicht beantwortet werden.

5   Abgeleitete Maßnahmen

Um das Potential der Web Mining-Analyse erhöhen zu können, müssen in erster Linie die Erfassungsmöglichkeiten der Logfiles betrachtet werden. Auf Basis der Logfiles, die im vorliegenden Beispiel Datengrundlage für die Analyse waren, ist es nur in begrenztem Maße möglich, differenzierte gruppenspezifische Aussagen über Kundenverhalten zu machen.

Der genauen kundenverhaltensspezifischen Datenerfassung im Internet und damit auch der darauf aufbauenden Analyse sind jedoch aufgrund der Besonderheiten des Internet-Protokolls zunächst bestimmte Grenzen gesetzt. Das Internet-Protokoll „http" ist ein sog. zustandsloses Protokoll, das von sich aus nicht in der Lage ist, einzelne Informationsanforderungen (Requests) einer bestimmten „Session" zuzuordnen. Eine Zuordnung von Logfile-Einträgen zu einzelnen Sessions über die IP-Adresse des Users ist nicht möglich, da die meisten Provider IP-Adressen dynamisch vergeben. Selbst statische IP-Adressen können oftmals nicht eindeutig einzelnen Personen zugeordnet werden (Zur Problematik der Sessionidentifizierung anhand von IP-Adressen s. Kapitel 2.2.1 dieses Buches).

Um trotz dieser Limitationen tiefergehende Aussagen über das Kundenverhalten entwickeln zu können, wurde im vorliegenden Beispiel ein User-Tracking-System eingeführt. Das eingesetzte Tracking-Verfahren basiert auf einem sog. Reverse-Proxy-Filter, der in den Kommunikationsstrom zwischen User und Webserver geschaltet wird. Dieser Filter fungiert als „Durchlauf-Filter", der die gesamte Kommunikation zwischen Webclients und Webserver beobachtet und ggf. modifiziert. Dazu verhält sich der Reverse-Proxy gegenüber den Webclients wie der echte Webserver und gegenüber dem Webserver wie ein Webclient (Gentsch et al. 2001a, S. 142 ff., siehe Abbildung 4).

Abbildung 4: Funktionsweise des Reverse-Proxy-Filtersystems

Einerseits baut der Filter in allen URLs der ausgelieferten HTML-Seiten eindeutige Session-IDs ein und fügt an relevanten Stellen der Informationsströme (an wichtigen URLs) eindeutige Marker ein, die dann eine leichte Session-Zusammenführung ermöglichen. Andererseits wird der gesamte Inhalt von User-Anfragen und Server-Antworten gefiltert. Somit werden nicht nur inhaltliche Schlagworte und verschiedene andere kommunikationsspezifische Daten erfasst, sondern auch CGI-Parameter, mit deren Hilfe sowohl der E-Mail-Versand als auch andere Kennzahlen, z.B. zu Aktivitäten im Postingbereich, nachvollzogen werden können.

Das System erfasst auf einer genauen Session-Basis über die Logfiles hinaus CGI-Parameter (Benutzereingaben) und Keywords. Dies eröffnet die Möglichkeit, Aktivitäten der User (Angaben bei Postings, E-Mails, SMS etc.) zu erkennen sowie semantische

Inhalte einer Seite zu erfassen. Semantische Schlagworte sind für die Kundensegmentierung mittels Data-Mining-Verfahren sowie für die Vergleichbarkeit der Informationsplattform über lange Zeiträume hinweg ausgesprochen wichtig, da sich Struktur und URLs dieser Informationsplattform im Lauf der Zeit verändern können, wodurch eine Vergleichbarkeit auf dieser Ebene unmöglich wird.

Durch die Fähigkeit Inhalte zu erfassen, ist es darüber hinaus möglich, genau auszuwählen, welche URLs von Interesse sind, um so die Logfiles vor unnötigem Ballast zu schützen. Dadurch generiert dieses Verfahren sehr reichhaltige und hochwertige Ausgangsdaten. Vorteilhaft ist bei dieser Vorgehensweise auch, dass der Webserver von der Aufgabe befreit wird, die Logfiles aufzuzeichnen. Eine ständige Verbindung zur zentralen Datenbank ist nicht notwendig, so dass diese deutlich entlastet wird.

6   Fazit und Ausblick

Die dargestellten Business Cases zeigen, dass sich für das betrachtete e-Portal zahlreiche Ansatzpunkte bieten, um die Beziehungen zu Kunden bzw. Usern mit Hilfe von Web Mining-Analysen zu verbessern. Ziel ist es dabei meist, die Site zu personalisieren sowie Inhalte und Angebote an den individuellen Nutzer anzupassen.

Auch ohne das beschriebene Tracking-System konnten bereits Ergebnisse generiert werden, die das Verständnis der Nutzerstruktur deutlich erhöht haben. Hierzu haben im Wesentlichen die Segmentierung und die Assoziationsanalyse beigetragen, die beide auf Basis der Registrierungsdaten durchgeführt worden sind. Weitere Verbesserungspotentiale bzgl. der Usability der Site hat die Analyse der Navigationspfade geliefert. Die wahren Potentiale einer Web Mining-Analyse hinsichtlich der Entdeckung verborgener Informationen über die Nutzer und der Erklärung und Prognose des Kundenverhaltens können jedoch erst durch die Implementierung der beschriebenen Tracking-Lösung realisiert werden.

Durch die geplante Verbindung der Logfiles mit dem Registrierungsprozess können in einem weiteren Schritt die personalisierte Ansprache und die individuelle Behandlung der Kunden durch gezielte CRM-Maßnahmen eingeführt werden. Die gezeigten Inhalte können sich dann besser am Profil der Kunden orientieren, und nur die Banner, die für einen Kunden auch mit hoher Wahrscheinlichkeit von Interesse sind, werden eingeblendet. Die Navigation innerhalb der Site wird auf den einzelnen Besucher zugeschnitten, so dass die Suche nach Informationen und passenden Angeboten vereinfacht und beschleunigt wird. Dadurch, dass der Kundenwert prognostiziert und bei der Auswahl der Kundschaft berücksichtigt werden kann, steht dem Informationsportal die Möglichkeit zur Verfügung, sich eine profitablen Kundenkreis aufzubauen.

Es ist insbesondere hervorzuheben, dass ein entsprechendes User-Tracking mit aufbauendem Web Mining nicht nur wertvollen Input für die Personalisierung darstellt, sondern insbesondere auch wichtige Informationen für das Reporting und Controlling liefert. Kennzahlen wie z.B. „Clickzahl je Bereich im Verhältnis zur Verweilzeit je Bereich", „Stickiness" oder der „Personalisierungsindex", die durch die viel zitierten E-Metrics (vgl. z.B. www.netgen.com) postuliert werden, lassen sich nicht exakt auf Basis konventioneller Logfiles ermitteln. Auf Basis des erweiterten semantischen Tracking lassen sich bereits mit einfachen Reporting-Abfragen einige wichtige Kennzahlen generieren. Kundenrelevante Aussagen wie z.B. das Verhalten von bestimmten Kundenclustern, die Prognose von Warenkörben oder die Bestimmung signifikanter Navigationspfade benötigen jedoch zusätzlich anspruchsvollere Analysen, wie die hier beschriebenen Methoden des Web Mining.

Ein Aspekt, der in Zukunft eine immer wichtigere Rolle bei der Generierung von Kundenwissen spielen wird, ist die Verbindung reaktiver Verfahren (klassische Online-Marktforschung) mit nicht-reaktiven Verfahren (Web Mining, Gentsch et al. 2001b, S. 349ff.). Genau diese Integration von klassischer Online-Marktforschung und Web Mining wird derzeit für das vorliegende e-Portal im Form einer ASP-Lösung realisiert.

Aus Sicht des analytischen CRM bzw. eCRM werden neben den strukturierten Daten zunehmend die unstrukturierten, qualitativen Daten im Internet wichtig werden. So enthalten Web-Seiten, E-Mails sowie Äußerungen in Chats und Newsforen wertvollen Input zur Analyse von Kunden und deren Verhaltensweisen. Die zum Data Mining analog für die weniger formatierten Daten einsetzbaren Analysetechniken werden unter dem Begriff „Text Mining" oder auch „Content Mining" diskutiert. Mit Hilfe dieser Analyseverfahren lassen sich z.B. früh Trends in Communities weitgehend automatisiert erkennen.

Insbesondere die Integration der verschiedenen Mining-Ansätze (Data, Text und Web Mining) wird es zukünftig ermöglichen, systematisch automatisierte Daten- und Marktforschungsanalysen im E-Business durchzuführen zu können. Ziel dieser Analysen ist die möglichst umfassende individuelle Ansprache des Kunden, die Optimierung des Leistungsangebotes sowie die Erhöhung der Kundenzufriedenheit und –bindung.

Mit zunehmenden internen und externen Daten- und Dokumentenvolumina wird sich das Potential des integrierten Mining für die Online-Marktforschung und Personalisierung weiter erhöhen. Die zunehmende Verbreitung des XML-Standards wird die Semantik der strukturierten und unstrukturierten Daten erhöhen und damit insbesondere die Anwendungsmöglichkeiten und ‚Entdeckungspotentiale' des integrierten Mining im Internet deutlich vergrößern. Insbesondere wird die voranschreitende Standardisierung im E-Business (z.B. Open Profiling Standard (OPS), Customer Profile Exchange (CPEX), E-Commerce Modeling Language (ECML), Common Log Format (CLF)) mit der einher gehenden Vereinheitlichung von Datentypen und Datensemantik die Möglichkeiten des Knowledge Mining im E-Business erweitern (Gentsch et al. 2001a, S. 204 ff.).

Literatur

Gentsch, P.; Schinzer, H.; Veth, C.; Mandzak, P.; Bange, C.; Roth, M. (2001a): Web-Personalisierung und Web-Mining für eCRM: 12 Tools im Vergleich, Feldkirchen.

Gentsch, P.; Roth, M.; Faulhaber, N. (2001b): Data Mining in der Online-Marktforschung – Auf zu gläsernen Märkten und Kunden? In: Theobald, A.; Dreyer, M.; Starsetzki, T. (Hrsg.): Online-Marktforschung – Theoretische Grundlagen und praktische Erfahrungen, Wiesbaden, S. 349-367.

Gentsch, P. (2002): Kundengewinnung und -bindung im Internet: Möglichkeiten und Grenzen des Analytischen eCRM. In: Schögel, M.; Schmidt, I. (Hrsg.): Report Electronic Customer Relationship Management (E-CRM) – eine neue Dimension der Kundenbeziehung, Düsseldorf.

Grothe, M.; Gentsch, P. (2000): Business Intelligence - Aus Informationen Wettbewerbsvorteile gewinnen, München.

Hanno Hofmann

geboren am 02.12.1971, Studium der Wirtschaftsinformatik an der Universität Mannheim. Seit 1998 arbeitet er als Geschäftsführer der DSA Solutions, Heidelberg. Kunden sind unter anderem MLP, ABB, Xlink und BASF. Beratungsschwerpunkt ist seit 1999 der Themenschwerpunkt CRM im Verlagsbereich. Gemeinsam mit den 3 größten Verlagsdienstleistern Deutschlands entstand so eine e-CRM Marketing Datenbank, die pro Jahr ca. 3 Mio. Kontakte verwaltet.

Stefan Weingärtner

hat an der Universität Karlsruhe (TH) Wirtschaftsingenieurwesen studiert und war nach Abschluss seines Studiums Berater bei einem international tätigen IT-Beratungsunternehmen. Er ist Mitgründer der Dymatrix Consulting Group GmbH und verantwortet dort den Bereich e-Intelligence. Parallel zu seiner Beratungstätigkeit promoviert er zur Zeit am Seminar für Empirische Forschung und Quantitative Unternehmensplanung der LMU München.

3.8 Aufbau einer e-Intelligence-Architektur für das Personality-Portal koepfe.de

1   Einleitung

Der Aufbau digitaler Kundenbeziehungen stellt die größte Herausforderung dar, um im Hyperwettbewerb des Internets bestehen zu können. Daher wird es zukünftig unabdingbar, Web-Server-Logs oder Transaktionsdaten der Web-Application-Server heranzuziehen, um Präferenzen der Kunden, wie z.B. bevorzugt besuchte Seiten, Schlagworteinträge in der Suchmaschine, kritische Suchpfade, Downloads, Bannerklicks, Entscheidungsfindungs-prozesse und Referrer-Pfade zu ermitteln. Um eine Analyse der Besucheraktivitäten wirtschaftlich gestalten zu können, ist eine e-Intelligence-Architektur zu etablieren, die automatisiert qualitativ hochwertige Daten für die Analyse bereitstellt, diese in einem Web Data Mart oder einem Web Warehouse strukturiert ablegt und aufbereitet sowie ohne zeitlichen Verzug Analyse-Front-Ends wie OLAP- und Data Mining-Lösungen zur Verfügung stellt (Kimball et al. 2000, S. 69).

Der folgende Beitrag stellt den Aufbau einer e-Intelligence-Architektur bei dem Portal *koepfe.de* vor. Dabei stehen vor allem die Besonderheiten beim Aufbau der Basisarchitektur, der aufsetzenden Analyseplattform und deren Integration und Zusammenspiel im Vordergrund.

2   Ausgangssituation

Koepfe.de stellt ein auf die Bedürfnisse der Internetnutzer abgestimmtes elektronisches Who-is-Who-Portal dar, um das wachsende Interesse an gegenseitiger persönlicher Vernetzung und Personeninformationen mit Hilfe von branchen- oder communitybezogenen Personality-Portalen befriedigen zu können. *Koepfe.de* wird in Zusammenarbeit mit marktführenden redaktionellen Partnern entwickelt und betrieben und ist unter anderem in die Websites *kress.de, horizont.de* und die Online-Stellenbörse *jobversum.de* integriert.

Dem Internet-Surfer wird durch das Koepfe-Portal die Möglichkeit gegeben, seine eigene Website nach dem Schema *www.VornameNachname.de* zu reservieren und dort eine einfach zu pflegende digitale Visitenkarte mit Telefon, Fax, e-Mail, SMS und persönlichen Angaben anzulegen. Für die Kommunikationsdienste sind je nach Funktionsumfang teilweise Gebühren fällig. Die *Koepfe.de*-Visitenkarten dienen einerseits als Online-Personen-Nachschlagewerke, andererseits hat der Inhaber der Visitenkarte die Möglichkeit, seine Visitenkarte per e-Mail zu verschicken. Grundlage des Geschäftsmodells ist neben der Gewinnung neuer Vertriebspartner – um die Köpfe-Funktionalitäten gegen Gebühr in deren Website zu integrieren – die Gewinnung neuer Kunden auf viralem Wege. Dazu sollen treue Kunden in Markenprediger verwandelt werden, indem sie beim Versand einer digitalen Visitenkarte per e-Mail den Empfänger zu einer eigenen digitalen Visitenkarte bzw. einer eigenen Website bewegen (Meyer et al. 2001a, S. 86 ff.).

Um die gesamten Aktivitäten innerhalb des Koepfe-Portals in Bezug auf genutzte Funktionalitäten und Verbesserung bzw. Erweiterung der angebotenen Funktionalitäten besser beurteilen und steuern zu können, war der Aufbau eines umfassenden Web-Controlling-Systems unabdingbar. Die bisher durchgeführten Web-Analysen basierten auf Logfiles und konnten den Anforderungen an ein aktives und qualitativ hochwertiges Steuern des Koepfe-Portals nicht mehr genügen. Ziel des Projektes war die Implementierung einer offenen e-Intelligence-Architektur auf Basis eines intelligenten, business-event-orientierten Tracking-Mechanismus, die Bereitstellung von Realtime-Reports für Echtzeit-Controlling erfolgskritischer Kennzahlen, die Etablierung eines OLAP-Front-Ends für die interaktive Clickstream-Analyse, die weitergehende Analyse des Portals durch den Einsatz von Data Mining Algorithmen zur Ermittlung von Besucherpräferenzen und die Anwendung der gewonnenen Erkenntnisse durch eine intelligente, personalisierte Kundenansprache.

3 Schwachstellen bisheriger Logfile-Analysen

Bisher wurde der Analyse des Online-Auftrittes nur bedingt die Aufmerksamkeit gewidmet, um eine aktive Steuerung der Online-Aktivitäten zu ermöglichen. Die klassische Logfile-Analyse stand im Vordergrund, d.h. rein deskriptive Auswertungen mit Hilfe einfacher Log-Analysetools, jedoch ohne die Möglichkeit, Trends und Übergangswahrscheinlichkeiten berechnen zu können. Die folgenden Schwachstellen führten zur Auswahl eines neuen Systems, um die Probleme der herkömmlichen Weblog-Analyse überwinden zu können:

- unzureichende Qualität der Logdaten (unvollständige Sessions, Session-ID's nur bei akzeptierten Cookies, fehlende Informationen in den Logfiles aufgrund dynamisch generierter Websites, Proxy-Problematiken etc.),

- fehlende Orientierung an Business Events (applikatorische Transaktionen konnten aus den Logfiles nicht extrahiert werden),

- unflexibles, rein deskriptives Reporting (fehlende interaktive Datenanalyse),

- unzureichende Erfassung des Besucherverhaltens bei zukünftiger Integration der Flash-Technologie,

- fehlende Echtzeit-Reagibilität auf das Besucherverhalten,

- bisherige Web Mining-Versuche scheiterten am zeitintensiven und unwirtschaftlichen Pre-Processing der Logdaten.

Anstatt nur zu protokollieren, welche Webseiten und welche Inhalte wie häufig aufgerufen wurden, sollte die neue Analyselösung die Erfassung der Kundenperspektive fokussieren, d.h. die Analyse des Webauftrittes aus der Sicht des Web-Besuchers. Daher wurde aus den Anforderungen eine Information-Delivery-Architektur konzipiert und implementiert, die sämtliche aufgeführten Schwachstellen eliminieren konnte. Als e-Intelligence-Architektur wurde die Lösung DynaMine ausgewählt, ein e-Intelligence Framework, das gemeinsam von den Firmen Dymatrix Consulting Group und provantis IT Solutions entwickelt wurde. Als Analyseplattform wurde der Microsoft SQL Server 2000 eingesetzt, der mit seinen vielfältigen Analysefunktionalitäten sämtliche Anforderungen, von OLAP bis hin zu Data Mining Analysen, abdecken konnte.

4   User-Tracking

Ziel des Projektes ist es, mit wohldefinierten Schritten zu einem geschlossenen Personalisierungs-Kreislauf zu gelangen, angefangen beim User-Tracking über die Datenaggregation hin zum Web Mining, der Regelerstellung und –anwendung bis zur Personalisierung des Portals. Zu Beginn des Projektes waren daher zunächst die relevanten Business Events detailliert zu spezifizieren, wobei unter Business Events geschäftsprozessbezogene Daten zu verstehen sind, wie z.B.

- RegisterProcess (User befindet sich im Registrierungsprozess)

- RegisterExecute (User hat Registrierung erfolgreich abgeschlossen)

- VproOrder (User befindet sich im Bestellprozess für eine digitale Visitenkarte inklusive eigener Webadresse)

- VproOrderExecute (User hat den Bestellprozess erfolgreich abgeschlossen)

- SmsInfo (User liest Informationen zum Versenden von SMS-Nachrichten)

- SmsSend (User hat SMS verschickt),

Somit ist festgelegt, welche Informationen zur Analyse des Besucherverhaltens benötigt werden und mit Hilfe eines intelligenten Tracking-Mechanismus zu protokollieren sind. Die dabei entstehenden applikatorischen Logs werden in einen Web Data Mart überführt, wo die Daten aggregiert und historisiert werden. Der Web Data Mart stellt die Datenbasis für Web Mining Analysen und zudem für ein umfassendes Web Controlling dar.

In Abbildung 1 ist die Tracking-Architektur von *koepfe.de* skizziert. Zu erwähnen ist hierbei, dass ein domainübergreifendes User-Tracking realisiert worden ist, d.h. entscheidet sich ein Online-Besucher für den Erwerb einer digitalen Visitenkarte inklusive einer eigenen Web-Adresse, so wechselt dieser innerhalb der Session die Domain (von *www.koepfe.de* nach *www.v-pro.de*). Da dieser Zusammenhang im Sinne eines ganzheitlichen Session-Tracking zu protokollieren ist, behält der Online-Besucher bei einem Domain-Wechsel seine Session-ID bei.

Für beide Domains (sowohl *www.koepfe.de* als auch *www.v-pro.de*) müssen die innerhalb der Anwendungen als Business Events spezifizierte Ereignisse aus den Anwendungen heraus an den DynaTracker weitergegeben werden. Dabei ist zu berücksichtigen, dass die Performance der Website durch den Einsatz des User-Trackings nicht negativ beeinflusst wird. Durch den Einsatz der DynaMine-Architektur konnte diese Problemstellung elegant gelöst werden. Die Client/Server-Lösung garantiert dabei die Übermittlung aller benötigter Daten zum DynaTracker Server mit minimalem Overhead für die DynaTracker Clients. Zur Übermittlung der Daten zwischen DynaTracker Client und DynaTracker Server kommen Protokolle wie Datagramme (UDP) und Sockets (TCP) zum Einsatz.

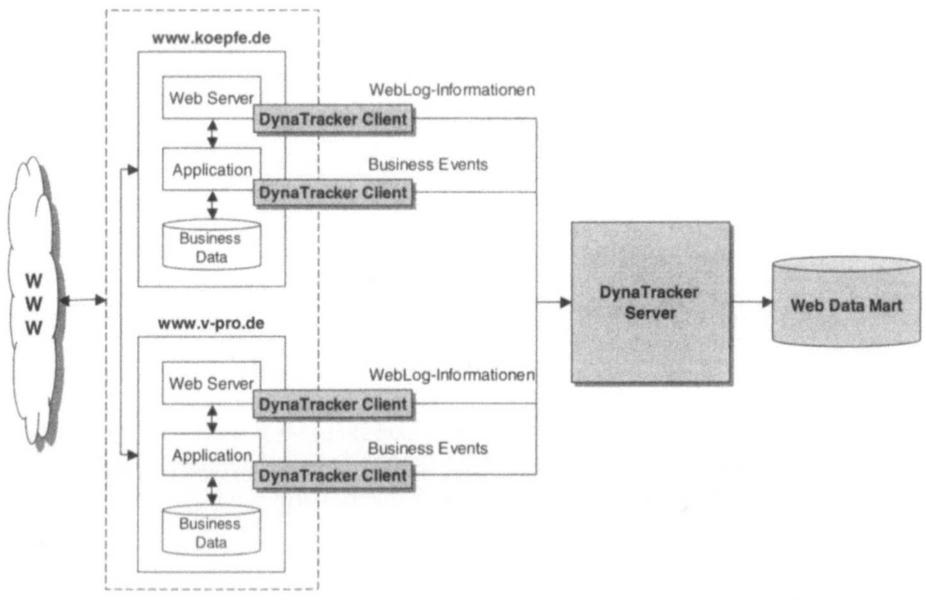

Abbildung 1: User-Tracking-Architektur

Über den DynaTracker Server werden die aus verschiedenen Systemen gelieferten Daten (z.B. Web-Applikationen, Weblog-Informationen, Datenquellen unterschiedlicher Domains) zusammengeführt und in verschiedene Datenbanktabellen geschrieben. Dabei werden erste Filterungen, Datenkonvertierungen und eine Aufteilung der Tracking-Daten in verschiedene Zieldatenbanken vorgenommen.

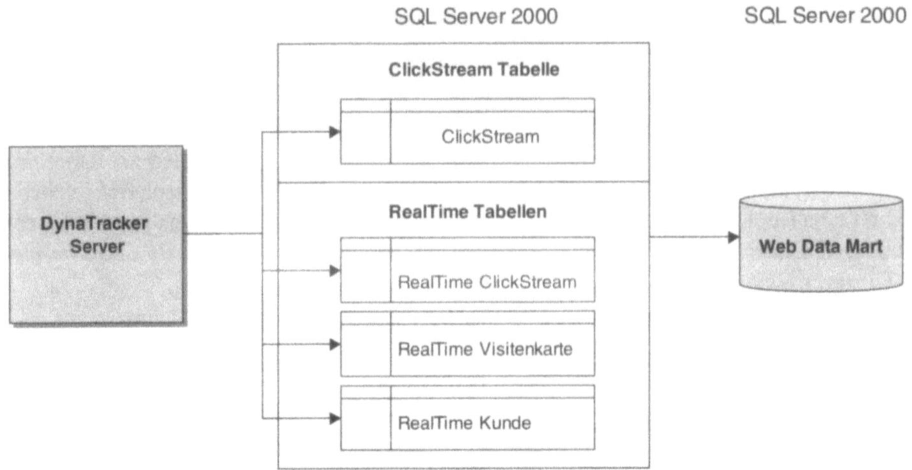

Abbildung 2: DynaTracker-Server und Aufteilung der Tracking-Daten in verschiedene Zieltabellen

Abbildung 2 visualisiert die unterschiedlichen Sichtweisen, die vom DynaTracker in unterschiedlichen Zieltabellen bereitgestellt werden. Dabei erklären sich die verschiedenen Tabellen wie folgt:

- *ClickStream*: In dieser Tabelle sind die Trackingdaten im höchsten Detaillierungsgrad abgespeichert, d.h. jeder Datensatz entspricht eine User-Aktivität auf der Website. Die Tabelle ClickStream dient als Basistabelle für das multidimensionale Datenmodell im Web Data Mart und stellt zusätzlich die Ausgangstabelle für die Anwendung von Sequenzanalysen dar.

- *RealTime ClickStream*: Die Tabelle RealTime ClickStream dient zur Echtzeitanalyse der Besucheraktivitäten und stellt die Datenbasis für ein Echtzeit-Web-Controlling dar. Jeder Datensatz entspricht genau einer Session, d.h. die Trackingdaten werden auf Sessionebene aggregiert.

- *RealTime Visitenkarte*: Im Gegensatz zur Tabelle RealTime ClickStream, in der sämtliche Zugriffe auf das Portal koepfe.de abgespeichert sind, werden in dieser Tabelle nur die Zugriffe auf digitale Visitenkarten erfasst. Somit ist eine einfache und schnelle Analyse auf Visitenkartenebene möglich.

- *RealTime Kunde*: In dieser Tabelle werden die Daten auf Kundenebene zur Verfügung gestellt, um erkennen zu können, inwiefern bereitgestellte Portal-Services von Kunden in Anspruch genommen werden (z.B. Nutzung von SMS-Services oder individuelle Konfigurationen innerhalb des Portals (z.B. Änderung der Buddy-Liste)). Aus der Analyse des Nutzungsverhaltens erhofft man sich neue Erkenntnisse, um das Serviceangebot des Portals verbessern und erweitern zu können.

Bei der Datenaufbereitung kommt dem Session-Mechanismus eine besondere Bedeutung zu, da eine wirtschaftlich vertretbare Analyse des Nutzungsverhaltens die Vergabe von Session-ID's voraussetzt. Eine Session ist ein zusammenhängender Besuch eines Users auf einer Website – vergleichbar mit einem Besuch eines potenziellen Käufers in einem Laden (Meyer et al. 2001b, S. 6). Entscheidend dabei ist, dass Daten unterschiedlicher Quellen, die von ein und derselben Session stammen, auch mit der dazugehörigen eindeutigen Session-ID versehen sind und dadurch in einen Zusammenhang gebracht werden können. Somit ist gewährleistet, dass Weblog-Informationen, Application-Logs und beispielsweise Daten aus Flash-Applikationen zusammengeführt und in Echtzeit in die bereits oben beschriebenen Tabellen überführt werden können.

Durch die eindeutige Bereitstellung von Session-ID's und die qualitativ hochwertigen Tracking-Daten wird eine optimale Datenbasis für nachfolgende Analysen geboten. Durch die Gewährleistung der hohen Datenqualität lassen sich Automatismen etablieren, die den Datenaufbereitungsprozess um ein Vielfaches reduzieren und vereinfachen. Im folgenden Abschnitt wird beschrieben, in welcher Form die Tracking-Daten Eingang in die Analyseplattform finden.

5 Analyseplattform

Bei der Wahl des relationalen Datenbankmanagementsystems und der Analyseplattform fiel die Wahl auf den Microsoft SQL Server 2000. Neben umfassenden Datenbankfunktionalitäten bietet die Lösung Funktionalitäten in den Bereichen

- Data Warehousing (z.B. Metadatenverwaltung, ETL),

- OLAP,

- Data Mining (Entscheidungsbaum- und Cluster-Algorithmen) und

- Datenzugriff (Front-End).

Die Analysefunktionalitäten werden über das Modul Analysis Services bereitgestellt. Auf Serverseite können mit Hilfe von Analysis Services OLAP-Cubes und Data Mining Modelle aufgebaut und modifiziert werden. In Abbildung 3 ist die Server-Architektur des Moduls Analysis Services beschrieben.

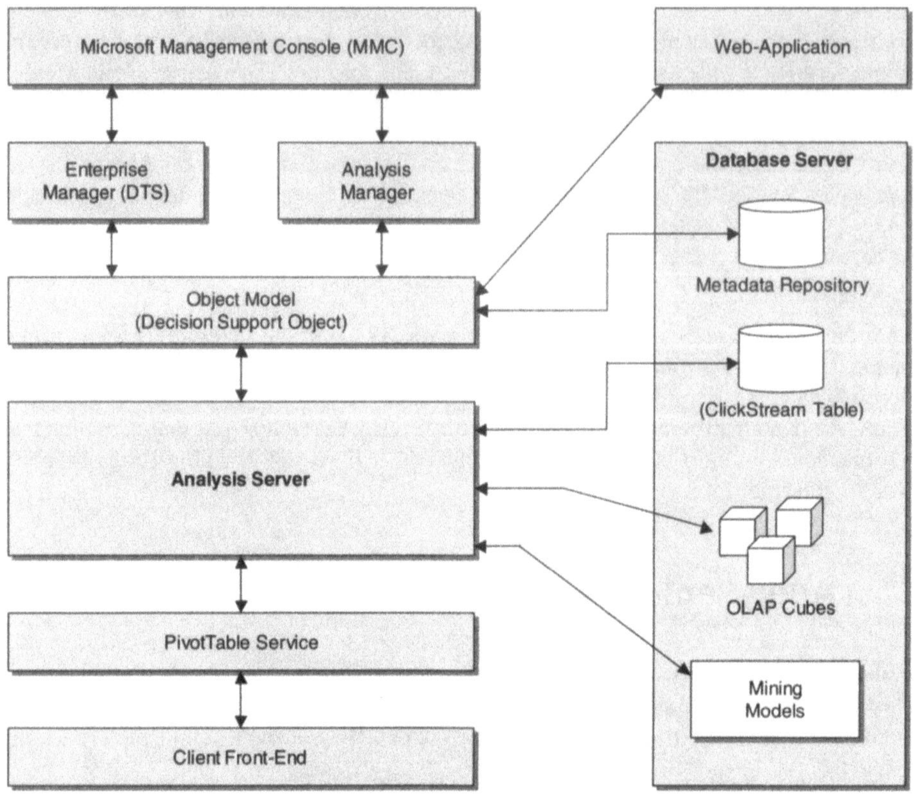

Abbildung 3: Server-Architektur Analysis Services (Seidman 2001, S. 21)

Der Enterprise Manager und der Analysis Manager sind Bestandteile der Microsoft Management Console (MMC). Bei MMC handelt es sich um eine zentrale Anwendung, die zum Verwalten aller Aspekte eines Systems verwendet wird, auf dem Windows 2000 Server ausgeführt wird. Über die Decision Support Objects und deren Component Object Model (COM) Schnittstellen können Applikationen einfach integriert werden und auf Funktionen und Komponenten der Analysis Services (OLAP Cubes, Data Mining Modelle) zugreifen. Im Metadata Repository werden sämtliche Metadaten zu den Datenbanktabellen, OLAP Cubes und Data Mining Modellen verwaltet. Der PivotTable Service erfüllt eine Schnittstellenfunktion und dient zwischen Analysis Server und Client-Anwendungen (z.B. Reporting Front-Ends) als Provider multidimensionaler Daten und Data Mining Operationen. Über den PivotTable Service kann mit Hilfe einer erweiterten SQL-Syntax direkt auf die OLAP-Cubes und Data Mining Modelle zugegriffen werden.

Für das Portal *koepfe.de* wurden über die PivotTable-Services-Schnittstelle zwei Zugriffsmöglichkeiten auf die Trackingdaten realisiert. Neben einem multidimensionalen Datenzugriff aus Excel wurde zusätzlich ein Browserzugriff auf die Trackingdaten realisiert. Somit hat der Endanwender die Möglichkeit, aus der bewährten Excel-Umgebung heraus auf die Daten zuzugreifen, kann aber ebenso völlig unabhängig davon mit Hilfe eines Browsers durch die Daten mittels Drill-Down, Drill-Up und Slice&Dice navigieren.

Die Trackingdaten sind serverseitig als Star-Schema modelliert und abgelegt. Der Ladezyklus des Web Data Marts erfolgt zur Zeit auf täglicher Basis. Neben einer ROLAP-Struktur liegt auch ein Teil der Daten in einer multidimensionalen OLAP-Struktur vor (MOLAP). Aufgrund der hybriden OLAP-Struktur bei *koepfe.de* spricht man auch von einer HOLAP-Struktur.

Neben dem täglichen Ladezyklus besteht jedoch auch der direkte Zugriff auf Echtzeitdaten über speziell bereitgestellte RealTime-Tabellen (siehe Kapitel 3). Diese Tabellen sind performance-optimiert und stellen erfolgkritische Kennzahlen in Form von Scorewerten zur Verfügung (z.B. Konversionsraten in Abhängigkeit von den koepfe.de-Geschäftspartnern (z.B. *kress.de, jobversum.de*)).

6 Erste Ergebnisse

Die bisherigen Logfile-Analysen konnten dem Anspruch an ein ganzheitliches und flexibles Web Controlling nicht gerecht werden. Mit der nun implementierten Lösung ist es nicht nur möglich, das Besucherverhalten durch die Anwendung von OLAP-Technologien flexibel zu analysieren, sondern es besteht zusätzlich die Möglichkeit, mit Hilfe mächtiger Data Mining Algorithmen Besucherprofile und Prognosemodelle zu erstellen. Mit der DynaMine-Architektur in Verbindung mit dem SQL Server 2000 konnten vor allem die folgenden Ergebnisse erzielt werden:

- *Datenqualität*

Durch die Etablierung eines intelligenten Session-ID-Mechanismus und die domain-übergreifende Zusammenführung der Tracking-Daten in einer zentralen multidimensionalen Datenbasis lassen sich nun Analysen durchführen, die bisher aus wirtschaftlichen Gesichtspunkten nicht zu vertreten waren. Durch die Einführung und das Mitschreiben von mehrdimensionalen Kategorisierungen des Webauftrittes ist eine Datenbasis gegeben, die es ermöglicht, auf unterschiedlichsten Aggregationsstufen durch die Daten zu navigieren.

- *Pre-Processing*

Durch die Aufbereitung der Tracking-Daten beim Entstehen der Daten konnte der zeitaufwändige und programmierintensive Schritt der Datenaufbereitung eliminiert werden. So werden sowohl für Sequenzanalysen als auch für Clusteranalysen und Entscheidungsbaum-Algorithmen die Daten in der benötigten Input-Struktur aufbereitet zur Verfügung gestellt.

- *Komplexitätsreduktion*

Nach der Einführung der neuen e-Intelligence-Architektur haben nun auch Mitarbeiter ohne fundierte Programmierkenntnisse die Möglichkeit, am Web Mining Prozess zu partizipieren. Unterstützt wird dieser Prozess durch die ergonomische Benutzerführung innerhalb der Analysis Services Anwendungen.

- *Nutzung bewährter Software-Lösungen*

Durch die Anbindung von Excel an den SQL Server 2000 und die Möglichkeit, mit Hilfe der Excel-Pivot-Funktionalitäten sowohl OLAP-Cubes als auch Data Mining Modelle zu analysieren, kann Endanwendern der Zugriff auf Web-Analyse-Ergebnisse mit bewährten Software-Tools ermöglicht werden. Neben einer höheren Akzeptanz der Lösungen lassen sich zusätzlich Schulungskosten einsparen und Synergien nutzen.

- *Verbesserte Usability der Portal-Einstiegsseite*

Nachdem sich die bisherigen Ausführungen auf den verbesserten Datenanalyse-Prozess im Unternehmen bezogen haben, wird in Folge die erste Maßnahme aus den Analyseerkenntnissen zur Verbesserung der Usability für die Online-Besucher beschrieben. Basierend auf den qualitativ hochwertigeren Daten konnten Defizite in der Navigationsstruktur der Einstiegsseite ermittelt werden. In Abbildung 4 ist die geänderte neue Einstiegsseite des Portals abgebildet.

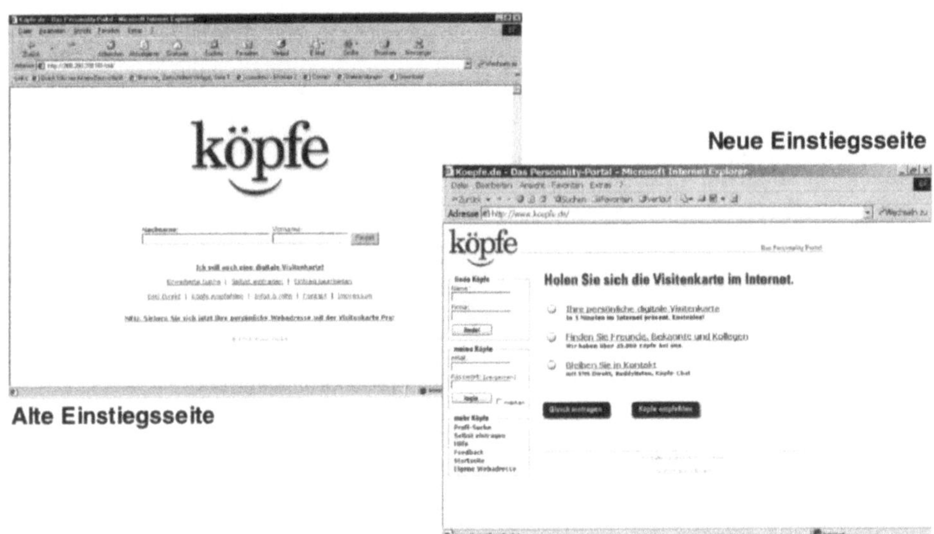

Abbildung 4: Geänderte Einstiegsseite von koepfe.de

Die geänderte Portal-Einstiegsseite basiert auf der ersten Analyse, die unmittelbar nach dem Abschluss der ersten Projektstufe durchgeführt wurde. Auffallend war die Tatsache, dass nur ein verschwindend geringer Anteil der Online-Besucher über die Einstiegsseite den direkten Weg zu einer digitalen Visitenkarte gefunden hat. Durch eine stärkere Betonung des '1-Click-Links' auf der neu strukturierten Einstiegsseite wird zukünftig eine erhöhte Direktabschlussquote erwartet. Weitere Web Mining Analysen zur Optimierung des Navigationsverhaltens und der Verbesserung der angebotenen Services werden folgen. Im nächsten Abschnitt werden die zukünftigen Ausbaustufen beschrieben, die im Anschluss an die erste Projektstufe realisiert werden. Basierend auf den Web Mining Erkenntnissen sollen Besucher des Portals entsprechend ihren Präferenzen personalisiert und somit individuell angesprochen werden.

7   Zukünftige Ausbaustufen

Nachdem die erste Projektstufe mit dem Aufbau des User-Trackings und der Bereitstellung umfangreicher Web Controlling Möglichkeiten erfolgreich abgeschlossen wurde, steht in der zweiten Projektstufe die Realisierung des Personalisierungskreislaufes im Fokus. Ziel der Personalisierungsbestrebungen ist die individuelle Ansprache der unterschiedlichen Besuchersegmente. Da das *koepfe.de*-Portal in sehr heterogene Websites integriert ist, wird die Kommunikation (Inhalte, Werbung, angebotene Links, E-Mail) bei einer Zugehörigkeit zu einem Kundensegment auf die Bedürfnisse des Kunden zugeschnitten (u.a. unterscheiden sich die Informationsbedürfnisse der Online-Besucher, die über *kress.de* auf die Koepfe-Services zugreifen, stark von denen, die über die Online-Jobbörse *jobversum.de* zu koepfe.de gelangen).

Auf Basis der Reaktionen auf diese Kommunikation lassen sich die Kundenbedürfnisse immer genauer einkreisen, so dass sich die Kommunikation immer zielgerichteter und für den Online-Besucher relevanter gestalten lässt (Reid Smith 2001, S. 33).

Im Rahmen der DynaMine-Architektur lässt sich der webbezogene Personalisierungsprozess generell in zwei Kreisläufe aufteilen, einen *Analytical Loop*, der die Aufgabe besitzt, aus GigaByte an Daten mit Hilfe von Data Mining Algorithmen Kundenpräferenzen und Kundenbedürfnisse zu extrahieren, und einen *Realtime Loop*, der entsprechend der ermittelten Bedürfnisstrukturen dem Online-Besucher den von ihm präferierten Content in Echtzeit anbieten kann. In der folgenden Abbildung ist die Gesamtarchitektur der DynaMine-Lösung im Zusammenspiel mit dem SQL Server 2000 dargestellt.

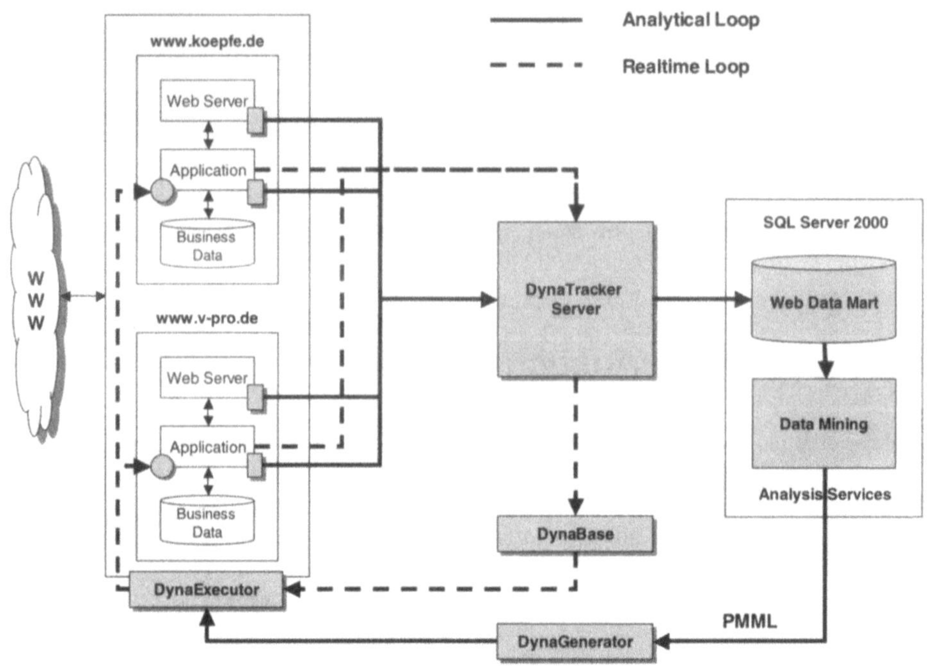

Abbildung 5: DynaMine und SQL Server 2000 – Analytical Loop und Realtime Loop

- *Analytical Loop*

Der Personalisierungsprozess beginnt mit der Analyse der Daten, welche die Online-Besucher während des Dialogs in Form von Tracking-Daten hinterlassen (siehe Kapitel 3 User-Tracking). Die Tracking-Daten werden im SQL Server 2000 abgespeichert und stehen verschiedenen Data Mining Algorithmen über die Analysis Services zur Verfügung. Aus den Web Mining Modellen werden Regelwerke extrahiert, welche die Besucherprofile von Online-Besuchern beschreiben. Da der SQL Server 2000 die Data Mining Modelle in der Predictive Model Markup Language (PMML) abspeichert, können die Regelwerke direkt in der PMML-Struktur an den DynaGenerator weitergegeben werden.

Die aus den Web Mining Modellen extrahierten Regeln basieren auf transformierten und aggregierten Daten, die der Applikation nicht direkt zur Verfügung stehen. Ein Versuch, herkömmliche Logfiles in Echtzeit zu transformieren und die Regeln bei jedem Klick anzuwenden, ist zum Scheitern verurteilt, da der Zeitaufwand hierfür immens wäre.

- *Realtime Loop*

Nachdem der Analytical Loop aus vergangenen Kundeninteraktionen Präferenzen der Online-Besucher in Form von Regelwerken extrapoliert, hat der Realtime Loop die Aufgabe, entsprechend des Präferenzprofils maßgeschneiderten Content in Echtzeit bereitzustellen. Sobald sich ein Online-Besucher entsprechend eines Präferenzmusters verhält, bekommt dieser gemäß der zugrundeliegenden Regel den für dieses Präferenzmuster definierten Content zu sehen.

Über den DynaGenerator, einem Wizard, werden die in PMML-Struktur bereitgestellten Regelwerke aus dem Analytical Loop in den Realtime Loop überführt. Dazu steht ein entsprechender Adapter (DynaExecutor) zur Verfügung, welcher die Regeldefinition in XML auf die DynaBase anwendet. Der DynaExecutor klassifiziert den aktuellen Besucher in ein zuvor ermitteltes Besucherprofil und reagiert mit zielgruppenspezifischem Content. Somit schließt sich der Personalisierungskreislauf, da das personalisierte Portal wiederum Tracking-Daten liefert, die in einen nächsten Web Mining Prozess eingehen.

Um eine Personalisierung in Echtzeit realisieren zu können, werden die für eine Echtzeit-Klassifizierung relevanten Daten benutzt, um den DynaTracker-Server so zu konfigurieren, dass dieser sofort entsprechend transformierte und aggregierte Daten in eine modifizierte Datenbank (DynaBase) schreibt.

Diese Eigenschaft der DynaMine-Architektur bietet die folgenden entscheidenden Vorteile (Meyer et al. 2001b, S. 18):

- Die Performance des Portals bleibt trotz Personalisierungsfunktionalitäten unberührt, da deutlich weniger Daten protokolliert werden müssen.

- Die Regeln können in Echtzeit angewendet werden, da die notwendigen Daten bereits passend aufbereitet sind.

- *PMML*

PMML kommt im Rahmen der Personalisierungsbestrebungen von *koepfe.de* eine besondere Rolle zu. Da der SQL Server 2000 sämtliche Data Mining Modelle in einer PMML-Struktur abspeichert und der DynaGenerator bereits dafür ausgelegt ist, diese PMML-Regelwerke zu interpretieren, kann ein geschlossener Personalisierungskreislauf realisiert werden.

Die Entwicklung des PMML-Standards ist eng mit der Entwicklung und Verbreitung von XML verknüpft. PMML verwendet XML zur Beschreibung von Data Mining Modellen. Dabei werden sämtliche Daten eines oder mehrerer trainierter Data Mining Modelle in einem PMML-Dokument abgelegt. Mit Hilfe des Data Dictionary werden die bei der Modellierung verwandten Variablen, deren Datentypen, Formate und Wertebereiche definiert. Ein sogenanntes Mining Schema beschreibt im Detail, in welcher Form die einzelnen Variablen tatsächlich in die einzelnen Modelle Eingang fanden. Für die verschiedenen Data Mining Modelle wurden DTDs (Document Type Definition) entwickelt, in denen die Charakterisika der Modelle wie z.B. Sprachelemente und ihre Beziehungen genauer spezifiziert sind.

Ein PMML-Dokument stellt eine Definition eines Data Mining Modells dar mit allen Informationen, die benötigt werden, um das Modell in einer anderen Applikation laufen zu lassen. Im Rahmen der DynaMine-Architektur werden mit Hilfe eines XML-Parsers die Input- und Output-Datentypen und die Parametrisierungen des Modells aus dem PMML-Dokument bestimmt und dessen Ergebnisse interpretiert. Somit stehen sämtliche Informationen zur dynamischen Programmgenerierung zur Verfügung, um die Web Mining Modelle beliebig anzuwenden. Auf diese Weise lassen sich die aus dem SQL Server 2000 gewonnenen analytischen Modelle für intelligente Echtzeit-Interaktionen in die DynaMine-Architektur integrieren.

Literatur

Data Mining Group (2001): PMML 2.0 – Predictive Model Markup Language. http://www.dmg.org/pmmlspecs_v2/pmml_v2_0.html (Zugriff: 03.01.2002).

Kimball, R.; Merz, R. (2000): The Data Webhouse Toolkit – Building the Web-Enabled Data Warehouse. New York.

Meyer, M.; Weingärtner, S., Döring, F. (2001): Kundenmanagement in der Network Economy. Wiesbaden.

Meyer, M.; Weingärtner, S.; Jahke, T.; Lieven, O. (2001): Web Mining und Personalisierung in Echtzeit. In: Schriften zur Empirischen Forschung und Quantitativen Unternehmensplanung, EFOplan Heft 5 / 2001, München.

Reid Smith, E. (2001): Der e-loyale Kunde – Beziehungsmarketing im Internet. München.

Seidman, C. (2001): Data Mining with Microsoft SQL Server 2000 Technical Reference. Redmond.

Hans-Peter Neeb

ist Senior Consultant bei Wunderman Consulting in Frankfurt. Sein Schwerpunkt liegt auf der Beratung bezüglich Konzeption und Durchführung von Kundendaten- und -verhaltensanalysen mit Hinblick auf Dialogmarketingaktivitäten. Wunderman Consulting bietet als Teil der Dialogmarketingagentur Wunderman GmbH & Co. KG seinen Kunden einen Full-Service an, der von der Konzeption von Unternehmensstrategien über Prozessdesign bis zur Implementierung von Marketingmaßnahmen reicht.

3.9 Personalisierende Web-Beratungsfunktionen als Komponente eines interaktiven Dialogmarketings

1 Überblick

Die folgende Abhandlung schildert, wie zukünftig Dialogsequenzen an der Kundenschnittstelle Internet durch Beratungsangebote gestaltet werden können. Der Aspekt Online-Beratung wird große Aufmerksamkeit erfahren, denn viele Anbieter müssen ihre umfangreichen Dienstleistungen oder das Produktspektrum einfacher und schneller zugängig gestalten. Der Kunde wünscht heutzutage mehr Orientierung bei der Fülle an Informationen und Handlungsmöglichkeiten im Internet. Entscheidende Elemente werden dabei „Recommendation Engines" sein, die Empfehlungen geben können, und „Data Mining" Methodiken, mit denen man Wissen über den Interessenten generiert und ihn mit dem passenden Angebot als zufriedenen Kunden gewinnt.

2 Stellenwert von Beratungskomponenten im Internet

Das Internet wird als vollwertiges Kundenkommunikations- und –abwicklungsmedium propagiert. Es kommt heutzutage im Rahmen von Multikanalstrategien und zur Umsetzung von neuartigen Geschäftsmodellen zum Einsatz. Enorme Fortschritte wurden in den letzten Jahren erzielt in Hinblick auf Performance, Multimedia, Navigation, Sicherheit, Kreativität, Design und Transaktionsfähigkeit, die das Internet zum unverzichtbaren Unterhaltungs- und Geschäftskanal machen.

2.1 Entwicklungsstatus Internet

Allerdings mangelt es weitgehend noch an der wichtigen Beratungsfunktion, die beispielsweise dem persönlichen Kontakt am POS (Point of Sale) oder am Telefon noch eine entscheidende Daseinsberechtigung beschert. Kaum existieren komfortable, adäquate Funktionen im Internet, die sich dem Kunden empfehlend und anforderungsorientiert darstellen. Anwender erwarten Orientierung und situationsbezogene Hilfestellungen, um einfach und zügig Entscheidungen treffen zu können. Neben der reinen Informationspräsentation, den Abwicklungs- und Abruffunktionen wird dies zukünftig eine der zentralen Herausforderungen von Internetanbietern sein.

2.2 Personalisierung

Verschiedene Konzepte sollen der Ausrichtung an den Bedürfnissen von Interessenten dienen. Ihnen gemeinsam ist die Verwendung von beschreibenden Kriterien und ihren Ausprägungen. Unterscheidungsmerkmal ist lediglich die Methode, in welcher Weise die jeweiligen Merkmalswerte gewählt werden. Man differenziert aus Nutzersicht aktive und passive Vorgehensweisen.

2.2.1 Selbstselektion

Bei der einfachen Selbstselektion handelt es sich um eine aktive Variante, in der der Nutzer explizit, gemäss seinen eigenen Interessenten, einige vorgegebene Kategorien auswählt. Diese können dazu dienen, innerhalb von „Content Management Systemen" zum jeweiligen Zeitpunkt Inhalte dynamisch einzuspielen, die den identifizierten Anwender interessieren. Die Identifikation erfolgt meist über Registrier- und Anmeldeszenarien. Eine Schwierigkeit besteht darin, dass die Angaben bestenfalls einen vergangenen Zustand repräsentieren. Bei Verhaltens- und Neigungsveränderungen werden nicht unbedingt oder zumindest nicht unmittelbar die Profile durch den Nutzer angepasst. Abhilfe schaffen nur einfache Administrationsprozeduren oder ein attraktives Informationsangebot, bei dem der Empfänger ein vitales Interesse an der Transparenz seiner aktuellen Ausrichtung hat und somit sein Profil zeitnah pflegt.

2.2.2 Lernende Verfahren

Passive Methoden hingegen sind nicht unmittelbar auf die Mitwirkung des Benutzers angewiesen, weil sie im Hintergrund aus seinem Verhalten indirekt Schlüsse ziehen. Ein Vorteil ist der hohe Aktualitätsgrad, der nicht vom Anwender abhängt. Ein weiteren Vorzug ist die Tatsache, dass häufig ein Laie zu Anfang noch nicht auf einige Fragen direkt antworten kann, sondern eine gewisse Einarbeitungsphase benötigt. Da jedoch genau für diesen Prozess die Beratungsfunktion benötigt wird, greift man u.a. auf indirekte Operationen zurück, die für beide Seiten sukzessiv lehrreiche Einblicke darbieten. Sie eröffnen die Möglichkeiten zu einem wertvollem Dialog mit einem (potenziellen) Kunden.

2.3 Einsatz von intelligenten Methoden im Internet

Entscheidend wird die Verwendung von intelligenten Algorithmen zur Generierung des Kundenwissens sein. Generell kommen dabei die klassischen Data Mining und Web Mining Verfahren zum Einsatz (Mena 1999). In dem Fall der interaktiven Handlung muss allerdings auf onlinefähige Dialogverfahren zurückgegriffen werden. Absicht ist es, dem Benutzer unmittelbar aufgrund der generierten Erkenntnisse Antworten zu reflektieren. Im Gegensatz zum Offline-Einsatz von Analysemethoden besteht beim interaktivem Dialog der wichtige Vorteil, dass der Anwender mit einem Anliegen an den Dienstanbieter herantritt und Lösungsvorschläge erwartet. Dadurch ist weitgehend Anreizkompatibilität gegeben, so dass man von der Korrektheit der Angaben seitens des Nutzers ausgehen kann. Um eine präzise Empfehlung zu erhalten, liegt es auch in seinem Interesse, richtige Informationen über seine Anforderungen und Vorlieben zu liefern. Beispielsweise ist Anreizkompatibilität bei einer Befragung nach weiteren persönlichen Angaben nicht gegeben, wenn eine Gegenleistung im Form von Belohnung oder Gewinnmöglichkeit geboten wird. Der Anreiz zur Teilnahme liegt dann vor allem in dieser Leistung und weniger in der Korrektheit der Antworten.

3 Formen des interaktiven Beratungsdialoges

Drei unterschiedliche Prinzipien des Beratungsansatzes können gewählt werden. Der Interessent lernt dabei zum einem von kundigen Beratern des Anbieters, zum zweiten von anderen Kunden des Unternehmens und zum dritten von sich selbst bzw. über seine eigenen Entscheidungspräferenzen. Somit kann auf die vorhandenen Erfahrungen und die getroffenen Entscheidungen von allen beteiligten Personen in diesem Metier zurückgegriffen werden.

Dabei kommen bekannte Data Mining Algorithmen wie K-Nearest Neighbour, Collaborative Filtering und Conjoint Measurement zum Einsatz. In der Online-Verwendung erfüllen sie den Zweck von Recommendation Engines und liefern dem Anwender direkte Antworten.

3.1 Modellierung von Fachkompetenz

3.1.1 Beschreibung der Verwendung

Bei dem Ansatz Modellierung der Fachkompetenz durch Experten wird die reale Beratungssituation faktisch möglichst präzise im Internet abgebildet. Jeder Berater wird sich im Allgemeinen über die vorliegende Situation des Interessenten kundig machen, um eine passende Lösung für ihn zu finden. Diese Kenntnis erarbeitet er sich anhand einer Reihe von Fragen, die entscheidungsrelevante Parameter abprüfen. Auf Basis der gewonnenen Angaben reduziert sich die Menge an Angebotsoptionen auf ein geringes Maß und der Interessent kann bequem hieraus nach seinen persönlichen Präferenzen auswählen.

Das Produkt- und Dienstleistungsportfolio eines Anbieters wurde vor dem Hintergrund bestimmter, strategischer Überlegungen für die Zielgruppen lebensphasenspezifisch zusammengestellt, so dass für gängige Konstellation passende Varianten vorliegen. Die einzelnen Angebote sind durch einige Attribute und deren Werte charakterisierbar. Die Entscheidungssituationen der Interessenten werden durch relevante Parameter und deren Ausprägungen beschrieben, damit ein Berater konsistente Vorschläge ableiten kann. Er wird aufgrund kausaler Zusammenhänge die Zuordnungen vornehmen und Angebote unterbreiten.

Dasselbe Vorgehen wird nun auch im Internet angewandt, nur dass die Form der Wissensspeicherung nicht ein Mensch vornimmt, sondern in einem elektronischen Wissensraum stattfindet. Das Abbilden der Realität geschieht durch eine Modellierung der kausalen Zusammenhänge zwischen Situationsparametern und Angebotsattributen.

Nr.	Fahrzeug	Eleganz	Sportlichkeit	Person	Distanz
1.	Δ	80%	20%	A	
2.	Δ	77%	23%	C	
3.	Δ	50%	22%	D	
4.	O	49%	23%	A	
5.	□	20%	19%	C	
6.	O	7%	45%	C	
7.	O	30%	51%	D	
8.	□	20%	70%	B	
9.	□	7%	80%	A	
10.	□	12%	100%	D	69,64
11.	O	51%	82%	B	28,01
12.	Δ	80%	70%	B	11,05
X	Interessent	79%	81%	-	

Tabelle 1: Beispiel einer Empfehlung des Fahrzeugs Δ für Kunde X

3.1.2 Beispielfall Fahrzeugauswahl

Das Beispiel in Tabelle 1 zeigt den Fall, dass die drei Angebote Δ, O und □ zur Auswahl stehen. Es mag sich in dieser Darstellung um Fahrzeugmodelle handeln. Die sie beschreibenden, spezifischen Attribute sind nicht näher benannt. Die Berater A, B, C und D ordnen den Modellen einmalig, gemäss ihrer persönlichen Beurteilung, die adäquaten Parameter zu, die später die Entscheidungssituation eines Interessenten skizzieren sollen. Diese Parameter sind, hier vereinfacht angenommen, Einschätzungen zur Eleganz und Sportlichkeit der Fahrzeuge. Die Angaben in Prozent bedeuten, dass ein Wagen ganz (100%) als sportlich oder gar nicht (0%) als sportlich angesehen wird bzw. eine Bewertung auf der Skala dazwischen erhält. Das gleiche gilt für den eleganten Charakter. Dabei rangiert das Fahrzeug Δ recht eindeutig in der Klasse Eleganz, wobei die sportliche Komponente weniger ausgeprägt ist. Das Fahrzeug □ hingegen gestaltet sich mit hoher Sportlichkeit und geringerer Eleganz als das Gegenteil. Die Meinungen zu Angebot O liegen dagegen bzgl. beider Parameter im Mittelfeld.

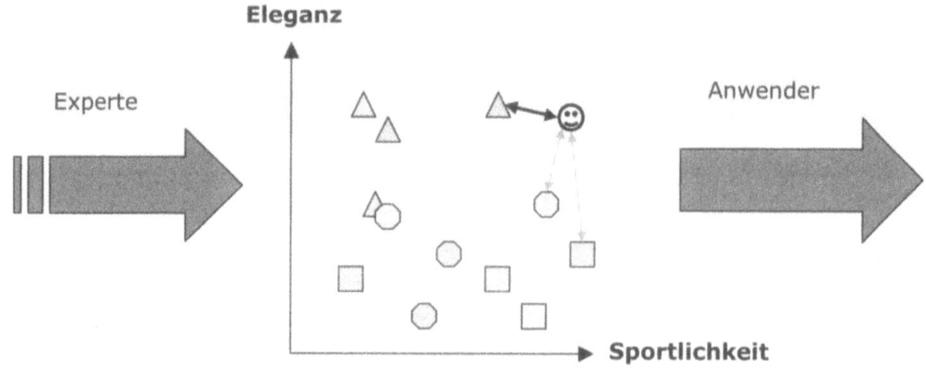

Abbildung 2: Beispiel für die Gestaltung des Wissensraums

Eine Person, die nun ein neues Fahrzeug erwerben möchte, ist daran interessiert aus dem breiten Spektrum des Fahrzeugmarktes die Modelle näher zu betrachten, die seiner Vorstellung am nächsten kommen. Sie beschreibt nun ihr Anliegen im Rahmen der Entscheidungssituation ebenfalls über die Parameter Sportlichkeit und Eleganz und erhält ein Ranking der Angebotsvorschläge, die dieser am besten entsprechen. Die größte Ähnlichkeit wird durch die geringste räumliche Distanz ermittelt. Die Abbildung 1 stellt den zweidimensionalen Wissensraum zum besseren Verständnis graphisch dar. In diesem Fallbeispiel sucht der Interessent ein Fahrzeug, was sowohl durch Luxus als auch Sportlichkeit geprägt ist. Dem Wunsch kommt das Angebot □ am nächsten.

Läge nur ein einfacher Suchmechanismus vor, so wäre kein Ergebnis ermittelbar gewesen. Kein Angebot entspricht exakt dem Anliegen. Das Nachbarschaftsprinzip gewährleistet jedoch in jedem Fall einen ersten Ratschlag, der sukzessive im Dialog verfeinert werden kann. So kann man sich eine vor- und nachgeschaltete Filterfunktion vorstellen, die zum Beispiel gewisse Budgetgrenzen erfasst und zu teure Angebote nicht mehr berücksichtigt. Andere funktionale Eigenschaften können dagegen als Minimalanforderungen zwingend gewählt werden. Auch ist die Selektierung oder Deselektierung von einzelnen Herstellern denkbar.

Aus Vereinfachungs- und Darstellungsgründen wurde die Entscheidungssituation nur durch 2 Parameter beschrieben. In der Realität wird es sich um einige Dutzend handeln müssen. Darüber hinaus wurde jedes Angebot nur mit einem einzelnen Parameterwert charakterisiert und kein Parameterbereich zugelassen, was sicherlich in der Praxis wählbar sein muss. Am Prinzip ändert sich allerdings nichts. Zur Einschätzung eines Fahrzeugs werden zudem weitere Parameter, wie Kurvenverhalten, Elastizität, Sitzkomfort usw., zum Tragen kommen. Natürlich wird ein Fahrzeugkauf auch in Zukunft kaum digital vonstatten gehen und zumeist eine Probefahrt im Vorfeld verlangen. Jedoch birgt im Rahmen einer Multikanalstrategie seitens der Hersteller und mit Hinblick auf Hersteller unabhängige Anbieter von Fahrzeuginformationen eine vorgeschaltete Orientierungsfunktion im Internet eine hohe Attraktivität. Ein potenzieller Käufer kann sich von den Meinungsbildern leiten lassen und die nächstbeste Empfehlung erhalten. Besonders bei einer Vielzahl von Online Angeboten wird der Dienst zur schnellen Fokussierung sehr attraktiv sein.

3.1.3 Beispielfall Weinkontor

Als weiteres Beispiel sei ein Online Weinhändler angenommen, der im Internet einen elektronischen Sommelier zur Orientierung präsentiert. Dieser soll im Dialog dem Interessenten helfen, entsprechend seiner Geschmacksvorlieben den passenden Wein zu finden. Dazu wurde die Expertise in der Beurteilung der vorhandenen Weine seitens der Weinexperten dieses Anbieters in dem Wissensraum einmalig hinterlegt. Auf das Meinungsbild kann jeder Interessent durch eine interaktive, sukzessive Beschreibung seines Anliegens zugreifen. Auf einfache Weise erhält er somit aus der umfangreichen Angebotspalette die Weine angezeigt, die seinem Geschmack sehr nahe kommen.

Dabei werden eindeutige Fakten, wie Anbaugebiet, Weinart, Rebe, Alkoholgehalt, Preis, Jahrgang, Qualitätsstufe usw., falls gewünscht durch eine vor- und/ oder nachgeschalteten Filterfunktion separat selektierbar sein. Die sogenannten weichen Faktoren, die nur ein Experte zuweisen kann, wurden im Vorfeld jedem Wein einzeln zugeordnet. Das kann zum Beispiel die empfundene Trockenheit bzw. Süße, die beurteilte Spritzigkeit („wie stark perlt er?"), die wahrgenommene Fruchtigkeit, das umschriebene Bukett, die passenden Fleischsorten und Ähnliches sein. Zu jedem Wein wird ein Experte zu einer etwas anderen Bewertung kommen, die eine gewisse Geschmacksvielfalt gewährleistet, aber auch nicht zu großen Differenzen oder Widersprüchen führen wird. Reizvoll wäre auch die Option, sich seinen Experten auszuwählen, der in der Vergangenheit die größte Übereinstimmung mit dem eigenen Gaumen beweisen konnte. Der Anwender muss nun lediglich für jeden Parameter die gewünschten Ausprägungen wählen und nähert sich so der Auswahl an Weinen, die den Anforderungen am meisten entsprechen. Mit jeder weiteren Information wird die Empfehlung präziser.

3.1.4 Stärken-/Schwächen-Profil

Entscheidender Vorteil dieser Methodik ist die Eigenschaft, selbst in dem Fall, dass vereinzelt keine Antwort gegeben oder eine Festlegung bzgl. eines Attributes vorgenommen werden kann, eine Empfehlung treffen zu können. Der Lösungsvorschlag ist dann natürlich aufgrund des etwas geringeren Informationsgehaltes nicht ganz so präzise. Allerdings ist dieses eine sehr realistische Situation, dass in der Praxis ein Interessent sich zu etwas nicht genau äußern kann. Vorteil ist, dass solch ein Fall in dem interaktiven Prozess berücksichtigt werden kann. Oftmals ist bei anderen Ansätzen gezwungenermaßen eine Angabe bzgl. jeden Merkmales notwendig, was Anwender vor Probleme stellen kann. Bei üblichen Finder-Funktionen (z.B. Fonds-Finder) trifft diese Tatsache nachteilig zu.

Der Hauptunterschied zu Finder-Funktionen im Internet ist zum einen der eben genannte Vorteil und zum anderen dass man sich nicht auf eine scharfe Selektion beschränken muss. Bei einem normalen Finder werden nur einfache Suchkriterien belegt, um ein Ergebnis zu erhalten. Liegt kein Eintrag vor, der genau den Kriterien entspricht, kann auch nicht der nächstbeste Vorschlag wiedergegeben werden. Kein schrittweiser Erkenntnis- und Abwägungsprozess wird in Gang gesetzt, der bewusst eine unscharfe Auswahl zulässt, deren zusätzlicher Vorteil ein aufschlussreiches Ranking der Empfehlungen ist. Nur so wird ein Anwender in die Lage versetzt, sich mit der Materie, auch ein wenig auf spielerische Art, auseinander zu setzen und zu lernen. Er hält sich die Möglichkeit offen, seine Angaben weiter zu verfeinern. Besonders die Eigenart, dass bei einem Finder für jedes Merkmal eine Angabe verlangt wird, ist häufig für den Benutzer eine schwer zu nehmende Hürde und mit vielen Wiederholungen bei der Eingabe behaftet. Deswegen wird er es begrüßen, dass er z.B. trotz Unkenntnis bzgl. eines Attributes vorab bereits eine Einschätzung der Situation erhält. Später kann er jederzeit nach weiterer Einarbeitung die Information hinzufügen. Ein hohes Maß an Flexibilität sowie eine Ausrichtung an menschlichen Verhaltensweisen wird gewährleistet und somit Nutzerfreundlichkeit erzielt.

3.1.5 K-Nearest Neighbour

Die eingesetzte Methodik für eine angegebene Situationskonstellation wird K-Nearest Neighbour betitelt, weil der Ratschlag auf den nächstbesten Einträgen basiert (Berry/Linoff 1997, S. 157-186). Dabei gibt die Variable „K" die Anzahl benachbarter Expertenbeurteilungen an, die konsultiert werden sollen. Das Angebot, das relativ am häufigsten auftritt, wird als Empfehlung ausgewiesen. Dabei können der prozentuale Anteil und die räumliche Distanz als Gütemaß für die Empfehlung gelten und dem Anwender ergänzend zu den nachrangigen Empfehlungen mitgeteilt werden. In Abbildung 1 wurde zur Vereinfachung K=1 angenommen, um das Prinzip zu erläutern.

Man geht also davon aus, das die Konstellationen, die sich in unmittelbarer Nachbarschaft befinden, dem Anliegen des Benutzers am nächsten kommen. Es gibt unterschiedliche Distanzmaße, die angewandt werden können. Dabei ist z.B. die bekannte euklidische Distanz eine der gängigsten (Backhaus et al. 1996, S. 274).

Bei dieser Methodik wird kein explizites Modell erstellt, um Wissen möglichst genau sowie kompakt abzubilden und zu operationalisieren. Der Datenraum selber enthält das Wissen und wird zur Antwort herangezogen. Als Nachteil ist dabei ein enormer Bedarf an Speicherplatz und ein höherer Rechenaufwand in Kauf zu nehmen.

3.2 Orientierung innerhalb des Kundenstammes

3.2.1 Beschreibung der Verwendung

Bei der Orientierung innerhalb des Kundenstammes eines Anbieters kommt der „Community" Gedanke zum Tragen. Interessenten oder Kunden holen sich Anregungen bei Personen, bei denen eine ähnliche Situation vorliegt bzw. die eine ähnliche Entscheidung getroffen haben. Einleuchtend ist auch, dass Kunden die bei einem bestimmten Anbieter gewisse Produkte bzw. Dienstleistungen in Anspruch nehmen, somit in die definierte Zielgruppe des Anbieters fallen und sehr wahrscheinlich Übereinstimmungen in ihrem Anforderungs- oder Nutzungsprofil aufweisen. Sodann kann man auch von einander lernen, wie es beispielsweise bei www.amazon.de üblich ist. Es werden aufgrund der Bestellhistorie Hinweise gegeben, welche Bücher oder Autoren ebenfalls gelesen werden, wenn bei anderen ähnliche Bestellungen zu verzeichnen sind. Man kann sich gleiches auch bei einem Depot oder einer Watchlist vorstellen, so dass man Anregungen erhält, welches Papier auch ins Portefeuille passen könnte. Dass man sich nur an erfolgreichen Wertpapierbeständen orientieren möchte, kann über eine Erfolgsmaßzahl und bestimmte Neigungsparameter in der Analyse Berücksichtigung finden.

3.2.2 Beispielfall Musikanbieter

Der Anwendungsfall in Tabelle 2 basiert auf der individuellen Beurteilung von Sängern und Gruppen. Angegeben sind Schulnoten von 1 bis 6. Die Menge der Anwender sollte weitgehend homogen sein, damit auch von einer Konsistenz innerhalb ihres Urteilsgefüges ausgegangen werden kann. Dies soll hier durch die Beschränkung auf das weibliche Geschlecht und gleichaltrige Kandidaten erfüllt sein. Für Sabine ist keine Benotung der Gruppe Orange Blue hinterlegt. Entweder kennt sie beispielsweise die Gruppe nicht oder sie wollte keine Bewertung vornehmen.

Das wahrscheinlichste Urteil für Orange Blue soll deswegen von den Bewertungen der Personen abgeleitet werden, die ihr im Geschmack bzgl. der übrigen Musiker ähneln. Ergibt sich dabei eine gute Note soll Sabine einen Hinweis erhalten, der aussagt, dass ihr wahrscheinlich Orange Blue gefallen könnte. Die Empfehlung fällt positiv aus, wie in 3.2.4 beschrieben wird.

Person	Alter	Ricky Martin	Christina Aguilera	Bon Jovi	Brosis	...	Orange Blue
Kerstin	19	2	3	5	2	...	2
Viktoria	21	1	3	2	3	...	4
Silvia	20	3	2	4	2	...	1
Meike	18	1	2	3	3	...	3
...	...	...	...	...	...	...	...
Sabine	20	3	2	5	3	...	-

Tabelle 2 : Empfehlung von Musikinterpreten

3.2.3 Beispielfall Wertpapierdepot

Ein ähnlicher Anwendungsfall liegt vor, wenn man mit der Auswertung nicht auf subjektiven Einschätzungen aufsetzt, sondern auf objektiver Existenz. Zur Illustration sei ein Wertpapierdepot angenommen, das verschiedene Positionen beinhaltet. Das Vorhandensein eines Papiers aus dem gesamten Angebotsspektrum wird durch eine binäre Kodierung Ja/ Nein (1/ 0) dargestellt. Das gilt für die Depots aller Kunden. Für einen Anleger ist es nun interessant einen anonymen „Blick in Depots anderer Kunden zu werfen", um davon Anregungen für weitere Engagements zu erhalten. In der Binärmatrix des Kundenstammes wird nun nach den Depots Ausschau gehalten, die dem eigenen Depot bzgl. der Einzelpositionen am ähnlichsten ist. Befinden sich in diesen noch zusätzliche Wertpapiere, so könnte es sich dabei um attraktive, passende Beimischungen bzgl. des eigenen Portfolios handeln. Diese Art von Hinweis könnte sich für einen Anleger als hilfreich erweisen.

Liegt ein Maßstab für den Erfolg von Depots vor, so kann er als zusätzliche Gewichtung bei der engeren Auswahl innerhalb der ähnlichen Depots verwendet werden. Depotkonstellationen werden nach Expertenempfehlungen zusammengestellt oder liegen aufgrund von Erfolg in der aktuellen Zusammensetzung vor. Von beiden Aspekten kann nun ein Kunde profitieren, wenn er sich nach solchen Empfehlungen richtet. Es soll darauf hingewiesen werden, dass die Korrelationen mit Hinblick auf Rendite und Risiko, die zwischen Wertpapieren existieren, bei dieser Basisvariante noch keine Berücksichtigung gefunden haben. Im Falle von Büchern, CDs, Videos, Weinen usw. wären diese Abhängigkeiten allerdings auch kaum vorhanden.

3.2.4 Collaborative Filtering

Der Algorithmus des Collaborative Filtering prüft über den Vergleichsvektor, der in dem Fall 3.2.2 die Beurteilungen für die ersten vier Interpreten sein soll, die Ähnlichkeit im Geschmack (Breese et al. 1998; Herlocker et al. 1999). Es wird festgestellt, dass vor allem Silvia, aber auch Kerstin, bzgl. der Musikneigung Sabine nahe stehen. Als Maß wird hierbei ein Korrelationskoeffizient genutzt (Bosch 1998, S. 52 ff.). Die Stärke der Übereinstimmung wird auch als Gewichtungsfaktor verwendet, um zu entscheiden zu welchem Grad die Beurteilung der anderen Personen berücksichtigt werden soll. Bei einer sehr großen Anzahl an Personen, wie in der Praxis zu vermuten, wird eine Anzahl „K" an Nachbarn definiert, deren Benotungen nur einfließen soll. Das reduziert den Rechenaufwand und vermeidet unnötige rechnerische Verzerrungen. Sie könnten entstehen, wenn man auf alle Beurteilungen, die auch Extrema einschließen würden, zurückgriffe. Die Durchschnittsbewertung über alle „K" Vergleichsvektoren wird vorgenommen und die jeweilige Abweichung zur Bewertung für Orange Blue ermittelt. Die gewichtete Summe dieser Abweichungen wird zu der Durchschnittsbewertung von Sabine addiert und man erhält die abgeleitete Benotung, die Sabine Orange Blue erteilen würde. Bei einem K=2 führte das gerundet zu einer Note 2 und somit zu einer Empfehlung.

Man stelle sich die Webseite eines CD-Versandes vor, auf der beim nächsten Besuch dieser Hinweis erscheinen könnte. Sabine wird sich mit einer über dem Durchschnitt liegenden Kaufwahrscheinlichkeit für die Empfehlung entscheiden und den Titel erwerben. Somit erhält sie aufgrund ihres persönlichen Geschmacks Hinweise auf einige Interpreten aus dem breiten Angebotssortiment, die sicherlich ihrer Musikrichtung entsprechen.

Ein anderes Beispiel ist www.myrestaurant.de, wo man bekannte Kneipen und Restaurants in einer ausgewählten Stadt beurteilen kann. Als Empfehlung erhält man unbekannte Lokalitäten, die aufgrund von Beurteilungen anderer Personen ziemlich genau dem eigenen Gusto entsprechen.

3.2.5 Stärken-/Schwächen-Profil

Interessanter Vorteil dieses Vorgehens in 3.2.3 ist die Tatsache, dass der Anwender keine zusätzlichen Eingaben vornehmen muss, denn sein aktueller Stand (vergleichbar zum Depot), seine Historie (z.B. frühere Bestellungen bzw. Orders) bzw. seine Vorzüge (vergleichbar zur Watchlist) sind bekannt. Auf Abruf kann ein Vergleich mit dem Kundenstamm erfolgen und man erhält ein Bild aufgrund der aktuellen Lage, in der auch die neusten Veränderungen bei anderen Kunden eingeflossen sind. Diese kann auch im Hintergrund bereits beim Login vorgenommen und dem Anwender proaktiv präsentiert werden.

Herausforderungen in Hinblick auf den Algorithmus entstehen, wenn eine Spalte nur wenige Einträge aufweist. Das ist zum Beispiel der Fall, wenn es sich um einen kaum bekannten Sänger handelt. Dann ist leider auch nicht zu erwarten, dass man eine genaue Prognose vornehmen kann. Bei sehr vielen Objektspalten ist jedoch dieses Phänomen zu erwarten. Auch wird dadurch der mehrdimensionale Raum mit Einträgen sehr dünn besetzt sein, so dass die Distanzen untereinander relativ groß werden können und die Empfehlungsqualität etwas leidet. Die Erscheinung ist nicht zu verhindern und schwer zu korrigieren.

3.3 Identifizierung der eigenen Entscheidungspräferenzen

3.3.1 Beschreibung der Verwendung

Oftmals stellt man in Entscheidungssituationen fest, dass ein Interessent noch keine Vorstellung von seinen eigenen Präferenzen oder dem vorliegenden Status quo hat. Ein Beratungsgespräch beginnt dann häufig mit sehr grundlegenden Aspekten und kostet beide Parteien sehr viel Zeit, bevor man überhaupt die komplexen Zusammenhänge ansprechen kann, für die ein Berater originär qualifiziert wurde. Abhilfe schafft eine Methodik, die dem Interessenten eine Hilfestellung in der Abwägung von entscheidungsrelevanten Parametern bietet. In der Regel sind Parameter zu justieren, die Zielkonflikte beinhalten und separat kaum sinnvoll anzugeben sind. Darum bedient man sich einer Alternative, in der einige mögliche Konstellationen vorgestellt werden, die eine Bewertung erhalten sollen. Der Anwender vergibt jeder Option eine Prioritätsaussage entsprechend seiner Sichtweise. Er nimmt dabei eine implizite Abwägung der einzelnen Parameterwerte vor und modelliert somit (unbewusst) sein persönliches Präferenzmuster. Die darin verborgenen Erkenntnisse lassen sich dekompositionell zerlegen und auf ihre Ursprünge zurückführen. Man erhält somit die Gewichtung und die Wirkungsrichtung jedes Parameters mit deren Hilfe man nun das gesamte Angebotsportfolio qualifiziert. Aus der umfassenden Menge erhält der Anwender anhand eines Rankings die für seine individuelle Situation passenden Handlungsoptionen. Anhand der Parametereinzelwerte kann der Benutzer seine Bewertung verifizieren und gegebenenfalls erneut vornehmen. Somit wurde selbst eine eigenständige Qualifizierung der komplexen Entscheidungssituation vorgenommen.

3.3.2 Beispielfall Fondsanbieter

Eine eingängige Veranschaulichung aus dem Finanzdienstleistungssektor ist die Empfehlung von Investmentfonds. Fonds sind in der Regel durch eine Reihe von Merkmalen gekennzeichnet. Bei vergangenheitsbasierten Angaben, wie Rendite und Risiko, geht man hier davon aus, dass in naher Zukunft die Aussagen auch noch gelten sollen. In einer rationalen Entscheidungssituation reduziert sich die Anzahl der relevanten Faktoren schnell auf Rendite und Risiko. Als Eigenschaft besitzen sie eine starke Gegenläufigkeit, so dass ein entscheidungsrelevanter Zielkonflikt vorliegt. Eine separate Determinierung der beiden Merkmale macht keinen Sinn. Jeder Proband würde gleichzeitig eine hohe Rendite und geringes Risiko angeben. Welcher Anleger kann explizit nennen, welches Rendite-Risiko-Verhältnis seinen persönlichen Anforderungen entspricht? Ein schrittweises Abprüfen von möglichen Optionen ist erforderlich, um in einem Abwägungsprozess die individuelle Rendite-Risiko-Präferenz zu ermitteln. Als Implementierungsbeispiel mag www.cliXXon.com dienen, dessen Algorithmus ein Ranking aller vorhandenen Fonds nach der ermittelten, persönlichen Rendite-Risiko-Präferenz sortiert und somit Empfehlungen ausspricht (Kaas et al. 2002; Kaas/Schneider 2001).

3.3.3 Conjoint Measurement Analysis

Bei einer Conjoint Analyse werden einem Befragten ausgewählte Fälle präsentiert, die zum einen durch dedizierte Attribute beschrieben sind und die er zum zweiten gemäss seiner Präferenz (Zielvariable) durch Vergabe von Noten sortieren soll. Dabei beurteilt er jedes Mal die Komposition oder Kombination der Merkmale, so dass implizit Wirkungszusammenhänge untereinander zum Tragen kommen. Rückwirkend kann man dekompositionell auf die Einflüsse der einzelnen Attribute schließen und so sein Beurteilungsschema nachvollziehen bzw. modellieren (Backhaus et al. 1996, S. 496 ff.).

Wenn eine Person nun einige definierte Fonds beurteilt hat, so werden auf Basis des ermittelten Modells eine Vielzahl an Fondsangeboten gemäss der persönlichen Präferenz (hier Rendite und Risiko) in eine Reihenfolge gebracht und einige wenige adäquate Empfehlungen ausgewiesen. Durch klare Selektionskriterien kann man vor und/ oder nach der Beurteilung zur besseren Abgrenzung der Entscheidungssituation beliebige Untermengen bilden. Beispielhaft für solche Merkmale seien Fondsart, Gesellschaft, Währung, Gebühren und Aufschläge, regionale Schwerpunkte und weitere genannt.

3.3.4 Stärken-/Schwächen-Profil

Vorteil des Vorgehens ist, dass der Anwender selber eine Abwägung („Trade Off") zwischen den entscheidungsrelevanten Variablen vornehmen muss. Ihm wird dazu ein hilfreiches Werkzeug zur Verfügung gestellt, dass diese impliziten Beurteilungen erlaubt und verarbeiten kann. Er justiert sozusagen sein Gewichtungsverhältnis der Entscheidungsparameter. Auf diese Gewichtungen kann man wiederum in oben genannten und anderen Auswertungsschritten zurückgreifen. So würde beispielsweise als Ergebnisnebenprodukt resultieren, dass für die Beurteilung zu 60% die Rendite und nur zu 40% das Risiko ausschlaggebend war.

Nachteil ist, dass dem Benutzer die Entscheidung nicht abgenommen werden kann, denn er greift dabei auf kein fremdes Wissen zu.

Algorithmische Herausforderungen bestehen darin, dass leider nicht zu viele objektbeschreibende Merkmale in die Beurteilung einfließen dürfen oder die Merkmale zumindest nicht zu viele Ausprägungen enthalten. Ansonsten wird die Anzahl der zu beurteilenden Fälle zu groß und benutzerunfreundlich. Geschickte Kategorisierung der Merkmale ist demnach geboten.

Auch wird ein linearer Zusammenhand zwischen der Zielvariablen und den beschreibenden Merkmalen vorausgesetzt. Ist die Bedingung nicht erfüllt, so müssen Abstriche an der Prognosepräzision in Kauf genommen werden. Leider lässt sich dies nicht ganz verhindern.

4 Auswirkungen von interaktiven Beratungsdialogen

4.1 Akzeptanz auf Kundenseite

Durch die Verwendung des Internets trat besonders die Erscheinung in den Vordergrund, dass bestimmte Zielgruppen sehr souverän und autark agieren möchten. Die persönliche Kontaktaufnahme findet selektiv nur noch wahlweise statt. Zumeist stehen dabei komplexe Themen im Vordergrund. In etlichen Dingen möchte sich ein Kunde selber einen gewissen Grad an Kompetenzhoheit aneignen und Unabhängigkeit verspüren. Deswegen ist das Internet für viele ein bevorzugtes Informationsrecherche- und Transaktionsabwicklungsmedium geworden. Die Erweiterung um Beratungsdialogkomponenten ist eine logische Weiterentwicklung.

Der Kunde erwartet in Zukunft intelligente Komponenten im Internet, damit er durch die Personalisierung signifikante Mehrwerte erfährt. Für ihn wird der Abwägungs- und Selbstberatungsprozess an Bedeutung zunehmen. Ein höherer Grad an Transparenz und Erfüllung seiner Anforderungen wird dadurch erreicht. Vor dem Hintergrund eines breiten Portfolios erwartet ein Nutzer vom Online-Anbieter, dass er an die bezogen auf seine Situation passenden Angebote herangeführt und ihm die Entscheidung auf nachvollziehbare Weise erleichtert wird. Dabei möchte der Anwender vom Wissen der Experten und Erfahrungen anderer Kunden profitieren. Es werden im Internet fortschrittliche Funktionen zur Verfügung stehen, die komfortabel und proaktiv entscheidungsunterstützend wirken. Neue Dimensionen und Nutzenpotenziale werden erreicht, die nur online denkbar sind.

4.2 Effizienzsteigerung auf Anbieterseite

Zum einen kann die verstärkte Nutzung elektronischer Kanäle den Unternehmen sehr recht sein mit Hinblick auf kosteneffiziente, durchgängige Prozesse. Vorausgesetzt ist, dass die Kunden die Varianten akzeptieren und einen hohen Grad an Kundenzufriedenheit gewähren. Zum anderen ist es erfolgskritisch durch Mehrwertfunktionen und Beratungskomponenten sich Wettbewerbsvorteile zu verschaffen. In Zukunft wird es entscheidend sein, den potenziellen Kunden zügig und adäquat an ein breites Angebotsspektrum und vielseitige Dienstleistungsfunktionen heranzuführen. Das wird der Vergleichsmaßstab für eine optimale, zuvorkommende Bedienung des Kunden sein.

4.3 Qualitätssteigerung des kanalübergreifenden Beratungsprozesses

Mit der Anreicherung des Internets um beratende Funktionen wird dem Kunden eine noch größere Wahlfreiheit bzgl. der Vielzahl an Handlungsoptionen geboten. Durch das zur Verfügung stellen von Interaktionen mit empfehlendem Charakter können noch einfacher von Anwenderseite cross-mediale Abläufe verfolgt werden. So kann der Benutzer vorab selbstständig Erkenntnisse erlangen, bevor er den persönlichen Kontakt sucht. Vorbereitet geht er in ein Gespräch und durch das Vorwissen, das beiden Seiten zur Verfügung steht, kann die eigentliche geschäftliche Abwicklung schneller und genauer vorgenommen werden. Dazu beitragen kann auch die Anwendung der interaktiven Beratungsdialoge in der persönlichen Besprechung selber. Somit würden beide Partner eine Sprache sprechen und das Ergebnis ist für die Beteiligten nachvollziehbar.

4.4 Generierung von Wissen über den Kunden

Ein wichtiger Punkt bei der Verwendung von elektronischen Kanälen ist das Erlangen von einer Vielzahl an interessanten Informationen über den Benutzer. Neben den Aussagen über die Anwendernavigation und -transaktion enthalten vor allem die Personalisierungs- und Beratungsinteraktionen aussagekräftige Erkenntnisse über Anforderungen und Präferenzen des Kunden. Im Dialog offenbart der Anwender bewusst seine individuellen Einschätzungen und Absichten. Dieses Kundenwissen ist überaus wichtig für Unternehmen, die langfristige, profitable Kundenbeziehungen im Rahmen von CRM Überlegungen aktiv bedienen und fördern wollen.

4.5 Beratungsfunktionen im Internet-Dialogmarketing

Der Anreiz einen Dialog zu führen kann in mehreren Aspekten zugrunde liegen. Kunden interagieren in den Fällen gerne, wiederkehrend und gewinnbringend, wenn die Person dabei unterhalten wird, etwas lernt oder eine interessante Erkenntnis erhält, einen Vorteil generieren, ein Anliegen regeln bzw. eine Fragen klären kann. Zugegeben ist es schwierig einen Beratungsdialog unterhaltend zu gestalten, aber er eignet sich besonders, um Erkenntnisse zu erlangen, als Vorteil ein passendendes Angebot zu bekommen und endlich sein Anliegen bequem, schnell und richtig zu erledigen. Damit wird der entscheidende Beitrag der Beratung deutlich. Sie geht über einen reinen Verkauf hinaus, vermittelt das gute Gefühl, eine richtige Entscheidung getroffen zu haben und wird einen besonderen Wettbewerbsvorteil gegenüber anderen Anbietern begründen.

5   Fazit

Besonders aufgrund des Verlangens der Internetanwender nach mehr Orientierung sowie Beratung und der Notwendigkeit des Kundendialoges bzw. der Benutzerinteraktion aus Unternehmenssicht stehen Online Empfehlungskomponenten als strategische Richtungsweisung zur Verfügung. Das Internet ist zwar aus Kundenperspektive weithin akzeptiert und frequentiert, hat aber enorme Herausforderungen zu meistern, der Qualität des persönlichen Kontaktes nahe zukommen. Darüber hinaus schreiben die Internetaktivitäten vieler Anbieter rote Zahlen und bedürfen effizienter Maßnahmen, um die Umsätze nachhaltig zu erhöhen und Vorteile gegenüber Mitanbietern zu erzielen. Da vieles bereits unternommen wurde, ist es nun höchste Zeit das Maß an Qualität und Intelligenz im Internet deutlich zu erhöhen. Dabei spielen Beratungs- und Empfehlungsfunktionen eine zentrale Rolle, die Kundenschnittstelle online signifikant zu verbessern und Interessenten verstärkt zum Kauf anzuregen. Besonders die Internetnutzer der sogenannten 2.Welle erwarten ausgeprägte Mehrwerte und Komfort in dem neuen Medium. Besonders die Entscheidungsunterstützung im Dialog hat daran einen tragenden Anteil. Es wird weiteren Fortschritt in dieser Domäne geben und es werden zusätzliche, innovative Ideen hinzutreten. Die Ausführung bietet Anregungen, welche vorteilhaften Beratungskomponenten bereits heute realisierbar sind.

Literatur

Backhaus, K. ; Erichson, B.; Plinke, W.; Weiber, R. (1996): Multivariate Analysemethoden – eine anwendungsorientierte Einführung, Berlin.

Berry, M.; Linoff, G. (1997): Data mining techniques: for marketing, sales and customer support, New York.

Bosch, K. (1998): Statistik-Taschenbuch, München; Wien.

Breese, J. et al. (1998): Empirical Analysis of Predictive Algorithms for Collaborative Filtering; Proceedings of the 14th Conference on Uncertainty in Artificial Intelligence (UAI-98), S. 43-52.

Herlocker, J. et al. (1999): An Algorithmic Framework for Performing Collaborative Filtering, Proceedings on the 22nd annual international ACM SIGIR conference on Research and development in information retrieval, S. 230-237.

Kaas, K.P.; Schneider, T. (2001): Kapitalanlageberatung per Mausklick - Eine Alternative zum persönlichen Berater? In: FAZ vom 3. 9.2001.

Kaas, K.P.; Schneider, T.; Zuber, M. (2002): Ansätze einer Online- Beratung für Kapitalanleger. In: Bruhn, M.; Stauss, B. (Hrsg.): Dienstleistungsmanagement Jahrbuch 2002 – Electronic Services, Wiesbaden, S. 639-668.

Mena, J. (1999): Data Mining und E-Commerce: wie Sie Ihre Online-Kunden besser kennen lernen und gezielter ansprechen, Düsseldorf.

Michael Roth

ist Head of Web Mining bei der SinnerSchrader Deutschland GmbH. Zuvor war er Research Manager und Data Analyst im Competence Center Web Intelligence bei der I-D Media AG. Bevor er sich dort mit Data Mining Lösungen, Web Personalisierung und Web Mining befasste, begleitete er als Projektleiter die analytische Wahlberichterstattung bei Infratest dimap. Davor arbeitete er als wissenschaftlicher Mitarbeiter der TU Hamburg-Harburg an der Entwicklung von GIS basierten Informationsystemen zur Klassifikation von Wohnmilieus.

Jan-Martin Voss

ist Senior Software Engineer bei SinnerSchrader Deutschland GmbH. Seit 1997 befasst er sich dort mit IT-Architekturen von eBusiness Anwendungen und Server basierten Tracking-Systemen. Seine Spezialgebiete sind Internet Transaktionsanwendungen und Kognitive Systeme.

3.10 Web Mining Application Service Providing – Erfahrungen und Erfolgsfaktoren

1 Einleitung

Viele Unternehmen, selbst große Konzerne und etablierte Markenartikler, schöpfen das Potenzial ihrer Internetanwendungen nicht vollständig aus. Sie präsentieren zwar ihre Produkte ansprechend, ermöglichen eine intuitive Bestellung und sorgen für eine reibungslose Auftragsabwicklung über ihr Warenwirtschaftssystem – der Besucher und sein Verhalten im Online-Shop sind jedoch für viele Unternehmen noch immer eine unbekannte Größe.

Das Wissen über Besuchersegmente und die von ihnen ausgelösten Transaktionen ist für die Sicherung von Wettbewerbsvorteilen, Wachstum und letztlich für die Profitabilität eines Online-Geschäftsmodells relevant. Web Mining fördert aktiv dieses Wissen, indem es das Verhalten von Besuchern misst und analysiert. Wer die Instrumente beherrscht, kann gezielt erfolgreiche Verkaufsmuster erkennen und Verkaufsprozesse optimieren, um den Umsatz einer E-Business-Anwendung nachhaltig zu erhöhen. Bei der Konzeption und Entwicklung von Web Mining-Applikationen für den digitalen Geschäftsverkehr ist eine ganzheitliche Sicht auf die speziellen Erfordernisse entscheidend.

Die Autoren verstehen Web Mining Application Service Providing als ein Konzept für die Bündelung einer Reihe von Web Mining Dienstleistungen:

1. *Tracking*: Generierung qualitativ hochwertiger Daten

2. *Engineering*: Entwicklung und Betrieb von Web Mining Software

3. *Operation*: Betrieb der Analysen und interaktive Online-Bereitstellung von tagesaktuellen Berichten und Erklärungen

4. *Security*: Langfristige Bereitstellung der Datenhistorie, Datensicherung und Datenschutz

5. *Discovery*: Pflege der Prozessabläufe von der Datenerhebung über den Informations- bis hin zum Erkenntnisgewinn

6. *Improvement*: Direkte Umsetzung der Erkenntnisse zur Optimierung der Internetanwendung

Web Mining ist als Insellösung nicht effektiv. Der Grund dafür liegt darin, dass Web Mining seinen Nutzen als Bündel von Dienstleistungen innerhalb der logischen Abfolge von E-Business-Prozessen entfaltet. Die besten Datenanalysen können nichts bewirken, wenn der Erkenntnisgewinn der Analysen nicht im Geschäftsprozess und im Shopsystem umgesetzt wird. Das Potenzial von Web Mining liegt im Verbund von aufeinander abgestimmten Serviceleistungen. Damit erscheint die Bereitstellung von Anwendungsdiensten (Application Service Providing - ASP) sinnvoll. Auch wenn bei der Ausgestaltung von Web Mining-Prozessen die Komponente "Operation" von zentraler Bedeutung ist, kann das ASP-Modell nicht mit der Vermietung von Software gleichgesetzt werden.

Der vorliegende Beitrag soll die Bedeutung einer prozessorientierten Anwendungsintegration verdeutlichen.

2 Fragestellungen im E-Business

Erfolgreiche Online-Shopping-Anwendungen werden von drei Dimensionen bestimmt:

1. *Technik*: Funktionalität, Performance, Stabilität, Sicherheit etc.

2. *Angebot*: Content, Sortiment, Navigation, Design, Usability etc.

3. *Nachfrage*: Erfassung, Analyse, Bewertung und Reflexion des Besucherverhaltens

Voraussetzung für ausgereifte Internetanwendungen ist eine performante technische Systemlösung mit bester Usability. Minimale Ladezeiten der Seiten und schnelle Antwortzeiten der Server sowie Stabilität und Sicherheit erfordern erstklassige technische Lösungen. Dazu kommt ein transparentes Warenangebot mit einfacher Bedienung und klarer Benutzerführung, mit eindeutigem Design und kurzen Wegen.

Der dritte Erfolgsfaktor bezieht das Verhalten der Besucher selbst ein. Dabei stehen Fragen wie diese im Mittelpunkt:

- Wie viele Besucher genau kommen wann in den Shop?

- Wer sind meine Besucher – wo und wie werden sie zu profitablen Kunden?

- Welche Wege führen am häufigsten zur Bestellung ?

- Welche Produkte und Themen sind wann besonders beliebt?

- Wovon hängt der zeitliche Verlauf der Bestellungen ab?

- Wofür wird die Such-Funktion genutzt und wann wird "Hilfe" benötigt?

- Wann und wo werden häufig Bestellungen abgebrochen?

- Wie optimiere ich mein Sortiment?

- ...

Die oben aufgeführten Fragen mögen auf den ersten Blick fast selbstverständlich erscheinen. Keine dieser Fragen kann jedoch mit den Informationen aus den Daten der Zugriffsprotokolle von WWW-Servern beantwortet werden. Die Web Server Access Logs stellen zwar häufig die Datengrundlage für die einfache Logfile-Statistik dar, es können jedoch daraus keine Aussagen über das Konsumentenverhalten gewonnen werden (Bensberg 2001, S. 138). Der Grund liegt darin, dass die Besuchersitzungen nicht präzise gemessen, sondern nur ungenau heuristisch geschätzt werden – aufgrund von gleicher IP-Adresse, Browser und einem bestimmten Timeout etc. Diese Annäherung ist notwendig, da IP-Adressen aufgrund der Zustandslosigkeit des HTTP-Protokolls während einer Sitzung wechseln können, und sich unter einer IP-Adresse mehrere Besucher verbergen können (zur Problematik der Datenerhebung und -aufbereitung s. Kapitel 2.1.1 und 2.2.1. dieses Buches).

3　Applicationserver Logfiles

E-Business bedeutet heute, die Funktionalitäten heterogener IT-Systeme zu integrieren und über elektronische Kanäle von außen erreichbar zu machen. Applicationserver sind dabei das Bindeglied zwischen Webserver und der bestehenden IT-Landschaft (zum Beispiel ERP, SCM, CRM). Zu ihren Aufgaben gehört es, die Kontinuität einer Benutzersitzung über einzelne Serverabfragen hinweg zu sichern (Session Management). Moderne Applicationserver werden heute von einer ganzen Reihe von Herstellern angeboten. Sie bieten eine offene Technologie-Plattform für E-Business-Anwendungen im High-End-Bereich.

Für die präzise Messung der tatsächlichen Besucher ist die Verwendung einer Server-Technologie mit Session Management erforderlich. Mit Hilfe von Application Logfiles können auch Informationen zur Effizienz einer Shop-Lösung ermittelt werden. Die Effizienz bestimmt sich über das Bestellverhalten der Besucher bzw. über den Anteil der Besucher, die Produkte in den Warenkorb legen und schließlich bestellen.

Voraussetzung für die Beobachtung des Besucherverhaltens ist ein Speichern der Beobachtungsdaten ohne die Beeinträchtigung von Performance oder Usability. Zugriffe auf die Datenbanken im operativen System sind aus Performance- und Sicherheitsgründen fast immer unerwünscht. Auch die Verwendung von Cookies sollte vermieden werden, da viele Besucher um ihre Privatsphäre fürchten und deswegen keine Cookies auf ihrem Rechner zulassen.

Ein praktikabler Weg zur Gewinnung von anonymen Daten zur Messung des Besucherverhaltens ist das Tracking und Logging der Besuchersitzungen. Der Applicationserver wird dabei so konfiguriert, dass sich während einer Benutzersitzung über eine eindeutige Session-ID ein Zusammenhang zwischen einzelnen HTTP-Requests herstellen lässt. Qualitativ hochwertige Daten entstehen, wenn gleichzeitig die Parameter der Zugriffe im Application Logfile erfasst werden. Abbildung 1 zeigt beispielhaft eine Zeile aus einem E-Commerce Application Logfile. Folgende Informationen sind dieser Logfilezeile zu entnehmen: *Datum||URL|Session-ID|Produkt-ID|ParameterX.*

998690404222||web-mining.sinnerschrader.com/cgi-bin/shop.bsp/mining/-

/Dem/ssagwebMining-Start|sid=GghzmC4xxJ-

klmC7BuKWVsb2441KGeyVlpAma0=?|ProductID=E12YgghJiD9IAAADnztvKu

---

Abbildung 1: Beispiel für eine Zeile aus dem Logfile einer E-Commerce-Applikation

Zu beachten ist, dass keine personenbezogenen Informationen protokolliert werden. Über die *Session-ID* können in anonymisierter Form die Zugriffe der Webbrowser erfasst und verfolgt werden. Eine IP-Adresse muss daher nicht erfasst werden. Anonyme Session-IDs verhelfen dazu, einen Zusammenhang zwischen den einzelnen Anfragen einer Besuchersitzung herzustellen. Session-IDs verlieren mit dem Ende der Besuchersitzung ihre Gültigkeit. Eine Session innerhalb einer Abfolge von Seitenzugriffen (Clickstreams) gilt als beendet, wenn ein erneuter Zugriff von außen erfolgt. Session-IDs beziehen sich also immer nur auf eine Besuchersitzung und erlauben keine Rückschlüsse auf Personen.

Die *Produkt-ID* ist ein Parameter, der mit der URL übergeben werden kann. Werden Artikel-Nummern im Logfile protokolliert, können praktisch alle artikelbezogenen Transaktionen analysiert werden. Damit können viele interessante Fragen zum Sortiment und zum Bestellvorgang beantwortet werden. Zusätzliche *Parameter* geben Aufschluss über tiefergehende Fragen. Hier lassen sich Informationen kodieren, die beispielsweise Auskunft darüber geben, ob das Produkt möglicherweise als Cross-Seller in den Warenkorb gelangt ist.

4 Web Mining ASP

4.1 Differenzierung von Service und Operation als Web Mining Teilaufgaben

Aus der Sicht der Shop-Betreiber stellt sich Web Mining Application Service Providing ganz einfach dar: Der Nutzer des Web Mining Application Service greift mit einem Web-Browser über das Internet auf einen Server zu, der zentral gehostet wird. Die Verbindung wird mit SSL (Secure Socket Layer) gesichert. Nach der personalisierten Anmeldung steht im Web-Browser eine Web Mining ASP Software bereit, mit der in zeitlich und inhaltlich variabler Form alle bisherigen Auswertungen interaktiv analysiert werden können (siehe Abbildung 3). Auf Basis von vertraglichen Service Level Agreements (SLAs) wird festgelegt, welche Analysen und Dienste in welcher Geschwindigkeit für welche Zeiträume zur Verfügung stehen sollen und welche Entgelte bei welcher Leistung zu zahlen sind.

Was beim Web Mining Application Service Providing im Hintergrund abläuft, ist ein zusammenhängender Prozess innerhalb einer Kette von IT-Dienstleistungen. Unter Web Mining allgemein verstehen die Autoren die Analyse von Massendaten aus dem Internet mit automatischen oder halb-automatischen Prozeduren. Das Ziel ist, bisher unbekannte, interessante und nachvollziehbare Zusammenhänge aufzuzeigen. Beim Web Mining Application Service Providing werden Teilaufgaben wie Tracking, Engineering, Discovery und Improvement als ein Bündel individueller Dienstleistungen angeboten, während der Soft- und Hardware-Betrieb (Operation und Security) einer größeren Zahl von Anwendern standardisiert bereitgestellt wird.

Die Offenheit moderner Applicationserver-Technologien macht es möglich, Internet-Shopping-Lösungen individuell nach Vorgaben des Markenauftritts zu entwickeln. Ebenso spezifisch ist aber auch die Art und Weise, wie das Besucherverhalten erfasst wird. Die professionelle Auswertung des Nutzerverhaltens stellt darüber hinaus spezielle Anforderungen an den Inhalt der Auswertungen. Informationen zur gezielten Optimierung einer Shop-Lösung basieren auf zeitlich wechselnden Kampagnen und Testabläufen mit unterschiedlichen Content- und Designkonzepten.

Bei den Web Mining-Teilaufgaben Tracking, Engineering, Discovery und Improvement handelt es sich um individuelle Serviceleistungen. Zum Beispiel sind bei der Datengenerierung die zu protokollierenden Parameter im Applicationserver anzupassen, wobei auch die Analyse-Algorithmen der statistischen Auswertungsskripte auf die neuen Parameter im Logfile eingestellt werden müssen. Die Umsetzung der Analyseergebnisse ist schließlich im Prozess der Optimierung einer E-Business-Anwendung ebenso eine individuelle Dienstleistung. Web Mining Funktionen wie Operation und Security lassen sich hingegen sehr gut vereinheitlichen, weil der technische Ablauf von der Datenverdichtung über die Ausführung der Analysen bis zur Speicherung, Verteilung und Präsentation der Ergebnisse auf einer einheitlichen Plattform erfolgen kann.

"ASPs haben das notwendige Know-how in der Informations- und Kommunikationstechnologie - sie ist die Kernkompetenz des ASPs. Durch die Nutzung eines ASPs werden aufwendige Investitionen in Hard- und Software sowie Ausgaben für die Implementationen, Updates und die Anpassung der Software-Lösungen vermieden. Der Provider übernimmt die Pflege, Wartung und Weiterentwicklung des Systems. Darüber hinaus bindet sich der Kunde nur an den vertraglich vereinbarten Zeitraum und zahlt nur für die Services, die er nutzt. Sein IT-Budget wird kalkulierbar. Gerade für kleinere und mittelständische Unternehmen bietet sich hier die Chance, modernste Technologie und aktuelle Softwarelösungen zu einem vernünftigen Preis zu nutzen. Aus betriebswirtschaftlichen Gründen spricht vieles für die Nutzung eines ASPs." (asp-konsortium, 2001, http://www.asp-konsortium.de/de/index.htm)

4.2 Web Mining Operation

Selbst große Betreiber von Online-Shopping-Lösungen sind wenig motiviert, eine Web Mining-Infrastruktur inhouse aufzubauen und operativ zu betreuen. Hauptgrund dafür ist die Projektkomplexität und der damit einher gehende Zeit- und Kostenaufwand. Dies ist gleichzeitig auch Grund dafür, dass der Einsatz von Web Mining in deutschen Unternehmen noch in den Kinderschuhen steckt. Das Potenzial von Web Mining ASP als Bestandteil von Full-Service-Dienstleistungen im E-Business wird als hoch eingeschätzt, denn die Kosten für Web Mining-Prozesse können durch Ausnutzung des Prinzips Application Service Providing erheblich reduziert werden. Ein wichtiger Vorteil für den Shopbetreiber ist auch, dass mit dem ASP-Modell die Wachstumskosten für analytische Dienstleistungen kalkulierbar werden.

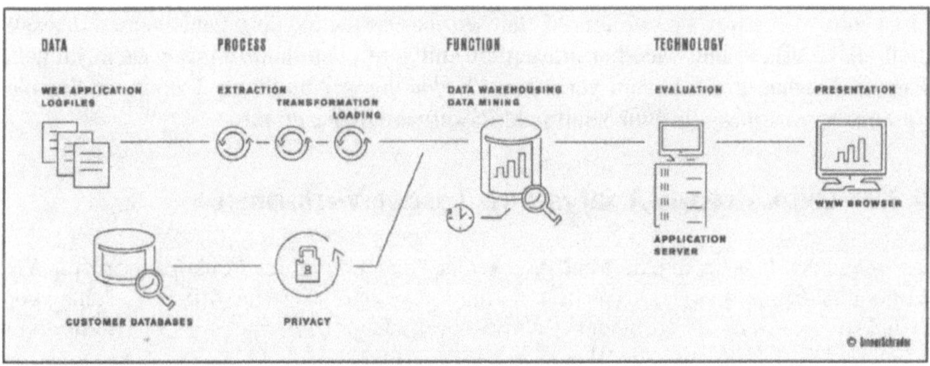

Abbildung 2: Web Mining ASP Systemarchitektur

Grundsätzlich besitzt, betreibt und verwaltet der ASP die gesamte Soft- und Hardware, die für die Web Mining-Teilaufgabe "Operation" erforderlich ist. Der Nutzer des Application Service investiert somit weder in die Web Mining-Infrastruktur noch in Personal und bindet sich nur kurz- bis mittelfristig an den ASP. Abbildung 2 veranschaulicht eine Systemarchitektur für den Betrieb von Web Mining Application Services.

Web Mining ASP beginnt mit der Aufzeichnung von hochwertigen Daten zum Besucherverhalten (*Data*). Datentransformationen wie zum Beispiel Verdichtung durch Aggregation, Selektion und Extraktion (ETL - extract, transform, load) nehmen einen großen Teil der Prozesszeit in Anspruch (*Process*). Kundeninformationen aus Datenbanken können zusätzlich verwendet werden, wenn das informationelle Selbstbestimmungsrecht der Kunden respektiert wird (*Customer Databases*). Dafür ist ein Datenschutzkonzept erforderlich. In vielen Fällen ist es zweckmäßig, Kundendaten durch Segmentierung zu anonymisieren (*Privacy*).

Herzstück des Web Mining ASP ist eine zentrale Systemeinheit mit den Kernfunktionen ETL/ Data Warehousing, Data Mining und Statistik. Diese Funktionen erfordern hoch skalierbare Hard- und Software. Die Verwendung einer offen programmierbaren High-End-Statistik- und Data-Mining-Software wie SAS bietet hierbei viele Vorteile. Hersteller mit langer Erfahrung auf dem Gebiet der Datenanalyse stellen vielseitige und robuste Lösungen bereit. Darüber hinaus ist technologische Zukunftsicherheit und maximale Kompatibilität wichtig. Schließlich werden an dieser Stelle nicht nur Daten integriert, sondern auch Massendaten über längere Zeiträume gesichert und inhaltlich verfügbar gehalten (*Function*).

Die Verwaltung einer Vielzahl von zeitlich und inhaltlich miteinander verzahnten Analysen für unterschiedliche Benutzergruppen und Projekte ist Aufgabe eines Web Mining Applicationservers, der in der Regel beim Provider steht. An dieser Stelle erfolgt die Evaluation, Systematisierung und Verteilung der Informationen nach den spezifischen Bedürfnissen der Nutzer des Anwendungsdienstes. Um schnell auf Veränderungen und Nutzerbedürfnisse reagieren zu können, sind flexible Konfigurationsmöglichkeiten wichtig. Der Web Mining Applicationserver liefert schließlich die aufbereiteten Ergebnisse zum Web-Browser auf dem PC des Service-Partners. Alle Inhalte werden tagesaktuell als Grafiken und Tabellen präsentiert und sind über Jahre hinweg nach Stunden, Tagen, Wochen und Monaten verfügbar (*Technology*). Abbildung 3 zeigt ein Beispiel für eine browserbasierte Web Mining ASP Software in der Praxis.

4.3 Clickstream-Analyse im Target-Verfahren

Im Folgenden soll beispielhaft ein Aspekt der Anwendung des Funktionsprinzips Web Mining ASP am Beispiel Clickstream-Analyse gezeigt werden. Mit dem Schlagwort "Clickstream-Analyse" verbinden sich oft übertriebene Erwartungen. Die Analyse von Klickpfaden ist jedoch kein Wundermittel, das tiefe Einblicke in das Verhalten von Website-Besuchern ermöglicht. Die Analyse von Clickstreams erfordert Sachkenntnis für die Grenzen und Möglichkeiten der verschiedenen Verfahren und Methoden sowie eine klare Vorstellung über den zu erwartenden Nutzen. Bevor in zeit- und kostenintensive Verfahren investiert wird, sollen die Anforderungen an die Analyse klar definiert sein.

Handelt es sich zum Beispiel um eine organisch gewachsene Internetanwendung, dann können durch den Einsatz von Clickstream-Analyseverfahren wichtige Erkenntnisse zur Optimierung der Navigation erwartet werden. Besonders hilfreich sind Hinweise, die der Beseitigung von Fehlern und blinden Hyperlinks usw. dienen. In solchen Fällen liefern sequenzanalytische Clickstream-Verfahren wichtige Beiträge zur Optimierung einer Website. Ein anschauliches Beispiel dafür wird in Theusinger/Huber 2000 dargestellt.

Bei einer Internet-Shopanwendung stellt sich die Frage der Optimierung in etwas anderer Form. Eine professionell entwickelte Internet-Shop-Lösung stellt zum Zeitpunkt der Einführung eine ausgereifte Lösung dar. Die Wege, die Besucher gehen können und gehen sollen, sind konzeptionell vorbereitet. Interessant ist die Frage, wie welche Besuchersegmente durch die verschiedenen Teilbereiche vordefinierter Abschnitte navigieren. In der Praxis stehen dahinter meistens Fragestellungen wie diese:

- Sind die Möglichkeiten der Produktplatzierung im Shop optimal ausgenutzt?

- Wo ist der optimale Platz für Werbeschaltungen im Zeitverlauf?

- Wie navigieren Bestellabbrecher im Gegensatz zu Käufern?

- An welcher Stelle steigen die Abbrecher aus?

- Wie gut funktionieren Sonderangebote an unterschiedlichen Platzierungen?

Eine gut zu gebrauchende Vorgehensweise, um nachvollziehbare Informationen über das Nutzerverhalten zu gewinnen, bietet das "Clickstream-Target-Verfahren". Die Autoren haben dieses Verfahren ausgehend von den Anforderungen der derzeitigen Web Mining-Praxis entwickelt. Für die Analyse von Klickpfaden sind beim Einsatz des Target-Verfahrens keine assoziationsanalytischen Algorithmen erforderlich. Das Verfahren basiert auf Mechanismen der Datenselektion und eignet sich daher gut für die Analyse von großen Datenmengen und langen Wegketten. Das Clickstream-Target-Verfahren arbeitet vorwiegend deskriptiv und ist vom Ansatz her ein induktives Verfahren. Es wird die Geltung und Berechtigung hypothetischer Aussagen gegenüber den konkreten Gegebenheiten untersucht. Im Gegensatz zu den "hypothesenfreien" assoziationsanalytischen Verfahren werden beim Target-Verfahren bestimmte Annahmen bereits vor der Analyse der Massendaten festgelegt. Ziel ist es, bestimmte Navigationsmuster zu prüfen und zu testen sowie besuchergruppenspezifisch zu analysieren.

Für die Analyse von Klickpfaden im Target-Verfahren sind grundsätzlich zwei Angaben erforderlich.

Erstens werden die relevanten Stationen auf der Webseite als sogenannte "Hotspots" oder Wegpunkte definiert. Im besten Fall sind die Hotspots bereits bei der Entwicklung der Navigationsstruktur vorkonzipiert worden. Die empirischen Clickstream-Daten sind besonders wertvoll, wenn ganz zu Anfang bei der Konzeption der gesamten Website psychologische Gesichtspunkte in die Definition der Hotspots Eingang finden und die Veränderungen von Klickfolgen über längere Zeiträume beobachtet werden („It all begins with data").

Zweitens sind immer Entscheidungen über die Analysestrategie zu treffen, die den Wegverlauf bei der Klickpfad-Verfolgung bestimmen. Es gibt dabei vier Möglichkeiten:

1. *Zweiseitig gerichtet*: von einem fixen Startpunkt über Hotspots zu einem fixen Zielpunkt.

2. *Einseitig ungerichtet zum Zielpunkt*: über Hotspots hin zu einem fixen Zielpunkt.

3. *Einseitig ungerichtet vom Startpunkt*: ausgehend von einem fixen Startpunkt über Hotspots.

4. *Zweiseitig ungerichtet*: ohne fixen Zielpunkt nur über Hotspots.

Darüber hinaus lassen sich noch weitere Bedingungen und Ereignisse in diese Strategien integrieren (zum Beispiel Besuchersegmente, Artikelnummern und Warenwerte, Events und Kampagnen etc.). Auch die Angabe über eine mögliche Einbeziehung von "Loop"-Wegen ist konfigurierbar.

Abbildung 3 zeigt ein reales Beispiel aus der Praxis des Web Mining ASP bei SinnerSchrader (die Fallzahlen in der Grafik sowie die Beschriftung der Hotspots wurden für Demonstrationszwecke verfremdet). Diese Clickstream-Analyse beantwortet die einfache, aber sehr wichtige Frage, auf welchen der möglichen Wege die Besucher am häufigsten Produkte in den Warenkorb legen.

In der Praxis hat sich eine Darstellung der Klickpfade im "Hotspot-Gatter" bewährt. Die Grafik in Abbildung 3 zeigt eine zweiseitig gerichtete Clickstream-Analyse der häufigsten Wege von der Startseite (Homepage) zum Warenkorb zweidimensional visualisiert. Auf der X-Achse ist die Abfolge der Klicks dargestellt. Die Grafik zeigt eine Folge von vier Hotspot-Klicks. Auf der Y-Achse sind Hotspots abgetragen. Insgesamt werden nur Klicks auf die Hotspots analysiert. Tabellarisch stehen aber auch längere Klickfolgen mit mehr als 4 Stationen zur Verfügung. Diese Datenreduktion ist sehr wichtig, denn eine Zielsetzung des Target-Verfahren ist es, nur die relevanten Kernaussagen zu visualisieren und die Grafik nachvollziehbar zu halten. Die im Gatter abgetragenen Knoten und Kanten stellen die häufigsten Wege dar.

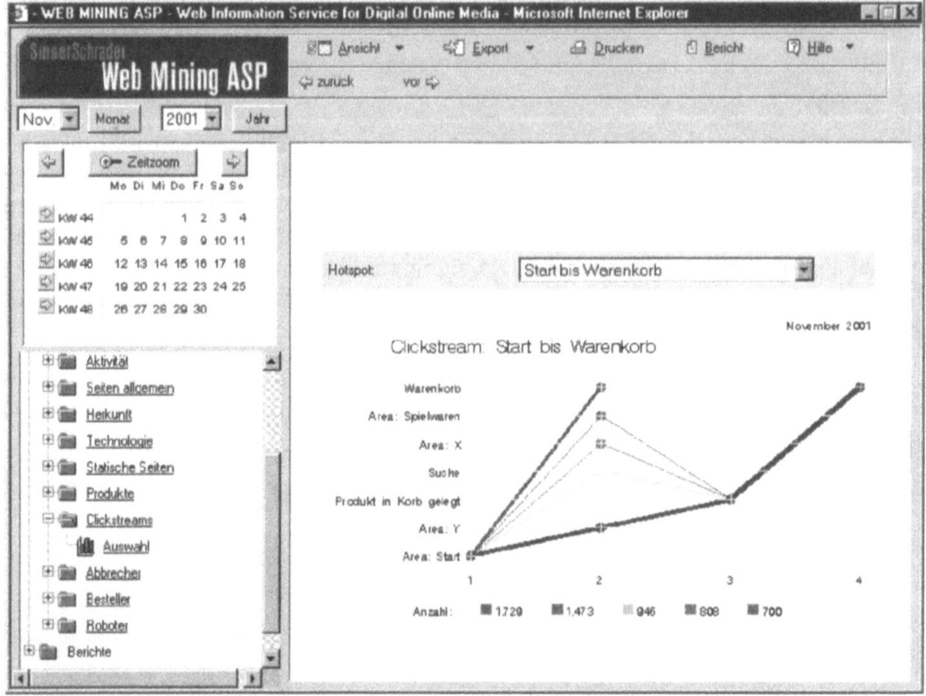

Abbildung 3: Beispiel für Clickstream-Analyse im Targetverfahren

Am häufigsten wählen die Besucher, die ein Produkt in den Warenkorb legen, den Weg, der in Abbildung 3 als dickere dunkle Linie dargestellt ist. Diesen Weg haben in dem Beispiel 1.729 Besucher gewählt. Die erste Station ist der Request auf die Homepage (Area: Start). Im zweiten Schritt interessiert sich dieses Besuchersegment für eine bestimmte Produktgruppe bzw. für ein bestimmtes Thema (Area: Y). Im dritten Schritt wird ein Produkt in den Warenkorb gelegt, und im vierten Schritt wird schließlich der Warenkorb selbst aufgerufen (Warenkorb). Im Ergebnis bedeutet das lediglich, dass die Navigation auf der Site wie vorgesehen funktioniert.

Interessanter erscheint der zweite Weg. Der etwas dünnere dunkle "Stream" steht mit 1.473 Besucherwegen an zweiter Stelle und führt von der Homepage direkt in den Warenkorb – ohne dass ein Produkt gewählt wurde. Ganz offensichtlich gibt es eine Besuchergruppe, die zuerst in den Warenkorb schaut, obwohl sich noch kein einziges Produkt darin befindet. Die Gründe für dieses "Käuferverhalten" sind unklar und nur durch weitere gezielte Analysen zu erforschen. Mögliche Interpretationen sind:

- *Unkenntnis*: "Bevor ich überhaupt einkaufen kann, benötige ich wie immer einen Einkaufswagen."

- *Neugier*: "Bevor ich ein Produkt wähle, schau ich mir grundsätzlich zuerst den Warenkorb an und lese das Kleingedruckte."

- *Habitus*: "Im Warenkorb gab es früher einmal eine bestimmte Bestellfunktion, die später entfernt wurde."

Die Maßnahmen, die sich aus dieser Clickstream-Analyse zur Optimierung des Shops ableiten lassen, zahlen sich aus.

1. Im Falle der Unkenntnis kann es sich um eine Besuchergruppe handeln, die noch über wenig E-Commerce-Erfahrung verfügt. Diese Neukunden gilt es an dieser Stelle zu unterstützen, um eine gute Kundenbeziehung aufzubauen.

2. Die neugierige Kundengruppe kauft nicht zum ersten Mal im Internet ein. Hier sind rationale Entscheidungsmomente wie Nützlichkeitsüberlegungen und Suchverhalten zu unterstützen. Der ungefüllte Warenkorb ist in dem Fall als eine "1a-Produkt-Platzierung" zu verwerten und sollte dann auch so gestaltet werden.

3. Die Gruppe der Besucher mit habitualisierten Nutzungsverhalten ist eine der wichtigsten Kundengruppen. In jedem Fall sind kognitive Dissonanzen zu verhindern. Wenn eine wichtige Navigationsveränderung im Shop vorgenommen wird, sind entsprechende Maßnahmen im Customer Relationship Management einzuleiten (z.B. personalisierte Nachricht per E-Mail). Inwieweit diese Maßnahmen greifen, kann durch eine professionelle Web Mining-Lösung stets überprüft werden.

5 Ausblick

Zusammenfassend sind drei wichtige Aspekte des Web Mining Application Service Providing herzuvorheben.

1. *Keine out-of-the-box Lösungen*:

Web Mining ASP ist in der Praxis Teil eines IT-Dienstleistungsprozesses, der bei Tracking und Software Engineering beginnt. Nach dem Prinzip "garbage in, garbage out" können nicht mehr Informationen aus Datenquellen gewonnen werden, als zuvor darin gespeichert wurden. So ist es verständlich, dass vor allem die Internet-Dienstleister, die den jeweiligen Online Shop entwickelt haben, besonders effizient auf die speziellen Erfordernisse bei der Generierung von Daten in hoher Qualität eingehen können.

Zukünftig werden durch eine Konvergenz der verschiedenen Kundenberührungspunkte viel mehr Möglichkeiten zur Generierung von qualitativ hochwertigen Daten zur Verfügung stehen (Unified Commerce Business). Die Herausforderung besteht darin, das Informationspotenzial der unterschiedlichen Geräte wie PC, Handy, FAX, TV, SMS und POS integriert zu erschließen. Die Menge der dabei zu verarbeitenden Daten wird in jedem Fall ansteigen.

2. *Entzerrung von Shopsystem und Analyseprozessen*:

Erfolgreiche Internetanwendungen sind Besuchermagneten, die derzeit täglich mehrere hunderttausend Visits registrieren. Die Erfassung und Reflexion des Besucherverhaltens dürfen nicht zu flaschenhalsartigen Einschränkungen der Systemleistung führen und müssen eine gute Usability mit Wahrung der Privatsphäre unterstützen.

Es werden auch in Zukunft drei Aspekte von Bedeutung bleiben: Erstens werden die komplexen Muster im Kommunikations- und Kaufverhalten nicht einfacher erklärbar werden. Zweitens wird das Bedürfnis der Kunden nach Schutz ihrer persönlichen Daten zunehmen. Drittens ist anzunehmen, dass die technischen Lösungen mit steigenden Datenmengen immer anspruchsvoller werden.

3. *Return On Investment*:

Erfolgreiche Internetanwendungen erzeugen heute bereits sehr große Datenmengen. Die Analyse von Massendaten ist mit den herkömmlichen Werkzeugen der Marktforschung nicht mehr durchführbar. Unternehmen, die das Ziel haben, Informationen aus täglichen Datenmengen im Gigabyte Bereich zu gewinnen und auch langfristig verfügbar zu halten, benötigen eine entsprechend leistungsfähige Infrastruktur sowie qualifiziertes Personal. Der damit einher gehende Zeit- und Kostenaufwand kann durch Ausnutzung der Dienstleistungen von Web Mining Application Service erheblich reduziert und kalkulierbar gemacht werden. Ein ROI wird durch Web Mining ASP direkt messbar. Web Mining ASP versteht sich dabei als Bündel von integrierten Web Mining Dienstleistungen. Der Shop Betreiber investiert bei Nutzung von Web Mining ASP weder in Hard- und Software noch in Personal.

Literatur

Amsler, R.; Kubis, O. (2001): Ausschluss oder Ergänzung? - ASP und EAI müssen Hand in Hand gehen. In: Köhler-Frost, W. (Hrsg.): Application Service Providing. Die neue Herausforderung für Unternehmen, Berlin.

asp-konsortium (2001): FAQs, Warum ASP? URL: http://www.asp-konsortium.de /de/index.htm (Zugriff: 20.12.2001).

Bensberg, F. (2001): Web Log Mining als Instrument der Marketingforschung, Wiesbaden.

Gentsch, P.; Roth, M.; Faulhaber, N. (2001): Data Mining in der Online-Marktforschung - Auf dem Weg zu gläsernen Märkten und Kunden? In: Theobald, A.; Dreyer, M.; Starsetzki, T. (Hrsg.): Online-Marktforschung. Theoretische Grundlagen und praktische Erfahrungen, Wiesbaden.

Gentsch, P.; Niemann, C.; Roth, M. (2000): Data Mining. 12 Software-Lösungen im Vergleich, Feldkirchen.

Gentsch, P.; Veth, C.; Schinzer, H.; Roth, M.; Mandzak, M.; Bange, C. (2001): Web-Personalisierung und Web Mining für eCRM. 12 Software-Lösungen im Vergleich, Feldkirchen.

Hipp, J.; Güntzer, U; Nakhaeizadeh, G. (2000): Algorithms for Association Rule Mining - A General Survey and Comparison. In: Newsletter of the Special Interest Group (SIG) on Knowledge Discovery & Data Mining June 2000. Vol. 2, No. 1. URL: http://www.acm.org/sigs/sigkdd/explorations/issue2-1/contents.htm#Hipp   (Zugriff: 15.02.2001).

Knolmayer, G.F. (2000): Application Service Providing (ASP). In: Wirtschaftsinformatik, Nr. 42, S. 443-446.

Köhler-Frost, W. (2001): Application Service Providing. Die neue Herausforderung für Unternehmen, Berlin.

Schäfer, T.H. (2001): ASP Value Chain. In: Köhler-Frost, W. (Hrsg.): Application Service Providing. Die neue Herausforderung für Unternehmen, Berlin.

Theusinger, C.; Huber, K.-P. (2000): Analyzing the footsteps of your customers. A case study by ASKlnet and SAS Institute GmbH. In: WEBKDD 2000 Papers. Workshop on Web Mining for E-Commerce - Challenges and Opportunities. Boston, MA, URL: Http://robotics.stanford.edu/~ronnyk/WEBKDD2000/papers/index.html.

Witzki, A. (2001): Erfolgreich mit ASP. In: funkschau, Nr. 25, S. 46-48.

Prof. Dr. Myra Spiliopoulou

hat von 1982 bis 1986 Mathematik an der Universität Athen studiert. Zwischen 1987 und 1994 war sie als Forschungsassistentin in der Abteilung Informatik der Universität Athen tätig und hat dort 1992 ihren Promotionstitel zum Thema der parallelen Anfrageoptimierung erhalten. Zwischen 1994 und 2000 war sie als Wissenschaftliche Assistentin in der Wirtschaftsinformatik der Humboldt-Universität zu Berlin tätig, wo sie 2000 ihre Habilitation zum Thema des qualitativen Ausbaus von Diensten im Web erlangte. Seit April 2001 hat sie den Lehrstuhl Wirtschaftsinformatik des E-Business in der Handelshochschule Leipzig inne.

In ihrer Forschung befasst sie sich mit Themen der Wissensentdeckung und des Wissensmanagements, insbesondere im Anwendungsfeld des E-Business. Ein zentrales Themengebiet ihrer Forschung ist die Auswertung von Web-Auftritten mit Techniken des Web Usage Mining und unter Berücksichtigung ökonomischer Bewertungssysteme. Ein weiterer Forschungsschwerpunkt ist das Gebiet des Text Mining.

Dr. Bettina Berendt

studierte Betriebswirtschaftslehre, Volkswirtschaftslehre und Künstliche Intelligenz/Informatik in Berlin, Cambridge und Edinburgh. Sie promovierte 1998 in Hamburg in Informatik/Kognitionswissenschaft mit einer Arbeit zur formalen Modellierung und empirischen Untersuchung menschlicher Raumkognition. Anschließend war sie Wissenschaftliche Mitarbeiterin an der Abteilung Pädagogik und Informatik der Humboldt-Universität zu Berlin. Seit 2001 ist sie Wissenschaftliche Assistentin am Institut für Wirtschaftsinformatik der Humboldt-Universität zu Berlin. Ihr Hauptforschungsgebiet ist zur Zeit die Analyse von Webnutzungsverhalten mit informatischen, ökonomischen und psychologischen Methoden.

4 Entwicklungsperspektiven zum Web Mining

1 Der Prozess der Analyse von Webdaten

Web Mining wird oft als Technologie betrachtet, deren Werkzeuge eine spezielle Gruppe von Wissensentdeckungsverfahren sind. Hier wird Web Mining eher als ein Prozess betrachtet, der mit der Formulierung einer strategischen oder taktischen Fragestellung anfängt und mit einem Maßnahmenkatalog zur Beantwortung dieser Frage endet. Kennzeichnend für Web Mining ist dabei, dass sich die Fragestellungen auf den Web-Auftritt einer Institution beziehen, dass die Maßnahmen der Optimierung dieses Web-Auftritts dienen sowie dessen Integration in die Geschäftsprozesse der Institution, und dass die Ableitung der Maßnahmen auf der Analyse der Daten im Ist-Zustand basiert.

Der Web Mining-Prozess umfasst folgende Aufgaben:

1. Formulierung der Fragestellung, die an den strategischen oder taktischen Zielen der Organisation orientiert sein soll.

2. Definition von Evaluationsregeln und -maßen zur Auswertung der Ergebnisse der Analyse: Diese Regeln gehen über die statistische Auswertung hinaus — die Ergebnisse sollen in Bezug auf die ursprüngliche Fragestellung nach Eignung und Qualität bewertet werden.

3. Erfassung des Datenbestands, der zur Bearbeitung der Fragestellung dienen kann: Zentraler Teil dieses Datenbestands ist die "Log-Datei" des Web-Auftritts, in der die gesamte Nutzung der Site registriert worden ist.

4. Aufbereitung des Datenbestands: Die Aufbereitung eines Datenbestands für Wissensentdeckung mit statistischen Verfahren umfasst mehrere erfolgskritische Schritte. Zusätzlich erfordert die Aufbereitung der Log-Daten zum Web-Auftitt zum einen eine zuverlässige Rekonstruktion der Nutzung der Web-Site durch jeden Nutzer während jedes Besuches, zum anderen die Abbildung der Seitenaufrufe auf sinnvolle, anwendungsabhängige Konzepte, in denen die ursprüngliche Fragestellung widerspiegelt wird.

5. Datenanalyse: Im Web Mining werden sowohl konventionelle Data Mining-Verfahren eingesetzt als auch speziell für diese Anwendungsdomäne konzipierte Algorithmen.

6. Auswertung der Muster: Die Ergebnisse der Wissensentdeckung sollen nach den Evaluationsregeln und -maßen bewertet werden. Diese Phase umfasst normalerweise auch die Interpretation der Muster im geschäftlichem Kontext.

7. Umsetzung der Resultate in der Praxis: Aus den Resultaten werden taktische und operationale Maßnahmen abgeleitet und durchgeführt.

8. Analyse der Auswirkungen: Diese letzte Phase bezieht sich auf die Beobachtung der eingeführten Maßnahmen, ihrer Effekte und ihrer eventuellen Neben-

wirkungen. Aus dieser Beobachtung ergeben sich neue Fragestellungen, die ebenfalls mit Web Mining-Verfahren zu behandeln sind.

In den nächsten Abschnitten wird auf offene Fragen und Herausforderungen in diesen Phasen der Web-Analyse eingegangen.

2 Herausforderungen an die Zielsetzung der Analyse

Die Analyse von Webdaten ist kein Selbstzweck, genau so wenig wie ein Web-Auftritt Selbstzweck ist. Der Web-Auftritt dient der Erfüllung der Ziele des Unternehmens und muss ihnen gemäß analysiert und evaluiert werden. Ein Unternehmen entscheidet sich für die Gestaltung und Wartung einer Web-Site aus einem oder mehreren Gründen. Dazu gehören zum Beispiel Public Relations und Imagepflege der Organisation, die Bereitstellung von Informationsprodukten, die Herstellung von Kontakten, die Darstellung eines Angebots für potenzielle Kunden, welches jedoch nur offline erworben werden kann, oder der vollständige Zyklus der Online-Beschaffung von Produkten oder Diensten.

So kann der Web-Auftritt eine zielgruppenorientierte Selbstdarstellung des Unternehmens sein oder eine Darstellung der Kontaktpartner und ihrer Zuständigkeiten. Viele Anbieter präsentieren ihr Portfolio online, zum Beispiel Versicherungsunternehmen, Banken oder Baukonzerne. Manche von ihnen ermöglichen den Erwerb von Teilen des Portfolios auch online, indem z.B. ein Versicherungsvertrag online abgeschlossen, ein Konto online eröffnet oder eine Flugreservierung elektronisch abgeschickt wird. Der Vertrieb über den Web-Auftritt ist für manche Güter, z.B. Bücher, inzwischen üblich. Behörden bieten Informationen online und reduzieren dadurch unter anderem die Betriebskosten des Service für Informationssuchende vor Ort.

Der Web-Auftritt soll gemäß dieser Zielsetzung gestaltet und auch evaluiert werden. Somit ist es für die Webanalyse notwendig, das Ziel des Web-Auftritts auf Fragen abzubilden, die durch statistische Muster beantwortet werden können. Im Bereich der Vermarktung und des Vertriebs von Gütern können die Ziele oft so operationalisiert werden, dass sich daraus eine konkrete Problemstellung für das Web Mining ergibt: Kundensegmentierung, Maximierung der Konversionsrate und der Kundentreue sind einige Beispiele, obwohl sie nicht unbedingt in wohldefinierte Kenngrößen übersetzt werden können. Für andere Bereiche, z.B. die Imagepflege der Organisation, ist es schwieriger, eine Fragestellung für die Web-Analyse zu definieren.

Die Formulierung und Abbildung der Ziele eines Web-Auftritts auf Fragestellungen, die mit Web Mining beantwortet werden können, kann nicht generisch, also unternehmens- oder branchenunabhängig sein. Es ist vielmehr nötig, im Rahmen interdisziplinärer Studien Methoden hierfür zu entwickeln.

Selbst in den Fällen, in denen die Zielsetzung der Organisation auf eine für die Web-Analyse geeignete Fragestellung abgebildet werden kann, liefert sie nicht unbedingt eine Formel zur Quantifizierung und statistischen Bewertung der entdeckten Muster. Beispielsweise ist die Kenngröße "Konversionsrate" nicht wohldefiniert, weil es vom Anwendungsgebiet abhängt, wann ein Besucher zum Kunden "konvertiert" ist. In Spiliopoulou/Pohle 2000 wurde dies dadurch behoben, dass die Konversionsrate in Bezug auf sogenannte "Zielseiten" innerhalb der Site definiert und für jedes Assoziationsmuster, das zu dieser Seite führt, berechnet werden kann. Abhängig von der Anwendung kann dann eine Zielseite das Absenden des Bestellformulars, der Aufruf eines Dokuments oder das Formulieren einer Email zur Kontaktaufnahme mit einem Dienstanbieter sein. Cutler und Sterne haben eine Gruppe von Kenngrößen zur kundenbezogenen Analyse der Nutzung einer Site vorgeschlagen und zugleich die institutionsabhängige Bedeutung von Begriffen wie "Kunde", "Konversion" oder "Kundentreue" betont (Cutler/Sterne 2000). Obwohl diese sogenannten "e-Metriken" für die Auswertung einer Site hilfreich sind, berücksichtigen sie nur Angaben zur Gesamtnutzung der Site. Muster, die von einer Data Mining-Software entdeckt worden sind, könnten unter gewissen Bedingungen anhand mancher dieser Kenngrößen evaluiert werden, genaue Methoden hierfür werden jedoch von den Autoren nicht beschrieben.

Für die Evaluierung der entdeckten Muster gemäß der ursprünglichen Zielsetzung der Web-Analyse sind also sowohl Bewertungsmetriken für unterschiedliche Anwendungsbereiche notwendig als auch Verfahren zur Formulierung solcher Metriken im Allgemeinen. Die Gestaltung solcher Verfahren erfordert ein interdisziplinäres Vorgehen: Anwendungsrelevante Konzepten und Metriken sollten von Forschern aus der Anwendungsdomäne geliefert werden, während Kenntnisse und Annahmen zum Nutzerverhalten von Experten in Web-Design/-Nutzung und Kundenpsychologie eingebracht werden können. Idealerweise sollten diese Metriken für die Steuerung der Datenanalyse genutzt werden können, so dass nur jene Muster entdeckt werden, die gemäß der Metriken interessant sind. Derzeit werden stattdessen die Anwendungsmetriken auf die *Ergebnisse* der Datenanalyse angewendet.

3   Herausforderungen an die Datenaufbereitung

Die Aufbereitung des Datenbestands ist erfolgskritisch für den gesamten Prozess der Wissensentdeckung (Pyle 1999). Im Web Usage Mining gibt es mindestens einen Standard- Datenbestand, die Log-Datei des Web-Servers. Die Analyse dieser Daten setzt eine intensive Datenaufbereitung voraus, weil ihre Qualität sehr niedrig ist: Nicht alle Tätigkeiten eines Nutzers werden registriert, die Zuordnung von Tätigkeiten zu derselben natürlichen Person ist nicht fehlerfrei, und die Zuordnung von Besuchen zu unterschiedlichen Zeiten zu demselben wiederkehrenden Nutzer ist nicht zuverlässig.

Es gibt "proaktive" Verfahren wie z.B. Cookies, die im Vorhinein eine zuverlässige Zuordnung gewährleisten. Der Gebrauch solcher Lösungen wird aber von manchen

Nutzern als Eingriff in die Privatsphäre betrachtet, und ihre rechtliche Zulässigkeit wird kontrovers diskutiert (s. Abschnitt 5.3 dieses Beitrags).

„Reaktive" Verfahren versuchen, aus den registrierten Daten die Tätigkeiten der Nutzer möglichst vollständig zu rekonstruieren. Ihre Zuverlässigkeit ist aber niedrig. In Spiliopoulou et al. 2002 wurde eine Quantifizierung der Fehlerrate für solche Verfahren vorgenommen. Der Gebrauch solcher heuristischen Verfahren birgt den Nachteil, dass eine fehlerhafte Rekonstruktion der Site-Nutzung die Gültigkeit der statistischen Aussagen beeinträchtigen kann. Wenn zum Beispiel die Aussage getroffen wird, dass 80% der Nutzer die Hauptseite einer Site als Einstiegsseite verwendeten, muss hinterfragt werden, wie die Anzahl der Nutzer (der Nenner in dieser Prozentangabe) berechnet wurde. Wenn der Web-Server weder Cookies noch systemgenerierte Session-IDs noch persönliche Registrierung der Nutzer einsetzt, sollte die obige Aussage durch folgende ersetzt werden: „Von 80% der IP-Adressen, durch die auf diese Site zugegriffen wurde, wurde die Hauptseite als Einstiegsseite benutzt." Da jeder Nutzer mehrere IP-Adressen haben kann und viele Nutzer dieselbe IP-Adresse verwenden können, lässt sich diese Aussage nicht in Prozentangaben bezüglich natürlicher Personen übersetzen.

Zur Behebung dieser Problematik sind zum einen "reaktive" heuristische Verfahren mit hoher Zuverlässigkeit nötig. Zum anderen sollten sich die Betreiber über die Auswirkungen unzuverlässig rekonstruierter Daten auf die Qualität der Webanalyse im Klaren sein. Für manche Zielsetzungen wie z.B. die Optimierung der Auslastung eines Web-Servers sind eine vollständige Rekonstruktion und Zuordnung der Tätigkeiten der Nutzer nicht notwendig, wohl aber für eine Berechnung der Konversionsrate. Für die Nutzung von "proaktiven" Verfahren sind für den Nutzer transparente und datenschutzkonforme Methoden nötig, die die notwendige Datenqualität erreichen.

Nach der zuverlässigen Rekonstruktion der Datensätze ist eine Web-Analyse möglich. Allerdings kann die Analyse von URL-Aufrufen kaum Antworten zu taktischen Fragestellungen liefern, da es sich nicht um dieselbe Konzeptwelt handelt: Die Maßnahmen, die für die Maximierung des Umsatzes bei Flugbuchungen getroffen werden, beziehen sich auf Reiseziele, Urlaubsperioden, Reisedauer, Flugpreise und Fluggesellschaften, während die Datensätze Abfolgen von parametrisierten Skript-Aufrufen sind. Diese Aufrufe müssen auf die Konzeptwelt des Unternehmens abgebildet werden. Dazu dienen die Konzepthierarchien, die im Data Warehouse des Unternehmens schon abgebildet worden sind, sofern ein solches Data Warehouse vorhanden ist. Allerdings kann das Phänomen auftreten, dass die im OLAP-Cube vorhandene Konzepthierarchie die Produkte des Unternehmens anders gliedert als es für die Web-Analyse sinnvoll ist: Wenn z.B. saisonbedingtes Kaufverhalten von Flugtickets untersucht und Tendenzunterschiede auf Wochenebene berücksichtigt werden sollen, dann hilft eine Konzepthierarchie nicht, in der die Daten jedes Tages in Monaten organisiert sind. Somit ergibt sich der Bedarf für graphische interaktive Verfahren, die im Rahmen der Datenaufbereitung eine Abbildung der Daten auf die für die Analyse benötigten Konzeptwelt ermöglichen.

4 Herausforderungen an die Mining-Verfahren

In Web Usage Mining werden sowohl konventionelle Mining-Verfahren eingesetzt als auch spezialisierte Algorithmen, die sich an den Besonderheiten der Daten oder der Fragestellungen orientieren. Die Anwendung konventioneller Software kann sinnvoll sein: Es existiert bereits eine Vielfalt von effizienten Algorithmen für unterschiedliche Datenstrukturen und Problemstellungen, so dass es sinnvoll ist, die Anpassung der Algorithmen an die Besonderheiten der Webanalyse zu versuchen. Für diese Anpassung sind eine formalisierte Zielsetzung der Analyse und geeignete Evaluationsmetriken notwendig: Nur so kann erkannt werden, welche der klassischen Verfahren angewendet werden können. Erweiterungen in Bezug auf die Auswertung sind von Fall zu Fall nötig. Für die Visualisierung der Ergebnisse sind am ehesten solche Werkzeuge geeignet, die die Nutzung der Site *und* ihre Struktur zugleich abbilden.

Neue Verfahren, die speziell für das Web Usage Mining entwickelt worden sind, berücksichtigen vor allem die komplexe Struktur des Datenbestands und die (noch) unzureichende Integration des Hintergrundwissen in dieser Phase der Analyse.

4.1 Behandlung komplexer Strukturen

Eine Sitzung ist im einfachsten Fall eine Abfolge von Aufrufen; oft besteht sie aber aus mehreren miteinander verknüpften Abfolgen, da viele Nutzer mit mehreren Browser-Instanzen zugleich arbeiten. Schon für den einfachsten Fall standen zunächst nur Werkzeuge zur Assoziationsregelanalyse zur Verfügung. Verfahren für die Klassifizierung und das Clustering von Sequenzen, wie sie aus der Zeitreihenanalyse und der Genom-Analyse bekannt sind, sind nicht direkt anwendbar: Die Algorithmen zur Zeitreihenanalyse sind für zeitliche Abfolgen von elementaren Zahlenwerten konzipiert, nicht für Abfolgen von Ereignissen. Im Gegensatz zu Genom-Sequenzen können Sitzungen nicht auf triviale Weise in einen mehrdimensionalen topologischen Raum eingeordnet werden, so dass geometrische Methoden nicht anwendbar sind.

Aus diesen Gründen wurden Sitzungen ursprünglich als Mengen von Zugriffen betrachtet: Somit waren eine Assoziationsmusterentdeckung auf Itemsets und ein Clustering auf unstrukturierten Dateien (*„flat files"*) ausreichend. Die Bedeutung der Reihenfolge der Zugriffe ist inzwischen anerkannt. Neben der Sequenz-Analyse mit konventionellen Verfahren existieren auch spezialisierte Algorithmen zur Assoziationsregelanalyse und zum Clustering für Sitzungen sowie manche Algorithmen für komplexere Strukturen, die parallele Arbeitsvorgänge der Nutzer abdecken. Zur Vervollständigung der Information, die in einer Sitzung enthalten ist, gehören aber auch Angaben zum zeitlichen Ablauf, zum Kontext und zu den Eigenschaften der Nutzer, insbesondere hinsichtlich ihrer Navigationspräferenzen (Suche mit Suchmasken vs. Browsing entlang Verweisen vs. Navigation mit Hilfe einer Index-Struktur). Zusatzangaben sind für manche Anwendungen wenig relevant, für andere aber sehr wichtig. Kontext und Navigationspräferenzen sollten zum Beispiel für die Positionierung von Werbebanner auf Seiten und für die Darstellung von Produktkatalogen berücksichtigt werden. Für die Gruppierung und Klassifizierung von Sitzungen unter Berücksichtigung von Inhalt, Navigationspräferenzen, Kontext *und* Nutzereigenschaften werden noch Algorithmen benötigt.

Kommerzielle Werkzeuge basieren i.d.R. auf herkömmlichen Darstellungen einer Sitzung als Menge oder Sequenz von Ereignissen, so dass der Experte gezwungen ist, die für die Analyse geeignete Modellierung einer Sitzung auf eine vereinfachte Form abzubilden. Dieser Abbildungsprozess kann sehr komplex sein. Dazu sind formale Methoden und Werkzeuge erforderlich, die die Durchführung eines solchen Vorgangs unterstützen.

4.2 Einbettung von Hintergrundwissen

Das Hintergrundwissen in der Web-Analyse verteilt sich i.d.R. auf mehrere Personen: Site-Designer wissen, wie sich Menschen normalerweise durch eine Site bewegen, welche Objekte und welche Darstellungsformen hilfreich für die Navigation sind und wie eine Schnittstelle zu einer Suchmaschine oder zur Bezahlfunktion am Besten dargestellt werden kann. Analyse-Experten können die KDD-Werkzeuge steuern, die Parameter richtig einstellen, die Sitzungen der Nutzer auf Formen abbilden, die das Mining-Werkzeug bearbeiten kann, die Ergebnisse auswerten und interpretieren. Anwendungsexperten kennen die Zielgruppen der Organisation, das Produktportfolio, Markttendenzen und Analyseziele. Alle besitzen also Wissen über das erwartete Verhalten der Nutzer und die Assoziationen zwischen den Bestandteilen des Angebots. Dieses Wissen muss dem Mining-Werkzeug zur Verfügung gestellt werden: Die Ergebnisse der Analyse sind nur insoweit relevant, wie sie dieses Wissen ergänzen, ändern oder ganz in Frage stellen. Wenn sie nur bekannte Muster liefern, sind sie nicht hilfreich für die Planung der Institution.

Ein Teil des Hintergrundwissens wird während der Datenaufbereitungsphase erfasst: Es bezieht sich auf die Eigenschaften der Bestandteile des Angebots, also Produkte, Banner, Lieferoptionen usw., sowie auf die Struktur und die Dienste der Web-Site. Dieses Wissen lässt sich in Konzepthierarchien modellieren; URL-Aufrufe werden auf Konzepte dieser Hierarchien abgebildet. So kann z.B. eine Seite, die eine weiße Jeanshose darstellt, auf eins der Konzepte "Jeans-Hose-weiß", "Jeans-Hose", "Jeans-weiß", "Hose-weiß", "Jeans", "Hose" oder "weißes Kleidungsstück" abgebildet werden.

Ein weiterer Teil des Hintergrundwissen umfasst Annahmen zu den Zielgruppen, zu deren Verhalten, Präferenzen und Anforderungen. Diese Annahmen können zutreffen oder auch nicht. Sie können als Erwartungen betrachtet werden, die während der Analyse zu überprüfen sind. So könnte für die Site einer Versicherung die Erwartung geäußert werden, dass, wer eine Schadenanmeldungsseite aufruft, einen Schaden anmelden will, oder dass die Nutzer vorwiegend eine bestimmte technische Grundausstattung besitzen. Prinzipiell haben diese Erwartungen dieselbe Form wie die entdeckten Muster. Allerdings sind sie meist weniger konkret. So bezieht sich beispielsweise die Erwartung

"Wenn ein Suchvorgang mehr als 100 Ergebnisse liefert, werden die Suchangaben verfeinert" auf jeden Suchvorgang mit seinen konkreten Suchangaben; der Experte wird diese Erwartung aber nicht für jede mögliche Suchangabe machen. So ergibt sich die Herausforderung, eine solche Erwartung in eine Form abzubilden, die vom Mining-Werkzeug verstanden werden kann. In der Forschung kommen dazu zwei Grundformen in Frage, nämlich die Gestaltung einer Regelsammlung von sogenannten "Beliefs" und die Kopplung des Analyse-Werkzeugs mit einer schablonen-basierten Steuerungssprache, in der Erwartungen als Schablonen formuliert werden.

Sammlungen von "Beliefs" sind für die Evaluierung von Mustern in Bezug auf ihre Interessantheit vorgeschlagen worden (Adomavicius/Tuzhilin 2001). Sie haben den Vorteil, dass sie wie Muster aussehen, wie diese gespeichert und mit diesen verglichen werden können. Sie haben zugleich den Nachteil, dass sie so detailliert sind wie die Muster selbst. Hingegen ist eine interaktive, schablonen-basierte Steuerungssprache imstande, nur die Muster zu liefern, die der Schablone und der damit verbundenen Erwartung entsprechen.

Eine einfache Form von schablonen-basierten Steuerungssprachen ist jedem bekannt, der mit einem Mining-Werkzeug gearbeitet hat: Die einfachste Schablone besagt, dass nur Assoziationsregeln im Ergebnis erscheinen dürfen, die von mindestens 20% der Datensätze unterstützt werden. Kompliziertere Schablonen beziehen sich auf den Konfidenzschwellenwert von Assoziationsregeln, auf die Obergrenze der Fehlerquote in Klassifizierungsverfahren usw. Im Web Usage Mining werden solche Steuerungssprachen eingesetzt, um die Struktur, Länge und Inhalt der Muster einzuschränken (Spiliopoulou/Faulstich 1998; Baumgarten et al. 2000). Der Vorgang der interaktiven Steuerung anhand von Schablonen erlaubt die Formulierung von Erwartungen, hat aber den Nachteil, dass bei steigender Ausdrucksfähigkeit der Sprache auch die Anforderungen an den Experten steigen. So sind hier Vorgänge zur schablonen-basierten Steuerung gefragt, die mächtig genug sind, um komplexe Erwartungen zu formulieren, und zugleich nutzerfreundlich und intuitiv bleiben.

5 Herausforderungen an die Umsetzung der Ergebnisse

Die Ergebnisse der Web-Analyse sollen zu einer Anpassung des Web-Auftritts gemäß den Resultaten führen. Dieser Schritt im Web Usage Mining-Prozess wird am seltensten angesprochen. Zwar ist er stark anwendungsspezifisch, allerdings treten auch allgemeine Fragestellungen auf, die beantwortet werden müssen, bevor die Ergebnisse ernsthaft für die Beeinflussung der Praxis eingesetzt werden können.

5.1 Wartung und Aktualisierung von Mustern

Web Usage Mining kann sowohl für die Beantwortung einer einmaligen Fragestellung, wie die Vorbereitung einer Vermarktungskampagne, als auch für die regelmäßige Beobachtung des Stands und des Erfolgs eines Web-Auftritts eingesetzt werden. Beim zweiten Fall ist es wünschenswert, die Ergebnisse der Analyse in Berichtsform zu haben, und auch die Tendenzen, die von Berichtsperiode zur Berichtsperiode zu beobachten sind, zu erfassen. Werkzeuge zur einfachen statistischen Analyse der Nutzung von Web-Sites unterstützen diese Anforderung oft, so dass zum Beispiel eine periodische Änderung der Anzahl der Zugriffe identifiziert werden kann. Für Web Usage Mining-Ergebnisse jedoch ist die Identifizierung von Tendenzen nicht trivial: Damit zum Beispiel erkannt werden kann, dass ein Kundensegment schwindet, muss der Begriff "Schwund" für Kundensegmente definiert werden. Wird nur der Schwund von Kunden berücksichtigt, oder ist auch die Migration eines Kunden von einem Segment X zu einem Segment Y als Schwund für das Segment X zu bezeichnen?

Selbst bei der einmaligen Analyse ist es erforderlich, die Wirkung der Resultate langfristig zu beobachten. Dient zum Beispiel der Analyseprozess der Kundensegmentierung, so ist es wichtig zu wissen, wie lange die gefundenen Segmente existieren, so dass Kampagnen für jedes wichtige Segment geplant werden können.

Die Wartung und Aktualisierung von Mustern ist für jeden Bereich der Datenanalyse erforderlich. Für das Web Usage Mining ist dies noch dringender, weil das Web selbst einem starken Wandel unterliegt: Eine Site wird oft in Struktur, Aussehen und Inhalt geändert, die Anforderungen und Interessen der Nutzer ändern sich, ihre Ausstattung für den Internet-Zugang ebenfalls. Manche dieser Änderungen mögen für die Gültigkeit der entdeckten Muster vielleicht unwichtig sein, andere jedoch nicht: Wenn die Seite mit dem Bestellformular um einen kleinen Absatz über die Gewährleistung einer sicheren Verbindung erweitert wird, dann ist der Inhalt der Site nur unwesentlich geändert. Für die Nutzer jedoch, die Bedenken hinsichtlich der Sicherheit ihrer Zahlungsdaten haben, könnte diese Änderung viel bewirken und ihr Verhaltensmuster beeinflussen.

Wartung von Mustern bedeutet, dass diese in einem Repository gespeichert werden und bei Bedarf (bei der Gestaltung einer Vermarktungsaktion, bei der Aussprache einer Empfehlung an einen Nutzer) effizient abgerufen werden können. Ein solches Repository kann eine Regelbasis oder sogar eine Datenbank sein, unter der Voraussetzung einer geeigneten Modellierung. Während die datenbankgerechte Modellierung von Assoziationsregeln relativ einfach ist, ist die Modellierung eines Klassifizierers oder einer Cluster-Gruppe um einiges komplizierter, insbesondere weil die statistischen Eigenschaften der Muster (Häufigkeit, Konfidenz, Fehlerrate usw.) mitgespeichert werden sollten. Erste Modellierungsansätze existieren für einzelne Mustertypen (Baron/Spiliopoulou 2002; Ester et al. 1998), während das Thema der Abfrage und Suche von Mustern bisher noch wenig untersucht ist. Die Erfassung und Modellierung der Meta-Daten der Analyse wird im EU-Projekt MINING MART (http://www-ai.cs.uni-dortmund.de/FORSCHUNG/PROJEKTE/MININGMART/) untersucht. Moderne Data Mining-Werkzeuge besitzen zwar Mechanismen zur grafischen Darstellung von Mining-Ergebnissen, die Wartung erfolgt aber meistens in einem proprietären Format, und die Kopplung zu externen Diensten wie Suchdiensten oder Empfehlungssystemen findet, sofern vorgesehen, v.a. über programmierbare Schnittstellen statt.

Aktualisierung von Mustern bedeutet, dass Änderungen der Ausgangssituation der Datenerfassung zu einer Anpassung der bestehenden Muster führen, idealerweise ohne menschliche Intervention. Solche Änderungen sind zum einen Änderungen des Datenbestands, z.B. die neuen Einträge im Web-Server-Log, zum anderen Änderungen der äußeren Umgebung, darunter auch Modifizierungen der Site. Die Musteraktualisierung bei Änderungen des Datenbestands ist Thema des *"inkrementellen Mining"*. Hier sind Methoden für die Aktualisierung von Assoziationsregeln (Itemsets und Sequenzen) und von Clustern vorgeschlagen worden (Cheung et al. 1997; Ester et al. 1998). Diese Methoden zielen auf das *Ersetzen* des alten Musterbestands durch den neuen, aktuellen; die Herstellung und Beobachtung einer zeitlichen Abfolge von gültigen Mustergruppen werden seltener untersucht (Pechoucek et al. 1999; Baron/Spiliopoulou 2001). Des weiteren sind alle diese Methoden nicht automatische Verfahren, und sie modellieren keine anderen Änderungen als die des Datenbestandes. Offen bleiben also noch die formale Modellierung aller Mustertypen, der Entwurf von Suchmechanismen für Muster, die Spezifizierung von Aktualisierungsvorgängen für jeden Mustertyp und die Integration dieser Vorgänge in den KDD-Prozess.

5.2 Kopplung mit Onlinediensten

Die Ergebnisse des KDD-Prozesses sind Muster, die gelesen, ausgewertet und interpretiert werden, bevor die Entscheidungsträger sich für eine Aktion entscheiden, die diese Ergebnisse in die Praxis umsetzt. Data Mining Werkzeuge erlauben oft die Darstellung der Mining-Ergebnisse in Form von Berichten, die besser für das menschliche Auge geeignet sind. Allerdings gibt es Anwendungen, in denen die Ergebnisse ohne menschlichen Eingriff *sofort* berücksichtigt werden müssen. Dazu gehören Empfehlungssysteme: Ihre Aufgabe besteht darin, einem Nutzer Web-Seiten oder andere interessante Anwendungsobjekte vorzuschlagen. Damit sie tatsächlich die Interessen und Präferenzen des Nutzers vorhersagen können, basieren Empfehlungssysteme auf der Ähnlichkeit des gegebenen Nutzers zu anderen Nutzern. Diese Ähnlichkeitsprüfung findet notwendigerweise online, während der laufenden Sitzung eines Nutzers, statt.

Die Ähnlichkeitsprüfung bei Empfehlungssystemen kann auf zwei Weisen stattfinden: Gegenüber *allen* vorhandenen Datensätzen oder gegenüber zuvor entdeckten Mustern. Beim ersten Ansatz muss ein Vergleich mit dem gesamten Datenbestand durchgeführt werden. Beim zweiten Ansatz reicht ein Vergleich zu Mustern, die zuvor von einem Data Mining Verfahren abgeleitet worden sind. Somit hat der zweite Ansatz gegenüber dem ersten den Vorteil, dass die Daten des einzelnen Nutzers mit der Beschreibung von Mustern und nicht mit dem i.A. viel größeren Gesamtdatenbestand verglichen werden müssen. Allerdings ist auch beim zweiten Ansatz ein Vergleich zu vielen Objekten (Mustern) notwendig, der zeitintensiv ist. Da Empfehlungssysteme zeitkritische Dienste sind, gilt es also, die Dauer der Ähnlichkeitsprüfung zu minimieren. Eine Herangehensweise dazu ist, die Anzahl der Kandidatenmuster zu minimieren, wenn möglich offline; eine andere Herangehensweise ist die Entdeckung nur jener Muster, die für einen bestimmten Nutzer relevant sind, und zwar online.

Die gezielte Online-Entdeckung von relevanten Mustern ist die von Lin et al vorgeschlagene Strategie zur Empfehlung von assoziierten Objekten (Lin et al. 2002). Sie verwenden eine Assoziationsregelanalyse, um Nutzer zu entdecken, deren Präferenzen denen des aktuellen Nutzers ähnlich sind, sowie Objekte, die mit den vom Nutzer bereits besuchten Objekten assoziiert sind. Im ersten Fall werden dem Nutzer die Objekte empfohlen, die von den ihm ähnlichen Nutzern bevorzugt wurden. Im zweiten Fall werden dem Nutzer jene Objekte empfohlen, die zu den schon betrachteten positiv assoziiert sind. Diese beiden Fälle lassen sich kombinieren, so dass für einen Nutzer sowohl seine Präferenzen als auch seine Ähnlichkeiten zu anderen Nutzern berücksichtigt werden. Die gezielte Suche nach Assoziationen, in denen bestimmte Objekte oder Nutzereigenschaften vorkommen, kann online effizient stattfinden. Somit ist die Assoziationsregelanalyse für das Online Web Mining im Bereich der Empfehlungssysteme grundsätzlich geeignet. Für andere Verfahren, wie z.B. das Clustering von ähnlichen Sitzungen, ist noch zu prüfen, unter welchen Bedingungen eine Online-Analyse inhaltlich möglich und ausreichend effizient sein kann.

Die Minimierung der Anzahl der Kandidatenmuster als alternative Strategie setzt ein "Ranking" voraus. Die Muster sollen anhand gewisser Eigenschaften modelliert und ausgewertet werden, so dass nur die relevantesten in Frage kommen können. Dies entspricht dem Problem der Auswertung der Ergebnisse der Web-Analyse anhand von anwendungsspezifischen Kriterien, wie es in Abschnitt 2 dieses Beitrags geschildert wurde. Zusätzlich wird verlangt, dass diese Auswertung zu einer wertbasierten Zuordnung der Muster führt. Eine weitere Alternative zum "Ranking" der Muster nach Qualität wäre ihre Anordnung nach Relevanz für jedes Nutzerprofil. Neben diesem noch offenen Problem stellt sich auch die Herausforderung der Speicherung, Aktualisierung und Wartung der Ergebnisse in geeigneter Form (vgl. hierzu den vorigen Abschnitt).

5.3 Web Usage Mining, Profilerstellung und Datenschutz

Vom Gesichtspunkt des Datenschutzes wird das Web Usage Mining als brisantes Thema betrachtet. Zwei grundlegende Ansätze stehen sich hier gegenüber: Jede Analyse benötigt Daten, und eine Grundidee des Data Mining kann grob als "Je *mehr* Daten, und je mehr Daten *zusammen geführt* werden, desto eher werden sich interessante Zusammenhänge in ihnen finden" beschrieben werden. Diese Grundidee ist zwei zentralen Prinzipien aus dem deutschen bzw. europäischen Datenschutzrecht diametral entgegengesetzt: der *Datensparsamkeit* (bzw. *-vermeidung*) und der *Zweckbindung*. Geschützt werden sollen *personenbezogene* und *personenbeziehbare* Daten. Personenbezogene Daten dürfen nur gesammelt werden, wenn sie für einen (an)gegebenen Zweck erforderlich sind (sonst soll ihre Sammlung vermieden werden), und sie dürfen nur für den Zweck eingesetzt werden, zu dem sie ursprünglich gesammelt worden sind (und nur von den ursprünglich Berechtigten). Gerade solche Daten erscheinen jedoch für populäre

Anwendungen des Web Usage Mining wie z.B. Empfehlungsdienste relevant, die sich an zu differenzierende Einzelpersonen richten und daher Informationen gerade über diese Einzelpersonen erfordern. Besonders problematisch ist es, wenn die Auswertung der verwendeten Daten ein *Persönlichkeitsprofil* ergibt, eine Zusammenstellung von Daten, die eine Beurteilung wesentlicher Aspekte der Persönlichkeit einer natürlichen Person erlaubt. Aber auch Verhaltensdaten wie die Navigationsschritte in einer Website können über die IP-Adresse zumindest potenziell auf eine natürliche Person bezogen werden und sind somit schützenswert.

Ein weiteres Problem ergibt sich, wenn Daten im Hintergrund gesammelt werden, ohne dass der Nutzer hierzu explizit etwas tun muss. Insbesondere das Web Usage Mining beruht auf Daten, die im Normalbetrieb anfallen, im Gegensatz etwa zu vom Nutzer explizit anzugebenden Selbstauskünften, Interessen etc. Dieses hat zwar den Vorteil, für den Nutzer bequemer zu sein, bedeutet aber auch, dass dieser oft nicht einmal merkt, dass und welche Daten über ihn gesammelt werden. Dieser Verlust der Transparenz widerspricht jedoch dem Prinzip der *informierten Einwilligung* als Bedingung für eine Datensammlung. Ein Beispiel hierfür ist die Beobachtung, dass ein typischer Nutzer, ausgestattet mit einem Browser mit Standardeinstellung, häufig nicht weiß, dass er Cookies akzeptiert und somit auch dieser Datensammlung nicht zugestimmt hat.

Hieraus ergeben sich zwei mögliche datenschutzkonforme Strategien und somit wichtige aktuelle Forschungsgebiete (Köhntopp 2000): Zum einen sollte hinsichtlich jeder möglicherweise zu erhebenden Datenart überlegt werden, ob diese Informationen wirklich zur Zielerreichung erforderlich sind. Dieses zeigt erneut die Relevanz einer integrierten Betrachtung des Web Usage Mining als Gesamtprozess, die über die oben betonten betriebswirtschaftlichen Gründe hinaus geht. Diese "Weniger ist Mehr"-Strategie ist darüber hinaus auch aus informatischen Gründen eine interessante Herausforderung (vgl. etwa die "zero knowledge"-Protokolle zur Verschlüsselung). Zum zweiten sollte der Personenbezug, wann immer möglich, gekappt werden. Hierzu bieten sich verschiedene Möglichkeiten der Anonymisierung und Pseudonymisierung an. Diese erfordern z.T. eine aktive Mitgestaltung durch den Nutzer selbst: So muss dieser z.B. ein Pseudonym wählen, unter dem er dann – als zusammengehörige "Persona", aber nur für sich selbst re-identifizierbar – im Netz navigiert. Auch die Anonymisierung kann ein Nutzer selbst initiieren, z.B. durch Inanspruchnahme von entsprechenden Zwischenstationen im Internet, die die Zuordnung von Aufrufen bzw. Sequenzen von Aufrufen zu seinem Rechner unmöglich machen. Diese Dienste sind bei einigen Sitebetreibern entsprechend unbeliebt und werden z.T. sogar technisch blockiert. Eine Anonymisierung kann jedoch auch auf Seiten der Analyse stattfinden; eine Web Usage Analyse einer Sitzung entspricht dann dem Beobachten eines Kunden bei seinem Gang durch einen (realen) Supermarkt, ohne dass dieser Kunde als Person identifiziert wird. Eine anschließende – im Mining durchaus gängige – Aggregation verhindert dann möglichst jede Chance der Re-Identifizierung.

Eine Synthese dieser beiden Strategien ermöglicht z.B. Empfehlungssysteme der Art "Kunden, die dieses Buch gekauft haben, haben auch gekauft: ...". Wenn auch die Details der von diesen Sites verwendeten Datensammlungs- und Analyseverfahren unbekannt sind, beruht zumindest ihr Kern auf der Entdeckung von Assoziationsmustern in einzeln betrachteten Sitzungen ohne Rekurs auf die persönliche Identität derer, die diese Produkte zuvor gekauft haben, und ohne Rekurs auf die Identität desjenigen, dem die Empfehlung ausgesprochen wird (s. Kapitel 2.3.1 dieses Bandes).

Schließlich sollten sich Websites in jedem Fall darum bemühen, die informierte Einwilligung des Nutzers einzuholen. Insbesondere sollten hierzu verwendete Privacy-Statements möglichst kein seitenlanges, für juristische Laien kaum verständliches "Kleingedrucktes" sein, das dann im Zweifel doch ignoriert wird; man denke nur an das schnelle Wegklicken von Software-Lizenzbedingungen mit Hilfe des "Ich akzeptiere"-Knopfes.

Einen nicht unproblematischen Ansatz hierzu bilden Varianten des "permission marketing": Für die Einräumung bestimmter Privilegien wie Preisnachlässe, Teilnahme an Gewinnspielen etc. werden Personendaten "erkauft" und Profilerstellungen ermöglicht. Dieses birgt die Gefahr, dass sich Einkommensschwächere aus ökonomischen Gründen auf diese Angebote einlassen müssen. Zusammen mit der Tatsache, dass Klassifizierungsalgorithmen dazu benutzt werden können, Nutzer schon nach wenigen Schritten in einer Site als "interessante Kunden" oder "uninteressante Kunden" zu klassifizieren, stellt sich die Gefahr einer Spaltung der Gesellschaft in "digitale haves und have-nots", letztere beschrieben als die, denen bestimmte Angebote gar nicht erst zugänglich gemacht werden.

6   Zusammenfassung

In diesem Beitrag wurde das Web Usage Mining als Prozess betrachtet, und offene Fragen in den Phasen dieses Prozesses wurden erörtert. Es ist nicht möglich, eine vollständige Agenda der noch unbeantworteten Fragen zu erstellen. Zum einen sind die Verfahren der Web-Analyse oft herkömmliche oder angepasste Data Mining Verfahren, für die noch viele ungelöste Probleme existieren, darunter die Erhöhung der Effizienz durch Komplexitätsreduzierung und Parallelisierung, die Spezifizierung von Methoden zur Auswahl des geeigneten Algorithmus für eine bestimmte Zielsetzung der Analyse und vieles mehr. Zum anderen hat das Web Usage Mining viele unterschiedliche Anwendungen, die jeweils weitere Herausforderungen beinhalten: Nutzermodellierung wird unter anderem für die Platzierung von Werbebannern, für die statische Anpassung der Site, für die Unterstützung von Empfehlungssystemen und als Grundlage für Kundensegmentierung benötigt, und wird in jedem dieser Fälle von anderen offenen Fragen begleitet. So haben wir hier versucht, Herausforderungen zu erläutern, die für mehrere Anwendungsbereiche relevant sind.

Abschließend soll betont werden, dass das Web nur einer der Interaktionskanäle zwischen Menschen und Institutionen ist. Erfolgreich agierende e-Institutionen haben erkannt, dass alle Interaktionskanäle gepflegt und koordiniert werden müssen. Dies erfordert die Koordinierung der Strategien der Institution für konventionelle Kanäle mit denen für das stationäre und für das mobile Internet, aber auch den Abgleich der Resultate, also der Muster, entlang jedes Kanals. Dies entspricht nicht der Integration der Datensätze aus allen Interaktionskanälen: Dies wäre nicht nur im Sinne des Datenschutzrechts bedenklich, sondern ist auch im statistischen Sinne problematisch, da die dominierenden Eigenschaften der Web-Nutzer anders sind als die Eigenschaften der gesamten Zielgruppe einer über mehrere Kanäle agierenden Institution. Vielmehr sollten Muster miteinander verglichen werden, damit die Unterschiede zwischen den Untergruppen der Zielpopulation erkannt und in der Strategie der Institution berücksichtigt werden können.

Literatur

Adomavicius, G.; Tuzhilin, A. (2001): Expert-driven validation of rule-based user models in personalization applications. In: Data Mining and Knowledge Discovery, Vol. 5, Nr. 1 / 2, S. 33-58.

Baron, S.; Spiliopoulou, M. (2001): Monitoring change in mining results. In Kambayashi, Y.; Winiwarter, W.; Arikawa M. (Hrsg.): Data Warehousing and Knowledge Discovery, Third International Conference, DaWaK 2001, Berlin et al., S. 51-60.

Baron, S.; Spiliopoulou, M. (2002): Monitoring the results of the KDD process: An overview of pattern evolution. In: Meij, J.M. (Hrsg.): Dealing with the Data Flood: Mining data, text and multimedia, Den Haag, Chapter 5.

Baumgarten, M.; Büchner, A.G.; Anand, S.S.; Mulvenna, M.D.; Hughes, J.G. (2000): Navigation pattern discovery from Internet data. In: Masand, B.; Spiliopoulou, M. (Hrsg.): Advances in Web Usage Mining and User Profiling: Proceedings of the WEBKDD'99 Workshop, Berlin, S. 70-87.

Cheung, D.W.; Lee, S.D.; Kao, B. (1997): A general incremental technique for maintaining discovered association rules. In: DASFAA'97, Melbourne, Australia.

Cutler, M.; Sterne, J. (2000): E-metrics – business metrics for the new economy. Net-Genesis Corporation, Technical report, http://www.netgen.com/emetrics   (Zugriff: 22.07.2001).

Ester, M.; Kriegel, H.-P.; Sander, J.; Wimmer, M.; Xu, X. (1998): Incremental clustering for mining in a data warehousing environment. In: VLDB'98, New York, S. 323-333.

Köhntopp, M. (2000): Generisches Identitätsmanagement im Endgerät. http://wwww.koehntopp.de/marit/pub/idmanage/generic (Zugriff: 7.03.2002).

Lin, W.; Alvarez, S.A.; Ruiz, C. (2002): Efficient Adapative-Support Association Rule Mining for Recommender Systems. In: Data Mining and Knowledge Discovery, Vol. 6, No. 1, S. 83-105.

Pechoucek, M.; Stepankova, O.; Miksovsky, P. (1999): Maintenance of discovered knowledge. In: Proceedings of the 3rd European Conference on Principles of Data Mining and Knowledge Discovery, Berlin et al., S. 476-483.

Pyle, D. (1999): Data Preparation for Data Mining. San Francisco, CA.

Spiliopoulou, M.; Faulstich, L.C. (1998): WUM: A Tool for Web Utilization Analysis. In: Extended version of Proceedings of the Workshop WebDB'98 of the EDBT'98 International Conference, Berlin, S. 184-203.

Spiliopoulou, M.; Mobasher, B.; Berendt, B.; Nakagawa, M. (2002): Evaluating data preparation in Web usage analysis. Erscheint in: INFORMS Journal on Computing.

Spiliopoulou, M.; Pohle, C. (2001): Data mining for measuring and improving the success of web sites. In: Data Mining and Knowledge Discovery,Vol. 5, No. 1 / 2, S. 85-114.

Index

Das Netzwerk der Profis

WIRTSCHAFTS INFORMATIK

Die führende Fachzeitschrift zum Thema Wirtschaftsinformatik.

Das hohe redaktionelle Niveau und der große praktische Nutzen für den Leser wird von über 30 Herausgebern - profilierte Persönlichkeiten aus Wissenschaft und Praxis - garantiert.

Profitieren Sie von der umfassenden Website unter

www.wirtschaftsinformatik.de

- Stöbern Sie im größten **Online-archiv** zum Thema Wirtschaftsinformatik!
- Verpassen Sie mit dem **Newsletter** keine Neuigkeiten mehr!
- Diskutieren Sie im **Forum** und nutzen Sie das Wissen der gesamten Community!
- Sichern Sie sich weitere Fachinhalte durch die **Buchempfehlungen** und Veranstaltungshinweise!
- Binden Sie über **Content Syndication** die Inhalte der Wirtschaftsinformatik in Ihre Homepage ein!
- ... und das alles mit nur **einem Click** erreichbar.

MIX
Papier aus verantwortungsvollen Quellen
Paper from responsible sources
FSC® C105338
FSC
www.fsc.org

If you have any concerns about our products,
you can contact us on
ProductSafety@springernature.com

In case Publisher is established outside the EU,
the EU authorized representative is:
Springer Nature Customer Service Center GmbH
Europaplatz 3, 69115 Heidelberg, Germany

Printed by Libri Plureos GmbH
in Hamburg, Germany